U0901293

中国国家标准汇编

352

GB 20818～20850

（2007年制定）

中国标准出版社 编

中国标准出版社

北京

图书在版编目（CIP）数据

中国国家标准汇编：2007年制定．352：GB 20818～20850/中国标准出版社编．—北京：中国标准出版社，2008

ISBN 978-7-5066-4942-1

Ⅰ．中…　Ⅱ．中…　Ⅲ．国家标准-汇编-中国-2007
Ⅳ．T-652.1

中国版本图书馆CIP数据核字（2008）第094984号

中国标准出版社出版发行
北京复兴门外三里河北街16号
邮政编码：100045
网址 www.spc.net.cn
电话：68523946　68517548
中国标准出版社秦皇岛印刷厂印刷
各地新华书店经销

*

开本 880×1230　1/16　印张 44.25　字数 1 316 千字
2008年7月第一版　2008年7月第一次印刷

*

定价 200.00 元

出 版 说 明

1.《中国国家标准汇编》是一部大型综合性国家标准全集。自1983年起,按国家标准顺序号以精装本、平装本两种装帧形式陆续分册汇编出版。本《汇编》在一定程度上反映了我国建国以来标准化事业发展的基本情况和主要成就,是各级标准化管理机构,工矿企事业单位,农林牧副渔系统,科研、设计、教学等部门必不可少的工具书。

2. 本《汇编》收入我国正式发布的全部国家标准。各分册中如有顺序号缺号的,除特殊情况注明外,均为作废标准号或空号。

3. 由于本《汇编》的出版时间与新国家标准的发布时间已达到基本同步,我社将在每年出版前一年发布的新制定的国家标准,便于读者及时使用。出版的形式不变,分册号继续顺延。标准的属性以本书目录上标明的为准。

4. 由于标准不断修订,修订信息不能在本《汇编》中得到充分和及时的反映,根据多年来读者的要求,自1995年起,在本《汇编》汇集出版前一年发布的新制定的国家标准的同时,新增出版前一年发布的被修订的标准的汇编版本,视篇幅分设若干分册。这些修订标准汇编的正书名、版本形式与《中国国家标准汇编》相同,但不占总的分册号,仅在封面和书脊上注明"20××年修订-1,-2,-3,……"字样,作为本《汇编》的补充。读者配套购买则可收齐前一年制定和修订的全部国家标准。

5. 由于读者需求的变化,自第201分册起,仅出版精装本。

6. 2007年制修订国家标准1410项,全部收入在《中国国家标准汇编》第352~367分册和2007年修订-1~修订-23分册中。

本分册为第352分册,收入国家标准GB 20818~20850的最新版本。

中国标准出版社

2008年6月

目　　录

ICS 25.040.40
N 10

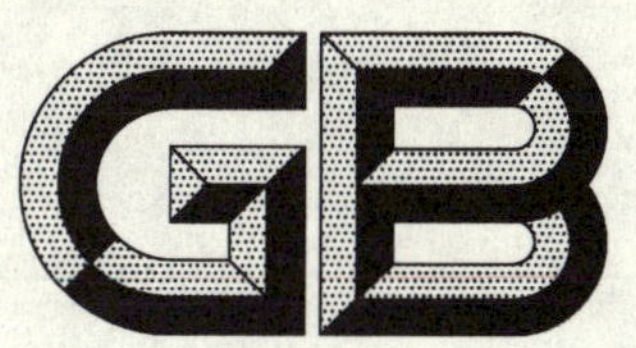

中华人民共和国国家标准

GB/T 20818.1—2007

工业过程测量和控制　过程设备目录中的数据结构和元素　第1部分:带模拟和数字输出的测量设备

Industrial-process measurement and control—Data structures and elements in process equipment catalogues—Part 1:Measuring equipment with analogue and digital output

(IEC/PAS 61987-1:2002,NEQ)

2007-01-18 发布　　　　2007-06-01 实施

中华人民共和国国家质量监督检验检疫总局
中国国家标准化管理委员会　发布

ICS 25.040.40
N 10

中华人民共和国国家标准

GB/T 20818.1—2007

工业过程测量和控制 过程设备目录中的数据结构和元素 第1部分：带模拟和数字输出的测量设备

Industrial-process measurement and control—Data structures and elements in process equipment catalogues—Part 1: Measuring equipment with analogue and digital output

(IEC/PAS 61987-1:2002, NEQ)

2007-01-18 发布　　2007-06-01 实施

中华人民共和国国家质量监督检验检疫总局
中国国家标准化管理委员会　发布

前　言

GB/T 20818《工业过程测量和控制　过程设备目录中的数据结构和元素》拟分为两部分：

——第1部分：带模拟和数字输出的测量设备；

——第2部分：测量设备电子数据交换特性。

本部分为GB/T 20818的第1部分。

本部分参照IEC/PAS 61987-1：2002《工业过程测量和控制　过程设备目录中的数据结构和元素　第1部分：带模拟和数字输出的测量设备》（英文版），与IEC/PAS 61987-1：2002的一致性程度为非等效。

本部分的附录A和附录D为规范性附录，附录B和附录C为资料性附录。

本部分由中国机械工业联合会提出。

本部分由全国工业过程测量和控制标准化技术委员会第二分技术委员会归口。

本部分负责起草单位：西南大学、中国四联仪器仪表集团、上海自动化仪表股份有限公司。

本部分参加起草单位：机械工业仪器仪表综合技术经济研究所、浙江大学、北京机械工业自动化研究所。

本部分主要起草人：刘枫、刘进、张庆军、黄伟、赵亦欣、庄夏。

本部分参加起草人：冯晓升、冯冬芹、谢兵兵。

本部分是首次制定。

引　言

近年来，工业界已对人们把大量的时间和精力浪费在将测量设备的数据从一种形式转换成另一种形式的情况产生警觉。例如，一台仪表的技术数据在生产厂商处可以有纸质的和电子的两种单独的数据集合存在，而最终用户需要工作标准、工程数据库或商业数据库的数据几乎一致。然而，在大多数情况下，数据都不能自动地被重用，因为每一应用都有自己特定的数据储存格式。

与技术数据的重用相矛盾的第二个问题是数据集合和元素本身的内容。关于一张技术数据表应该包含什么信息，它怎样组织，或是怎样产生结果，例如，特定性能测试的结果应被给出，对此生产厂商之间很少形成一致。当把这些信息存入数据库时，最终用户将总是发现存在着差距和特有的解释，使得工作更加难于开展。

本部分的目的是通过为工业过程测量和控制设备定义数据结构和它们的内容来解决这些问题。它建立于如下设想之上：对一个给定的测量设备类型，例如，压力测量设备、温度测量设备或电磁流量计设备，可规定通用的结构和数据元素(项)的集合。

本部分适用于带模拟和数字输出的过程测量设备的电子设备目录。具有相似分类结构的后续部分将用于带二进制输出和接口设备的测量设备。(该结构已包含了带二进制输出的测量设备常用的大多数数据元素。)类似地，资料性附录 B 已考虑到今后的标准化。

本部分并不用于替换现有的标准，但它将作为今后所有涉及到过程测量设备规范的标准的指导性文件。现有标准的每一次修订，都应该考虑本部分第 5 章中定义的数据结构和元素，或努力达成一致。

附录 A 含有过程测量设备的分类和目录结构的列表概述。附录 B 含有对特定被测变量进一步的子分类表。

在这一结构中，可能时要用现有的国际标准中的术语来命名数据元素。根据 ISO 10241，本部分的附录 C 含有按字母排序的术语、定义和来源的列表。

SGML(标准通用置标语言)到 GB/T 14814 提供一个无需安排信息即可交换结构化文档数据的标准化方法。最后，附录 D 含有本部分第 5 章中的文档类型描述和元文档。自从本部分起草，XML，SGML 的一个简化的子集，已经应用于因特网应用。由于得到广泛的支持，它提供了一个可替代 SGML 的选择。

本部分符合 STEP：产品模型数据交换标准。STEP 的数据模型应用协议 212、221 和 231(电子设计和安装、功能数据和 2D 表示与过程设计；主设备规格)分别描述在 ISO 10303.212、ISO 10303.221 和 ISO 10303.231 中，按照本部分可复制 DTD 的数据字段。这包括，例如产品结构数据、尺寸数据、电气连接数据以及像测量范围和供源等产品属性。STEP 应用协议 212、221 和 231 仅定义了对象以及它们的相互关系。按本部分所述描述的属性可作为总的属性列表分配给一个对象。

在定义数据元素来填写建议的过程设备目录的数据结构时，本部分也同样与 GB/T 17564(数据元素类型定义)有关。然而，根据这样的安排来分类上述的元素，超出了本部分的范围，因为主要的目的是数据的结构化表示。实际上，根据本部分，许多元素已定义和出现在商业数据库中。

工业过程测量和控制　过程设备目录中的数据结构和元素　第1部分：带模拟和数字输出的测量设备

1　范围

GB/T 20818 的本部分定义了带模拟或数字输出的工业过程测量和控制设备的数据结构和元素。它适用于产品生产厂商提供的过程测量设备目录中的产品。

本部分也适用于作为今后涉及过程测量设备目录的所有标准的引用文档。另外，也可用作指导类似系统，例如，其他测量设备和执行器等有关过程设备文档未来相关标准的制定。

2　规范性引用文件

下列文件中的条款通过 GB/T 20818 的本部分的引用而成为本部分的条款。凡是注日期的引用文件，其随后所有的修改单(不包括勘误的内容)或修订版均不适用于本部分，然而，鼓励根据本部分达成协议的各方研究是否可使用这些文件的最新版本。凡是不注日期的引用文件，其最新版本适用于本部分。

GB/T 2423.10　电工电子产品环境试验　第二部分：试验方法　试验 Fc 和导则：振动(正弦)(GB/T 2423.10—1995，idt IEC 60068-2-6-1982)

GB/T 2423.22　电工电子产品环境试验　第2部分：试验方法　试验 N：温度变化(GB/T 2423.22—2002，IEC 60068-2-14：1984，IDT)

GB/T 2900.1—1992　电工术语　基本术语(neq IEC 60050)

GB/T 2900.35—1998　电工术语　爆炸性环境用电气设备(neq IEC 60050-426：1990)

GB/T 2900.56—2002　电工术语　自动控制(IEC 60050 (351)：1998，Electrotechnical terminology—Automatic control，IDT)

GB 4208—1993　外壳防护等级(IP 代码)(eqv IEC 60529：1989)

GB/T 6988.2　电气技术用文件的编制　第2部分：功能性简图(GB/T 6988.2—1997，idt IEC 61082-2：1993)

GB/T 6988.3　电气技术用文件的编制　第3部分：接线图和接线表(GB/T 6988.3—1997，idt IEC 61082-3：1993)

GB/T 14814—1993　信息处理　文本和办公系统　标准通用置标语言(SGML)(eqv ISO 8879：1986)

GB/T 17214.1　工业过程测量和控制装置工作条件　第1部分：气候条件(GB/T 17214.1—1998，idt IEC 60654-1：1993)

GB/T 17214.3　工业过程测量和控制装置的工作条件 第3部分：机械影响(GB/T 17214.3—2000，idt IEC 60654-3：1983)

GB/T 17614.1—1998　工业过程控制系统用变送器　第1部分：性能评定方法(idt IEC 60770：1984)

GB/T 17626.1～17626.12　电磁兼容　试验和测量技术(idt IEC 61000-4)

GB/T 18268　测量、控制和实验室用的电设备　电磁兼容性要求(GB/T 18268—2000,idt IEC 61326-1:1997,Amd.1:1998)

GB/T 18271.1～18271.4　过程测量和控制装置　通用性能评定方法和程序(idt IEC 61298-1～61298-4)

GB/T 18272.5　工业过程测量和控制　系统评估中系统特性的评定　第5部分:系统可信性评估(GB/T 18272.5—2000,idt IEC 61069-5:1994)

GB/T 20438(所有部分)　电气/电子/可编程电子安全系统的功能安全(GB/T 20438—2006,IEC 61508,IDT)

IEC 60751:1983　工业铂电阻温度计

IEC 61069-6　工业过程测量和控制　系统评估中系统特性的评定　第6部分:系统可操作性评估

IEC 82045-1:2001　文档管理　第1部分:原则和方法

3　术语和定义

定义在第5章中的数据结构所采用的命名法基于国际标准的术语和概念。为使本部分便于使用,资料性附录C含有带有定义和规范性引用的、按字母排序的术语列表。

第5章也包括所谓检索项。一个检索项是一个相关的名称或者概念,但不一定是一个同义词。它仅用于电子检索,并且不能代替首选项。检索项不包含在附录C中。

在第5章的每个术语都附有数据元素中输入的是什么的解释,这些解释是资料性的,并没有形成规范性定义。

4　元文档

4.1　概要

元文档描述了某一类过程测量设备的通用结构和数据元素(项)。通过生产厂商,它们用作过程设备目录中的产品范例和程序性说明。

元文档形成了一个与过程测量设备层次化分类相对应的文档层次。一个元文档可以存在于层次结构的每一层中,它描述了该层上所有设备通用的结构和数据元素(项)。低层的元文档继承了高层元文档的结构和数据元素(项)。

本部分基于图1给出的过程测量设备的分类图。过程测量设备可细分为连续测量设备(带模拟和数字输出)和极限检测设备(带二进制输出)。定义在第5章中的元文档定义了在层次结构的本层中的通用结构和数据元素(项)。

每一设备都被设计为用于测量一个或多个过程变量,如液位、压力、流量或温度。为了完整地定义技术数据,附加的数据元素,如流量表的前后直管段,必须加到从上层继承来的数据结构中。

用于测量特定过程变量的方法在层次结构中形成了一个更深的层次。流量可由差压变送器、变截面式流量计、电磁流量计等来测量。根据所使用的测量方法,附加的元素必须加入到数据结构中,以充分地描述其设备。图1中用阴影表示的部分,其附加元素已根据其测量方法定义。

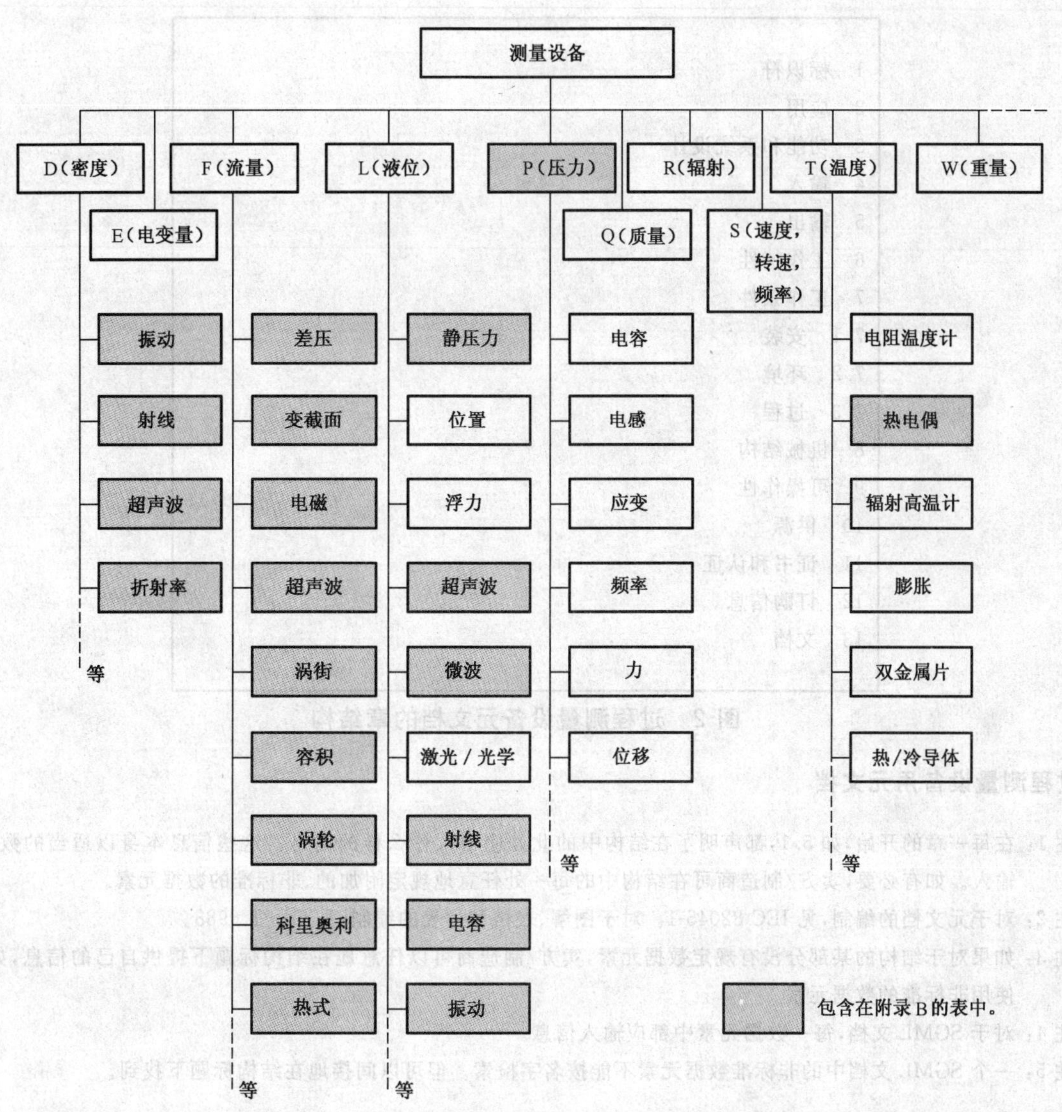

图 1 过程测量设备分类图

4.2 结构和元素的定义

对于所有的过程测量设备来说元文档各章结构如图 2 所示。

过程测量设备可以包含一个或以不同方式组合的多个模块,例如,对于温度,它可以由一个传感器(热电偶或电阻温度计)和一个温度变送器组成。这种模块化测量设备可以用相应设备类的数据结构来描述,可以是对整个设备,也可以是对单个的模块,这取决于制造商的选择。设备的结构以及各模块协调工作的方法在元文档第 3 章(功能和系统设计)中描述。

所有过程测量设备中共有的数据结构和元素(项)在本部分的第 5 章中描述。附录 D 中含有通过 SGML 和计算机支持的设备文档处理进行电子数据交换所需的文档类型定义(DTD)。

用于特定被测变量的测量设备的元文档汇总在附录 A 的表 A.1 中,附录 B 所包含的表考虑到了目前为止所采用的各种测量方法。这些表给出了用于所有文档的通用规范,也给出了用于不同类型测量设备的特定规范。如流量、液位、压力、温度和密度。特定测量设备和测量方法的术语和定义不属于本部分的范围,它们全部在资料性附录 B 中列出。

本部分应由设备制造商使用,制造商使用元文档并在每一章定义的结构和数据元素下组织其测量设备的技术数据。文档也可以包含照片和图样。

1 标识符
2 应用
3 功能和系统设计
4 输入
5 输出
6 工作特性
7 工作条件
7.1 安装
7.2 环境
7.3 过程
8 机械结构
9 可操作性
10 供源
11 证书和认证
12 订购信息
13 文档

图 2 过程测量设备元文档的章结构

5 过程测量设备用元文档

注 1：在每一章的开始，如 5.1，都声明了在结构中的此处应输入什么样的信息。这些信息本身以适当的数据元素输入。如有必要，卖方/制造商可在结构中的每一处任意地规定附加的、非标准的数据元素。

注 2：对于元文档的编制，见 IEC 82045-1。对于图解、表格和列表的编制，见 GB/T 6988。

注 3：如果对于结构的某部分没有规定数据元素，卖方/制造商可以任意地在结构标题下提供自己的信息，如，通过使用非标准的数据元素。

注 4：对于 SGML 文档，每一数据元素中都应输入信息。

注 5：一个 SGML 文档中的非标准数据元素不能按名字检索。但可以间接地在结构标题下找到。

5.1

标识符 identification

测量设备无歧义的标识符所需的信息应在此处规定。这些信息可以用图解来补充，如图样或照片。

5.1.1

文档标识符 document identification

文档的类型、代码号、必要时的修订号等。

5.1.2

出版日期 date of issue

本文档的出版日期。

注：鼓励卖方/制造商用有效期来补充该信息。

5.1.3

产品类型 product type

产品类型，如，电容式液位变送器，差压变送器，Pt100 热电阻，变截面式流量计。

5.1.4

产品名称 product name

测量设备在市场上销售的产品名称，包括合适的型号。

5.1.5

卖方/制造商　vendor/manufacturer

对测量设备负责的卖方/制造商名称，其地址为选项。

5.2

应用　application

这里规定设计测量设备的用途及使用它的原因。

5.3

功能和系统设计　function and system design

这里规定测量设备对物理量进行采集、处理和作为信号输出的方法。测量原理和测量设备的组成部件也应说明。应该使用 GB/T 17614.1—1998 附录 A 中所列的术语(变送器、表、指示器、开关、转换器和传感器)。如有必要，包含任何诊断功能的信号处理也应描述。

5.3.1

测量原理　measuring principle

为确定被测变量所使用的原理和被测物理量。

5.3.2

设备结构　equipment architecture

完成测量活动所使用的部件、设备、装配件或系统。

检索项：模块化。

5.3.3

通信和数据处理　communication and data processing

为与外部系统通信和完成复杂功能所使用的部件、硬件和软件。

5.3.4

气候等级　climate class

在操作(包括关机)、运输(通过陆地或海上)和储存期间，会使测量设备受影响的环境条件，如环境温度、压力和湿度，如 GB/T 17214.1 中所规定的。

5.3.5

可信性　dependability

在 GB/T 20438 中定义的设备可信性信息。其安排应遵照 GB/T 18272.5 中的规定。

5.3.5.1

可靠性　reliability

如有必要，平均无故障时间(MTBF)、故障容错、内部冗余等信息应在此处输入。

5.3.5.2

可维护性　maintainability

如有必要，为使设备正常操作和维护所需的任何专用工具、最小可替换元件和任何需要的消耗品应在此处输入。

5.3.5.3

完整性　integrity

如有必要，故障发现时确保设备输出的完整性的机制应在此处描述。

5.3.5.4

安全性　security

如有必要，任何测量或与认可标准的一致性或关于设备数据访问授权和保护的规章指南应在此处输入。

5.4

输入　input

被测变量的信息应在此输入,即,由测量所采集并指示的物理量、理化量或化学量及其大小。

5.4.1

被测变量　measured variable

通过设备要测定的变量。

对于多传感器仪表,应当定义各种主测量传感器和/或辅助传感器、后备主传感器。

5.4.2

测量范围　measuring range

设备设计的测量范围。

测量范围由范围上下限定义。在这一范围内,测量在5.6所规定的精度内进行。

另外,也可以根据被测物理量来规定范围上下限的调节范围或量程比。也可以用最大量程的百分比来表示,或者用绝对值或者用比值来表示。

注1:以测量范围来表示的方法是一种惯例,可以根据被测物理量和仪表类型的不同而不同。

注2:对于某些测量来说,必须规定测量范围的物理起始点的附加信息,例如,超声波液位测量。

注3:在对测量范围进行任何允许调整后,5.6中规定的精度必须适用,否则,必须声明相关的精度。

5.5

输出　output

被测变量处理之后,信息信号(输出)应在此规定。对于模拟和数字设备,输出信号的大小明确地表示了被测变量的大小。

当过程测量设备有多个输出时,每个都应描述。

5.5.1

输出信号　output signal

输出信号的类型和特征量。

输出信号可以是电的、机械的、水力的、气动的、光的、数字的等等。它可以在一个规定的范围内变化或者只是一个特定的值。如果输出是可以配置的,则应当描述可能的操作模式。

如果设备、元件或系统的输出是一个外部系统接口,那么物理层、传输速率、传输协议和主要信息参数也应规定。

示例1:4 mA～20 mA 模拟信号,可配置为二进制信号 8 mA /16 mA。

示例2:数字信号作为GB/T 17650的浮点数。

5.5.2

报警信号　signal on alarm

当过程测量设备发生故障时输出信号所呈现的值或状态。

5.5.3

负载　load

设备、元件或系统的输出由于连接有外部设备而存在的电的、光的、气动的、流体的或机械的负载。

5.6

性能特性　performance characteristics

关于在操作和参比条件下测量设备的精度和动态行为的规范应在此规定。

- 对带量程设置和模拟输出的测量设备,涉及精度的工作特性应相对于量程来表示。如果只有一个值被声明,它必须适用于所有允许的量程设置。
- 对于数字输出设备,特性应相对于读数或范围上限值来表示。

注1:参比条件见GB/T 18271.1。

注2：对性能试验及其结果表示的细节，见 GB/T 18271.1～18271.4 和 GB/T 17614.1，以及规范性引用文件中引用的试验标准。

5.6.1

最大测量误差 maximum measured error

最大测量误差由 GB/T 18271.2 中描述的方法确定。

5.6.2

回差 hysteresis

回差由 GB/T 18271.2 中描述的方法确定。

5.6.3

不重复性 non-repeatability

不重复性由 GB/T 18271.2 中描述的方法确定。不重复性与重复性误差是同义词。

注1：根据 GB/T 18271.2，设备的精度由 5.6.1、5.6.2 和 5.6.3 中规定的 3 个量来恰当地表示。如果需要，制造商也可用不精确度和回差、或非线性/不一致性、回差和死区来表示精度。在 SGML 结构的该层中没有包括这些选择。

注2：某些类型的过程测量设备也有标准的精度分类。这些应在较低层次上规定。

5.6.4

始动漂移 start-up drift

始动漂移由 GB/T 18271.2 中描述的方法确定。

5.6.5

长期漂移 long-term drift

长期漂移由 GB/T 18271.2 中描述的方法确定。

5.6.6

环境温度影响 influence of ambient temperature

环境温度改变对输出信号的影响由 GB/T 18271.3 中描述的方法确定。

注：GB/T 18271.2 以整个环境温度范围内的平均误差来表示这种影响。它也可以用在给定温度量程内量程的百分比来表示。

5.6.7

介质温度影响 influence of medium temperature

介质温度改变对输出信号的影响用与环境温度的影响相似方法来确定和表示。见 5.6.6。

对于没有直接接触过程介质的设备，如有必要，这一信息可以环境温度与过程温度之比的曲线的形式给出。否则，应当输入“不适用”。

5.6.8

建立时间 settling time

建立时间由 GB/T 18271.2 中描述的方法确定。

检索项：上升时间、响应时间。

5.7

工作条件 operating conditions

测量设备可以在其规定的精度内操作且工作特性不会永久性损害的条件应在此规定。正常工作条件、极限工作条件和储存、运输条件是有区别的，见附录 C。

5.7.1

安装 installation

安装条件，特别是要获得测量设备规定的性能的特殊前提条件应在此规定。

5.7.1.1

安装说明　installation instructions

简要的说明，如为了获得最佳性能，与测量设备安装有关的警告。这些可以包括方位、电缆长度、前后直管段（流量）、发射角（微波和超声波）等等。

5.7.1.2

启动条件　start-up conditions

在测量点为确保正确启动测量设备而应支持的条件。如果为避免例如过压或过热而必须采取预防措施的话，那么应当予以声明。

5.7.1.3

预热时间　warm-up time

在测量设备通电后达到其工作特性之前所需的时间。

注：尽管许多现代仪表的预热时间只有数秒，但有些系统要相当长的时间，如放射性液位测量和密度测量或温度测量（预热时间取决于整个温度计的响应时间，包括插入和套管）。

5.7.2

环境　environment

测量设备可以储存和在规定精度内操作而不永久性损害其工作特性的环境条件应在此规定。

5.7.2.1

环境温度范围 ambient temperature range

测量设备所设计的在规定精度内操作的环境温度范围。

检索项：正常操作温度、操作温度、正常温度范围、工作温度。

5.7.2.2

环境温度限　ambient temperature limits

在操作中测量设备应当遵从而不永久性损害工作特性的环境温度范围。

检索项：限定温度范围。

5.7.2.3

储存温度　storage temperature

测量设备可以安全地运输和储存的环境温度范围。

检索项：运输温度。

5.7.2.4

对温度变化的不敏感性　immunity to temperature change

测量设备不受环境温度变化影响的能力。

注：GB/T 2423.22 描述了模拟环境温度突然变化（试验 Na）和逐渐变化（Nb）的试验。使用的试验及其条件应当给出且符合标准。

检索项：热循环、温度周期变化。

5.7.2.5

抗冲击　shock resistance

测量设备抵挡突然性的机械负载且不永久性损害工作特性的能力，见 GB/T 18271.3 中的描述。

5.7.2.6

耐振动　vibration resistance

测量设备抵挡正弦波振动且不永久性损害工作特性的能力，见 GB/T 18271.3 中的描述。

5.7.2.7

电磁兼容性　electromagnetic compatibility

测量设备的电磁兼容性表示为或者是单个试验的结果，如 GB/T 17626 系列标准，或者是与一个特定标准的一致性,如合并了这些试验的 GB/T 18268。

测量设备的电磁兼容性可用单个试验的结果表示,如 GB/T 17626 系列标准规定,或者用符合某个特定标准的一致性表示,如汇总了电磁兼容性试验的 GB/T 18268。

检索项:电磁干扰、电磁不敏感性、RFI。

5.7.3

过程　process

测量设备可以在规定精度内操作和/或不会损害其工作特性所允许的过程条件应在此规定。

注 1:为了本部分的使用方便,术语"湿件"不仅是指直接接触过程介质的部件,同时也包括那些进入过程容器的非接触测量设备的部件。

注 2:如果一个数据元素与测量设备的特定部分不相关,则应注明:"不适用"。

5.7.3.1

过程温度范围　process temperature range

测量设备的湿件所设计的在规定精度内操作的温度范围。

5.7.3.2

过程温度限　process temperature limits

测量设备的湿件应当遵从而不永久性损害工作特性的温度范围。

注:如果短时间内允许更高的温度,如在过程中进行清洗,那么温度和所允许的时间长度应一起声明。

5.7.3.3

过程压力范围　process pressure range

测量设备的湿件所设计的在规定精度内操作的压力范围。

5.7.3.4

过程压力限　process pressure limits

测量设备的湿件应当遵从而不永久性损害工作特性压力范围。

注:对于温度测量,这并不是一个固定的值。最大压力取决于温度计的插入深度、过程温度、介质的粘度和流量等。对于水和气体的指导原则来说这些已经足够。

5.8

机械结构　mechanical construction

测量设备的机械结构应在此规定。与测量设备的使用直接相关的所有部件的细节应当给出,如过程连接、封装、湿件、电气连接、特殊的机壳(特殊材料、特殊型式)和附件。

5.8.1

设计　design

测量设备的设计,如紧凑型仪表、一体化变送器、19"插入卡等。

5.8.2

尺寸　dimensions

测量设备的基本尺寸。

注 1:尺寸至少应当以"长×宽×高"来表示,如有必要提供标尺寸的图样。

注 2:仪表安装所需的间隙也应指出。

注 3:有几个设备版本可用时,尺寸和重量可以一起给出,或者如有必要在 5.8.6 过程连接中给出。然后对这一结果的注明应在 5.8.2 和 5.8.3 中给出。

5.8.3

重量　weight

测量设备或其组成部件的重量。

5.8.4

材料 material

在设备结构中所用的材料，特别是与过程或环境接触的部件。

5.8.5

电气连接 electrical connection

关于测量设备电气连接条款的信息。

注：除设备外壳提供的防护等级和类型外，还可包括信号和电源电路的端子类型、电缆类型、电缆横截面、电缆护套、绝缘层等。

5.8.5.1

防护等级 degree of protection

外壳的侵入防护等级可按 GB 4208 的 IP 等级来表示，或者其他国际认可的外壳分类。

检索项：侵入防护、外壳分类。

5.8.5.2

防爆类型 type of protection

爆炸性气体环境用的外壳所提供的防爆类型，如 EEX ia，Exd。

5.8.6

过程连接 process connection

测量设备所用的过程连接类型，以公称通径、额定压力和标准来表示，见 5.8.2 注 3。

5.9

可操作性 operability

人机接口的设计、操作概念、结构和功能性的细节在此规定。操作元件、显示、外部系统（当允许人工操作时），测试和配置元件，如焊桥、DIP-开关、再调范围元件、手持终端、后备站等也应在此描述。

注：设备的可操作性也可按 IEC 61069-6 所述的那样评定和证明。

5.10

供源 power supply

不能取自输入信号，为维持测量设备功能的而提供的持久或短暂的能源，以及供源允差应在此规定。

示例：

电源：

- 电压；
- 频率；
- 谐波失真电平（交流电），残余纹波（直流电）；
- 功耗。

气源：

- 压力；
- 含油含尘量；
- 气源的露点；
- 空气消耗。

液压源

5.11

证书和认证 certificates and approvals

涉及测量设备的证书、认证和其他正式文档应在此规定，如法律要求、规章、技术指导、认证和测试证书等。

例如供电区域类别、海运许可证、卫生许可证、CE 标志等。

5.12

订购信息　ordering information

获得测量设备所需的信息应在此规定。通常这些信息汇总为定单的形式。设备类型的细节、软件和固件版本以及定购号也应给出。

5.13

文档　documentation

与测量设备相关的文档的目录应在此给出。如操作手册、组件和附属设备的规范等。

附 录 A
（规范性附录）
按测量设备的功能分类的数据项

表 A.1 汇总了第 5 章中按过程变量的功能定义的数据结构。

表 A.1

过程设备（测量设备）的分类和文档结构 02.11.2001		测量设备	流量	液位	压力	温度	密度
1	标识符						
	文档标识符						
	出版日期						
	产品类型						
	产品名称						
	卖方/制造商						
2	应用						
3	功能和系统设计						
	测量原理						
	设备结构						
	通信和数据处理						
	环境分类						
	可信性						
	可靠性						
	可维护性						
	完整性						
	安全性						
4	输入						
	被测变量						
	测量范围						
5	输出						
	输出信号						
	报警信号						
	负载						

表 A.1(续)

过程设备(测量设备)的分类和文档结构 02.11.2001	测量设备	流量	液位	压力	温度	密度
6 工作特性						
最大测量误差						
回差						
不重复性						
始动漂移						
长期漂移						
环境温度影响						
介质温度影响						
建立时间						
				取决于结构		
7 工作条件						
7.1 安装						
安装说明						
启动条件						
预热时间						
7.2 环境						
环境温度范围						
环境温度限						
储存温度						
对温度变化的不敏感性						
冲击强度						
振动阻力						
电磁兼容性						
7.3 过程						
过程温度范围						
过程温度限						
过程压力范围						
过程压力限						
8 机械结构						

表 A.1(续)

过程设备(测量设备)的分类和文档结构 02.11.2001	测量设备	流量	液位	压力	温度	密度
设计						
尺寸(长×宽×高)						
重量						
材料						
电气连接						
防护等级						
防爆类型						
过程连接						
9 可操作性						
10 供源						
11 证书和认证						
12 订购信息						
13 文档						

附　录　B
（资料性附录）
按测量原理的功能分类的数据项

下列各表中，对某一特定过程变量目前所能考虑到的每种测量原理安排为一列。文档结构和数据元素按行排列。

- 如果某“……设备”列以阴影表示，则相应的数据元素是从过程设备级继承来的：数据元素适用于所有的测量原理。
- 如果某设备列没用阴影表示，则该数据元素已加入到该结构中。如果随后的列有用阴影表示的，则它仅适用某一特定的测量原理。

B.1　对各种流量测量原理所建议的附加数据元素

流量测量设备的分类和文档结构 02.11.2001		流量设备	变截面	电磁	超声波	涡街	涡轮	科里奥利	热式	容积	差压
1	标识符										
	文档标识符										
	出版日期										
	产品类型										
	产品名称										
	卖主/制造商										
2	应用										
3	功能和系统设计										
	测量原理										
	设备结构										
	通信和数据处理										
	环境分类										
	可信性										
	可靠性										
	可维护性										
	完整性										
	安全性										
4	输入										
	被测变量										
	测量范围										

流量测量设备的分类和文档结构 02.11.2001		流量设备	变截面	电磁	超声波	涡街	涡轮	科里奥利	热式	容积	差压
5	输出										
	输出信号										
	报警信号										
	负载										
	信号分辨力										
	小流量切除										
6	工作特性										
	最大测量误差										
	回差										
	不重复性										
	始动漂移										
	长期漂移										
	环境温度影响										
	介质温度影响										
	雷诺数影响										
	介质压力影响										
	建立时间										
7	工作条件										
7.1	安装										
	安装说明										
	启动条件										
	预热时间										
	前后直管段										
	电缆长度										
7.2	环境										
	环境温度范围										
	环境温度限										
	储存温度										
	对温度变化的不敏感性										
	冲击强度										
	振动阻力										

流量测量设备的分类和文档结构 02.11.2001		流量设备	变截面	电磁	超声波	涡街	涡轮	科里奥利	热式	容积	差压
	电磁兼容性										
7.3	过程										
	过程温度范围										
	过程温度限										
	过程压力范围										
	过程压力限										
	聚集态										
	密度										
	粘度										
	电导率										
	雷诺数										
	气体含量										
	限定流量										
	压力损失										
	下游压力										
8	机械结构										
	设计										
	尺寸(长×宽×高)										
	重量										
	材料										
	电气连接										
	防护等级										
	防爆类型										
	激励线圈绝缘种类										
	过程连接										
9	可操作性										
10	供源										
11	证书和认证										
12	订购信息										

流量测量设备的分类和文档结构 02.11.2001	流量设备	变截面	电磁	超声波	涡街	涡轮	科里奥利	热式	容积	差压
13　文档										

B.1.1　输出

B.1.1.1　信号分辨力

输出信号的分辨力。

B.1.1.2　小流量切除

测量范围中，从范围下限值起，输出信号等于范围下限值(零点)的区间。

B.1.2　工作特性

B.1.2.1　雷诺数影响

由于流量的雷诺数变化而引起的范围下限值(零点)和/或量程的变化。

B.1.2.2　上升时间

从10%～90%的上升时间，见GB/T 18271.2、GB/T 2900.56—2002中351.14.41中的定义。

B.1.2.3　介质压力影响

由于流体的静压的变化而引起的工作范围下限值(零点)和/或量程的变化。

B.1.3　安装

B.1.3.1　前后直管段

一次设备的上下游管道部分，其轴线是直的且横截面的面积和形状是不变的。

B.1.3.2　电缆长度

一次设备与二次设备间的电缆的最大长度。

B.1.4　过程

B.1.4.1　聚集态

流体允许的聚集状态(如液体、气体和蒸汽)。

B.1.4.2　密度

保证设备在规定精度内工作的介质的密度范围。

B.1.4.3　粘度

保证设备在规定精度内工作的介质的粘度范围。

B.1.4.4　电导率

保证设备在规定精度内工作的介质的最小电导率。

B.1.4.5　雷诺数

保证设备在规定精度内工作的流量的雷诺数范围。

B.1.4.6　气体含量

保证设备在规定精度内工作的流体的最大气体含量。

B.1.4.7　限定流量

保证一次设备不会损害而必须要求的流量计的最大流速。

B.1.4.8　压力损失

由于管道中一次设备的存在而引起的不可避免的压力损失。

B.1.4.9　下游压力

保证一次设备不会损害而必须要求的最小下游静压(气穴现象)。

B.1.5 机械结构

B.1.5.1 激励线圈绝缘种类

一次设备的激励线圈绝缘种类。

B.2 对各种液位测量原理所建议的附加数据元素

液位测量设备的分类和文档结构 02.11.2001		液位设备	静压力	超声波	微波/雷达	电容	射线	振动
1	标识符							
	文档标识							
	出版日期							
	产品类型							
	产品名称							
	卖主/制造商							
2	应用							
3	功能和系统设计							
	测量原理							
	设备结构							
	通信和数据处理							
	环境分类							
	可信性							
	可靠性							
	可维护性							
	完整性							
	安全性							
4	输入							
	被测变量							
	测量范围							
	截止距离							
	工作频率							
5	输出							
	输出信号							
	报警信号							
	负载							
	信号分辨力							

液位测量设备的分类和文档结构 02.11.2001		液位设备	静压力	超声波	微波/雷达	电容	射线	振动
6	工作特性							
	最大测量误差							
	回差							
	不重复性							
	始动漂移							
	长期漂移							
	环境温度影响							
	介质温度影响							
	建立时间							
7	工作条件							
7.1	安装							
	安装说明							
	启动条件							
	预热时间							
	发射角							
7.2	环境							
	环境温度范围							
	环境温度限							
	储存温度							
	对温度变化的不敏感性							
	冲击强度							
	振动阻力							
	电磁兼容性							
7.3	过程							
	过程温度范围							
	过程温度限							
	热冲击阻抗							
	过程压力范围							
	过程压力限							
	粘度							

液位测量设备的分类和文档结构 02.11.2001	液位设备	静压力	超声波	微波/雷达	电容	射线	振动
电导率							
电容率							
8 机械结构							
设计							
尺寸(长×宽×高)							
重量							
材料							
电气连接							
防护等级							
防爆类型							
激励线圈绝缘种类							
过程连接							
9 可操作性							
10 供源							
11 证书和认证							
12 订购信息							
13 文档							
		取决于工作模式					

B.2.1 输入

B.2.1.1 截止距离

位于超声波传感器下技术上不可能测量的直接距离。

B.2.1.2 工作频率

测量设备工作时的频率。

B.2.2 输出

B.2.2.1 信号分辨力

输出信号的分辨力。

B.2.3 工作特性

B.2.3.1 介质压力影响

由于流体静压的变化引起的工作范围下限值(零点)和/或量程的变化。

B.2.4 安装

B.2.4.1 发射角

辐射源发射射线的立体角度。

B.2.5 过程

B.2.5.1 抗热冲击

测量设备抵挡过程介质温度急剧变化的能力。

注：GB/T 2423.22 中的试验 Nc 模拟了过程介质温度的急剧变化，需要根据此标准来提出试验条件。

B.2.5.2 粘度

设备在规定的精度下工作的介质的粘度范围。

B.2.5.3 电导率

设备在规定精度下工作的最小介质电导率。

B.2.5.4 介电常数

设备在规定精度下工作的介电常数范围。

B.3 对各种压力测量原理所建议的附加数据元素

压力测量设备的分类和文档结构 02.11.2001	压力设备	相对/绝对	差分
1　　标识			
文档标识			
出版日期			
产品类型			
产品名称			
卖主/制造商			
2　　应用			
3　　功能和系统设计			
测量原则			
设备结构			
通信和数据处理			
环境分类			
可信性			
可靠性			
可维护性			
完整性			
安全性			
4　　输入			
被测变量			
测量范围			

压力测量设备的分类和文档结构 02.11.2001		压力设备	相对/绝对	差分
	最大量程			
	量程比			
5	输出			
	输出信号			
	报警信号			
	过载信号			
	负载			
6	工作特性			
	最大测量误差			
	精度			
	回差			
	不重复性			
	始动漂移			
	长期漂移			
	环境温度影响			
	介质温度影响			
	介质压力影响			
	安装位置影响			
	电源电压影响			
	电磁干扰影响			
	负载影响			
	建立时间			
7	工作条件			
7.1	安装			
	安装说明			
	启动条件			
	预热时间			
	发射角			
7.2	环境			
	环境温度范围			

压力测量设备的分类和文档结构 02.11.2001		压力设备	相对/绝对	差分
	环境温度限			
	储存温度			
	对温度变化的不敏感性			
	冲击强度			
	振动阻力			
	电磁兼容性			
7.3	过程			
	过程温度范围			
	过程温度限			
	热冲击阻抗			
	过程压力范围			
	静压范围			
	过程压力限			
	静压限			
	过压限			
8	机械结构			
	设计			
	尺寸(长×宽×高)			
	重量			
	材料			
	电气连接			
	防护等级			
	防爆类型			
	过程连接			
9	可操作性			
10	供源			
11	证书和认证			
12	订购信息			
13	文档			

B.3.1 输入

B.3.1.1 最大量程

变送器的最大量程应该规定为一个带有相关单位的值。

注：最大量程定义了最大校准范围，为此，校准范围由工作范围下限 LRV 和工作范围上限 URV 定义。URV 和 LRV 这两个值都不会超出由测量范围规定的范围下限 LRL 和/或范围上限 URL。

这样的话，最大量程可视为正常值，其他可能的更大的量程也可以，但只能作为扩展的值（见示例）。最大量程也被用来定义参比校准范围。

示例：

——差压变送器

最大量程：1 000 kPa(10 bar)

参比范围：0 kPa～1 000 kPa(0 bar～10 bar)

扩展量程：2 000 kPa(20 bar)[范围±1 000 kPa(10 bar)]

——表压力变送器

最大量程：1 000 kPa(10 bar)

参比范围：0 kPa～1 000 kPa(0 bar～10 bar)

扩展量程：1 100 kPa(11 bar)

[范围：−100 kPa～1 000 kPa(−1 bar～10 bar)]

有 1.5 kPa(15 mbar)abs 的输入压力限定

——绝对压力变送器

最大量程：1 000 kPa(10 bar)

参比范围：0 kPa～1 000 kPa(0 bar～10 bar)

扩展量程：不适用

有 10 Pa(0.1 mbar)abs 的输入压力限定

B.3.1.2 量程比

量程比是最大量程与校准量程之比。

量程比可规定为：

——参考值；

——正常范围；

——扩展值范围。

如果没有其他的限制，量程比的值定义了所有允许的变送器的标定，对于任何范围，URV 和 LRV 都不应超过 URL 和/或 LRL。

可以连续的调整量程比或用间断的步长调整量程比。如果这样，调整的步长应当规定。

示例：差压变送器

参考量程比：1；

正常范围：1～10；

扩展范围：0.5～1；10～30。

B.3.2 输出

B.3.2.1 过载信号（过范围）

当输入压力超过变送器范围上下限时输出信号所设定的值。

B.3.3 工作特性

B.3.3.1 精度（不精确度）

不精确度见 GB/T 18271.2 中的定义，即，包括非线性误差、不重复性和回差。

注：如果精度以这一方法声明，那么精度可在“最大测量误差”中输入。

B.3.3.2 上升时间

如 GB/T 18271.2 和 GB/T 2900.56—2002 中 351.14.41 所定义的从 10%～90%的上升时间。

B.3.3.3 介质压力影响

由于流体的静压变化而引起的工作范围下限(零点)和/或量程的变化。

B.3.3.4 安装位置影响

如 GB/T 18271.3 中所定义的安装位置的变化对测量的影响。

B.3.3.5 供电电压影响

如 GB/T 18271.3 中所定义的供电电压变化对测量的影响。

B.3.3.6 负载影响

如 GB/T 18271.3 中所定义的输出负载变化对测量的影响。

B.3.3.7 电磁干扰影响

如 GB/T 18271.3 中所定义的电磁干扰对测量的影响。

B.3.4 工作条件/过程

B.3.4.1 静压范围

差压变送器所设计的在其规定精度下操作的静压范围。

B.3.4.2 静压限

差压变送器应当遵从而不永久性损害工作特性的静压范围。

B.3.4.3 过压限

压力变送器应当遵从而不永久性损害工作特性的的峰值压力。

B.4 对各种温度测量原理所建议的附加数据元素

温度测量设备的分类和文档结构 02.11.2001		温度设备	热电阻	热电偶
1	标识符			
	文档标识符			
	出版日期			
	产品类型			
	产品名称			
	卖主/制造商			
2	应用			
3	功能和系统设计			
	测量原理			
	设备结构			
	通信和数据处理			
	环境分类			
	可信性			
	可靠性			
	可维护性			
	完整性			

温度测量设备的分类和文档结构 02.11.2001		温度设备	热电阻	热电偶
	安全性			
4	输入			
	被测变量			
	测量范围			
	传感器类型			
	传感器连接			
	绝缘电阻			
5	输出			
	输出信号			
	报警信号			
	负载			
	线性化			
6	工作特性			
	最大测量误差			
	回差			
	不重复性			
	始动漂移			
	长期漂移			
	环境温度影响			
	介质温度影响			
	建立时间			
	上升时间			
	热响应时间			
7	工作条件			
7.1	安装			
	安装说明			
	启动条件			
	预热时间			
	发射角			

温度测量设备的分类和文档结构 02.11.2001	温度设备	热电阻	热电偶
7.2 环境			
环境温度范围			
环境温度限			
储存温度			
对温度变化的不敏感性			
冲击强度			
振动阻力			
电磁兼容性			
7.3 过程			
过程温度范围			
过程温度限			
过程压力范围			
过程压力限			
8 机械结构			
设计			
尺寸(长×宽×高)			
重量			
材料			
电气连接			
防护等级			
防爆类型			
过程连接			
9 可操作性			
10 供源			
11 证书和认证			
12 订购信息			
13 文档			

B.4.1　输入

B.4.1.1　传感器类型

根据 IEC 60751 的电阻温度计类型或根据 GB/T 16839 的热电偶类型。

B.4.1.2　传感器连接

传感器连接类型，如 2 线制、3 线制或 4 线制的热电阻或插入式热电偶等各类。

B.4.1.3　绝缘电阻

在环境温度或高温下用规定测量电压在电路的各个部分与外壳之间测得的电阻值。

B.4.2　输出

B.4.2.1　线性化

用于线性化电阻温度计或热电偶的输入以得到线性温度(或与温度成比例的电信号)输出的方法。

B.4.3　工作特性

B.4.3.1　上升时间

如 GB/T 18271.2、GB/T 2900.56—2002 中 351.14.41 定义的从 10%～90%的上升时间。

B.4.3.2　热响应时间

在 0.4 m/s 流速的流水中和 3m/s 流速的气体中的热响应时间 t_{05}。

B.5　对于各种密度测量原理所建议的附加数据元素

	密度测量设备的分类和文档结构 02.11.2001	密度设备	振动	射线	超声波	折射率
1	标识符					
	文档标识符					
	出版日期					
	产品类型					
	产品名					
	卖主/制造商					
2	应用					
3	功能和系统设计					
	测量原理					
	设备结构					
	通信和数据处理					
	环境分类					
	可信性					
	可靠性					
	可维护性					
	完整性					
	安全性					

	密度测量设备的分类和文档结构 02.11.2001	密度设备	振动	射线	超声波	折射率
4	输入					
	被测变量					
	测量范围					
5	输出					
	输出信号					
	报警信号					
	负载					
6	工作特性					
	最大测量误差					
	回差					
	不重复性					
	始动漂移					
	长期漂移					
	环境温度影响					
	介质温度影响					
	介质压力影响					
	建立时间					
7	工作条件					
7.1	安装					
	安装说明					
	启动条件					
	预热时间					
	电缆长度					
7.2	环境					
	环境温度范围					
	环境温度限					
	储存温度					
	对温度变化的不敏感性					
	冲击强度					
	振动阻力					

密度测量设备的分类和文档结构 02.11.2001		密度设备	振动	射线	超声波	折射率
	电磁兼容性					
7.3	过程					
	过程温度范围					
	过程温度限					
	过程压力范围					
	过程压力限					
	聚集态					
	密度					
	粘度					
	气体含量					
8	机械结构					
	设计					
	尺寸(长×宽×高)					
	重量					
	材料					
	电气连接					
	防护等级					
	防爆类型					
	过程连接					
9	可操作性					
10	供源					
11	证书和认证					
12	订购信息					
13	文档					

B.5.1 工作特性

B.5.1.1 介质压力影响

由于流体的静压变化引起的工作范围下限(零点)和/或量程的变化。

B.5.2 安装条件

B.5.2.1 电缆长度

在一次设备和二次设备间的最大电缆长度。

B.5.3 过程条件

B.5.3.1 聚集态

流体允许的聚集状态(如液体、气体、蒸汽)。

B.5.3.2 密度

保证设备在规定精度下操作的介质密度的范围。

B.5.3.3 粘度

保证设备在规定精度下操作的介质粘度的范围。

B.5.3.4 空气容量

保证设备在规定精度下操作的流体的最大空气容量。

附 录 C
（资料性附录）
按字母排序的术语、定义和来源

C.1

环境温度　ambient temperature

在就地环境下，包括邻近的发热设备，在具有代表性的某点上所测得的温度，在此温度下测量和控制设备都能够正常地操作、储存和运输。

C.2

环境温度限　ambient temperature limits

设备应当遵从而不永久性损害其工作特性的环境温度的范围。

注：工作特性可能超出正常操作限与操作温度限之间的范围。

C.3

环境温度范围　ambient temperature range

设备所设计的在规定精度下操作的环境温度的范围。

C.4

模拟信号　analogue signal

其信息参数可表示为给定连续范围内任一值的信号。

[GB/T 2900.56—2002 中 351.12.18]

C.5

二进制信号　binary signal

其信息参数可表示为两个离散值之一的数字信号。

[GB/T 2900.56—2002 中 351.12.20]

C.6

气候等级　climate class

测量设备在操作(包括关机)、运输和储存(陆地或海上)期间应当遵从的气候条件，如环境温度、压力和湿度，可能会受到影响。GB/T 17214.1—1998 定义了与环境分类有关的 4 种场所的分级：

- A 级：装有空调设备的场合
  气温和湿度都控制在规定的限度内的场合。
- B 级：封闭的制热和/或制冷设备的场合
  只有气温控制在规定的限度内的场合。
- C 级：受保护的场合
  温度和湿度不受控制的场合。设备受到保护，以避免暴露在阳光、雨或其他降水以及强烈的风压下。
- D 级：室外场合
  温度和湿度不受控制的场合。设备暴露在室外大气条件下，例如阳光的直射、雨、冰雹、雨夹雪、雪、结冰、风以及流沙。

不同场合分级准确的环境条件见 GB/T 17214.1。

C.7

防护等级　degree of protection

为提供以下防护而适用于电子仪器外壳的衡量标准：

- 人身防护,避免接触和接近有电部件、接触运动机件(除了光滑的转轴等)以及仪器避免外部固态物体进入机壳内部的防护。
- 仪器防护,避免水有害侵入机壳内部。

[GB 4208—1993]

C.8

数字信号　digital signal

其信息参数可表示为离散值集合中任一值的信号。

[GB/T 2900.56—2002 中 351.12.19]

C.9

漂移　drift

并非由设备外部影响导致的,经过一段时间后,设备的输入一输出关系逐渐发生的不期望的变化。

C.10

电磁兼容性　electromagnetic compatibility

测量设备在给定的电磁环境下正确地运行,而不受它自身的所谓环境及其相关设备影响的能力。

C.11

环境条件 environmental conditions

为使功能单元受到保护或正确地操作所需的环境参数值的规范。

- 例如环境参数是温度、湿度、振动、冲击、爆炸性危险区域以及灰尘。
- 一种环境条件通常规定为标称值和允差范围。
- 对于某一设备,可能会有多组环境条件,比如运输、储存和操作各一组。

[GB/T 2900.1—1992 中 5.4.5]

C.12

环境影响　environmental influence

在其他条件均保持不变时,仅单独地由一个规定环境条件的偏离而引起的仪表的输出相对于其参比值的改变。

C.13

回差　hysteresis

装置或仪表依据施加输入值的方向顺序给出对应于其输入值的不同输出值的特性。

[GB/T 18271.2—2000]

C.14

环境温度影响 influence of ambient temperature

由环境温度从其参比温度到环境温度限的变化所引起的零点(工作范围下限)和/或量程的变化。

C.15

输入变量　input variable

由外部施加到系统上且与该系统的其他变量无关的变量。

[GB/T 2900.56—2002 中 351.12.03]

C.16

长期漂移　long-term drift

30 天以来监视到的输出在量程 90%处的漂移。

[GB/T 18271.2—2000]

C.17

最大测量误差　maximum measured error

每一测量点上上行程或下行程平均值的最大的正或负误差值。

[GB/T 18271.1—2000]

C.18

被测变量 measured variable

被测量的数量、特性或者状态。

C.19

测量范围 measuring range

由两个极限值限定的数值范围，在此范围内可按规定的精度测量变量。

[GB/T 2900.56—2002 中 351.12.35]

注：极限值通常被称为范围上限和范围下限。

C.20

不重复性(重复性误差) non-repeatability (repeatability error)

在相同的工作条件下，以相同的输入值从一个方向做全范围移动时，在短时间内对输出做多次连续测量取得的极限值之间的代数差。

它经常以量程的的百分比表示，并且不包括回差和漂移。

[GB/T 18271.2—2000]

C.21

正常工作条件 normal operating conditions

设备所设计的在规定性能限度内工作的工作条件范围。

C.22

工作条件 operating conditions

设备受到制约的条件，不包括设备处理的变量。

工作条件的例子包括：环境压力、环境温度、电磁场、重力、倾度、电源变化(电压、频率和声学)、辐射、冲击和震动。在这些条件中，要同时考虑静态和动态的变化(见 GB/T 17214)。

C.23

操作限制 operating limits

设备应当遵从而不会永久性损害工作特性的工作条件范围。

- 通常，工作特性并不规定正常工作条件的限制和操作限制之间的区域。
- 回到正常工作条件的限制内，设备可能需要调整以恢复正常的性能。
- 用于储存、运输和操作的限制条件可能会有不同。

C.24

输出变量 output variable

由系统送出的变量。

[GB/T 2900.56—2002 中 351.12.04]

C.25

性能特性 performance characteristics

在静态和动态条件下或作为特定试验的结果，确定装置的功能和能力的有关参数及其定量的表述。

C.26

能源 power source

主要的资源，通常是交流电，它为系统提供能量。

C.27

供源设备 power supply device

一个单独的单元，它可以将能源的能量的形式进行转换、调整、整定或其他变换，为系统或系统元件提供合适的能量，以进行测量和控制。

C.28

可调范围　rangeability

最大量程与最小量程的比值，这样，仪表可以在规定的精度等级内进行调整。

示例：如果一个设备的量程可以从 10 调整到 90，则它的可调范围是 90/10＝9。

C.29

参比工作条件　reference operating conditions

环境条件变化对设备的影响可忽略不计的工作条件的范围。

C.30

响应时间(热量)　response time(thermal)

对于温度的阶跃变化，温度计按规定的百分数所需的响应时间。要规定响应时间，需要声明：

- 响应百分比(通常是 50％ 或 90％)。
- 试验介质和流量条件(通常，水是 0.4 m/s，空气是 3 m/s)。

[IEC 60751:1983]

C.31

上升时间　rise time

对于一个阶跃响应，从输出变量达到最终稳态值与初始稳态值之差的一个规定小百分数的瞬间起，至第一次达到该差的一个规定大百分数的瞬间止的持续时间间隔。

注：5％～95％或者 10％～90％为常用值。

[GB/T 2900.56—2002 中 351.14.41]

C.32

建立时间　settling time

从一个输入变量发生阶跃变化的瞬间起，至输出变量偏离其最终稳态值与初始稳态值之差不超过规定允差(本部分为 1％)的瞬间止的持续时间间隔。

[GB/T 2900.56—2002 中 351.14.43]

C.33

冲击　shock

由于打击、撞击、碰撞、震荡或猛烈摇动引起的突然性非周期运动。

有两种方法测量冲击：

- 第一种方法是规定一个加速度或减速度的值及其持续时间。
- 第二种方法是规定一个自由落体到一个指定平台表面的高度。

C.34

信号　signal

一种物理量，其一个或多个参数载有信号表示一个或多个变量的信息。

注：这些参数称为“信息参数”。

[GB/T 2900.56—2002 中 351.12.16]

C.35

量程(测量量程)　span(measuring span)

测量范围两个极限值之差的绝对值。

[GB/T 2900.56—2002 中 351.12.36]

C.36

标准化信号　standardized signal

具有标准工作范围上下限的信号。

示例：4 mA～20 mA 直流，20 kPa～100 kPa。

C.37

始动漂移 start-up drift

接通电源后，超过 4 h 所监测到的输出的漂移。

[GB/T 18271.2—2000]

C.38

储存和运输条件 storage and transportation conditions

设备在建造和运行之间应当遵从的规定条件。

- 在储存和运输期间，设备不起作用且受适当的保护和/或被包装起来，以满足规定的条件限制，从而设备不会损坏或没有性能上的降低。

C.39

储存温度 storage temperature

设备在建造和运行之间应当遵从的环境温度。

C.40

防爆类型 type of protection

适用于电子仪器的特定衡量标准，以避免该仪器周围的爆炸性空气被引燃。

[GB/T 2900.35—1998 中 426.01.02]

C.41

预热时间 warm-up time

设备供给能量后，在其评定的工作特性适用前所需的时间。

C.42

振动 vibration

周期性的运动，摆动、旋转，或两者都有，通常具有明显的基本频率。

典型的实例是旋转机械的振动。

C.43

振动阻力 vibration resistance

振动阻力表示了测量设备在不永久性损害工作特性的情况下能够承受的给定强度的正弦振动范围。强度由 4 个参数决定：频率、范围、振幅和加载时间。

[GB/T 2423.10—1995]

C.44

零点调整 zero adjustment

仪表提供的使输入一输出曲线平行移动的方法。

[GB/T 17614.1—1998]

附 录 D
（规范性附录）
文档类型定义（DTD）和采用 SGML 表示法的元文档

D.1 文档类型定义

```
<! SGML "GB/T 14814—1993"
    --
        This SGML declaration supports the core concrete syntax described in GB/T 14814—
        1993. Short references are not supported, and the only "features" supported are OMIT-
        TAG and SHORTTAG (both are resolved when an SGML is retrieved via File:Open).
    --
CHARSET
    BASESET "GB/T 1988—1989//CHARSET International Reference Version (IRV)//ESC 2/5 4/0"
    DESCSET
        0       9       UNUSED
        9       2       9
        11      2       UNUSED
        13      1       13
        14      18      UNUSED
        32      95      32
        127     1       UNUSED
CAPACITY
    PUBLIC "GB/T 14814—1993//CAPACITY Reference//EN"
SCOPE
    DOCUMENT
SYNTAX
    SHUNCHAR CONTROLS 0 1 2 3 4 5 6 7 8 9 10 11 12 13 14 15 16
             17 18 19 20 21 22 23 24 25 26 27 28 29 30 31 127 255
    BASESET "GB/T 1988—1989//CHARSET International Reference Version (IRV)//ESC 2/5 4/0"
    DESCSET
        0       128     0
    FUNCTION
        RE                      13
        RS                      10
        SPACE                   32
        TAB       SEPCHAR       9
    NAMING
        LCNMSTRT    " "
        UCNMSTRT    " "
        LCNMCHAR    "-."
```

```
            UCNMCHAR      "-. "
            NAMECASE      GENERAL         YES
                          ENTITY          NO
        DELIM
            GENERAL       SGMLREF
            SHORTREF      NONE
        NAMES             SGMLREF
            QUANTITY      SGMLREF

                                  --  ==========================================  --
                                  --   REFERENCE    WordPerfect SGML              --
                                  --     VALUE         MAX VALUE                  --
                                  --  ==========================================  --
            ATTCNT           40   --      40        80
            ATTSPLEN        960   --     960        2048                          --
            BSEQLEN         960   --     960        960(IGNORED)                  --
            DTAGLEN          16   --      16         16(IGNORED)                  --
            DTEMPLEN         16   --      16         16(IGNORED)                  --
            ENTLVL           16   --      16        32                            --
            GRPCNT           32   --      32        256                           --
            GRPGTCNT         96   --      96        512                           --
            GRPLVL           16   --      16        32                            --
            LITLEN         2048   --     240        2048                          --
            NAMELEN          32   --       8        100                           --
            NORMSEP           2   --       2        2                             --
            PILEN           240   --     240        240(IGNORED)                  --
            TAGLEN          960   --     960        2048                          --
            TAGLVL           24   --      24        80                            --
      FEATURES
        MINIMIZE
            DATATAG       NO
            OMITTAG       YES
            RANK          NO
            SHORTTAG      NO
        LINK
            SIMPLE        NO
            IMPLICIT      NO
            EXPLICIT      NO
        OTHER
            CONCUR        NO
            SUBDOC        NO
            FORMAL        NO
```

```
APPINFO
    NONE
>
<! -- Version 1.0
IEC-Metadocument-DTD
PGB 14.7.98
-->


<! DOCTYPE metadocument[
<! -- PUBLIC ENTITIES included jug 27.01.1996 -->

<! ENTITY % ISOpub PUBLIC
  "GB/T 14814—1993//ENTITIES Publishing//EN" >
<! ENTITY % ISOnum PUBLIC
  "GB/T 14814—1993//ENTITIES Numeric and Special Graphic//EN" >
<! ENTITY % ISOtech PUBLIC
  "GB/T 14814—1993//ENTITIES General Technical//EN" >
<! ENTITY % ISOdia PUBLIC
  "GB/T 14814—1993//ENTITIES Diacritical Marks//EN" >
<! ENTITY % ISOlat1 PUBLIC
  "GB/T 14814—1993//ENTITIES Added Latin 1//EN" >
<! ENTITY % ISOlat2 PUBLIC
  "GB/T 14814—1993//ENTITIES Added Latin 2//EN" >
<! ENTITY % ISOamso PUBLIC
  "GB/T 14814—1993//ENTITIES Added Math Symbols：Ordinary//EN" >
<! ENTITY % ISOgrk1 PUBLIC
  "GB/T 14814—1993//ENTITIES Greek Letters//EN" >
<! ENTITY % ISOgrk3 PUBLIC
  "GB/T 14814—1993//ENTITIES Greek Symbols//EN" >
%ISOpub；%ISOnum；%ISOtech；%ISOdia；%ISOlat1；%ISOlat2；%ISOamso；%ISOgrk1；%
ISOgrk3；

<! NOTATION cgmchar PUBLIC "GB/T 15121.2—1994//NOTATION Information
                            processing systems—Computer Graphics—
                            Metafile for the storage and transfer of
                            picture description information—
                            Part 2：Character encoding//EN"      >
<! NOTATION fax      PUBLIC "CCITT VII.3 T 6//NOTATION Blue book -
                            Terminal equipment and protocols for
                            telematic services—Facsimile encoding
                            Schemes and coding control functions for
                            Group4facsimile apparatus//EN"      >
```

```
<! ENTITY % p. em. ph "hp1|hp2|hp3|hp4|hp0|cit"        --Emphasized phrases -- >
<! ENTITY % ps. elem "artwork"                  -- Other elements      -- >
<! ENTITY % p. zz. ph "(%p. em. ph;) | (%ps. elem;)"
                                                        -- All phrases -- >
<! ENTITY % m. ph "(#PCDATA | (%p. zz. ph;)) * "       -- phrase model-- >
<! ENTITY % ps. zz "%ps . elem; "
                                                        -- Para/sect subelements -- >
<! ENTITY % s. p. d       "p | fig"          --     Simple paragraphs      -- >
<! ENTITY % s. zz       "(%s. p. d;) | (%ps. zz;)"     -- Section subelements     -- >
<! ENTITY % m. pseq "(p, ((%s. p. d;) | (%ps. zz;)) * )"       -- Paragraph sequence -- >
        <! -- Includable Subelements -- >

<! ELEMENT metadocument - - (frontm, body)
        -- the whole document -- ><? Pub Caret>
<! --      ELEMENTS               MIN   CONTENT        (EXCEPTIONS)                    -- >
<! ELEMENT (%p. em. ph;)          - -   %m. ph;                    --Emphasized phrases -- >
<! ELEMENT p                      o o   ((%m. ph;) * )                     -- Paragraphs -- >
<! ELEMENT fig                    - -   (figbody, (figcap, figdesc?)?)         -- figure -- >
<! ELEMENT figbody                o o   (figcomm?, (%s. zz;) * )          -- Figure body -- >
<! ELEMENT figcomm                - o   %m. ph;                        -- Figure comment -- >
<! ELEMENT figcap                 - o   %m. ph;                        -- Figure caption -- >
<! ELEMENT figdesc                - o   %m. pseq;                  -- Figure description -- >
<! ELEMENT artwork                - o   EMPTY >
<! ATTLIST artwork                      name       CDATA #REQUIRED        >
<! ENTITY % freetext         "%m. pseq"
    -- element description of a free text (3300 conform, but only emphasized phrases)    -- >

<! --     ELEMENTS                MIN   CONTEXT        (EXCEPTIONS)                    -- >
<! ELEMENT frontm                 - -   (title,version,date,author) -- frontmatter Informations -- >
<! ELEMENT title                  - -   (#PCDATA)                       -- title of document -- >
<! ELEMENT version                - -   (#PCDATA)                     -- version of document -- >
<! ELEMENT date                   - -   (#PCDATA)               --creation date of document -- >
<! ELEMENT author                 - -   (#PCDATA)                      -- author of document -- >
<! ELEMENT body                   - -   (superdocument?, chapterdescription * )
                                        -- the body that really describes the meta document -- >
<! ELEMENT superdocument          - -   (#PCDATA)
                     -- the title of the preceding (in a sense of superclass) metadocument -- >
<! ELEMENT chapterdescription     - -   (chaptertitle, chaptercontentsdescription, chaptercontents)
                                                            -- description of one chapter -- >

<! ATTLIST chapterdescription
                      chapternumber NUMBER      #IMPLIED
                      isinherited (yes | no)       no
```

```
                                        -- the number (in the actual level) of the chapter
-->
<! ELEMENT chaptertitle         - -      (#PCDATA)           -- the title of the chapter -->
<! ELEMENT chaptercontentsdescription      - -(%freetext;)
                   -- the informal description of the meaning of the contents of the chapter -->
<! ELEMENT chaptercontents       - -
((contentelementdescription | chapterdescription) * )
 -- the description of the contents of a chapter, can contain content elements and sub chapters -->
<! ELEMENT contentelementdescription - - (contentelementname, contentdescription, synonym * ,
contentelementdescription * )                          -- the description of an element in a chapter -->
<! ATTLIST contentelementdescription contenttype (datafield | figure | text | numeric | interval |
undefined)       "undefined"
            isinherited (yes | no)       no                  -- the possible contents      -->
<! ELEMENT contentelementname - - (#PCDATA)                        -- name of the element -->
<! ELEMENT contentdescription       - - (%freetext;)
                              -- the informal description of the meaning of the contents -->
<! ELEMENT synonym                   - - (synonymname)        -- a synonym for the name -->
<! ATTLIST synonym
                                      isinherited (yes | no) no          -- inheritance flag     -->
<! ELEMENT synonymname              o o     (#PCDATA)        -- a synonym for the name -->

    ]>
```

D.2 本部分第 5 章的元文档

```
<metadocument>
<frontm>
<title>Industrial-Process Measurement and Control: Data Structures and Elements in Process E-
quipment Catalogues Part 1: Measuring Equipment with Analogue and Digital Output </title>
<version>1. 0</version>
<date>20th November 2001</date>
<author>IEC SC65B WG 10</author>
</frontm>
<body>
<chapterdescription chapternumber="1" isinherited="yes">
<chaptertitle>Identification</chaptertitle>
<chaptercontentsdescription>
<p>The information necessary for unambiguous identification of the measurement equipment shall
be specified here. This information may be supplemented by illustrations, e. g. drawings or photo-
graphs. </p>
```

<p></p>
</chaptercontentsdescription
<chaptercontents>
<contentelementdescription contenttype="text">
<contentelementname>Document identification</contentelementname>
<contentdescription>
<p>The type, code number, and if appropriate, the revision number of the document. </p>
<p></p>
</contentdescription>
</contentelementdescription>
<contentelementdescription contenttype="text">
<contentelementname>Date of issue</contentelementname>
<contentdescription>
<p>The date of issue of the document. </p>
<p>Note: The vendor/manufacturer is encouraged to supplement this information with a "valid until" date. </p>
<p></p>
</contentdescription>
</contentelementdescription>
<contentelementdescription contenttype="text">
<contentelementname>Product type</contentelementname>
</contentdescription>
<p>The type of product, e. g. capacitance level transmitter, differential pressure transmitter, pt100
resistance
thermometer, variable area flowmeter. </p>
<p></p>
</contentdescription>
</contentelementdescription>
<contentelementdescription contenttype="text">
<contentelementname>Product name</contentelementname>
<contentdescription>
<p>The product name under which the measuring equipment is marketed and, where appropriate, its model number. </p>
<p></p>
</contentdescription>
</contentelementdescription>
<contentelementdescription contenttype="text">
<contentelementname>Vendor/Manufacturer</contentelementname>
<contentdescription>
<p>The name of the vendor/manufacturer responsible for the measurement equipment, optionally with address. </p>
<p></p>
</contentdescription>

</contentelementdescription>
</chaptercontents>
</chapterdescription>
<chapterdescription chapternumber="2" isinherited="yes">
<chaptertitle>Application</chaptertitle>
<chaptercontentsdescription>
<p>The applications for which the measurement equipment is designed, together with the reasons for its use shall be specified here. </p>
<p></p>
<chaptercontentsdescription>
<chaptercontents>
</chaptercontents>
</chapterdescription>
<chapterdescription chaternumber="3" isinherited="yes">
<chaptertitle>Function and System Design </chaptertitle>
<chaptercontentsdescription>
<p>The means by which the physical quantity is acquired, processed and output as a signal by the measurement equipment shall be specified here. The measuring principle and the components comprising the measurement equipment shall be specified. Terms such as those listed in GB/T 17614-1 Annex A (transmitter, meter, indicator, switch, transducer and sensor) should be used. If appropriate, the signal processing including
any diagnostic functions shall be described. </p>
<p></p>
</chaptercontentsdescription>
<chaptercontents>
<contentelementdescription contenttype="text">
<contentelementname>Measuring principle</contentelementname>
<contentdescription>
<p>The principle used and the physical quantity measured in order to determine the measured variable. </p>
<p></p>
</contentdescription>
</contentelementdescription>
<contentelementdescription contenttype="text">
<contentelementname>Equipment architecture</contentelementname>
<contentdescription>
<p>The components, devices, assemblies or systems used to perform the measuring activity. </p>
<p></p>
</contentdescription>
<synonym>
<synonymname>Modularity</synonymname>
</synonym>
</contentelementdescription>

<contentelementdescription>
<contentelementname>Communication and Date Processing</contentelementname>
<contentdescription>
<p>The components, hardware and software for communication with external systems and execution of complex functions</p>
<p></p>
</contentdescription>
</contentelementdescription>
<contentelementdescription>
<contentelementname>Climate Class</contentelementname>
<contentdescription>
<p>The Climatic conditions, i. e. ambient temperature, pressure and humidity, to which the measuring equipment can subjected during operation (including shutdown), transport and storage (over land or sea), e,g, as specified in GB/T 17214. 1. </P>
<p></p>
</contentdescription>
</contentelementdescription >
<contentelementdescription >
<contentelementname>Dependability</contentelementname>
<contentdescription>
<p>Information on the dependability of the equipment as defined in IEC 61508. The scheme as per GB/T 18272. 5 should be followed. </p>
<p></p>
</contentdescription>
<contentelementdescription>
<contentelementname>Reliability</contentelementname>
<contentdescription>
<p>Where appropriate, the mean time between faults(MTBF), fault tolerance, internal redundancy etc. shall be entered here</p>
<p></p>
</contentdescription>
</contentelementdescription>
<contentelementdescription>
<contentelementname>Maintainability</contentelementname>
<contentdescription>
<p>Where appropriate, any special tools, the smallest replaceable units, any consumables required for the correct operation and maintenance of the equipment shall be entered here. </p>
<p></p>
</contentdescription>
</contentelementdescription>
<contentelementdescription>
<contentelementname>Integrity</contentelementname>
<contentdescription>

<p>Where appropriate, any mechanism which ensures the integrity of the equipment output on the discovery of a fault shall be described here. </p>
<p></p>
</contentdescription>
</contentelementdescription>
<contentelementdescription>
<contentelementname>Security</contentelementname>
<contentdescription>
<p>Where appropriate, any measures or conformance to recognized standards or regulatory guidelines regarding access authorization to and protection of device data shall be entered here. </p>
<p></p>
</contentdescription>
</contentelementdescription>
</contentelementdescription>
</chaptercontents>
</chapterdescription>
<chapterdescription chapternumber="4" isinherited="yes">
<chaptertitle>Input</chaptertitle>
<chaptercontentsdescription>
<p>Information on the measured variable shall be entered here, i. e. , the physical, physicochemical or chemical quantity, the size of which is to be acquired and indicated by the measurement. </p>
<p></p>
</chaptercontentsdescription>
<chaptercontents>
<contentelementdescription contenttype="datafield">
<contentelementname>Measured variable</contentelementname>
<contentdescription>
<p>The variable(s) measured by the equipment. </p>
<p>For multi-sensor instruments, the various main measuring sensors and/or the auxiliary sensors, supporting the main sensor(s) shall be defined. </p>
<p></p>
</contentdescription>
</contentelementdescription>
<contentelementdescription>
<contentelementname>Measuring range</contentelementname>
<contentdescription>
<p>The measuring range that the equipment has been designed to measure. </p>
<p>The measuring range is defined by a lower and an upper range-limit. Within this Range, measurements are made within the accuracies specified in Clause 5. 6. </p>
<p>In addition, depending upon the physical quantity being measured, adjustment ranges for the lower and upper range-limits or a range ability may also be specified. These may be expressed as a percentage of the maximum span, as absolute values or as a ratio. </p>
<p>Note:</p>

<p>
<hp0>The way in which the measuring range is expressed is a matter of convention and may differ according to the physical quantity measured and type of instrument. </hp0>
<hp0>For some measurements, additional information on the physical starting point of the measuring range must be specified, e. g. for ultrasonic level measurement. </hp0>
<hp0>The accuracies specified in Clause 5. 6 must also apply after any permitted adjustments to the measuring range have been Made, or the associated accuracies must be stated. </hp0></p>
<p></p>
</contentdescription>
</contentelementdescription>
</chaptercontents>
</chapterdescription>
<chapterdescription>
<chaptertitle>Output</chaptertitle>
<chaptercontentsdescription>
<p>The information signal (output) after the processing of measured variable(s) shall be specified here. For analogue and digital equipment, the size of output signal indicates unequivocally the size of the measured variable. </p>
<p>Where the process measuring equipment has more than one output, all shall be described. </p>
<p></p>
</chaptercontentsdescription>
<chaptercontents>
<contentelementdescription contenttype= "datafield">
<contentelementname>Output signal</contentelementname>
<contnetdescription>
<p>The type and characterizing quantities of the output signal. </p>
<p>The output signal might be electrical, mechanical, hydraulic, pneumatic, optical, digital etc. Its may be variable over a specified range or assume specific values only. </p>
<p>If the output is configurable, the possible operating modes should be described. </p>
<p>If the output of a device, element or system is a foreign system interface, then the physical layer, transmission rate, transmission protocol and primary information parameters should also be specified. </p>
<p>Examples: 1. 4mA - 20mA analogue signal, configurable as binary signal 8/16mA. 2. Digital signal as floating point number to GB/T 17650. </p>
<p></p>
</contentdescription>
</contentelementdescription>
< contentelementdescription contenttype= "text">
<contentelementname>Signal on alarm</contentelementname>
<contentdescription>
<p>The value(s) or status assumed by the output signal when there is a fault in the process measuring equipment. </p>

<p></p>
</contentdescription>
</contentelementdescription>
<contentelementdescription contenttype= "text">
<contentelementname>Load</contentelementname>
<contentdescription>
<p>The electrical, optical, pneumatic, hydraulic or mechanical load presented to the output of a device, element or system by the external devices connected to it. </p>
<p></p>
</contentdescription>
</contentelementdescription>
</chaptercontents>
</chapterdescription>
<chapterdescription chapternumber= " 6" isinherited= "yes">
<chaptertitle> Performance characteristics</chaptertitle>
<chaptercontentsdescription>
<p>Specifications regarding e. g. the accuracy and dynamic behavior of the measurement equipment under operation and reference conditions shall be made here. </p>
<p>- For measurement equipment with a span setting and analogue output, the performance characteristics concerning accuracy shall be expressed in relation to the span. If one value only is stated, it must be applicable to all permitted span settings. </p>
<p>- For digital output equipment, characteristics shall be expressed in relation to the reading or upper range-limit. </p>
<p>Note: For details on performance testing and presentation of the results, see in particular GB/T 18271. 1～18271. 4 and GB/T 17614. 1 as well as the test standards quoted in the normative references. </p>
<p></p>
</chaptercontentsdescription>
<chaptercontents>
<contentelementdescription contenttype= "datafield">
<contentelementname>Reference operating conditions</contentelementname>
<contentdescription>
<p>The conditions under which the equipment was tested. </p>
<p>Reference operating conditions are stipulated operating conditions for testing measurement equipment or the comparison of measured values. They are usually fixed reference values for the influence quantities which are acting upon the measurement equipment. </p>
<p>According to GB/T 18271-1, the standard reference atmosphere is: temperature 20C, relative humidity 65％, atmospheric pressure 101. 3 kPa. </p>
<p></p>
</contentdescription>
</contentelementdescription>
<contentelementdescription contenttype= "datafield">
<contentelementname>Maximum measured error</contentelementname>

<contentdescription>
<p>The maximum measured error as determined e. g. by the method described in GB/T 18271. 2.
</p>
<p></p>
</contentdescription>
</contentelementdescription>
<contentelementdescription contenttype= "datafield">
<contentelementname>Hysteresis</contentelementname>
<contentdescription>
<p>The hysteresis as determined e. g. by the method described in GB/T 18271. 2.</p>
<p></p>
</contentdescription>
</contentelementdescription>
<contentelementdescription contenttype= "datafield">
<contentelementname>Non-repeatability</contentelementname>
<contentdescription>
<p>The non-repeatability as determined e. g. by the method described in GB/T 18271. 2. The Non-repeatability is synonymous with repeatability error. </p>
<p>Note:</p>
<p><hp0>According to GB/T 18271. 2, the accuracy of the equipment is adequately expressed by the three quantities specified in subclause 5. 6. 2, 5. 6. 3 and 5. 6. 4. If desired, the manufacturer may also express accuracy in terms of inaccuracy and hysteresis, or non-linearity/non-conformity, hysteresis and dead band. These alternatives are not included at this level of the SGML structure. </hp0>
<hp0>Standardized accuracy Classes also exist for some types of process measuring equipment. These should be specified at a lower hierarchical level. </hp0></p>
<p></p>
</contentdescription>
</contentelementdescription>
<contentelementdescription contenttype= "datafield">
<contentelementname>Start-up drift</contentelementname>
<contentdescription>
<p>The start-up drift as determined by e. g. the method described in GB/T 18271. 2. </p>
<p></p>
</contentdescription>
</contentelementdescription>
<contentelementdescription contenttype= "datafield">
<contentelementname>Long-term drift</contentelementname>
<contentdescription>
<p>The long-term drift as determined by e. g. the method described in GB/T 18271. 2</p>
<p></p>
</contentdescription>
</contentelementdescription>
<contentelementdescription contenttype= "datafield">

<contentelementname>Influence of ambient temperature</contentelementname>
<contentdescription>
<p>The effect of temperature changes on the output signal as determined by e. g. the method described in GB/T 18271. 2. </p>
<p>Note: GB/T 18271. 2 expresses the influence as the average error over the entire ambient temperature range. It may also be Expressed as % of span over a given temperature span. </p>
<p></p>
</contentdescription>
</contentelementdescription>
<contentelementdescription contenttype= "datafield">
<contentelementname>Influence of medium temperature</contentelementname>
<contentdescription>
<p>The effect of changes in medium temperature on the output signal determined and expressed in a similar manner to the influence of ambient temperature, see Suhclause 5. 6. 7. </p>
<p>Where appropriate, for equipment not in direct contact with the process medium, this information can be given in the form of a derating curve of ambient temperature versus process temperature. Otherwise "not Applicable" should be entered. </p>
<p></p>
</contentdescription>
</contentelementdescription>
<contentelementdescription contenttype= "datafield">
<contentelementname>Setting time</contentelementname>
<contentdescription>
<p>The settling time as determined by e. g. the method described in GB/T 18271. 2. </p>
<p></p>
</contentdescription>
<synonym>
<synonymname>Rise time</synonymname>
</synonym>
<synonym>
<synonymname>Response time</synonymname>
</synonym>
</contentelementdescription>
</chaptercontents>
</chapterdescription>
<chapterdescription chapternumber= "7" isinherited= "yes">
<chaptertitle>Operating Conditions</chaptertitle>
<chaptercontentsdescription>
<p>The conditions under which the measuring equipment can be operated within its specified accuracy limits and without permanent impairment of its operating characteristics shall be specified here. A distinction is made between normal operating conditions, operating limits and storage and transport conditions, see Annex C. </p>
<p></p>

</chaptercontentsdescription>
<chaptercontents>
<contentelementdescription>
<contentelementname>Installation</contentelementname>
<contentdescription>
<p>The installation conditions, in particular any special precautions necessary to obtain the specified performance of the measuring equipment, shall be specified here. </p>
</contentdescription>
<contentelementdescription>
<contentelementname>Installation instructions</contentelementname>
<contentdescription>
<p>Brief instructions, and if appropriate warnings, relevant to the mounting of measuring equipment so as to obtain the best performance. These might include orientation, cable length, inlet and outlet run (for flow), emitting angle (microwave and ultrasonics) etc. </p>
<p></p>
</contentdescription>
</contentelementdescription>
<contentelementdescription>
<contentelementname>Start-up conditions</contentelementname>
<contentdescription>
<p>The conditions to be upheld at the measuring point to ensure correct start-up of the measurement equipment. If special precautions must be taken to avoid e. g. pressure or thermal overload, these should be stated. </p>
</contentdescription>
</contentelementdescription>
<contentelementdescription>
<contentelementname>Warm-up time</contentelementname>
<contentdescription>
<p>The time required after energizing the measuring equipment before its performance characteristics apply.
</p>
<p>Note:</p>
<p>Although many modern instruments warm up in a matter of seconds, some systems take considerably longer, e. g. radiometric level and density measurement or temperature measurement (where the warm-up time is dependent upon the response time of the complete thermometer including the inset and thermo well). </p>
<p></p>
</contentdescription>
</contentelementdescription>
</contentelementdescription>
<contentelementdescription>
<contentelementname>Environment</contentelementname>
<contentdescription>

<p>The environmental conditions under which the measuring equipment can be stored and operated within its specified accuracy limits and without permanent impairment of its operating characteristics shall be specified here. </p>
</contentdescription>
<contentelementdescription>
<contentelementname>Ambient temperature range</contentelementname>
<contentdescription>
<p>The range of ambient temperatures within which the measuring equipment is designed to operate within specified accuracy limits. </p>
<p></p>
</contentdescription>
<synonym>
<synonymname>Normal operating temperature</synonymname>
</synonym>
<synonym>
<synonymname>Operating temperature</synonymname>
</synonym>
<synonym>
<synonymname>Nominal temperature range</synonymname>
</synonym>
<synonym>
<synonymname>Working temperature</synonymname>
</synonym>
</contentelementdescription>
<contentelementdescription>
<contentelementname>Ambient temperature limits</contentelementname>
<contentdescription>
<p>The range of ambient temperatures to which the measuring equipment may be subject when in operation without permanent impairment of operating characteristics. </p>
<p></p>
</contentdescription>
<synonym>
<synonymname>Limiting temperature range</synonymname>
</synonym>
</contentelementdescription>
<contentelementdescription>
<contentelementname>Storage temperature</contentelementname>
<contentdescription>
<p>The ambient temperature range within which the measuring equipment may be safely transported and
stored. </p>
<p></p>
</contentdescription>

<synonym>
<synonymname>Transportation temperature</synonymname>
</synonym>
</contentelementdescription>
<contentelementdescription>
<contentelementname>Immunity to temperature change</contentelementname>
<contentdescription>
<p>The ability of the measuring equipment to withstand given changes in ambient temperature. </p>
<p>Note:</p>
<p>GB/T 2423. 22 describes tests to simulate both sudden changes (Test Na) and gradual changes (Nb) in ambient temperature. The test(s) used, together with the conditions, should be presented in accordance with the standard. </p>
<p></p>
</contentdescription>
<synonym>
<synonymname>Thermal cycling</synonymname>
</synonym>
<synonym>
<synonymname>Temperature cycling</synonymname>
</synonym>
</contentelementdescription>
<contentelementdescription>
<contentelementname>Shock resistance</contentelementname>
<contentdescription>
<p>The ability of the measuring equipment to withstand sudden mechanical loading without permanent impairment of operating characteristics as described in GB/T 18271. 3</p>
<p></p>
</contentdescription>
</contentelementdescription>
<contentelementdescription>
<contentelementname>Vibration resistance</contentelementname>
<contentdescription>
<p>The ability of the measuring equipment to withstand sinusoidal vibrations without permanent impairment of operating characteristics as described in GB/T 18271. 3</p>
<p></p>
</contentdescription>
</contentelementdescription>
<contentelementdescription>
<contentelementname>Electromagnetic compatibility</contentelementname>
<contentdescription>
<p>The electromagnetic compatibility of the measuring equipment expressed as either the results of the individual tests e. g. GB/T 17626 series or conformance to a particular standard, e. g.

GB/T 18268, which incorporates these tests. </p>
<p></p>
</contentdescription>
<synonym>
<synonymname>Electromagnetic interference</synonymname>
</synonym>
<synonym>
<synonymname>Electromagnetic immunity</synonymname>
</synonym>
<synonym>
<synonymname>RFI</synonymname>
</synonym>
</contentelementdescription>
</contentelementdescription>
<contentelementdescription>
<contentelementname>Process</contentelementname>
<contentdescription>
<p>The allowable process conditions under which the measurement equipment can be operated within its specified accuracy limits and/or without permanent impairment of its operating characteristics shall be specified here. </p>
<p>Note:</p>
<p><hp0>For the purposes of this standard, the term wetted-part refers not only to parts directly in contact with the process medium, but also to those parts of non-contact measuring equipment that intrude into the process vessel. </hp0>
<hp0>If a data element is not relevant to a particular piece of measuring equipment, ” not applicable ” shall be entered. </hp0></p>
<p></p>
</contentdescription>
<contentelementdescription>
<contentelementname>Process temperature range</contentelementname>
<contentdescription>
<p>The range of temperatures within which the wetted parts of the measuring equipment are designed to operate within specified accuracy limits. </p>
<p></p>
</contentdescription>
<contentelementdescription>
<contentelementname>Process temperature limits</contentelementname>
<contentdescription>
<p>The range of temperatures to which the wetted-parts of the measuring equipment may be subject without permanent impairment of operating characteristics. </p>
<p>Note:</p>
<p>If higher temperatures are allowed for short periods, e. g. for cleaning in process, then these, together with the permissible length of time, shall be stated. </p>

<p></p>
</contentdescription>
<contentelementdescription>
<contentelementname>Process pressure range</contentelementname>
<contentdescription>
<p>The range of pressures within which the wetted parts of the measuring equipment are designed to operate within specified accuracy limits. </p>
<p></p>
</contentdescription>
<contentelementdescription>
<contentelementname>Process pressure limits</contentelementname>
<contentdescription>
<p>The range of pressures to which the wetted-parts of the measuring equipment may be subject without permanent impairment of operating characteristics. </p>
<p>Note：</p>
<p>For temperature measurement this is not a fixed value. The maximum pressure is dependent e. g. on the immersion depth of the thermometer, the process temperature, the viscosity of the medium and the flowrate. Guidelines for water and air are sufficient. </p>
<p></p>
</contentdescription>
</contentelementdescription>
</contentelementdescription>
</contentelementdescription>
</contentelementdescription>
</contentelementdescription>
</chaptercontents>
</chapterdescription>
<chapterdescription chapternumber="8">
<chaptertitle>Mechanical Construction</chaptertitle>
<chaptercontentsdescription>
<p>The mechanical construction of the measuring equipment shall be specified here. Details shall be given of all parts of direct relevance to its use, e. g. process connections, seals, wetted parts, electrical connections, special cases (special materials, special versions) and accessories, </p>
<p></p>
</chaptercontentsdescription>
<chaptercontents>
<contentelementdescription>
<contentelementname>Design</contentelementname>
<contentdescription>
<p>The design of the measuring equipment, e. g. compact instrument, head transmitter, 19" plug-in card etc. </p>
<p></p>
</contentdescription>

</contentelementdescription>
<contentelementdescription>
<contentelementname>Dimensions</contentelementname>
<contentdescription>
<p>
The principle dimensions of the measuring equipment.
</p>
<p>Note:</p>
<p><hp0>The dimensions should be expressed at least as "length × breadth × height", and where appropriate be supported by a dimensional drawing. </hp0>
<hp0>The clearances required for the mounting of the instrument should also be indicated. </hp0>
<hp0>where several equipment versions are available, dimensions and weight may be presented together or under Subclause 5.8.5, process connection, as appropriate. A Note to this effect should then be entered in Subclauses 5.8.2 and 5.8.3. </hp0></p>
<p></p>
</contentdescription>
</contentelementdescription>
<contentelementdescription>
<contentelementname>Weight</contentelementname>
<contentdescription>
<p>The weight of the measuring equipment or its component parts.</p>
<p></p>
</contentdescription>
</contentelementdescription>
<contentelementdescription>
<contentelementname>Material</contentelementname>
<contentdescription>
<p>The materials used in the construction of the equipment, in particular for parts which come into contact with the process or environment.</p>
<p></p>
</contentdescription>
</contentelementdescription>
<contentelementdescription>
<contentelementname>Electrical connection</contentelementname>
<contentdescription>
<p>Information regarding the provisions for electrical connection(s) of the measuring equipment. </p>
<p>Note:</p>
<p>In addition to the degree and type of protection afforded by the device enclosure, this might include, e.g., type of terminal, type of cable, cable cross-section, cable gland, galvanic isolation etc. for both signal and power circuits.</p>
<p> </p>

</contentdescription>
<contentelementdescription>
<contentelementname>Degree of protection</contentelementname>
<contentdescription>
<p>The degree of ingress protection of the enclosure expressed as an IP rating to GB 4208 or other internationally recognized enclosure classification. </p>
<p></p>
</contentdescription>
<synonym>
<synonymname>Ingress protection</synonymname>
</synonym>
<synonym>
<synonymname>Enclosure classification</synonymname>
</synonym>
</contentelementdescription>
<contentelementdescription>
<contentelementname>Type of protection</contentelementname>
<contentdescription>
<p>The type of protection offered by the enclosure against the ignition of a surrounding explosive atmosphere, e.g. EEx ia, Ex d. </p>
<p></p>
</contentdescription>
</contentelementdescription>
</contentelementdescription>
<contentelementdescription>
<contentelementname>Process connection</contentelementname>
<contentdescription>
<p>Where appropriate, the type of process connection(s) used by the measuring equipment, indicating nominal
diameters, rated pressures and standards. See also Note 3 in Subclause 5. 8. 2. </p>
<p></p>
</contentdescription>
</contentelementdescription>
</chaptercontents>
</chapterdescription>
<chapterdescription chapternumber="9">
<chaptertitle>Operability</chaptertitle>
<chaptercontentsdescription>
<p>Details of the design, operating concept, structure and functionality of the human interface shall be specified here. Operating elements, displays, foreign system interfaces (when allowing human operation), testing and configuration elements, e.g. solder bridges, DIP-switches, re-ranging elements, handheld terminals, auxiliary stations shall be described here. </p>
<p>Note:</p>

<p>The operability of a device can be assessed and documented as described in GB/T 18272.6. </p
>
<p></p>
</chaptercontentsdescription>
<chaptercontents>
</chaptercontents>
</chapterdescription>
<chapterdescription chapternumber="10">
<chaptertitle>Power Supply</chaptertitle>
</chaptercontentsdescription>
<p>The permanent or temporary power to be supplied to the measurement equipment in order to maintain its function, and which cannot be taken from the input signal, together with the permissible tolerances for the power supply, shall be specified here. </p>
<p>Examples:</p>
<p>Electrical power supply<hp1>Voltage</hp1><hp1>Frequency</hp1><hp1>Harmonic distortion level (for a. c. supply)</hp1><hp1>power consumption</hp1></p>
<p>Pneumatic power supply<hp1>Pressure </hp1><hp1>Oil and dust content</hp1><hp1
>Dew point of air supply</hp1><hp1>Air consumption</hp1></p>
<p>Hydraulic power supply</p>
<p></p>
</chaptercontentsdescription>
<chaptercontents>
</contentelementdescription>
<contentelementname> </contentelementname>
<contentdescription>
<p></p>
</contentdescription>
</contentelementdescription>
</chaptercontents>
</chapterdescription>
<chapterdescription chapternumber="11" isinherited="yes">
<chaptertitle>Certificates and Approvals</chaptertitle>
<chaptercontentsdescription>
<p>Certificates, approvals and other formal documentation concerning the measurement equipment shall be specified here, e. g. legal requirements, regulations, technical guidelines, approvals and test certificates. Examples are. electrical area classification, marine approvals, sanitary approvals, mark etc. </p>
<p></p>
</chaptercontentsdescription>
<chaptercontents>
<contentelementdescription>
<contentelementname> </contentelementname>
<contentdescription>

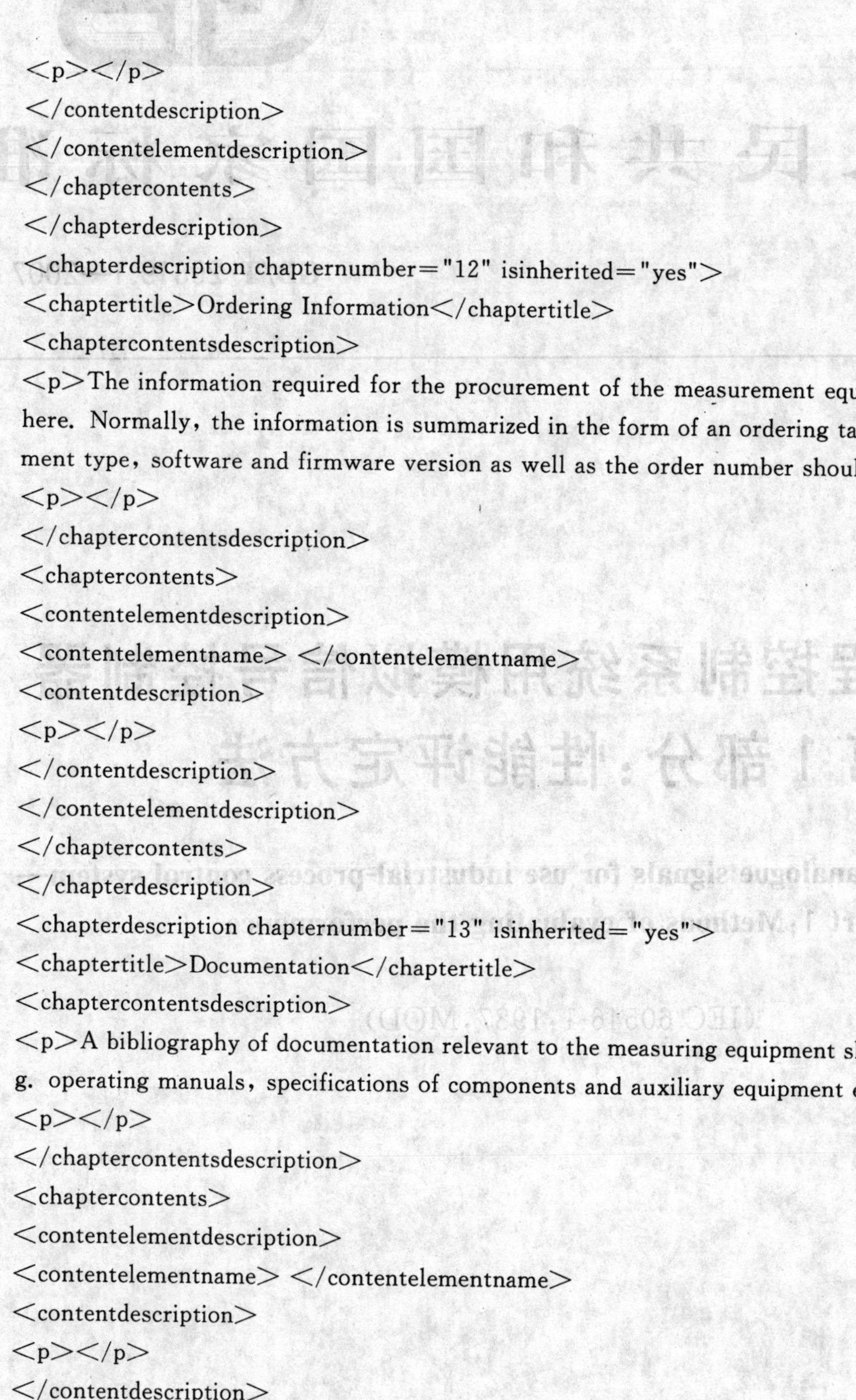

```
<p></p>
</contentdescription>
</contentelementdescription>
</chaptercontents>
</chapterdescription>
<chapterdescription chapternumber="12" isinherited="yes">
<chaptertitle>Ordering Information</chaptertitle>
<chaptercontentsdescription>
<p>The information required for the procurement of the measurement equipment shall be specified here. Normally, the information is summarized in the form of an ordering table. Details of the equipment type, software and firmware version as well as the order number should be given. </p>
<p></p>
</chaptercontentsdescription>
<chaptercontents>
<contentelementdescription>
<contentelementname> </contentelementname>
<contentdescription>
<p></p>
</contentdescription>
</contentelementdescription>
</chaptercontents>
</chapterdescription>
<chapterdescription chapternumber="13" isinherited="yes">
<chaptertitle>Documentation</chaptertitle>
<chaptercontentsdescription>
<p>A bibliography of documentation relevant to the measuring equipment shall be specified here, e.g. operating manuals, specifications of components and auxiliary equipment etc.. </p>
<p></p>
</chaptercontentsdescription>
<chaptercontents>
<contentelementdescription>
<contentelementname> </contentelementname>
<contentdescription>
<p></p>
</contentdescription>
</contentelementdescription>
</chaptercontents>
</chapterdescription>
</body>
</metadocument>
```

ICS 25.040
N 18

中华人民共和国国家标准

GB/T 20819.1—2007

工业过程控制系统用模拟信号控制器 第1部分:性能评定方法

Controllers with analogue signals for use industrial-process control system—Part 1:Methods of evaluating the performance

(IEC 60546-1:1987,MOD)

2007-01-18 发布　　2007-06-01 实施

中华人民共和国国家质量监督检验检疫总局
中国国家标准化管理委员会　发布

前　言

GB/T 20819《工业过程控制系统用模拟信号控制器》分为如下两部分：

——第 1 部分：性能评定方法；

——第 2 部分：检查和例行试验导则。

本部分是 GB/T 20819 的第 1 部分。

本部分修改采用 IEC 60546-1:1987《工业过程控制系统用模拟信号控制器　第 1 部分：性能评定方法》(英文版)。

根据 GB/T 1.1—2000《标准化工作导则　第 1 部分：标准的结构和编写规则》，对 IEC 60546-1:1987 做了下列修改：

a) 删除了 IEC 60546-1:1987 的前言和序言；

b) 将第 1 章前面的悬置段作为了引言内容；

c) 将第 1、2 章合并为一章"1　范围和目的"；

d) 增加第 2 章"规范性引用文件"，并将 IEC 60546-1:1987 序言的内容转化为第 2 章的内容；

e) 将 IEC 60546-1:1987 中的图形重新排序，因而相应修改了标准内容中提及的图号描述；

f) 因 IEC 160 已废止，IEC 348 由 IEC 61010 替代，但经核实正文中没提及到，因此删除了规范性引用文件中的相应内容。

本部分由中国机械工业联合会提出。

本部分由全国工业过程测量和控制标准化技术委员会第二分技术委员会归口。

本部分负责起草单位：西南大学、中国四联仪器仪表集团、上海自动化仪表股份有限公司。

本部分参加起草单位：机械工业仪器仪表综合技术经济研究所、浙江大学、北京机械工业自动化研究所。

本部分主要起草人：周雪莲、刘枫、刘进、张庆军、李涛、缪峰、孙发。

本部分参加起草人：冯晓升、冯冬芹、谢兵兵。

本部分所代替标准的历次版本发布情况为：

——GB 4730—1984、JB/T 8209—1995、JB/T 8209—1999。

引　言

GB/T 20819 的本部分所规定的评定方法旨在供生产厂商确定其产品的性能和用户或独立的评测机构验证制造厂的产品性能规范之用。

GB/T 20819 的第 2 部分——GB/T 20819.2，描述了用于验收测试的有限测试序列。

GB/T 20819 的本部分规定的试验条件，例如环境温度范围和供源等，当生产厂商和用户一致同意不用其他值时，才可采用。

本部分规定的试验，不一定满足为特殊环境设计的仪表。相反，其限定的测试序列适用于为在有限的条件范围内使用而设计的仪表。

评测机构和生产厂商之间应保持密切联系。在决定试验步骤时，应注意该仪表的生产厂商的规范，并应征求生产厂商对试验步骤和试验结果的意见。评测机构出具的任何报告都应包含生产厂商对试验结果的意见。

工业过程控制系统用模拟信号控制器 第1部分:性能评定方法

1 范围和目的

GB/T 20819 适用于具有符合现行国家标准[1)]的连续模拟输入和输出信号的气动和电动工业过程控制器。

GB/T 20819 的本部分规定的试验适用于原理相同而信号不同但都是连续信号的控制器。本评定方法也可用于内部是采用数字原理而带有常规模拟输入输出信号的元件的设备。

本部分旨在为具有模拟输入输出信号的工业过程控制器的性能评定规定统一的试验方法。

当无需按本部分进行全面评定时,则可按本部分的有关部分进行所需要的试验,并报告试验结果。生产厂商和用户应根据设备的特性和使用范围,就试验步骤达成一致意见。

2 规范性引用文件

下列文件中的条款通过 GB/T 20819 的本部分的引用而成为本部分的条款。凡是注日期的引用文件,其随后所有的修改单(不包括勘误的内容)或修订版均不适用于本部分,然而,鼓励根据本部分达成协议的各方研究是否可使用这些文件的最新版本。凡是不注日期的引用文件,其最新版本适用于本部分。

GB/T 777—1985 工业自动化仪表用模拟气动信号(eqv IEC 60382:1971)

GB/T 2423.1—2001 电工电子产品环境试验 第2部分:试验方法 试验A:低温(idt IEC 60068-2-1:1990)

GB/T 2423.3—1993 电工电子产品基本环境试验规程 试验Ca:恒定湿热试验方法(eqv IEC 60068-2-3:1985)

GB/T 2423.7—1995 电工电子产品环境试验 第二部分:试验方法 试验Ec和导则:倾跌和翻倒(主要用于设备型样品)(idt IEC 60068-2-31:1982)

GB/T 2423.10—1995 电工电子产品环境试验 第二部分:试验方法 试验Fc和导则:振动(正弦)(idt IEC 60068-2-6:1982)

GB/T 2900.56—2002 电工术语 自动控制(IEC 60050-351:1998,International Electrotechnical Vocabulary—Chapter 351: Automatic Control (2nd. Ed.),IDT)

GB/T 3369—1989 工业自动化仪表用模拟直流电流信号(neq IEC 60381-2:1978)

GB/T 3370—1989 工业自动化仪表用模拟直流电压信号(neq IEC 60381-1:1978)

GB/T 17626.3—1998 电磁兼容 试验和测量技术 射频电磁场辐射抗扰度试验(idt IEC 61000-4-3:1995)

IEC 60027-2A:1975 电气技术中使用的字符 第2部分:电信及电子,附录1(第一次补充)

3 基本关系

3.1 理想控制器的输入输出关系

理想控制器的输入输出关系(见图1)可由下列最简单形式之一的方程给出:

1) 使用 GB/T 3369、GB/T 3370 和 GB/T 777。

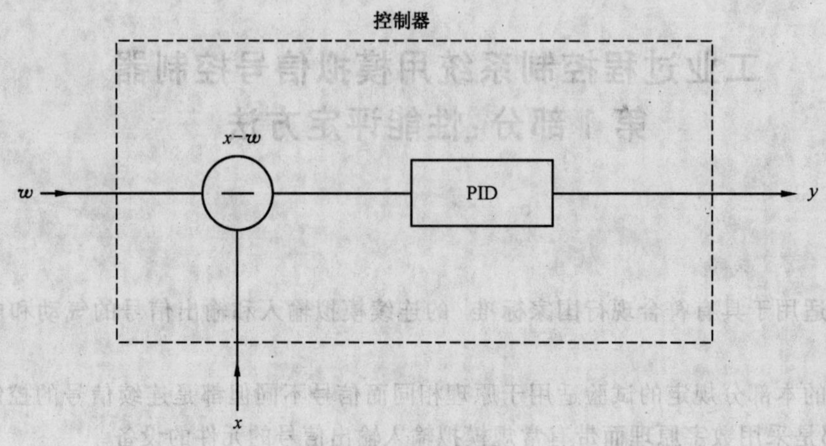

图 1 理想控制器基本输入/输出信号

$$y-y_0=K_P(x-w)+K_I\int_0^t(x-w)\mathrm{d}t+K_D\frac{\mathrm{d}(x-w)}{\mathrm{d}t} \quad\cdots\cdots(1)$$

$$y-y_0=K_P\left[(x-w)+\frac{1}{T_I}\int_0^t(x-w)\mathrm{d}t+T_D\frac{\mathrm{d}(x-w)}{\mathrm{d}t}\right] \quad\cdots\cdots(2a)$$

或用频域方式：

$$F(\mathrm{j}\omega)=K_P\left[1+\frac{1}{\mathrm{j}\omega T_I}+\mathrm{j}\omega T_D\right] \quad\cdots\cdots(2b)$$

这些方程对于系数 K_P、K_I 和 K_D 之间无相互干扰的控制器是有效的。对于系数 K_P、K_I 和 K_D 之间有相互干扰的理想控制器，输入输出关系式可用下式表示：

$$y-y_0=K'_P A\left[(x-w)+\frac{1}{AT'_I}\int_0^t(x-w)\mathrm{d}t+\frac{T'_D}{A}\frac{\mathrm{d}(x-w)}{\mathrm{d}t}\right] \quad\cdots\cdots(3)$$

式中 A 是取决于控制器结构的相互干扰系数，常写成：

$$A=1+\frac{T'_D}{T'_I} \quad\cdots\cdots(4a)$$

$$K'_P=\frac{K_P}{A} \quad\cdots\cdots(4b)$$

$$T'_I=\frac{T_I}{A} \quad\cdots\cdots(4c)$$

$$T'_D=AT_D \quad\cdots\cdots(4d)$$

式中：

t——时间；

y——输出信号(校正变量(见注 1))；

y_0——时间 $t=0$ 时的输出信号(控制器输出处于平衡状态)；

x——被测量值(被控变量(见注 1))；

w——设定点(参考输入量(见注 1))；

K_P——比例作用因子(比例作用系数(见注 2))；

K_I——积分作用因子(积分作用系数(见注 2))；

K_D——微分作用因子(微分作用系数(见注 2))；

T_I——积分时间；

T_D——微分时间；

j——$\sqrt{-1}$；

ω——角速度；

d/dt——微分算子；

x、w 及 y 可以是时间 t 的函数。

注 1：括号中术语的定义参见 IEC 60027-2A。

注 2：括号中术语的定义参见 GB/T 2900.56。

注 3：本部分限于 P、PI、PD 或 PID 控制器。

注 4：系数 K_P、K_I 和 K_D 可带"+"或"−"；带"+"通常表示"正作用"，带"−"通常表示"负作用"。

注 5：带撇的符号(K'_P、K'_I 和 K'_D)表示与实际值对应的标称值。

注 6：积分作用时间常数和微分作用时间常数只涉及单纯的积分或微分作用控制器(GB/T 2900.56)。

还有其他结构的控制器，例如微分作用只对被测量值 x 起作用，而不是对($x-w$)起作用。

因而方程(3)变为：

$$y-y_0=K'_PA\left[(x-w)+\frac{1}{AT'_I}\int_0^t(x-w)\mathrm{d}t+\frac{T'_D}{A}\frac{\mathrm{d}}{\mathrm{d}t}(x)\right] \qquad (5)$$

3.2 限值

因为描述实际控制器性能的方程包含了时间常数和限值，所以与方程(1)～(5)有差异。

通常遇到的与理想控制器有偏差的两种方程可以表示如下：

a) 最大积分增益 V_I

因为实际控制器的积分增益是有限值，方程(1)和(2)的积分项仅在频率足够高时，才是实际响应的近似值。对于低频，控制器的积分作用[方程(2b)中的积分项]可以频域形式表示如下：

$$F(\mathrm{j}\omega)=K_P\frac{V_I}{1+\mathrm{j}\omega T_IV_I} \qquad (6)$$

b) 最大微分增益 V_D

因为实际控制器的微分增益是有限值，方程(1)和(2)的微分项仅在频率足够低时，才是实际响应的近似值。在最简单情况下，可有附加时间常数和比例项。

因此方程(2b)的微分项可以频域形式表示如下：

微分作用和时间常数：

$$F(\mathrm{j}\omega)=\frac{\mathrm{j}\omega T_D}{1+\mathrm{j}\omega T} \qquad (7)$$

或

比例作用、微分作用和时间常数

$$F(\mathrm{j}\omega)=K_P\frac{1+\mathrm{j}\omega T_D}{1+\mathrm{j}\omega T} \qquad (8)$$

式中：

T——一阶时间延迟的时间常数；

比值$\frac{T_D}{T}$对于 T_D 的所有可调值可能是常数(具体取决于控制器的设计)。在这种情况下，比值$\frac{T_D}{T}$就叫做最大微分增益或写作 V_D。

3.3 控制器的度盘标度值

上述方程中的作用系数和作用时间是控制器性能的理想值。实际控制器的度盘标度值与这些理想值可能有差异。生产厂商应提供以算式或图形、表格和图表等形式来表示的度盘标度值和实际值之间的关系，即"相互干扰公式"。

4 定义

4.1 比例带

用百分数表示的线性控制器的比例带 X_P，可用下式表示：

$$X_P = \frac{100}{K_P} \qquad \cdots\cdots(9)$$

4.2　**正作用**

控制器的输出 y 随被测量值 x 的增加而增加。

4.3　**反作用**

控制器的输出 y 随被测量值 x 的增加而减少。

4.4　**静差**

被测值 x 与设定点 w 之间的稳态偏差。

4.5　**比例控制器(P)**

仅产生比例控制作用的控制器。

4.6　**比例微分(预调)控制器(PD)**

能产生比例和微分控制作用的控制器。

4.7　**比例积分(再调)控制器(PI)**

能产生比例和积分控制作用的控制器。

4.8　**比例积分微分控制器(PID)**

能产生比例、积分和微分控制作用的控制器。

5　一般试验条件

5.1　环境条件

5.1.1　**测试用环境条件推荐范围**

温度范围:15℃～35℃

相对湿度:45%～75%

大气压力:86 kPa～106 kPa

电磁场:　如有关,应规定数值

试验期间,允许环境温度的最大变化率为1℃/10 min。这些条件可等同于正常工作条件。

5.1.2　**标准参比大气条件**

温度:　　20℃

相对湿度:65%

大气压力:101.3 kPa

此标准参比大气条件是其他任何大气条件下测得的值通过计算加以修正的大气条件。然而,通常认为在多数情况下,不可能有湿度修正因子。在这种情况下,标准参比大气仅考虑温度和压力。

此大气条件等同于通常由生产厂商标明的正常参比工作条件。

5.1.3　**仲裁测量用标准参比大气条件**

当未知对大气条件敏感的参数调整到标准大气值的修正因子,而在环境大气条件的推荐范围内测量又不能令人满意时,可以在严格控制的大气条件下进行重复测量。

为此,本部分规定的仲裁测量用大气条件如下:

	公称值	允差
温度	20℃	±2℃
相对湿度	65%	±5%
大气压力	86 kPa～106 kPa	—

5.2　供源条件

5.2.1　**参比值**

由生产厂商规定,或用户与生产厂商协定。

5.2.2 允差

a) 电源

电压：±1%

频率：±1%

谐波失真(交流电源)：<5%

纹波含量(直流电源)：<0.2%

b) 气源

压力：±1%

供气温度：环境温度±2℃

供气湿度：露点至少低于控制器温度10℃

无油污、无灰尘。

注：含油量不大于百万分之一，尘埃微粒不大于3 μm被认为是“无油污、无灰尘”气源。

5.3 负载阻抗

生产厂商给定的值应作为参比值。

对于电动控制器，若生产厂商给出了不止一个值，则所取的负载阻抗应等于：

——对于输出信号为直流电压的控制器，按生产厂商规定的最小值；

——对于输出信号为直流电流的控制器，按生产厂商规定的最大值。

除非生产厂商另有规定，气动控制器的负载阻抗应采用长8 m、内径4 mm的刚性管道，后接20 cm^3 的气容。

注：上述规定是对气动控制器的静态试验而言，对于动态试验，后接100 cm^3 的气容以代替20 cm^3 的气容。

5.4 其他条件

——输入信号：寄生感应电压或压力波动对测量应无显著影响。

——工作时控制器的位置：生产厂商规定的正常安装位置。每次试验过程中，控制器的安装位置不得偏离正常安装位置的±3°。

—外部机械抑制：应小到忽略不计。

试验用测量系统的误差限应在试验报告中说明，而且应小于或等于被测仪表规定误差限的1/4。

5.5 控制器输出稳定

基于下述试验目的，可按下述方法整定控制器输出(参见图2)。

a) 将开关置于B位置，使控制器构成闭环，将控制器置为反作用，或差分放大器增益置为－1。

b) 若可能设置比例带为100%。另有规定除外。

c) 微分作用置为最小(微分时间最小或切除)。

d) 积分作用置为最大(积分时间最小)。

e) 设定点置为50%。

f) 若有必要，调整信号发生器3的偏置，以获得需要的输出。

6 静差

本试验仅适用于具有积分作用的控制器。应使用如图2所示的线路配置图或等效线路配置图。

设定点 w 和被测量值 x 应该连接到差分测量装置的输入端。选择开关应设在位置B，以获得稳定的“闭环”条件。

改变信号发生器3的偏置以便对于控制器的任一设定点 w 和被测量值 x，允许输出 y 在全量程范围内变化。

6.1 初始条件

初始条件按第5章规定。

6.2 试验步骤

6.2.1 不同比例带值 X_P 的静差

——如果被测控制器的刻度没有直接按照比例带、再调和微分时间来标记，则需要建立这些刻度与本部分中所用参数之间的关系。本条规定的方法适用于度盘标记设置为符合于规定值的仪表。

——按5.5使控制器输出稳定，调节偏置信号发生器，使输出为50%。在控制器输出稳定允许的足够长时间后，测量静差。

——比例带调到最小，然后调到最大（或接近刻度标记），重复上述测试。

——设定比例带为100%。设定点依次设为量程的10%、50%和90%，同时分别使输出为量程的10%、50%和90%，9种组合重复上述测试。

——切换控制器到正作用方式。同时调节差分放大器的增益到－1。测量 $X_P=100\%$、$w=50\%$、$y=50\%$的静差。

——对于出现静差变化较大的读数点，可就其附近的比例带或特殊的设定点做进一步测量。

——在测试报告中，静差应以被测量值量程的百分数表示。

6.2.2 积分时间和微分时间变化的影响

调整设定点 w 到50%、输出 y 到50%、比例带 X_P 到100%。

将积分时间设置为最小值，改变微分时间，依次定在最小值、某一中间值、最大值（例如0.1 min、0.5 min和2.5 min）。

将微分时间设置为最小值，改变积分时间，依次定在最小值、某一中间值、最大值（例如0.2 min、2 min和20 min）。

测量每一条件下的静差。

7 度盘标记及标度值

7.1 设定点标度值的校验

多数带有内设定点信号源的控制器有可测量实际设定点信号的接线端子。如此情况下，应进行下述试验：

将设定指针依次对准0%…100%的标度值上，测量产生的相应设定点信号。然后再以递减顺序将设定指针依次对准标度值的100%、80%…直到0%，重复测量产生的相应设定点信号。

上述步骤至少重复三次。

确定每个设定点的指针读数与产生信号值之间的差值，并以设定点量程的百分数表示。

进行如下计算：

a) 上行程平均误差——对应每个标度值，各测量循环中上行程读数时的误差算术平均值；

b) 下行程平均误差——对应每个标度值，各测量循环中下行程读数时的误差算术平均值；

c) 平均误差——对应每个标度值，所有上行程和下行程读数时误差算术平均值；

d) 回差——对应每个标度值，上行程平均误差和下行程平均误差之间的差值。

注：对于不带设定点接线端子的控制器，相应的试验方法应与生产厂商协商。

7.2 比例作用

应使用图2所示线路配置图或与之等效的线路配置图。

7.2.1 初始条件

参比条件如第5章规定。

7.2.2 试验步骤

——设定点调整为50%，比例带设置为100%（或接近标度值）。

——使输出信号稳定在50%。

——积分作用调整为最小(积分时间最大,如有可能则切除)。

——微分作用调整为最小(微分时间最小,如有可能则切除)。

——开环连接(开关切换到位置 A)、控制器置为正作用模式。

——必须在整个量程范围内改变被测量值信号使输出从最小变化到最大,记录对应的被测量值信号和输出信号值。测量从被测量值信号量程的 50%开始,然后依次为 30%,70%,10%,90%,0%,100%。

——此试验步骤应无间断地尽快进行,尽可能减少剩余积分作用的影响。

——比例带设定在标度值的两极限值上重复上述测试。当比例带小于 100%时,加被测量值信号使输出为量程的 50%,30%,70%,10%,90%,0%和 100%,测量相对应的被测量值信号。

——将控制器设定为反作用模式,比例带定在 100%重复上述测试。

——根据被测量值信号(以百分数表示)绘制如图 4 所示的输出信号特性曲线。

对每一比例带设定点的平均比例作用系数(K_P)应由最佳拟合(最相符的)直线斜率确定(见图 4)。

比例带 X_P 应由图 4 中所绘出 0%～100%之间各测量值与输出成比例的特性线的交叉点来确定。误差应以度盘标度值的百分数表示。(度盘标度误差)

注:当剩余积分和微分作用产生影响时,应施加被测值范围内的阶跃被测量值信号,按图 5 所示记录被测量值信号和输出信号。根据记录曲线进行计算。

7.2.3 死区

死区由不致引起输出可觉察变化所施加的被测量值的最大变化量确定。

本测试按 7.2.2 中前 5 步所述方法,在开环状态下进行。

应缓慢地施加振荡的被测值信号,振幅从 0.1%开始,增加被测量值信号至输出信号刚好有响应为止。该被测量值信号振幅即为死区,并以被测量值信号量程的百分数表示。

若死区低于 0.1%,则不必继续测试。若有必要,可在反作用方式下重复该测试。

7.3 积分作用

7.3.1 初始条件

初始条件按第 5 章规定。

7.3.2 试验步骤

相应的电路配置图如图 2 所示。本试验在开环即选择开关置于位置 A 方式下进行。信号发生器 2 应提供被测量值信号量程 10%左右的阶跃信号。

——调整信号发生器 2 的初始输出,使控制器的输出稳定在大约 10%。

——首次试验,设置积分时间为最大标度值;其次试验,设置积分时间为最小标度值;最后试验,将积分时间设置为中间标度值(例如 20min、0.2 min 和 2 min)。

——触发阶跃函数信号发生器 2,引入被测量值信号的阶跃变化。

——记录输出信号渐变到量程的 100%的变化曲线。

——将控制器输出稳定在满量程的 90%。应使被测值信号引入一个等于先前正阶跃幅值的负阶跃变化。

——记录输出信号渐变到量程 0%的变化曲线。

——如图 6 所示,根据记录曲线确定积分时间 T_I,即渐近线 D_2 向后延长线与起始输出电平的交点到时间 t_0 之间的时间。

——度盘标度值与正阶跃和负阶跃记录曲线测得的积分时间之差(以标称值的百分数表示)列于报告。

若设备本身具有积分作用限值,本条款所述试验无法测量其真实的积分作用性能。

若遇到此情况,则由制造厂和评测机构协商合适的试验方法。

7.4 微分作用

7.4.1 初始条件

将积分作用置为最小(积分时间最大或切除),其余初始条件按第5章规定。

7.4.2 试验步骤

本试验电路配置图如图2所示(开关置于位置A),信号发生器2置为斜坡函数信号发生器,使其在大约为被测微分时间内产生增加被测值量程10%的信号。

——输出信号大约稳定在10%;

——第1步试验,将微分时间调为最小值,第2步试验,将微分时间调为最大值,最后将微分时间调为中间值(如0.1 min,2.5 min和0.5 min);

——在t_0时刻,触发斜坡信号,记录类似图7的两曲线图;

——微分时间T_D应从图7所示的曲线上直接读取;

——将输出信号稳定在大约90%初始值,施加反向斜波信号,重复本试验;

——度盘标度值与上坡和下坡记录曲线测得的微分时间之差(以标称值的百分数表示)列于报告。

注:本试验不总是能测量微分作用的实际性能,特别是,在微分作用期间不能测量最大增益(参见第10章)。

8 影响量的影响

各种影响量对静差的影响,应分别进行测试,结果以标称量程的百分数表示。

当设定信号为内部产生时,应测量每一条件下不同影响量对它的影响。如果需要,也可测量不同影响量对比例带、积分和微分作用等参数的影响。

8.1 初始条件

初始条件按第5章规定。除另有规定外,以下描述的所有试验均应在闭环配置下进行。

使用电路类似图2,将积分和微分时间调为最小值。

注:如果要求T_I和T_D在较高值,也可检测影响量的影响。

8.2 气候影响

8.2.1 环境温度

参见GB/T 2423.1。测量制造厂推荐的最大和最小工作温度时的静差,以及包括在以下工作温度范围内的各环境温度时的静差,试验的环境温度和顺序为:+20℃(参比值)、0℃、−10℃、−25℃、+20℃、+40℃、+55℃、+20℃。试验时不对控制器的设置进行任何调整。在第1次温度循环后,不对控制器再进行调整,应进行与第1次一样的第2次温度循环。

每一挡温度允许误差±2℃,并应有足够时间(通常为几小时)使控制器各部分温度稳定。

将相应温度时静差的任何变化列于报告,以每10℃被测值量程的百分数表示。

8.2.2 湿度(仅适用于电动控制器)

参见GB/T 2423.3。在大气压力下,温度为$40_{-2}^{\ 0}$℃,相对湿度93%±2%的试验箱中,控制器至少保持24 h。临近周期结束时,测量静差以被测量值量程的百分数表示列入报告。用于可能发生饱和场所的控制器,应承受下列附加试验:

在相对湿度为93%的试验后,在不少于1 h内,将温度降至25℃以下,试验环境应保持密闭,以使该期间空气饱和。在此条件下再次测量静差。

试验后,可用目检法检查闪络、凝露、元件损坏等影响。

8.3 机械影响

8.3.1 安装位置

应测量控制器从参比安装位置倾斜±10°所引起的静差的变化。在互成直角的两个水平轴附近,依次进行两个方向倾斜的测量。

当±10°的倾斜超过了控制器的设计极限时,应采用制造厂规定的最大倾斜值。如果安装位置不是水平位置，应指出在这种情况下确定控制器性能的试验方法。

8.3.2 冲击

本试验应按 GB/T 2423.7 试验 Ec 进行。

“平面跌落”施加的程序如下：

控制器按其正常安装位置放置在平整、坚硬的水泥或刚质的刚性平面上，沿一底边倾斜，使其对边与试验平面间的距离为 25 mm、50 mm 或 100 mm(其值由制造厂与用户商定选择)，或者使控制器底面与试验平面的夹角为 30°，从中选择一种要求较低的条件，然后让其自由跌落到试验平面上。

控制器的 4 个底边各经受一次跌落。

本试验后，检查控制器有无损坏，并测量静差。

8.3.3 机械振动

本试验的一般步骤按 GB/T 2423.10 所述进行。

控制器应按制造厂的安装说明书的规定，安装在振动台上，在 3 个互相垂直的轴线上承受正弦振动，其中一个轴线为垂直方向。振动台、安装板和用来支撑控制器的安装架的刚度应该能使传递到控制器上的冲击损失减至最小。

本试验分成 3 个不同的阶段：

第一阶段：寻找初始谐振

这一阶段的目的是调查控制器对振动的响应，确定谐振频率，并为寻找最终谐振收集资料，如有必要，还要收集谐振频率下的耐久性信息。

振动期间，应注意引起下列情况的频率：

a) 静差发生显著变化；

b) 机械谐振，应记录机械谐振频率。

应记录 Q 值因数大于 2 的所有谐振频率，以便与下面规定的在寻找最终谐振时发现的频率比较。

注：Q 值因数等于谐振振幅除以驱使振动的振幅。

应按对数规律连续扫频，扫频速率约为 0.5 oct/min。评定工业过程控制器所用的频率范围应根据工作条件的类型、安装类别和制造厂与用户之间的协议从表 1 中选取。

表 1 工作条件

安装	振动频率/Hz	峰振幅/mm	峰加速度/(m/s²)
控制室(一般应用) 现场(低振动级)	10～60 60～150	0.07	 9.8

第二阶段：耐久性试验

在第一阶段找到的最大谐振频率上重复上述试验。

本阶段总的持续振动时间应为 3 h，在最大谐振方向和其他另两方向各振动 1 h。

如果第一阶段没找到谐振频率，则应在该控制器允许的整个频率范围内连续扫频。

第三阶段：寻找最终谐振

寻找最终谐振的方法及振动特性与寻找初始谐振的相同，记录与寻找初始谐振的任何明显差别。

最终测量：

试验结束时，应核实控制器的机械状态是否良好，记录静差的变化(以被测值量程的百分数表示)，并列于报告。

8.4 供源影响

8.4.1 供源变化

本试验应测量当供源发生以下变化的所有组合所引起的静差的变化(即，交流源 9 组测量，直流源 3 组测量)。

a) 电压或气压

1) 公称值；

2) +10％或制造厂规定的较小极限值；

3) −15％或制造厂规定的较小极限值。

b) 频率

1) 公称值；

2) +2％或制造厂规定的较窄极限值；

3) −10％或制造厂规定的较窄极限值。

在输出100％时重复进行本试验：对电动控制器，供源电压和频率应为最小；对气动控制器，供源压力应为最小。

8.4.1.1 始动漂移(长时中断)

控制器在第5章规定的环境条件下，并在不开电源、不接输入的状态下放置24 h。

然后打开电源(及输入被测值和相应的设定点)，将设定点调整为量程的50％。应记录5 min和1 h后的静差。

8.4.1.2 短时中断

本试验仅对电动控制器。本试验在开环状态下进行，控制器的输出平衡在量程的50％。

电源应中断：5 ms，20 ms，100 ms，200 ms，500 ms。

电源短时中断应在交流电源电压的峰值时进行数次或随机中断10次。

本试验应在积分时间设置为最大值、微分时间设置为最小值进行。

记录下列数值：

——输出信号的最大瞬时变化量；

——输出信号达到且保持偏离稳态值的1％之内所用的时间；

——输出信号的任何永久性变化量。

8.4.1.3 电源电压低降

本试验仅对电动控制器。控制器连成开环，输出稳定在量程的100％，电源电压低降到公称值的75％，保持5 s。记录输出变化量、瞬时幅值和持续时间。

8.4.1.4 电源瞬时过电压

本试验仅对电动控制器。瞬时过电压的尖峰电压由电容器放电或利用能给出等效波形的方法产生，且尖峰电压应叠加在主电源上。电容器能量为0.1 J，尖峰电压的幅值分别为100％、200％、300％和500％过电压(公称主电源有效值电压的百分数)。

电容的适当容量可通过能量和幅值计算。

电源线应采用合适的抑制滤波器保护，它至少应包括一个能承载线电流的500 uH的扼流圈。

在电源峰值处，施加与其极性相同的每种幅值的两个脉冲，或者随机相位的10个脉冲。记录控制器输出上出现的任何瞬变和任何永久输出变化。

8.4.1.5 电源反向保护

控制器被施加反向最大允许电压供电后，恢复正常供电连接，再次测量静差，将静差的任何变化量列入报告。

8.5 电干扰

8.5.1、8.5.2、8.5.3、8.5.4和8.5.5试验应在开环、比例带 X_P 为100％、积分时间 T_I 为最大值(最小作用)、微分时间 T_D 为最小值(最小作用)下进行。

8.5.1 共模干扰

试验接线图见图8。本试验仅适用于电输入和电输出与地绝缘的控制器。

对输入和输出绝缘的控制器，应将输出的负端接地，同时输入端施加共模干扰，反之亦然。

对没有提供接地端子的控制器，应按正常方式将控制器安装在接地框架或平板上，以达到本试验的接地目的。

将有效值为 250 V、频率为主电源频率的正弦交流干扰信号依次加在地与控制器的每个输入和输出端，测量由此引起的输出的变化。如果制造厂规定的值小于 250 V，则应使用此较小值代替。干扰信号的相位应相对于控制器主电源输入的相位在 360°内变化。

然后使用直流电压代替交流电压重复本试验。采用的电势应为直流 50 V 或输入量程的 1 000 倍(取两者中较小者)，正、负电势均要进行。如果制造厂规定的值小于 50 V，则应使用此较小者。电压仅施加在对地绝缘的输出端上。

在共模干扰试验期间，应由不受共模信号影响的输入信号源向控制器提供输入。对于电流输入的控制器，信号源应是一个输出端连接一个具有不小于 10 uF 电容的电流源；对于电压输入的控制器，信号源应是一个在主频率上输出阻抗不大于 100 Ω 的电压源。

将任何稳态输出变化与输出信号的纹波含量一起列于报告。

注：共模干扰试验通常还在将试验信号同时连接在两个输入或两个输出端子的情况下进行。如果端子间的阻抗相对低于对地阻抗，则两种试验方法产生相同的结果。选择上述方法是为了促进各评测机构对范围广泛的各种仪表采用统一的试验方法，并产生一致的试验结果。

8.5.2 串模干扰

试验接线图见图 9。本试验应将主频率的交流信号串联作用于输入信号上，测量所引起的输出的变化。串联信号的相位应相对于控制器主电源输入的相位在 360°内变化。

对于电压输入的控制器(图 9)，逐渐增大串模电压，直到输出信号平均变化量程的 0.5%或串模信号的幅值达到 1 V 峰值无论哪一个先发生为止。如果制造厂规定的值小于 1 V 峰值，则应使用此较小者。记录相应 0.5%影响的串模信号的幅值和输出信号的交流含量。

对于电流输入的控制器(图 10)，应使用串模电流信号，使之逐渐增大到量程峰值 10%的极限值。干扰信号应通过与电路阻抗兼容的方法与输入信号混合。这种方法的一个实例是使用具有电流输出的加法放大器，如图 10。

8.5.3 接地

本试验仅适用于电输入和电输出与地绝缘的控制器。

本试验应将每个输入和输出端依次接地，测量所引起的输出信号的稳态变化。

8.5.4 射频干扰

射频干扰对输出的影响的试验应由制造厂与用户专门商议(参见 GB/T 17626.3)。

8.5.5 磁场干扰

本试验的目的是确定主电源频率的交流磁场对控制器输出的影响。它不适用于仅使用气动信号的控制器。

控制器应暴露在 400 A/m(有效值)的磁场中，磁场对准控制器的主要轴向。

确定输出信号为量程 10%和 90%时，磁场对平均直流电平和输出纹波含量的影响。本试验还应在与第一个轴向相互垂直的另外两个轴向重复进行。

注：在一个直径为 1 m、承载 5 A 电流、80 匝的环形线圈的中心或附近可获得近似 400 A/m 的磁场。

8.6 输出负载

本试验仅对电动控制器。控制器在闭环和如第 5 章所述稳定状态下，测量控制器负载阻抗从制造厂规定最小值变化到最大值所引起的静差的变化。

除制造厂另有规定外，应进行 5 min 零负载阻抗试验(短路)和无限大的负载阻抗试验(开路)，然后恢复参比负载，测量静差变化量。

注：应保证负载阻抗变化不会直接引起控制器输入反馈回路的变化。

8.7 加速工作寿命试验

8.7.1 初始条件

本试验的适用电路如图2所示，选择开关置于B，信号发生器3设置为提供正弦信号。

初始条件按第5章规定。

8.7.2 试验步骤

本试验应在闭环下进行。

控制器应在频率为0.5 Hz、峰-峰值为被测量值信号量程的50%、中点在50%的正弦被测量值信号作用下，连续运行7 d。

运行期间，每天应中断正弦信号，以便足够频繁地测量静差值以确定静差的任何变化。

应记录静差的最大变化量。

9 输出特性及能源消耗

9.1 能源消耗

9.1.1 总则

试验应在带和不带(只要可行)“自动-手动切换”两种情况下进行。当连同外接“自动-手动切换机构”进行试验时，只能采用制造厂推荐的切换机构。

9.1.2 初始条件

试验线路如图2所示(选择开关置于B)。

初始条件按第5章规定。

9.1.3 输、排气量

本试验仅对气动控制器。改变控制器输出的排气量，测量每一排气量时的静差。然后改变控制器输出的输气量，测量每一输气量时的静差。试验线路如图3所示。

然后绘出如图11静差-流量曲线，根据曲线确定：

a) 静差50%时的最大排气量；

b) 静差50%时的最大输气量；

c) 排气量为0.2 m^3/h 和0.4 m^3/h 时的静差[2)]；

d) 输气量为0.2 m^3/h 和0.4 m^3/h 时的静差[2)]。

流量特性的不连续性，称为“输出继动死区”(参见图11)。与之相应的静差变化应列于报告，还应确定相应的气体流量(排气量和输气量)。

9.1.4 稳态耗气量

本试验仅对气动控制器。控制器稳定在不同输出值，且输出与密封气容相连，并确保输出接头无泄露，测量控制器的气源，并记录最大流量。

9.1.5 耗电量

本试验仅对气动控制器。将控制器的负载阻抗调整为参比值，设定点设为量程的90%，在标称电压和频率下，然后在制造厂规定的最高电压和最低频率下分别测量控制器的耗电量(用VA表示)。本试验先在“自动”、后在“手动”下进行。

9.2 “自动”/“手动”切换

评定“自动”/“手动”和“手动”/“自动”切换的性能，由制造厂与用户之间商定。(本试验目的是为了测试切换后输出的瞬时峰值和稳态变化量。)

9.3 电输出纹波含量

控制器连成闭环，测量控制器输出信号分别为10%、50%和90%时输出交流纹波含量的峰-峰值、

---

2) 标准温度和压力时的立方米。

有效值和主频含量。

当有脉冲信号叠加在输出信号上时，必须规定所测仪器的通频带，且应在额定负载，同时按惯例并联 500 pF 电容条件下进行测量。

10 频率响应

10.1 频率响应的应用

通过这些试验能确定控制器的 3 个重要特性：

a) 比例作用高频截止频率。对于本试验，比例带应设置为 100%，积分时间设为最大值(最小作用)，微分时间设为最小值(最小作用)。

b) 低频最大积分增益。对于本试验，比例带应设置为 100%，积分时间设为最小值(最大作用)，微分时间设为最小值(最小作用)。

c) 高频最大微分增益。对于本试验，比例带应设置为 100%，积分时间设为最大值(最小作用)，微分时间设为最大值(最大作用)。

注：其他比以下描述的方法更快和更有效的动态分析方法是可利用。因此上述谐波试验已经特别简单，可以使用非常普通有用的设备进行。

10.2 试验步骤

控制器应在具有制造厂提供的正确操作设备：手动-自动切换开关继电器和切换装置的条件下进行试验。

控制器连成闭环，如图 2，开关置于 B，信号发生器 3 设置为正弦信号输出，设定点应设置为大约量程的 50%。

提供给控制器的正弦信号应作为被测值信号。正弦信号的幅值应足够低以避免输出失真。

探测的频率范围应根据控制器的设计，并应允许通过渐进线对 w_1 和 w_2 进行测量(通常从 10 Hz～10^{-3} Hz)(参见图 12)。

应在多个频率点同时记录被测值信号和输出信号，以便用来确定相关的增益值。或者使用频谱分析器进行测量。

10.3 试验结果分析

用足够多的被测因子 K_P、K_I、K_D 绘制 Bode 图(幅-频特性图)。例：按 10.1，组合如下所示：

K_P	比例带/%	T_I	T_D
1	100	最大(或切除)	最小(或切除)
1	100	最小	最小(或切除)
1	100	最大(或切除)	最大

注：也可进行更多的频率试验，以研究可选择性的控制参数。

这样，将获得的波形图与方程(2b)对应的波形图(见 3.1)进行比较。

注：提供的 w_1、w_2、w_3 和 w_4 的值彼此相差很远，合理的(或令人满意的)近似计算为：

$$T_1 = \frac{1}{w_1} = T_I \qquad T_2 = \frac{1}{w_2} = T_D$$

此外，应给出 T_3、T_4 的值：$T_3 = \dfrac{1}{w_3}$ $\qquad T_4 = \dfrac{1}{w_4}$

图 12 示出了 K_P、$K_P(1+V_D)$和 $K_P(1+V_I)$的值，其中 V_D 是最大微分增益、V_I 是最大积分增益。

11 其他试验

11.1 耐电压试验

耐电压试验应采用与控制器使用电源频率相同频率的正弦波电压。

试验电压应施加于电源端(两电源端子连接在一起)与地之间。其余端子应与地连在一起。

试验时先将试验设备的空载电压调整到零,然后连接到试验控制器。

本试验使用变压器的容量应至少为500 VA。

本试验电压应逐渐升高到规定值(见下表),以至不出现明显的瞬时过电压。试验电压在最大值保持1 min,然后将其逐渐减小到零。

电源电压(直流或交流有效值)/V	试验电压/kV
≤60	0.5
>60~130	1.0
>130	1.5

11.2 绝缘电阻

应测量每个电源端子与地间的绝缘电阻。

除非制造厂规定了较低值,本测量应使用500 V的直流电压。当控制器的输出端子与地绝缘时,应使用制造厂规定的最大电压测量其对地的绝缘电阻。

注:当电源电压特别低时,可与制造厂协商一致忽略本试验。

11.3 输入过范围

在参比条件下(见第5章),使用图2配置图,开关置于位置B(闭环),调节偏差信号发生器3,将被测值信号设置为过载50%(即:量程的150%的值),历时1 min。然后将被测值信号设置为量程的50%,5 min后,输出应稳定在50%,测量静差。对零点提升信号的控制器(例,20 kPa~100 kPa(0.2 bar~1.0 bar),4 mA~20 mA),将被测值信号设置为0(真实0,不是量程的0%),重复进行本试验。

如果可能,也应进行设定点过载50%的试验。

12 文献资料

制造厂应提供评定控制器的安装、调试、运行、例行维护和维修等资料,还应提供备件表和备件的推荐信息。

制造厂还应陈述给出的最能确切表示控制器输入/输出特性的理论公式。

本部分规定某些操作应按制造厂规定的方法进行。因此,评定单位可对使用说明书的适用性和明了程度提出意见。

13 技术检查

应对可能造成使用困难的控制器的设计或构造细节进行检查。

本检查应包括例如:工作部件的密封等级、备件的互换性、气候试验、控制作用逆转等。

尽其可能,也应对所采用的部件和材料的质量进行评定。

14 试验报告

除了按本部分提出试验结果外,试验报告还应包括下列内容:

——试验日期和地点;

——参照本部分的情况;

——被测仪表的识别特性(类型、型号、系列号等);

——本部分规定的参比条件和试验条件;

——可能已影响到试验结果的任何重要事件;

——制造厂关于试验和试验结果的意见。

15 试验一览表(见表 2)

表 2 试验一览表

名称	报告内容		参考的条文
	单位	说明	
1 静差	被测值量程的%	比例带在 3 个设置:100%、最小和最大(或最接近的刻度标识)处的最大正负静差	6
2 设定点标度	设定点量程的%	设定点在 0%、20%、40%、50%、60%、80%和 100%的上、下行程指示值与测量值之间的差。至少重复进行 3 个循环,计算平均误差和回差	7.1
3 比例作用系数	比值(无量纲的)	比例带设置在 100%、最小和最大时的比值	7.2
标度误差	标度值的%	偏离标度值的值	7.2.2
4 死区	被测值量程的%	输出无可发觉的变化所对应的输入的最大变化量	7.2.3
5 积分时间	min	最大、最小和常用中间设置处的时间值,输入信号进行正、负变化	7.3
标度误差	标度值的%	偏离标度值的值	7.3.2
6 微分时间	min	最大、最小和常用中间设置处的时间值,输入信号进行正、负变化	7.4
标度误差	标度值的%	偏离标度值的值	7.4.2
7 环境温度	每 10℃被测值量程的%	在最大和最小工作温度点、以及规定的温度循环期间静差的变化	8.2.1
8 湿度	被测值量程的%	静差的变化量	8.2.2
9 安装位置	每 10°被测值量程的%	4 个方向,依次每方向倾斜 10°所引起的静差的变化量	8.3.1
10 冲击	被测值量程的%	平面跌落引起的静差的变化量,即:沿一底边倾斜 30°或规定的协商一致的距离后自由落下,4 个底边重复进行,测量静差的变化量	8.3.2
11 机械振动	被测值量程的%	寻找谐振 a) 10 Hz～60 Hz,0.07 mm b) 60 Hz～150 Hz,9.8 m/s² 在谐振点持续振动 3 h 检查机械状态和静差的变化量	8.3.3
12 供源变化(电压或气压)	被测值量程的%	电压或气压变化+10%和−15%所引起的静差的变化量	8.4.1
13 供源变化(频率)	被测值量程的%	频率变化+2%和−10%所引起的静差的变化量	8.4.1
14 供源变化(始动漂移)(长时中断)	被测值量程的%	关断电源 24 h 后,打开电源的 5 min 和 1 h 后所引起的静差的变化量。设定点在量程的 50%	8.4.1.1
15 供源变化(短时中断)		中断 5 ms,20 ms,100 ms,200 ms,500 ms 积分时间最大,微分时间最小 电源短时中断应在交流电源电压的峰值时进行数次或随机中断 10 次	8.4.1.2
	输出量程的%	输出的最大瞬时变化量	
	s	输出保持在稳态值的 1%之内的时间	
	输出量程的%	输出的永久变化量	
16 供源低降	输出量程的%	供源低降到 75%后输出变化量	8.4.1.3

表 2(续)

名称	报告内容		参考的条文
	单位	说明	
17 电源瞬时过电压	输出量程的%	叠加在主电源上的规定幅值和持续时间的电压脉冲所引起的瞬时变化量和直流输出变化量	8.4.1.4
18 电源反向保护	被测值量程的%	恢复正确连接后静差的变化量	8.4.1.5
19 共模干扰	输出量程的%	依次加在地与每个输入和输出端的有效值为 250 V、频率为主电源频率的交流信号(相对主电源在 360°范围内改变相位)所引起的稳态输出或任意纹波的变化量。用 50 V 直流或 1 000 倍输入量程,重复试验	8.5.1
20 串模干扰	输出量程的%	串联加在输入端的峰-峰值为 1 V、频率为主电源频率的交流信号(相对主电源在 360°范围内改变相位)所引起的输出的变化量	8.5.2
21 接地	输出量程的%	每个输入和输出端依次接地所引起的输出的变化量	8.5.3
22 射频干扰		按制造厂规定	8.5.4
23 磁场干扰	输出量程的%	400 A/m,输出量程的 10%和 90%处	8.5.5
24 输出负载	被测值量程的%	输出负载从最小值到最大值变化所引起的静差的变化量;也是分别开路和短路 5 min 所引起的静差的变化量	8.6
	Ω	给出输出阻抗的值	
25 加速工作寿命	被测值量程的%	在频率为 0.5 Hz,幅值为被测量值信号量程的±25%正弦被测量值信号作用下,连续运行 7 d 所引起的静差的变化量	8.7
26 气体流量(对气动控制器)	被测值(m^3/h)量程的%	绘出静差-流量曲线,包括: a) 静差 50%时的最大排气量和输气量 b) 排气量和输气量为 0.2 m^3/h 和 0.4 m^3/h 时的静差 c) 不连续的"输出继动死区"所对应的流量值	9.1.3
27 稳态耗气量(对气动控制器)	m^3/h	输出连接密封容器,记录气源的最大流量	9.1.4
28 耗电量(对电动控制器)	W 或 VA	在规定的"自动"和"手动"两种操作条件下,测量耗电量	9.1.5
29 电输出纹波含量	V,Hz	输出信号分别为 10%、50%和 90%时输出纹波含量的峰-峰值、有效值和主频含量	9.3
30 频率响应	增益(图 12) 频率:Hz	获得下列值: a) 比例作用高频截止频率 b) 低频最大积分增益 c) 高频最大微分增益	10
31 耐电压试验		在电源端子和地之间施加试验电压,历时 1 min	11.1
32 绝缘电阻	Ω	当 500 V 直流试验时,每个电源端子与地间的绝缘电阻值	11.2
33 输入过范围	被测值量程的%	过载 50%,历时 1 min 然后恢复正常,5 min 后测量静差的变化量 还应进行设定点过载 50%的试验 对零点提升的控制器,还应用实际 0 作为输入信号进行试验	11.3

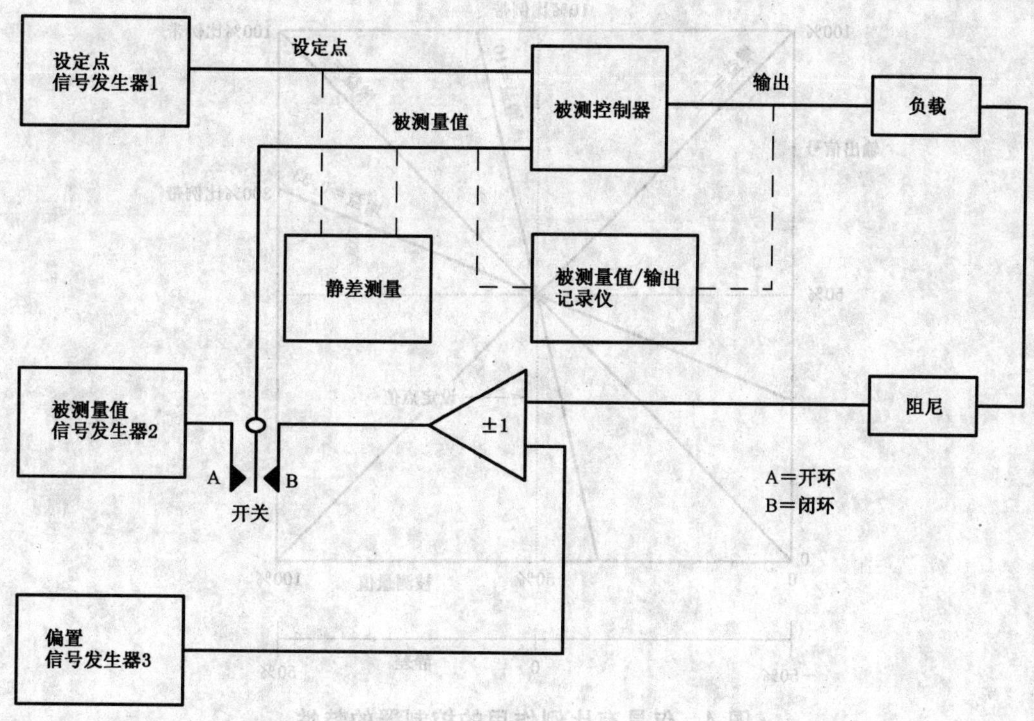

信号发生器 2——积分作用试验时产生稳定的直流电压阶跃输入信号；微分作用试验时产生稳定的直流电压输入斜坡信号。

信号发生器 3——频率响应试验时产生正弦波信号；加速寿命试验时，产生固定直流偏置电平。

图 2 开环和闭环试验配置图

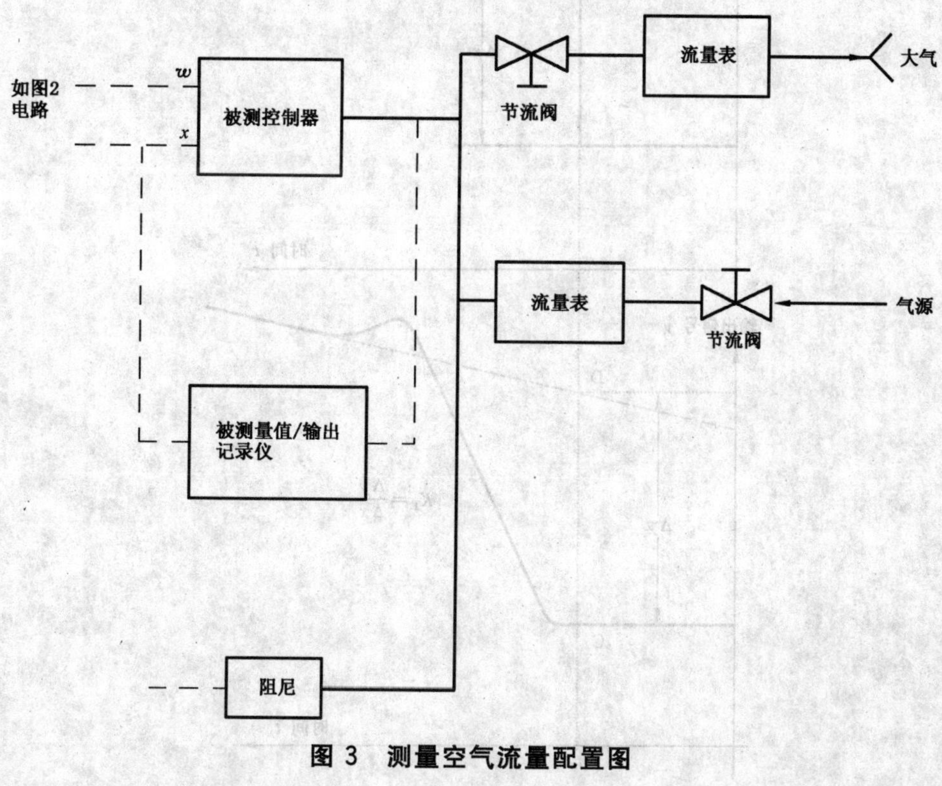

图 3 测量空气流量配置图

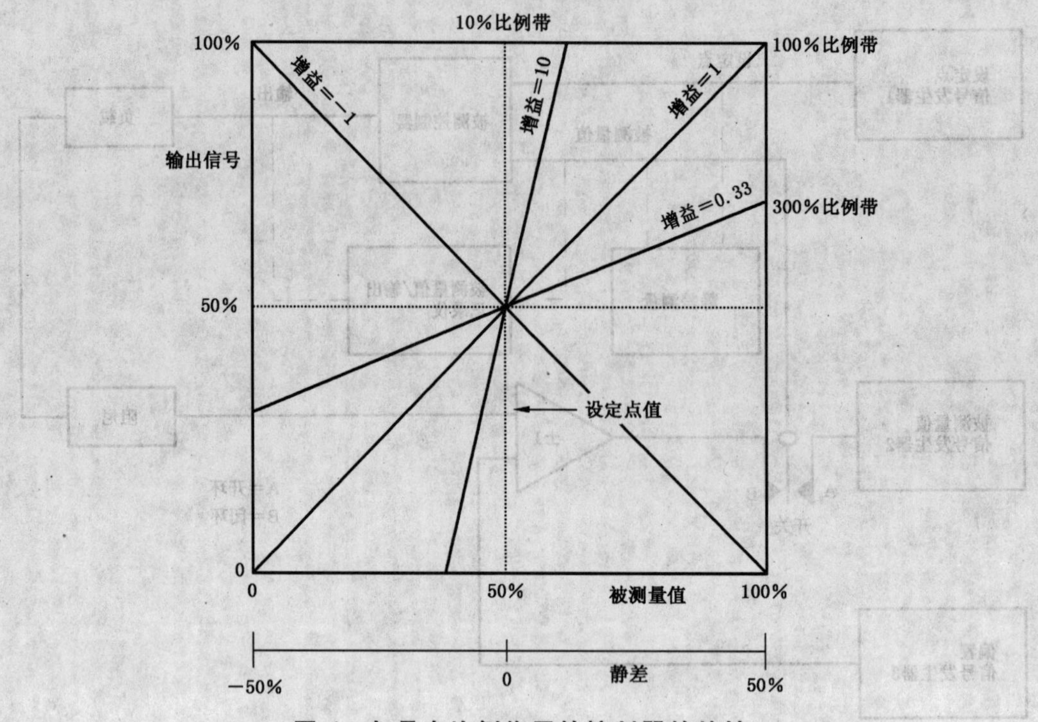

图 4　仅具有比例作用的控制器的特性

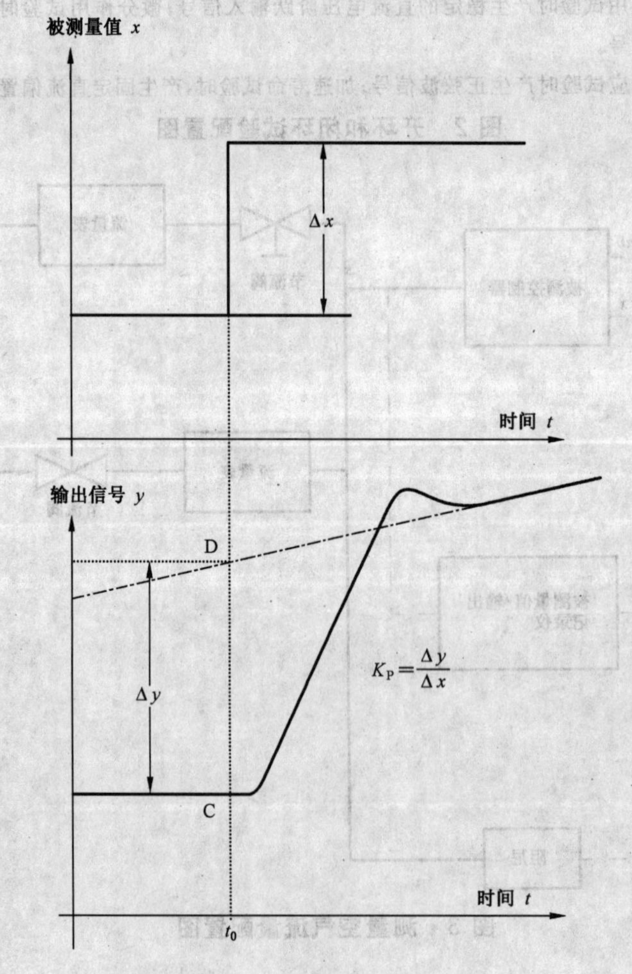

图 5　比例作用记录特性

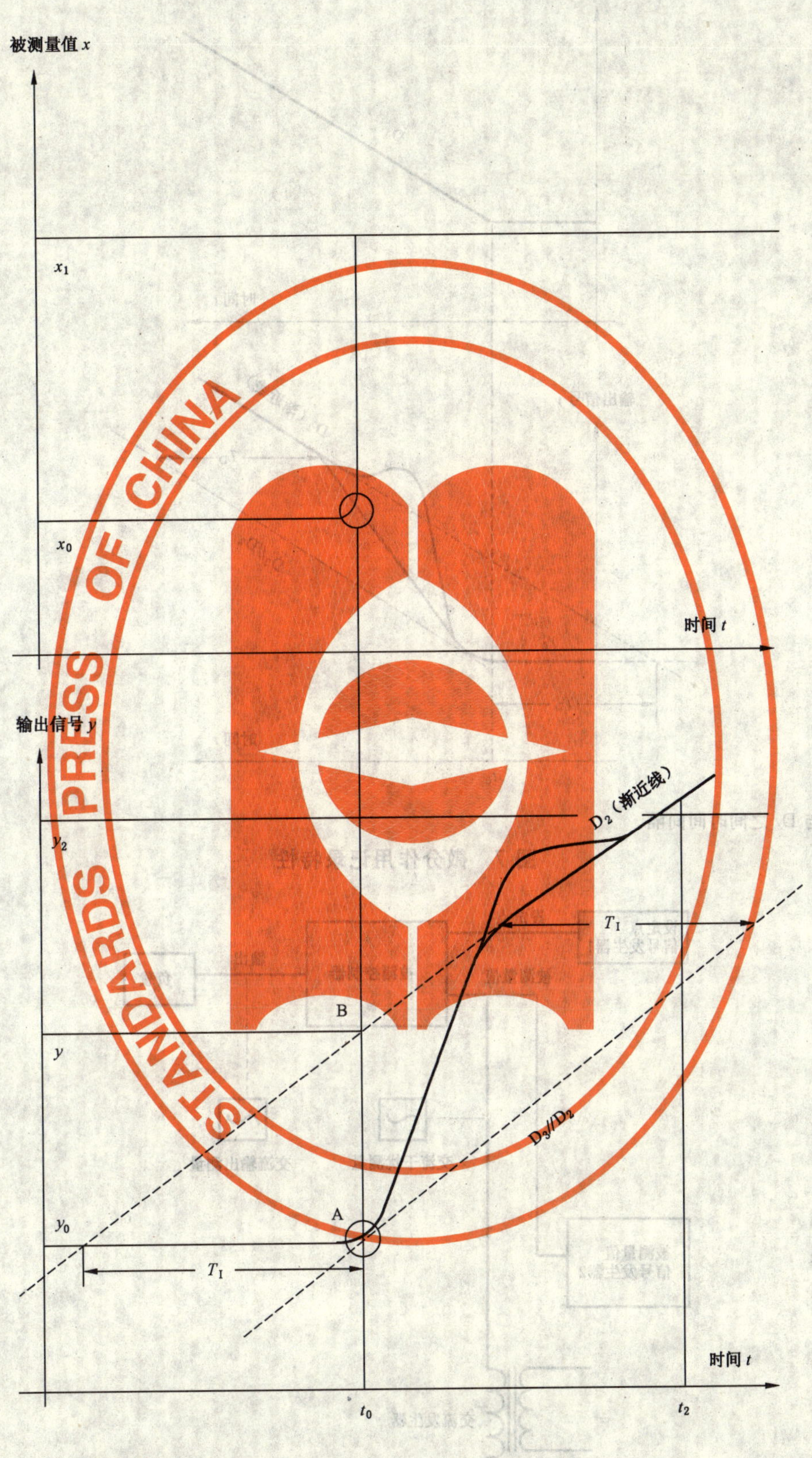

$T_I = D_2$ 与 D_3 之间时间间隔。

图 6　积分作用记录特性

被测量值 x
D1
时间 t
输出信号 y
D2（渐近线）
TD
D3//D2
y0
TD
时间 t
t0

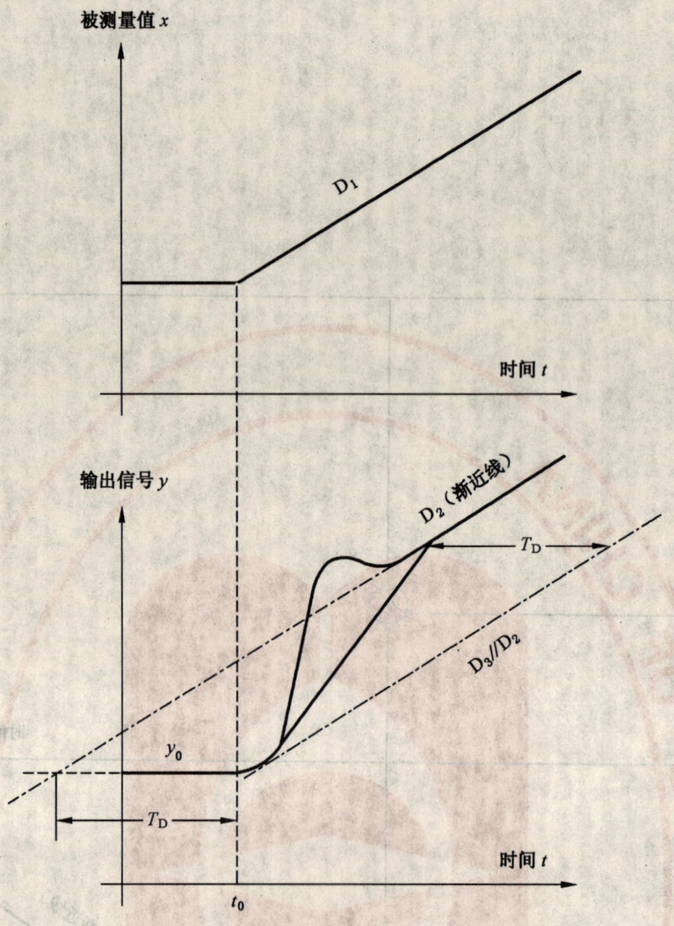

$T_D = D_2$ 与 D_3 之间时间间隔。

图 7　微分作用记录特性

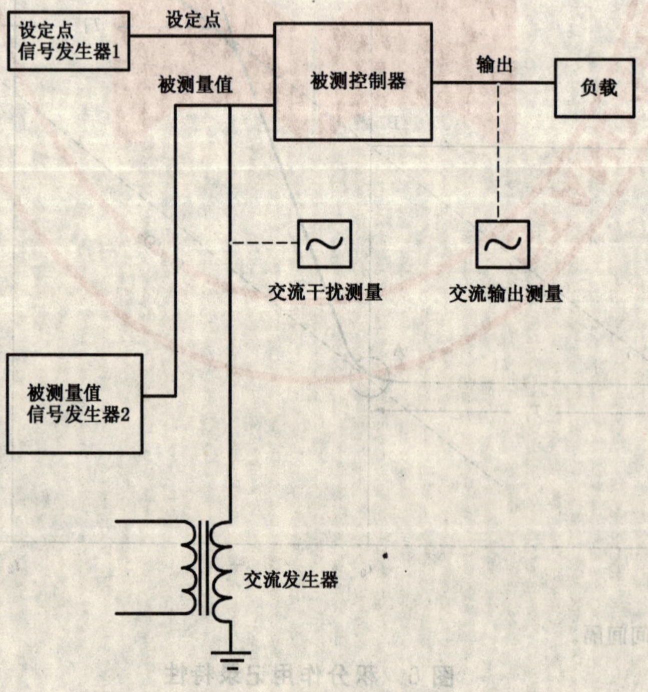

设定点
信号发生器1
设定点
被测量值
被测控制器
输出
负载
交流干扰测量
交流输出测量
被测量值
信号发生器2
交流发生器

图 8　共模干扰试验(电压输入)配置图

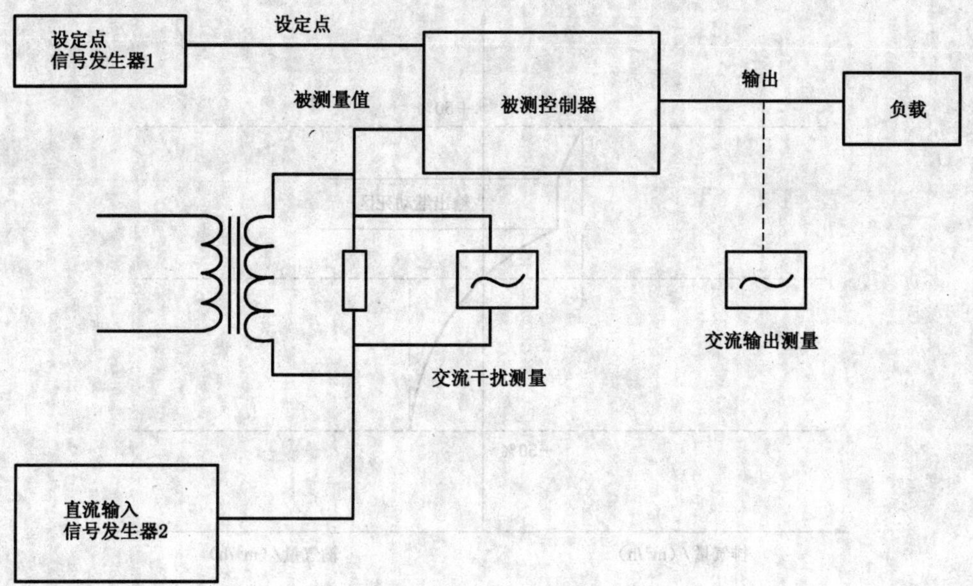

图 9　串模干扰试验(电压输入)配置图

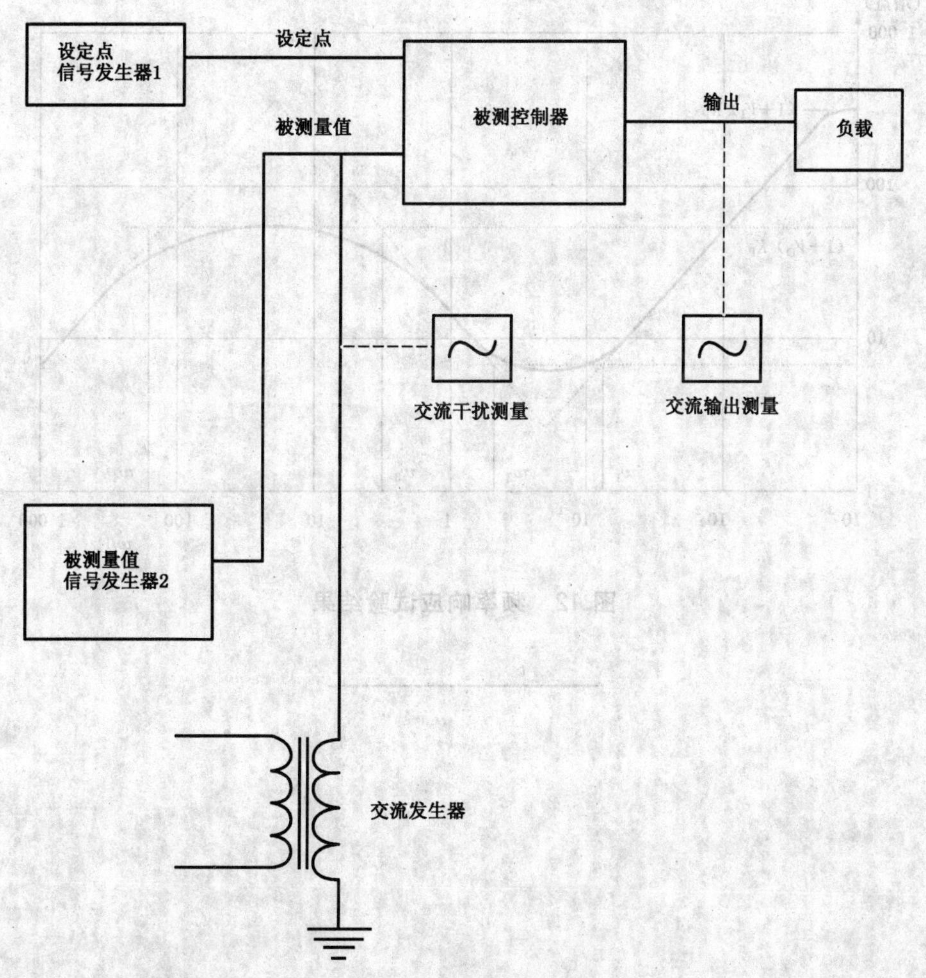

图 10　串模干扰试验(电流输入)配置图

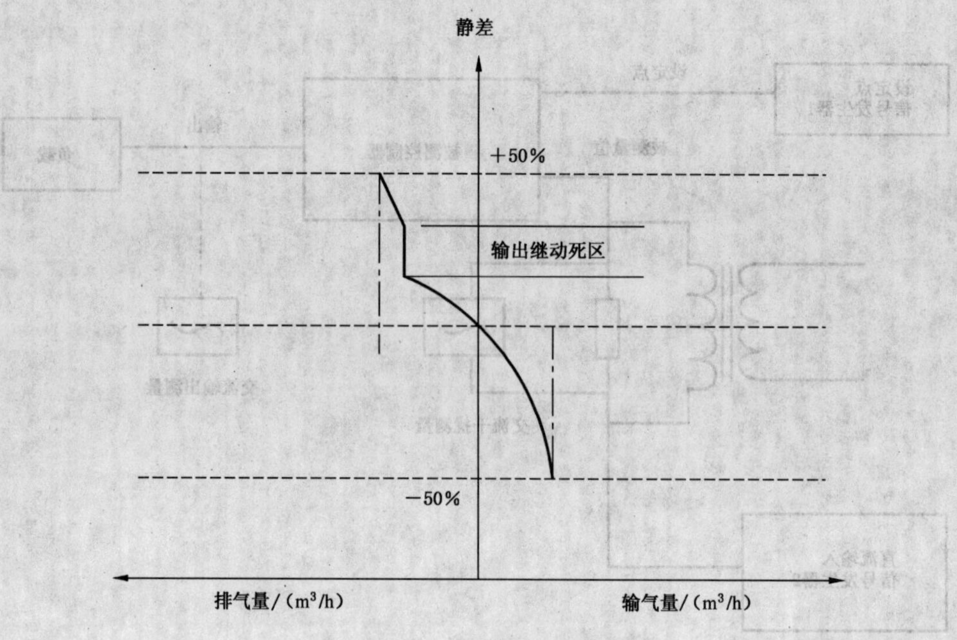

图 11 气动控制器流量特性

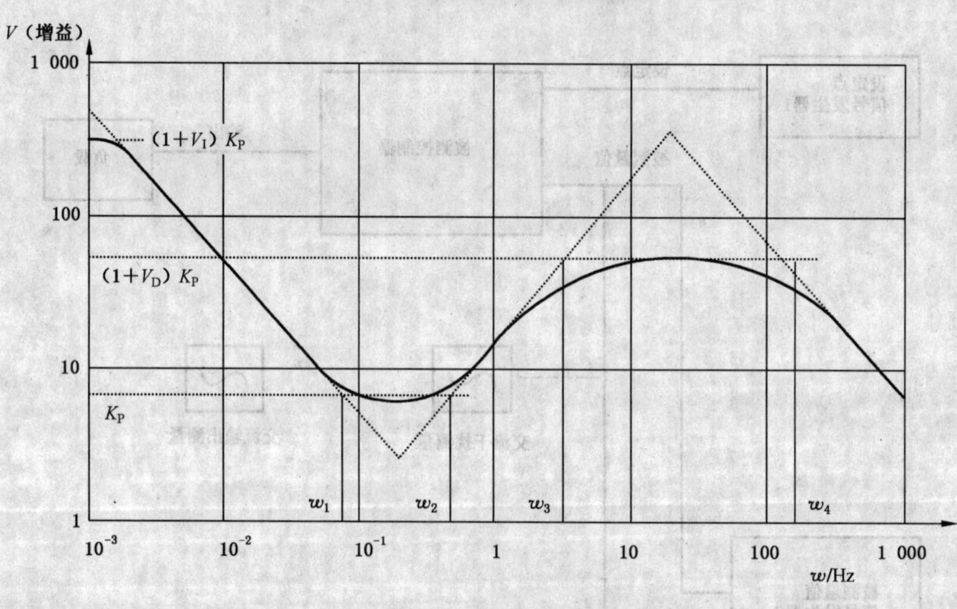

图 12 频率响应试验结果

ICS 25.040
N 18

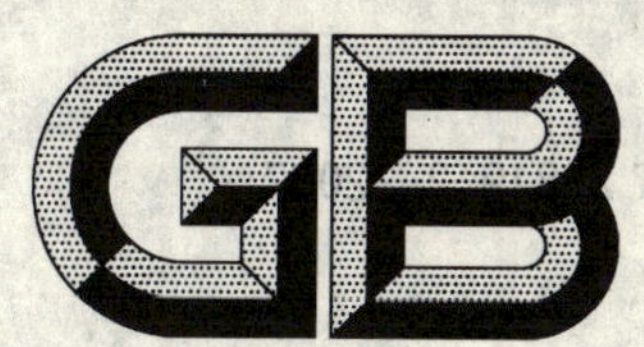

中华人民共和国国家标准

GB/T 20819.2—2007

工业过程控制系统用模拟信号控制器 第2部分：检查和例行试验导则

Controllers with analogue signals for use industrial-process control system—Part 2: Guidance for inspection and routine testing

（IEC 60546-2:1987，MOD）

2007-01-18 发布　　　　2007-06-01 实施

中华人民共和国国家质量监督检验检疫总局
中国国家标准化管理委员会　发布

前　言

GB/T 20819《工业过程控制系统用模拟信号控制器》分为如下两部分：

——第1部分：性能评定方法；

——第2部分：检查和例行试验导则。

本部分为GB/T 20819的第2部分。

本部分修改采用IEC 60546-2：1987《工业过程控制系统用模拟信号控制器　第2部分：检查和例行试验导则》(英文版)。

根据GB/T 1.1—2000《标准化工作导则　第1部分：标准的结构和编写规则》，对IEC 60546-2：1987做了下列修改：

a) 删除了IEC 60546-2：1987的前言和序言；

b) 将1、2章合并为一章“1　范围和目的”；

c) 将第2章改为“规范性引用文件”，并将IEC 60546-2：1987序言的内容转化为第2章的内容；

d) 4.1中变量后的“＝”修改为破折号“——”，其他类似条款做相应修改。

本部分由中国机械工业联合会提出。

本部分由全国工业过程测量和控制标准化技术委员会第二分技术委员会归口。

本部分负责起草单位：西南大学、中国四联仪器仪表集团、上海自动化仪表股份有限公司。

本部分参加起草单位：机械工业仪器仪表综合技术经济研究所、浙江大学、北京机械工业自动化研究所。

本部分主要起草人：周雪莲、李涛、刘进、张庆军、张建成、张坤、孙发。

本部分参加起草人：冯晓升、冯冬芹、谢兵兵。

本部分是首次制定。

工业过程控制系统用模拟信号控制器
第2部分：检查和例行试验导则

1 范围和目的

GB/T 20819 适用于具有符合 GB/T 3369、GB/T 3370 和 GB/T 777 的模拟信号的气动和电动工业过程控制器。GB/T 20819 的本部分规定的试验原则上也适合于具有其他连续信号的控制器。

本部分旨在为控制器的检查和例行试验，例如验收试验和修理后的试验，提供技术指导。对于全性能试验，应采用 GB/T 20819.1 的规定。验收的性能的定量要求应由制造厂和用户协商后确定。本部分的要求在征得制造厂和用户同意后即生效。

2 规范性引用文件

下列文件中的条款通过 GB/T 20819 的本部分的引用而成为本部分的条款。凡是注日期的引用文件，其随后所有的修改单(不包括勘误的内容)或修订版均不适用于本部分，然而，鼓励根据本部分达成协议的各方研究是否可使用这些文件的最新版本。凡是不注日期的引用文件，其最新版本适用于本部分。

GB/T 777 工业自动化仪表用模拟气动信号(GB/T 777—1985，neq IEC 60382:1971)

GB/T 3369 工业自动化仪表用模拟直流电流信号(GB/T 3369—1989，neq IEC 60381-2:1978)

GB/T 3370 工业自动化仪表用模拟直流电压信号(GB/T 3370—1989，neq IEC 60381-1:1978)

GB/T 20819.1—2007 工业过程控制系统用模拟信号控制器 第1部分：性能评定方法(IEC 60546-1:1987，MOD)

IEC 60410 计数检查抽样方案和程序

3 试验的抽样

如果制造厂和用户协商在一样品批上进行试验，建议选用出版物 IEC 60410 提出的抽样方法。抽样时可由用户的检验员选定被试控制器。

4 符号和定义

参见 GB/T 20819.1—2007 中 3.1。

4.1 本部分使用的符号和定义

t——时间；

y——输出信号(见图1)；

y_0——在 $t=0$ 时的输出信号；

x——被测值(见图1)；

w——设定点值(见图1)；

X_P——比例带；

T_I——积分时间；

T_D——微分时间；

K_P——比例作用系数；

K_I——积分作用系数；

K_D——微分作用系数；

比例带，$X_P=100/K_P$，用百分数表示；

静差——被测值 x 与设定点 w 之间的稳态偏差。

5 性能测试

应记录试验场所的环境条件。见 GB/T 20819.1—2007 中 5.1.1 推荐的环境条件。

应进行下列试验：

5.1 控制作用试验

仅需考虑试验样品提供的功能。

5.1.1 静差

完整的试验见 GB/T 20819.1—2007 中第 6 章。

本试验仅应用于具有积分作用的控制器。

a) 初始条件

按图 2，开关置于位置 B，闭环连接，反作用。

X_P——100%，比例带；

T_I——最小积分时间；

T_D——如果可能切除或最小微分时间。

b) 试验步骤

在不同的测量设备上测量和记录设定点 $w=50\%$ 的静差。记录 x 和 w 的指示值，如果存在刻度指示，检查相应的刻度指示值。在 $w=10\%$、$w=90\%$ 时重复本测量。

5.1.2 比例作用

完整的试验：见 GB/T 20819.1—2007 中 7.2。

a) 初始条件

按图 2 开关置于位置 A，开环连接。

X_P——100%，比例带；

使输出值 y 稳定在 50%；

T_I——稳定后，如果可能切除或最大积分时间；

T_D—— 如果可能切除或最小微分时间；

$x=w=50\%$。

b) 试验步骤

通过信号发生器 2 引进阶跃变化 20% 的输入信号。

记录相应输出值 y 的变化量（$\Delta y\%$）。

$$X_P=\left(\frac{\Delta x\%}{\Delta y\%}\right)\times 100=\left(\frac{\Delta x}{\text{被测值量程}}\bigg/\frac{\Delta y}{\text{输出量程}}\right)\times 100$$

注：如果积分作用不能被忽略时，那么 Δy 由图 3 确定。

5.1.3 积分作用

完整的试验：见 GB/T 20819.1—2007 中 7.3。

a) 初始条件

按图 2 开关置于位置 A，开环连接。

X_P—— 100%,比例带;

T_D——如果可能切除或最小微分时间;

T_I——1 s或最接近它的标度值;

$x=w=50\%$。

b) 试验步骤

稳态输出 y 在50%,然后通过信号发生器2引进阶跃变化±20%的输入信号。

记录相应的输出变化量 Δy。通过图4确定积分时间 T_I。

5.1.4 微分作用

更精确的试验:见GB/T 20819.1—2007中7.4。

适用于对 $x-w$ 具有微分作用的控制器,而不适用于只对 x 具有微分作用的控制器。

a) 初始条件

按图2,开关置于位置B,闭环连接。

X_P—— 100%,比例带;

使输出值 y 稳定在50%;

T_I——稳定后,如果可能切除或最大积分时间;

T_D——1 s;

$w=50\%$。

b) 试验步骤

通过信号发生器1引进设定值量程的10%~20%的阶跃设定信号。

记录相应的输出信号变化量。通过图5确定微分时间 T_D。

5.2 供源变化

完整的试验见GB/T 20819.1—2007中8.4.1。

a) 初始条件

控制器按照5.1.1整定状态,且连接最大额定负载。

b) 试验步骤

测量电源发生下列变化(如此值较小,采用制造厂规定的限值)对静差的影响:

电压变化:公称交流或直流电压的+10%和-15%;

空气压力变化:公称压力的+10%和-10%。

5.3 手动/自动切换

手动/自动切换设备的性能评定方法应由制造厂和用户协商解决。

5.4 设定点发生器

注:对没有易接近设定点连接的控制器,合适的试验步骤应由制造厂和用户协商一致。

试验步骤:

确定 w 至少能达到0%和100%,如果可能将其值与标度值进行比较。

5.5 手操输出器

试验手操输出器以确定 y 至少能达到0%和100%。如果可能,检查相应的标度值。

注:如果不适合进行手操功能试验,等效试验应由制造厂和用户协商一致。

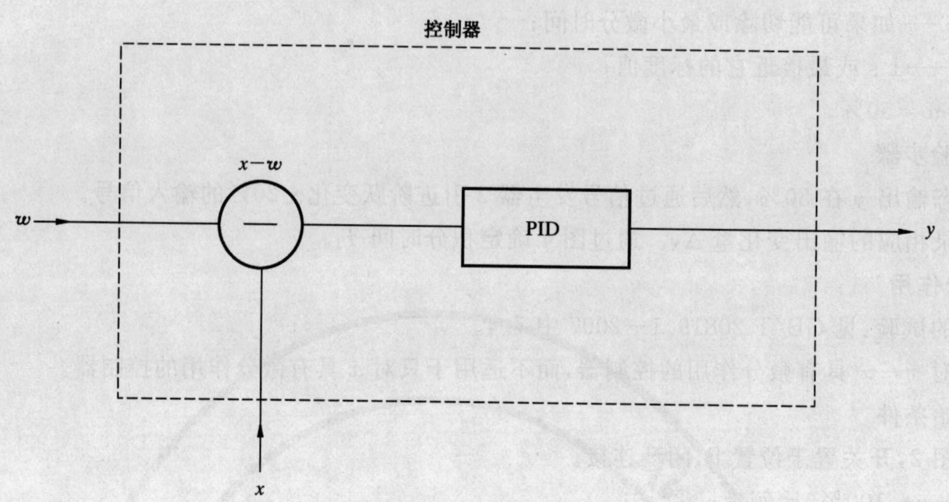

图 1　理想控制器基本输入/输出信号

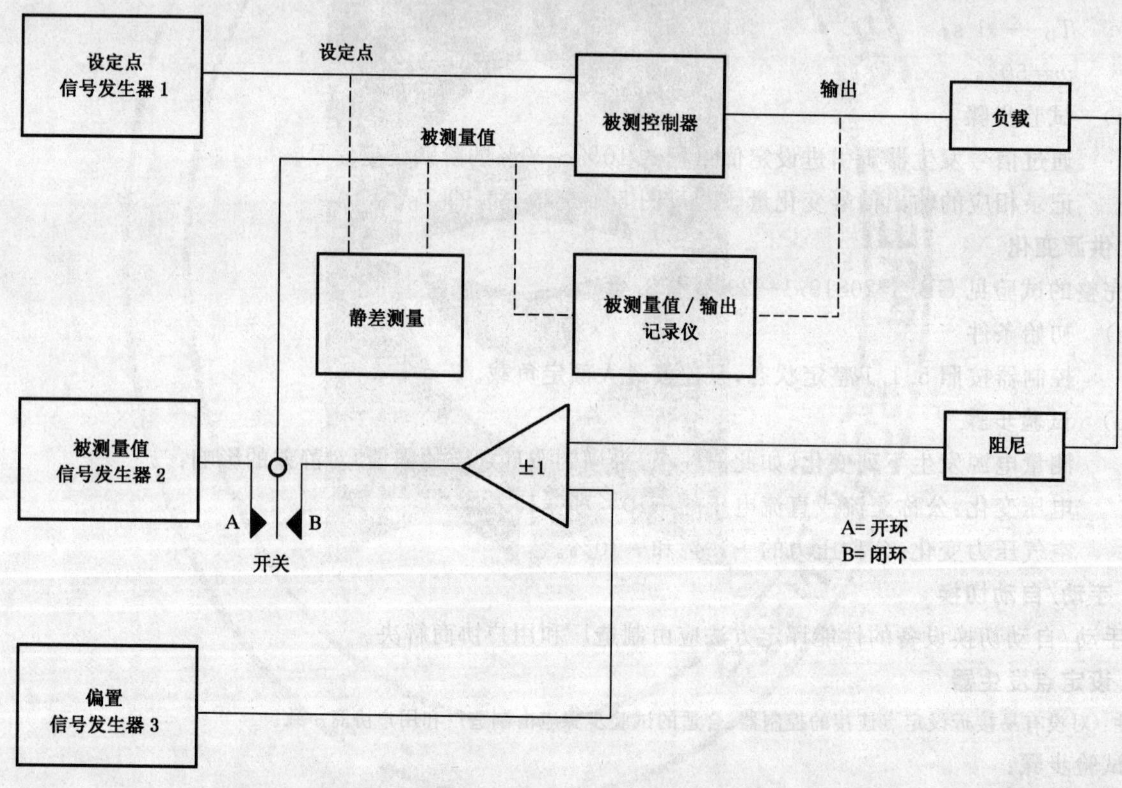

信号发生器 1——微分作用试验时产生稳定的直流电压或气压阶跃输入信号。

信号发生器 2——比例作用试验和积分作用试验时产生稳定的直流电压或气压阶跃输入信号。

信号发生器 3——闭环试验时产生固定的直流电压或气压偏置信号。

图 2　开环和闭环试验配置图

被量测值 x
Δx
时间 t
输出信号 y
Δy
$X_P = \frac{\Delta y\%}{\Delta x\%} \times 100$
时间 t
t_0

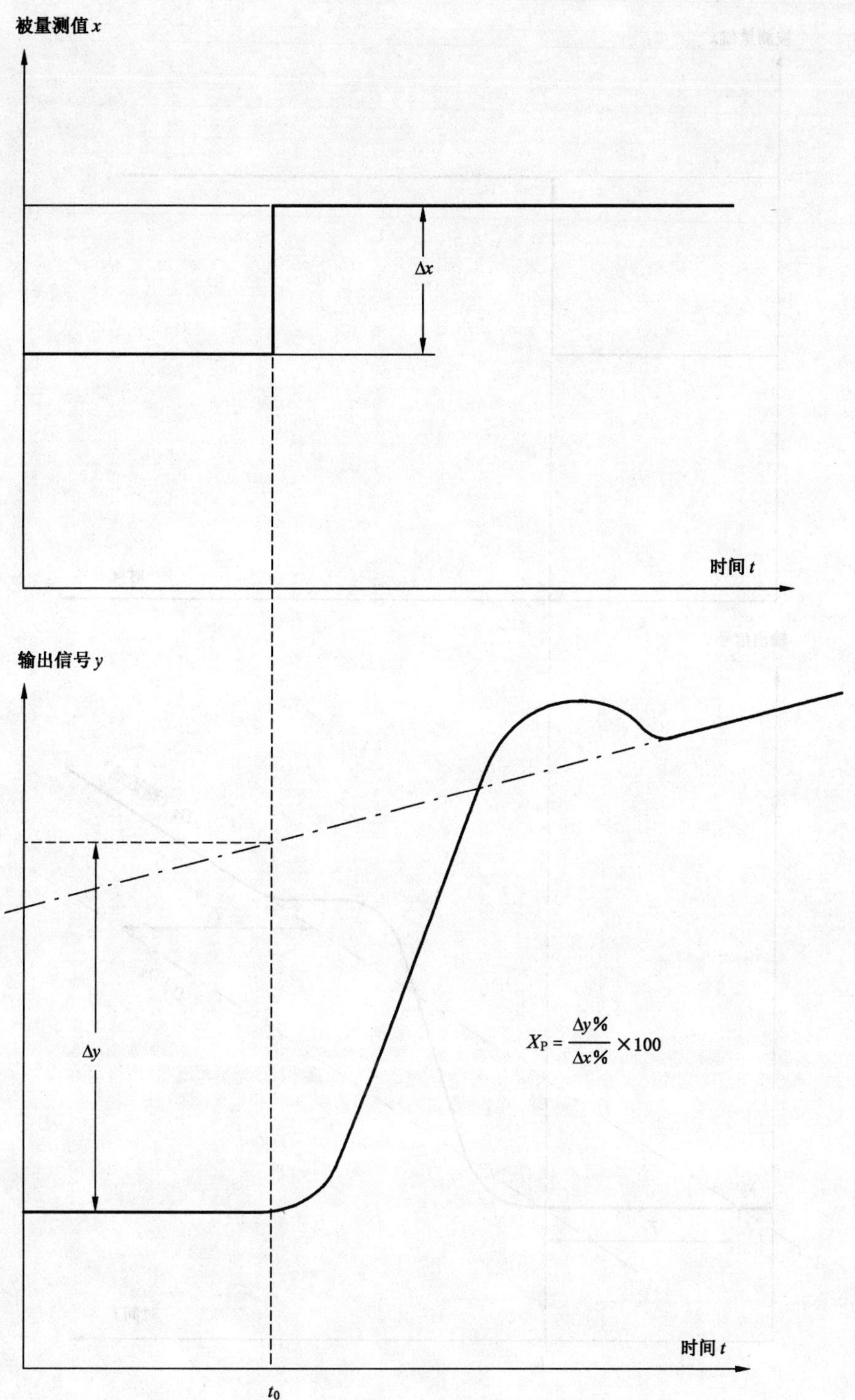

图 3　比例作用记录特性

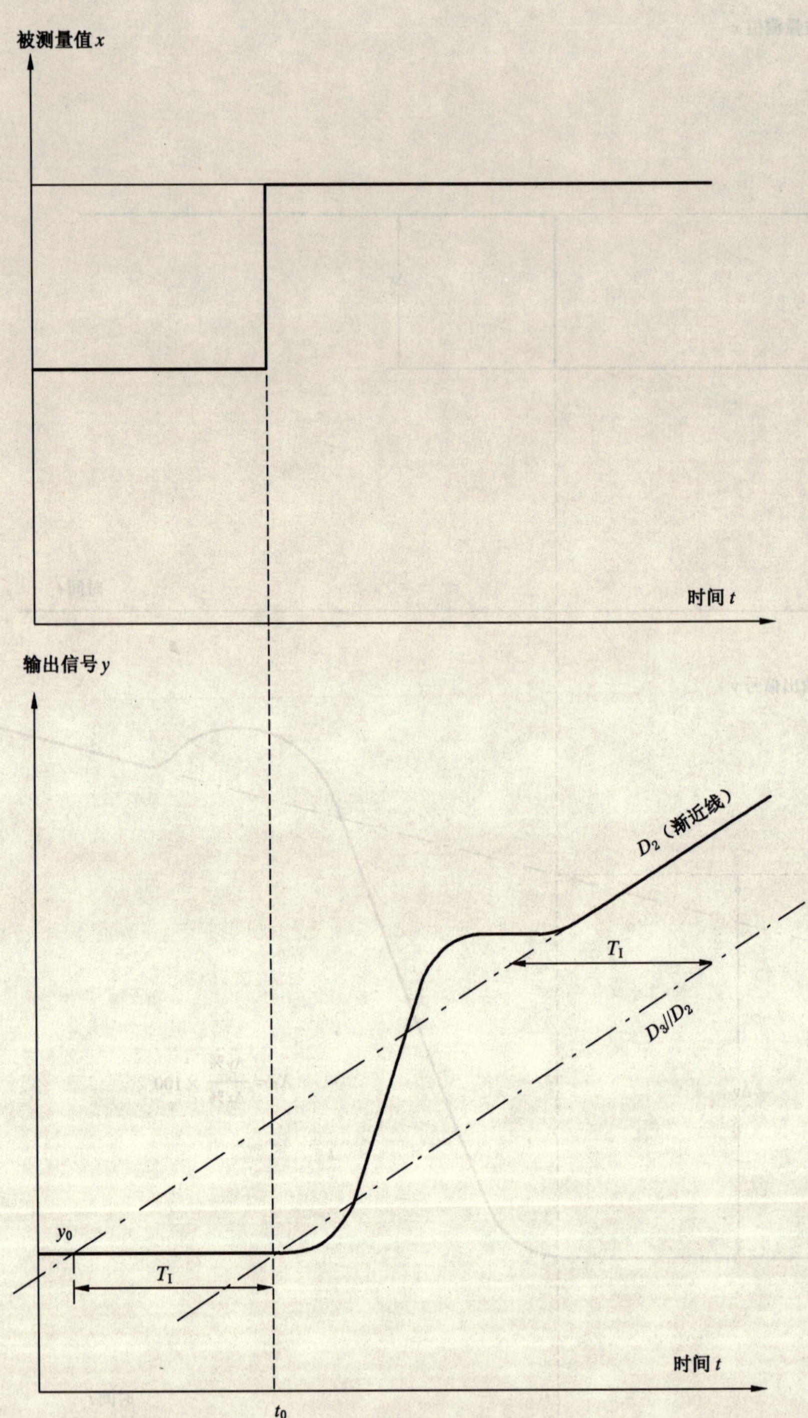

T_I——D_2 与 D_3 之间时间间隔。

图 4 积分作用记录特性

被测量值 x
Δw
时间 t
输出信号 y
$T_D = \frac{K_D}{K_P}$
$\frac{K_P}{K_P+1}\Delta w$
K_D
时间 t
t_0
STANDARDS PRESS OF CHINA

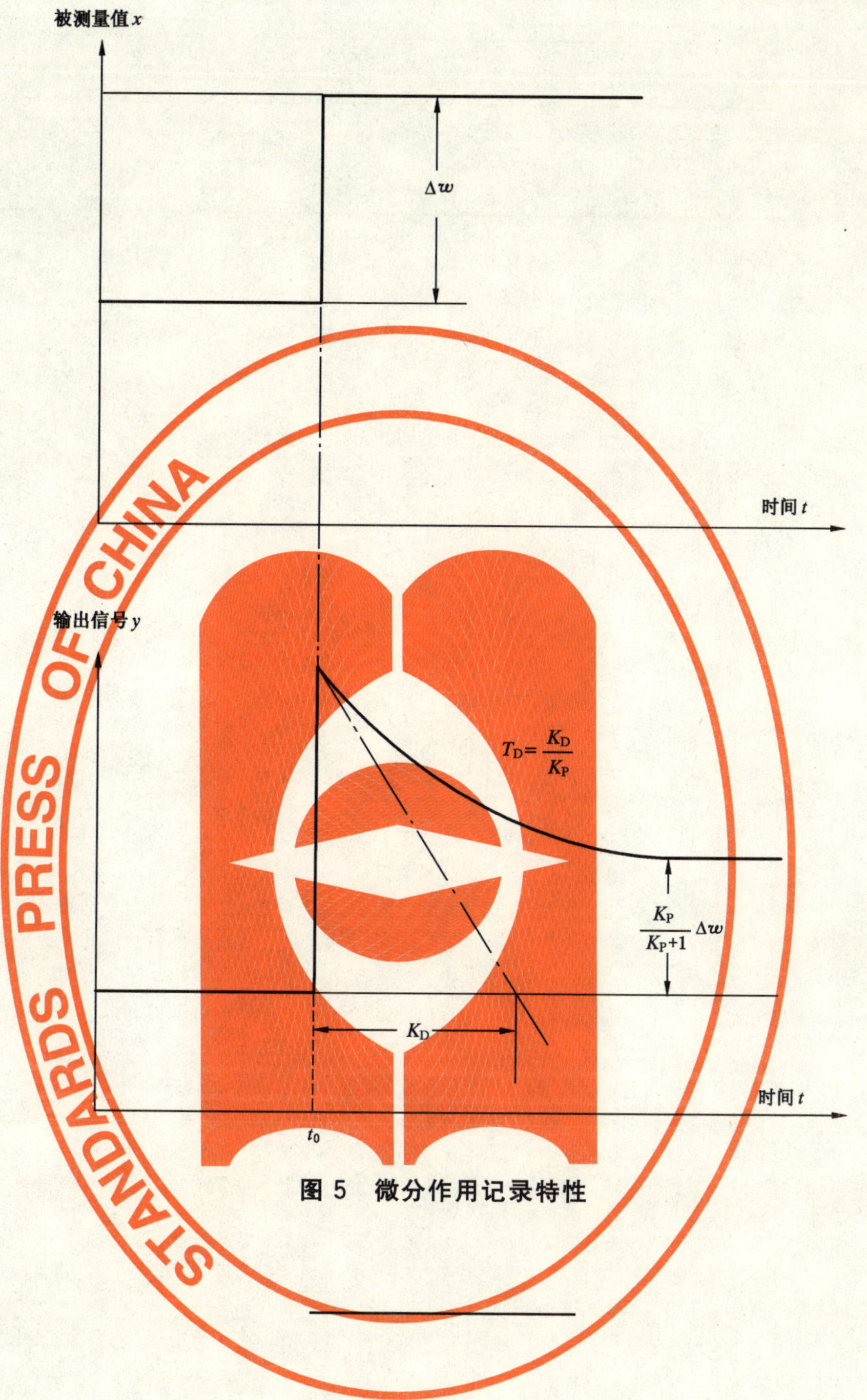

图 5　微分作用记录特性

ICS 67.160.10
X 62

中华人民共和国国家标准

GB/T 20820—2007

地理标志产品　通化山葡萄酒

**Product of geographical indication—
Tonghua amur-wine**

2007-01-19 发布　　2007-07-01 实施

中华人民共和国国家质量监督检验检疫总局
中国国家标准化管理委员会　发布

前　言

本标准根据《地理标志产品保护规定》及 GB 17924—1999《原产地域产品通用要求》制定。

本标准的附录 A 为规范性附录。

本标准由全国原产地域产品标准化工作组提出并归口。

本标准起草单位:吉林省葡萄酒质量监督检验中心、通化葡萄酒股份有限公司、通化天池葡萄酒有限责任公司、通化通天酒业股份有限公司、通化市质量技术监督局。

本标准主要起草人:刘同洁、王军、于江深、纪春花、刘忠和、孟庆国、刘波。

地理标志产品　通化山葡萄酒

1　范围

本标准规定了通化山葡萄酒的地理标志产品保护范围、术语和定义、分类、要求、试验方法、检验规则及标志、标签、包装、运输、贮存。

本标准适用于地理标志产品保护管理部门批准的地理标志产品通化山葡萄酒。

2　规范性引用文件

下列文件中的条款通过本标准的引用而成为本标准的条款。凡是注日期的引用文件，其随后所有的修改单(不包括勘误的内容)或修订版均不适用于本标准，然而，鼓励根据本标准达成协议的各方研究是否可使用这些文件的最新版本。凡是不注日期的引用文件，其最新版本适用于本标准。

GB/T 191　包装储运图示标志

GB 2758　发酵酒卫生标准

GB 10344　饮料酒标签标准

GB/T 15038　葡萄酒、果酒通用试验方法

JJF 1070　定量包装商品净含量计量检验规则

《定量包装商品计量监督管理办法》(国家质量监督检验检疫总局[2005]第75号令)

3　地理标志产品保护范围

通化山葡萄酒的保护范围限于地理标志产品保护管理部门根据《地理标志产品保护规定》批准保护的范围，见附录A。

4　术语和定义

下列术语和定义适用于本标准。

4.1

通化山葡萄酒　Tonghua amur-wine

以产自通化山葡萄酒地理标志保护范围内规定的新鲜山葡萄为原料，并在该地域内采用本标准工艺经全部或部分发酵酿制而成的，酒精度等于或大于7% vol的发酵酒。

5　产品分类(按含糖量分)

5.1　通化干红山葡萄酒

含糖(以葡萄糖计)小于或等于4.0 g/L或者当总糖与总酸(以酒石酸计)的差值小于或等于2.0 g/L时，含糖最高为9.0 g/L的山葡萄酒。

5.2　通化半干红山葡萄酒

含糖在4.1 g/L～12.0 g/L，或者当总糖与总酸(以酒石酸计)的差值小于或等于2.0 g/L时，含糖

最高为 18.0 g/L 的山葡萄酒。

5.3 通化半甜红山葡萄酒

含糖大于通化半干红山葡萄酒，最高为 45.0 g/L 的山葡萄酒。

5.4 通化甜红山葡萄酒

含糖大于 45.0 g/L 的山葡萄酒。

6 要求

6.1 原料

6.1.1 产地

通化山葡萄酒的原料应产自规定的保护区域范围内，土壤为沙壤土、轻沙壤土，pH 为 5.5～7.0，海拔高度为 400 m～1 000 m，年平均气温 3.7℃以上，有效积温 2 500℃以上。

6.1.2 品种

6.1.2.1 生产通化半甜、甜红山葡萄酒的山葡萄品种应选择野生山葡萄，选育山葡萄："双优"、"双红"、"左山一"，或欧山杂交品种："公酿一号"。

6.1.2.2 生产通化半干、干红山葡萄酒的葡萄品种应选择选育山葡萄："双优"、"双红"、"左山一"或欧山杂交品种："公酿一号"。

6.1.3 山葡萄质量

酿造发酵酒的野生山葡萄含糖量不低于 100 g/L(可滴定糖)；选育山葡萄含糖量不低于 140 g/L；"公酿一号"含糖量不低于 150 g/L。果实充分成熟，果皮着色均匀、果粒新鲜、洁净；无病虫果、霉烂果、裂果、生果、无农药污染。

6.2 生产工艺

6.2.1 通化山葡萄酒工艺

山葡萄经采收分选、除梗破碎后，化验理化指标，根据含糖量加入糖浆或白砂糖，一次性调整到山葡萄酒干浸出物和酒精度达到本标准成品酒要求，进行浸渍发酵，发酵温度控制在 25℃～30℃，当糖度降至规定要求时分离转罐，进行苹果酸-乳酸发酵，当苹果酸-乳酸发酵结束时，进行分离澄清，贮藏，稳定性处理，除菌过滤。新鲜型葡萄酒贮藏期 6 个月～24 个月；陈酿型葡萄酒贮藏期 24 个月以上，应采用橡木桶贮藏。不应使用合成色素。

6.2.2 通化(半)干红山葡萄酒流程工艺

山葡萄分选→除梗破碎→加白砂糖发酵(加酵母)→皮渣分离→橡木桶陈酿→降酸→稳定性处理→澄清过滤→除菌过滤→灌瓶→包装

6.2.3 通化(半)甜红山葡萄酒流程工艺

山葡萄分选→除梗破碎→加糖浆发酵(加酵母)→皮渣分离→橡木桶陈酿→稳定性处理→澄清过滤→指标调整(加浓缩葡萄汁)→过滤→杀菌→灌瓶→包装

6.3 感官要求

通化山葡萄酒感官要求应符合表 1 规定。

表 1 感官要求

项目			要求
外观	色泽	通化(半)干红山葡萄酒	紫红、深红、宝石红
		通化(半)甜红山葡萄酒	紫红、深红、宝石红、红微带棕
	澄清程度		澄清无明显悬浮物(使用软木塞封口的酒允许有 3 个以下不大于 1 mm 的软木渣；超过 12 个月的葡萄酒允许有少量沉淀)
香气与滋味	香气	通化(半)干红山葡萄酒	具有葡萄花、椴树花、新鲜的小浆果等香气
		通化(半)甜红山葡萄酒	具有陈酿的酒香、葡萄花、椴树花、小浆果等香气
	滋味	通化(半)干红山葡萄酒	醇厚、协调丰满、结构感强
		通化(半)甜红山葡萄酒	圆润醇厚、酸甜适口、酒体丰满、有结构感
典型性			典型、突出、明确

6.4 理化要求

通化山葡萄酒理化要求应符合表 2 规定。

表 2 理化要求

项目			指标
酒精度[a](20℃)/(%vol)	通化(半)干红山葡萄酒		10.0～13.0
	通化(半)甜红山葡萄酒		7.0～15.0
总糖(以葡萄糖计)/(g/L)	通化干红山葡萄酒	≤	4.0[b]
	通化半干红山葡萄酒		4.1～12.0[c]
	通化半甜红山葡萄酒		12.1～45.0
	通化甜红山葡萄酒	≥	45.1
总酸(以酒石酸计)/(g/L)			实测值
挥发酸(以乙酸计)/(g/L)		≤	0.8
柠檬酸/(g/L)		≤	1.0
干浸出物/(g/L)		≥	16.0
铁/(mg/L)		≤	8.0
总二氧化硫/(mg/L)		≤	200
山梨酸/(mg/L)		≤	200
苯甲酸/(g/L)		≤	50

a 酒精度在上述指标要求的范围内允许差±1.0% vol。

b 当总糖与总酸(以酒石酸计)的差值小于或等于 2.0 g/L 时，含糖最高为 9.0 g/L。

c 当总糖与总酸(以酒石酸计)的差值小于或等于 2.0 g/L 时，含糖最高为 18.0 g/L。

6.5 卫生要求

应符合 GB 2758 的规定。

6.6 净含量

按照《定量包装商品计量监督管理办法》执行。

7 试验方法

7.1 感官要求、理化要求

按照 GB/T 15038 规定的方法执行。

7.2 卫生要求

按照 GB 2758 执行。

7.3 净含量

按 JJF 1070 执行。

8 检验规则

8.1 组批

同一生产期内所生产的,同一类别且经包装出厂的,规格相同的产品为一批。

8.2 抽样

8.2.1 抽样数量

按表 3 规定的抽样方案抽取样本,样本以瓶为单位。

表 3 抽样数量

批 量	<1 500 箱		≥1 500 箱	
样本大小 n/瓶	≤375 mL/瓶	8	≤375 mL/瓶	12
	≥500 mL/瓶	6	≥500 mL/瓶	8

8.2.2 抽样方式

从每批产品中随机抽取 n 箱,再从 n 箱中各抽取一瓶,抽样的样品一半作为该批产品的样本进行检测,另一半由供需双方共同封存,留做复核、仲裁用。

8.3 出厂检验

8.3.1 每批产品出厂前,应经通化山葡萄酒地理标志产品保护办公室指定的检验机构检验,检验合格后,厂家签署质量合格证并粘贴通化山葡萄酒地理标志产品保护专用标志方可出厂。

8.3.2 出厂检验项目:感官要求、酒精度、总糖、挥发酸、干浸出物、总二氧化硫、细菌总数、净含量和标签。

8.4 型式检验

8.4.1 型式检验为本标准的全部技术要求。

8.4.2 型式检验每半年进行一次。有下列情况之一时也应进行型式检验:

a) 停产两个月以后,恢复生产时;

b) 出厂检验结果有较大波动时;

c) 更改关键工艺或原料时;

d) 国家质量技术监督部门提出型式检验要求时。

8.5 判定规则

受检样品检验项目全部合格时,判该批产品为合格产品。若有不合格项目时,应对不合格项目进行复检,以复检结果为准。若仍有一项不合格,则判该批产品为不合格。

9 标志、标签、包装、运输及贮存

9.1 标志、标签

9.1.1 标签

按 GB 10344 执行。

9.1.2 标志

不符合本标准的产品，其产品名称不得使用含有“通化山葡萄酒”（包括连续或断开）的名称，不得使用地理标志产品保护专用标志。

产品的外包装标志还应符合 GB/T 191 的规定。

9.2 包装

9.2.1 内包装应采用符合食品卫生要求的包装材料，但不得使用塑料包装材料，不得使用回收玻璃酒瓶。包装容器应整齐、清洁，封装严密，无漏气、漏酒现象。

9.2.2 外包装应使用合格的瓦楞纸箱或具有相同功能的其他包装，箱内要有防震、防撞的间隔材料。

9.3 运输、贮存

9.3.1 产品宜在 5℃～35℃温度下运输，贮存温度宜控制在 5℃～25℃。

9.3.2 在运输或贮存过程中，应保持场地清洁、干燥、通风良好，严防日光直射，不得与潮湿地面直接接触。不得接触和靠近有腐蚀性或易于发霉、发潮的物品，严禁与有毒、有害物品混放、混运。用软木塞封口的葡萄酒，需卧放或倒放。

9.3.3 按上述条件运输、贮存的山葡萄酒不应发生混浊、酸败等现象。

附 录 A
（规范性附录）
通化山葡萄酒地理标志产品保护范围

A.1 通化山葡萄酒地理标志产品保护范围为通化市现辖行政区，包含东昌区、二道江区、集安市、梅河口市、通化县、柳河县、辉南县等7个县(市、区)。

A.2 通化山葡萄酒地理标志产品保护范围见图A.1。

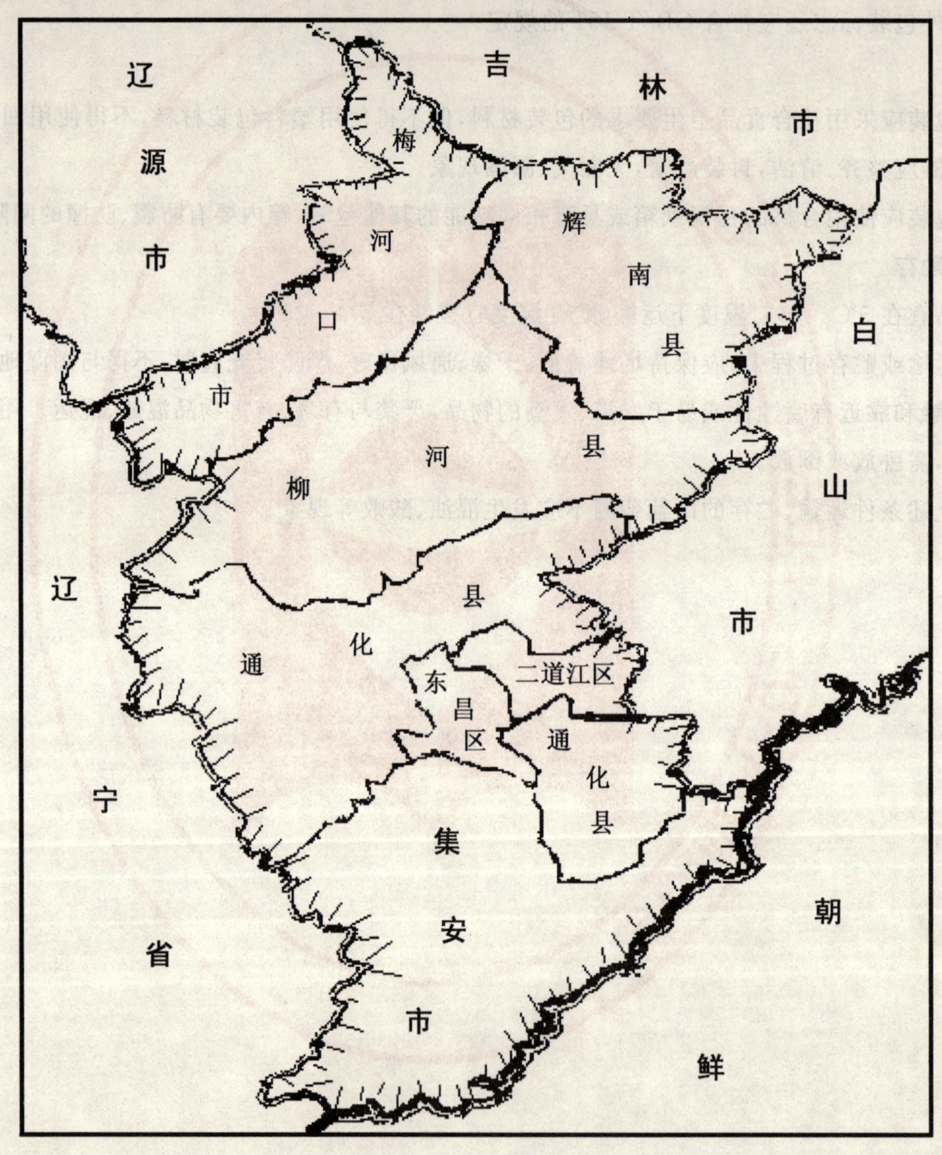

图 A.1 通化山葡萄酒地理标志产品保护范围图

ICS 67.160.10
X 61

中华人民共和国国家标准

GB/T 20821—2007

液 态 法 白 酒

Chinese spirits by liquid fermentation

2007-01-29 发布 2007-07-01 实施

中华人民共和国国家质量监督检验检疫总局
中国国家标准化管理委员会 发布

前　言

本标准参考了 QB/T 1498—1992《液态法白酒》,并将其主要内容纳入本标准。

本标准由全国食品工业标准化技术委员会酿酒分技术委员会提出并归口。

本标准起草单位:中国食品发酵工业研究院、中国酿酒工业协会。

本标准主要起草人:郭新光、王延才、康永璞、赵建华、张蔚。

液 态 法 白 酒

1 范围

本标准规定了液态法白酒的术语和定义、产品分类、要求、分析方法、检验规则和标志、包装、运输、贮存。

本标准适用于液态法白酒的生产、检验与销售。

2 规范性引用文件

下列文件中的条款通过本标准的引用而成为本标准的条款。凡是注日期的引用文件，其随后所有的修改单(不包括勘误的内容)或修订版均不适用于本标准，然而，鼓励根据本标准达成协议的各方研究是否可使用这些文件的最新版本。凡是不注日期的引用文件，其最新版本适用于本标准。

GB 2757 蒸馏酒及配制酒卫生标准

GB 2760 食品添加剂使用卫生标准

GB/T 5009.48 蒸馏酒与配制酒卫生标准的分析方法

GB 10344 预包装饮料酒标签通则

GB/T 10345 白酒分析方法

GB/T 10346 白酒检验规则和标志、包装、运输、贮存

JJF 1070 定量包装商品净含量计量检验规则

国家质量监督检验检疫总局[2005]第75号令 定量包装商品计量监督管理办法

3 术语和定义

下列术语和定义适用于本标准。

3.1

液态法白酒 Chinese spirits by liquid fermentation

以含淀粉、糖类物质为原料，采用液态糖化、发酵、蒸馏所得的基酒(或食用酒精)，可用香醅串香或用食品添加剂调味调香，勾调而成的白酒。

4 产品分类

按产品的酒精度分为：

高度酒：酒精度 41%vol～60%vol；

低度酒：酒精度 18%vol～40%vol。

5 要求

5.1 感官要求

高度酒、低度酒的感官要求应符合表1的规定。

表 1 感官要求

项　目	要　求
色泽和外观	无色或微黄，清亮透明，无悬浮物，无沉淀
香　气	具有纯正、舒适、协调的香气
口　味	具有醇甜、柔和、爽净的口味
风　格	具有本品的风格

5.2 理化要求

高度酒、低度酒的理化要求应符合表 2 的规定。

表 2 理化要求

项　目		高度酒	低度酒
酒精度/(%vol)		41～60	18～40
总酸(以乙酸计)/(g/L)	≥	0.25	0.10
总酯(以乙酸乙酯计)/(g/L)	≥	0.40	0.20

5.3 卫生要求

除甲醇、铅应符合表 3 的要求外，其余要求应符合 GB 2757 的规定。

表 3 卫生要求

项　目		高度酒	低度酒
甲醇/(g/L)	≤	0.30	
铅/(mg/L)	≤	0.5	
食品添加剂		符合 GB 2760 的规定	
注：甲醇指标按酒精度 60%vol 折算。			

5.4 净含量

按国家质量监督检验检疫总局[2005]第 75 号令执行。

6 分析方法

感官要求、理化要求的检验按 GB/T 10345 执行。

卫生要求的检验按 GB/T 5009.48 执行。

净含量的检验按 JJF 1070 执行。

7 检验规则和标志、包装、运输、贮存

7.1 检验规则和标志、包装、运输、贮存按 GB/T 10346 执行。

7.2 标签应符合 GB 10344 的规定。酒精度可表示为“%vol”。酒精度实测值与标签标示值允许差为±1.0%vol。

ICS 67.160.10
X 61

中华人民共和国国家标准

GB/T 20822—2007

固液法白酒

Chinese spirits made from tradition and liquid fermentation

2007-01-19 发布　　　　2007-07-01 实施

中华人民共和国国家质量监督检验检疫总局
中国国家标准化管理委员会　发布

前 言

本标准由全国食品工业标准化技术委员会酿酒分技术委员会提出并归口。

本标准起草单位：中国食品发酵工业研究院、中国酿酒工业协会、宜宾五粮液集团有限公司、江苏洋河酒厂股份有限公司、山西杏花村汾酒集团有限责任公司、贵州茅台酒股份有限公司、河北衡水老白干酿酒（集团）有限公司、湖北白云边股份有限公司、黑龙江华润酒精有限公司。

本标准主要起草人：郭新光、王延才、刘凤翔、陈翔、杜小威、祁小镔、张志民、熊小毛、姜开荣。

固液法白酒

1 范围

本标准规定了固液法白酒的术语和定义、产品分类、要求、分析方法、检验规则和标志、包装、运输、贮存。

本标准适用于固液法白酒的生产、检验与销售。

2 规范性引用文件

下列文件中的条款通过本标准的引用而成为本标准的条款。凡是注日期的引用文件，其随后所有的修改单(不包括勘误的内容)或修订版均不适用于本标准，然而，鼓励根据本标准达成协议的各方研究是否可使用这些文件的最新版本。凡是不注日期的引用文件，其最新版本适用于本标准。

GB 2757 蒸馏酒及配制酒卫生标准

GB/T 5009.48 蒸馏酒与配制酒卫生标准的分析方法

GB 10344 预包装饮料酒标签通则

GB/T 10345 白酒分析方法

GB/T 10346 白酒检验规则和标志、包装、运输、贮存

JJF 1070 定量包装商品净含量计量检验规则

国家质量监督检验检疫总局[2005]第75号令 定量包装商品计量监督管理办法

3 术语和定义

下列术语和定义适用于本标准。

3.1

固态法白酒 Chinese spirits by traditional fermentation

以粮谷为原料，采用固态(或半固态)糖化、发酵、蒸馏，经陈酿、勾兑而成的，未添加食用酒精及非白酒发酵产生的呈香呈味物质，具有本品固有风格特征的白酒。

3.2

液态法白酒 Chinese spirits by liquid fermentation

以含淀粉、糖类物质为原料，采用液态糖化、发酵、蒸馏所得的基酒(或食用酒精)，可用香醅串香或用食品添加剂调味调香，勾调而成的白酒。

3.3

固液法白酒 Chinese spirits made from tradition and liquid fermentation

以固态法白酒(不低于30%)、液态法白酒勾调而成的白酒。

4 产品分类

按产品的酒精度分为：

高度酒：酒精度41%vol～60%vol；

低度酒：酒精度18%vol～40%vol。

5 要求

5.1 感官要求

高度酒、低度酒的感官要求应符合表1的规定。

表1 感官要求

项　目	高度酒	低度酒
色泽和外观	无色或微黄，清亮透明，无悬浮物，无沉淀[a]	
香气	具有本品特有的香气	
口味	酒体柔顺、醇甜、爽净	酒体柔顺、醇甜、较爽净
风格	具有本品典型的风格	
[a] 当酒的温度低于10℃时，允许出现白色絮状沉淀物质或失光。10℃以上时应逐渐恢复正常。		

5.2 理化要求

高度酒、低度酒的理化要求应符合表2的规定。

表2 理化要求

项　目		高 度 酒	低 度 酒
酒精度/(%vol)		41～60	18～40
总酸(以乙酸计)/(g/L)	≥	0.30	0.20
总酯(以乙酸乙酯计)/(g/L)	≥	0.60	0.35

5.3 卫生要求

除甲醇、铅应符合表3的要求外，其余要求应符合GB 2757的规定。

表3 卫生要求

项　目		高 度 酒	低 度 酒
甲醇/(g/L)	≤	0.30	
铅/(mg/L)	≤	0.5	
注：甲醇指标按酒精度60%vol折算。			

5.4 净含量

按国家质量监督检验检疫总局[2005]第75号令执行。

6 分析方法

感官要求、理化要求的检验按GB/T 10345执行。

卫生要求的检验按GB/T 5009.48执行。

净含量的检验按JJF 1070执行。

7 检验规则和标志、包装、运输、贮存

7.1 检验规则和标志、包装、运输、贮存按GB/T 10346执行。

7.2 标签应符合GB 10344的规定。酒精度可表示为“%vol”。酒精度实测值与标签标示值允许差为±1.0%vol。

ICS 67.160.10
X 61

中华人民共和国国家标准

GB/T 20823—2007

特香型白酒

Te-flavour Chinese spirits

2007-01-19 发布 2007-07-01 实施

中华人民共和国国家质量监督检验检疫总局
中国国家标准化管理委员会 发布

前　言

本标准参考了 QB/T 2305—1997《特香型白酒》，并将其主要内容纳入本标准。

本标准由全国食品工业标准化技术委员会酿酒分技术委员会提出并归口。

本标准起草单位：中国食品发酵工业研究院、江西四特酒有限责任公司。

本标准主要起草人：郭新光、廖昶、熊水金、张蔚、陈瑞林、康永璞。

特香型白酒

1 范围

本标准规定了特香型白酒的术语和定义、产品分类、要求、分析方法、检验规则和标志、包装、运输、贮存。

本标准适用于特香型白酒的生产、检验与销售。

2 规范性引用文件

下列文件中的条款通过本标准的引用而成为本标准的条款。凡是注日期的引用文件，其随后所有的修改单(不包括勘误的内容)或修订版均不适用于本标准，然而，鼓励根据本标准达成协议的各方研究是否可使用这些文件的最新版本。凡是不注日期的引用文件，其最新版本适用于本标准。

GB 2757 蒸馏酒及配制酒卫生标准

GB 10344 预包装饮料酒标签通则

GB/T 10345 白酒分析方法

GB/T 10346 白酒检验规则和标志、包装、运输、贮存

JJF 1070 定量包装商品净含量计量检验规则

国家质量监督检验检疫总局[2005]第75号令 定量包装商品计量监督管理办法

3 术语和定义

下列术语和定义适用于本标准。

3.1

特香型白酒 Te-flavour Chinese spirits

以大米为主要原料，经传统固态法发酵、蒸馏、陈酿、勾兑而成的，未添加食用酒精及非白酒发酵产生的呈香呈味物质，具有特香型风格的白酒。

注：按传统工艺生产的一级酒允许添加适量的蔗糖。

4 产品分类

按产品的酒精度分为：

高度酒：酒精度 41%vol～68%vol；

低度酒：酒精度 18%vol～40%vol。

5 要求

5.1 感官要求

5.1.1 高度酒的感官要求应符合表1的规定。

表1 高度酒感官要求

项　目	优　级	一　级
色泽和外观	无色或微黄，清亮透明，无悬浮物，无沉淀[a]	
香　气	幽雅舒适，诸香协调，具有浓、清、酱三香，但均不露头的复合香气	诸香尚协调，具有浓、清、酱三香，但均不露头的复合香气

表 1(续)

项　目	优　级	一　级
口　味	柔绵醇和,醇甜,香味谐调,余味悠长	味较醇和,醇香,香味谐调,有余味
风　格	具有本品典型的风格	具有本品明显的风格
a 当酒的温度低于10℃时,允许出现白色絮状沉淀物质或失光。10℃以上时应逐渐恢复正常。		

5.1.2 低高度酒的感官要求应符合表2的规定。

表 2 低度酒感官要求

项　目	优　级	一　级
色泽和外观	无色或微黄,清亮透明,无悬浮物,无沉淀[a]	
香　气	幽雅舒适,诸香较协调,具有浓、清、酱三香,但均不露头的复合香气	诸香尚协调,具有浓、清、酱三香,但均不露头的复合香气
口　味	柔绵醇和,微甜,香味谐调,余味较长	味较醇和,醇香,香味谐调,有余味
风　格	具有本品典型的风格	具有本品明显的风格
a 当酒的温度低于10℃时,允许出现白色絮状沉淀物质或失光。10℃以上时应逐渐恢复正常。		

5.2 **理化要求**

5.2.1 高度酒的理化要求应符合表3的规定。

表 3 高度酒理化要求

项　目		优　级	一　级
酒精度/(%vol)		41～68	
总酸(以乙酸计)/(g/L)	≥	0.50	0.40
总酯(以乙酸乙酯计)/(g/L)	≥	2.00	1.50
丙酸乙酯/(mg/L)	≥	40	30
固形物/(g/L)	≤	0.7	—

5.2.2 低度酒的理化要求应符合表4的规定。

表 4 低度酒理化要求

项　目		优　级	一　级
酒精度/(%vol)		18～40	
总酸(以乙酸计)/(g/L)	≥	0.40	0.25
总酯(以乙酸乙酯计)/(g/L)	≥	1.80	1.20
丙酸乙酯/(mg/L)	≥	30	20
固形物/(g/L)	≤	0.9	—

5.3 **卫生要求**

应符合GB 2757的规定。

5.4 **净含量**

按国家质量监督检验检疫总局[2005]第75号令执行。

6 分析方法

感官要求、理化要求的检验按GB/T 10345执行。一级酒应先蒸馏后,再进行检验。

净含量的检验按 JJF 1070 执行。

7 检验规则和标志、包装、运输、贮存

7.1 检验规则和标志、包装、运输、贮存按 GB/T 10346 执行。

7.2 标签应符合 GB 10344 的规定。酒精度可表示为“%vol”。酒精度实测值与标签标示值允许差为±1.0%vol。

ICS 67.160.10
X 61

中华人民共和国国家标准

GB/T 20824—2007

芝麻香型白酒

Zhima-flavour Chinese spirits

2007-01-19 发布　　2007-07-01 实施

中华人民共和国国家质量监督检验检疫总局
中国国家标准化管理委员会　发布

前言

本标准参考了 QB/T 2187—1995《芝麻香型白酒》,并将其主要内容纳入本标准。

本标准由全国食品工业标准化技术委员会酿酒分技术委员会提出并归口。

本标准起草单位:中国食品发酵工业研究院、山东景芝酒业股份有限公司。

本标准主要起草人:郭新光、赵德义、来安贵、张蔚、周利祥、康永璞。

芝麻香型白酒

1 范围

本标准规定了芝麻香型白酒的术语和定义、产品分类、要求、分析方法、检验规则和标志、包装、运输、贮存。

本标准适用于芝麻香型白酒的生产、检验与销售。

2 规范性引用文件

下列文件中的条款通过本标准的引用而成为本标准的条款。凡是注日期的引用文件,其随后所有的修改单(不包括勘误的内容)或修订版均不适用于本标准,然而,鼓励根据本标准达成协议的各方研究是否可使用这些文件的最新版本。凡是不注日期的引用文件,其最新版本适用于本标准。

GB 2757 蒸馏酒及配制酒卫生标准

GB 10344 预包装饮料酒标签通则

GB/T 10345 白酒分析方法

GB/T 10346 白酒检验规则和标志、包装、运输、贮存

JJF 1070 定量包装商品净含量计量检验规则

国家质量监督检验检疫总局[2005]第75号令 定量包装商品计量监督管理办法

3 术语和定义

下列术语和定义适用于本标准。

3.1

芝麻香型白酒 Zhima-flavour Chinese spirits

以高粱、小麦(麸皮)等为原料,经传统固态法发酵、蒸馏、陈酿、勾兑而成的,未添加食用酒精及非白酒发酵产生的呈香呈味物质,具有芝麻香型风格的白酒。

4 产品分类

按产品的酒精度分为:

高度酒:酒精度41%vol～68%vol;

低度酒:酒精度18%vol～40%vol。

5 要求

5.1 感官要求

5.1.1 高度酒的感官要求应符合表1的规定。

表1 高度酒感官要求

项 目	优 级	一 级
色泽和外观	无色或微黄,清亮透明,无悬浮物,无沉淀[a]	
香 气	芝麻香幽雅纯正	芝麻香较纯正
口 味	醇和细腻,香味谐调,余味悠长	较醇和,余味较长

表 1(续)

项　目	优　级	一　级
风　格	具有本品典型的风格	具有本品明显的风格
a　当酒的温度低于 10℃时,允许出现白色絮状沉淀物质或失光。10℃以上时应逐渐恢复正常。		

5.1.2　低度酒的感官要求应符合表 2 的规定。

表 2　低度酒感官要求

项　目	优　级	一　级
色泽和外观	无色或微黄,清亮透明,无悬浮物,无沉淀[a]	
香　气	芝麻香较优雅纯正	有芝麻香
口　味	醇和谐调,余味悠长	较醇和,余味较长
风　格	具有本品典型的风格	具有本品明显的风格
a　当酒的温度低于 10℃时,允许出现白色絮状沉淀物质或失光。10℃以上时应逐渐恢复正常。		

5.2　理化要求

5.2.1　高度酒的理化要求应符合表 3 的规定。

表 3　高度酒理化要求

项　目		优　级	一　级
酒精度/(%vol)		41～68	
总酸(以乙酸计)/(g/L)	≥	0.50	0.30
总酯(以乙酸乙酯计)/(g/L)	≥	2.20	1.50
乙酸乙酯/(g/L)	≥	0.6	0.4
己酸乙酯/(g/L)		0.10～1.20	
3-甲硫基丙醇/(mg/L)	≥	0.50	
固形物/(g/L)	≤	0.7	

5.2.2　低度酒的理化要求应符合表 4 的规定。

表 4　低度酒理化要求

项　目		优　级	一　级
酒精度/(%vol)		18～40	
总酸(以乙酸计)/(g/L)	≥	0.40	0.20
总酯(以乙酸乙酯计)/(g/L)	≥	1.80	1.20
乙酸乙酯/(g/L)	≥	0.5	0.3
己酸乙酯/(g/L)		0.10～1.00	
3-甲硫基丙醇/(mg/L)	≥	0.40	
固形物/(g/L)	≤	0.9	

5.3　卫生要求

应符合 GB 2757 的规定。

5.4　净含量

按国家质量监督检验检疫总局[2005]第 75 号令执行。

6 分析方法

感官要求、理化要求的检验按 GB/T 10345 执行。

净含量的检验按 JJF 1070 执行。

7 检验规则和标志、包装、运输、贮存

7.1 检验规则和标志、包装、运输、贮存按 GB/T 10346 执行。

7.2 标签应符合 GB 10344 的规定。酒精度可表示为“%vol”。酒精度实测值与标签标示值允许差为±1.0%vol。

ICS 67.160.10
X 61

中华人民共和国国家标准

GB/T 20825—2007

老白干香型白酒

Laobaigan-flavour Chinese spirits

2007-01-19 发布　　2007-07-01 实施

中华人民共和国国家质量监督检验检疫总局
中国国家标准化管理委员会　发布

前言

本标准参考了 QB 2656—2004《老白干香型白酒》,并将其主要内容纳入本标准。

本标准由全国食品工业标准化技术委员会酿酒分技术委员会提出并归口。

本标准起草单位:中国食品发酵工业研究院、河北衡水老白干酿酒(集团)有限公司。

本标准主要起草人:郭新光、张志民、康永璞、李运普、张蔚、张煜行。

老白干香型白酒

1 范围

本标准规定了老白干香型白酒的术语和定义、产品分类、要求、分析方法、检验规则和标志、包装、运输、贮存。

本标准适用于老白干香型白酒的生产、检验与销售。

2 规范性引用文件

下列文件中的条款通过本标准的引用而成为本标准的条款。凡是注日期的引用文件，其随后所有的修改单(不包括勘误的内容)或修订版均不适用于本标准，然而，鼓励根据本标准达成协议的各方研究是否可使用这些文件的最新版本。凡是不注日期的引用文件，其最新版本适用于本标准。

GB 2757 蒸馏酒及配制酒卫生标准

GB 10344 预包装饮料酒标签通则

GB/T 10345 白酒分析方法

GB/T 10346 白酒检验规则和标志、包装、运输、贮存

JJF 1070 定量包装商品净含量计量检验规则

国家质量监督检验检疫总局[2005]第75号令 定量包装商品计量监督管理办法

3 术语和定义

下列术语和定义适用于本标准。

3.1

老白干香型白酒 Laobaigan －flavour Chinese spirits

以粮谷为原料，经传统固态法发酵、蒸馏、陈酿、勾兑而成的，未添加食用酒精及非白酒发酵产生的呈香呈味物质，具有以乳酸乙酯、乙酸乙酯为主体复合香的白酒。

4 产品分类

按产品的酒精度分为：

高度酒：酒精度 41%vol～68%vol；

低度酒：酒精度 18%vol～40%vol。

5 要求

5.1 感官要求

5.1.1 高度酒的感官要求应符合表1的规定。

表1 高度酒感官要求

项目	优级	一级
色泽和外观	无色或微黄，清亮透明，无悬浮物，无沉淀[a]	
香气	醇香清雅，具有乳酸乙酯和乙酸乙酯为主体的自然谐调的复合香气	醇香清雅，具有乳酸乙酯和乙酸乙酯为主体的复合香气
口味	酒体谐调、醇厚甘冽、回味悠长	酒体谐调、醇厚甘冽、回味悠长

表 1(续)

项　目	优　级	一　级
风格	具有本品典型的风格	具有本品明显的风格
[a] 当酒的温度低于 10℃时,允许出现白色絮状沉淀物质或失光。10℃以上时应逐渐恢复正常。		

5.1.2　低度酒的感官要求应符合表 2 的规定。

表 2　低度酒感官要求

项　目	优　级	一　级
色泽和外观	无色或微黄,清亮透明,无悬浮物,无沉淀[a]	
香气	醇香清雅,具有乳酸乙酯和乙酸乙酯为主体的自然谐调的复合香气	醇香清雅,具有乳酸乙酯和乙酸乙酯为主体复合香气
口味	酒体谐调、醇和甘润、回味较长	酒体谐调、醇和甘润、有回味
风格	具有本品典型的风格	具有本品明显的风格
[a] 当酒的温度低于 10℃时,允许出现白色絮状沉淀物质或失光。10℃以上时应逐渐恢复正常。		

5.2　理化要求

5.2.1　高度酒的理化要求应符合表 3 的规定。

表 3　高度酒理化要求

项　目		优　级	一　级
酒精度/(%vol)		41～68	
总酸(以乙酸计)/(g/L)	≥	0.40	0.30
总酯(以乙酸乙酯计)/(g/L)	≥	1.20	1.00
乳酸乙酯/乙酸乙酯	≥	0.8	
乳酸乙酯/(g/L)	≥	0.5	0.4
己酸乙酯/(g/L)	≤	0.03	
固形物/(g/L)	≤	0.5	

5.2.2　低度酒的理化要求应符合表 4 的规定。

表 4　低度酒理化要求

项　目		优　级	一　级
酒精度/(%vol)		18～40	
总酸(以乙酸计)/(g/L)	≥	0.30	0.25
总酯(以乙酸乙酯计)/(g/L)	≥	1.00	0.80
乳酸乙酯/乙酸乙酯	≥	0.8	
乳酸乙酯/(g/L)	≥	0.4	0.3
己酸乙酯/(g/L)	≤	0.03	
固形物/(g/L)	≤	0.7	

5.3　卫生要求

应符合 GB 2757 的规定。

5.4　净含量

按国家质量监督检验检疫总局[2005]第 75 号令执行。

6 分析方法

感官要求、理化要求的检验按 GB/T 10345 执行。

净含量的检验按 JJF 1070 执行。

7 检验规则和标志、包装、运输、贮存

7.1 检验规则和标志、包装、运输、贮存按 GB/T 10346 执行。

7.2 标签应符合 GB 10344 的规定。酒精度可表示为“%vol”。酒精度实测值与标签标示值允许差为±1.0%vol。

ICS 13.100
R 09

中华人民共和国国家标准

GB 20826—2007

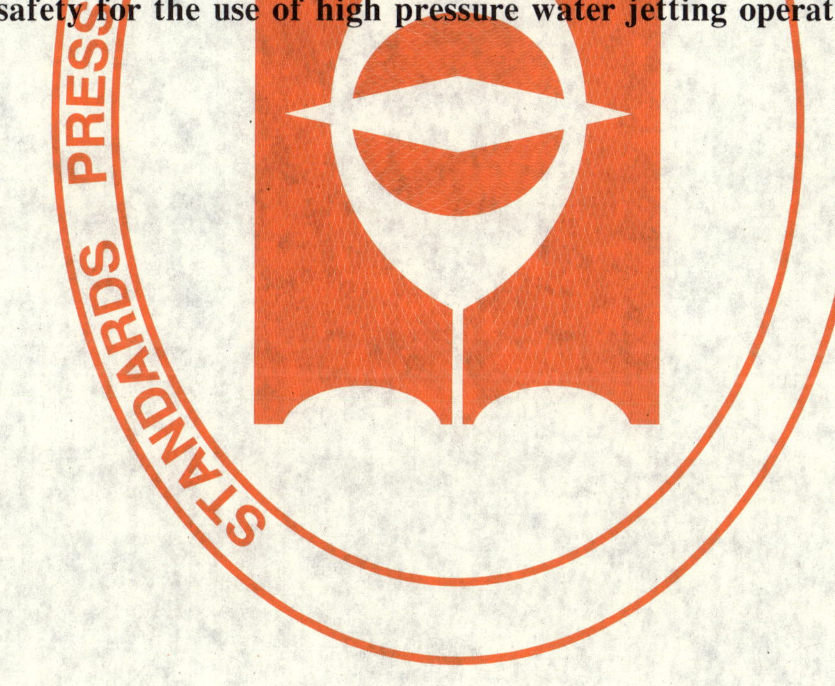

潜水员高压水射流作业安全规程

Code of safety for the use of high pressure water jetting operation by divers

2007-01-24 发布　　2007-08-01 实施

中华人民共和国国家质量监督检验检疫总局
中国国家标准化管理委员会　发布

前　言

本标准全部技术内容为强制性。

本标准的附录A为规范性附录，附录B、附录C为资料性附录。

本标准由中华人民共和国交通部提出。

本标准由交通部救捞与水下工程标准化技术委员会归口。

本标准起草单位：上海交通大学海洋水下工程科学研究院。

本标准主要起草人：张国光、董建顺、董纪平、郭力力、荆岩林、陆莲芳、杨海滨。

潜水员高压水射流作业安全规程

1 范围

本标准规定了潜水员实施水下高压水射流作业的环境条件、设备要求、作业人员、操作规则、设备保养维护、事故及处理的基本要求。

本标准适用于我国海洋及内陆水域由潜水员进行的水下高压水射流作业，也适用于协助使用高压水射流设备的其他作业人员。

2 术语和定义

下列术语和定义适用于本标准。

2.1

高压水射流 high pressure water jetting

工作压力大于 10 MPa 并由喷嘴射出形成的不同形状的高速水流。

2.2

高压水枪 high pressure gun

由控制阀、喷杆和喷嘴总成(包括一个或多个喷嘴)等组成的高压水射流装置。它通常通过高压软管总成与高压水泵排出端的调压装置直接连接，分为手持型、卸荷型、截流型。

2.3

卸荷型水枪 dump gun

当控制阀关闭时，高压水经由阀门、喷杆和喷嘴释压分流到水环境中去的一种水枪。

2.4

截流型水枪 shut off gun

当控制阀关闭时，高压水仍保留在水射流系统的供水管线中的一种水枪。

2.5

柔性扣 flexible buckle

用短钢丝绳或缆绳等柔性材料在两根相连软管的端部接头处制成的环状连接。

3 环境条件

3.1 水流速度不大于 0.5 m/s、波高不高于 2 m、海况低于 4 级，可进行高压水射流作业，特殊情况应制定相应的安全措施。

3.2 实施水下高压水射流作业的工作区域，应无物件坠落及其他可能危及潜水员作业安全的潜在危险。

3.3 实施水下高压水射流作业的潜水工作船，应悬挂潜水作业标志。在水面高压水泵附近应设置**“危险！高压水射流作业！”、“请勿靠近！高压水泵运转！”**等警示标志。

4 设备要求

4.1 高压水泵

4.1.1 用于潜水员水下高压水射流作业的高压水泵应能适用于海洋水下环境条件下的连续工作要求，

供水管端应设置过滤网罩。

4.1.2 高压水泵应标明：制造厂商、型号、编号和生产年代，以及最大工况（流量，L/min；压力，MPa）等。

4.2 高压水枪

高压水枪的发射机构应处于常闭状态，且设有安全防护装置，以防止发生意外误操作。

4.3 喷杆

喷杆的长度应适合于实际水下作业需要，最小长度应能够确保操作者的使用安全。

4.4 高压软管

4.4.1 高压水射流设备所选用的高压软管，应与水射流系统的最高工作压力相匹配。高压软管上应清楚地标明其牌号及可承受的安全工作压力，严禁在高于制造厂推荐的安全工作压力的情况下使用。

4.4.2 高压软管的试压压力应达到工作压力的 1.5 倍，最小爆破压力应达到工作压力的 2.5 倍。

4.4.3 在必需的管路长度范围内，软管的接头应尽可能少。所有软管接头，都应用环状柔性扣连接，以避免一旦端部接头断裂造成软管端部弹跳伤人。

4.4.4 高压软管装卸时，应注意避免造成高压软管的磨损、压凹或被锐物刮伤，发现问题应及时更换。

5 作业人员

5.1 人员组成

实施水下高压水射流作业的人员，主要应由潜水监督、潜水员、预备潜水员、信绳员、高压水泵操作员组成。

5.1.1 潜水监督

5.1.1.1 已通过相关培训，掌握所用高压水射流设备与工艺的基本知识和技能，具有水下作业的经验。熟悉水下安全操作程序与水下高压水射流设备，能够胜任高压水射流设备的水下作业。

5.1.1.2 检查高压水射流作业准备工作、作业方案、操作程序，以及安全措施和应急预案，布置作业现场并确保潜水作业期间不会受到干扰。

5.1.1.3 高压水射流作业期间，应随时直接与水泵操作员联系，控制高压水泵应急停机开关，保证紧急情况下能够使运行的高压水泵立刻停机。

5.1.2 潜水员

5.1.2.1 持有有效的潜水员资质证书，具有相应的水下施工作业经验。

5.1.2.2 已通过相关培训，熟悉所使用的高压水射流设备的工作特性，能够按照有关规则要求进行水下操作。

5.1.2.3 明了高压水射流作业的工作任务、特点和作业程序，能胜任高压水射流作业，且能采取相应的安全防护措施。

5.1.3 水泵操作员

5.1.3.1 已通过相关培训，熟悉所使用水下高压水射流设备的工作特性，能够按照有关规则要求进行高压水泵的操作控制。

5.1.3.2 直接接受潜水监督的指令启动（或关停）高压水泵，并与潜水监督和潜水员保持密切的通话联系，一旦出现意外情况，应能立即停止高压水泵的运转。

5.1.3.3 作业期间密切监视并控制水泵的运转情况，防止非作业人员靠近或出现其他隐患。

5.2 培训

5.2.1 涉及高压水射流作业及设备使用的人员，应接受有关高压水射流作业安全知识的基本培训。

5.2.2 通过培训的有关人员，应熟悉所使用高压水射流设备的工作特性，明了水下高压水射流作业的潜在风险及严重危害，掌握水下高压水射流作业安全的基本防护方法和出现意外伤害事故时应采取的急救措施。

5.3 防护

5.3.1 参与高压水射流作业的潜水员及相关人员，应采取相应的安全防护措施，以避免高压水射流可能对其造成的人身意外伤害。

5.3.2 为抵消高压水射流作业时的噪声影响，作业潜水员应采取有效的保护措施，穿戴潜水头盔。必要时，可加戴防噪声耳塞或限制潜水员的水下暴露时间，确保使噪声对作业潜水员的影响减至最低程度。

5.3.3 为防止高压水枪带来或由高压喷枪产生的沙粒，对减压阀、配气阀等潜水呼吸气体供应装置造成损害。每次水下高压水射流作业后，都应有专人对减压阀、配气阀等潜水呼吸气体供应装置及潜水装具的有关部件进行检查、清理、复核并记录。

6 操作规则

6.1 基本要求

6.1.1 在同一现场进行的高压水射流作业，不应有其他潜水员在水下。

6.1.2 在同一现场进行的高压水射流作业，不应使用常压潜水服和各类潜水器进行水下作业。

6.1.3 在水面或近水面附近进行作业时，其他人员或船只不得进入高压水射流作业区域。

6.1.4 高压水射流设备系统应采取相应的防冻措施。如怀疑结冰，严禁启动高压水泵。

6.2 作业前

6.2.1 进行水下高压水射流作业之前，应做好详尽的准备和检查工作，并制定相应的防范措施，见附录 A。

6.2.2 高压水射流设备系统应安装安全截流及卸压装置。水面设备系统安装之后，应对高压水泵、截流及卸压装置进行检查，以确保其能够安全操作和运转。

6.2.3 为防止高压水射流产生的噪声可能干扰动力定位船舶的声学参照系统，潜水动力定位船的操作人员应采取相应的防护措施。

6.2.4 实施水下高压水射流作业的指令，应由潜水监督直接下达。潜水员到达安全作业位置，做好开始高压水射流作业的准备后发出高压水泵的启动信号。

6.3 作业中

6.3.1 作业过程中，潜水监督、水泵操作员与潜水员之间应保持清晰可靠的双向通讯联系。

6.3.2 高压水泵运转期间，水泵操作人员应始终站在泵前。

6.3.3 高压水枪处于"开"位时，严禁采用线、绳或其他无法立即释放的人为方法来锁定高压水射流装置的发射机构。

6.3.4 传送高压水枪应在水泵停机且系统压力释放的情况下进行。

6.3.5 潜水监督应注意防止高压水射流作业对通讯的影响，密切关注潜水员的工作和呼吸情况，必要时采取辅助通讯措施(如信号绳)。一旦发现潜水员呼吸节奏或设备运行异常，应采取相应的安全措施。

6.4 作业后

水下高压水射流作业结束潜水员离开作业点之前，应首先通知潜水监督和水泵操作员，关闭高压水泵并释放系统压力。

7 保养维护

7.1 高压水射流设备的保养维护分日常检查和定期检验两级。一旦发现问题，应及时向潜水监督报告，停止使用并对该设备进行修理。

7.2 从事日常保养、维护和检查应由经过培训的操作人员进行。日常常规检查的工作内容包括：

a) 高压水泵及相关部件无泄漏、松动或其他潜在危险，设备运行正常；

b) 软管总成无压扁、损伤，接头牢固可靠，柔性扣连接完好；

c) 水枪喷头无堵塞或损坏，连接螺纹完好，扳机开关释放自如；

d) 安全阀、截流阀、调压阀等外观清洁，性能良好；

e) 电气设备接线、开关、仪表等绝缘可靠，不会因水或磨料侵蚀而损坏。

7.3 高压水射流设备每隔六个月(或按设备产品证书上所要求的时间间隔)应由具有相应资质的专业人员进行定期检验。定期检验的主要内容包括：

a) 高压水泵的叶片(或柱塞)及密封装置，清洗、更换过滤器。

b) 高压软管有无异常和老化开裂现象，管端部件的内部金属表面有无磨损、异常。

c) 安全阀是否在有效检验期限内，阀门的密封面有无磨损，若发现磨损应及时更换，以确保其性能良好。

7.4 所有高压水射流设备使用后及储藏之前，应用淡水冲洗干净。高压水泵及相关设备储藏六个月以上者，再次使用时应进行试验检验。

7.5 严禁在设备处于工作状态或水泵处于运转时检修设备或紧固螺栓及连接件。

8 事故及处理

8.1 从事水下高压水射流作业的人员，应明了由高压水射流造成伤害的严重性。这种伤害可能引起人体大面积的组织损伤，并且存在发生严重感染的危险。

8.2 高压水射流对人体的伤害，不仅是皮肤轻微破裂，有时大量的水已经通过小孔穿透皮肤、进入人体深层组织。

8.3 对于受高压水射流伤害的潜水员，向后方医院转送时应该随身携一张注明事故性质的卡片。该卡片应该与伤员一起交给首诊医生(参见附录 B)。

8.4 由高压水射流作业引起的伤害事故，应按照专业医生的建议或要求进行应急处置(参见附录 C)，并及时向有关方面提交事故报告。

8.5 高压水射流伤害事故报告的基本内容应包括：

——事故发生的时间、地点、过程；

——事故中涉及伤亡，应写明伤亡者的姓名、年龄及其伤亡原因或损伤程度；

——事故中涉及船舶、潜水设备、作业器材，应写明船名、装具、器材名称和数量；

——事故当事人、目击者的姓名、住址和联系方法等。

附 录 A
（规范性附录）
水下高压水射流作业前安全检查大纲

按下列大纲进行水下高压水射流作业前安全检查。

日期：

地点：

作业任务： 工作水深(m)：

潜水监督： 项目负责人：

检查内容：

1. 作业现场是否清理过？是否设立了合适的警示标志牌？
2. 外露电气设备是否采取了必要的保护措施？
3. 是否会因可能出现的设备破坏对作业人员造成伤害？如排放腐蚀性化学介质、易燃液体或气体？
4. 是否所有软管、管接头的额定压力值均与本标准的规定相一致？
5. 是否所有软管和管接头均处于良好的工作状态？
6. 是否所有软管端部接头处均安装了环状柔性扣？
7. 是否所有的水枪、喷嘴均无堵塞且可继续使用？
8. 是否采取了措施防止水下作业时水枪、喷头摆动？
9. 水源吸入端过滤网是否洁净且能继续使用？
10. 供水水源是否清洁并能保证供给？
11. 冬季，设备或水管是否采取了防结冻措施？
12. 潜水员及相关工作人员是否都经过培训并能胜任这项工作？
13. 潜水员是否清楚了解这项作业的内容要求？
14. 在安装水枪、喷嘴前，设备的连接管路是否都开泵冲刷并排气？
15. 水射流系统的所有连接(包括管路、软管、接头)是否在最高工作压力下进行过试运行？
16. 水射流系统中是否设有安全截流及卸压装置？卸压系统是否可靠？
17. 是否所有控制系统均可安全工作？
18. 现场救护设备及医疗救护中心的位置是否清楚？
19. 是否检查了作业现场并满足限制进入要求？
20. 是否考虑了水域环保要求并采取了相应对策措施？

附 录 B
（资料性附录）
对首诊医生的建议

为有助于后方医生对受高压水射流造成伤害的潜水员的处置，向后方医院转送潜水员时应随身携一张注明事故性质的卡片。该卡片上注明：

此人接触压力达×× MPa、流速达××× m/s 的高压水射流。

当您作出诊断时，请考虑此因素。

在较低温度下发生厌氧菌感染的病例已有报道。致病菌可能是格兰氏阴性杆菌和厌氧菌，应予以清创并进行血液细菌培养。

附 录 C
（资料性附录）
高压水射流伤害及处置办法

根据水下高压水射流事故的潜在危害，水下高压水射流作业造成潜水员伤害及处置方法如下：

a） 高压水射流所造成的伤害可能只是皮肤轻微破裂，而且表面创口很小，但损伤却已达到较深层的细胞组织。

b） 如果伤员一开始就发现中等程度创伤，且继发感染，则可能导致内脏器官破裂。

c） 伤员下腹部及关节处的损伤如继发感染，预后严重。

d） 预后及损伤程度和有无继发感染相关。即使创口表面的损伤并不严重，且伤员无明确主诉，仍需尽快进行外科检查。

e） 现场无医生时，可先行包扎创伤。此后 4 天～5 天内密切观察伤员的症状和体征。如伤员有发烧、脉搏加快，并伴有持续疼痛且不断加剧，表明伤员的损伤情况严重。

f） 当无法得到医生的诊治意见时，伤员可先行预防性口服抗菌素。

ICS 03.220.40
R 53

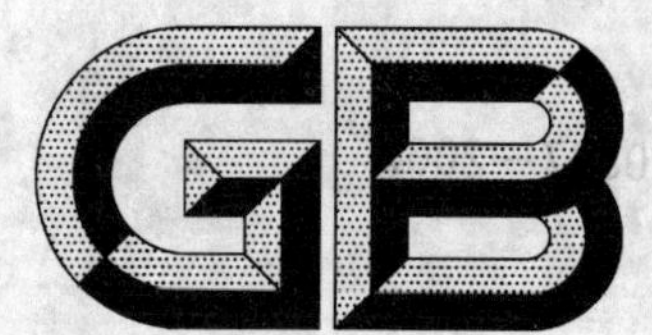

中华人民共和国国家标准

GB 20827—2007

职业潜水员体格检查要求

Criteria of physical examination for commercial divers

2007-01-24 发布　　2007-08-01 实施

中华人民共和国国家质量监督检验检疫总局
中国国家标准化管理委员会　发布

前　言

本标准的3.1.2、3.10.2、4.1.2、附录A、附录B和附录C为推荐性,其余为强制性。

本标准的附录A、附录B和附录C均为规范性附录。

本标准由中华人民共和国交通部提出。

本标准由交通部救捞与水下工程标准化技术委员会归口。

本标准起草单位:交通部救助打捞局、上海交通大学海洋水下工程科学研究院、上海打捞局、上海杨浦区中心医院、上海交通大学附属第一人民医院、烟台打捞局、广州打捞局、广州潜水学校。

本标准主要起草人:宋家慧、王振亮、张代吉、刘书斌、荆岩林、王康康、朱蓓、郭杰、匡兴亚、万蕾蕾、朱定贵、张爱萍、黄耀平、冯玉妹、罗子燕。

职业潜水员体格检查要求

1 范围

本标准规定了潜水员岗前体格检查和在岗潜水员年审体格检查的技术要求。

本标准适用于职业潜水员的体格检查。

2 规范性引用文件

下列文件中的条款,通过本标准的引用而成为本标准的条款。凡是注日期的引用文件,其随后所有的修改单(不包括勘误的内容)或修订版均不适用于本标准,然而,鼓励根据本标准达成协议的各方研究是否可使用这些文件的最新版本。凡是不注日期的引用文件,其最新版本适用于本标准。

GB 11533 标准对数视力表

3 潜水员岗前体格检查

3.1 基本要求

3.1.1 体格检查在二级乙等以上医院进行,检查项目包括:一般检查、各科常规检查、特殊检查和辅助检查。

3.1.2 潜水员体格检查表见附录A。

3.2 一般检查

3.2.1 性别、年龄、文化程度

男,年满18周岁,初中毕业以上学历。

3.2.2 身高、体重

身高160 cm以上,不超过标准体重20%,不低于标准体重10%。标准体重计算按下式:

$$W = H - 110$$

式中:

W——标准体重,单位为千克(kg);

H——身高,单位为厘米(cm)。

3.2.3 血压

收缩压90 mm Hg~130 mm Hg(12.0 kPa~17.3 kPa),舒张压60 mm Hg~84 mm Hg(8.0 kPa~11.2 kPa),合格。

3.2.4 心率、呼吸频率

心率每分钟55次~90次,呼吸频率每分钟12次~18次,合格。

3.3 外科

3.3.1 各种原因引起的头颅异常影响戴面罩,不合格。

3.3.2 胸廓畸形,不合格。

3.3.3 斜颈,单纯甲状腺肿,不合格。

3.3.4 脊椎疾病、损伤及进行性病变,脊椎活动范围受限或明显形态异常,不合格。

3.3.5 慢性腰腿痛,关节活动受限或疼痛,不合格。

3.3.6 多发性囊肿,多发性脂肪瘤,大面积瘢痕或瘢痕体质,不合格。

3.3.7 前列腺肥大,肾下垂,各类隐睾或结核性淋巴结炎,不合格。

3.3.8 有颅脑、胸腔、腹腔手术史,不合格。阑尾炎术后半年,腹股沟斜疝和股疝修补术后1年无后遗

症，合格。

3.3.9 脉管炎，动脉瘤，动静脉瘘，静脉曲张，不合格。

3.3.10 消化系统、泌尿系统结石，不合格。

3.3.11 脱肛，肛瘘，陈旧性肛裂，多发性痔疮及单纯性痔疮经常出血者，不合格。

3.4 **皮肤科**

3.4.1 腋臭，头癣，泛发性体癣，疥疮，慢性湿疹，神经性皮炎，白癜风，银屑病，不合格。

3.4.2 手足部位习惯性冻伤，不合格。

3.4.3 淋病，梅毒，软下疳，性病淋巴肉芽肿，非淋球菌性尿道炎，尖锐湿疣，生殖器疱疹，艾滋病及艾滋病病毒携带者，不合格。

3.5 **内科**

3.5.1 各种类型心脏病（风湿性心脏病、心肌病、冠心病、先天性心脏病等），不合格。

3.5.2 器质性心律不齐，直立性低血压，周围血管病，不合格。

3.5.3 慢性支气管炎，支气管哮喘，肺结核，结核性胸膜炎，自发性气胸及病史，不合格。

3.5.4 食道、胃、十二指肠、肝、胆、脾、胰疾病，慢性细菌性痢疾，慢性肠炎，内脏下垂，腹部包块，不合格。

3.5.5 仰卧位、平静呼吸，在右锁骨中线肋缘下扪及肝脏不超过 1.5 cm，剑突下不超过 3 cm，质软、边薄、平滑、无触痛、无叩击痛，肝上界在正常范围，左肋缘下未触及脾脏，合格。

3.5.6 泌尿、血液、内分泌及代谢系统疾病，不合格。

3.5.7 结缔组织疾病，不合格。

3.5.8 难以治愈的寄生虫病，不合格。

3.5.9 食物过敏，素食习性，不合格。

3.6 **神经精神科**

3.6.1 中枢神经系统及周围神经系统疾病和病史，不合格。

3.6.2 癫痫，精神病，梦游，晕厥史，神经症和癔病，遗尿症，精神活性物质滥用和依赖，不合格。

3.6.3 口吃，语言表达不清者，不合格。

3.7 **眼科**

3.7.1 采用 GB 11533 规定的视力表，单眼裸眼视力低于 4.8(0.6)，不合格。

3.7.2 色弱，色盲，夜盲，不合格。

3.7.3 眼睑、睑缘、结膜、泪器疾病，不合格。

3.7.4 眼球突出，眼球震颤，眼肌疾病，不合格。

3.7.5 角膜、巩膜、虹膜睫状体疾病，瞳孔变形、运动障碍，不合格。

3.7.6 晶状体、玻璃体、脉络膜、视网膜病变，眼底出血，视神经疾病，青光眼，不合格。

3.8 **耳鼻喉科**

3.8.1 外耳畸形，耳前瘘管，外耳道狭窄，外耳道湿疹，耳霉菌病，外生骨疣，不合格。

3.8.2 鼓膜穿孔，鼓膜粘连或增厚，鼓膜内陷，鼓膜萎缩，不合格。鼓膜瘢痕或钙化不超过四分之一，鼓膜活动良好，合格。

3.8.3 听力图测定，听力水平超过表 1 的限度，不合格。

表 1 听力图测定结果

频率/Hz	500	1 000	2 000	4 000
任何一只耳朵最高的分贝水平/dB	30	25	25	35
注：本表采用国际标准组织(ISO)要求。				

3.8.4 严重眩晕病，不合格。

3.8.5 鼻窦囊肿，过敏性鼻炎，肥厚性鼻炎，萎缩性鼻炎，鼻息肉，重度鼻中隔偏曲，鼻中隔穿孔，嗅觉障碍，反复鼻阻塞，影响鼻功能的慢性病，不合格。

3.8.6 严重的慢性咽炎和慢性喉炎，慢性扁桃体炎，不合格。

3.9 口腔科

3.9.1 颞颌关节炎，颞颌关节功能紊乱，颞颌关节习惯性脱位，不合格。

3.9.2 慢性牙龈炎，牙周病，根尖周病，不合格。

3.9.3 牙排列明显不齐，牙咬合畸形，不合格。

3.9.4 复发性口腔溃疡，口腔软组织慢性感染或其他慢性疾病，口腔肿瘤，不合格。

3.9.5 牙缺失一处或多部位，但不多于三颗，且固定义齿修复后功能良好，合格。

3.10 特殊检查

3.10.1 特殊检查在有条件的专门医疗机构进行。

3.10.2 特殊检查的方法见附录 B。

3.10.3 咽鼓管功能良好，合格。

3.10.4 加压试验阴性，合格。

3.10.5 氧敏感试验阴性，合格。

3.11 辅助检查

3.11.1 血常规

血红蛋白 120 g/L～160 g/L，红细胞 4.0×10^{12}/L～5.5×10^{12}/L，白细胞 4.0×10^{9}/L～10.00×10^{9}/L，白细胞分类中性粒细胞 50%～70%，淋巴细胞 20%～40%，血小板 100×10^{9}/L～300×10^{9}/L，合格。

3.11.2 尿常规

外观透明、淡黄色，pH 值 4.5～8.0，比重 1.010～1.025，蛋白阴性至极微量，尿酮体阴性，尿糖阴性，胆红素阴性，尿胆原 3.2 μmol/L～33.0 μmol/L（弱阳性），镜检红细胞 0 至偶见/高倍镜、白细胞 0～3/高倍镜、管型无或偶见透明管型，合格。

3.11.3 粪常规

外观黄软，镜检红、白细胞 0～2/高倍镜，无钩虫、鞭虫、血吸虫、涤虫、肝吸虫、姜片虫卵及肠道原虫，合格。

3.11.4 血糖

空腹血糖 3.9 mmol/L～6.0 mmol/L，合格。

3.11.5 总胆固醇和甘油三脂

总胆固醇 2.80 mmol/L～5.85 mmol/L，甘油三脂 0.34 mmol/L～1.70 mmol/L，合格。

3.11.6 丙氨酸氨基转移酶和乙型肝炎表面抗原

丙氨酸氨基转移酶（即谷丙转氨酶）超过正常值，不合格。乙型肝炎表面抗原阳性，不合格。

3.11.7 肺活量

肺活量小于 3 500 mL，不合格。

3.11.8 X 线胸片、脊椎片和长骨、大关节片

3.11.8.1 X 线胸片

肺纹理轻度增粗且边缘清晰，无肺实质性病变及自觉症状，合格。孤立散在的钙化点直径不超过 0.5 cm，双肺野不超过三个，密度高，边缘清晰，周围无浸润现象，合格。

3.11.8.2 脊椎片

骶椎隐裂超过 0.4 cm 或伴有下肢局部感觉、运动障碍或畸型，单侧性腰椎骶化和骶椎腰化，不合格。

3.11.8.3 **X线长骨、大关节片**

骨坏死,不合格。

3.11.9 **心电图**

心电图出现ST段或T波异常,不合格。心律不齐能排除器质性病变,生理性不完全右束枝传导阻滞,合格。

3.11.10 **B超**

肝胆脾双肾胰无明显异常,合格。

4 潜水员年审体格检查

4.1 基本要求

4.1.1 年审体格检查在二级乙等以上医院进行。检查项目与潜水员岗前体格检查项目相同,X线胸片可为X线胸透,X线脊椎片可免除,X线长骨、大关节片(包括双肩、双肘、双膝和双髋关节)每二年进行一次。另外,增加潜水医学科检查。

4.1.2 潜水员年审体格检查表见附录C。

4.2 一般检查

4.2.1 **年龄**

超过55周岁,不合格。

4.2.2 **血压**

原发性高血压Ⅰ期,治疗后血压正常,无明显症状,合格。收缩压低于90 mm Hg(12.0 kPa)、舒张压低于60 mm Hg(8.0 kPa),治疗后血压正常,无明显症状,合格。

4.2.3 **心率**

窦性心动过缓低于每分钟55次、高于每分钟50次,排除器质性病变,合格。

4.3 外科

4.3.1 轻度脑震荡治愈后,休息和观察三至六个月,无症状,加压试验阴性,合格。

4.3.2 单纯性长骨骨折治愈后,休息和观察三个月,功能良好,无后遗症,合格。

4.3.3 关节脱位,复位后功能正常,无后遗症,合格。

4.3.4 关节轻度损伤,治愈后功能良好,无后遗症,合格。

4.3.5 慢性腰腿痛,治疗后症状消失,合格。

4.3.6 胆结石术后恢复良好,无明显症状和体征,合格。

4.3.7 慢性非特异性副睾炎,慢性前列腺炎,治疗后症状消失或明显减轻,合格。

4.3.8 泌尿系统结石术后恢复良好,无明显症状和体征,泌尿系统功能正常,合格。

4.3.9 单一手指缺失在两个以内,不包括拇指者,合格。

4.4 皮肤科

局限性神经性皮炎,轻度皮肤霉菌病,合格。

4.5 内科

4.5.1 冠心病Ⅱ期以内(包括Ⅱ期),无明显症状和体征,合格。

4.5.2 大叶性肺炎治愈后,休息和观察一个月,无后遗症,合格。

4.5.3 胃、十二指肠球部溃疡治愈后,休息和观察三至六个月,无复发,无十二指肠球部变形,全身情况良好,合格。

4.5.4 慢性胃炎,慢性肠炎,胃肠功能紊乱,治疗后症状消失或明显减轻,全身情况良好,合格。

4.5.5 胆道感染治愈后,休息和观察三个月,无复发,无自觉症状,合格。

4.5.6 急性细菌性痢疾治愈后,休息和观察一个月,无后遗症,合格。

4.5.7 急性尿路感染治愈后,休息和观察一个月,无复发,合格。

4.5.8 一氧化碳中毒治愈后，休息和观察二至三个月，无后遗症，合格。

4.6 神经精神科

神经衰弱治疗后，症状基本消失，全身情况良好，合格。

4.7 眼科

4.7.1 采用GB 11533规定的视力表，单眼裸眼视力不低于4.7(0.5)，合格。

4.7.2 轻度隐性斜视，无症状，合格。

4.8 耳鼻喉科

4.8.1 慢性扁桃体炎手术治愈后，休息和观察三个月，无后遗症，合格。

4.8.2 鼻腔囊肿、过敏性鼻炎、肥厚性鼻炎、萎缩性鼻炎、鼻息肉、鼻中隔偏曲，不影响耳咽管功能，合格。

4.9 口腔科

4.9.1 颞颌关节功能紊乱，治疗后症状消失，不影响使用潜水装具，合格。

4.9.2 口腔软组织感染治愈后，休息和观察一个月，无自觉症状，无后遗症，合格。

4.10 潜水医学科

4.10.1 减压病加压治疗痊愈，无后遗症，全身状况良好，合格。

4.10.2 肺气压伤治愈后，无后遗症，全身状况良好，合格。

4.10.3 减压性骨坏死Ⅰ期，合格。潜水员只能进行20 m以内的潜水或环境压力0.1 MPa以下的高气压作业。

4.10.4 减压性骨坏死Ⅱ期和Ⅲ期，不合格。

4.11 辅助检查

4.11.1 乙型肝炎表面抗原阳性，肝功能正常，无自觉症状，合格。

4.11.2 乙型肝炎表面抗原阴性，单项丙氨酸氨基转移酶超过正常值，经治疗恢复正常，休息和观察三个月，无复发，无自觉症状，合格。

4.11.3 单纯高血脂者，合格。

4.11.4 空腹血糖高于正常值，无自觉症状，无并发症，服药后空腹血糖恢复正常，合格。

4.11.5 心电图ST段压低或T波低平，不伴有其他临床症状和体征，合格。

4.11.6 B超符合下列要求为合格：

a) 脂肪肝，不伴其他临床症状和体征；

b) 脾大在3 cm以内，能排除其他疾病；

c) 肾脏、肝脏的囊肿，不大于3 mm，不超过三个以上，无自觉症状；

d) 肝血管瘤，不大于4 mm，不超过三个以上，无自觉症状；

e) 肾脏、输尿管、膀胱、肝内、胆管、胆囊、胰的结石，不大于2 mm，无自觉症状。

附 录 A
（规范性附录）
潜水员体格检查表

潜水员体格检查表

姓　　名＿＿＿＿＿＿＿＿＿＿＿＿＿

体检医院＿＿＿＿＿＿＿＿＿＿＿＿＿

体检时间＿＿＿＿＿＿＿＿＿＿＿＿＿

<table>
<tr><td>姓名</td><td colspan="2"></td><td>性别</td><td></td><td colspan="2" rowspan="3">贴照片处</td></tr>
<tr><td>曾用名</td><td colspan="2"></td><td>年龄</td><td></td></tr>
<tr><td>文化程度</td><td colspan="2"></td><td>职业</td><td></td></tr>
<tr><td>身高</td><td colspan="2"></td><td>体重</td><td></td><td>民族</td><td></td></tr>
<tr><td>籍贯</td><td colspan="2"></td><td>出生地</td><td></td><td>婚否</td><td></td></tr>
<tr><td>血型</td><td colspan="2"></td><td>身份证号</td><td colspan="3"></td></tr>
<tr><td>毕业学校或工作单位</td><td colspan="6"></td></tr>
<tr><td>家庭或工作单位住址</td><td colspan="6"></td></tr>
<tr><td>既往疾病史</td><td colspan="6">患有或治疗过下列疾患在序号上划○
1 脑外伤或脑震荡;2 肿块和肿瘤;3 中耳炎;4 鼻衄;5 肺结核;6 咯血;7 哮喘;8 高血压;9 心脏病;10 癫痫;11 梦游;12 精神活动性物质滥用和依赖;13 肾病;14 血尿;15 糖尿病;16 甲状腺病;17 风湿热;18 关节炎;19 骨折;20 血液病;21 胃病;22 黄疸;23 肝病;24 阑尾炎;25 疝气;26 便血;27 性病;28 其他</td></tr>
<tr><td>血压</td><td></td><td>心率</td><td></td><td>肺活量</td><td colspan="2"></td></tr>
<tr><td rowspan="4">外科皮肤科</td><td>头颈部</td><td></td><td>脊椎</td><td></td><td colspan="2" rowspan="4">医师意见:

签名:</td></tr>
<tr><td>胸廓</td><td></td><td>腹部</td><td></td></tr>
<tr><td>四肢关节</td><td></td><td>皮肤</td><td></td></tr>
<tr><td>肛门外生殖器</td><td></td><td>其他</td><td></td></tr>
<tr><td rowspan="3">内科</td><td>肺部</td><td></td><td>心脏</td><td></td><td colspan="2" rowspan="3">医师意见:

签名:</td></tr>
<tr><td>腹部</td><td></td><td>肝、脾</td><td></td></tr>
<tr><td>肾</td><td></td><td>其他</td><td></td></tr>
<tr><td rowspan="2">神经精神科</td><td>神经系统</td><td></td><td>口吃</td><td></td><td colspan="2" rowspan="2">医师意见:

签名:</td></tr>
<tr><td>其他</td><td colspan="3"></td></tr>
</table>

<table>
<tr><td rowspan="3">眼科</td><td rowspan="2">视力</td><td>左</td><td></td><td>色觉</td><td></td><td rowspan="3">医师意见：

签名：</td></tr>
<tr><td>右</td><td></td><td>眼病</td><td></td></tr>
<tr><td>其他</td><td colspan="4"></td></tr>
<tr><td rowspan="4">耳鼻喉科</td><td rowspan="2">耳</td><td>左</td><td></td><td>嗅觉</td><td></td><td rowspan="4">医师意见：

签名：</td></tr>
<tr><td>右</td><td></td><td>鼻</td><td></td></tr>
<tr><td>咽喉</td><td></td><td>鼓膜</td><td colspan="2"></td></tr>
<tr><td>其他</td><td colspan="4"></td></tr>
<tr><td rowspan="3">口腔科</td><td>龋齿</td><td></td><td>牙周病</td><td colspan="2"></td><td rowspan="3">医师意见：

签名：</td></tr>
<tr><td>缺齿</td><td></td><td>咬合</td><td colspan="2"></td></tr>
<tr><td>其他</td><td colspan="4"></td></tr>
<tr><td>听力测试</td><td colspan="5"></td><td>签名：</td></tr>
<tr><td>心电图</td><td colspan="5"></td><td>签名：</td></tr>
<tr><td>B超</td><td colspan="5"></td><td>签名：</td></tr>
<tr><td>X线胸片和
长骨、大关节片</td><td colspan="5"></td><td>医师意见：

签名：</td></tr>
<tr><td rowspan="4">特殊检查</td><td colspan="6">特殊检查在有条件的专门医疗机构进行并作结论</td></tr>
<tr><td>咽鼓管功能</td><td colspan="4"></td><td>医师意见：
签名：</td></tr>
<tr><td>加压试验</td><td colspan="4"></td><td>医师意见：
签名：</td></tr>
<tr><td>氧敏感试验</td><td colspan="4"></td><td>医师意见：
签名：</td></tr>
</table>

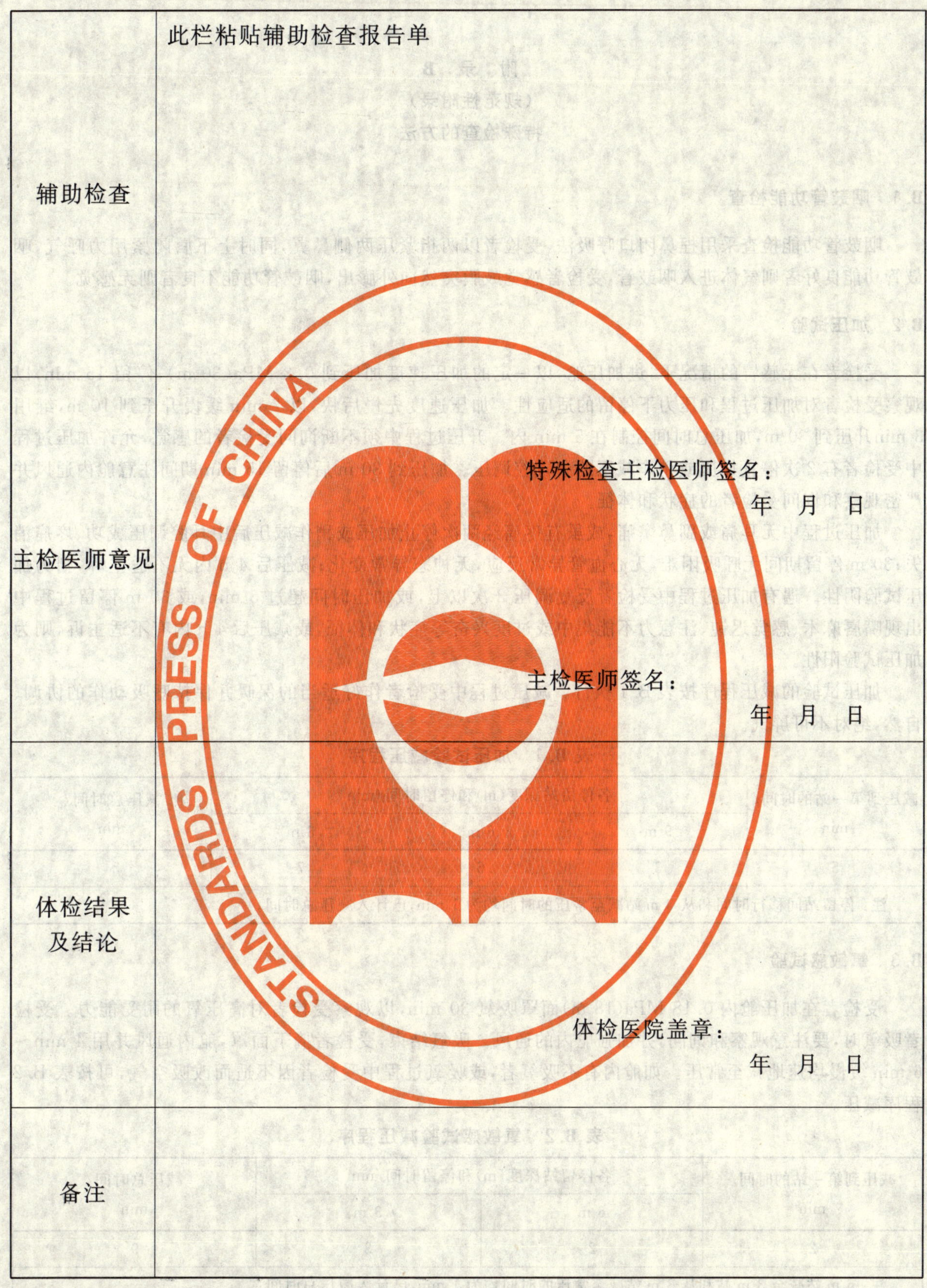

辅助检查	此栏粘贴辅助检查报告单
主检医师意见	特殊检查主检医师签名： 年　月　日 主检医师签名： 年　月　日
体检结果 及结论	体检医院盖章： 年　月　日
备注	

附 录 B
（规范性附录）
特殊检查的方法

B.1 咽鼓管功能检查

咽鼓管功能检查采用捏鼻闭口呼吸法，受检者以两指紧压两侧鼻翼，同时上下唇闭紧用力呼气，咽鼓管功能良好者则气体进入咽鼓管，受检者感觉鼓膜突然向外膨出，咽鼓管功能不良者则无感觉。

B.2 加压试验

受检者在无感冒的情况下，进加压舱，以一定的加压速度加压到 0.3 MPa(30 m)，停留 15 min，以观察受检者对加压过程和压力下停留的适应性。加压速度先慢后快，以 2 min 缓慢升压到 10 m，继用 3 min升压到 30 m，加压总时间控制在 5 min 内。升压过程中须不断询问受检者的感觉，允许加压过程中受检者有 2 次停止加压或稍作减压的中耳腔调压。加压到 30 m 后停留 15 min 期间注意舱内通风并严密观察和询问受检者的症状和体征。

加压过程中无耳痛或副鼻窦痛，或虽有疼痛经两次停止加压或稍作减压后中耳腔调压成功、疼痛消失；30 m 停留期间无呼吸困难，无心血管异常反应，无神态异常变化；减压后 4 h 内无不适主诉，则为加压试验阴性。遇有加压过程中受检者反复调压 2 次以上，或加压时间超过 5 min，或 30 m 停留过程中出现嘴唇麻木、感觉迟钝、注意力不能集中或过度兴奋等症状和体征，或减压后 4 h 内有不适主诉，则为加压试验阳性。

加压试验的减压程序按表 B.1 执行。减压过程中受检者作好适当的保暖并保持呼吸动作的协调、自然，绝对不可屏气。

表 B.1 加压试验减压程序

减压到第一站的时间/min	各停留站深度(m)和停留时间/min			减压总时间/min
	9 m	6 m	3 m	
5	3	6	7	24
注：停留站间移行时间和从 3 m 站减至常压的时间均为 1 min，已计入减压总时间。				

B.3 氧敏感试验

受检者在加压舱内 0.18 MPa(18 m)面罩吸氧 30 min，以观察受检者对高压氧的耐受能力。受检者吸氧时，要注意观察和询问，并加强舱内的通风。吸氧结束，受检者摘下面罩，舱内通风并用 4 min～6 min 缓慢均速地减至常压。如舱内有不吸氧者，或吸氧过程中受检者因不适而改吸空气，可按表 B.2 程序减压。

表 B.2 氧敏感试验减压程序

减压到第一站的时间/min	各停留站深度(m)和停留时间/min		减压总时间/min
	6 m	3 m	
2	2	3	9
注：6 m 站减至 3 m 站和从 3 m 站减至常压的时间均为 1 min，已计入减压总时间。			

吸氧过程中如受检者出现下列症状和体征之一，即为氧敏感试验阳性：指(或趾)发麻、恶心、呕吐、眩晕、胸骨后不适、视野变窄、脸色苍白、出汗、嘴唇或面颊或颈部肌肉抽搐。吸氧过程中，受检者出现上

述症状和体征应摘下面罩、停止吸氧，换吸舱内空气后症状和体征会自行消除。无上述症状和体征者为氧敏感试验阴性。

氧敏感试验可以和加压试验结合进行，按加压试验步骤至 30 m 停留结束后，以 6 m/min 的速度缓慢均速地减压到 18 m，受检者戴上吸氧面罩持续吸氧 30 min，吸氧结束后用 6 min 缓慢均速地减至常压。如吸氧过程中有不适而改吸空气者，可按表 B.3 程序减压。

表 B.3　加压试验和氧敏感试验减压程序

减压到第一站的时间/min	各停留站深度(m)和停留时间/min		减压总时间/min
	6 m	3 m	
5	7	10	24
注：6 m 站减至 3 m 站和从 3 m 站减至常压的时间均为 1 min，已计入减压总时间。			

附　录　C
（规范性附录）
潜水员年审体格检查表

潜 水 员 年 审 体 格 检 查 表

单位名称＿＿＿＿＿＿

姓　　名＿＿＿＿＿＿

体检医院＿＿＿＿＿＿

体检时间＿＿＿＿＿＿

<table>
<tr><td>姓名</td><td colspan="2"></td><td>年龄</td><td colspan="2"></td><td rowspan="3">贴照片处</td></tr>
<tr><td>身高</td><td colspan="2"></td><td>体重</td><td colspan="2"></td></tr>
<tr><td>民族</td><td colspan="2"></td><td>籍贯</td><td colspan="2"></td></tr>
<tr><td>文化程度</td><td colspan="2"></td><td>潜水工龄</td><td colspan="2"></td><td>最大潜水深度</td></tr>
<tr><td>婚否</td><td colspan="2"></td><td>身份证号</td><td colspan="3"></td></tr>
<tr><td>家庭或工作单位住址</td><td colspan="6"></td></tr>
<tr><td>既往疾病史</td><td colspan="6"></td></tr>
<tr><td>减压病病史</td><td colspan="6"></td></tr>
<tr><td>血压</td><td colspan="2">静态状态</td><td></td><td colspan="2">运动状态</td><td></td></tr>
<tr><td rowspan="6">内科</td><td colspan="2">心血管系统</td><td colspan="3"></td><td rowspan="6">医师意见：

签名：</td></tr>
<tr><td colspan="2">中枢神经系统</td><td colspan="3"></td></tr>
<tr><td colspan="2">呼吸系统</td><td colspan="3"></td></tr>
<tr><td colspan="2">腹部</td><td colspan="3"></td></tr>
<tr><td colspan="2">其他</td><td colspan="3"></td></tr>
<tr><td colspan="5"></td></tr>
<tr><td rowspan="5">外科</td><td colspan="2">皮肤</td><td colspan="3"></td><td rowspan="5">医师意见：

签名：</td></tr>
<tr><td colspan="2">脊椎四肢</td><td colspan="3"></td></tr>
<tr><td colspan="2">泌尿系统</td><td colspan="3"></td></tr>
<tr><td colspan="2">腺体疝痔</td><td colspan="3"></td></tr>
<tr><td colspan="2">其他</td><td colspan="3"></td></tr>
<tr><td rowspan="5">五官科</td><td rowspan="2">视力</td><td>左</td><td></td><td rowspan="2">耳</td><td>左</td><td></td></tr>
<tr><td>右</td><td></td><td>右</td><td></td></tr>
<tr><td>眼底</td><td colspan="2"></td><td colspan="2">鼻</td><td></td></tr>
<tr><td>色视</td><td colspan="2"></td><td colspan="2">喉</td><td></td></tr>
<tr><td>其他</td><td colspan="2"></td><td colspan="3">签名：</td></tr>
<tr><td>神经精神科</td><td colspan="5"></td><td>签名：</td></tr>
<tr><td>潜水医学科</td><td colspan="5"></td><td>签名：</td></tr>
</table>

<table>
<tr><td>听力测试</td><td colspan="2"></td><td>签名：</td></tr>
<tr><td>心电图</td><td colspan="2"></td><td>签名：</td></tr>
<tr><td>B 超</td><td colspan="2"></td><td>签名：</td></tr>
<tr><td>X 线胸片
和长骨、大关节片</td><td colspan="2"></td><td>医师意见：

签名：</td></tr>
<tr><td rowspan="4">特殊检查</td><td colspan="3">特殊检查在有条件的专门医疗机构进行并作结论</td></tr>
<tr><td>咽鼓管
功能</td><td></td><td>医师意见：

签名：</td></tr>
<tr><td>加压
试验</td><td></td><td>医师意见：

签名：</td></tr>
<tr><td>氧敏感
试验</td><td></td><td>医师意见：

签名：</td></tr>
</table>

辅助检查	此栏粘贴辅助检查报告单
主检医师意见	特殊检查主检医师签名： 年　月　日 主检医师签名： 年　月　日
体检医院结论	体检医院盖章： 年　月　日
潜水员年审组体检结论	公章： 年　月　日

参 考 文 献

[1] JT/T 9—1994 饱和潜水作业技术规程

[2] GJB 1638—1993 潜水、高气压环境的生理参数

[3] HJB 46—1991 海军潜水员体格检查标准

[4] HJB 189—1998 空气常规潜水医务保障规程

[5] HJB 190—1998 氦氧常规潜水医务保障规程

[6] WSB 63—2003 饱和潜水医务保障规程

[7] GBZ 24—2002 职业性减压病诊断标准

[8] 应征公民体格检查标准(中华人民共和国国防部,2003 年 11 月 26 日)

[9] 公务员录用体检通用标准(试行,中华人民共和国人事部、卫生部)

ICS 75.160.20
E 31

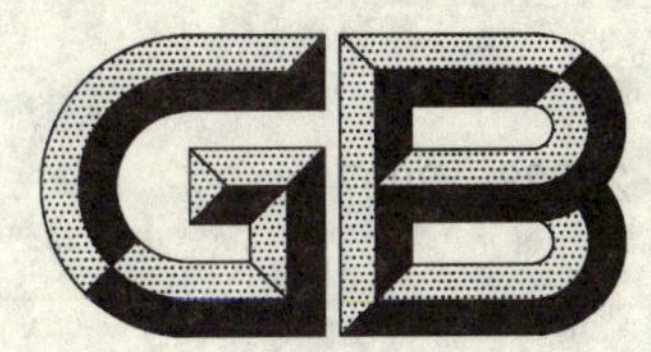

中华人民共和国国家标准

GB/T 20828—2007

柴油机燃料调合用生物柴油（BD100）

Biodiesel blend stock（BD100）for diesel engine fuels

2007-01-05 发布　　2007-05-01 实施

中华人民共和国国家质量监督检验检疫总局
中国国家标准化管理委员会　发布

前　言

本标准与美国试验与材料协会标准 ASTM D6751-03a《馏分燃料调合用生物柴油(B100)标准》的一致性程度为非等效。

本标准与 ASTM D6751-03a 标准的主要差异是：

——将十六烷值由不小于 47 改为不小于 49；

——将铜片腐蚀由不大于 3 级改为不大于 1 级；

——未设水和沉渣项目；

——未设浊点项目；

——未设磷含量项目；

——增加密度、水含量、冷滤点、机械杂质和氧化安定性项目；

——10％蒸余物残炭指标与国家标准 GB 252《轻柴油》一致。

本标准由中国石油化工集团公司提出。

本标准由全国石油产品和润滑剂标准化技术委员会(SAC/TC 280)归口。

本标准由中国石油化工股份有限公司石油化工科学研究院负责起草。

本标准主要起草人：蔺建民、张永光、杨国勋、李率。

本标准为首次制定。

柴油机燃料调合用生物柴油(BD100)

1 范围

本标准规定了柴油机燃料调合用生物柴油(BD100)的术语和定义,分类,技术要求和试验方法,检验规则及标志、包装、运输、储存等。

本标准所属产品可作为组分与矿物柴油调合成符合相关柴油标准的柴油机燃料。

本标准所属产品与矿物柴油调合而成的柴油机燃料适用于汽车、拖拉机、内燃机车、工程机械、船舶和发电机组等压燃式发动机。

2 规范性引用文件

下列文件中的条款通过本标准的引用而成为本标准的条款。凡是注日期的引用文件,其随后所有的修改单(不包括勘误的内容)或修订版均不适用于本标准,然而,鼓励根据本标准达成协议的各方研究是否可使用这些文件的最新版本。凡是不注日期的引用文件,其最新版本适用于本标准。

GB/T 261 石油产品闪点测定法(闭口杯法)(GB/T 261—1983,neq ISO 2719:1973)

GB/T 264 石油产品酸值测定法

GB/T 265 石油产品运动粘度测定法和动力粘度计算法

GB/T 268 石油产品残炭测定法(康氏法)(GB/T 268—1987,neq ISO 6615:1983)

GB/T 380 石油产品硫含量测定法(燃灯法)

GB/T 386 柴油着火性能测定法(十六烷值法)

GB/T 511 石油产品和添加剂机械杂质测定法(重量法)

GB/T 1884 原油和液体石油产品密度实验室测定法(密度计法)(GB/T 1884—2000,eqv ISO 3675:1998)

GB/T 1885 石油计量表(GB/T 1885—1998,eqv ISO 91-2:1991)

GB/T 2433 添加剂和含添加剂润滑油硫酸盐灰分测定法

GB/T 2540 石油产品密度测定方法(比重瓶法)

GB/T 4756 石油液体手工取样法(GB/T 4756—1998,eqv ISO 3170:1988)

GB/T 5096 石油产品铜片腐蚀试验法

GB/T 5526 植物油脂检验 比重测定法

GB/T 5530 动植物油脂 酸价和酸度的测定

GB/T 6536 石油产品蒸馏测定法

GB/T 11131 石油产品总硫含量测定法 灯法(GB/T 11131—1989,neq ISO 2192:1984)

GB/T 11140 石油产品硫含量测定法(X射线光谱法)

GB/T 12700 石油产品和烃类化合物 硫含量的测定 Wickbold燃烧法(GB/T 12700—1990,idt ISO 4260:1987)

GB/T 17040 石油产品硫含量测定法(能量色散X射线荧光光谱法)

GB/T 17144 石油产品残炭测定法(微量法)(GB/T 17144—1997,eqv ISO 10370:1993)

SH 0164 石油产品包装、贮运及交货验收规则

SH/T 0246 轻质石油产品中水含量测定法(电量法)

SH/T 0248 馏分燃料冷滤点测定法

SH/T 0689　轻质烃及发动机燃料和其他油品的总硫含量测定法(紫外荧光法)

ASTM D 6584　用气相色谱测定100%生物柴油甲酯中游离甘油和总甘油的方法

EN 14112:2003　动植物油脂衍生物　脂肪酸甲酯氧化安定性测定法(加速氧化法)

3　术语和定义

本标准采用下列术语和定义。

3.1

生物柴油　biodiesel

由动植物油脂与醇(例如甲醇或乙醇)经酯交换反应制得的脂肪酸单烷基酯,最典型的为脂肪酸甲酯,以BD100表示。

3.2

游离甘油　free glycerin

生物柴油中残留的甘油。

3.3

总甘油　total glycerin

生物柴油中游离甘油与未反应或部分反应的动植物油脂甘油部分的总和。

4　分类

柴油机燃料调合用生物柴油(BD100)按硫含量分为S500和S50两个牌号。

5　技术要求和试验方法

柴油机燃料调合用生物柴油(BD100)的技术要求和试验方法见表1。

表1　柴油机燃料调合用生物柴油(BD100)技术要求和试验方法

项　　目		质量指标		试验方法
		S500	S50	
密度(20℃)/(kg/m³)		820～900		GB/T 2540[a]
运动黏度(40℃)/(mm²/s)		1.9～6.0		GB/T 265
闪点(闭口)/℃	不低于	130		GB/T 261
冷滤点/℃		报告		SH/T 0248
硫含量(质量分数)/%	不大于	0.05	0.005	SH/T 0689[b]
10%蒸余物残炭(质量分数)/%	不大于	0.3		GB/T 17144[c]
硫酸盐灰分(质量分数)/%	不大于	0.020		GB/T 2433
水含量(质量分数)/%	不大于	0.05		SH/T 0246
机械杂质		无		GB/T 511[d]
铜片腐蚀(50℃,3 h)/级	不大于	1		GB/T 5096
十六烷值	不小于	49		GB/T 386
氧化安定性(110℃)/h	不小于	6.0[e]		EN 14112
酸值/(mgKOH/g)	不大于	0.80		GB/T 264[f]

表 1(续)

项　　目		质　量　指　标		试验方法
		S500	S50	
游离甘油含量(质量分数)/%	不大于	0.020		ASTM D 6584
总甘油含量(质量分数)/%	不大于	0.240		ASTM D 6584
90%回收温度/℃	不高于	360		GB/T 6536

a 也可用 GB/T 5526、GB/T 1884、GB/T 1885 方法测定,以 GB/T 2540 仲裁。

b 可用 GB/T 380、GB/T 11131、GB/T 11140、GB/T 12700 和 GB/T 17040 方法测定,结果有争议时,以 SH/T 0689 方法为准。

c 可用 GB/T 268 方法测定,结果有争议时,以 GB/T 17144 仲裁。

d 可用目测法,即将试样注入 100 mL 玻璃量筒中,在室温(20℃±5℃)下观察,应当透明,没有悬浮和沉降的机械杂质。结果有争议时,按 GB/T 511 测定。

e 可加抗氧剂。

f 可用 GB/T 5530 方法测定,结果有争议时,以 GB/T 264 仲裁。

6 检验规则

6.1 检验分类与检验项目

本产品检验分为出厂检验和型式检验。

6.1.1 出厂检验

出厂批次检验项目包括:密度、运动黏度、闪点、冷滤点、硫含量、10%蒸余物残炭、硫酸盐灰分、水含量、机械杂质、氧化安定性、酸值、游离甘油含量、总甘油含量。

出厂周期检验项目包括:铜片腐蚀、十六烷值、90%回收温度每月检验一次。

6.1.2 型式检验

型式检验项目为第 5 章技术要求规定的所有检验项目。

在下列情况下进行型式检验:

a) 新产品投产或产品定型鉴定时;

b) 原材料、工艺等发生较大变化,可能影响产品质量时;

c) 出厂检验或周期检验结果与上次型式检验结果有较大差异时。

6.2 组批

产品每生产一罐或一釜为一批。

6.3 取样

取样按 GB/T 4756 进行,取 4 L 作为检验和留样用。

6.4 判定规则

出厂检验和型式检验结果符合第 5 章的技术要求,则判断该产品合格。

6.5 复验规则

如出厂批次检验和出厂周期检验结果中有不符合第 5 章技术要求的规定时,按 GB/T 4756 的规定重新抽取双倍样品进行复检,复检结果如仍有一项不符合第 5 章技术要求的规定时,则判定该批产品为不合格。

7 标志、包装、运输、贮存

标志、包装、运输、贮存及交货验收按 SH 0164 进行。

ICS 47.020.50
U 23

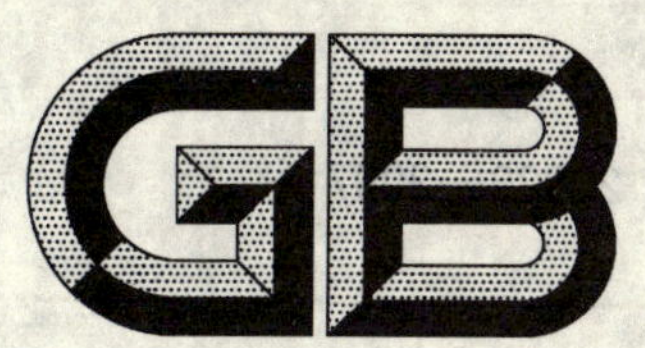

中华人民共和国国家标准

GB/T 20829—2007

船舶固定式气溶胶灭火系统
性能要求和试验方法

Performance requirements and test method of fixed aerosol fire-extinguishing systems for ships

2007-01-09 发布　　2007-07-01 实施

中华人民共和国国家质量监督检验检疫总局
中国国家标准化管理委员会　发布

前　言

本标准由中国船舶工业集团公司提出。

本标准由全国船用机械标准化技术委员会(SAC/TC 137)归口。

本标准起草单位:中国船舶工业综合技术经济研究院、湖南省金鼎消防器材有限公司、江西三星气龙新材料有限公司、晨达(中国)公司、中国水上消防协会。

本标准主要起草人:龚暄威、汪远、席庆庆、朱劲武、张宜生、邢连增。

船舶固定式气溶胶灭火系统
性能要求和试验方法

1 范围

本标准规定了船舶A类机器处所的固定式全淹没气溶胶灭火系统(以下简称灭火系统)的性能、要求和试验方法。

本标准适用于灭火系统的设计、布置和试验。

2 规范性引用文件

下列文件中的条款通过本标准的引用而成为本标准的条款。凡是注日期的引用文件,其随后所有的修改单(不包括勘误的内容)或修订版均不适用于本标准,然而,鼓励根据本标准达成协议的各方研究是否可使用这些文件的最新版本。凡是不注日期的引用文件,其最新版本适用于本标准。

GB/T 2423.1—2001 电工电子产品环境试验 第2部分:试验方法 试验A:低温(idt IEC 60068-2-1:1990)

GB/T 2423.2—2001 电工电子产品环境试验 第2部分:试验方法 试验B:高温(idt IEC 60068-2-2:1974)

GB/T 2423.4 电工电子产品基本环境试验规程 试验Db:交变湿热试验方法(GB/T 2423.4—1993,eqv IEC 68-2-30:1980)

GB/T 2423.10 电工电子产品环境试验 第2部分:试验方法 试验Fc和导则:振动(正弦)(GB/T 2423.10—1995,idt IEC 68-2-6:1982)

GB/T 2423.18 电工电子产品环境试验 第2部分:试验 试验Kb:盐雾,交变(氯化钠溶液)(GB 2423.18—2000,idt IEC 60068-2-52:1996)

GB/T 4968 火灾分类(GB/T 4968—1985,idt ISO 3941:1977)

GA 499.1—2004 气溶胶灭火系统 第1部分:热气溶胶灭火装置

GA 500 气溶胶灭火剂

GA/T 506 火灾烟气毒性危险评价方法 动物试验方法

3 术语和定义

GB/T 4968确立的以及下列术语和定义适用于本标准。

3.1

气溶胶 aerosol

以液体(滴)或固体微粒悬浮于气体介质中的一种稳定或准稳定物系。

3.2

烟火气溶胶 pyrotechnically generated aerosols

在烟火发生器中通过制剂的燃烧产生的气溶胶。

3.3

分散气溶胶 dispersed aerosols

不以烟火方式产生,借助载体制剂(如惰性气体、卤代烃等)被存储在容器中,通过阀门、导管和喷嘴施放到被保护处所的气溶胶。

3.4

灭火介质　fire-extinguishing medium

具有灭火能力，不会造成臭氧层破坏的制剂。

3.5

灭火制剂　aerosol forming composition

通过化学反应或其他方式可产生气溶胶灭火剂的物质，一般以固态或粉末状存在。

3.6

气溶胶灭火剂　fire-extinguishing agent of aerosol

以气溶胶形态存在的灭火介质。

3.7

气溶胶灭火系统　aerosol fire-extinguishing system

以气溶胶灭火剂为灭火介质的灭火系统。

3.8

全淹没灭火系统　total flooding extinguishing system

在规定的时间内，向保护区施放达到灭火密度的气溶胶灭火剂，并使其均匀地充满整个防护区的灭火系统。

3.9

发生器　generotor

一种通过烟火发生方法来生成(气溶胶)灭火介质的设备。

3.10

设计密度　design density

扑灭特定类型的失火时，单位体积的围闭容积所要求生成的气溶胶化合物的重量，包括了安全系数。

3.11

喷射时间　discharging time

灭火装置启动后气溶胶灭火剂从喷口喷出到停止喷出的时间。

3.12

A类机器处所　machinery space of category A

装有下列设备的处所和通往这些处所的围闭通道：

a) 用做主推进的内燃机；

b) 用做非主推进的合计输出功率不小于375 kW的内燃机；

c) 任何燃油锅炉和燃油装置，或锅炉以外的任何燃油设备，如惰性气体发生器、焚烧炉等。

4 要求

4.1 环境适应性

4.1.1 环境温度

灭火系统在温度为－25℃～＋55℃的环境中，应符合4.4的要求。

4.1.2 交变湿热

灭火系统在温度为55℃±2℃、相对湿度为90％～96％或温度为25℃±3℃、相对湿度为95％～100％的交变湿热环境中，应符合4.4的要求。

4.1.3 盐雾

灭火系统在氯化钠的质量百分比不大于5％的盐雾环境中，应符合4.4的要求。

4.1.4　振动

灭火系统在承受表1规定的振动值时，应符合4.4的要求。

表1　振动数据

频率/Hz	位移幅值/mm	加速度幅值/(m/s²)
2～13.2	1.0	—
>13.2～100	—	6.9

4.1.5　抗冲击

灭火系统在承受2.7 J的冲击能量后，应能满足4.4的要求。

4.2　材料

灭火制剂应符合GA 500的规定。

4.3　系统

4.3.1　应用于通常有人处所的灭火系统，气溶胶颗粒生成物应符合GA/T 506的规定。

4.3.2　采用卤代烃作为携带气体的分散气溶胶灭火系统，在任何情况下，卤代烃密度不应超过5%。使用惰性气体驱动的分散气溶胶灭火系统，其气体密度不应高于被保护处所最高预期环境温度下净容积的52%。如果携带气体为惰性气体，人员在内停留时间不超过5 min时，应采取措施以防止惰性气体密度超过43%(相当于O_2密度为12%、海平面等效氧量)或者人员在内停留时间不超过3 min时，惰性气体密度为43%～52%(相当于O_2密度为10%～12%、海平面等效氧量)。

4.3.3　灭火制剂的质量应按公式(1)计算。当被保护处所进行重大改建时，若影响到了该处所的净容积，则灭火制剂的用量应进行相应的调整。

$$W = V \times q \qquad (1)$$

式中：

W——制剂质量的数值，单位为克(g)；

V——被保护处所容积的数值，单位为立方米(m^3)；

q——灭火用气溶胶密度的数值，单位为克每立方米(g/m^3)。

4.3.4　烟火气溶胶灭火系统的发生器应能防止其在低于250℃时自行启动。

4.3.5　在施放过程中及施放以后，发生器或喷嘴出口处和外壳的温度不宜超过200℃，否则应采取适当的防护措施。

4.3.6　灭火系统应配备两套独立的手动控制装置。

4.3.7　灭火系统应在被保护处所及其入口处设置声、光报警装置，且应能与其他报警信号相区别。灭火系统在启动前至少应有30 s的报警时间，报警的延续时间不宜小于灭火过程所需时间。灭火系统应设置紧急启动和手动切除声、光报警信号的功能。

4.3.8　灭火系统在向通常有人工作的处所或设有人员出入通道的处所施放灭火介质时，应设有能自动发出声响警报的装置和消防应急标志灯及照明灯。

4.3.9　应采取措施保证灭火制剂施放时可能使被保护处所出现正压和负压，正压应不大于0.02 bar，负压应不大于−0.05 bar。

4.3.10　灭火介质的发生器或喷嘴可以存放在被保护处所内，只要发生器或喷嘴是分布在整个处所，并应满足下列要求：

a)　分散气溶胶灭火系统应在被保护处所外面提供一个由人工启动的动力施放装置，这个施放装置应有双套动力源，设置于被保护处所之外可立即使用，其中一套动力源可设在被保护处所内；

b)　与灭火剂容器相连接的电力线路应设有故障及失电监控的装置，并有声光报警予以显示；

c)　与灭火剂容器相连接的气动或液压动力管路应设置双套，气动或液压的动力源应设有监控其

失压的装置,并有声光报警予以显示;

d) 敷设在被保护处所内用于该施放系统所必需的电力线路应能耐热,用于该系统施放必需的管系,若设计为液压或气动操作时,应用钢或耐热材料制成;

e) 分散气溶胶每一个受压容器应装有一个自动超压施放装置,在容器暴露于火的影响下且系统未动作时,能使容器安全地向被保护处所放出气体;

f) 灭火剂容器及用于灭火系统施放所必需的电力线路和管系,应布置成当被保护处所内发生火灾或爆炸致使损坏任何一条动力施放线路时,至少有按 4.3.3 所计算的质量的灭火剂均匀的施放于整个被保护处所;

g) 分散气溶胶的受压容器最多配置两只喷嘴;

h) 分散气溶胶的受压容器应设有监控压力降低的装置,并应在被保护区域和驾驶室或消防控制设备集中的处所设有声光报警予以显示。

4.3.11 发生器或喷嘴应布置在距甲板或平台下 1 m 的距离范围内。

4.3.12 发生器或喷嘴多于 1 个时,宜对称布置。

4.3.13 喷嘴的布置应充分考虑避免引燃可燃物质,并应尽可能避免朝向门和通道。

4.3.14 对于客船,在设计灭火系统时应特别注意灭火剂的分解产物不应蔓延至起居处所、集合站。

4.4 性能

4.4.1 灭火系统的发生器从接到施放信号到将 B 类火扑灭不应超过 150 s。保持期结束后,当围闭处所开口开启后,不应出现复燃。

4.4.2 灭火系统扑灭喷射火时,在灭火后 15 s 切断燃油的喷射。保持期结束后,开启围闭处所前,重新喷射燃油 15 s,不应出现复燃。

注:喷射火是将通过雾化装置,以固定的压力和流量喷射出来的燃料油引燃而形成的火源。

4.4.3 灭火系统扑灭油盘火后,油盘内所剩燃油应能覆盖住油盘表面。

注:油盘火是将装入固定尺寸形状油盘内的燃料油引燃形成的火源。

4.4.4 灭火系统扑灭木堆火后,木堆的质量损失不应超过 60%。

4.4.5 灭火系统扑灭液罐火后,由任何外因引起的持续燃烧不应超过 30 s。

注:液罐火是将装入固定尺寸形状液罐内的燃料油引燃形成的火源。

4.4.6 在气溶胶灭火剂施放过程中,发生器或喷嘴本身不应产生火星,无残渣外溢。施放完毕后,外壳不应出现烧穿、变形或壳体表面引燃的现象。

4.4.7 气溶胶灭火剂的沉降物或分解物的电阻值不应小于 1 MΩ。

4.4.8 气溶胶灭火剂的腐蚀性应符合 GA 500 的要求。

4.5 使用手册

对于所有船只,灭火系统的使用手册都应给出对灭火剂分解产物实施控制的建议程序。

5 试验方法

5.1 高温

灭火系统的高温试验按 GB/T 2423.2—2001 中试验 Bd 规定的方法进行。结果应符合 4.1.1 的要求。

5.2 低温

灭火系统的低温试验按 GB/T 2423.1—2001 中试验 Ad 规定的方法进行。结果应符合 4.1.1 的要求。

5.3 交变湿热

灭火系统的交变湿热试验按 GB/T 2423.4 规定的方法进行。结果应符合 4.1.2 的要求。

5.4 盐雾

灭火系统的盐雾试验按 GB/T 2423.18 规定的方法进行。结果应符合 4.1.3 的要求。

5.5 振动

灭火系统的振动试验按 GB/T 2423.10 规定的方法进行。结果应符合 4.1.4 的要求。

5.6 冲击

灭火系统的冲击试验装置如图1所示，锤头、摆杆、钢轮毂和配重块通过滚动轴承、转动轴安装在固定架上。锤头材质为铝合金，锤头打击面的硬度能够防止锤头打击时造成损伤，锤头打击面与水平面成60°。

将被试灭火系统按图1所示位置安装在试验装置上，调整灭火系统高度使冲击在锤头打击面的中心线上形成，此时锤头运动速度为1.8 m/s±0.15 m/s，冲击能量为2.7 J。结果应符合4.1.5的要求。

单位为毫米

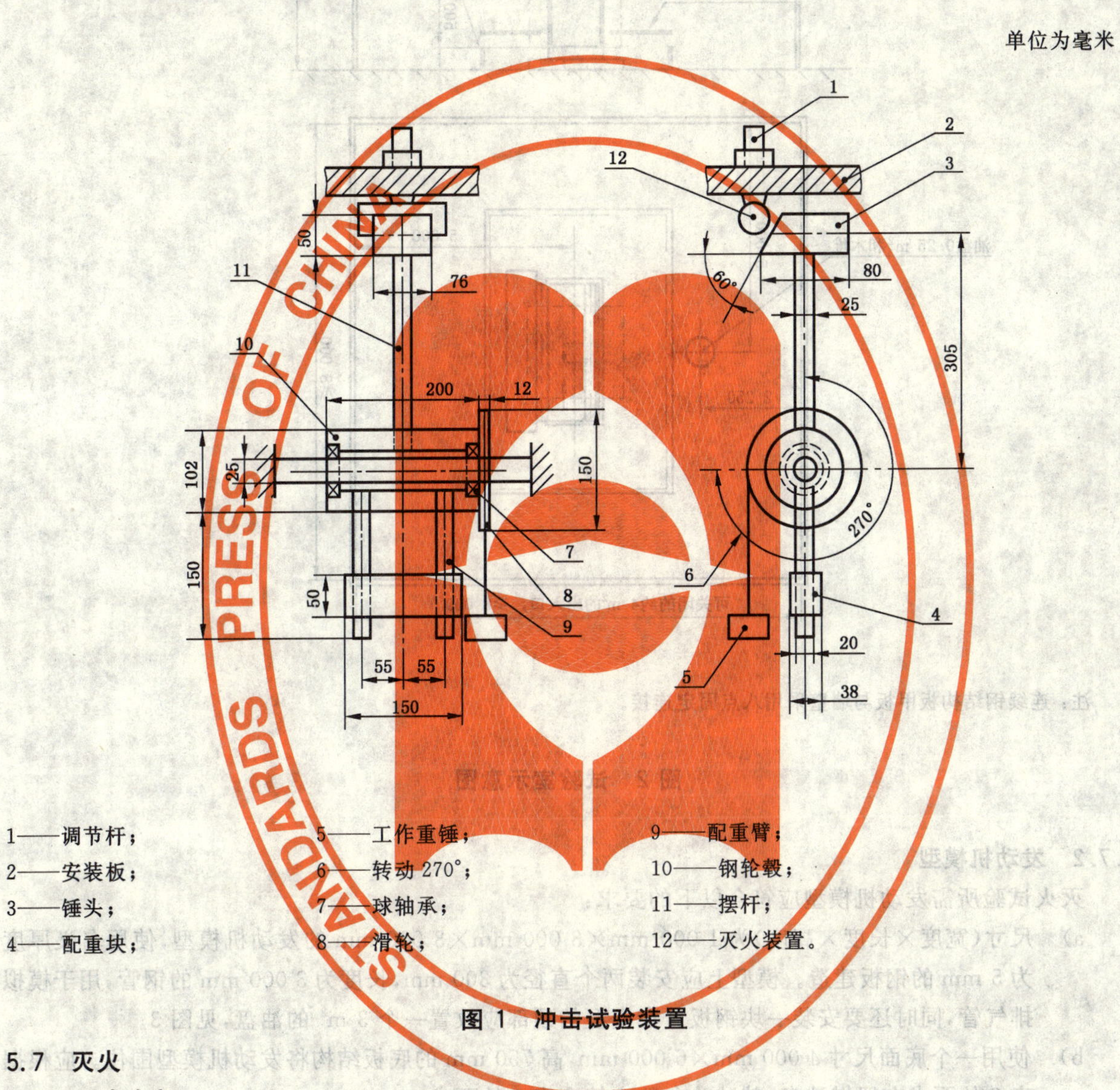

1——调节杆；
2——安装板；
3——锤头；
4——配重块；
5——工作重锤；
6——转动270°；
7——球轴承；
8——滑轮；
9——配重臂；
10——钢轮毂；
11——摆杆；
12——灭火装置。

图1 冲击试验装置

5.7 灭火

5.7.1 试验室

用于灭火系统试验的500 m^3 的试验室应满足以下条件：

a) 按图2所示试验室面积应不小于100 m^2，其任何方向的水平尺寸都不应小于8 000 mm，天花板高度应不低于5 000 mm，应有一个能关闭的面积不小于4 m^2 的可出入的门。此外，应在天花板上布置总面积不小于6 m^2 的可关闭的通风口。

b) 当试验室的门和通风口都关闭的情况下，试验室应无泄漏。门、通风口和其他贯穿件(如仪表进出口等)上的密封完整性都应在每次试验前进行确认。

单位为毫米

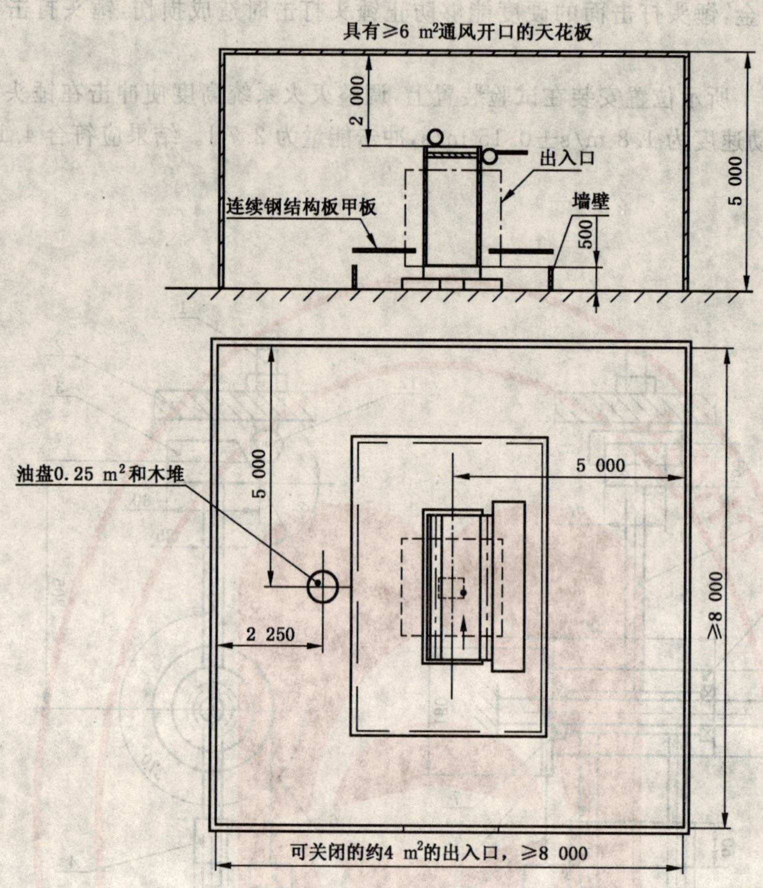

注：连续钢结构板甲板与墙壁采用八点固定连接。

图 2　试验室示意图

5.7.2　发动机模型

灭火试验所需发动机模型应符合以下的要求：

a）　尺寸(宽度×长度×高度)为 1 000 mm×3 000 mm×3 000 mm 的发动机模型，使用名义厚度为 5 mm 的钢板建造。模型上应安装两个直径为 300 mm，长度为 3 000 mm 的钢管，用于模拟排气管，同时还要安装一块钢板。在模型的顶部应放置一个 3 m^2 的油盘，见图 3。

b）　使用一个底面尺寸 4 000 mm×6 000 mm，高 750 mm 的底板结构将发动机模型围住。应根据表 2 的要求布置燃油盘，其试验参数应符合表 3 的要求。

单位为毫米

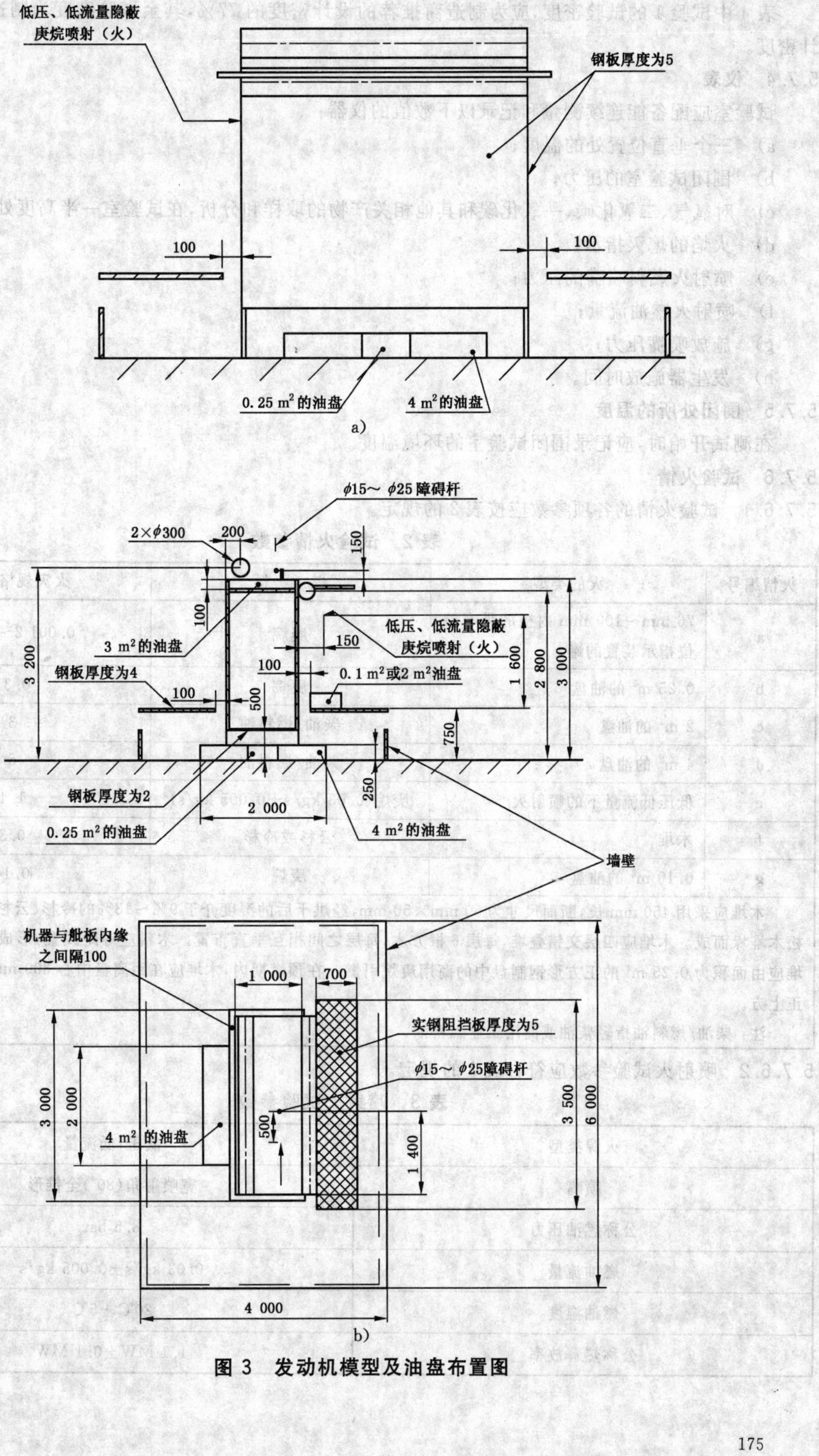

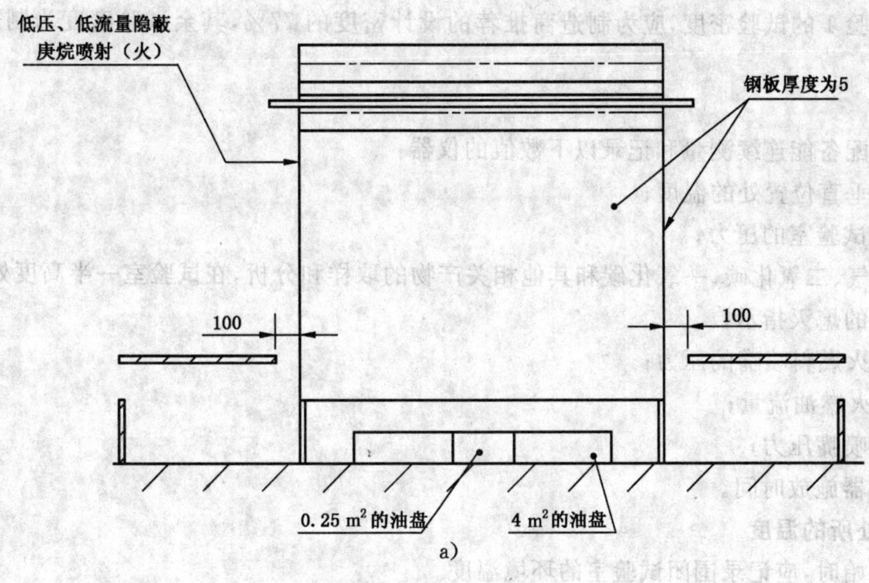

a)

b)

图 3　发动机模型及油盘布置图

5.7.3 试验介质

表 4 中试验 1 的试验密度,应为制造商推荐的设计密度的 77%,其余试验密度为制造商提供的设计密度。

5.7.4 仪表

试验室应配备能连续测量和记录以下数值的仪器:

a) 三个垂直位置处的温度;

b) 围闭试验室的压力;

c) 对氧气、二氧化碳、一氧化碳和其他相关产物的取样和分析,在试验室一半高度处进行取样;

d) 火焰的熄灭指示;

e) 喷射火燃料喷嘴的压力;

f) 喷射火燃油流量;

g) 施放喷嘴压力;

h) 发生器施放时间。

5.7.5 围闭处所的温度

在测试开始时,应记录围闭试验室的环境温度。

5.7.6 试验火情

5.7.6.1 试验火情的各项参数应按表 2 的规定。

表 2 试验火情参数

火情编号	火的类型	燃　料	火灾规格/MW
a	76 mm～100 mm 内径的带有液位指示装置的罐	庚烷	0.001 2～0.002
b	0.25 m^2 的油盘	庚烷	0.35
c	2 m^2 的油盘	柴油/燃料油	3
d	4 m^2 的油盘	柴油/燃料油	6
e	低压低流量下的喷射火	庚烷(0.03 kg/s±0.005 kg/s)	1.1
f	木堆	云杉或冷杉	0.3
g	0.10 m^2 的油盘	庚烷	0.14
木堆应采用 450 mm 长,断面尺寸为 50 mm×50 mm,经烘干后的湿度介于 9%～13% 的冷杉、云杉或密度相当的松木堆垛而成。木堆应四层交错叠堆,每层 6 根方木,每层之间相互垂直布置。木料应等距搁置,形成一个方形。木堆应由面积为 0.25 m^2 的正方形钢制盘中的商用庚烷引燃。在预燃期内,木堆应在距离盘中心 300 mm～600 mm 的正上方。 注:柴油/燃料油指轻柴油或商用工业燃料油。			

5.7.6.2 喷射火试验参数应符合表 3 的规定。

表 3 喷射火试验参数

火源类型	低压,低流量
喷嘴	宽喷射角(80°)全锥形
公称燃油压力	8.5 bar
燃油流量	0.03 kg/s±0.005 kg/s
燃油温度	20℃±5℃
公称热释放率	1.1 MW±0.1 MW

5.7.6.3 灭火试验应以表4所示的单个或组合火势进行试验。

表4 试验项目

试验序号	火情组合
1	a:8组角火
2	b:置于发动机模型下方 g:布置在连续钢结构板甲板上
3	c:布置在连续钢结构板甲板上
4	f:按图2布置 e:隐蔽的伴有在发动机模型内壁发生的撞击飞溅
5	d:置于发动机模型下方
对于新气溶胶灭火剂,应进行全部项目的试验。对于新的喷嘴布置,只需进行第一项试验。 带有液位指示的液灌应按下述方法布置:1)在围闭试验室上方离天花板距离为150 mm,离每面墙距离为50 mm的角落处;2)在围闭试验室地板上离每面墙距离为50 mm的角落处。	

5.7.6.4 试验中油盘应先充水,然后注入燃料。油盘边缘高度应为150 mm±10 mm。灭火用油盘应注入30 mm的燃料,点火用油盘应注入10 mm的燃料。

5.7.6.5 对于喷射火,在每次试验之前及期间应对燃油流量和压力进行测量。

5.7.6.6 预燃前期,围闭实验室应进行通风。在灭火系统将施放时,位于室内一半高度处的氧气密度应不低于20%。

5.7.6.7 预燃期结束后,门、天花板上的通风口和其他通风口都应予以关闭。

5.7.6.8 灭火介质施放前的燃烧时间为:

a) 喷射火:5 s～15 s;

b) 油盘火:2 min;

c) 木堆火:2 min。

5.7.6.9 在灭火介质施放结束后,封闭试验室保持期应不少于15 min。

5.7.6.10 对表4试验序号1,在灭火剂施放完成30 s内,成功扑灭后,应进行复燃试验。试验应试图引燃成对角线布置的两个罐火,一个在天花板位置,一个在地板位置。在灭火10 min后,通过电点火源对每个罐持续点火10 s,以1 min为间隔重复4次,最后一次点火在灭火后14 min。

5.7.6.11 试验前测量围闭试验室内的温度、燃料温度和试验模型温度、灭火剂容器的初始质量、检查灭火介质分配系统和喷嘴的完整性、木堆的初始质量。试验期间测量点火程序开始时间、试验开始时间(燃烧)、关闭通风口的时间、启动灭火系统时间、制剂施放完毕时间、燃油切断时间、所有火被扑灭的时间、复燃时间(如在保持期发生)、保持结束时间。结果应符合4.4.1～4.4.5的要求。

5.7.6.12 在灭火试验过程中,观察灭火系统的发生器或喷嘴是否有火星和残渣;灭火试验结束后,检查发生器外壳的外观。结果应符合4.4.6的要求。

5.7.7 气溶胶灭火剂沉降物绝缘电阻

气溶胶灭火剂沉降物绝缘电阻按GA 499.1—2004中7.10.2规定的方法测定。结果应符合4.4.7的要求。

5.7.8 腐蚀性

灭火剂腐蚀性按GA 500规定的方法进行。结果应符合4.4.8的要求。

ICS 25.040
N 10

中华人民共和国国家标准化指导性技术文件

GB/Z 20830—2007

基于 PROFIBUS DP 和 PROFINET IO 的功能安全通信行规——PROFIsafe

PROFIsafe—Profile for safety technology on PROFIBUS DP and PROFINET IO

2007-01-18 发布

中华人民共和国国家质量监督检验检疫总局
中国国家标准化管理委员会 发布

前言

GB/Z 20830 修改采用 PNO(PROFIBUS 用户组织)的《PROFIsafe—PROFIBUS DP 和 PROFINET IO 安全技术行规》(V2.0 版),主要差异如下:

a) 原文第1章经过修改成为 GB/Z 20830 的引言;增加 GB/Z 20830 的第1章;
b) 将原文第3章中的缩略语部分修改为 GB/Z 20830 的第4章,其后的章节按顺序调整,并修改文中相应的引用条目;
c) 删除原文 4.1,其后的章节按顺序调整,并修改文中相应的引用条目;
d) 删除原文 11.1,其后的章节按顺序调整,并修改文中相应的引用条目;
e) 原文图、表按 GB/T 1.1 重新编号,并修改文中相应的引用条目;
f) 原文的第12章修改为 GB/Z 20830 的参考文献;
g) 原文的第13章修改为 GB/Z 20830 的附录 A,并修改文中相应的引用条目;
h) 按照 GB/T 1.1 进行了编辑性修改。

本指导性技术文件的附录 A 为资料性附录。

本指导性技术文件由中国机械工业联合会提出。

本指导性技术文件由全国工业过程测量和控制标准化技术委员会第四分技术委员会归口。

本指导性技术文件起草单位:机械工业仪器仪表综合技术经济研究所、西南大学、中国机电一体化技术应用协会、上海自动化仪表股份有限公司、中海石油研究中心、北京交通大学、清华大学、天华化工机械及自动化研究设计院、中石化装备总公司、中国仪器仪表协会、浙江中控科技有限公司、中科院沈阳自动化研究所、西门子(中国)有限公司。

本指导性技术文件主要起草人:王春喜、梅恪、刘枫、李百煌、包伟华、徐伟华、欧阳劲松、王玉敏、孙昕、史学玲、惠敦炎、阳宪惠、董景辰、冯冬芹、谢素芬、姜金锁、唐济扬、陈明海、魏剑嵬、冯秉耘、陈高翔、张渝。

本指导性技术文件为首次发布。

引　言

GB/T 20540《测量和控制数字数据通信　工业控制系统用现场总线　类型 3:PROFIBUS 规范》(MOD IEC 61158 Type3)中规定的 PROFIBUS 覆盖了自动化体系各层次中广泛的通信应用范围:从 Internet 和制造执行系统经控制到现场层。

通过简化和限制在 ISO/OSI 模型的最下面两层,可以实现工业通信的具体要求(例如短报文、确定性和高性能)。用于分布式 I/O 的 PROFIBUS 版本具有特别的重要性。使用主/从式和令牌原理的混合访问规则,PROFIBUS 基本功能在这里被用于外围设备和处理器单元间的循环数据交换。

虽然具有分布式 I/O 的自动化解决方案广泛使用了 PROFIBUS DP 和新引入的 PROFINET IO,但故障安全应用仍然依赖于传统电气技术的另一条或专用的总线,这限制了无缝集成和互操作性。由于缺乏系统支持,不能满足现代故障安全设备(如带有集成安全的扫描器或驱动程序)应用需要。提供相应的安全技术是 PROFIsafe 规范和相关文档的目的。

特定用户群对通信功能的特定应用被称为行规。行规是在一个用户组或一个现场设备族中有效的一系列规则和定义。本指导性技术文件描述了安全外围设备和安全控制器间的通信。它是对标准 PROFIBUS DP 和 PROFINET IO 的补充技术,用于减少安全控制器和安全设备间数据传输的失效率和错误率,以达到或超过相关标准要求的等级。

PROFIsafe 提供了两种操作模式:V1 模式和 V2 模式。V1 模式的措施对于单独的 PROFIBUS DP 网络上的安全数据传输是足够的,而 Ethernet/PROFINET IO 更"大量"的特征(如较广的地址空间和缓存转换元素)要求对 PROFIsafe 行规做某些扩展,这样形成了 V2 模式。V1 模式限用于 PROFIBUS DP,而 V2 模式要求用于 PROFINET IO 和/或 PROFIBUS DP。PROFINET CBA 部件间的安全通信还未被定义。图 1 提供 PROFIBUS DP 和 PROFINET 结构中的 PROFIsafe 概述。

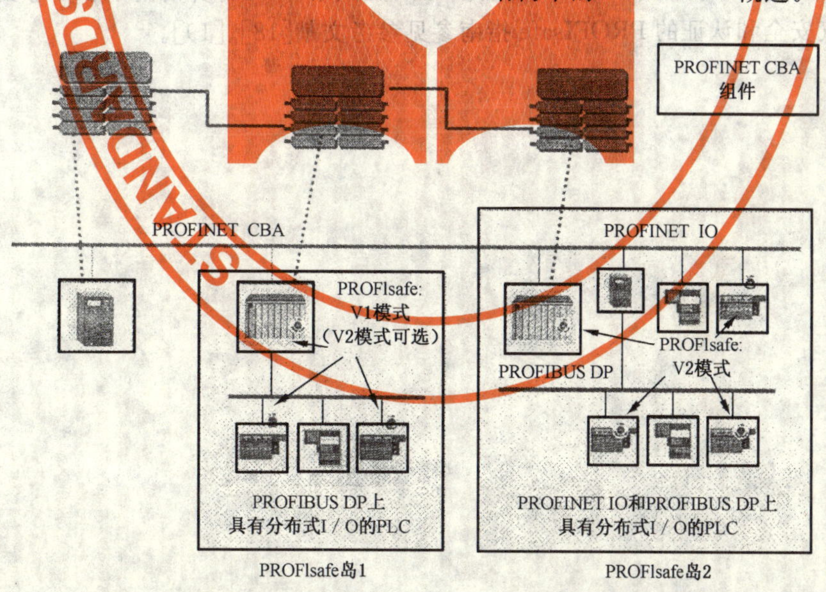

图 1　**PROFIBUS DP 和 PROFINET IO 上的 PROFIsafe V2**

本指导性技术文件仅限于安全通信基本机制的描述和它们的参数分配。在终端设备(主机/PLC 或现场设备)中为安全所需要的附加措施不在这里描述,因为它们与"开放的"安全通信无关且依赖于单独的结构。

当前 IEC 的几个工作组正在制定现场总线技术标准，如 PROFIBUS、PROFINET、PROFINET IO 以及安全层行规、信息安全(security)和安装指南(编号还未确定)，见图 2。

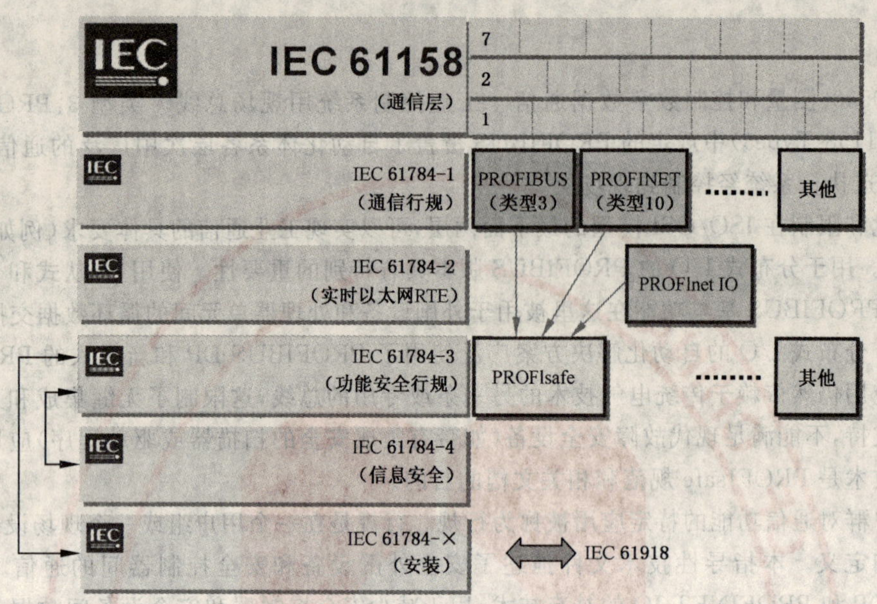

图 2 IEC 工作状况

本指导性技术文件的结构为：第 1 章范围，第 2 章规范性引用文件，第 3 章术语和定义，第 4 章缩略语，第 5 章介绍单通道安全通信概念，第 6 章介绍 PROFIsafe 层细节，第 7 章介绍所传输的 PROFIsafe 帧(container)内容以及 F-主机和 F-设备服务，第 8 章通过描述一个序列图来讨论安全层动态机制，第 9 章安全层管理介绍用于安全层和 F-设备的安全参数，第 10 章介绍 F-I/O 数据格式，第 11 章介绍残余错误率的概率考虑，第 12 章介绍 PROFIsafe 应用，最后是关于 CRC 计算的附录和参考文献。

另外两个电气安全和认证的 PROFIsafe 指南参见参考文献[18]、[19]。

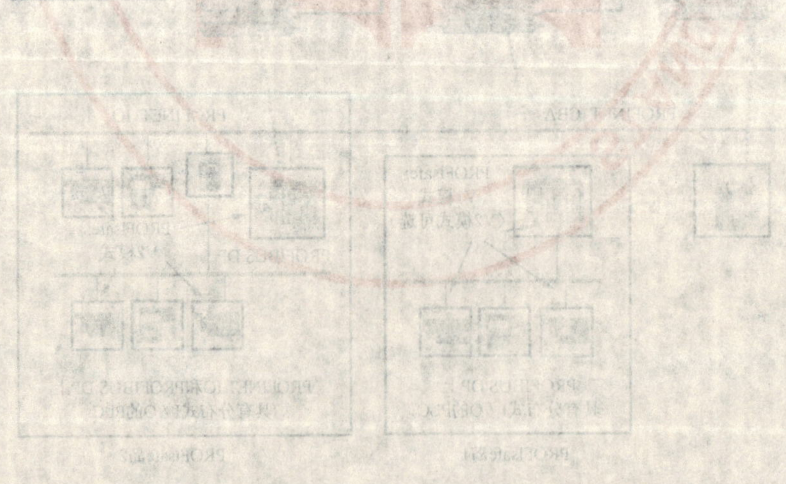

基于 PROFIBUS DP 和 PROFINET IO 的功能安全通信行规——PROFIsafe

1 范围

本标准化指导性技术文件定义了基于 PROFIBUS DP 和 PROFINET IO 的功能安全通信行规——PROFIsafe,适用于加工工业、流程工业、燃料工程和公共运输等领域的通信功能安全应用。

2 规范性引用文件

下列文件中的条款通过 GB/Z 20830 的本部分的引用而成为本指导性技术文件的条款。凡是注日期的引用文件,其随后所有的修改单(不包括勘误的内容)或修订版均不适用于本指导性技术文件,然而,鼓励根据本指导性技术文件达成协议的各方研究是否可使用这些文件的最新版本。凡是不注日期的引用文件,其最新版本适用于本指导性技术文件。

GB/T 20438(所有部分) 电气/电子/可编程电子安全相关系统的功能安全(GB/T 20438.1—2006,IEC 61508-1:1998,IDT;GB/T 20438.2—2006,IEC 61508-2:2000,IDT;GB/T 20438.3—2006,IEC 61508-3:1998,IDT;GB/T 20438.4—2006,IEC 61508-4:1998,IDT;GB/T 20438.5—2006,IEC 61508-5:1998,IDT;GB/T 20438.6—2006,IEC 61508-6:2000,IDT;GB/T 20438.7—2006,IEC 61508-7:2000,IDT)

GB/T 15969.3 可编程序控制器 第 3 部分:编程语言(GB/T 15969.3—2005,IEC 61131-3:2002,IDT)

GB/T 16855.1 机械安全 控制系统有关安全部件 第 1 部分:设计通则(GB/T 16855.1—1997,eqv PRE N 954-1:1994)

GB/T 17799.2 电磁兼容 通用标准 工业环境中的抗扰度试验(GB/T 17799.2—2003,IEC 61000-6-2:1999,IDT)

IEC 61131-2 可编程序控制器 第 2 部分:设备要求和试验

IEC 61784 测量和控制用数字数据通信

IEC 61918 测量和控制的数字数据通信 自动化岛内部及岛间现场总线通信媒介安装行规

IEC 62061 机械安全 与安全有关的电气、电子和可编程序电子控制系统的功能安全

EN 954-1 机械安全 控制系统的安全相关部分 设计通用原理

3 术语和定义

下列术语和定义适用于本指导性技术文件。

在下面的文本中,术语“面向安全的”、“安全相关”和“故障安全”将同等使用,并缩写为字母“F”。

3.1

可用性 availability

自动化系统在给定时间内未出现不满足系统条件(如停产)的概率。它取决于 MTBF(平均失效间隔时间)和 MDT(平均不可用时间):A=MTBF/(MTBF+MDT)。

3.2

位信息 bit information

无量纲的二进制编码信息(二进制数字)。

3.3

发送方和接收方的代码名称　codename for sender and recipient

在F通信设备地址空间里，这个代码通常表示明确的源—目的的参数，它被用作F通信对等层之间惟一的“标识”。

3.4

组态　configuration

定义单元间的标准通信及具体的设备参数。

3.5

组态(故障安全)　configuration (Fail-safe)

定义F-单元间的F-通信及具体的F-设备参数。

3.6

(虚拟)序列号　(virtual)consecutive number

V2模式：随触发位的每次改变而递增的连续计数，它根据序列号(递增1)和到下一个值的间隔由接收方进行监控，也称为心跳。V1模式见[30]。和V1模式不同，V2模式下序列号不会在每个单独的PROFIsafe帧内发送。

3.7

控制位　control bits

用于触发控制功能的位。与之相对应的是表示数据项的位(例如数值)。

3.8

CPD-工具　CPD-tool

通常运行在个人兼容计算机或便携式电脑上，用于现场总线上特定现场设备的组态、参数化和诊断的专门程序。它可以通过直接、单独的链路(如RS232或USB)，或通过现场总线上与循环数据通信并存的非循环服务与现场设备通信。在PROFIsafe范围内，它应运行在WIN2000或更高级的操作系统上。

3.9

周期　cycle

重复并连续执行的一系列命令间的时间间隔。

3.10

(F-)设备　(F-) device

通常由控制器为数据交换触发的被动通信对等实体。

3.11

设备访问点　device access point

此访问点用于寻址作为实体的IO-设备。

3.12

驱动程序　driver

使硬件抽象为驻留软件的软件模块。

3.13

错误　error

计算、观测或测量的值或条件，与真实、规定或理论上正确的值或条件间的差异。错误可能是由于硬件/软件内的设计失误，和/或由于电磁干扰和/或其他影响导致信息被破坏而引起的。

3.14

故障安全　Fail-safe;F-...

系统通过足够的技术或组织措施，来确定性地防止危险或将其风险降低到可容忍度的能力。

3.15

故障安全值　Fail-safe values

如果系统被触发到故障安全状态，它发出故障安全值代替过程 I/O 数据。

3.16

F-驱动程序　F-driver

根据 PROFIsafe 规范管理 F-主机和 F-设备中安全报文的软件。

3.17

失效(状态)　failure(states)

系统未执行在其性能约束之内的预定功能。失效是在某个时间点导致失效条件(状态)发生的事件。

3.18

故障　fault

不符合要求的系统工况。因而，失效状态和错误是不同种类的故障。

3.19

故障反应　fault reaction

通过置位 F 状态字节中的故障位来指示一个通信故障，以及

——在 F-输出内：关断输出和/或执行单元的自动安全反应。

——在 F-CPU 内：对应于可能的用户程序响应；将 F-I/O 数据设置为故障安全值。

——在 F-输入内：对于从 F-输入检测到的通信故障，F 状态字节的故障位被置位；
对于从 F-主机检测到的通信故障，F-输入数据被设置为故障安全值。

3.20

帧(报文)　frame(message)

在 ISO/OSI 模型第 2 层传输的数据单元，参见参考文献[9]。

3.21

功能块　function block

处理特定功能的自包含程序单元。

3.22

危险　hazard

系统的一种状态或一组条件，它与系统环境中的其他条件一起，将不可避免地导致事故。

3.23

(F-)主机　(F-) host

能够执行安全行规机制并服务于"黑色通道"的信息处理单元。它通常是一个带有适当操作系统的 PLC 或 IPC(工控机)。

3.24

i 参数　i parameter

与 F-设备有关的单独的或特定技术参数，例如激光扫描器检测区域的坐标。

3.25

IO-控制器　IO-controller

为数据交换用于触发设备的主动 PROFINET IO 通信对等实体。PROFIBUS DP 中，此设备对应 1 类主站。

3.26

IO-设备　IO-device

通过 PROFINET IO(远程 I/O、传感器、执行器)连接到 IO-控制器的分布式输入/输出设备。

3.27

IO-模块　IO-module

DP 从站或 IO-设备中可寻址的子输入/输出单元。

3.28

IO-监视器　IO-supervisor

能够从 IO-设备读数据和向 IO-设备写数据的 PROFINET 工程站或 PC/编程单元。它用于启动、调试或诊断目的。与 IO-控制器不同的是：它并不在 IO-系统运转期间起主动作用。IO-监视器不是 IO-系统的一部分。

3.29

IO-系统　IO-system

IO-控制器及其相关 IO-设备。

3.30

主站（1 类）　master（class 1）

触发从站进行数据交换的主动 PROFIBUS DP 通信实体。

3.31

报文（数据包或 TPDU）　message（packet or TPDU）

由于在 PROFIBUS DP 和 PROFINET IO 中缺少 ISO/OSI 模型较高层（>2），所以带有可能的标准 I/O 数据的一个或多个 PROFIsafe 帧相当于传输报文[9]。

3.32

过程 I/O 数据　process I/O data

报文（安全数据或标准数据）中用于控制自动化过程的 I/O 数据。

3.33

行规　profile

特定用户群对通信功能的特定应用。

3.34

PROFIsafe 帧　PROFIsafe container

通过附加安全代码保护的 PROFIsafe 对等实体（如 F-I/O 模块）的一组过程 I/O 数据。

3.35

状态指示（位）　qualifier（bits）

如果 F-从站/设备的过程（I/O）数据由多个输入组成，那么附加的状态指示位可以指示每个单独输入的状态。

3.36

反应时间　reaction time

紧急请求的“电气”识别与安全反应的“电气”启动之间的时间。这个响应时间由几个时间段组成，包括总线传输时间。

3.37

可靠性　reliability

可靠性规定为给定时间内的平均故障次数（用 λ 表示）。对于可修复的故障，定义为平均失效间隔时间（MTBF）；对于不可修复的故障，定义为平均失效前时间（MTTF）。对于可修复的故障，经常假定故障以恒定比率发生，在这种情况下失效率 $\lambda=1/\text{MTBF}$。在早期故障排除后和磨损阶段之前的运行阶段，部件可靠性通常以 FIT（每 10^9 小时一次故障）度量（“浴盆”故障曲线）。可靠性不同于可用性。

3.38

风险　risk

事故可能性及其潜在后果严重性的组合。

3.39

扫描率　scan rate

输入信号的任意两个读取过程之间的时间。

3.40

共享 I/O　shared I/O

多个主机/PLC 访问的相同的输入和输出。共享输入比共享输出引起的问题更少。

3.41

从站　slave

PROFIBUS DP:为交换信息通常由主站触发的被动通信方。

3.42

专用 F-设备应用程序　specific F-device application

F-设备/从站中的软件,它负责设备(如激光扫描器、驱动程序和限位开关等)的技术支持。通常其中部分是与安全相关的,并遵循 GB/T 20438 规定的安全设计规则,其他部分(如诊断)应遵循标准设计规则。PROFIsafe 功能通常是安全相关软件的一部分。

3.43

触发位　toggle bit

在 V2 模式中,从主站发送到设备的控制字节的比特 5,从设备发送到主站的状态字节的比特 5。

3.44

V1 模式　V1-mode

符合 PROFIsafe V1.30 版本[30]的 PROFIsafe 服务和协议。

3.45

V2 模式　V2-mode

符合本 PROFIsafe 规范的 PROFIsafe 服务和协议。

3.46

VLAN 标记　VLAN tag

使用适当的交换机时,以太网报文中 VLAN 标记扩展,可以使特定的用户群在大网络上通过优先级和 VLAN-Id 来运行他们自己的虚拟网络,与其他用户群互不影响。

4　缩略语

AP	Application Process	应用进程
API	Application Process Identifier	应用进程标识符
AR	Application Relationship	应用关系
ASE	Application Service Element	应用服务元素
ASIC	Application Specific Integrated Circuit	专用集成电路
CBA	Component Based Automation	基于组件的自动化
CPD	Communication Protocol Data	通信协议数据
CPU	Central Processing Unit	中央处理器
CR	Communication Relationship	通信关系
CRC	Cyclic Redundancy Check [9],[11]	循环冗余校验[9],[11]
DB	Data Block	数据块
DP	Decentralized Peripherals	分散式外围设备
EMC	Electromagnetic Compatibility	电磁兼容

EMI	Electro Magnetic Interference	电磁干扰
EN，prEN	European Norm，preliminary ...	欧洲标准,欧洲预标准……
F	Fail-safe	故障安全
FB	Function Block	功能块
FV	Fail-safe Values	故障安全值
GSD(ML)	General Station Description (for PROFINET IO)	通用站描述(用于 PROFINET IO)
GSDML	Generic Station Description Markup Language	通用站描述标记语言
HD	Hamming Distance	海明距离
HW	Hardware	硬件
IEC	International Electrotechnical Commission	国际电工委员会
I/O	Input/Output	输入/输出
IOCS	Input Output Consumer Status	输入输出消费者状态
IOPS	Input Output Producer Status	输入输出生产者状态
IRT	Isochronous Real Time	等时模式下的实时
ISO/OSI	International Standards Organization/ Open Systems Interconnection (Reference Model)	国际标准化组织/开放系统互连(参考模型)
LED	Light Emitting Diode	发光二极管
MBP-IS	Manchester Bus Powered-Intrinsically Safe	曼彻斯特编码总线供电—本质安全
PA	Process Automation	过程自动化
PDU	Processing Data Unit	数据处理单元
PELV	Protective extra low voltage	特低保护电压
PES	Programmable Electronic (Safety-Related) System	可编程电子(安全相关)系统
PFD	Probability of Failure on Demand	要求时的失效概率
PLC	Programmable Logic Controller	可编程逻辑控制器
PN IO	PROFINET IO	PROFINET IO
PV	Process Values	过程值
RS232	Recommended Standard 232	推荐性标准 232
RS485	Recommended Standard 485	推荐性标准 485
RT	Real Time	实时
SELV	Safety extra low voltage	安全特低电压
SIL	Safety Integrity Level	安全完整性等级
SW	Software	软件
TPDU	(Transport) Protocol Data Unit[9]	(传输)协议数据单元[9]
UML	Unified Modeling Language	统一建模语言
USB	Universal Serial Bus	通用串行总线
VLAN	Virtual Local Area Network	虚拟局域网

XML	Extendable Markup Language (World Wide Web Consortium)	可扩展标记语言(World Wide Web 协会)

5 概述

5.1 PROFIsafe V2.0 版的主要改进

——随着 PROFINET IO 的使用,使共享设备、每报文的扩展过程(I/O)数据和扩展参数等的改进成为可能。

——缓存在网络部件(如暂时存储全部报文序列的交换机)中的报文错误可以被控制。V1 模式不能完全覆盖这些风险。

——对"黑色通道"下的 CRC 多项式不再加以限制,如禁止使用同样的 CRC 多项式或禁止使用一个可被整除的多项式。

——安全设备的第三方参数化工具可简单调用的接口。

5.2 一般要求

——在同样的 PROFINET IO 和/或 PROFIBUS DP 系统中使用标准设备和"安全设备"时,可以保证安全相关通信和标准通信间的独立性;

——适用于安全完整性等级 SIL 3(GB/T 20438)、性能等级"e"(GB/T 16855.1)和控制类别 4(EN 954-1);

——满足单通道通信系统的安全要求→冗余只用于提高可用性;

——安全传输功能的实现应该被限制在通信终端设备(CPU/主机-现场设备和/或 I/O 模块);

——F-设备与其 F-主机之间总是 1 对 1 通信关系;

——传输持续时间被监控;

——环境条件符合通用 PROFIBUS 的要求(主要是 IEC 61131-2 和 IEC 61326-3[29])。有关信息参见参考文献[18]。

——传输设备(如控制器、ASIC、链路、耦合器等)应保持不变(黑色通道)→安全功能位于 OSI 第 7 层之上(即不改变或增加标准协议);

——本指导性技术文件不应减少所允许的设备数量(在"PROFIBUS PA"应用情况下,由于报文限制,在映射期间可能产生约束)。

5.3 安全通信原理(黑色通道)

黑色通道原理见图 3。

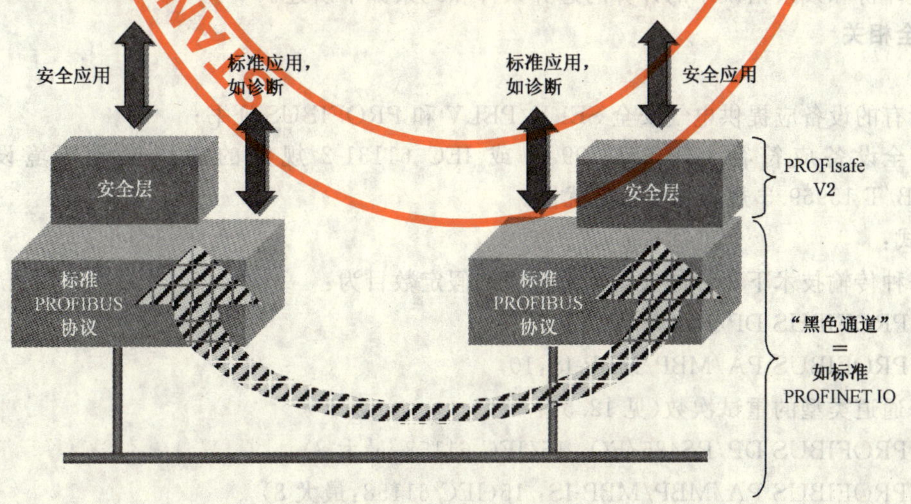

图 3 黑色通道原理

安全通信由下述系统执行：

——标准传输系统(即 PROFINET IO 和/或 PROFIBUS DP)；

——标准传输系统之上附加的安全传输协议。

标准传输系统包括传输系统的全部硬件和相关协议功能(见图 4 中 OSI 模型的第 1 层、第 2 层和第 7 层)。

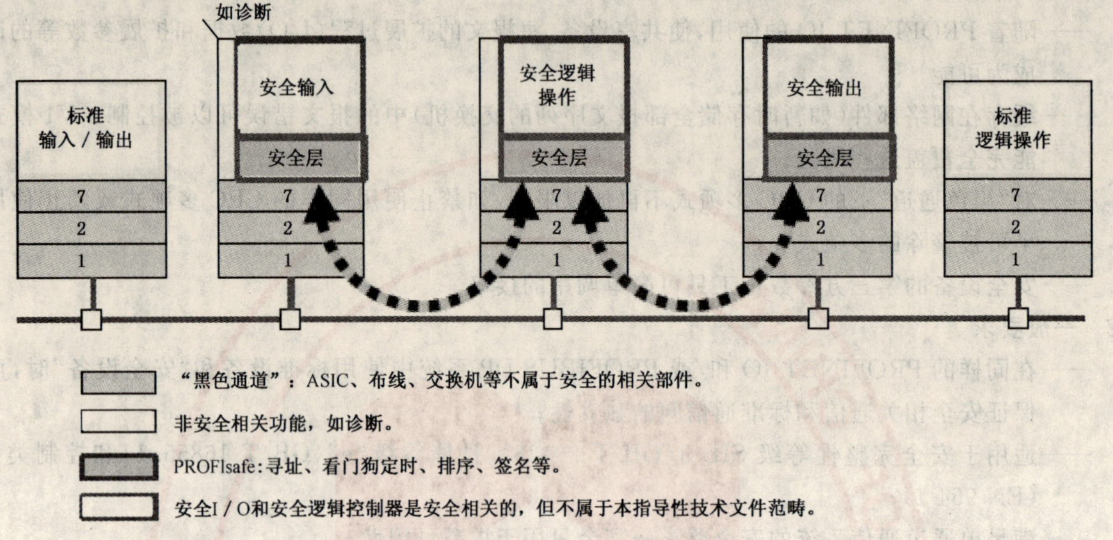

图 4 安全层体系结构

安全应用和标准应用同时共享同一个 PROFINET IO 或 PROFIBUS DP 通信系统。

安全传输功能由可以确定性地发现经由标准传输系统渗透的各种可能的故障/危害，或者使残余误差(故障)概率保持在某一限值以下的所有措施组成。可能的故障/危害包括：

——随机故障，例如由于 EMI 对传输通道的影响；

——标准硬件的失效/故障；

——标准硬件和软件的组件的系统故障。

此原理仅限于认证"安全传输功能"，"标准传输系统"不需要任何额外的认证。

通过电缆或光缆实现传输。在 6.4 中规定标准传输系统中允许的拓扑结构、传输特征和"黑色通道"组件。

5.4 "黑色通道"的边界条件和约束

对安全评价和残余错误率的计算的边界条件和约束如下所述。

5.4.1 安全相关

通常：

——所有的设备应提供电气安全 SELV/PELV 和 PROFIBUS 证书；

——安全设备应符合 GB/T 17799.2 或 IEC 61131-2 规定的通用工业环境设计，并符合 GB/T 15969.3 规定的增强抗扰性。

V1 模式：

——每种传输技术下每秒的安全相关报文的假定数目为：

- PROFIBUS DP/RS485/FO：100
- PROFIBUS PA/MBP/MBP-IS：10

——每通道类型的重试次数(见 12.5)：

- PROFIBUS DP/RS485/FO：15(IEC 61158：最大 8)
- PROFIBUS PA/MBP/MBP-IS：15(IEC 61158：最大 8)
- 背板总线：8(主机或模块化现场设备内)

——黑色通道 CRC 多项式：

● 黑色通道不应使用 PROFIsafe CRC 多项式 14EABh 和 1F4ACFB13h；

● 黑色通道多项式不应被 C599h 整除。

——有源缓存网络元素：

● PROFIBUS PA/MBP/MBP-IS：最大 2 个报文，带有 DP/PA 链接器和/或中继器。

——安全 PDU 按字节划分：

● 不允许。

V2 模式：

——每秒和每 1 对 1 的 PROFIsafe 通信关系的安全相关报文的假定数目为：

● <10 000。

——每通道类型的重试次数(见 12.5)：

● 无限制。

——黑色通道 CRC 多项式：

● 无限制。

——有源缓存网络元素：

● 无限制；允许任何交换机(见 8.2.8 和 6.4)。

——PROFIsafe 岛：

● 不允许使用单端口路由器作为 PROFIsafe 岛的边界(见 8.2.9)。

——安全 PDU 按字节划分：

● 无限制。

5.4.2 非安全相关

——在规定时间(生存标记)内主机和现场设备间的循环数据交换；

——保证整个 PROFIsafe 帧(数据完整性)在安全层上传送；

——通常：

● PROFIBUS DP/RS485：无分支(支线)；

● PROFINET IO：每个子模块只有一个 F-主机；

● 以太网交换机应适用于 IEC 61131-2 所定义的标准工业环境；

● 标准设备和安全设备可以共用同一个 24V 电源。

5.5 安全行规

图 5 中描述了传输媒体上完整报文结构的模型，参见参考文献[7]。安全行规“嵌入”传输协议(第 7 层)和传输代码(第 2 层)中，并定义了这些层的“安全规程”和“安全代码”。

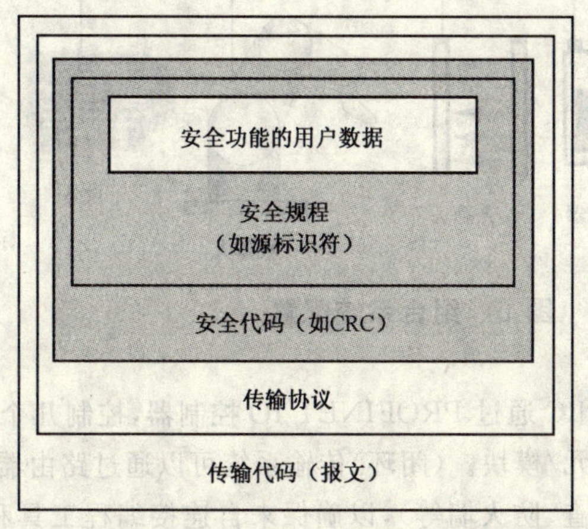

图 5 用于安全相关的数据报文模型

5.6 特征和应用

主机-现场设备	安全行规描述了安全单元间经由 PROFINET IO 和/或 PROFIBUS-DP 的安全通信。行规中描述的方法允许安全现场设备使用安全 CPU(主机)循环地交换安全相关数据。
主机—主机	不包括在本指导性技术文件中。
现场设备-现场设备(横向通信)	PROFIsafe 原理覆盖了此操作模式。有少许扩展,如在确认报文中的附加过程(I/O)数据。在本指导性技术文件不描述细节。
故障安全共享输入	允许带有安全 I/O 的多安全 CPU/主机操作。"故障安全共享输入"可以在 PROFINET IO 中通过将特定现场设备内的不同槽或子槽分配给单独的 F-主机来实现。
动态组态	特别在机器人应用中,会有两个或更多的自动化子单元(网络分段)交替连接到主网络。相应的子网络只在它们连接时被激活。使用安全设备时,这也是可能的。
其他安全总线	如果一个相应的安全网关类似 PROFIBUS 安全设备一样工作,那么与其他安全总线系统交换安全信息是可能的。
EMC	与标准 PROFINET IO 和 PROFIBUS DP 相同,见参考文献[18]。

6 安全行规的基础

6.1 系统特征

在图 6 中表示的系统配置描述了一个典型的结构,它包括了互连的主机/PC、面向安全的主机/PLC、远程 I/O、I/O 设备、安全 I/O 设备和 PROFINET IO 的监控单元。

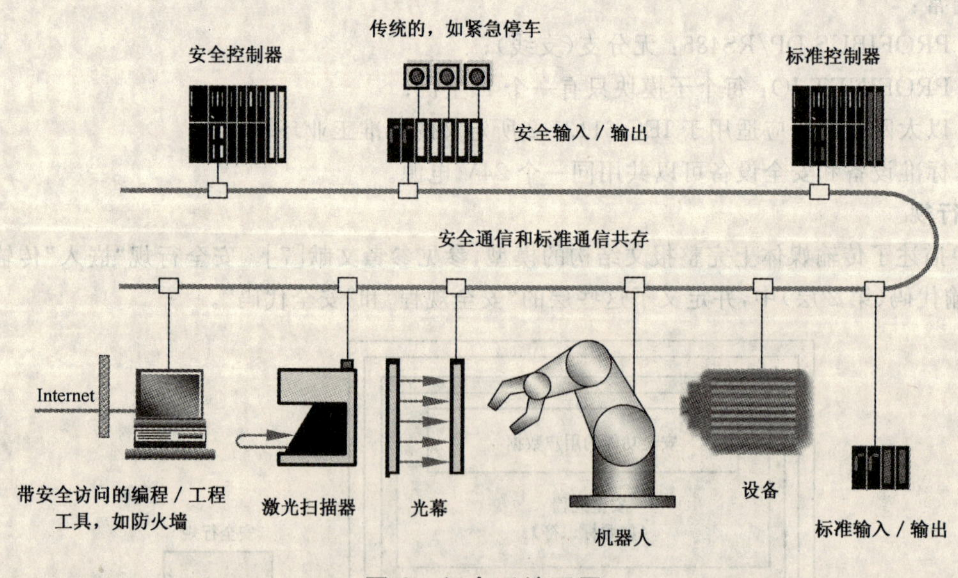

图 6 组合系统配置

在这个结构中,面向安全的主机/PLC 通过 PROFINET IO 控制器,控制几个从属的面向安全的和非面向安全的 PROFINET IO-设备单元/模块。(闭环)传输系统可以通过路由器互连的多个段进行扩展。用户有责任采用适当措施(例如复查、防火墙等),以确保来自连接编程工具和/或工程工具的非授权访问不危害安全操作。这些设备通常不参与安全操作。

本指导性技术文件不规定通过安全网关到其他安全总线系统的连接。

6.2 PROFINET IO 和 PROFIBUS DP 内的循环数据交换

通常 PLC/IPC 是 PROFINET IO 或 PROFIBUS DP 系统中的主机。相关 PROFINET IO 控制器或 DP 主站在相关联的独立单元内，或是集成在主机中的子单元。I/O 站分别是 I/O 设备或从站。在一个总线循环内，控制器(主站)寻址每个 IO-设备(从站)一次。在 PROFINET IO 中，在同一总线循环内宜为异步响应。在 PROFIBUS DP 中，它宜是槽时间内直接地(同步地)来自从站的响应。在这个过程中，固定数量的输出字节送往从站，或者从站分别返回固定数量的输入字节。在响应错误(重试)时，系统如何反应的细节见 12.5。图 7 表示了主机及其设备间的 1 对 1 关系。

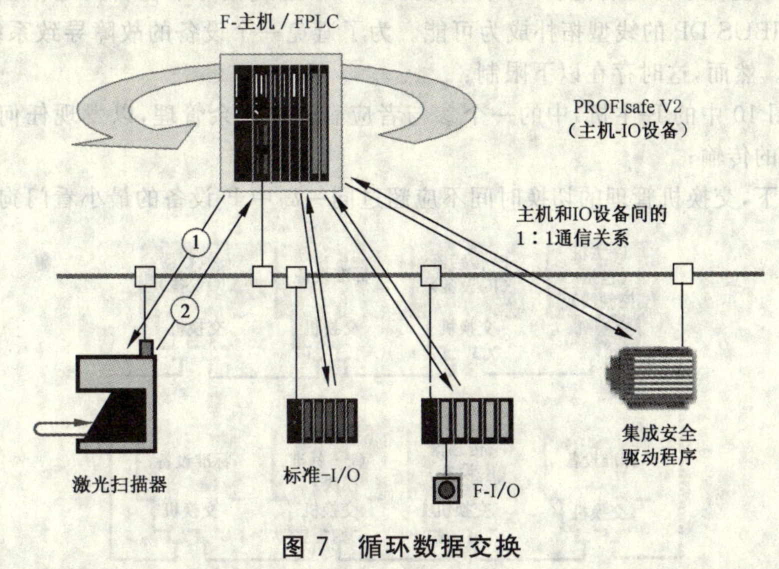

图 7 循环数据交换

6.3 安全层使用的标准通信服务

安全相关的 IO 数据通过 PROFINET IO 的实时通道 RT 或 IRT 进行传输，见图 8。

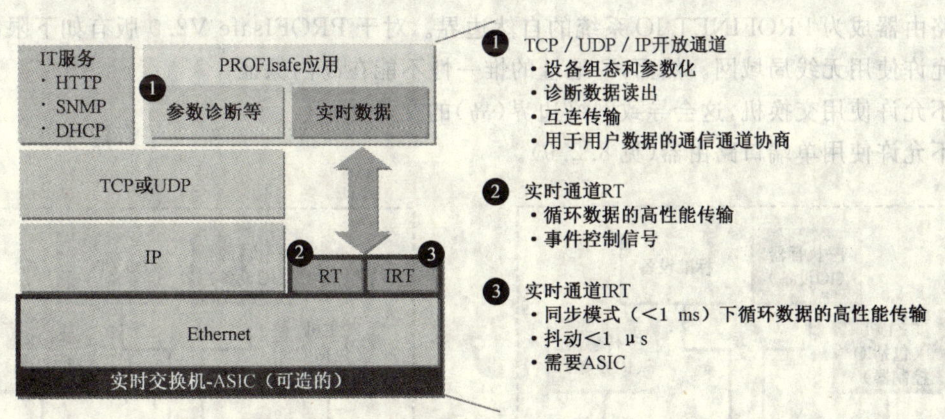

图 8 PROFINET IO 通信层

非循环服务(TCP/IP 或 UDP/IP)用于传输非安全相关数据和安全相关参数。这部分设备参数是安全相关的，并且通过循环数据交换进行循环性验证。

6.4 通信结构

图 9 表示了一种可能的 PROFINET IO 布线的典型(星型)拓扑结构，它把多端口交换机作为集线器。一个设备故障不会使整个网络瘫痪，然而布线复杂。

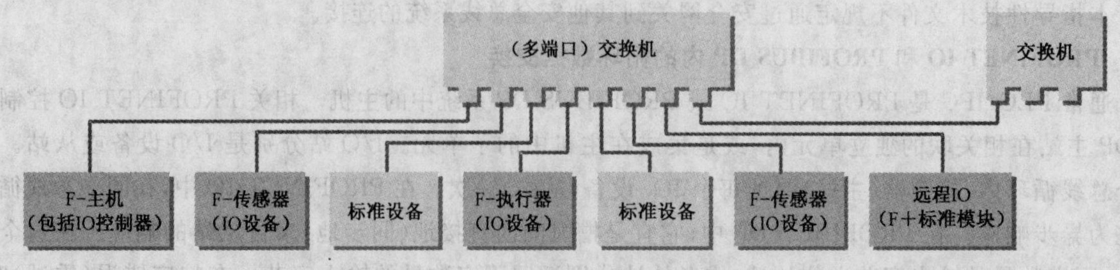

图 9　多端口交换机总线结构

PROFINET IO 提供了另一种选择，即将交换机-ASIC 集成在每个设备的通信接口中。这种方式使得类似于 PROFIBUS DP 的线型拓扑成为可能。为了避免一个设备的故障导致系统瘫痪，推荐使用环型结构，见图 10。然而，这时存在以下限制：

——至少环(图 10 中的 F-主机)中的一个参与者应有一个冗余管理，以发现任何中断并重新组织到目的地的传输；

——在此情况下，交换机管理的切换时间不应超过同一岛中 F-设备的最小看门狗时间。

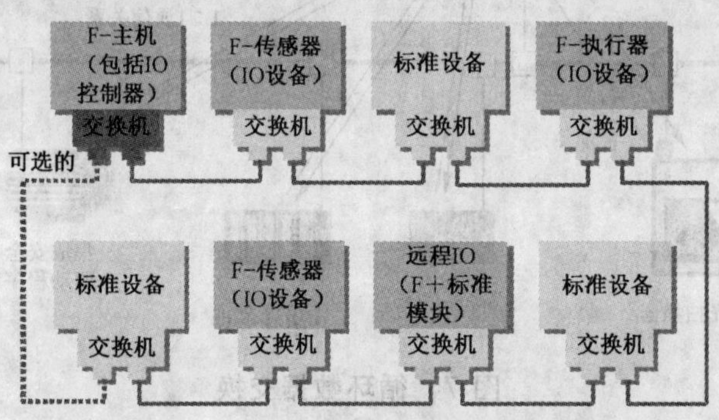

图 10　线型 PROFINET IO 总线结构

图 9 和图 10 中的网络分属于有一个特定 IP 地址的 PROFINET IO 系统，而第 2 层的实时协议(RTE)的传输不能超出该 IP 地址空间。在 IP 地址层(图 11)重新定位报文是路由器(OSI 第 3 层)的任务。这样路由器成为 PROFINET IO 系统的自然边界。对于 PROFIsafe V2.0 版有如下限制：

——允许使用无线局域网。然而，F-地址的惟一性不能在岛内保证；

——不允许使用交换机，这会导致网络边界(岛)的交叉；

——不允许使用单端口路由器(见 8.2.9)。

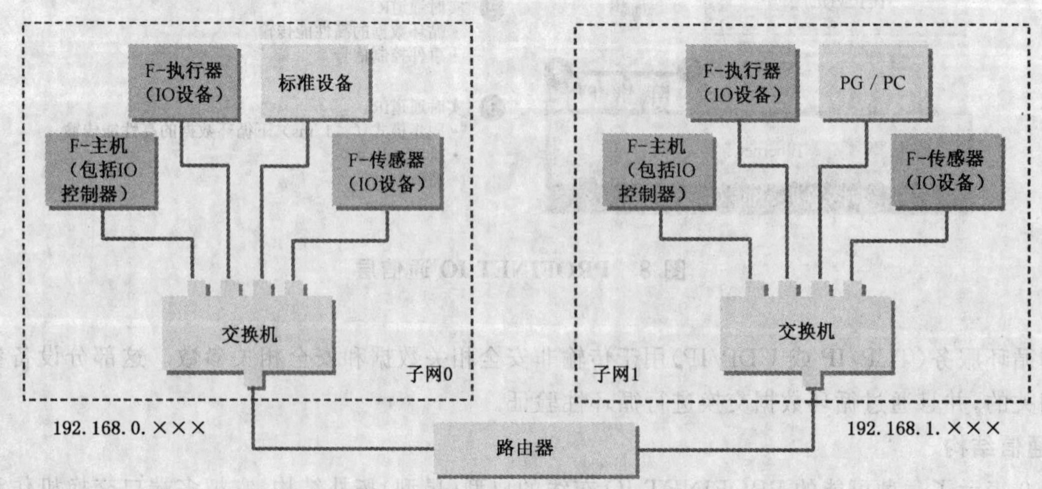

图 11　利用路由器跨越网络边界

信息安全方面见 12.8。

与典型的现场总线系统配置相比，图 12 表示了可能的总线结构（即安全层行规以何种程度扩展进入独立单元）。例如，一个标准的远程 IO 能容纳一个用于紧急停车按钮连接的 F-模块。这样，全部 PROFIsafe 传输路径为从 F-主机经由其背板总线和 PROFINET IO(PN IO)进入 IO-设备，并经由可能的其他背板进入最终 F-模块。在此通信远端执行安全层。

允许安全主机的多控制器或多主站操作。不允许“故障安全共享输入”。F-主机和标准主机的混合使用是可能的。

PROFIBUS DP 上的 PROFIsafe 细节参见参考文献[30]。

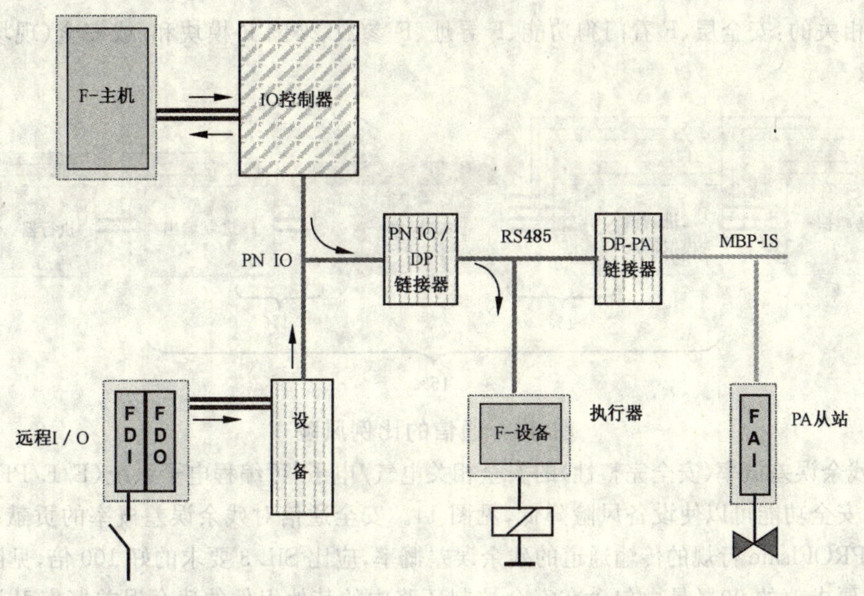

══本地总线；
PN IO——PROFINET IO 传输；
MBP-IS——用于防爆区域的数据传输；
RS485——高速数据传输；
F-DI——故障安全数字输入；
F-DO——故障安全数字输出；
F-AI——故障安全模拟输入；
PA 从站——符合过程自动化设备模型的设备。

图 12　完整的安全传输路径

6.5　安全层对总线部件的影响

GB/T 20438 规定参与全部安全层功能的部件都要经过系统安全认证的评估，见图 13。

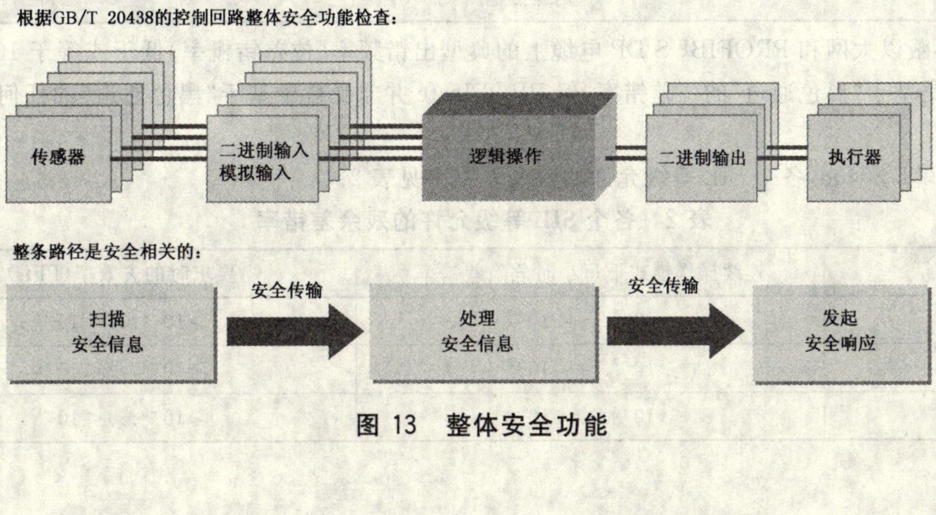

根据GB/T 20438的控制回路整体安全功能检查：

传感器　二进制输入 模拟输入　逻辑操作　二进制输出　执行器

整条路径是安全相关的：

扫描 安全信息　安全传输　处理 安全信息　安全传输　发起 安全响应

图 13　整体安全功能

“安全相关输入”、“安全相关逻辑处理”和“安全相关输出”应用的安全特性不在安全层行规中描述。只定义在单独通信终端中实现安全通信的措施。

PROFIsafe 行规确保远程安全模块和/或安全的直接连接传感器/执行器/F-PA 单元与 F-主机之间数据的正确传输(图 12)。对于各个组件 PROFINET IO 控制器、IO-设备、或 DP 主站、DP 从站、PA 主站和 DP/PA 链接器没有附加的要求。它们属于“黑色通道”。

这意味着:

a) 非安全相关的:ASIC、总线变送器/驱动程序、线缆、交换机、中继器、链接器和模块化设备的总线接口(见定义“黑色通道”);

b) 安全相关的:安全层、F 看门狗功能、F 寻址、F-参数、外围 F-模块和/或安全(现场)设备。

6.6 风险考虑

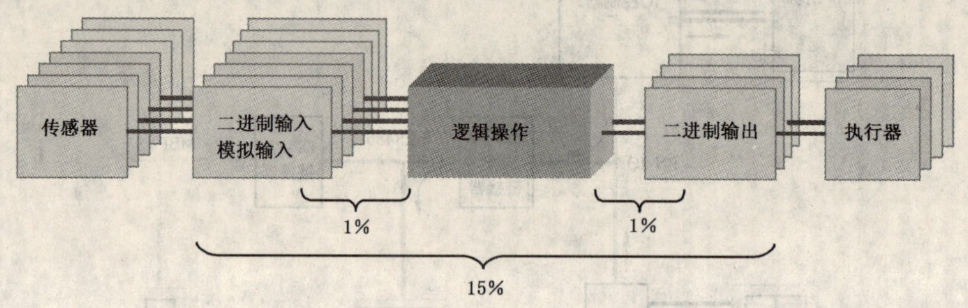

图 14 通信的比例风险

具备一定残余误差概率(安全完整性)的安全相关电气/电子/可编程电子系统(E/E/PES)提供了安全功能,通过这种安全功能可以使设备风险降低,见图 14。安全通信对残余误差概率的贡献率可能为 1%。这意味着采用 PROFIsafe 行规的传输通道的残余误差概率,应比 SIL 3 要求的好 100 倍,见图 7。

这样,SIL 要求值的 99%是由包含在安全控制环路中的其他组件的残余误差概率引起的。

根据参考文献[6a]、[6b],表 1 中的位差错概率对于包括总线驱动程序的传输系统是有效的。

表 1 不同传输系统的位差错概率

位差错概率 p	传输系统
$>10^{-3}$	无线电链路
10^{-4}	非屏蔽电话电缆
10^{-5}	屏蔽、双绞线电话电缆
$10^{-6}\sim10^{-7}$	数字电话电缆(ISDN)
10^{-9}	本地分隔应用中的同轴电缆
10^{-12}	光缆传输

因而,屏蔽以太网和 PROFIBUS DP 电缆上的典型出错频率(位差错概率)低于或等于 10^{-5}。此行规中的计算是基于“黑色通道”的位差错率,但 PROFIsafe 并非受益于基于“黑色通道”的任何数据完整性检查。

根据 GB/T 20438,各个 SIL 等级允许的残余差错率见表 2。

表 2 各个 SIL 等级允许的残余差错率

SIL	连续操作模式下每小时危险差错率	要求时的失效率(PFD)
3	$>10^{-8}\ldots<10^{-7}$	$>10^{-4}\ldots<10^{-3}$
2	$\geqslant10^{-7}\ldots<10^{-6}$	$\geqslant10^{-3}\ldots<10^{-2}$
1	$\geqslant10^{-6}\ldots<10^{-5}$	$\geqslant10^{-2}\ldots<10^{-1}$

因此，在达到SIL3等级的本指导性技术文件范围内，整个设备要求时的残余差错率应小于10^{-9}/h（最坏的情况下）。

6.7 应可控的出错情况

对于安全相关信息有以下3个基本要求：

a) 信息必须被校正(即数据应在语法和语义上校正)；

b) 信息必须在正确的位置和按照正确的顺序；

c) 信息必须在正确的时间点可用。

传输系统通常受到许多不同变量(如电压等级、电阻抗、噪音、电磁干扰等)的影响。根据参考文献[4]，对于报文存在以下传输差错：

——重复；

——丢失；

——插入；

——错序；

——被破坏的过程(I/O)数据；

——延迟；

——安全相关报文和标准报文混淆(伪装)；

——不正确的寻址(双重的，错误的)。

本指导性技术文件的目的在于在PROFINET IO和PROFIBUS DP现有措施以外，提供附加的安全措施，以达到所要求的残余差错率。

6.8 PROFIsafe安全措施

图15中所示对可能发生的传输错误的控制措施是PROFIsafe行规的一个重要组成。参考文献[4]中列出的措施的下列选择被要求用于PROFIsafe：序列号、看门狗定时器、授权代码名和循环冗余校验。在一个故障安全单元内，这些措施都应当被采用和监视，见图15。

防范措施 / 错误类型	(虚拟)序列号	接收超时	发送方和接收方的代码名	数据一致性校验
重复	√			
丢失	√	√		
插入	√	√	√	
错序	√			
数据破坏				√
延迟		√		
伪装(标准报文模仿故障安全报文)		√	√	√
在交换机内的循环存储失效	√			

图15 错误控制措施

7 安全层服务

即使PROFIsafe协议试图独立于规定的底层现场总线，但它仍然依赖于其结构基础的某些部分。

7.1 PROFINET IO和PROFIBUS DP的基础

PROFINET IO的详细信息参见参考文献[22]、[23]和[28]。PROFIBUS DP的详细信息参见参考文献[3]和[10]。PROFIsafe的V1模式和PROFIBUS DP的相关基础的详细信息参见参考文献[30]。

7.1.1 设备模型

PROFINET IO和PROFIBUS DP设备模型假定设备内存在一个或几个应用进程(AP)。图16表示模块(现场)设备的应用进程的内部结构。它可以可选择地包含几个这样的 AP。应用进程被细分为设备的物理 I/O 所需的若干槽和子槽。与 PROFIBUS DP 不同,PROFINET IO 提供另一个层次等级:子槽。

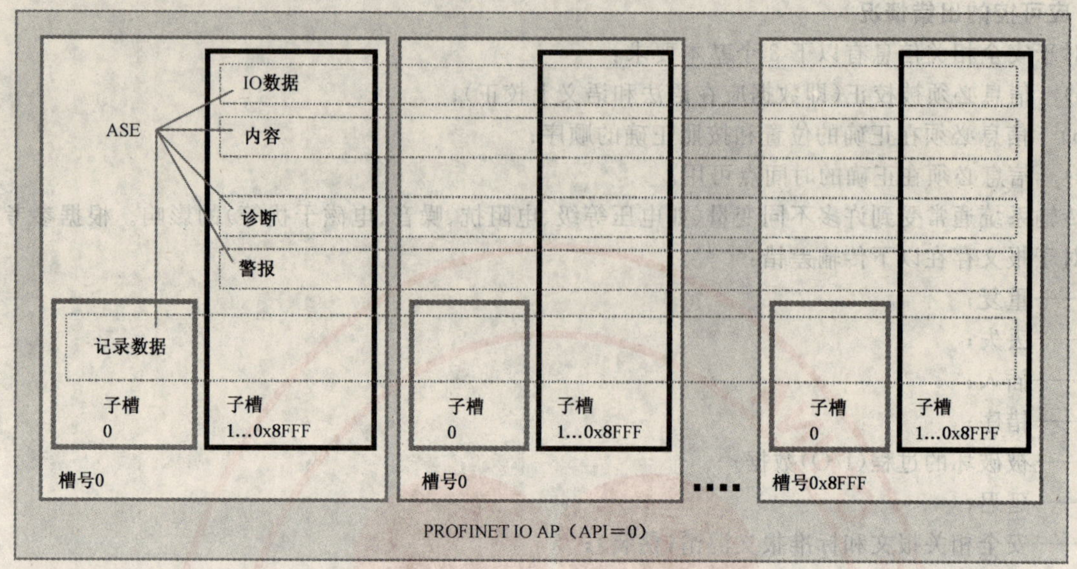

图 16 **PROFINET IO 设备模型**

在子槽内,ASE 提供一系列标准服务,用于传送来自或到达应用进程的请求和响应,及其数据对象,如 IO 数据,上下文(参数)、诊断、报警和记录数据。通过 GSD(ML)文件,映射设备功能到 PROFINET IO 设备模型是设备厂商的责任。

7.1.2 应用和通信关系

为了使用上述提到的服务,总需要建立一个应用关系(AR),及在此 AR 内的通信关系(CR),该 CR 用于站(设备和 IO 控制器)间通过 ASE 来交换的数据对象。图 17 表示了模块化 IO-设备的基本结构和到 IO-控制器的可能应用关系的一个例子。

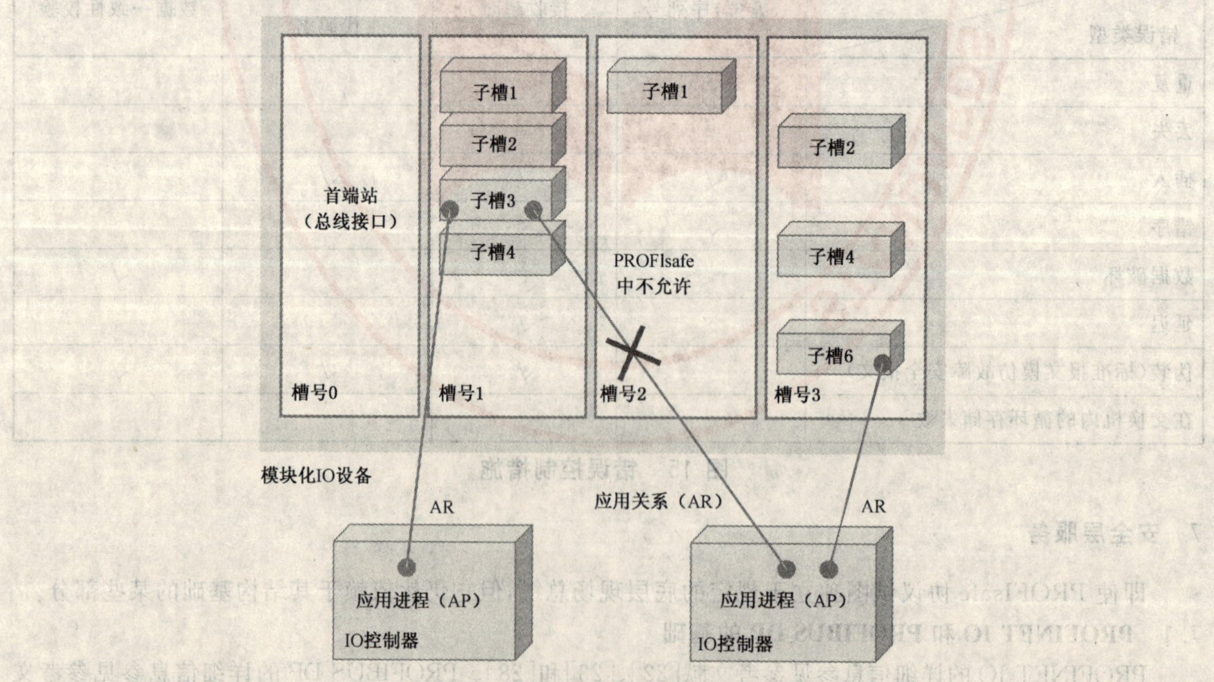

图 17 **模块化设备的应用关系**

IO-控制器使用特殊 PROFINET IO 报文中的"连接"框架,在系统启动时建立一个 AR。因此,它传输以下数据集到设备:

——该应用关系(AR)的通用通信参数；

——将被建立的通信关系(CR),包括其参数；

——设备模型和映射数据；

——将被建立的报警通信关系(CR),包括其参数。

IO设备检查接受到的数据,并建立要求的CR。报告可能发生的错误到IO控制器。数据交换以设备对“连接”呼叫的肯定确认开始。注意:不允许将来自不同AP的两个PROFIsafe AR连接到同一个子槽。

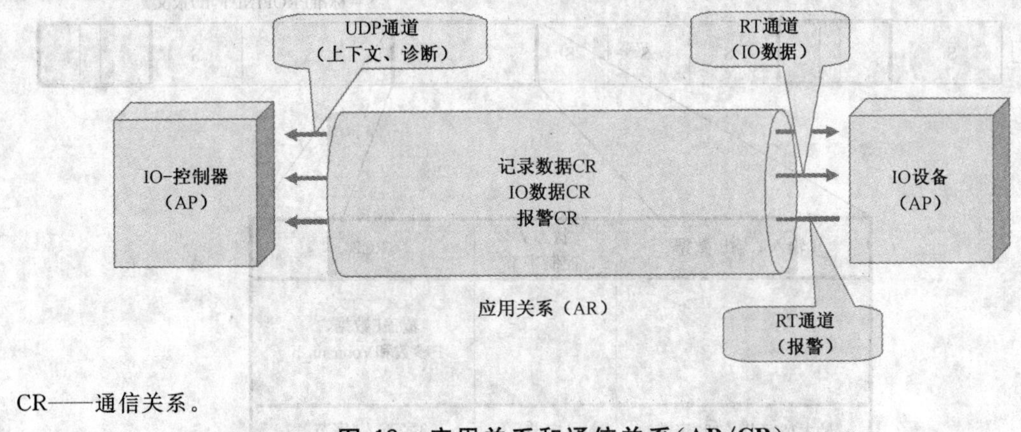

CR——通信关系。

图 18 应用关系和通信关系(AR/CR)

此时,IO数据一直被指示为无效,这是因为缺少IO-设备的启动参数分配。遵循“连接”呼叫,IO控制器通过记录数据(图18)传输启动参数分配数据(上下文)到IO-设备。IO控制器在每个组态子模块中使用一个“写”框架,并以“EndOfParameterization”完成传输。反过来,IO-设备以“Application-Ready”确认肯定的启动参数分配。从此,AR被建立。

7.1.3 PROFINET IO报文格式

用于实时数据交换的PROFINET IO报文格式见图19。32位的帧校验序列(FCS)保护经过网络的传输。PROFIsafe并未受益于此措施。

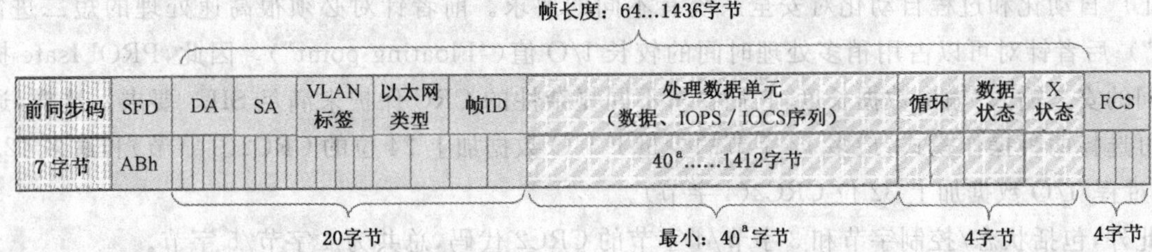

前同步码——AAAAAAAAAAAAAAh;

SFD——起始帧定界符:ABh;

DA——目标地址(6字节);

SA——源地址(6字节);

VLAN标签——指示特定优先级,可选;

以太网类型——以太网帧类型:8 892 h,用于PROFINET IO(2字节);

帧ID——帧标识符(PROFINET IO报文类型);

IOPS——IO生产者状态:正常/异常和位置(可选/GSD);

IOCS——IO消费者状态:正常/异常和位置(可选/GSD;)

循环——循环计数器(2字节),31.25 μs的倍数;

数据状态——冗余、有效性、设备状态等信息;

X状态——传输状态(1字节),总是“00h”;

FCS——32位CRC(104C11DB7h)。

[a] 被传输的最小用户数据的VLAN-标签为36字节。

图 19 PROFINET IO报文格式

7.2 PROFIsafe 帧结构

图 20 表示了单个 PROFIsafe(安全)帧的结构,它包含安全输入/输出数据和附加安全代码。一个 PROFINET IO 报文可能包含几个 PROFIsafe 帧,如在带有几个安全模块的模块化 IO-设备情况下。PROFIsafe V1 模式的细节见参考文献[30]。

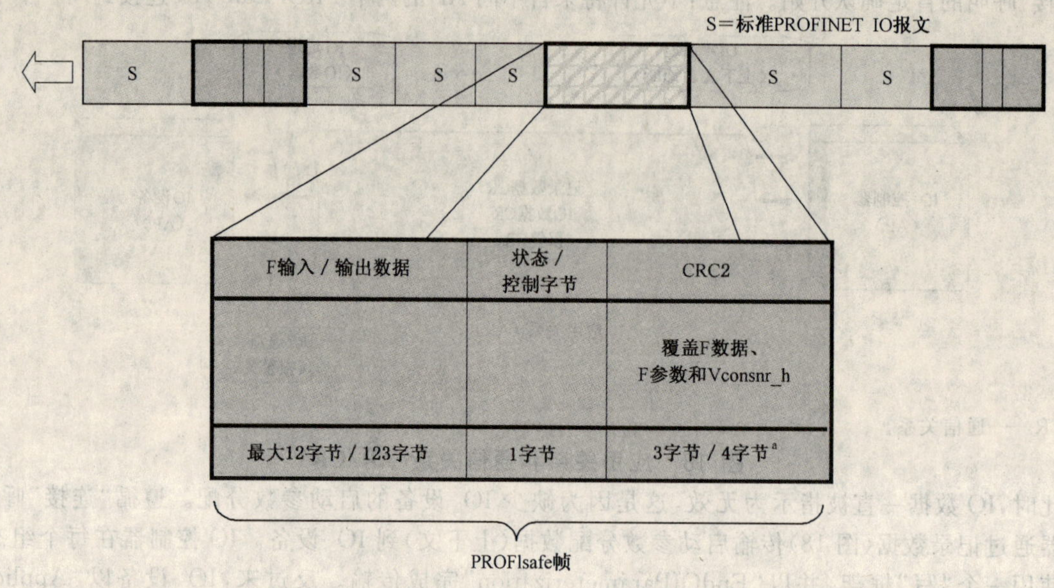

a 3 字节用于最大 12 字节的 F I/O 数据;
4 字节用于最大 123 字节的 F I/O 数据。

图 20 单个 PROFIsafe 帧

工厂自动化和过程自动化对安全系统有不同的要求。前者针对必须很高速处理的短二进制 I/O ("Bit");后者针对可以占用稍多处理时间的较长 I/O 值("Floating point")。因此,PROFIsafe 提供两种不同的安全输入/输出数据长度,它们要求不同复杂性的 CRC 保护来满足 SIL3 要求。这样,通过参数化可选择两种操作模式:最多 12 字节的少量 F I/O 数据加上 24 位的 CRC2(3 字节)和最多 123 字节的 F(过程)I/O 数据加上 32 位 CRC2(4 字节)。

此外,包括状态/控制字节和 3 字节/4 字节的 CRC2 代码,总共为 4 字节/5 字节。

下面详细描述了 PROFIsafe 帧结构的组成。

7.2.1 安全 I/O 数据

安全 I/O 外围设备的 F I/O 数据包含在帧中。数据类型编码对应于标准 PROFINET 中的一种,并且在 IEC 61158[3] 的系统范围内对代码进行了定义。第 10 章中推荐和规定了标准化的数据类型和数据结构,主要用于几类安全设备,如远程 I/O、光栅、激光扫描器、驱动程序等。

只在最多 12 字节的少量 F I/O 数据的情况下,应通过参数选择 24 比特 CRC 选项。

除紧凑型设备,还有具有 F 和标准 I/O 单元和子地址的模块化设备(图 16 和图 17)。作为"黑色通道"一部分的 PROFINET IO 首端站(DAP),通过启动参数化使多个安全帧符合 PROFINET IO 报文结构。一个安全帧对应一个子槽。数据量对应于数据的 PROFINET IO 标准数量分别减去 4 字节或者 5 字节。这意味着,对于有 m 个安全模块的首端站,应分别减少 m 倍的 4 字节或者 5 字节。

7.2.2 状态和控制字节

状态字节被包含在从设备到其控制器的 PROFINET IO 子模块的每个安全帧内(图 20)。状态字节见图 21。

位 7	位 6	位 5	位 4	位 3	位 2	位 1	位 0
保留	Vconsnr_d 已重置	触发位	故障安全值(FV)被激活	通信故障：WD_timeout	通信故障：CRC	失效存在于 F-设备或 F-模块	F-设备有新赋值的 i 参数
—	cons_nr_R	Toggle_d	FV_activated	WD_timeout	CE_CRC	Device_Fault	iPar_OK

图 21　状态字节

其中：

位 0，当赋予 F-设备(其技术固件)新的参数值时被置位。信号名为“iPar_OK”。

位 1，通过特定设备技术固件，如果在至少 2 个报文循环内，F-设备内有故障，则被置位。信号名为“Device_Fault”。

位 2，如果 F-设备被认定为 F 通信失效，如当序列号是错误的(V2 模式下通过 CRC2 发现错误)或者数据完整性被破坏(CRC 错误)时被置位。这个位信息能够使 F-主机在一个被定义的时间周期 T 内，计算所有的错误报文数，并且如果这个数超过一个限定值(最大残余误差率)，那么将触发系统已配置的安全状态。信号名为“CE_CRC”。也见第 11 章。

位 3，如果 F-设备被认定为 F 通信失效，如当 F-设备的看门狗时间超时时置位。信号名为“WD_timeout”。

位 4，在启动时和在发现 CRC 错误和/或无效输入数据情况下，由 PROFIsafe 协议层置位(图 29 和 8.1)。信号名为“FV_activated”。

位 5，基于设备的触发位，指出触发器在 F-主机内增加了虚拟序列号(Vconsnr_h)。信号名为“Toggle_d”。

位 6，当 F-设备重置其序列号计数器 Vconsnr_d 时被置位。信号名为“cons_nr_R”。

位 7，保留用于将来的 PROFIsafe 版本。

控制字节跟从 IO 控制器到设备的子槽的每个安全帧一起发送(图 20)。控制字节见图 22。

位 7	位 6	位 5	位 4	位 3	位 2	位 1	位 0
保留	保留	触发位	故障安全值(FV)被激活	保留	重置 Vconsnr_d	操作员确认请求	允许 i 参数赋值
—	—	Toggle_h	activate_FV	-	R_cons_nr	OA_Req	iPar_EN

图 22　控制字节

其中：

位 0，在 F-主机内，当有参数请求时(F-设备需要新的 i 参数)，由 F 应用置位。

位 1，由对应于变量“OA_Req_S”的 F-主机驱动程序置位。这个信号是非安全相关的，并且通常由 F-设备通过 LED 就地指示需操作员确认的请求(OA_C)。见 12.3。

位 2，当 F-主机通过状态字节或自身发现通信错误时置位。F-设备内虚拟序列号(Vconsnr_d)的一系列计数器将置“0”。见 7.2.3 和 8.1.4。

位 2 应在错误过去后再次复位。其后序列号重新开始。

位 3，保留用于将来的 PROFIsafe 版本。

位 4，置位将 F-设备的输出强制为已组态的或内置的故障安全值，更多细节见 7.3。

位 5，基于主机的触发位，指出触发器在 F-设备内增加了虚拟序列号(Vconsnr_d)。信号名为“Toggle_h”。更多细节见 7.2.3。

位 6、7，保留用于将来的 PROFIsafe 版本。

注：为了避免将来的 PROFIsafe 设备版本的争议：类型为“保留”的状态位和控制位都要被设为“0”，同时被接收方忽略。

7.2.3　(虚拟)序列号

通过接收序列号来监视发送者和通信通道是否仍然有效。它通过一种确认机制监视发送方和接收方之间的传播时间。值“0”被保留用于第一次运行和用于通信错误响应。PROFIsafe 的 V1 模式的细节参见参考文献[30]。

与 V1 模式不同，V2 模式使用 24 位计数器作为序列编号。因此，序列号以循环模式从 1...0FFFFFFh 计数，结束时返回 1 并重新开始计数。

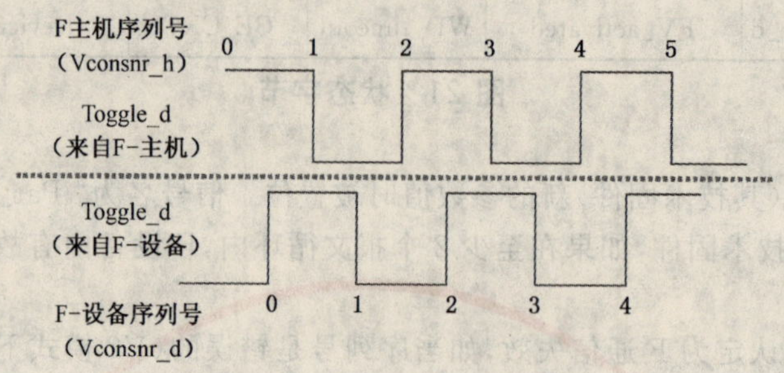

图 23 触发位功能

此外与 V1 模式不同的是：V2 模式并不随每个和每次 PROFIsafe 帧发送序列号，而是使用一个虚拟序列号。它被称为虚拟是因为它不能在 PROFIsafe 帧中看到。这种方法使用位于 F-主机(Vconsnr_h)和 F-设备(Vconsnr_d)内的 24 位计数器和状态字节和控制字节内的 1 个触发位，来使相应的计数器同步递增(图 23)。通过把序列号包含在 CRC2 计算中来执行两个独立计数器的正确性和同步性校验。因此，每次 CRC2 应与每个 PROFIsafe 帧一起发送，见图 24。

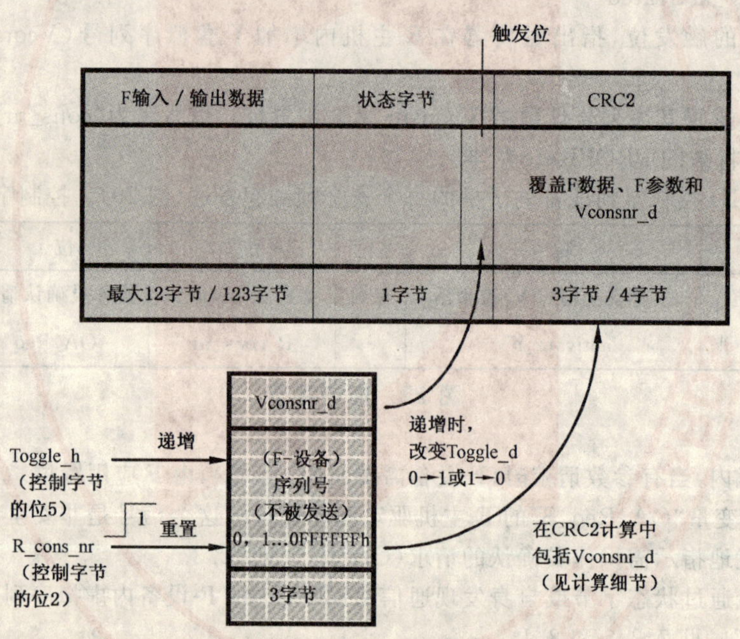

图 24 F-设备序列号

(虚拟)序列号被发送的部分被减少到一个触发位，它指示本地计数器的一个增加。F-主机和 F-设备内的计数器在触发位的每个边沿(0→>1,1→>0)增加。图 24 解释了 F-设备内计数器的机制。当 F-主机在控制字节内发送 R_cons_nr＝"1"时，计数器复位为"0"。见 7.2.2。

F-主机内计数器的机制与 F-设备内相对应。然而，无论何时发生错误(内部地或通过状态字节)，计数器将复位。此计数器的名称为"Vconsnr_h"。

7.2.4 CRC2 代码

一旦 F-参数(源—目的关系或者代码名、SIL、看门狗时间等)被发送给 F-设备，这些同样的参数将被使用于 F-主机和 F-设备/F-模块的同样的过程中，用于产生一个 2 字节的 CRC1(高字节＝0)代码(CRC1)。此 CRC1 如何建立的信息见 9.3.2.1。CRC1 代码、F I/O 数据、状态或者控制字节和相应的序列号(Vconsnr_h 或 Vconsnr_d)被用于在 F-主机内生成另一个 3 字节/4 字节 CRC2 代码(CRC2)，见

图 25。CRC1 代码提供初始化值用于被循环传送的 CRC2 值的计算。在 F-设备内,同样的 CRC 代码被生成并且被比较。随后的循环传送只需要比较一个 CRC2 代码,以便快速处理。

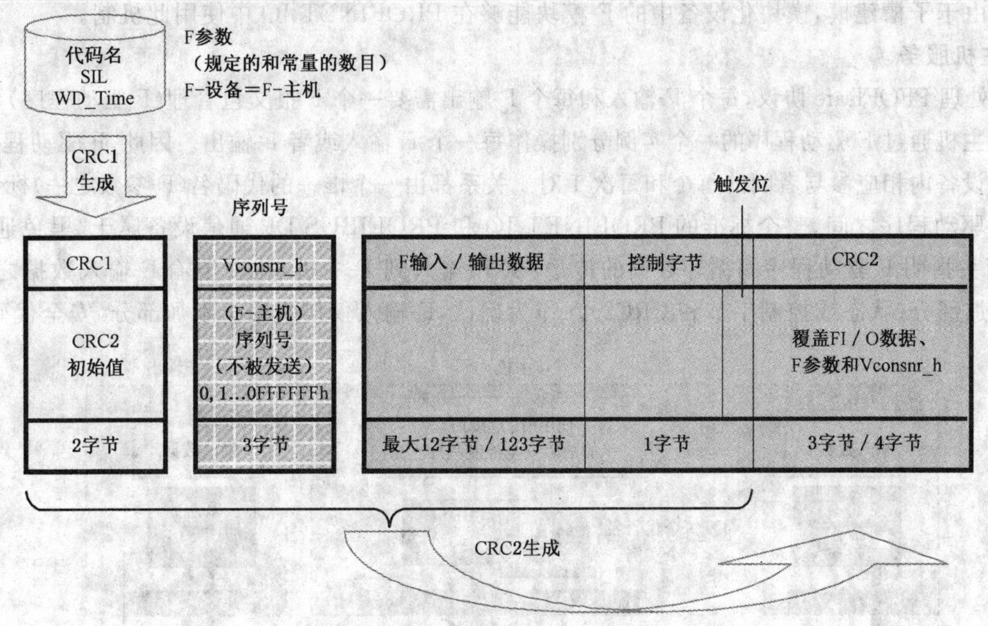

图 25　CRC2 的生成(F-主机)

被存储的 F-参数的任何改变应被检测到,并应导致 F-设备进入安全状态。检测机制依赖于 F-设备的单独执行,它不属于本指导性技术文件的内容。

即便在"黑色通道"或安全层内有同样的 CRC 多项式时,为了更好地进行错误检测,CRC2 计算应将图 25 中的字节包含在内,进行倒序计算,见图 26。值得注意的是:为了处理优化,序列号(Vconsnr_h 或 Vconsnr_d)在计算时使用 4 个字节,其他"填充字节"置"0"。不推荐使用 32 位计数器,因为这将在测试和验证过程中导致不可接受的设备的长测试时间。

为了防止安全 PDU 只包含数据"0",在此特殊情况下作为例外,可将 CRC2 设置为"1",而不是"0"。

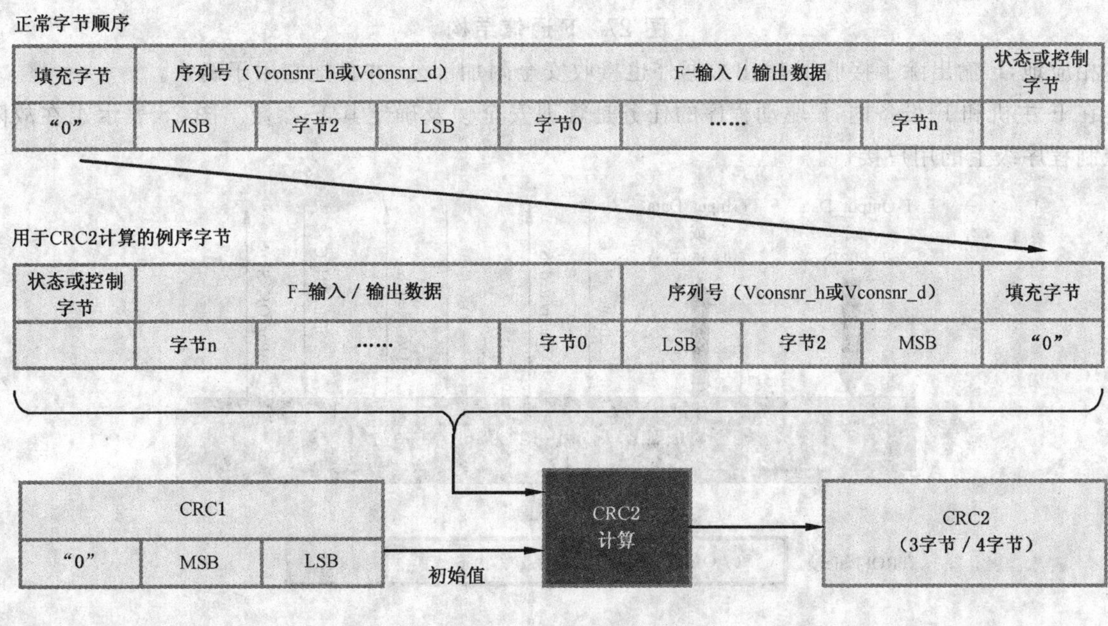

LSB——最低有效字节;

MSB——最高有效字节。

图 26　CRC2 计算的细节(倒序)

7.2.5 附加的标准 I/O 数据

标准 I/O 数据能被附加到 PROFIsafe 帧。对于紧凑型 F-设备,可以通过分配单独的槽标识来实现这一点。由于子槽建模,模块化设备中的 F-模块能够在 PROFINET IO 中使用此机制。

7.3 F-主机服务

为了处理 PFOFIsafe 协议,每个 F-输入和每个 F-输出需要一个 F 报文包管理(F 驱动程序),见图 27。对应的 F-主机通过 F 驱动程序的一个实例分别操作每一个 F-输入或者 F-输出。因此,F 驱动程序的一个实例和 F-设备内相应参与者间的每个和每次 1 对 1 关系都由一个惟一的代码名(F-参数之一)标识。

在 F 驱动程序之间,整个标准的 PROFINET IO 和 PROFIBUS DP 通信设备属于"黑色通道"。图 27 中的箭头指明 F 驱动程序间循环数据的传送:从 F-输入到 F-主机,除了传输 F-输入数据之外,还传输安全附加部分(状态或控制字节和 CRC2)。作为确认,F-输入仅接收安全附加部分(安全代码)。

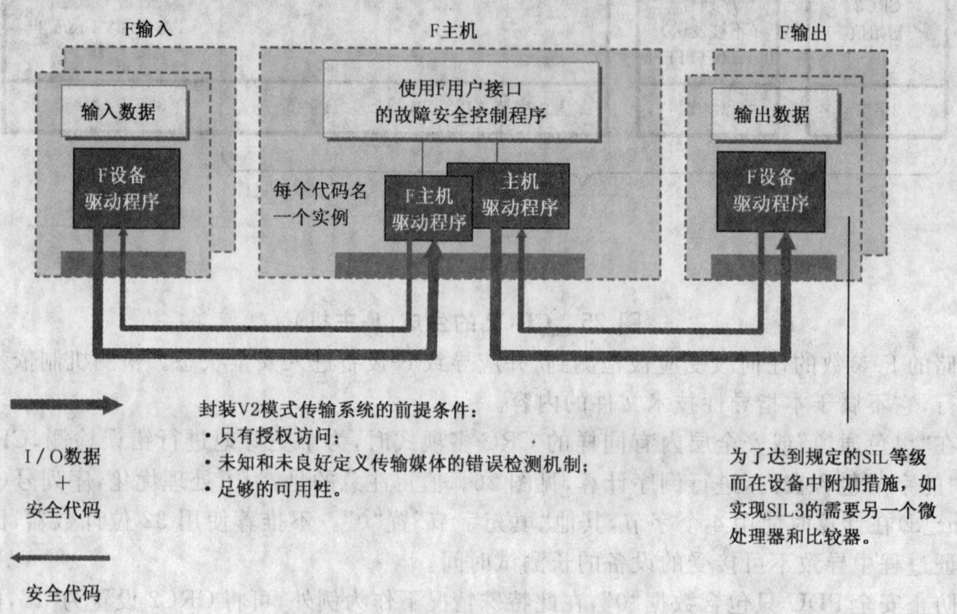

图 27 F 通信结构

相应地,F 输出除了接收 F-输出数据外也接收安全附加部分,并且把它用于确认。

在 F-主机和 F-设备内,F 驱动程序的任务是管理安全帧及确定其 F-参数。图 28 表示了在故障安全控制程序级上的用户接口。

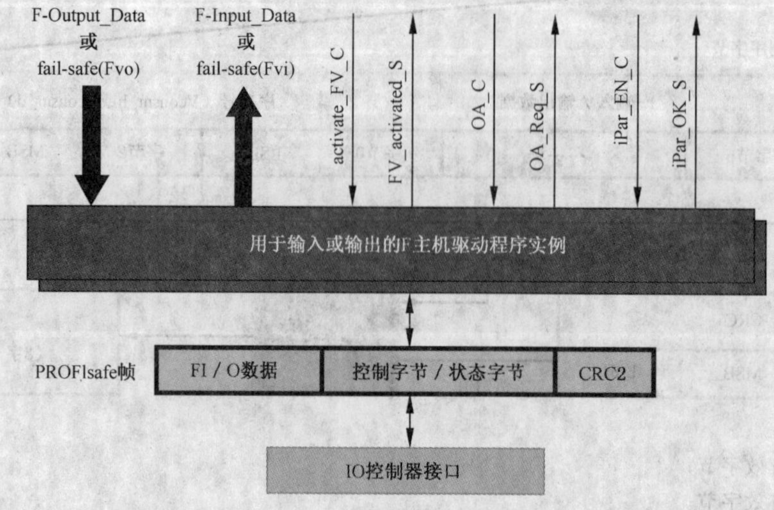

图 28 F-主机驱动程序实例的用户接口

该接口提供了几个可用的变量，使程序员能够根据标准处理故障安全过程。这些变量携带着状态和控制字节内对应比特的相似的名称——通常以索引"_C"(控制)或"_S"(状态)扩展，但是可以在F驱动程序内有一些控制逻辑，也见第10章和图60。F-主机驱动程序的执行细节见10.5。

故障安全主机控制程序的编程人员可用以下变量：

activate_FV_C	处理相应F-设备的每个F控制程序将使用该变量(类型:Bit)。对于输入设备(如传感器)，该变量设为"1"导致驱动程序将故障安全值("0")交付给F控制程序。对于输出从站(如执行器)，该变量设为"1"导致驱动程序将故障安全值("0")发送到该从站，并且设置控制字节位4的值为"1"。输出设备的安全概念定义了这两个将被用于达到安全状态的信息的种类。
FV_activated_S	处理相应F-设备的每个F控制程序将使用该变量(类型:Bit)。对于输入设备，该变量通过"1"指示驱动程序正在将故障安全值("0")交付到F-主机程序的每个输入值。为了单个处理输入，可以在输入数据中加入特殊的状态指示位。对于输出设备，该变量通过"1"指示每个输出被设为故障安全值"0"(默认行为)或者被设为F-输出设备的特定值，这个特定值是受"activate_FV"信号(=控制字节的位4)控制。为了单个处理输出(如电动机的轴)，可以使用特殊的状态指示位。
iPar_EN_C	该变量(类型:Bit)设为"1"，允许一个主机用户程序将F-设备转换到接受i参数的模式。它直接与控制信号"iPar_EN"(=控制字节的位0)相关，并且不影响F-主机状态。如果必须，变量"activate_FV_C"也应被设为"1"。
iPar_OK_S	该变量(类型:Bit)指示主机用户程序i参数的结束和恢复安全I/O数据交换的就绪(见图43)。如果状态位1"Device_Fault"未置位，那么该值应随F-主机状态机的T4、T8和T17转换中的"iPar_OK"值而更新。否则，它保持先前值。它不影响F-主机状态。变量"iPar_EN_C"和"activate_FV_C"可被复位。
OA_C (操作员确认)	每个F控制程序应使用该变量(类型:Bit)。在把这个变量改变为"1"时，通过F-主机用户程序，在故障反应(故障安全控制回路特有的)之后，用户能够恢复安全功能。
OA_Req_S	该变量(类型:Bit)指示在安全功能恢复之前有一个需确认的请求。如果F-主机驱动程序或者F-设备检测到通信错误或者F-设备故障，故障安全值应被激活。只要故障/错误被清除并且操作员确认是可能的，F-设备驱动程序应设置变量OA_Req_S(="1")。一旦确认发生(OA_C="1")，那么F-设备驱动程序应使请求变量OA_Req_S复位(="0")。
输出值	PVi　过程输入值(←F-Input_Data_D，见图29)。
输入值	PVo　过程输出值(→F-Output_Data_D)。
	FVi　故障安全输入值，用以代替F-Input_Data_D中的PVi(见图29)。
	FVo　故障安全输出值(=0)，用以代替F-Ouput_Data_D中的PVo。

7.4 F-设备服务

图29表示了F-设备驱动程序，及其如何嵌入PROFINET IO接口和特定设备应用的安全部分之间的细节。在启动阶段，特定设备应用的非安全部分接收F-参数并传递给F-设备驱动程序。通常特定设备应用会给F-设备驱动程序提供一个时基(1ms)，以便送给看门狗定时器。

F-设备驱动程序主要处理通过 PROFINET IO 的实时 IO 数据通信关系接收或发送的 PROFIsafe 帧(见 7.1.2)。除了在启动(FVi 更换)或在故障(FVo 更换)情况下,F I/O 数据通常会通过。接收到的帧有控制字节的控制位 CB0、CB1、CB2、CB4 和 CB5。这些信号中的部分会互不影响地通过并到达应用接口。

返回帧用于发送。它们包含状态字节的状态位 SB0、……、SB5。这些信号之一会通过驱动程序生成它们中的部分,另一些来自应用接口并且在它们进入 PROFIsafe 帧之前受驱动程序控制。在驱动程序发生内部故障时,Driver_Fault 被置位。

当"Toggle_h"改变其状态(0→1;1→0)时,序列号计数器递增(x+1)。R_cons_nr="1"会复位计数器("0")。正被递增的计数器会改变"Toggle_d"的状态(0→1;1→0)。在每次接收和发送帧时,执行 CRC 校验(CRC2)。

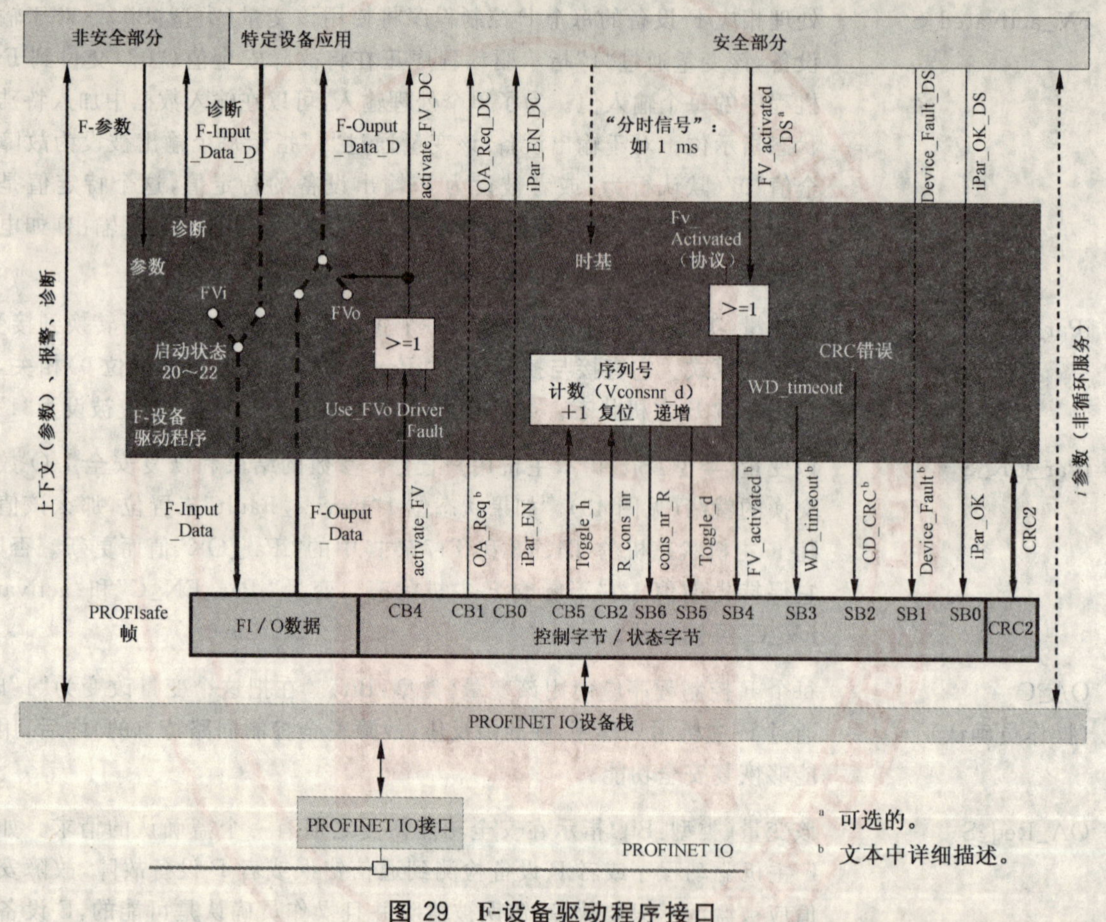

图 29 F-设备驱动程序接口

特定设备应用可用以下的变量。这些变量携带着状态和控制字节内对应比特的相似的名称——通常以索引"DC"(设备控制)或"DS"(设备状态)扩展。

activate_FV_DC　　这个安全相关变量指示 F-输出数据是故障安全值(FV=0)。它可以将 F-设备的输出强制到配置值或者内置故障安全值。

FV_activated_DS　　对于输入设备,该变量用"1"来指示设备应用正将故障安全值("0")交付到 PROFIsafe 驱动程序的每个输入值。为了单个处理输入,可以在输入的数据中加入特殊的限定位。对于输出设备,该变量用"1"来指示每个输出被设置为故障安全值。对于输入和输出组合的设备,该变量(类型:比特)用"1"来指示驱动程序应用正将故障安全值("0")交付到 PROFIsafe 驱动程序的每个输入值,并且每个输出被设为故障安全值。

OA_Req_DC	F-设备应用应使用该非安全相关的变量，通常通过 LED 来指示由操作员确认的本地请求(F-主机内 OA_C)。对于 F-设备来说其实现是可选的。
iPar_EN_DC	该变量如果被置为“1”，指示参数请求(F-设备需要新的 i 参数)。
iPar_OK_DS	该变量如果被置为“1”，指示 F-设备(它的专用设备应用)有新的已分配的 i 参数值。
Device_Fault_DS	由专用设备应用识别的故障。

7.5 安全时间监视

图 30 表示了 F 驱动程序是如何使用基本的 PROFINET IO 通信和一些监视时间的定义。在 PROFINET IO 中，IO 控制器更频繁发送同样的 PROFIsfae 帧到 F-设备，而不是由 F 驱动程序在 F-主机的主机循环时间内生成新的帧(序列号＝n＋1)。反之，F-设备更频繁发送(确认)帧到 IO 控制器，而不是在 F-设备的 F 驱动程序中生成新帧。

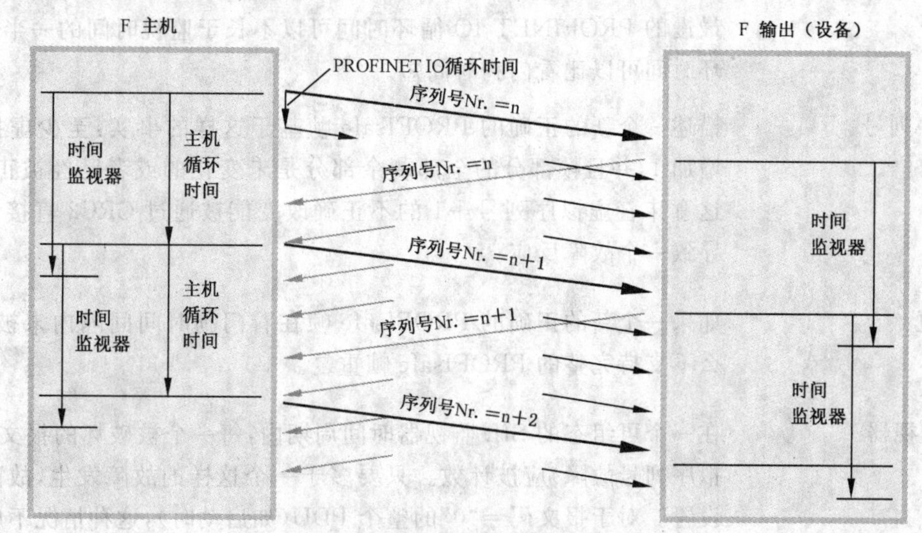

图 30　F-主机和 F-输出间监视报文传送时间

图 30 表示了 F-主机和一个 F-输出设备内的时间监视。图 31 表示了 F-输入设备和 F-主机内的时间监视。

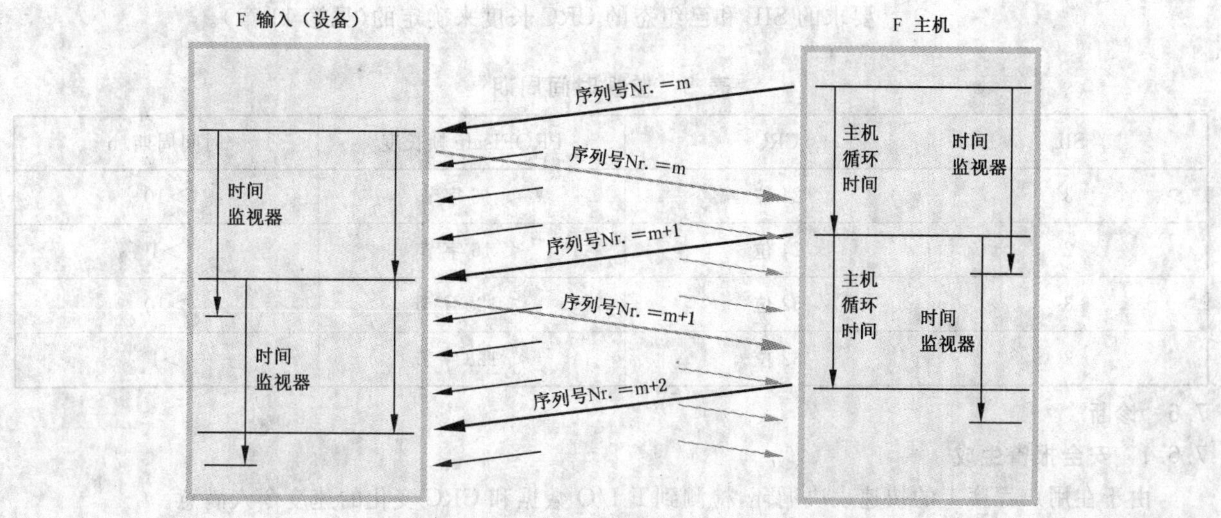

图 31　F-输入和 F-主机间监视报文传送时间

其他时间约束如下：

启动(同步)	系统启动后为了同步，F-主机驱动程序以虚拟序列号“0FFFFF0h”开始。接着，F-主机在接受到其F-设备虚拟序列号的每个确认响应后，递增虚拟序列号，它以“0FFFFFFh”取模，跳过值“0”并以“1”继续。最后，在接近监视时间到之前，F-输入/F-输出预期一个虚拟序列号加1的报文。F-输出在接收到虚拟序列号为“0”后，不再提供任何I/O值。
F协议循环	F-输入/F-输出以相同的虚拟序列号(F协议循环)返回一个PROFIsafe帧到F-主机来确认PROFIsafe帧的接收。 F-主机循环时间应当不超过F协议循环时间(可能更短)。
时间监视器(看门狗)	看门狗时间内，在F-设备上一个新的正确的PROFIsafe帧的到达被监视。该核查每当在需要时被执行，但是在监视时间间隔到达前至少被执行一次。当看门狗时间到达时，相关的接收方切换到安全状态。 最慢的PROFINET IO循环时间可以不长于监视时间的一半。F-主机循环时间可以比看门狗时间短。
监视序列号	描述一个新的正确的PROFIsafe帧基于这样的事实：至少虚拟序列号被增加1，并且帧部分的全部剩余部分是未变化的或者已经被正确改变了。这意味着虚拟序列号+1的不正确改变能被通过CRC2直接识别。这会导致一个故障反应。
帧重复	如果一个新的正确的PROFIsafe帧在看门狗时间间隔内未被接收到，那么不支持完整的PROFIsafe帧重复。
SIL监视器	在一个可组态的SIL监视器时间周期内，每一个被破坏的报文(CRC和虚拟序列号故障)应被计数。只要多于一个这样的故障发生，故障安全值被设置。对于报文码=“0”的整个PDU(如启动时)，这种情况不应被计数。 SIL监视器只在F-主机内执行；每个安全功能(安全控制回路)一个监视器。
监视时间周期(T)	SIL监视时间周期T是一个以小时(h)为量纲的常数值，见表3，它是由被要求的SIL和已组态的CRC长度来确定的(见第11章)。

表3 监视时间周期

SIL	CRC	PROFIsafe帧长度	时间周期/h
3	24位	＜16字节	＞10
2	24位	＜16字节	＞1
3	32位	＜128字节	＞10
2	32位	＜128字节	＞1

7.6 诊断

7.6.1 安全报警生成

由于在用户程序上的快速表决循环，检测到F I/O数据和CRC变化的速度令人满意。

在通信错误的情况下，系统能够通过状态字节中的信息以安全方式及时响应。

7.6.2 F-设备安全层诊断

为了向人机接口设备报告 PROFIsafe 的 F-设备驱动程序的诊断信息，驱动程序发送其信息到使用标准 PROFINET IO 机制的 F-设备应用，以便传递给 IO -控制器。PROFINET IO 的每个标准诊断选项都是可能的，但最好采用与通道相关的诊断（Channel-Related-Diagnosis）。在字段"ChannelErrorType"的代码表中有 PROFIsafe 的保留区域。表 4 所示的安全层诊断信息可以由 F-设备报告给 F-主机。

表 4 安全层诊断报文

十六进制	代码	诊断信息
0x0040	64	安全目标地址(F_Dest_Add)不匹配
0x0041	65	安全目标地址(F_Dest_Add)无效
0x0042	66	安全源地址(F_Source_Add)无效
0x0043	67	安全看门狗时间值为 0ms(F_WD_Time)
0x0044	68	参数"F_SIL"超过特定设备应用的 SIL
0x0045	69	参数"F_CRC_Length"不匹配生成值
0x0046	70	F-参数的版本不正确
0x0047	71	CRC1 错误
0x0048	72	保留：未使用代码，未评价代码
0x0049	73	保留：未使用代码，未评价代码
0x004A	74	保留：未使用代码，未评价代码
0x004B	75	保留：未使用代码，未评价代码
0x004C	76	保留：未使用代码，未评价代码
0x004D	77	保留：未使用代码，未评价代码
0x004E	78	保留：未使用代码，未评价代码
0x004F	79	保留：未使用代码，未评价代码

8 安全层协议

第 7 章描述了安全层的各项条款以及它们的任务和职责，本章描述其行为。

8.1 PROFIsafe 动态特征

F-主机和 F-设备内的每个安全层的核心都由一个有限状态机构成。其操作模式由下面的状态图和顺序图确定。安全通信的简化模型见图 32。本条的结尾给出了一个特殊时序图，说明了与序列号计数器及其上下文有关的复位信号故障的因果关系。

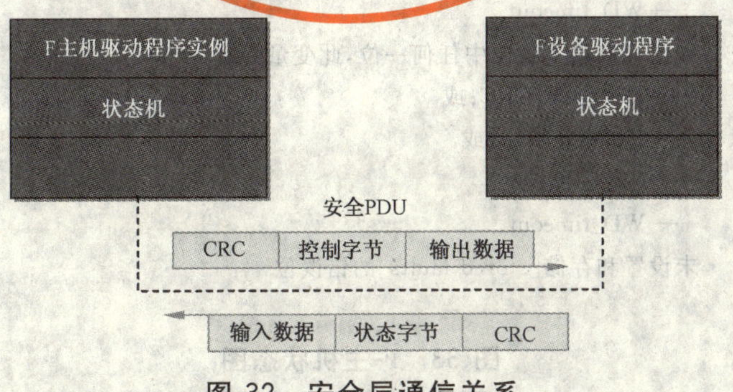

图 32 安全层通信关系

8.1.1 F-主机状态图

F-主机状态图见图 33。

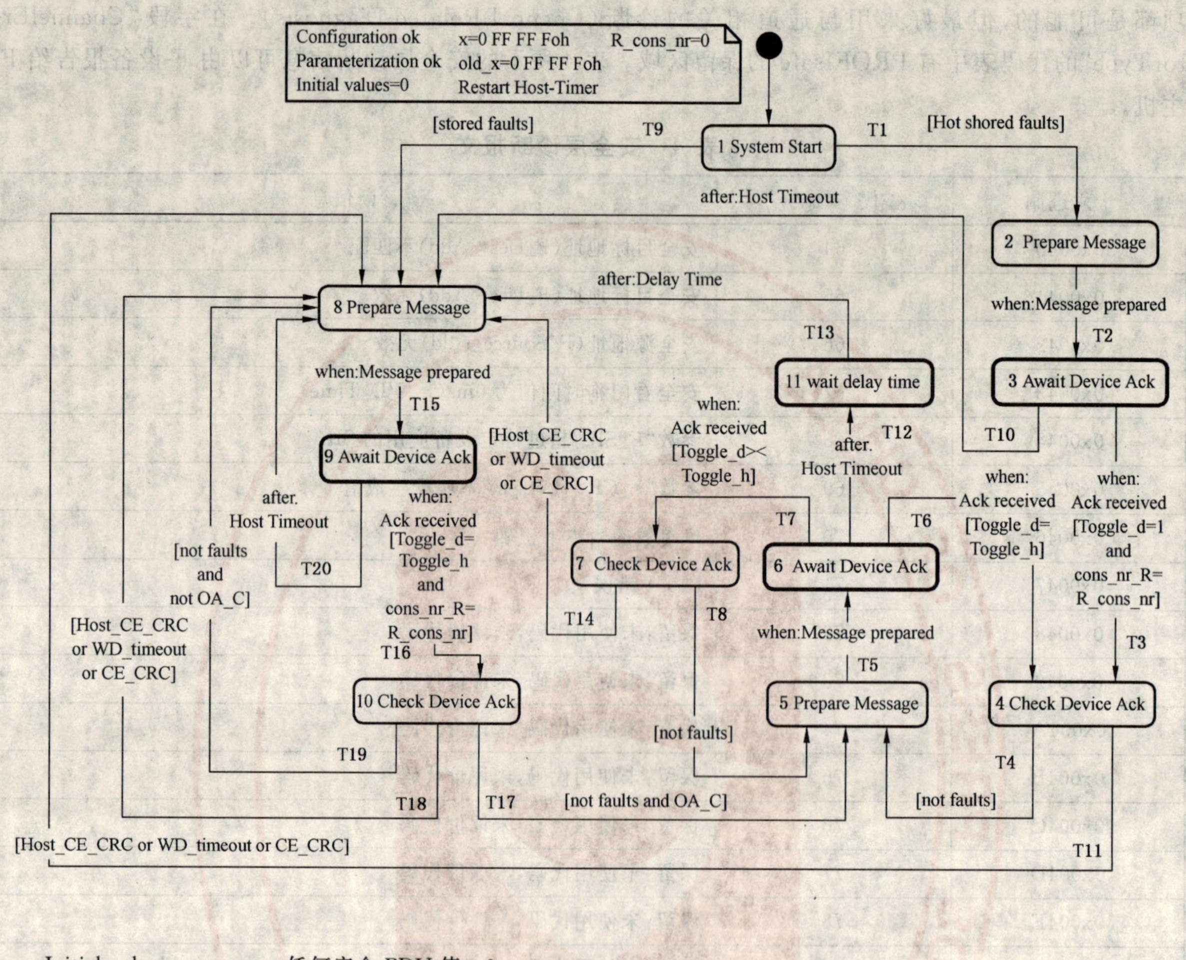

Initial values	任何安全 PDU 值=0。
HostTimeout	在等待 F-设备确认时,F-主机识别本地超时。
Host_CE_CRC	在分析接收到的安全 PDU 的同时,F-主机识别 CRC 故障。
Device_Fault	F-设备向主机报告了失效;状态 位 1=1。
CE_CRC	F-设备向 F-主机报告了 CRC 故障;状态 位 2=1。
WD_timeout	F-设备向 F-主机报告了超时故障;状态 位 3=1。
[not faults]	激发转换(保护)的一个条件的 UML 符号,如下列各位都未置位,则该变量为真(=1): ——Host_CE_CRC 或; ——CE_CRC 或; ——WD_timeout。
[stored faults]	如已存储以下各位中任何一位,此变量为真(=1) ——Host_CE_CRC;或 ——HostTimeout;或 ——CE_CRC;或 ——WD_timeout。
[not stored faults]	未设置和存储[stored faults]的错误位

图 33 F-主机状态图

图 33 中的状态及状态描述见表 5,状态转换及动作见表 6,内部项及定义见表 7。

表 5 状态及状态描述

状态名称	状态描述
1 System Start	通电时,F-主机驱动程序实例的初始状态。如果一个系统被设计为需要进行故障存储,则应实现 T9 转换,否则该系统只使用 T1 转换。
2 Prepare Message	为 F-设备准备一个常规的安全 PDU。
3 Await Device Ack	安全层正在等待来自 F-设备的下一个常规安全 PDU(确认)。
4 Check Device Ack	检验接收到的安全 PDU 的一个 CRC-error(Host_CE_CRC)包括虚拟序列号,以及在状态字节(WD_timeout,CE_CRC)内潜在的 F-设备故障。
5 Prepare Message	为 F-设备准备一个常规的安全 PDU。
6 Await Device Ack	安全层正在等待来自 F-设备的下一个常规 PDU(确认)。
7 Check Device Ack	检验接收到的安全 PDU 的一个 CRC-error(Host_CE_CRC),包括先前的(old_x)虚拟序列号,以及在状态字节(WD_timeout,CE_CRC)内潜在的 F-设备故障。
8 Prepare Message	为 F-设备准备一个安全 PDU(异常处理)。
9 Await Device Ack	安全层正在等待来自 F-设备的下一个异常安全 PDU(确认)。
10 Check Device Ack	检验接收到的安全 PDU 的一个 CRC-error(Host_CE_CRC),包括虚拟序列号,以及在状态字节(WD_timeout,CE_CRC)内潜在的 F-设备故障。一旦出现一个故障,在操作员确认信号(OA_C)到达之前,不允许自动重新启动一个安全功能。
11 wait delay time	此状态用以避免在偶然系统关断的情况下存储超时故障。该存储会在下一次通电时引起一个操作员确认请求。延迟时间可以为 0 ms。

表 6 状态转换及动作

转换	源状态	目标状态	动作
T1	1	2	use FV, activate_FV =1, Toggle_h =1
T2	2	3	send safety PDU
T3	3	4	restart host-timer
T4	4	5	old_x =x, x =x+1, if x =01000000h then x =1 Toggle_h = not Toggle_h, if FV_activated =1 or activate_FV_C =1 or Device_Fault =1 then use FVi else use PVi if activate_FV_C =1 or Device_Fault =1 then use FVo, activate_FV =1 else use Pvo, activate_FV =0
T5	5	6	send safety PDU
T6	6	4	restart host-timer
T7	6	7	—

表 6（续）

转换	源状态	目标状态	动作
T8	7	5	if FV_activated =1 or activate_FV_C =1 or Device_Fault =1 then use FVi else use PVi if activate_FV_C =1 or Device_Fault =1 then use FVo，activate_FV =1 else use Pvo，activate_FV =0
T9	1	8	use FV，activate_FV =1， Toggle_h =1， R_cons_nr =1， x =0
T10	3	8	restart host-timer， store faults， use FV，activate_FV =1， Toggle_h = not Toggle_h， R_cons_nr =1， x =0
T11	4	8	restart host-timer， store faults， use FV，activate_FV =1， Toggle_h = not Toggle_h， R_cons_nr =1， x =0
T12	6	11	use FV，activate_FV =1， R_cons_nr =1， x =0
T13	11	8	store faults， Toggle_h = not Toggle_h， restart host-timer
T14	7	8	restart host-timer， store faults， use FV，activate_FV =1， Toggle_h = not Toggle_h， R_cons_nr =1， x =0
T15	8	9	send safety PDU
T16	9	10	restart host-timer
T17	10	5	reset stored faults， OA_Req_S =0， R_cons_nr =0， old_x =x， x =x+1， if x =01000000h then x =1 Toggle_h = not Toggle_h， if FV_activated =1 or activate_FV_C =1 or Device_Fault =1

表 6（续）

转换	源状态	目标状态	动作
T17	10	5	then use FVi else use PVi if activate_FV_C =1 or Device_Fault =1 then use FVo，activate_FV =1 else use Pvo，activate_FV =0
T18	10	8	store faults， OA_Req_S =0， use FV，activate_FV =1， Toggle_h = not Toggle_h， R_cons_nr =1， x =0
T19	10	8	OA_Req_S =1， use FV，activate_FV =1， Toggle_h = not Toggle_h， R_cons_nr =0， old x =x， x =x+1， if x =01000000h then x =1
T20	9	8	store faults， OA_Req_S =0， use FV，activate_FV =1， Toggle_h = not Toggle_h， R_cons_nr =1， x =0， restart host-timer

表 7 内部项及定义

内部项	类 型	定 义
x	计数器	x代表F-主机驱动程序实例中的本地序列号。它并不被传输给F-设备中它的对应位置(counterpart)，而是通过控制字节中的触发位使其同步化。实际计数器的x值包含在CRC2计算中，从而再次校验传输故障。其值范围为0...0FFFFFFh。在启动过程中，此递增计数器被设置成0FFFFF0h，并以此为开始。它的F-设备以0FFFFFFh为模的各个虚拟序列号每经确认接收之后，F-主机就递增虚拟序列号，跳过“0”并从“1”继续。
old_x	计数器	当前本地序列号x的先前值。 注：为了把初始循环和后面的一些循环区别开，存储序列号的这个先前值是必要的。
DelayTime	定时器	此延迟时间包含在整个系统内断电安定时间。定义此参数是主机/系统制造商的责任。
host-timer	定时器	此定时器检查来自F-设备的下一个有效的安全PDU是否已按时到达。主机工程工具负责定义此看门狗时间。其值的范围为0...65535ms。
faults	标志	只需在F-主机中存储以下故障，一直持续到操作员一次确认(OA_C)为止(F-设备无需持续性)： ——Host_CE_CRC； ——HostTimeout； ——CE_CRC(状态比特 2)； ——WD_timeout(状态比特 3)。

表 7（续）

内部项	类　型	定　义
	活动状态	在这些可中断的“活动”状态中，主机等待如超时或确认这样的新输入[17]。
	动作状态	在这些不可中断的“动作”状态中，如超时、报文被收到或者操作员确认这类“动作”状态事件被推迟到下一个“活动”状态为止[17]。

8.1.2 F-设备状态图

F-设备状态图见图 34。

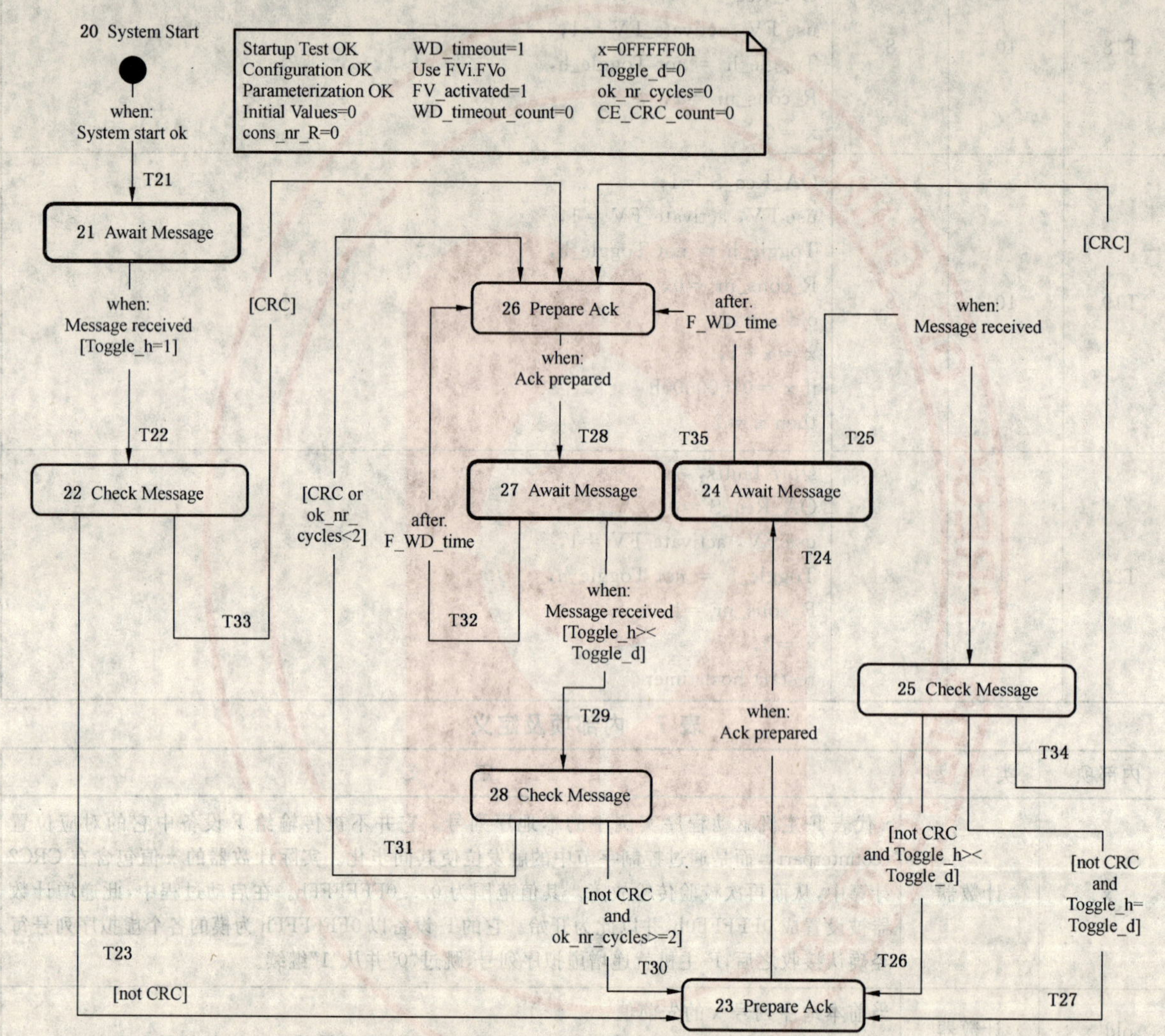

[Toggle_h＝Toggle_d]　　激发转换(保护)的一个条件的 UML 符号。在此情况下，它意味着：位 Toggle_h 还未改变值(“未切换”)。

[Toggle_h＞＜Toggle_d]　　位 Toggle_h 还未改变值(“已切换”)。

[CRC]　　F-设备识别 CRC 故障(通信和/或序列号错误)。

F_WD_time　　由 F-参数“F_WD_Time”定义的看门狗时间。

Ack　　确认 F-设备的安全 PDU。

Message received　　已接收到任何新的安全 PDU；忽略其值＝0 的所有 PDU。

图 34　F-设备状态图

图 34 中的状态及状态描述见表 8，状态转换及动作见表 9，内部项及定义见表 10。

表 8　状态及状态描述

状态名称	状态描述
20 System Start	通电时设备的初始状态。此时输出 F-设备设置为“0”。在 F-参数化之后，它立即设置为故障安全值。通电时，输入 F-设备发送“0”。在 F-参数化后，它立即发送过程值
21 Await Message	安全层正在等待来自 F-主机的下一个安全 PDU
22 Check Message	检验接收到的安全 PDU 的 CRC-error，包括虚拟序列号
23 Prepare Ack	为 F-主机准备常规的安全 PDU(确认)
24 Await Message	安全层正在等待来自主机的下一个常规安全 PDU
25 Check Message	检验接收到的安全 PDU 的 CRC-error，包括虚拟序列号
26 Prepare Ack	为 F-主机准备安全 PDU(利用故障位进行确认)
27 Await Message	安全层正在等待来自 F-主机的下一个安全 PDU(异常处理)
28 Check Message	检验接收到的安全 PDU 的 CRC-error，包括虚拟序列号

表 9　状态转换及动作

转换	源状态	目标状态	动　作
T21	20	21	—
T22	21	22	if R_cons_nr =1 then x=0，cons_nr_R =1
T23	22	23	use PVi，FVo， FV_activated =1， CE_CRC =0， WD_timeout =0， Toggle_d = Toggle_h， restart device-timer， ok_nr_cycles =ok_nr_cycles +1
T24	23	24	send safety PDU
T25	24	25	if Toggle_h >< Toggle_d then 　restart device-timer 　x=x+1， 　if x =01000000h 　then x =1， 　cons_nr_R =0 if R_cons_nr =1 then x=0，cons_nr_R =1
T26	29	23	Use PVi， Toggle_d = Toggle_h， if ok_nr_cycles <4 ok_nr_cycle =ok_nr_cycle +1 if ok_nr_cycles <4 then use FVo，FV_activated =1 else use PVo，FV_activated =0 if activate_FV =1 then use Fvo else use PVo

表 9（续）

转换	源状态	目标状态	动　　作
T27	25	23	Use PVi， Toggle_d ＝ Toggle_h， if ok_nr_cycles ＜4 then use FVo，FV_activated ＝1 else use PVo，FV_activated ＝0 if activate_FV ＝1 then use FVo else use PVo
T28	26	27	Send safety PDU
T29	27	28	if R_cons_nr ＝1 then x＝0，cons_nr_R ＝1 else x＝x＋1， if x ＝01000000h then x ＝1， cons_nr_R ＝0
T30	28	23	use PVi，FVo，FV_activated ＝1， Toggle_d ＝ Toggle_h， restart device-timer， ok_nr_cycles ＝ok_nr_cycles ＋1
T31	28	26	Toggle_d ＝ Toggle_h， restart device-timer， if CRC then CE_CRC ＝1， CE_CRC_count ＝1， ok_nr_cycles ＝0， else ok_nr_cycles ＝ok_nr_cycles ＋1， if CE_CRC_count ＞0， then CE_CRC ＝1， CE_CRC_count ＝ CE_CRC_count -1， else CE_CRC ＝0， if WD_timeout_count ＞0 then WD_timeout ＝1， WD_timeout_count ＝ WD_timeout_count -1 else WD_timeout ＝0
T32	27	26	Use PVi，FVo，FV_activated ＝1， WD_timeout ＝1， WD_timeout_count ＝1， ok_nr_cycles ＝0， restart device-timer， Toggle_d ＝ Toggle_h

表 9（续）

转换	源状态	目标状态	动　　作
T33	22	26	Use PVi，FVo，FV_activated =1， CE_CRC =1， CE_CRC_count =1， ok_nr_cycles =0， restart device-timer， Toggle_d = Toggle_h
T34	25	26	Use PVi，FVo，FV_activated =1， CE_CRC =1， CE_CRC_count =1， ok_nr_cycle =0， restart device-timer， Toggle_d = Toggle_h
T35	24	26	Use PVi，FVo，FV_activated =1， WD_timeout =1， WD_timeout_count =1， ok_nr_cycles =0， restart device timer， Toggle_d = Toggle_h

表 10　内部项及定义

内部项目	类型	定　　义
x	计数器	x 代表 F-设备中真实的本地序列号。它并不被传输给 F-主机中它的对方，而是通过控制字节中的切换位与那些对方同步化。那意味着，每当控制节(Toggle_h)中的切换位从 0→1 或从 1→0 改变其状态时，按模 0FFFFFFh 计数，跳过值“0”并持续以“1”递增它。在控制位“R_cons_nr”被设置为 1 的情况下，切换位将被复位到 0。x 的各个计数器值被包含在 CRC2 计算中，因此可对照传输故障对它进行校验。其值范围为 0...0FFFFFFh。在启动过程中，此递增计数器被设置成 0FFFFF0h 并从那里开始。
ok_nr_cycles	计数器	在启动过程中和一次故障之后，F-设备应把故障安全值(如 FVi 或者 FVo)设定为至少 3 个循环。从 0～3 对这些循环进行计数就是此递增计数器“ok_nr_cycles”的任务。
CE_CRC_count	计数器	此递减计数器用来保证状况字节中的位“CE_CRC”至少设定为 1 个循环或者最多 2 个循环。其值范围是 0 或 1。
WD_timeout_count	计数器	此递减计数器用来保证状况字节中的位“WD_timeout_count”至少设定为 1 个循环或者最多 2 个循环。其值范围是 0 或 1。
Device-timer(设备定时器)	定时器	此定时器检验下一个有效的安全 PDU 是否已按时到达。F-Parameter(故障安全参数)“F_WD_Time”被用来定义此看门狗时间。值的范围为 0...65535ms。

8.1.3　顺序图

图 35～图 38 表示在启动阶段 F-主机和 F-设备的交互作用报文。覆盖了 3 个阶段：启动时的两方，当一方仍在操作时，F-主机临时断电或者 F-设备临时断电。图 35～图 38 提供有关状态和相应的状态转换。各个 F-主机和 F-设备正在经历的状态用圆圈内的数字表示。

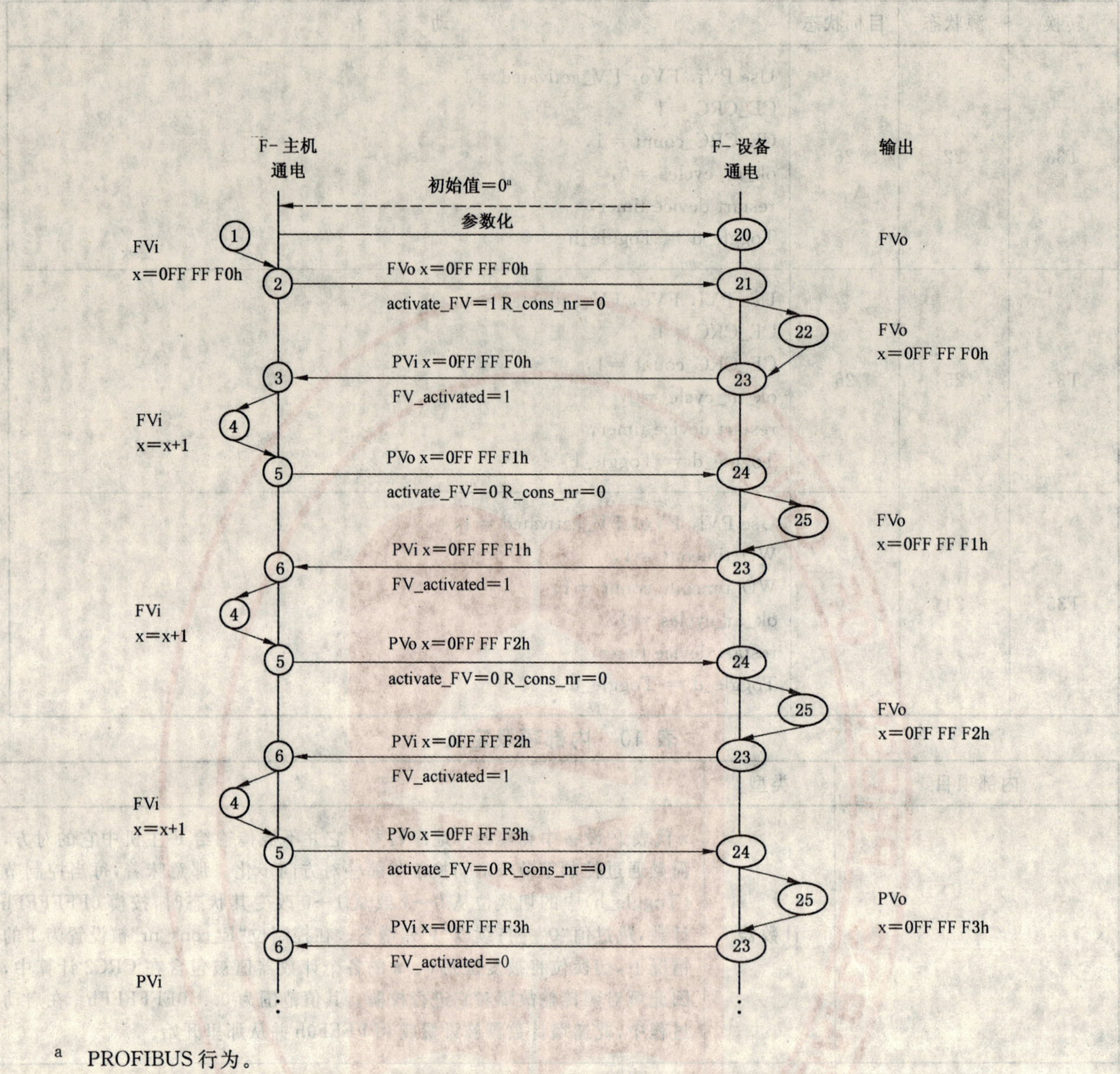

[a] PROFIBUS 行为。

图 35 在启动期间 F-主机/F-设备的交互作用

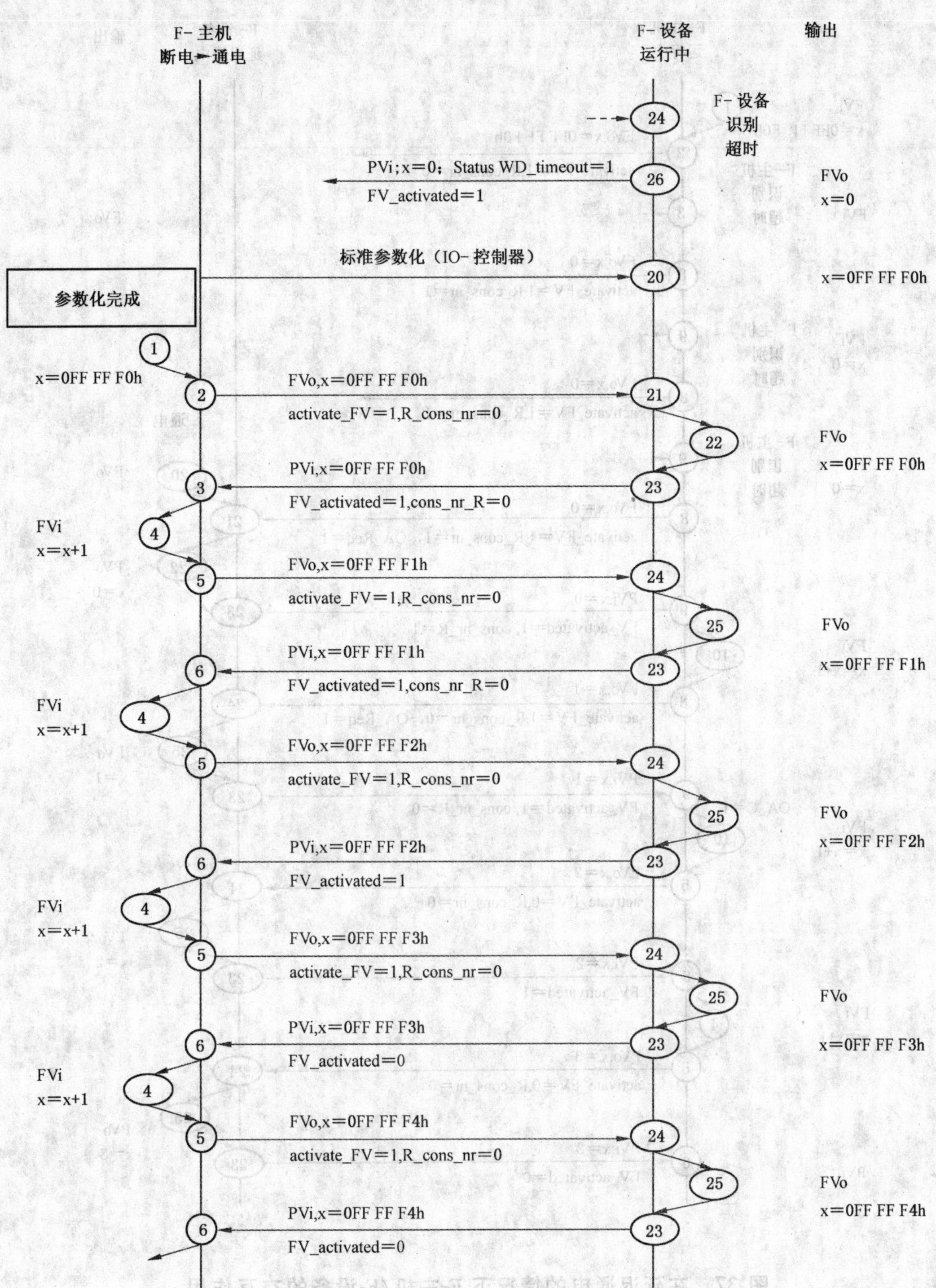

图 36 在 F-主机断电→通电期间 F-主机/F-设备的交互作用

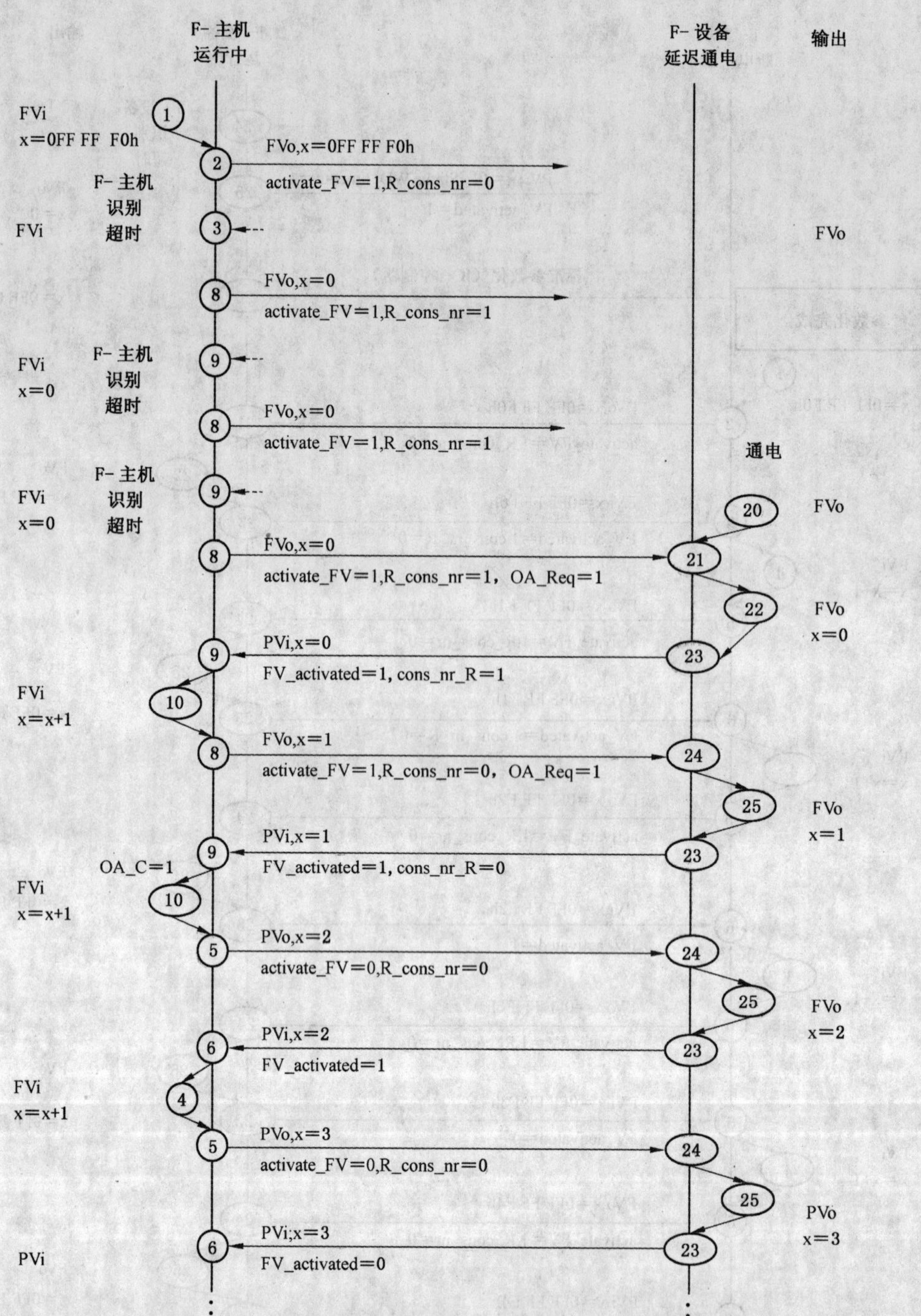

图 37　在延迟通电的情况下 F-主机/F-设备的交互作用

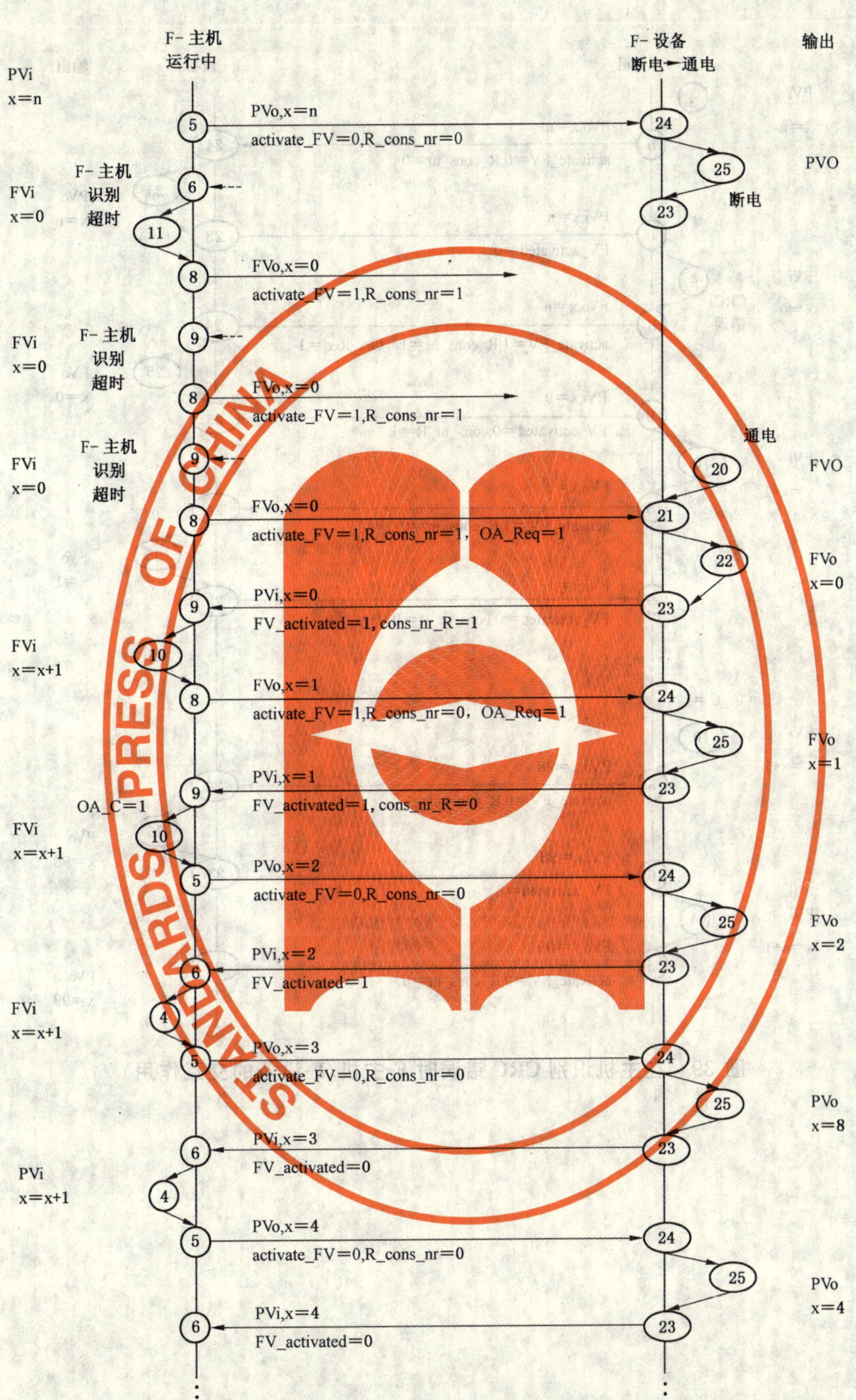

图 38 在断电→通电期间 F-主机/F-设备的交互作用

无论哪一方检测到 CRC 故障时，F-主机和 F-设备之间的交互作用报文见图 39 和图 40。

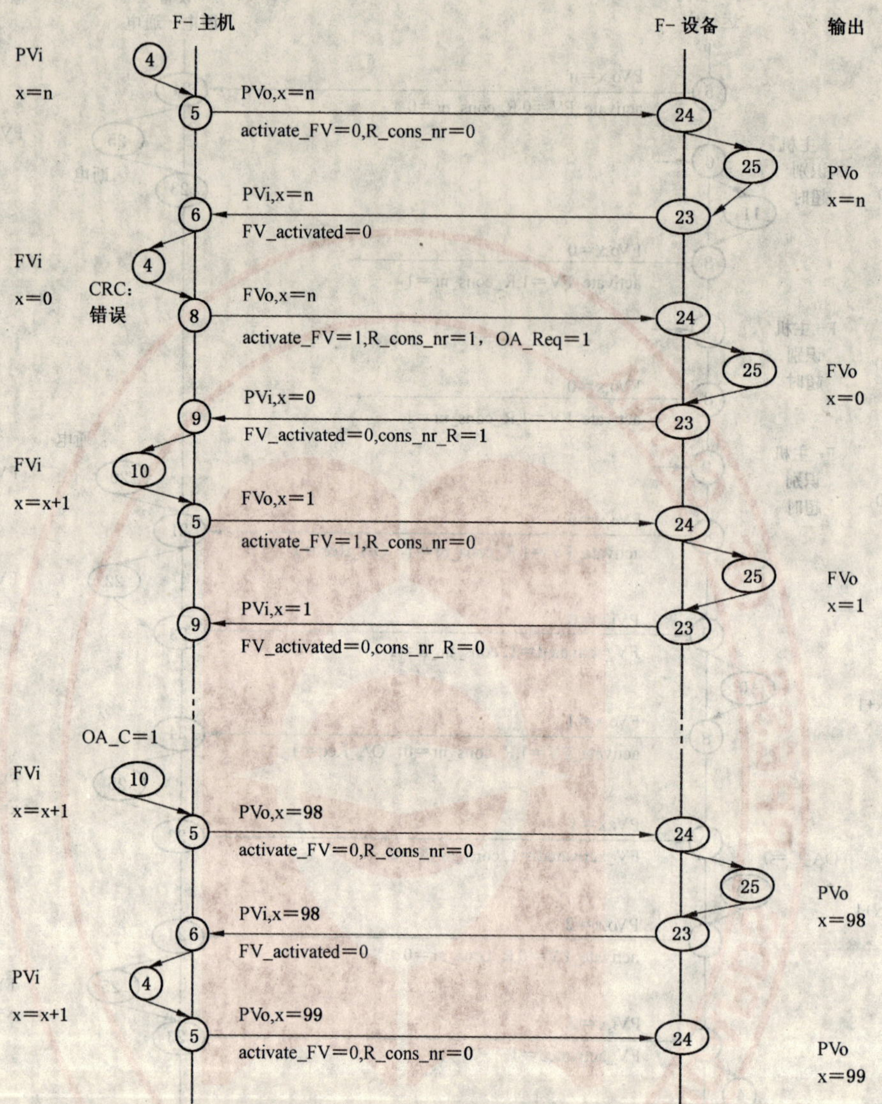

图 39 在主机识别 CRC 错误时 F-主机/F-设备的交互作用

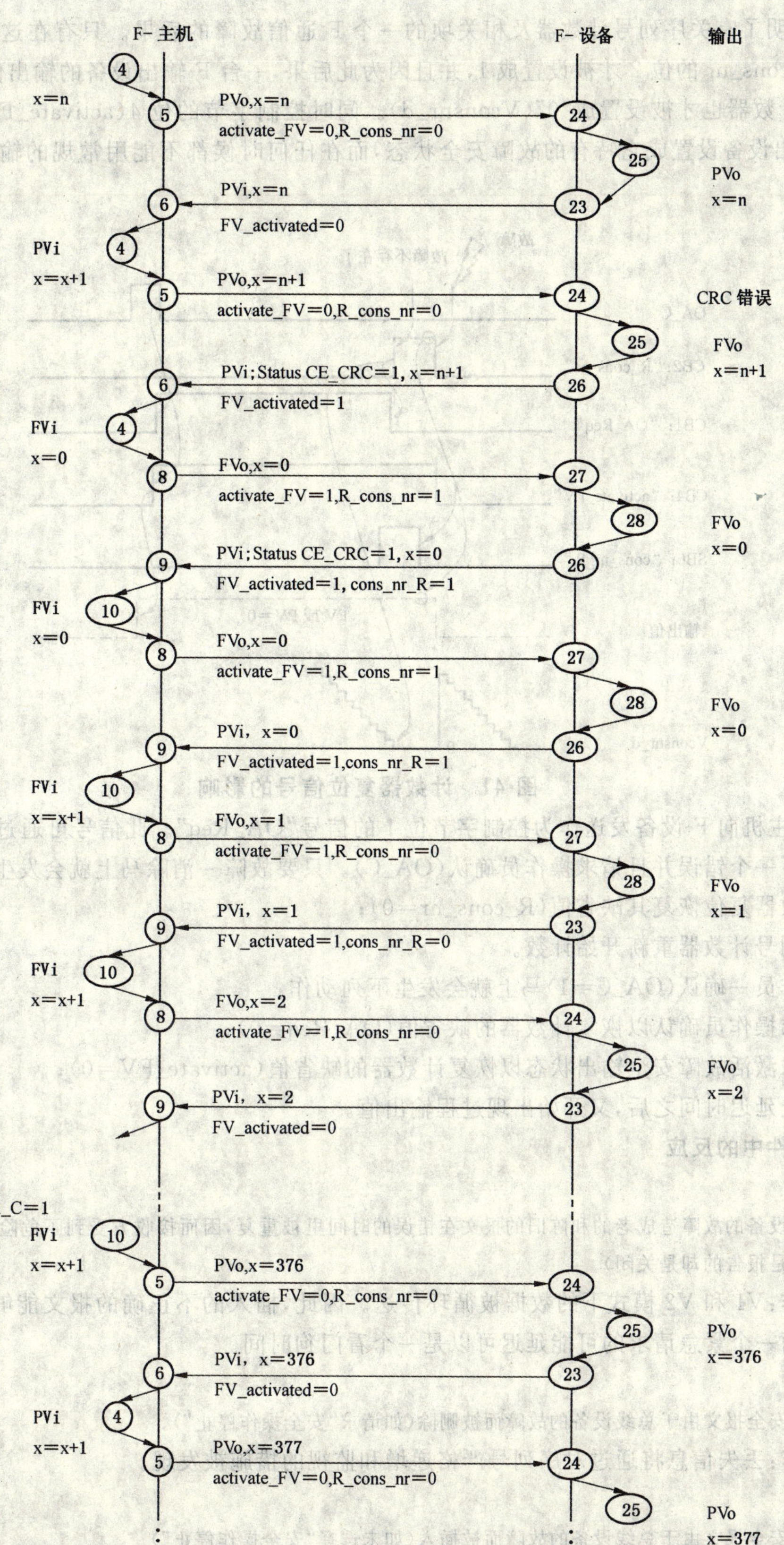

图 40 在设备识别 CRC 错误时 F-主机/F-设备的交互作用

8.1.4 计数器复位的时序图

图41说明了有关序列号计数器及相关项的一个F通信故障的后果。只有在这样一个故障之后，控制字节R_cons_nr的位2才被设置成1，并且因为此后果，一台F-输出设备的输出值才被设置为“0”，而且序列号计数器也才被设置成“0”(Vconsnr_d)。同时控制字节的位4(activate_FV)被设置成1，从而引起F-输出设备设置成它特有的故障安全状态，而在任何时候都不能用常规的输出值(FV)达到此状态。

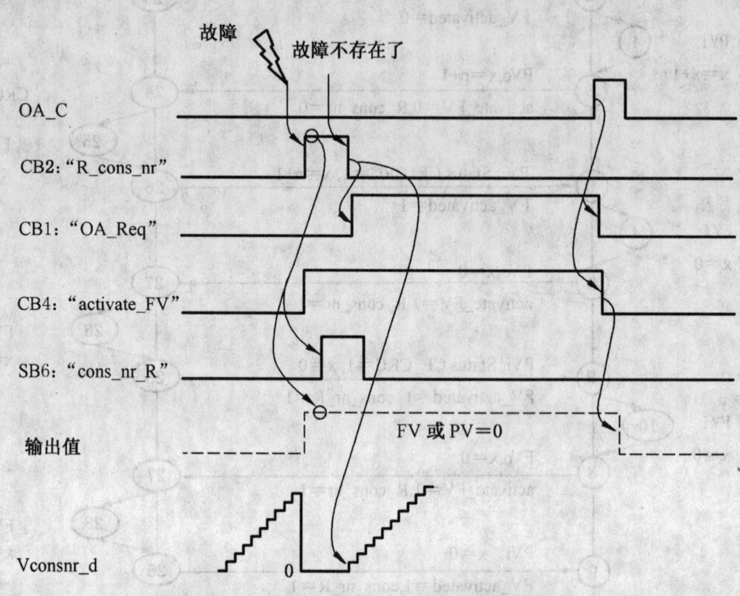

图41 计数器复位信号的影响

其间，F-主机向F-设备发送作为控制字节位1的信号“OA_Req”。此信号可通过LED(12.3)向用户指示发生了一个错误并且请求操作员确认(OA_C)。只要故障一消除马上就会发生下列动作：

——计数器复位恢复其缺省值(R_cons_nr=0)；

——序列号计数器重新开始计数。

只要操作员一确认(OA_C=1)马上就会发生下列动作：

——请求操作员确认以恢复计数器的缺省值(OA_Req=0)；

——请求激活故障安全输出状态以恢复计数器的缺省值(activate_FV=0)；

——安全延迟时间之后，又开始出现过程输出值。

8.2 故障事件中的反应

8.2.1 重复

示例：总线设备的故障造成老的和陈旧的报文在错误的时间里被重复，因而接收方受到了危险的干扰(如尽管防护门已经打开，可是报告的却是关闭)。

补救动作：V1和V2模式下的数据被循环传送。因此，插入的不正确的报文能够立即被正确的报文重写。因而一个紧急请求的可能延迟可以是一个看门狗时间。

8.2.2 丢失

示例：一条安全报文由于总线设备的故障而被删除(如请求“安全操作停止”)。

补救动作：丢失信息将通过对序列号严格递增和监视的措施被发现。

8.2.3 插入

示例：一条安全报文由于总线设备的故障而被插入(如未选择“安全操作停止”)。

补救动作：由于序列号严格的顺序措施，接收方会发现这个插入的报文。

8.2.4 错序

示例：总线设备故障修改安全报文顺序。如：在启动安全停止运行之前，应该先选择安全降低速度。当这些报文被混淆时，机器将继续运行而不是停止。

补救动作：由于可精确地预期序列号的顺序，接收方可发现任何不正确的顺序。

8.2.5 安全数据的讹误

示例：总线设备或者传输链路故障扰乱安全报文。

补救动作：CRC2 代码可发现发送方和接收方之间数据的扰乱。

F-参数数据和 CRC 见图 42。

F-参数数据
F-参数：Codename、WD time、SIL 等

安全帧			
FI/O 数据	状态字节/控制字节	（虚拟）序列号	CRC2
			覆盖 FI/O 数据、状态字节/控制字节、（虚拟）序列号和 F-参数
m 字节	1 字节	3 字节	3 字节/4 字节

图 42 F-参数数据和 CRC

包括全部 F-参数（包括 Codename）、F I/O 数据、虚拟序列号和控制字节/状态字节都用来生成 CRC2 代码（7.2.4）。借助工程工具，在组态阶段定义 F-主机和 F-设备的代码名（源—目的关系，见 9.1.1）并留存。

经修理后，在安全操作重新开始之前，应恢复/调整 F-模块/设备的 F-地址。

8.2.6 延迟

示例：a）操作数据交换超过通信链路容量。b）总线设备仿真不正确的报文引起过载，从而延误或阻碍报文所属的服务。

补救动作：

——发送方数据和确认数据中的序列号；

——各个接收方的看门狗时间（F 通信的看门狗时间）。

看门狗时间是安全控制回路的整个安全时间的一部分。PES 确保的总全部时间是以下时段的总和：

——F-输入设备的输入延时（操作时间）；

——“F 通信”：F-输入↔F-主机的看门狗时间；

——F-主机中的扫描率或者执行时间；

——“F 通信”：F-主机↔F-输出的看门狗时间；

——F-输出设备的输出延时（操作时间）。

PROFIsafe V2.0 版行规定义了“F 通信”看门狗时间的含义。

8.2.7 伪装

示例：总线设备故障致使与安全相关的报文和非安全相关的报文相混淆。

补救动作：数据来自正确的发送方或者传送到正确的接收方（真实性）。这是由覆盖 F-参数包括代码名（F 源—目的的关系）的 CRC2 代码来保证的。

安全寻址原则：

a) 依据标准设备不具备创建带有正确 CRC2 和正确序列号的安全帧的能力，来保证对互连的安全相关和非安全相关的报文的检测。

b) 属于 F 源—目的关系（代码名）的 F 发送方是惟一产生 F 接收方预期的正确的匹配 CRC 代码的一方；同时，接收方使用这个 CRC 代码检测 F 发送方地址的真实性（由于它被包括在 CRC 中），以保证检测来自不同发送方或者发往不同接收方的数据。

c) 各设备中 F 地址的持续性选择是通过以下方法之一达到的：

——在单元中代码名（如紧凑型设备的 F-设备地址）的编码开关；

——通过软件进行一次性的设备参数化，并要求检验正确的设备是否已被赋予地址，当设备被替换时，应重复参数化；

——利用与 PROFINET IO 和 PROFIBUS DP 编址无关的地址结构方式。

假设无恶意破坏。

8.2.8 交换机中的存储器失效

示例：a) 操作数据交换超过通信链路的容量。b) 总线设备仿真不正确的报文引起过载从而延误或阻碍报文所属的服务。

以图 9 和图 10 所示的可能的安全网络为例来做以下考虑。网络的核心元件是交换机，它们是相当复杂的有源网络部件。它们可能会发生各种故障。报文也许发送给了错误的目的站点或者它们的数据内容被扰乱了。此外，交换机可能反复发送存储的报文，即便是发送方已被关闭。表 11 列出了交换机的可能故障以及为达到足够安全而采取的纠正措施。

表 11 交换机故障的补救措施

故障类型	检测和控制	覆盖于
扰乱的数据	CRC 代码(24 位/32 位)	V2 模式
错误的目的站点	代码名(2×16 比特)	V1 和 V2 模式(16 比特 CRC)
丢失的安全报文	序列号(24 位)和超时	V2 模式
重复的报文	序列号(24 位)	V2 模式
延误的报文	超时	V1 和 V2 模式
在少于 3 个连续安全帧串联的情况下，重发存储的报文 F-主机不再被连接	序列号(24 位)和非自动重启	V2 模式
在 3 个或更多连续安全帧串联的情况下，重发存储的报文 F-主机不再连接	序列号(24 位) 故障反应借助于控制字节(图 41)	参见以下考虑

以下故障被检测/控制：

——F-主机故障或者它的安全帧没有到达接收方。交换机传送其循环缓存中的报文，而未使用正确的序列号。F-设备识别序列号故障和设置故障安全值。

以下故障未被检测，但并非不能检测或者不能鉴别：

——重发交换机缓存中的单独一条报文，这条报文有一个带正确序列号的安全帧。

→由于有 24 位的序列号以及存在 F-输出设备的重新启动需要一次 OA_C=1(操作员确认)的事实，因而可检测该故障。

——一个交换机借助带有正确序列号的一些安全帧传送一些报文，这些帧并不在它的循环缓存中，并且此报文序列在安全看门狗时间内开始传送。

→由于有 24 位的序列号以及 F-输出设备重新启动需要一次 OA_C=1(操作员确认)的事实，因而可检测该故障。

8.2.9 网络边界和路由器

示例：a) 操作数据交换超过通信链路的容量。b) 总线设备仿真不正确报文引起过载从而延误或阻碍报文所属的服务。

对于具有路由器的 PROFINET IO 网络，参见图 11 及相应的说明。假定系统是通过路由器连接到子网络的。单一错误不会把一个安全帧误导给错误的 F-设备，而且不会使它切换到一个危险状态。

路由器连接两个或更多个(TCP)-UDP/IP 级上的子网络。“use router”连同适当的路由器地址，可配置给每个 F-主机和 F-设备。该路由器管理连接的那些子网络的 IP 地址。上述安全网络边界见表 12。

表 12 安全网络边界

故障类型	后 果	检测和控制
路由器包含了一个 F-设备的错误地址	路由器接收该特殊 F-设备的报文。结果：不能发现目标	F-设备的超时
两个 F-设备具有同一地址：一个位于子网 0，另一个位于子网 1； 约束：如图 11 中所示 2 端口路由器	a) 在子网 0 中未发现子网 0 的 F-设备 b) 在子网 1 中子网 0 的 F-设备不可达 c) 在子网 0 中子网 1 的 F-设备不可达 d) 在子网 1 中子网 1 的 F-设备是正确的	借助 PROFINET IO 标准
两个 F-设备具有同一地址：一个位于子网 0，另一个位于子网 1 约束：单端口路由器（如 PC、膝上型计算机） 路由器	a) 在子网 0 中未发现子网 0 的 F-设备 b) 子网 1 中的地址重复	单端口路由器不构建（安全）网络边界

8.3 F-启动和改变协调

F-设备/模块的启动基于标准的 PROFINET IO。每当 PROFINET IO 通道循环地相互通信的时候，F-主机和 F-设备中的安全层自行启动。具有特定 F-参数的先前执行的安全层内容被嵌入 PROFINET IO 的正常组态和参数化过程（“上下文”）中。V1 模式的细节参见参考文献[30]。

8.3.1 PROFINET IO 的标准启动

图 18 表示了 PROFINET IO 基本的通信结构方式。有关 IO-控制器和它的 IO-设备的启动顺序信息参见参考文献[28]、[22]和[23]，IO-设备和 IO-控制器是 F-设备的组成部分。

8.3.2 i 参数赋值释放

由于 F-设备的一条需附加 i 参数（见 9.2）的诊断报文或者根据外部请求，F-主机在报文的下一个安全帧的控制字节中设置位 0（“i 参数赋值被释放”）。然后 F-设备通过“Write-Record”命令一个数据集一个数据集地接收 i 参数，并通过在参数集的下一个安全帧的状态字节中设置位 0（“F-设备已被赋与一个新参数值”）在结束时进行确认，见图 43。

注：仅当无危险过程状态时才允许释放。

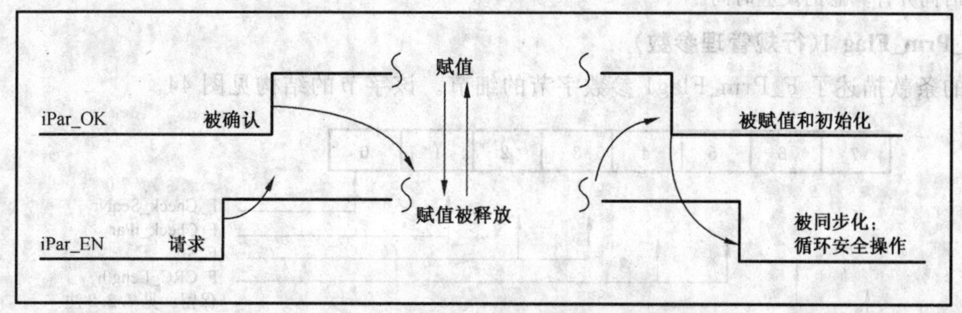

图 43 F-主机对 i 参数赋值释放

9 安全层管理

9.1 F-参数结构

在“黑色通道”上的 PROFINET IO 设备的参数值是按照 PROFINET 标准（即基于 GSDML 的

GSD(ML)文件)设置的。安全层额外要求的 F-参数可借助一些其他的参数化方法加载。

F-参数如下：

——F_S/D_Address　　发送方和接收方之间的"代码名"；

——F_WD_Time　　在 F-设备/模块中的看门狗时间(GSD(ML)中的缺省值:操作时间)；

——F_Prm_Flag1+2　　参数字节,包含行规管理的一些参数：

- F_Check_SeqNr　　V2 模式:序列号总是包含在 CRC2 生成中；
- F_Check_iPar　　将各个 F-设备参数(i 参数)纳入 CRC1 中；
- F_SIL　　检验:已组态的 SIL 是否等于已使用 F-设备的 SIL
- F_CRC_Length　　CRC2 长度；
- F_Block_ID　　参数块类型标识；
- F_Par_Version　　F-参数版本号；

——F_Par_CRC　　通过 F-参数进行 CRC1 代码计算。

9.1.1　F_Source/Destination_Address(代码名)

在一个子网范围内,F-输入、F-主机和 F-输出等安全控制回路的 F 部件的地址应是唯一的。子网通过(2 端口)路由器互相连接,路由器则是实时 PROFINET IO 的自然边界(见 6.4)。在本地,每台 F-设备与它的伙伴保持所组态的安全通信链路的源—目的关系("F_Source/Destination_Address"或简称为"F_Address")。它被留存在 F-设备中,成为 F-参数集的一部分,因此被安全层循环校验。F 地址参数是可自由赋值但不能有歧义的逻辑地址名称。在组态过程中,它们被分配给 PROFINET IO 地址(见 8.2.7)。应排除地址 0 和 0FFFFh。

此参数由两部分组成:F-源地址和 F-目的地址,每个地址都为无符号十六进制数。

9.1.2　F_WD_Time(F 看门狗时间)

在本地,每台 F-设备都利用已组态的 F 看门狗时间,以维护每个源—目的关系。每当安全层发送一个有新序列号的 PROFIsafe 帧时,它就启动这个定时器。

F 看门狗时间由至少 4 倍于最慢的总线循环时间(由整个组态的最差情况计算得出)加上 2 倍于相关发送方和接收方组合的较慢扫描率所组成。组态值将重写 GSD(ML)中的缺省值。

该值为无符号十六进制数,时基为 1 ms。

注：F-设备制造商把设备操作时间(扫描率)指定为参数 F_WD_Time 的缺省值。但工程工具能推荐必要的 F 看门狗时间并计算总的反应时间。

9.1.3　F_Prm_Flag 1(行规管理参数)

下面的条款描述了 F_Prm_Flag1 参数字节的细节。该字节的结构见图 44。

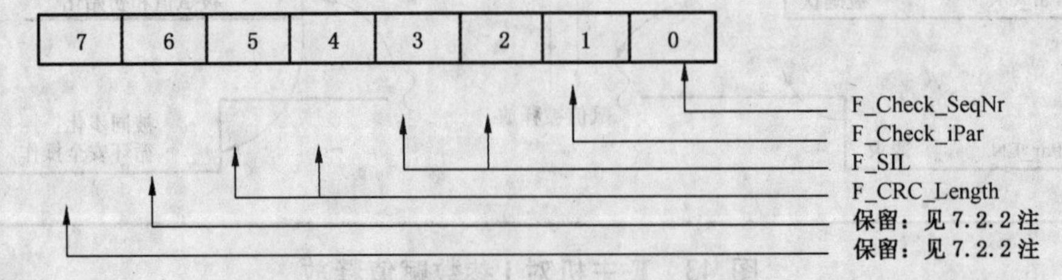

图 44　F_Prm_Flag1 参数字节结构

9.1.3.1　F_Check_SeqNr(CRC2 中的序列号)

此参数定义 CRC2 代码中是否包含序列号,见图 45。在启动过程中,此参数将被分配给 F 部件。其编码为参数字节"F_Rrm_Flag1"的位 0。

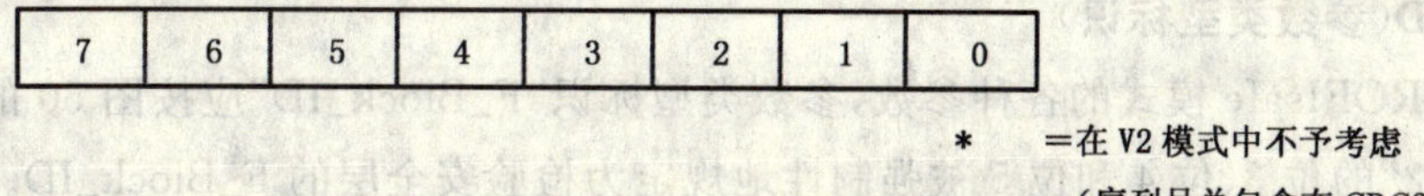

图 45 F_Check_SeqNr 序列号

9.1.3.2 **F_Check_iPar(CRC1 包含 i 参数)**

此参数定义 CRC2 循环代码中是否包含各设备参数的 CRC3(见 9.1.5),见图 46。在“No check(不校验)”情况下,CRC1 计算(通过 F-参数计算 CRC)的起始值为“0”,而在“check(校验)”情况下,CRC3(i 参数的 CRC 代码)的起始值也将为“0”。在启动过程中,此参数分配给 F-设备。

其编码为参数字节“F_Prm_Flag1”的位 1

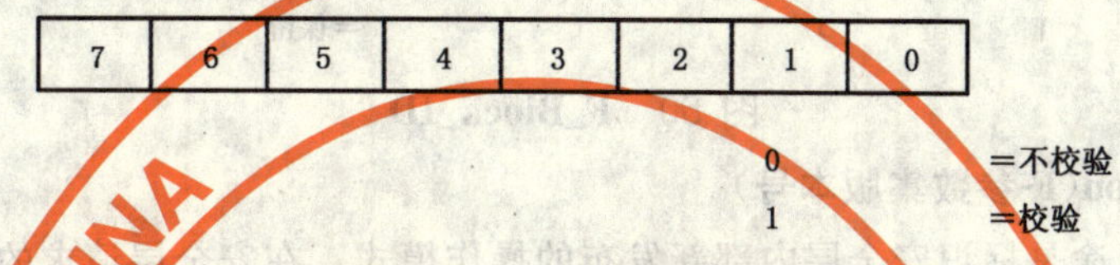

图 46 F_Check_iPar 参数

9.1.3.3 **F_SIL(SIL 等级)**

PROFIsafe 允许标准通信和安全通信并行运行。使用安全通信的不同的安全功能要求不同的安全完整性等级(SIL1...SIL3)。F-设备可以将其原本指定的 SIL 和已组态的 SIL(F_SIL)进行比较。如果前者高于所连接的 F-设备/模块的 SIL,则“设备失效”状态位将被设置并且将启动某种安全状态反应。SIL 有 4 级:SIL1...SIL3、NoSIL,见图 47。

其编码为参数字节“F_Prm_Flag1”的位 2 和位 3

图 47 F_SIL

9.1.3.4 **F_CRC_Length(CRC2 代码的长度)**

根据 F I/O 数据的长度(12 字节或 123 字节)及 SIL 等级,需要 CRC 为 2 字节、3 字节或 4 字节。在启动过程中,此参数把安全帧中预期的 CRC2 代码的长度传送给 F 部件,见图 48。

其编码为参数字节“F_Prm_Flag1”的位 4 和位 5

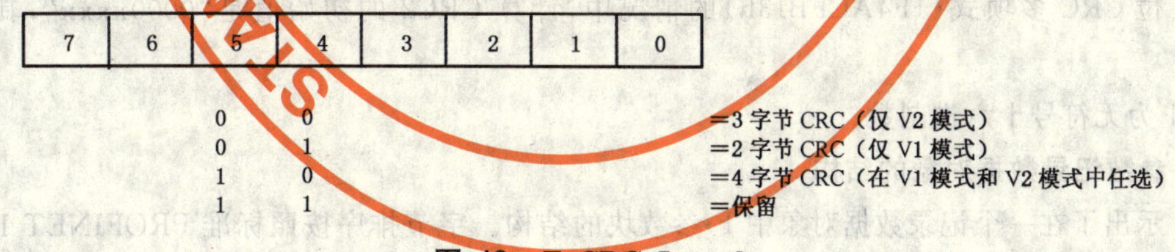

图 48 F_CRC_Length

9.1.4 **F_Rrm_Flag2(行规管理参数)**

F_Prm_Flag2 参数字节的细节见图 49。

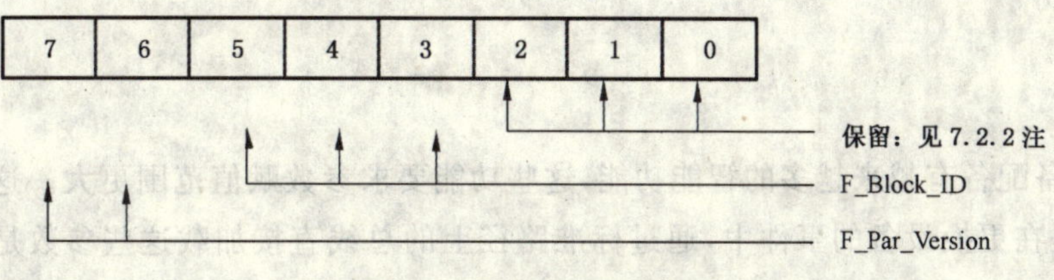

图 49 F_Rrm_Flag2

9.1.4.1 F_Block_ID(参数类型标识)

为了区别未来 PROFIsafe 模式的各种参数,参数类型标识"F_Block_ID"应按图 50 的方式编码:参数字节"F_Prm_Flag2"的位 3、位 4 和位 5 被强制性地规定为检验安全层的 F_Block_ID。

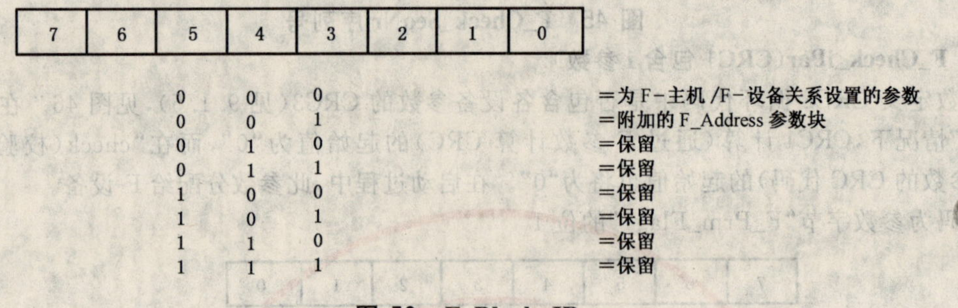

图 50 F_Block_ID

9.1.4.2 F_Par_Version(F-参数集版本号)

此版本计数器的用途是标识安全层内部新发布的操作模式。在安全层请求的版本同所执行的版本不相符的情况下,F-设备用设备专用诊断报文作出响应(见 7.6.2)。安全层应对 F-参数的有效性进行检验,见图 51。

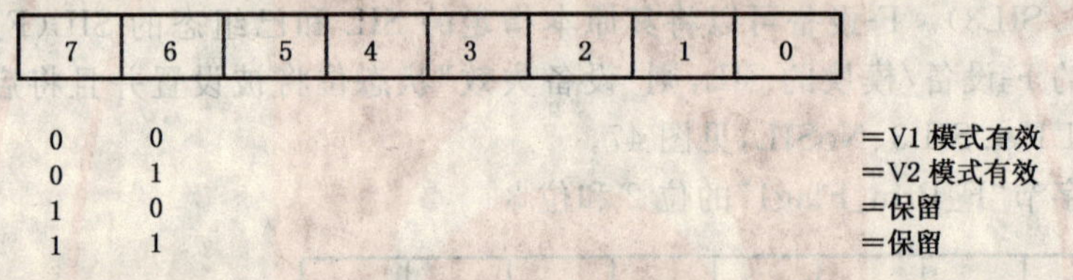

图 51 F_Par_Version

9.1.5 F_Par_CRC(通过 F-参数计算 CRC1)

通过 F-参数计算的本 CRC1 代码由工程工具产生。CRC1 的初始值是 0 或者 CRC3。有关生成 CRC3 的细节见 9.3.2。使用同样的 16 位 CRC 多项式(14EABh)。CRC1 是用于循环计算 CRC2 的初始值。

以下规则适用于不同的 CRC2 多项式:

在 24 位 CRC 多项式(15D6DCBh)的情况中,计算 CRC2 的初始值是"00xxxx",其中 xxxx＝CRC1。

在 32 位 CRC 多项式(1F4ACFB13h)的情况中,计算 CRC2 的初始值是"0000xxxx",其中 xxxx＝CRC1。

CRC1 为无符号十六进制数。

9.1.6 F-参数记录数据对象的结构

图 52 示出了在一个记录数据对象中 F-参数块的结构。字节排序按照标准 PROFINET IO。对模块化 F-设备的每个 F-子模块,F-参数块被插入上下文报文中(见图 16)。F-设备的子模块地址来自于所选择的子槽号。

9.1.7 F 数据部分

见 7.2.5。

9.2 i 参数

现在的 F-设备配备有越来越多的智能功能,这些功能要求参数赋值范围更大。这些安全参数被称为 i 参数。特别是在更换设备的事件中,通过标准路径上的总线直接加载这些参数是方便的。这些参数记录通常超过了 GSD(ML)数据的范围(具有每个保护区约 1 kB 的几台激光扫描仪可达到的总量高达 90kB 或更高)，所以本 PROFIsafe 规范提供了一些附加机制。

图 53 给出了关于上载和下载大量各个 F-设备参数的保护的一个建议。F 源一目的关系(代码名)允许检验向所配置的接收方的传递，并且使用同样的 F-参数的同一 CRC 多项或(14EABFh)，CRC 代码允许检验 i 参数完整性。应使用一个特别的规程来保证目标中和源中 i 参数之间的数据完整性，见 9.3.2.1。

应通过 i 参数计算 CRC3 代码(见图 53)。每个数据集结尾处的 2 字节 CRC 只是在传输阶段才能服务于数据完整性检验，该 2 字节 CRC 并不包含在 CRC3 中。

有可能把 CRC3 代码包含在 PROFIsafe 的循环信息安全机制中(见 9.3.2.1)。在工程工具支持这个选项的情况下，只要用户选择了"F_Check_iPar"＝check，就应提供 CRC3 代码的入口字段(见 9.1.3.2)。

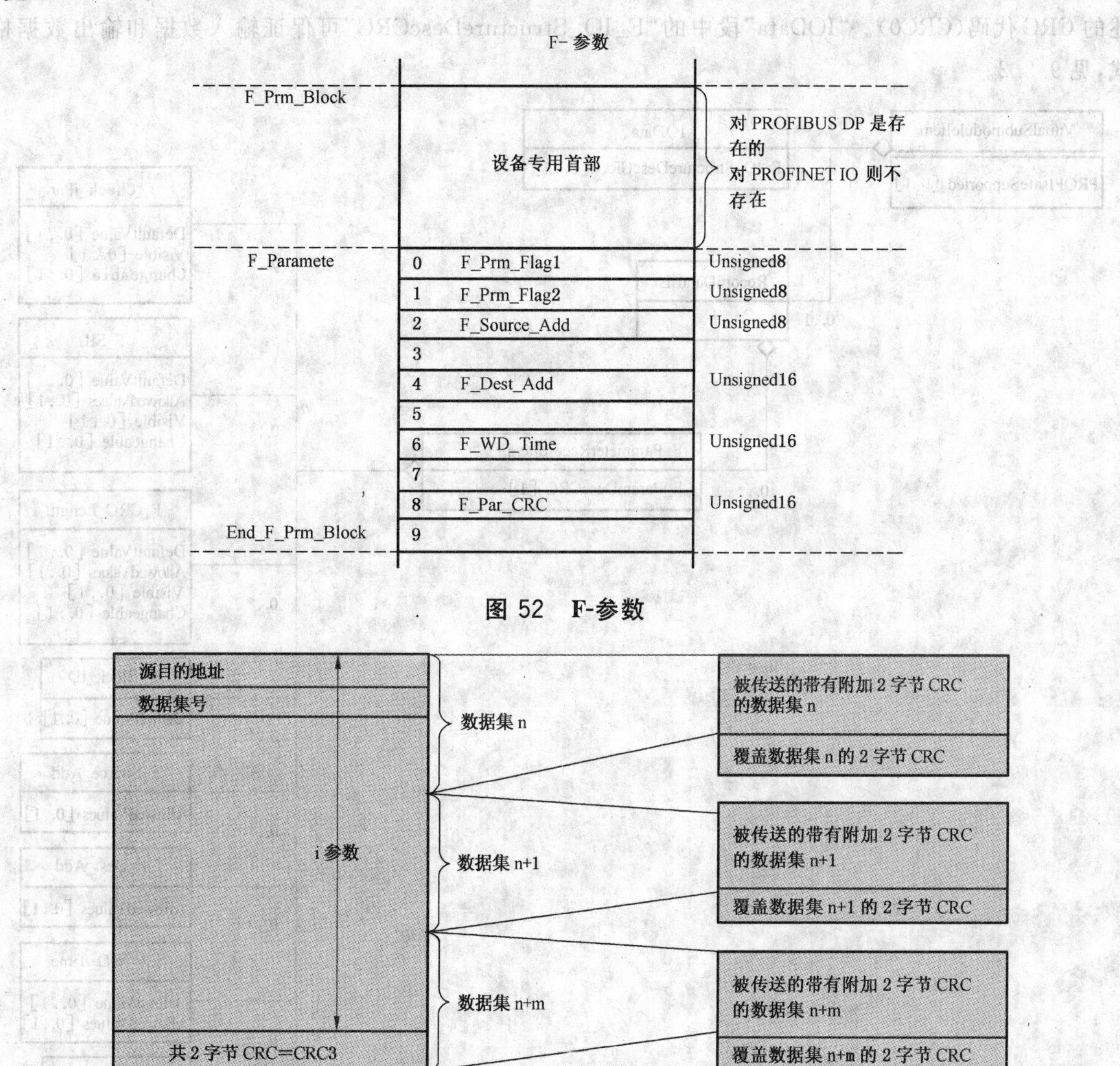

图 52 F-参数

图 53 单个设备参数的数据完整性

如何与多个 i 参数数据集协同工作的细节见 9.3.3。

9.3 安全参数化

因为对制造和过程工业中现场设备的不同处理，PROFIsafe 提供了对于 F-设备的 F-参数和 i 参数的标定方法。

9.3.1 GSD 和 GSDML 安全扩展

9.3.1.1 GSD 扩展

标准的 PROFIBUS DP GSD 定义需要以下的扩充，参见参考文献[16]。

——V1 模式或者 V2 模式的选择；

——新的关键字"F_IO_StructureDescCRC"。

9.3.1.2 GSDML 扩展

借助它的 GSD(ML)文件定义一个特定 F-设备的 F-参数。使用基于 XML 的 GSDML 进行描述，参见参考文献[26]、[26a]和[27]。

GSDML 中的扩展见图 54。

"VirtualSubmoduleItem"段提供了一个附加的属性"F_ParamDescCRC"。它是图 54 中 F-参数描述的 CRC 代码(CRC0)。"IOData"段中的"F_IO_StructureDescCRC"可保证输入数据和输出数据格式，见 9.3.2。

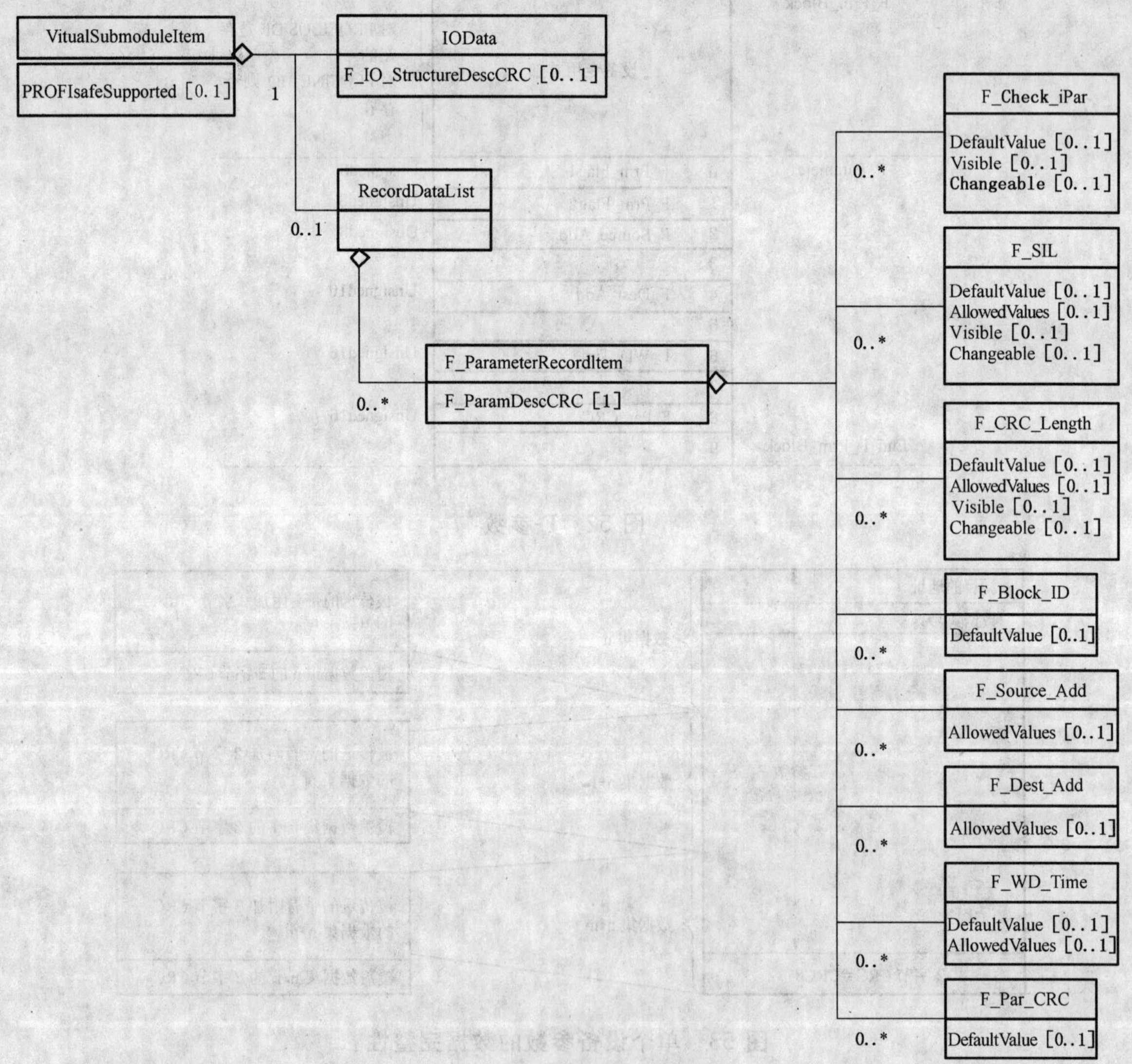

图 54 在 GSDML 规范内 F-参数扩展

9.3.2 确保安全参数和 GSD(ML)结构

安全层安全参数(F-参数)和 F-设备安全应用的安全参数(i 参数)以及所配置的安全 I/O 数据结构

的安全是系统安全的要害。要实现这种安全需借助 CRC 代码、在 F-设备和 F-主机中持续存储以及定期地比较 CRC 代码。

为防止工程工具使用讹误的设备描述数据(GSD),也借助 CRC 代码保证安全相关部分的安全。

9.3.2.1 通过安全参数形成的 CRC1～CRC3

图 25 只示出了通过所有 F-参数的 CRC1 代码,同在 CRC2 代码生成过程中所包含的 CRC1 一样。然而,如下所述,可任选地在生成过程中包含更多的 CRC 代码。

为了 F-参数的安全,F-主机的工程工具生成 CRC1 代码,细节见 9.1.5。所使用 CRC 多项式是 14EABh。通过 i 参数的 CRC3 代码按图 52 的字节顺序构建。

生成的 CRC1 代码值(Unsigned 16)被存储,并进而以倒序使用(见 7.2.4)。

也为了 i 参数的安全,F-设备的参数化工具生成 CRC3 代码,细节见 9.2。所使用的 CRC 多项式是 14EABh。通过所有 i 参数的 CRC3 代码按图 53 的字节顺序构建。

应使用以下规则:

如果 F-参数"F_Check_iPar"是真(=1),则把 CRC3(代码)用作生成 CRC1 的初始值,见图 55。

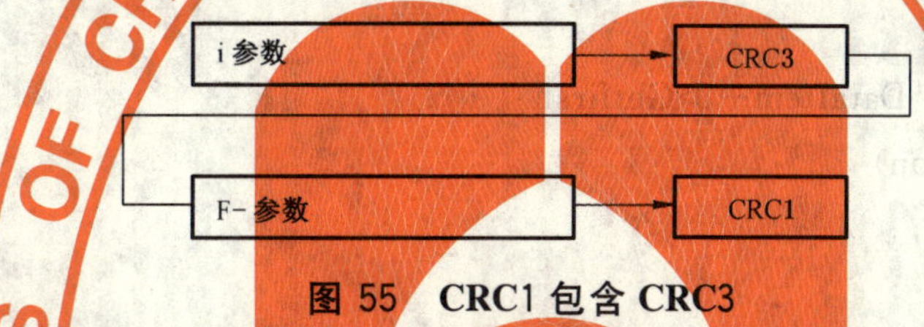

图 55 CRC1 包含 CRC3

9.3.2.2 通过 GSD(ML)结构形成的 CRC0

在存储媒体生命周期内,为了确保 F-设备的安全相关参数不会因变化而被忽略,并且能够被安全地读入到组态工具内,这些参数都受 CRC 保护。参数"F_ParamDescCRC"包含一个 2 字节 CRC 代码,此代码是利用整个 PROFIsafe 所使用的 16 位 CRC 多项式(14EABh)计算出来的。计算应通过所有的 F_ParameterRecordDataItem 段,包括所有的 F-参数及其定义,然后通过 IO 数据段。下面的 C 伪代码演示了如何建立这个 2 字节 CRC0 的算法,这个 2 字节 CRC0 基本上独立于 GSD(ML)文件结构和注释,因此给文件的创建者以最大的设计自由度和无风险的可变性。

伪代码:

```
//the F_ParameterRecordDataItem section.
// F-Parameter Name TextID (all Languages)
// F-Parameter DataType (0:Bit/BitArea,1:Unsigned8,2:Unsigned16)
// F-Parameter ByteOffset
// F-Parameter BitOffset (0 if Unsigned8/Unsigned16)
// F-Parameter BitLength (0 if Unsigned8/Unsigned16)
// read DefaultValue (LoByte,HiByte)
if (value_range)
{
    // read AllowedValue 1. digit (LoByte,HiByte)
    // read AllowedValue 2. digit (LoByte,HiByte)
}
else //e.g. Listboxes
{
```

```
    // read all AllowedValue LoByte,HiByte)
}
// now get the hardcoded corresponding ValueItem with all Assignments
ValueItem_section = ValueItem－>Getfirst()；
while (ValueItem_section)
{
    // F-Parameter actual value as text (All Languages)
    // F-Parameter actual value as number
    ValueItem_section = ValueItem－>Getnext()；
}
if (F_ParameterRecordDataItem_Section)
{
      //IOData_Section
      //Input Section
      DataItem_Section = DataItem－>Getfirst
    while (DataItem_Section)
    {
      // read DataType
      // read Read UseAsBits
      DataItem_Section = data_Item－>Getnext
    }
    //Output Section
    DataItem_Section = data_Item－>Getfirst
    while (DataItem_Section)
    {
      // read DataType
      // read Read UseAsBits
      DataItem_Section = data_Item－>Getnext
      }
    Create_IO_Attributes(IOData_array)
}
    // end of algorithm.
```

GSD(ML)文件示例参见参考文献[26]、[27]中的附录和定义。

GSD(ML)文件的说明：

只要组态工具一发现F关键字，组态工具中的专用F组态软件(通常已被认证过)就被启动以便用一种安全的方式处理F-参数。

F-参数“F_WD_Time(ms)”有一个特别的约定。参数包含在F-模块的F-参数块中并用一个缺省值和一个范围来描述。F组态工具可使用这个值作为计算F看门狗时间以及安全控制回路总的反应时间的依据。F-设备制造商通常就是在相应的GSD(ML)文件中给出该缺省值。

此外，该文件中还有一个指示F-设备操作时间的参数。

9.3.3 安全参数赋值途径

没有i参数的简单F-设备可经标准的上下文报文途径供给(参见参考文献[22]、[23]和[28]),见图56。F-参数的总数不能超过上限234字节。

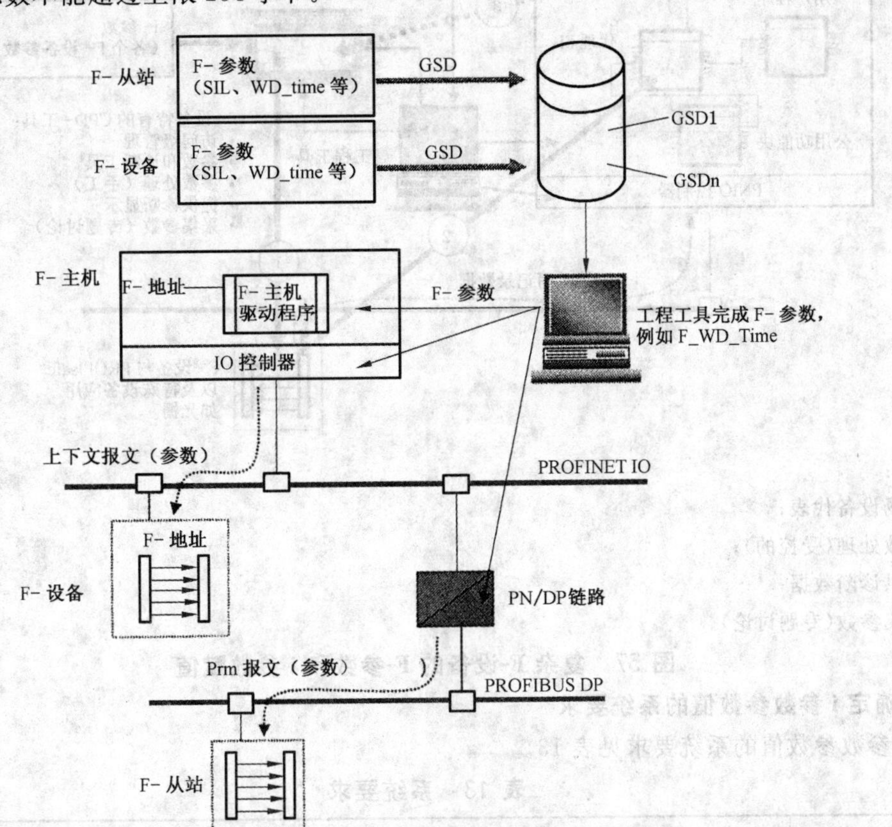

图56 简单F-设备和F从站的F-参数赋值

对于有i参数的复杂设备而言,应对以下问题进行决策:在参考文献[5d]中,当请求时,对特定的F-设备而言,是赞同自动启动赋值还是借助专用的CPD-工具进行单独的赋值。在每种情况中,F-主机都应对赋值释放(见8.3.2),只有在无危险过程状态时才允许释放。基本上下列两种办法都可行:

——在F-主机中借助专用的功能块对i参数值赋值并设置适当的i参数数据;

——借助IO监视器(PG/PC),通过专用CPD-工具给予i参数赋值。

PROFINET IO和PROFIBUS DP标准通信,比如符合GB/T 15969.3的通信功能块和代理功能块,特别是ST(结构化文本)编程语言,支持第一种办法。

图57表示怎样使用PROFIBUS/PROFINET标准以便为F-设备提供一个很方便灵活的支持系统。a)设备制造商的专用CPD-工具与其F-设备(此处为光幕)的通信既可以靠一条直接链路也可在单独链路上进行(如RS232或USB),或者借助循环服务=穿越与循环数据通信并行的现场总线的读/写记录数据(图18)进行。b)在参数化和试运行之后,启用代理功能块从而把i参数上载入控制器,此处,在更换(修理)设备的情况下,已为下载作好了准备。c)另外一种不同的办法是对照F-设备中存储的i参数对i参数进行验证。

借助控制动态i参数的程序的处理程序可以解决当今制造领域对更高的灵活性要求。因而如光栅检测区("空白")的坐标的几个不同数据集可依次地被指定(图57)。实际i参数数据集的标识号应在F-I/O数据内循环通信。

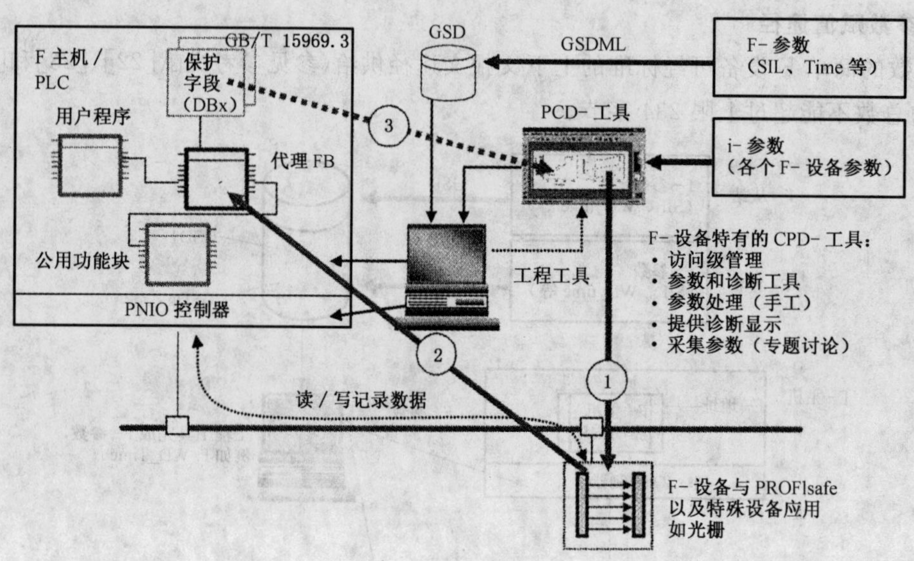

代理 FB:

——现场设备代表;

——参数处理(受控的);

——提供诊断数据;

——采集参数(专题讨论)。

图 57 复杂 F-设备的 F-参数和 i 参数赋值

9.3.3.1 确定 i 参数参数值的系统要求

确定 i 参数参数值的系统要求见表 13。

表 13 系统要求

序　　号	系统要求
R1	设计 CPD-工具要与个人计算机、笔记本电脑和操作系统 WIN2000 或新系统兼容
R2	几个 CPD-工具或 CPD-工具实例应能同时运行
R3	PROFIBUS DP:2 类主站接口板应提供一个统一的 API(应用程序员接口),这样配置的 CPD-工具在不同商标的站上都能运行
R4	PROFINET IO:应这样规定 IO 监控器接口:PROFINET IO 的"非循环性的"服务可用于一台 F-设备直接连接到 PROFINET IO
R5	PROFINET IO/PROFIBUS DP:应这样规定 IO 监控器的接口: PROFINET IO 的"非循环性的"服务可用于直接与 PROFINET IO 连接的一台 F-设备或者通过"PN/DP 链路"链接到一台与一个"附属的"DP 网络相连的 F-从站与 PROFINET IO 链接的 F-设备(启动、读、写、记录等)
R6	通过 PLC 程序员接口也能连接 R4 和 R5(如 MPI)
R7	"PN/DP-链接器"作为独立设备或者集成在 PLC 中都是可行的
R8	现场总线接口指示:一台 F-设备应指示它的现场总线接口的类型。如果规定了适合 DP 和 PN-IO 非循环性通信的统一 API(见 R3),那么不需要
R9	以调用参数作为项目数据库的路径或使用集成工程工具接口在整个项目数据库中存储 F-设备数据。应能自动对 i 参数集的版本编号

表 13（续）

序　　号	系统要求
R10	站/地址名称应定义为“调用”参数
R11	到 GSD/GSD(ML)文件的路径应定义为“调用”参数
R12	多种语言支持应定义为“调用”参数。调用时主机工程工具定义缺省语言
R13	调用时授权(角色和访问权)应从主机工程工具继承给 CPD-工具
R14	i 参数下载到 F-设备：应这样定义 i 参数的字节流：它能存储在 IO 控制器内，在通常的参数化时可传送给 F-设备。代理功能块仍然是 PROFIsafe 首选的解决办法
R15	版本：API(见 R3 和 R4)应提供一个 CPD-工具本身能自动调整的版本号
R16	打印：应能通过主机工程工具“远程控制”各个 CPD-工具成批打印或以一种标准格式(如 HTML)把打印传递给主机工程工具
R17	i 参数的上载和下载：应能通过主机工程工具“远程控制”专用 CPD-工具成批“参数化 i 参数”或者以一种标准格式把 i 参数传递给主机工程工具(见 R14)
R18	在诊断情况下，CPD-工具应能向主机工程工具提交缺省符号名称(如“OSSD1”)并能得到回送项目指定的最终符号。利用 PROFINET IO 的 GSD(ML)文件，提交缺省符号名称是可能的

图 58 说明了 CPD-工具集成的情况。CPD-工具可连接到下列任何之一：

——直接与 F-设备连接(如 RS232 或 USB)；

——经程序员端口(如 MPI)与 F-主机连接；

——通过一条 PN/DP-链接器与 PROFINET IO 和 PROFIBUS DP 相连；

——同 PROFIBUS DP 相连。

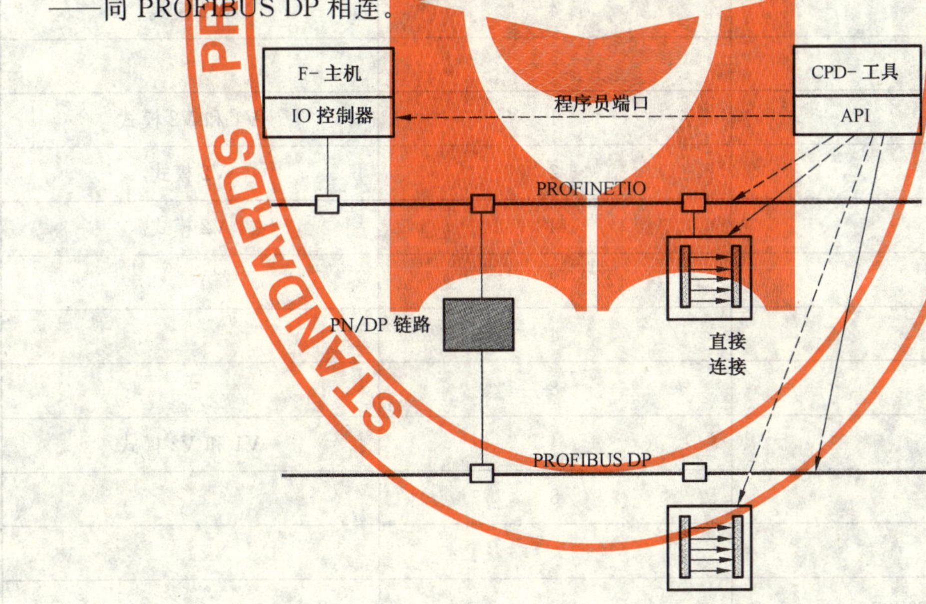

图 58　CPD-工具的系统集成

10　标准化的 F-I/O 数据格式

F-设备和 F-主机之间(实时通道)循环传送的 F I/O 数据需要通过用户程序来控制。程序员期望能够将编程器工具库内一些合适的功能块(“F 通道驱动程序”)嵌入到用户程序中，或者访问离散的逻辑可寻址的输入或输出变量(如梯形逻辑)。图 59 说明了程序员所理解的“F 通道驱动程序”功能块。

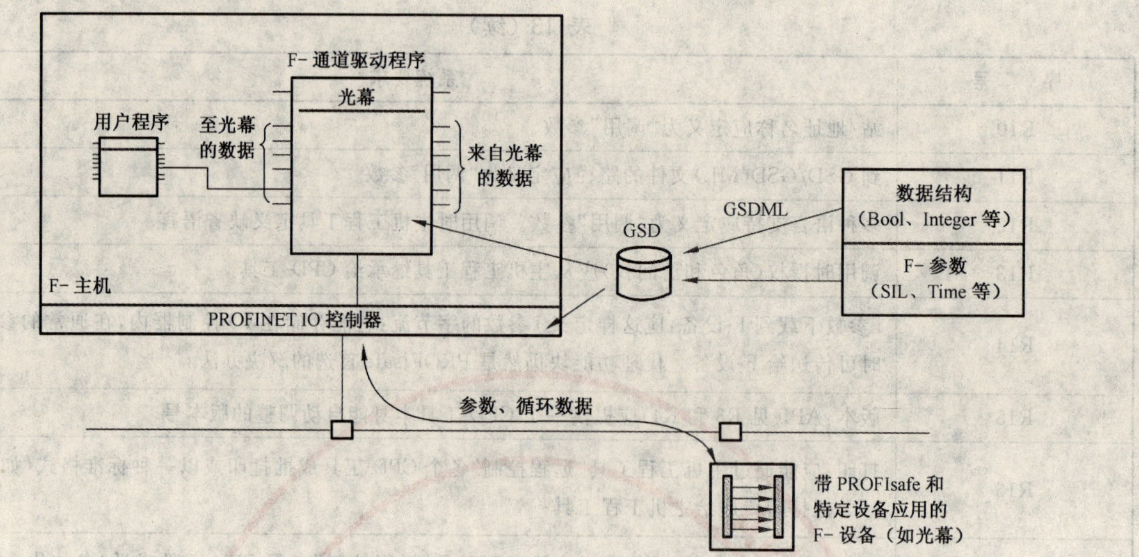

图 59 作为 F-设备和用户程序之间“粘合剂”的 F 通道驱动程序

10.1 PROFIsafe 使用的数据类型

PROFIsafe 使用了下列基本数据类型(灰色),见表 14。

表 14 PROFIsafe 中使用的数据类型

数据类型名	字节数	备 注
Integer8	1	
Integer16	2	V1 和 V2 模式
Integer32	4	V2 模式
Integer64	8	
Unsigned8	1	V1 和 V2 模式
Unsigned16	2	V2 模式
Unsigned32	4	V2 模式
Unsigned16	2	
Unsigned32	4	
Unsigned64	8	
Floating Point 32	4	V1 和 V2 模式
Float64	8	
Date		
TimeOfDay with date indication		
TimeOfDay without date indication		
TimeDifference with date indication		
TimeDifference without date indication		
NetworkTime		

表 14（续）

数据类型名	字节数	备　注
NetworkTimeDifference		
Visible String	1,2,3...	
Floating Point32＋Unsigned8	5	V1 和 V2 模式
F_MessageTrailer4Byte	4	V2 模式
F_MessageTrailer5Byte	5	V1 和 V2 模式

V2 模式中使用的数据类型限定为 Unsigned8、Unsigned16、Unsigned32、Integer16、Integer32、Floating Point32 以及复合数据类型 Floating Point32＋Unsigned8，Unsigned16，Unsigned32。

在 Unsigned8、Unsigned16、Unsigned32 数据类型中可对单个比特进行编码，因而与 Boolean 数据类型相比效率更高。

10.2 标准“F 通道驱动程序”的规则

在循环传送的 F 数据结构的设计中，遵循下面一组规则可实现来自所有类型 F-主机的全面系统支持：

——数据结构必须在 GSD(ML)文件的 IOData 段中加以描述，详细说明见 9.3.1；

——复合数据结构必须遵循如下次序：如果以下数据类型都存在的话，首先是 Floating Point32＋Unsigned8 的所有混合类型，其次是所有 Unsigned8、Unsigned16、Unsigned32 的变量，再其次是所有 Integer16 变量，最后是所有 Floating Point 变量。

表 15 是“F 通道驱动程序”示例。驱动程序代表不同的符合相关安全帧的 F-输入和 F-输出数据结构。

表 15 “F 通道驱动程序”示例

F 通道驱动程序组态[a]	F 输入(来自设备)	F 输出(至设备)	备注
F_IN_OUT_1	32 位 Boolean	32 位 Boolean	如光幕
F_IN_OUT_2	16 位 Boolean，1 个 16 位 Integer	16 位 Boolean，1 个 16 位 Integer	如激光扫描仪
F_IN_OUT_5	1 个 32 位 Float，8 位“状态指示(位)”		如压力变送器
F_IN_OUT_6	“回读”：1 个 Float，8 位 “回查”：24 位	“设定值”：1 个 Float，8 位	如气动阀

[a] 编号不一定意味着不同的驱动程序。它可以是通过 GSD(ML)信息实现参数化的一个驱动程序。

约束：

a) 不用的位都设置为“0”；

b) 如有必要，应在输入数据结构内定义 F-设备的状态和故障指示(如状态指示位)。

10.3 F-I/O 数据描述的安全性(CRC7)

数据结构是在 GSD(ML)文件的“IOData”段中描述的。其中一个属性是“F_IO_StructureDescCRC”＝CRC7。CRC7 是由表 16 所列的属性按表中的次序构成的。

在启动时，参数“F_IO_StructureDescCRC”不传送给 F-设备。工程工具使用这样的机制就可保证正确的组态。

表 16 I/O 数据结构项

属性名称	长度	描述
IN_ADDRESS_RANGE	2字节	整个 IOData Input 段的字节长度
COUNT_PS_INPUT_BYTES_COMPOSITE	2字节	输入：所有“Float32＋Status8”数据项的长度(5×数量)
COUNT_PS_INPUT_CHANNELS_BOOL_MAX	2字节	输入：在最大模式(如 1oo1 模式)中所有布尔通道(用作比特)的数量
COUNT_PS_INPUT_BYTES_BOOL_MAX	2字节	输入：在最大模式(如 1oo1 模式)中所有布尔数据项的长度(以字节为单位)
COUNT_PS_INPUT_CHANNELS_INT	2字节	输入：所有 Integer16 数据项的长度(以字节为单位)
COUNT_PS_INPUT_CHANNELS_REAL	2字节	输入：所有 Float32 数据项的长度(以字节为单位)
OUT_ADDRESS_RANGE	2字节	整个 IODataOutput 段的字节长度
COUNT_PS_OUTPUT_BYTES_COMPOSITE	2字节	输出：所有“Float32＋Status8”数据项的长度(5×数量)
COUNT_PS_OUTPUT_CHANNELS_BOOL	2字节	输出：所有布尔通道数(“用作比特”)
COUNT_PS_OUTPUT_BYTES_BOOL	2字节	输出：所有布尔数据项的长度(以字节为单位)
COUNT_PS_OUTPUT_CHANNELS_INT	2字节	输出：所有 Integer16 数据项的长度(以字节为单位)
COUNT_PS_OUTPUT_CHANNELS_REAL	2字节	输出：所有 Float32 数据项的长度(以字节为单位)
DATA_STRUCTURE_CRC	2字节	“F_IO_StructureDescCRC”＝ CRC7

10.4 DataItem DataType(数据项数据类型)部分

本条包含符合 10.2 中某些 F 通道驱动程序类型的数据项部分的示例。

10.4.1 F_IN_OUT_1

输入：32 位 Boolean

输出：32 位 Boolean

```
<IOData>
    <Input Consistency="All items consistency">
        <DataItem DataType="Unsigned32" UseAsBits="true" TextId="Inputs" />
        <DataItem DataType="F_MessageTrailer4Byte" TextId="Safety" />
    </Input>
    <Output Consistency="All items consistency">
        <DataItem DataType="Unsigned32" UseAsBits="true" TextId="Outputs" />
        <DataItem DataType="F_MessageTrailer4Byte" TextId="Safety"/>
    </Output>
</IOData>
```

IN_ADDRESS_RANGE	08
COUNT_PS_INPUT_BYTES_COMPOSITE	00
COUNT_PS_INPUT_CHANNELS_BOOL	32

COUNT_PS_INPUT_BYTES_BOOL 04
COUNT_PS_INPUT_CHANNELS_INT 00
COUNT_PS_INPUT_CHANNELS_REAL 00
OUT_ADDRESS_RANGE 08
COUNT_PS_OUTPUT_BYTES_COMPOSITE 00
COUNT_PS_OUTPUT_CHANNELS_BOOL 32
COUNT_PS_OUTPUT_BYTES_BOOL 04
COUNT_PS_OUTPUT_CHANNELS_ INT 00
COUNT_PS_OUTPUT_CHANNELS_ REAL 00
DATA_STRUCTURE_CRC xxxx

注：变量的描述见 10.3。

10.4.2 F_IN_OUT_2

输入:16 位 Boolean,16 位 Integer

输出:16 位 Boolean,16 位 Integer

```
<IOData >
        <Input Consistency="All items consistency">
                <DataItem DataType="Unsigned16" UseAsBits="true" TextId="Inputs" />
                <DataItem DataType="Integer16" UseAsBits="false" TextId="AI channel" />
                <DataItem DataType="F_MessageTrailer4Byte" TextId="Safety" />
        </Input>
        <Output Consistency="All items consistency">
                <DataItem DataType="Unsigned16" UseAsBits="true" TextId="Outputs" />
                <DataItem DataType="Integer16" UseAsBits="false" TextId="AO channel"
        />
                <DataItem DataType="F_MessageTrailer4Byte" TextId="Safety" />
    </Output>
</IOData>
```

IN_ADDRESS_RANGE 08
COUNT_PS_INPUT_BYTES_COMPOSITE 00
COUNT_PS_INPUT_CHANNELS_BOOL 16
COUNT_PS_INPUT_BYTES_BOOL 02
COUNT_PS_INPUT_CHANNELS_INT 02
COUNT_PS_INPUT_CHANNELS_REAL 00
OUT_ADDRESS_RANGE 08
COUNT_PS_OUTPUT_BYTES_COMPOSITE 00
COUNT_PS_OUTPUT_CHANNELS_BOOL 16
COUNT_PS_OUTPUT_BYTES_BOOL 02
COUNT_PS_OUTPUT_CHANNELS_ INT 02
COUNT_PS_OUTPUT_CHANNELS_ REAL 00
DATA_STRUCTURE_CRC xxxx

注：变量描述见 10.3。

10.4.3 F_IN_OUT_5

输入:复合型(Floating Point32+状态指示位(Unsigned8))

```
<IOData >
        <Input Consistency="All items consistency">
                <DataItem DataType="Float32+Status8" TextId="AI channel" />
                <DataItem DataType="F_MessageTrailer4Byte" TextId="Safety" />
        </Input>
        <Output Consistency="All items consistency">
                <DataItem DataType="F_MessageTrailer4Byte" TextId="Safety" />
  </Output>
</IOData>
```

IN_ADDRESS_RANGE	09
COUNT_PS_INPUT_BYTES_COMPOSITE	05
COUNT_PS_INPUT_CHANNELS_BOOL	00
COUNT_PS_INPUT_BYTES_BOOL	00
COUNT_PS_INPUT_CHANNELS_INT	00
COUNT_PS_INPUT_CHANNELS_REAL	00
OUT_ADDRESS_RANGE	04
COUNT_PS_OUTPUT_BYTES_COMPOSITE	00
COUNT_PS_OUTPUT_CHANNELS_BOOL	00
COUNT_PS_OUTPUT_BYTES_BOOL	00
COUNT_PS_OUTPUT_CHANNELS_ INT	00
COUNT_PS_OUTPUT_CHANNELS_ REAL	00
DATA_STRUCTURE_CRC	xxxx

注:变量描述见 10.3。

10.4.4 F_IN_OUT_6

输入:复合回读(Floating Point32 十状态指示位(Unsigned8))

状态 Unsigned8

状态 Unsigned8

状态 Unsigned8

```
<IOData >
        <Input Consistency="All items consistency">
                <DataItem DataType="Float32+Status8" TextId="AI channel" />
                <DataItem DataType="Unsigned8" UseAsBits="false" TextId="Status1" />
                <DataItem DataType="Unsigned8" UseAsBits="false" TextId="Status2" />
                <DataItem DataType="Unsigned8" UseAsBits="false" TextId="Status3" />
                <DataItem DataType="F_MessageTrailer4Byte" TextId="Safety" />
        </Input>
        <Output Consistency="All items consistency">
                <DataItem DataType="Float32+Status8" UseAsBits="false" TextId="AO
        channel" />
```

<DataItem DataType="F_MessageTrailer4Byte" TextId="Safety" />
</Output>
</IOData>

IN_ADDRESS_RANGE	12
COUNT_PS_INPUT_BYTES_COMPOSITE	05
COUNT_PS_INPUT_CHANNELS_BOOL	24
COUNT_PS_INPUT_BYTES_BOOL	03
COUNT_PS_INPUT_CHANNELS_INT	00
COUNT_PS_INPUT_CHANNELS_REAL	00
OUT_ADDRESS_RANGE	09
COUNT_PS_OUTPUT_BYTES_COMPOSITE	05
COUNT_PS_OUTPUT_CHANNELS_BOOL	00
COUNT_PS_OUTPUT_BYTES_BOOL	00
COUNT_PS_OUTPUT_CHANNELS_ INT	00
COUNT_PS_OUTPUT_CHANNELS_ REAL	00
DATA_STRUCTURE_CRC	xxxx

注：变量的描述见 10.3。

10.5 关于"F 通道主机驱动程序"的建议

除设备特有的数据结构之外，还有一些可供程序员使用的标准 PROFIsafe 信号。图 60 说明了针对复杂 F-设备的 F 通道主机驱动程序的布局图。

上述信号的详细信息见 7.2.2 和 7.3。

由于性能原因，F 通道驱动程序可被分成两个功能块，一个用于输入，一个用于输出（见图 60）。

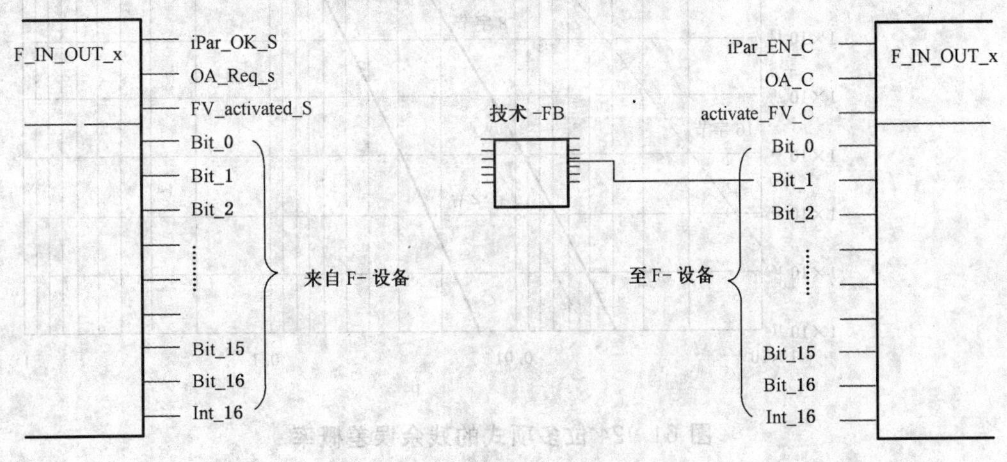

iPar_EN_C	激活 i 参数化；
iPar_OK_S	完成 i 参数化；
OA_C	操作员确认（对故障后的恢复）；
OA_Req_S	故障（看门狗时间、CRC、序列号）被检测和消除时；
FV_activated_s	F-设备激活的故障安全值；
activate_FV_C	在 F-设备中被激活的故障安全值；
F 通道驱动程序的固定行为	故障安全值设为"0"。

图 60 F 通道主机驱动程序的布局图

针对故障安全值,F 通道驱动程序有一个固定行为:不论数据结构是由 Bit(Unsigned8),Integer16,Floating Point32 组成或是由 Floating Point32+Unsigned8 组成,每一个值都设为“0”。

如果执行机构不能使 FV=“0”,可以通过硬编码或者 i 参数实现其他值。借助控制字节(见 7.2.2)中的位 4,用户程序可激活这些设备特有的故障安全值。

如果传感器不能使 FV=“0”,使用 F 通道驱动程序的“activate_FV_C”输入,附加用户程序逻辑可把它们转变成单独的值。

11 概率的考虑

PROFIsafe V2 模式的数据完整性检验机制完全与下层的通信系统(黑色通道)的机制无关,因此它也能用于背板通信通道。

根据参考文献[7],一定要证明所使用的 CRC 多项式的“适合性”。这需要计算给定多项式的残余误差率(Pue),Pue 是比特误差率(epsilon(ε),pe)的函数。此处是 24 位多项式(15D6DCBh),以及是 32 位多项式(1F4ACFB13h)。

如果随比特误差率的增大不存在明显的“驼背”曲线,即随比特误差率增大单调上升,则该多项式被认为是合适的。

图 61 表示了 24 位多项式的残余误差概率曲线图。算出的曲线图是针对包含 CRC 代码在内的数据长度。

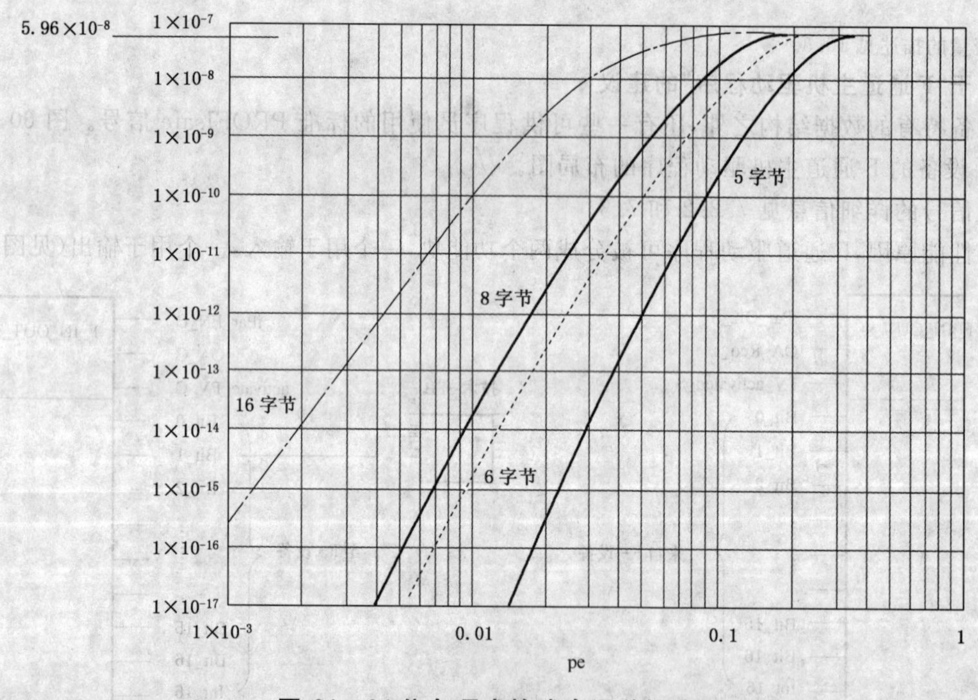

图 61 24 位多项式的残余误差概率

与具有不适合的多项式(199999331h)对比,不适合的多项式示例见图 62。

图 63 和图 64 表示了 32 位多项式的残余误差概率曲线图。

当数据长度为 52 字节时,图 63 中所选多项式是合适的。

当数据长度为 132 字节时,图 64 中所选多项式是合适的。

图 65 表示了任何扰乱影响的综合反应。总线失效起因的组合提供了在 PROFINET 传输系统上讹误报文的(失真的)频率。PROFINET(1.滤波器)的标准安全机制识别高达 HD=4 的每个失效,因而只有 HD>4 的特殊位模式才可进入 PROFIsafe 安全机制。因为总线上整个讹误报文的频率是被连续监视的,所以最差情况下未被识别讹误报文数的值不宜取 2^{-n}(n=24 或 32)。

图 62 不适合的多项式的残余误差概率示例

图 63 52 字节数据长度的 32 位多项式的残余误差概率

图 64 132 字节数据长度的 32 位多项式的残余误差概率

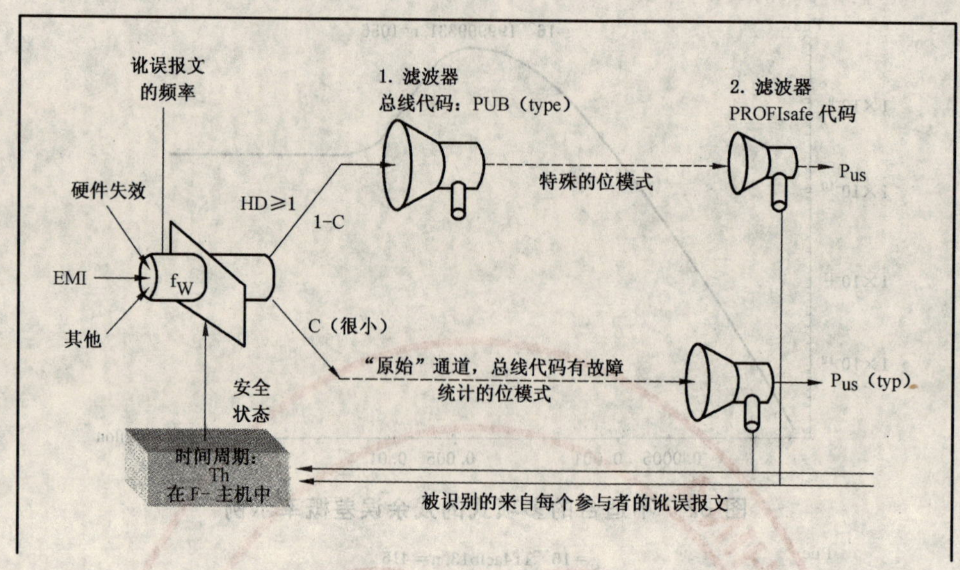

fw——讹误报文的频率；

EMI——电磁干扰；

C——发生频率；

T——测量周期(以小时为单位)(见 7.5)。

图 65 讹误报文的监视

如果在标准的 PROFINET 层中安全机制发生了故障(概率很小)，则具有统计位模式的讹误报文就会进入 PROFIsafe 安全机制。

PROFIsafe 行规允许通过 F-设备的确认报文中的状态字节简单地监视 F-主机中的每条讹误报文。

12 PROFIsafe 的使用

本章主要讨论将 PROFIsafe 付诸实施的若干问题及用于评估的附加信息。

12.1 兼容性和从 V1 模式到 V2 模式的迁移(V1－mode→V2-mode)

可能的网络结构见 6.4。当与 PROFIBUS DP 或 PROFINET IO 相连时，F-主机或 F-设备所支持模式见表 17、表 18。模块化 IO-设备的可插入 F-模块应支持 V1 模式和 V2 模式，F-模块的迁移表见表 19。

表 17 F-主机迁移表

F-主机支持...	具有 8 位序列号的 PROFIsafe (V1 模式)	具有 24 位序列号的 PROFIsafe (V2 模式)
... PROFIBUS DP	强制的	可选的
... PROFINET IO 和 PROFIBUS DP (通过网关)	—	强制的
... PROFINET IO	—	强制的

表 18 F-设备的迁移表

F-设备支持...	具有 8 位序列号的 PROFIsafe (V1 模式)	具有 24 位序列号的 PROFIsafe (V2 模式)
... PROFIBUS DP	强制的	可选的
... PROFIBUS DP 和 PROFINET IO (直接或通过网关)	a	强制的
... PR OFINET IO	—	强制的
a 如果 F-设备或者 F-模块只支持 V2 模式，则在仅支持 V1 模式的 F-主机上进行操作是不可能的。		

表 19 F-模块的迁移表

F-模块支持...	具有 8 位序列号的 PROFIsafe（V1 模式）	具有 24 位序列号的 PROFIsafe（V2 模式）
...仅 PROFIBUS DP	强制的	可选的
...PROFIBUS DP 和 PROFINET IO（通过首端站）	a	强制的
...PROFINET IO	—	强制的

a 如果 F-设备或者 F-模块只支持 V2 模式，则在仅支持 V1 模式的 F-主机上进行操作是不可能的。

12.2 F-模块调试/维护

在系统运转的同时可更换 F-模块。只有不存在危险过程状态并经操作员确认(OA_C)之后，才允许重新启动相应的安全控制回路。

12.3 安全要求的持续时间

对一个特定的输入 F-设备应用而言，实现安全要求应有足够长的持续时间，有两种可能性：

——至少应持续一个 PROFIsafe 看门狗的时间段；或

——应持续到虚拟序列号递增 2 次之前。

12.4 LED 指示

在与特定 F-设备关联的故障情况下，F-主机将控制字节中的"请求操作员确认"控制比特 1 置位(=1)。此比特用于通知操作员进行以下 3 个动作：

——检查设备，如有必要，进行修理或更换；

——验证安全功能；

——操作员确认(OA_C)。

如果是紧凑型 F-设备，则推荐使用一个 LED(如现成的双色总线 LED)指示灯，它以 0.5Hz 的频率闪绿光(=总线通信完好，但是请求 OA_C)。如果是模块化设备，则使用每个模块常用的"安全操作"LED，它以 0.5 Hz 的频率闪绿光(=安全通信完好，但是要求 OA_C)。对 F-设备来说，实现方法是可选的。

12.5 在 PROFINET IO 和 PROFIBUS DP 中的重试

对安全评估来说，必须知道"黑色通道"的重试行为。使用 PROFIBUS DP 时的重试机制见图 66，使用 PROFINET IO 时的重试机制见图 67。

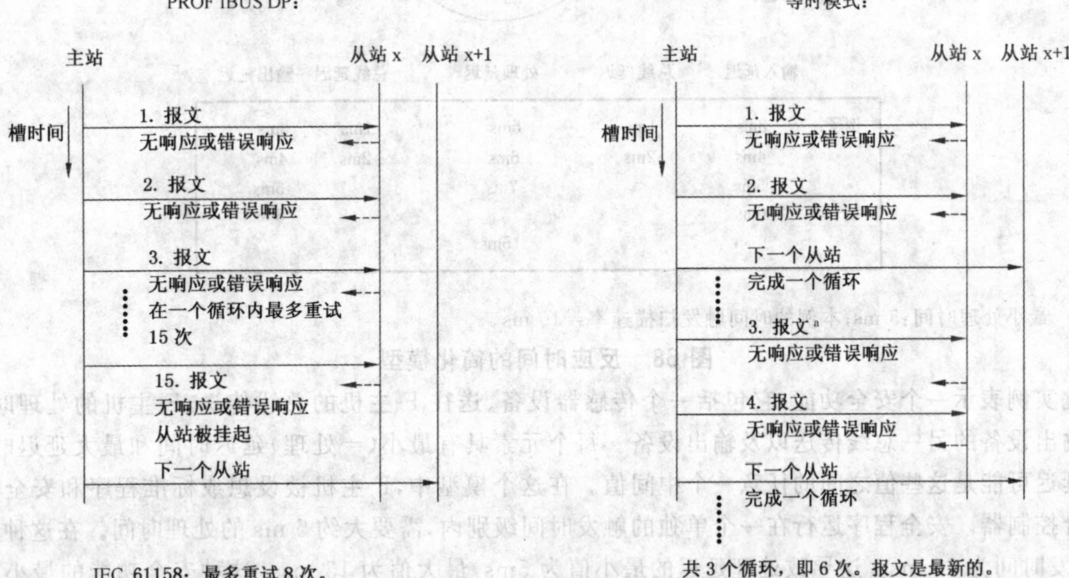

a 相同的 PROFIsafe 帧。

图 66 在 PROF IBUS DP 中的重试

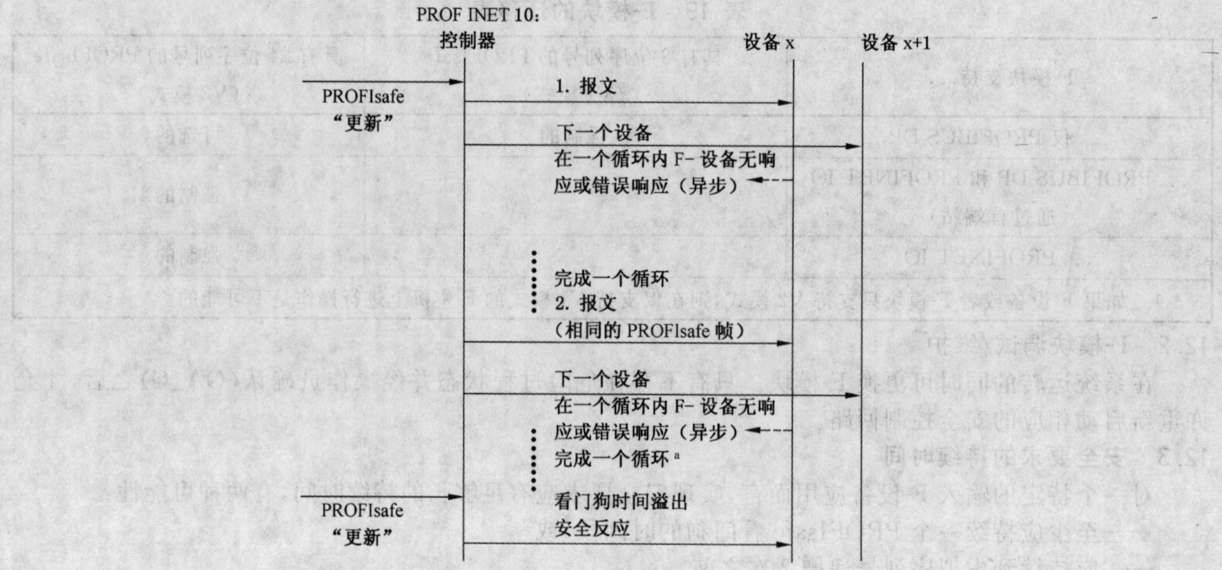

a 当前实现:最多 3 次重试(固定的)。

图 67 在 PROF INET IO 中的重试

12.6 反应时间

在安全应用中,紧急请求的"电气"识别和安全反应的"电气"启动之间的时间是相关的。这个反应时间是由几个单独的时间值所组成,其中包括总线传输时间。为说明反应时间的典型特性,其简化模型示于图 68。

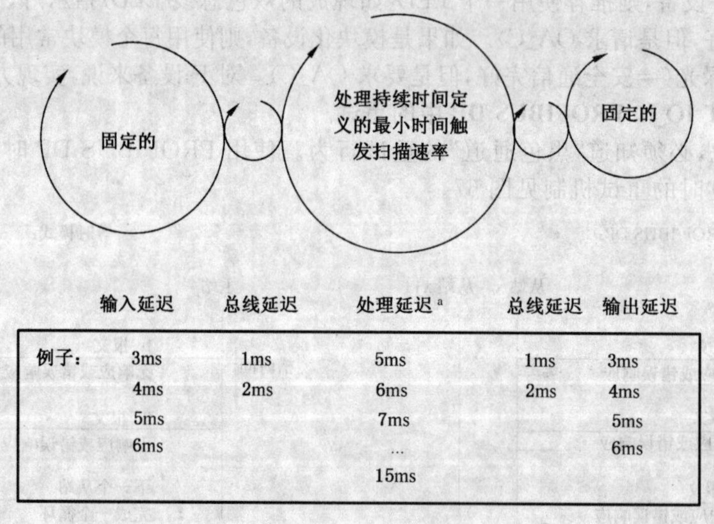

	输入延迟	总线延迟	处理延迟 a	总线延迟	输出延迟
例子:	3ms	1ms	5ms	1ms	3ms
	4ms	2ms	6ms	2ms	4ms
	5ms		7ms		5ms
	6ms		…		6ms
			15ms		

a 最小处理时间:5 ms;本例的时间触发扫描速率=10 ms。

图 68 反应时间的简化模型

此实例表示一个安全功能,它包括一个传感器设备、送往 F-主机的总线传送、F-主机的处理时间、送往输出设备的另一总线传送以及输出设备。每个元素具有最小(=处理)延迟时间和最大延迟时间。实际延迟可能是这些值之间的任意一个中间值。在这个模型中,F-主机被设想成标准程序和安全程序的组合控制器。安全程序运行在一个单独的触发时间级别内,需要大约 5 ms 的处理时间。在这种情况下,触发时间为 10 ms。这导致处理延迟的最小值为 5ms,最大值为 15 ms。这种安全功能的最小延迟总计是 13 ms,最大延迟总计是 31 ms。10 ms、20 ms 和 30 ms 的时间触发器模型反应时间的频率分布见图 69。

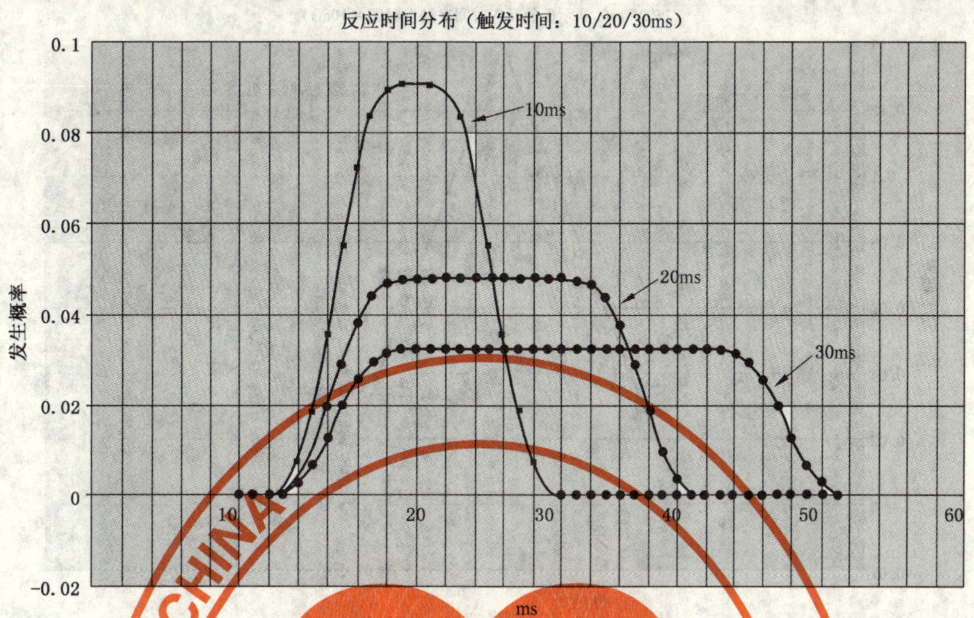

图 69　模型反应时间的频率分布

反应时间内模型的频率分布和带有 20 ms 时间触发器的实时应用间的比较（PROFIsafe 多供应商演示模板）见图 70。

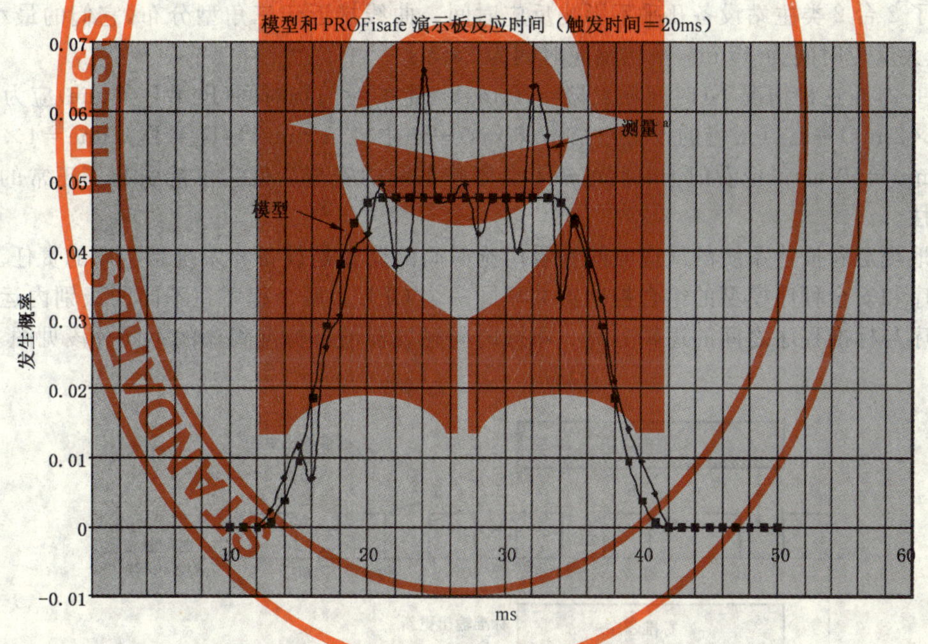

[a] 因仅有 450 个测量点，所以曲线不够平滑。

图 70　模型和实时 **PROFIsafe** 应用间的比较

与标准程序相比，安全行规需要附加的执行时间（F-驱动程序）。在失效事件中标准设备可能延长的 I/O 循环时间也应计算在内（如重试）。

在 1.5 Mbit/s 的情况下对真实应用的反应时间测量 420 次的结果见图 71。

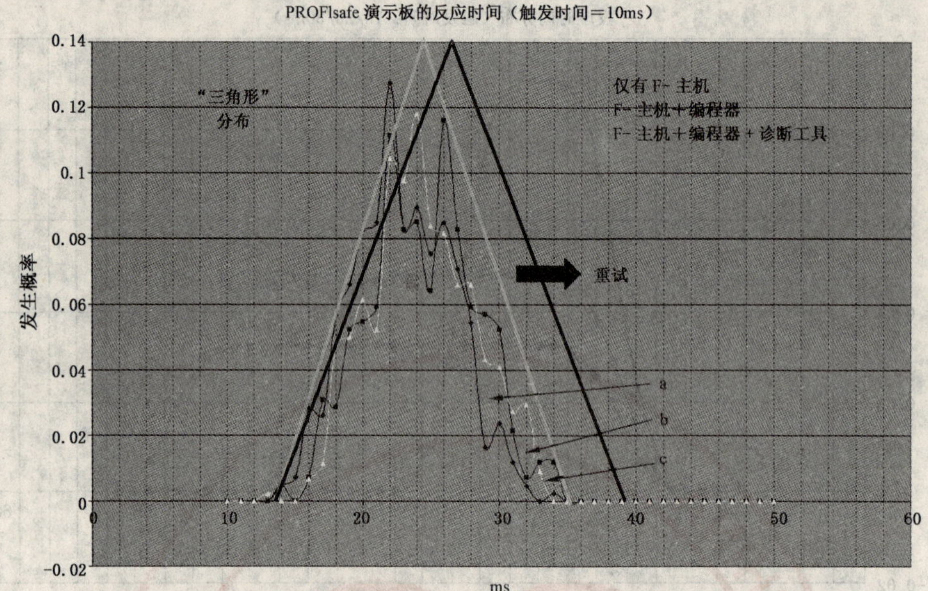

a 单独的 F-主机；

b F-主机+1 台用于"循环程序状态"监测功能的笔记本电脑；

c F-主机+1 台用于"循环程序状态"监测功能的笔记本电脑+1 台"用于光幕状态"的笔记本电脑。

图 71 420 次反应时间测量的频率分布

它说明了 2 台 2 类主站设备几乎不影响反应时间。曲线接近于三角型分布，它们的最小反应时间为 13 ms，最大反应时间为 35 ms，平均反应时间为 24 ms。

根据 9.1.2，在这种情况下(时间触发器=10 ms)指定的看门狗时间(F_WD_Time)应为 4×最慢的总线传输(4×2 ms)+2×(最慢的设备扫描率(6 ms)+F-主机(15 ms))：F_WD_Time=4×2 ms+2×(6 ms+15 ms)=50 ms。把看门狗时间缩短不会影响系统的安全。但它可能引起不正常的运行，从而影响其可用性。

更详细地规定和描述系统的反应时间和看门狗时间的调整是设备和系统制造商的责任。

标准程序和安全程序模型的组合控制器共享同一个 CPU。两个程序在不同的级别内运行，从而提供了安全程序与标准程序之间的逻辑分离。不同时间触发器值下标准程序的不同分段见图 72。

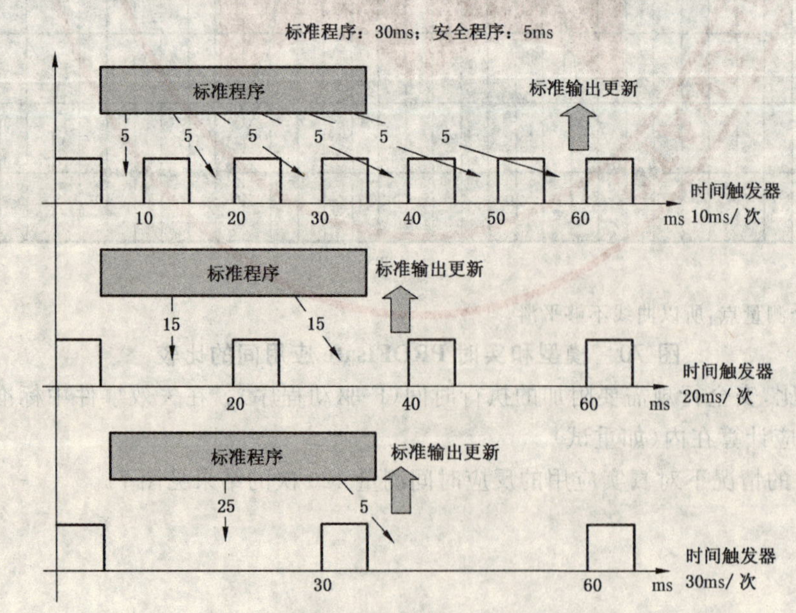

图 72 组合控制器程序分段的例子

12.7 设备制造商提供的数据图表值

为了遵循如 IEC 62061 标准的安全评估规程，建议设备制造商提供必要的数据图表值，如：

——SIL 声明；

——PFD；

——Tbd(其他应被确定的文件)。

12.8 信息安全

本文中信息安全是指防止未经授权访问 PROFIsafe 网络。PROFIsafe 概念没有通过附加的 F-设备信息安全层来提供信息安全，而是把安全子网络保持成“封闭系统”并通过“信息安全盒”来保护网络入口，参见参考文献[31]。

12.8.1 封闭式安全子网络(PROFIsafe 岛)

图 73 说明了如何通过具有加密和授权功能的信息安全盒，把安全子网络连接到 Internet 上以实现远程工程或诊断。无线 LAN 不能用于这种情况。

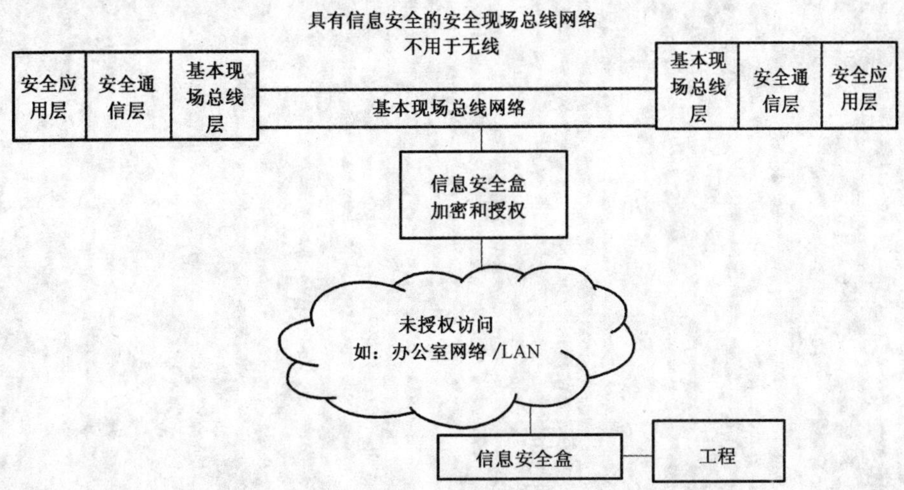

图 73 远程工程的信息安全

12.8.2 开放式安全子网络

当安全子网络跨接在如 Internet、LAN 或 WAN(广域网)等开放式网络上时，可使用图 74 的概念，在这种情况下，可使用无线 LAN。

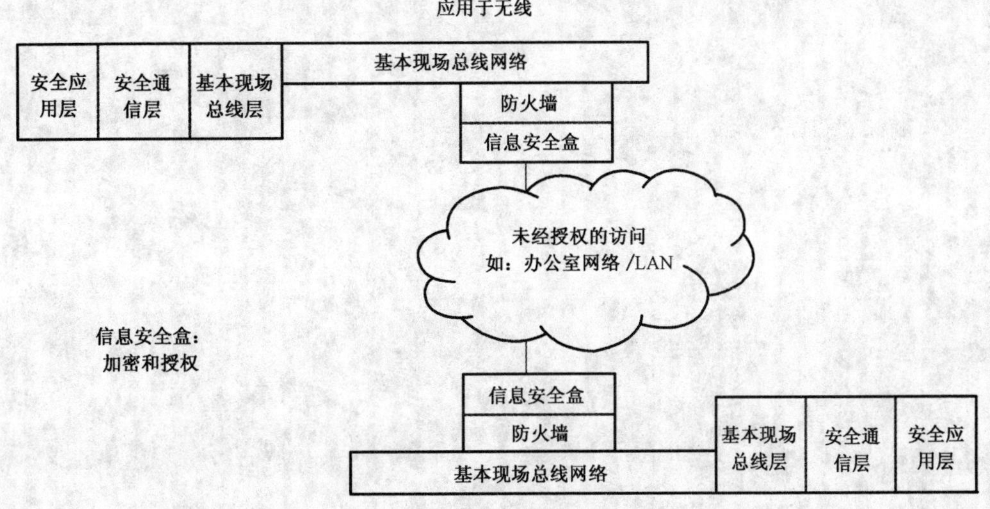

图 74 跨接 Internet 的安全子网络的信息安全

12.9 识别和维护功能

在参考文献[20]中定义了一些参数和访问方法，以便识别 PROFIBUS 网络上的设备以及对它的维护。所有 DP-V1 设备的识别和维护功能是强制性的。

在 PROFINET IO 中，识别和维护功能是基本规范的必备部分。

12.10 PROFIBUS 的安装指南

参见参考文献[24]和[25]。

12.11 认证

参见参考文献[19]。

附 录 A
（资料性附录）
CRC 计算

此过程可检测因数据变更而产生的全部错误的 99.999 994%。因为代码校验也考虑到了字的顺序，所以它也能发现顺序错误。

在 24 位 CRC 代码中，用做生成多项式的值为 15D6DCBh，数据位可为奇数或偶数，在最后的字节之后生成的值相应于被传输的 CRC 代码。

典型的循环冗余校验的“C”过程见图 A.1。

```
void crc24_calc(unsigned char x,unsigned long * r)
  int i;
  for (i=1;i<=8;i++)
      if ((bool)(*r & 0x800000) != (bool)(x & 0x80))
          /* XOR=1=>Shift and process polynomial */
          *r=(*r<<1)^0x5D6DCB;
          else
          /* XOR=0=>pure shift */
          *r=*r<<1;
      x=x<<1;
  /* for */
```

图 A.1 循环冗余校验的典型“C”过程

运行时间优化变量

用于 CRC 代码计算的运行时间优化变量需要较大的存储空间，如下所述：

24 位代码计算见式(A.1)：

$$r = crctab24[((r >> 16)\hat{}*q++)\&0xff]\hat{}(r << 8) \quad \cdots\cdots\cdots\cdots\cdots(A.1)$$

式中：

r——24 位 CRC 结果，初始值为“0”；

q——需要进行 CRC 计算的实际字节值的指针。在读该值之后，此指针通过 q++ 递增，而指向下一个字节。

24 位 CRC 计算所对应的表“Crctab24”见表 A.1。

表 A.1 24 位 CRC 计算

0x000000	0x5D6DCB	0xBADB96	0xE7B65D	0x28DAE7	0x75B72C	0x920171	0xCF6CBA
0x51B5CE	0x0CD805	0xEB6E58	0xB60393	0x796F29	0x2402E2	0xC3B4BF	0x9ED974
0xA36B9C	0xFE0657	0x19B00A	0x44DDC1	0x8BB17B	0xD6DCB0	0x316AED	0x6C0726
0xF2DE52	0xAFB399	0x4805C4	0x15680F	0xDA04B5	0x87697E	0x60DF23	0x3DB2E8
0x1BBAF3	0x46D738	0xA16165	0xFC0CAE	0x336014	0x6E0DDF	0x89BB82	0xD4D649
0x4A0F3D	0x1762F6	0xF0D4AB	0xADB960	0x62D5DA	0x3FB811	0xD80E4C	0x856387
0xB8D16F	0xE5BCA4	0x020AF9	0x5F6732	0x900B88	0xCD6643	0x2AD01E	0x77BDD5
0xE964A1	0xB4096A	0x53BF37	0x0ED2FC	0xC1BE46	0x9CD38D	0x7B65D0	0x26081B
0x3775E6	0x6A182D	0x8DAE70	0xD0C3BB	0x1FAF01	0x42C2CA	0xA57497	0xF8195C
0x66C028	0x3BADE3	0xDC1BBE	0x817675	0x4E1ACF	0x137704	0xF4C159	0xA9AC92

表 A.1（续）

0x941E7A	0xC973B1	0x2EC5EC	0x73A827	0xBCC49D	0xE1A956	0x061F0B	0x5B72C0
0xC5ABB4	0x98C67F	0x7F7022	0x221DE9	0xED7153	0xB01C98	0x57AAC5	0x0AC70E
0x2CCF15	0x71A2DE	0x961483	0xCB7948	0x0415F2	0x597839	0xBECE64	0xE3A3AF
0x7D7ADB	0x201710	0xC7A14D	0x9ACC86	0x55A03C	0x08CDF7	0xEF7BAA	0xB21661
0x8FA489	0xD2C942	0x357F1F	0x6812D4	0xA77E6E	0xFA13A5	0x1DA5F8	0x40C833
0xDE1147	0x837C8C	0x64CAD1	0x39A71A	0xF6CBA0	0xABA66B	0x4C1036	0x117DFD
0x6EEBCC	0x338607	0xD4305A	0x895D91	0x46312B	0x1B5CE0	0xFCEABD	0xA18776
0x3F5E02	0x6233C9	0x858594	0xD8E85F	0x1784E5	0x4AE92E	0xAD5F73	0xF032B8
0xCD8050	0x90ED9B	0x775BC6	0x2A360D	0xE55AB7	0xB8377C	0x5F8121	0x02ECEA
0x9C359E	0xC15855	0x26EE08	0x7B83C3	0xB4EF79	0xE982B2	0x0E34EF	0x535924
0x75513F	0x283CF4	0xCF8AA9	0x92E762	0x5D8BD8	0x00E613	0xE7504E	0xBA3D85
0x24E4F1	0x79893A	0x9E3F67	0xC352AC	0x0C3E16	0x5153DD	0xB6E580	0xEB884B
0xD63AA3	0x8B5768	0x6CE135	0x318CFE	0xFEE044	0xA38D8F	0x443BD2	0x195619
0x878F6D	0xDAE2A6	0x3D54FB	0x603930	0xAF558A	0xF23841	0x158E1C	0x48E3D7
0x599E2A	0x04F3E1	0xE345BC	0xBE2877	0x7144CD	0x2C2906	0xCB9F5B	0x96F290
0x082BE4	0x55462F	0xB2F072	0xEF9DB9	0x20F103	0x7D9CC8	0x9A2A95	0xC7475E
0xFAF5B6	0xA7987D	0x402E20	0x1D43EB	0xD22F51	0x8F429A	0x68F4C7	0x35990C
0xAB4078	0xF62DB3	0x119BEE	0x4CF625	0x839A9F	0xDEF754	0x394109	0x642CC2
0x4224D9	0x1F4912	0xF8FF4F	0xA59284	0x6AFE3E	0x3793F5	0xD025A8	0x8D4863
0x139117	0x4EFCDC	0xA94A81	0xF4274A	0x3B4BF0	0x66263B	0x819066	0xDCFDAD
0xE14F45	0xBC228E	0x5B94D3	0x06F918	0xC995A2	0x94F869	0x734E34	0x2E23FF
0xB0FA8B	0xED9740	0x0A211D	0x574CD6	0x98206C	0xC54DA7	0x22FBFA	0x7F9631

32 位 CRC 计算见式(A.2)：

$$r = \mathrm{crctab32}[((r >> 24)\,\hat{}\,*q{+}{+})\,\&\,0xff]\,\hat{}\,(r << 8) \qquad \cdots\cdots\cdots\cdots\cdots\text{(A.2)}$$

32 位 CRC 计算所对应的表“Crctab32”见表 A.2。

表 A.2　32 位 CRC 计算

00000000	F4ACFB13	1DF50D35	E959F626	3BEA1A6A	CF46E179	261F175F	D2B3EC4C
77D434D4	8378CFC7	6A2139E1	9E8DC2F2	4C3E2EBE	B892D5AD	51CB238B	A567D898
EFA869A8	1B0492BB	F25D649D	06F19F8E	D44273C2	20EE88D1	C9B77EF7	3D1B85E4
987C5D7C	6CD0A66F	85895049	7125AB5A	A3964716	573ABC05	BE634A23	4ACFB130
2BFC2843	DF50D350	36092576	C2A5DE65	10163229	E4BAC93A	0DE33F1C	F94FC40F
5C281C97	A884E784	41DD11A2	B571EAB1	67C206FD	936EFDEE	7A370BC8	8E9BF0DB
C45441EB	30F8BAF8	D9A14CDE	2D0DB7CD	FFBE5B81	0B12A092	E24B56B4	16E7ADA7
B380753F	472C8E2C	AE75780A	5AD98319	886A6F55	7CC69446	959F6260	61339973
57F85086	A354AB95	4A0D5DB3	BEA1A6A0	6C124AEC	98BEB1FF	71E747D9	854BBCCA
202C6452	D4809F41	3DD96967	C9759274	1BC67E38	EF6A852B	0633730D	F29F881E

表 A.2（续）

B850392E	4CFCC23D	A5A5341B	5109CF08	83BA2344	7716D857	9E4F2E71	6AE3D562
CF840DFA	3B28F6E9	D27100CF	26DDFBDC	F46E1790	00C2EC83	E99B1AA5	1D37E1B6
7C0478C5	88A883D6	61F175F0	955D8EE3	47EE62AF	B34299BC	5A1B6F9A	AEB79489
0BD04C11	FF7CB702	16254124	E289BA37	303A567B	C496AD68	2DCF5B4E	D963A05D
93AC116D	6700EA7E	8E591C58	7AF5E74B	A8460B07	5CEAF014	B5B30632	411FFD21
E47825B9	10D4DEAA	F98D288C	0D21D39F	DF923FD3	2B3EC4C0	C26732E6	36CBC9F5
AFF0A10C	5B5C5A1F	B205AC39	46A9572A	941ABB66	60B64075	89EFB653	7D434D40
D82495D8	2C886ECB	C5D198ED	317D63FE	E3CE8FB2	176274A1	FE3B8287	0A977994
4058C8A4	B4F433B7	5DADC591	A9013E82	7BB2D2CE	8F1E29DD	6647DFFB	92EB24E8
378CFC70	C3200763	2A79F145	DED50A56	0C66E61A	F8CA1D09	1193EB2F	E53F103C
840C894F	70A0725C	99F9847A	6D557F69	BFE69325	4B4A6836	A2139E10	56BF6503
F3D8BD9B	07744688	EE2DB0AE	1A814BBD	C832A7F1	3C9E5CE2	D5C7AAC4	216B51D7
6BA4E0E7	9F081BF4	7651EDD2	82FD16C1	504EFA8D	A4E2019E	4DBBF7B8	B9170CAB
1C70D433	E8DC2F20	0185D906	F5292215	279ACE59	D336354A	3A6FC36C	CEC3387F
F808F18A	0CA40A99	E5FDFCBF	115107AC	C3E2EBE0	374E10F3	DE17E6D5	2ABB1DC6
8FDCC55E	7B703E4D	9229C86B	66853378	B436DF34	409A2427	A9C3D201	5D6F2912
17A09822	E30C6331	0A559517	FEF96E04	2C4A8248	D8E6795B	31BF8F7D	C513746E
6074ACF6	94D857E5	7D81A1C3	892D5AD0	5B9EB69C	AF324D8F	466BBBA9	B2C740BA
D3F4D9C9	275822DA	CE01D4FC	3AAD2FEF	E81EC3A3	1CB238B0	F5EBCE96	01473585
A420ED1D	508C160E	B9D5E028	4D791B3B	9FCAF777	6B660C64	823FFA42	76930151
3C5CB061	C8F04B72	21A9BD54	D5054647	07B6AA0B	F31A5118	1A43A73E	EEEF5C2D
4B8884B5	BF247FA6	567D8980	A2D17293	70629EDF	84CE65CC	6D9793EA	993B68F9

参考文献

[1] IEC 61158-2:2003 测量和控制用数字数据通信 工业控制系统用现场总线 第2部分:物理层规范和服务定义(包括勘误表1)

[2] IEC 61158-3:2003 测量和控制用数字数据通信 工业控制系统用现场总线 第3部分:数据链路服务定义

IEC 61158-4:2003 测量和控制用数字数据通信 工业控制系统用现场总线 第4部分:数据链路协议规范(包括勘误表1)

[3] IEC 61158-5:2003 测量和控制用数字数据通信 工业控制系统用现场总线 第5部分:应用层服务定义(包括勘误表1)

IEC 61158-6:2003 测量和控制用数字数据通信 工业控制系统用现场总线 第6部分:应用层协议规范(包括勘误表1)

[4] GS-ET-26 "Grundsatz für die Prüfung und Zertifizierung von Bussystemen für die Übertragung sicherheitsrelevanter Nachrichten.",2002年5月,HVBG,Gustav-Heinemann-Ufer 130,D-50968 Köln

[5b] IEC 61511:2004(所有部分) 过程工业部门仪表型安全系统的功能安全

[5c] IEC 60204-1:2000 机械安全 机械的电气设备 第1部分:一般要求

[5d] IEC 62061:2005 机械安全 电气、电子和可编程电子安全相关系统的功能安全

[5e] ISO 13849-2:2003 机械的安全 控制系统安全相关部件 第2部分:确认(早先为EN 954-2)

[6a] 安全总线系统的新观念,第3次国际会议文集安全应用中的可编程电子系统,1998年5月,Michael Schafer博士,职业安全和健康研究所

[6b] Diter Conrads:数据通信第3版,1996年,Vieweg(德国)ISBN3-528-245891

[7] IEC 62280-1:2002 铁路应用 通信、信令和处理系统 第1部分:封闭式传输系统中的安全通信(早先为EN 50159-1)

IEC 62280-2:2002 铁路应用 通信、信令和处理系统 第2部分:开放型传输系统中的安全通信(早先为EN 50159-2)

[8] EN 50170 PROFIBUS DP和FMS的欧州标准,IEC 61158和IEC 61784的前身

[8b] EN 50156-1:2004 熔炉电气设备

[8c] EN 954-1:1996 机械安全 控制系统的安全相关部件 设计的一般原理

[8d] 德国IEC小组DKE AK 767.0.4:电磁兼容性和功能安全性,2002年Spring出版社

[8e] NFPA79(2002)工业机器设备的电气标准

[9] Andrew S Tanenbaum."计算机网络"第2版 Prentice Hall,N.J.,ISBN0-13-162959-X

[10] Manfred Popp:PROFIBUS DP快速入门,1996年,PNO-Order-No..4.027

[11] W. Wesley Peterson.纠错码,第2版,1981年,MIT出版社,ISBN-0-262-16-039-0

[12] IEC 870-5-1远程控制设备和系统,第5部分:传输协议 第1篇:传输帧格式

[13] PROFIBUS指南:符合IEC6113-3的PROFIBUS通信和代理功能块,V1.2,2001年7月,PNO-Order-No.2.182

[14] PROFOBUS指南:制造商的现场总线设备工具—现场设备的独立集成.V1.2,2001年5月,PNO-Order-NO.2.162

[15] IEC 61784-1:2003 测量和控制用数字数据通信 第1部分:工业控制系统中与现场总线使用有关的连续和离散制造的行规集 类型3和类型10(PROFIBUS DP和PROFINET)

(包括勘误表 1)

[15a] IEC 61784-2(制定中) 测量和控制用数字数据通信 第 2 部分:在实时应用中,基于通信网络的 ISO/IEC 8802-3 的附加行规

[15b] IEC 61784-3(制定中) 测量和控制用数字数据通信 第 3 部分:在工业网络中,功能安全通信行规

[15c] IEC 61784-4(制定中) 测量和控制用数字数据通信 第 4 部分:在工业网络中信息安全通信的行规

[15d] IEC 61918(制定中) 测量和控制用数字数据通信 包含自动化岛在内和之间的现场总线通信媒体的安装实践行规

[16] PROFIBUS 指南:PROFIBUS 设备描述和设备集成规范,第一卷:GSD(通用站描述),草案 V5.03,2005 年 4 月,PNO-Order-No. 2.122

[17] Bruce P. Douglass 产生硬时间,1999 年,Addison-Wesley,ISBN0-201-49837-5

[18] PROFIBUS 指南:PROFIsafe,安装、抗扰性和电气安全附加要求 V1.1,2004 年 6 月,PNO-Order-No. 2.232

[19] PROFIBUS 指南:PROFIsafe,测试和认证规程,V1.0,2003 年 2 月,PNO-Order-No. 2.242

[20] PROFIBUS 行规指南 第 1 部分:识别和维护功能 V1.1,2003 年 5 月,PNO-Order-No. 3.502

[21] PROFIBUS 行规指南 第 3 部分:诊断、报警和时间标记 V1.0,2004 年 6 月,PNO-Order-No. 3.522

[22] PROFINET IO 第 5 部分:应用层服务定义,草案版,PNO-Order-NO. 2.332

[23] PROFINET IO 第 6 部分:应用层协议规范,草案版,PNO-Order-NO. 2.332p6

[24] PROFINET IO 技术指南:安装指南 PROFINET 第 1 部分,V1.8,PNO-Order-No. 2.252

[25] PROFINET IO 技术指南:安装指南 PROFINET 第 2 部分,网络部件,V1.1。PNO-Ordr-No. 2.252p2

[26] PROFINET IO 的 GSDML(通用站描述标记语言)规范,V1.0,PNO-Order-No. 2.352

[26a] ISO 15745-3:2003 工业自动化系统和集成 开放系统应用集成框架结构 第 3 部分:基于控制系统的 IEC 61158 的参考描述

[27] PROFINET IO 的 GSDML 规范,版本 1.9,草案,2005 年 5 月

[28] Manfred Popp and Karl Weber:PROFINET 快速入门,2004 年,PNO-Order-No. 4.182

[29] IEC 61326-3(制定中)测量、控制和实验室用电气设备 电磁兼容性要求 第 3 部分:在工业应用中,执行或计划执行安全相关功能(功能安全)设备的抗扰性要求

[30] PROFIBUS 指南:PROFIsafe-安全技术行规 V1.30,2004 年 6 月,PNO-order-No. 3.092

[31] PROFINET 指南:PROFINET 信息安全,V1.0,2005 年 3 月,PNO-Order-No. 7.002

ICS 77.040.99
H 21

中华人民共和国国家标准

GB/T 20831—2007

电工钢片(带)层间绝缘涂层温度特性测试方法

Methods of assessment of temperature capability of inter laminar insulation coatings of electrical sheet and strip

(IEC 60404-12:1992 Guide to methods of assessment of temperature capability of interlaminar insulation coatings,MOD)

2007-01-11 发布　　2007-06-01 实施

中华人民共和国国家质量监督检验检疫总局
中国国家标准化管理委员会　发布

前　言

本标准修改采用国际电工委员会标准 IEC 60404-12:1992《电工钢片(带)层间绝缘涂层温度特性评定指南》。

本标准在采用国际标准时进行了修改。这些技术性差异用垂直单线标识在它们所涉及的条款的页边空白处,并在附录D中给出了技术性差异及其原因的一览表以供参考。

为了便于使用,本标准还作了下列编辑性修改:

删除了国际标准的前言。

本标准的附录A、附录B是规范性附录;附录C、附录D是资料性附录。

本标准由中国钢铁工业协会提出。

本标准由全国钢标准化技术委员会归口。

本标准起草单位:武汉钢铁(集团)公司、冶金工业信息标准研究院。

本标准主要起草人:杨春甫、吴新春、姚腊红、刘宝石、柳泽燕、冯超。

电工钢片(带)层间绝缘涂层温度特性测试方法

1 范围

本标准规定了电工钢片(带)层间绝缘涂层温度特性测试方法。

本标准适用于从室温到800℃温度范围内的电工钢片(带)层间绝缘涂层温度特性的测试。它包括材料的下列特性:

a) 附着性;

b) 层间电阻;

c) 压缩/叠装系数。

2 规范性引用文件

下列文件中的条款通过本标准的引用而成为本标准的条款。凡是注日期的引用文件,其随后所有的修改单(不包括勘误的内容)或修订版均不适用于本标准,然而,鼓励根据本标准达成协议的各方研究是否可使用这些文件的最新版本。凡是不注日期的引用文件,其最新版本适用于本标准。

GB/T 2522 电工钢片(带)层间电阻、涂层附着性测试方法(GB/T 2522—2007,IEC 60404-11:1999,MOD)

GB/T 2900.60 电工术语 电磁学(GB/T 2900.60—2002,eqv IEC 60050(121):1998)

GB/T 9637 电工术语 磁性材料与元件(GB/T 9637—2001,eqv IEC 60050(221):1990)

ISO 1519 色漆和清漆 弯曲试验(圆柱芯轴)

IEC 60050(131)国际电工词汇 131章:电路理论

3 定义

本标准中使用的磁术语的定义在GB/T 2900.60、GB/T 9637和IEC 60050(131)中给出。

下列定义也适用于本标准:

3.1

温度/时间特性标志 temperature/time performance designation

T/t

与特定的涂层特性有关,是指在温度 T(℃)下,涂层所能经受的时间 t(h),并符合本标准相关测试的要求。

该标志用于表征涂层的温度性能。

注:一个涂层的性能可以有不止一种特性标志。例如:对于一个给定的特性标志800/2表示涂层在800℃可以经受2 h。

3.2

型式试验 type tests

是指对一个与涂层材料相关的有代表性的试样进行一系列测试,并以此评价其特性。

4 技术要求

4.1 温度/时间特性标志

推荐的标准温度/时间特性标志值为:150/168;180/168;200/168;250/168;150/2 500;180/2 500;200/2 500;250/2 500;400/6;500/5;750/2和800/2。

注:持续不断地对涂层进行试验是不切实际的,也是不经济的,因此本标准采用了附录A的A.2条的简化形式。

4.2 附着性测试(根据 ISO 1519)

4.2.1 试样

在离钢板或钢带边部最少 40 mm 的地方沿平行于轧制方向剪切 4 付测试试样。试样的宽度一般不小于 30 mm,长度为 280 mm±2.5 mm,厚度为公称厚度。且不得损坏涂层。

注:一种公称厚度的电工钢钢板绝缘涂层附着性的测试结果可以认为适用于采用该涂层的其他厚度的钢板。

4.2.2 测试方法

取两片试样按附录 B,在(23±5)℃温度,使用直径为 30 mm 的芯杆,对单面涂层或者双面涂层的试样进行测试,一个试样的一面对着芯杆,而另一个试样的另一面对着芯杆。测试试样按附录 B 的 B.3 条进行检查,试样的涂层不应有剥离。

把剩余的两片试样夹紧,并按附录 A 的 A.1 条方法中的一种方法进行加热。

冷却之后,对前面经过加热的试样使用相同直径的芯杆再进行测试。如果涂层剥离,使用 40 mm 直径的芯杆重新测试,如果仍然产生剥离,则使用 50 mm 直径的芯杆。

如果涂层没有剥离,对于附着性来讲,试样具有一个 T/t 对应的温度/时间特性标志。应记下不产生剥离的最小芯杆直径。

4.2.3 测试报告

对于每一个温度/时间特性标志的测试报告应含有下列信息:

a) 涂层和基底材料类型;

b) 热处理期间使用的气氛;

c) 温度/时间特性标志;

d) 加热之后不产生剥离的最小铁芯直径;

e) 标准号和相关的条款。

4.3 层间绝缘电阻的测试(温度/时间特性)

4.3.1 试样

选择足够数量和合适大小的两片试样,以便使试样的总面积能够确保采用常规弗兰克林法(A 方法)测试时能够得到 10 个读数,或采用改进的弗兰克林法(B 方法)测试时能够得到 100 个读数(参见 GB/T 2522)。

4.3.2 测试方法

在(23±5)℃第一片试样应按常规的或者改进型弗兰克林试验法中的任一方法测试。用常规弗兰克林法时,应计算出 10 个读数对应的绝缘电阻平均值,并按表 1 的第 2 栏确定其级别。对于改进的弗兰克林法,应根据测得的电阻值给出 R_{16} 和 R_{50},这时电阻值的 16% 小于 R_{16},50% 小于 R_{50}。涂层的电阻级别应按表 1 的要求确定。

表 1

电阻级别	常规弗兰克林法测试电阻/(Ω·mm²)	改进型弗兰克林法测试电阻/Ω	
		R_{16}	R_{50}
A	0.32×10^3	0.1	0.5
B	0.65×10^3	0.2	1.0
C	1.6×10^3	0.5	2.5
D	3.2×10^3	1	5
E	6.5×10^3	2	10
F	16×10^3	5	25
G	32×10^3	10	50

把另一片试样夹紧并根据附录 A 的 A.1 条中的一种方法加热。对已经加热过的试样，在室温下重复其层间电阻的测量。

温度低于 500℃时，如果加热之后平均的常规弗兰克林法测试的电阻值的降低没有超过 30%时，涂层具有一个对应的温度/时间（T/t）特性标志。同样，如果试样加热之后，用改进的弗兰克林法测得的每一个 R_{16} 和 R_{50} 的值降低没有超过 30%时，涂层具有一个对应的温度/时间（T/t）特性标志。

温度等于和大于 500℃时，如果加热后的涂层仍然符合制造厂指定的如表 1 所规定的冷态电阻级别时，涂层具有一个对应的温度/时间（T/t）特性标志。

4.3.3 测试报告

每一个温度/时间特性标志的测试报告应含有下列信息：

a) 涂层和基材类型；

b) 热处理期间使用的气氛；

c) 使用的试验方法；

d) 加热前弗兰克林法测试的电阻平均值或者 R_{16} 和 R_{50} 值和电阻级别；

e) 加热后弗兰克林法测试的电阻平均值或者 R_{16} 和 R_{50} 值和电阻级别；

f) 加热后弗兰克林法测试的电阻平均值或者每个 R_{16} 和 R_{50} 值分别降低的百分比；

g) 温度/时间特性标志；

h) 标准号和相关条款。

4.4 可压缩性测试

4.4.1 试样

测试试样尺寸为 100 mm×100 mm。

4.4.2 测试方法

可压缩性应在（23±5）℃的温度下测试，并由可压缩性算出叠装系数的变化。按附录 A 的 A.1 条款所叙述的那样，将足够多的试样压在压板之间并夹紧，得到一个 100 mm±0.5 mm 高度。在不释放压力的情况下，测量两压板之间叠片四边的高度，测量精度应达到±0.1 mm 或更高，取 4 个值的平均值。

随后叠装试样应放到一个保温箱内并在温度 T（℃）下保持 t(h)。

叠装试样从保温箱中取出之后，使其冷却到（23±5）℃，如有必要可重新调节压力，然后重新测量四边的高度值。

若加热前后两次测试的叠装试样平均高度的变化小于 1%，对于叠装系数而言，该涂层具有一个对应 T/t 的温度/时间特性标志。

注：加热后叠装系数的测定可显示铁芯在实际使用时产生松弛和振动的可能性。

4.4.3 测试报告

每个温度/时间特性标志的测试报告应给出下列信息：

a) 涂层和基材的类型；

b) 热处理期间使用的气氛；

c) 加热前，在（23±5）℃测试的平均叠装高度；

d) 加热后，在（23±5）℃测试的平均叠装高度；

e) 叠装高度或叠装系数变化百分比；

f) 温度/时间特性标志；

g) 标准号及相关条款。

附 录 A
（规范性附录）
试样的加热方法

A.1 规定时间在 168 h 以内时试样的加热方法

将试样叠放并夹在两块尺寸相同的钢制压板中间，施加 1 N/mm²±0.1 N/mm² 的压力。两块钢制压板的尺寸至少要比试样的尺寸大 10 mm。

可以通过下列两种方法之一达到所施压力。

方法 1：用炉内静重负荷或通过适当绝热棒从炉外施加压力。

方法 2：将试样叠装到如图 A.1 所示的夹具中。使用合适的经过校正的设备，例如压力机、拉伸机或液压千斤顶等，设定 1 N/mm²±0.1 N/mm² 的压力。应旋紧螺栓。所用弹簧及其材料应在试样进行热处理时仍能够基本上维持恒定的压力。

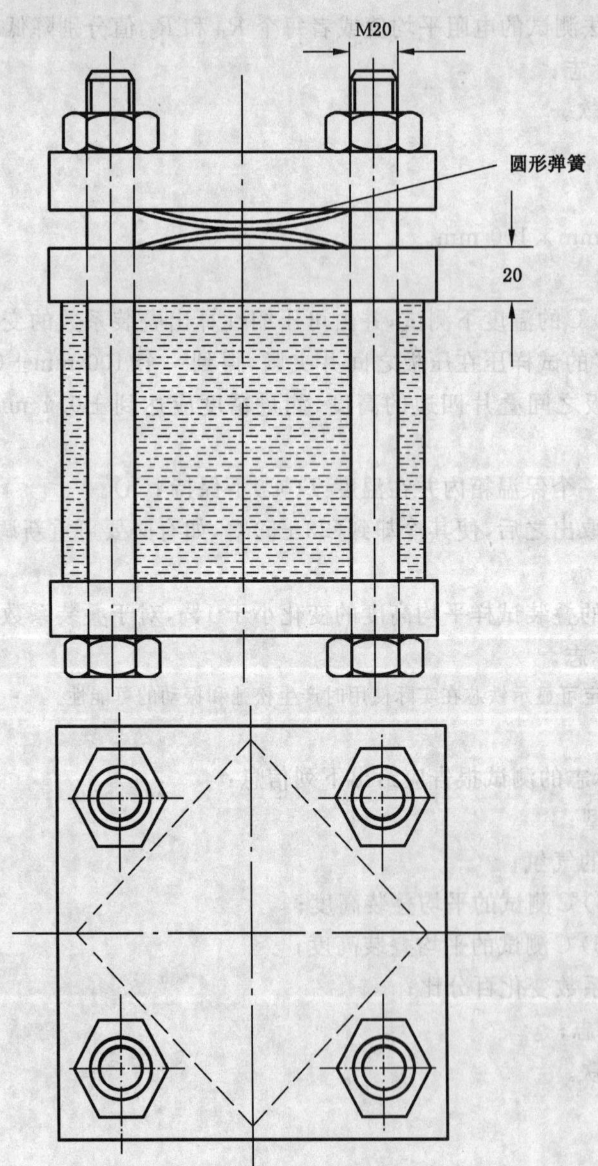

图 A.1 一个夹钳架实例

试样从炉内取出后应立即按规定的压力重新加载，如有必要，应对压力进行调整，该压力要在冷却之前保持 15 s。

温度低于 500℃或等于 500℃时，夹紧的装置应放到含有空气的炉中并在($T\pm1.5\%$)℃温度保留($t\pm1.5\%$)小时，其中 T 和 t 是温度/时间特性标志，然后在炉外冷却。温度在 500℃以上时，可以使用其他保护气体。

加热速度应不大于 200℃/h。

A.2 连续测定时试样的加热方法

在能保证试样加热的连续运转时间的情况下，应按 A.1 的步骤；在不能保证试样连续加热的情况下，试样应在$(T+30)\times(1\pm1.5\%)$℃的温度加热 2 500×(1±1%)h。

附 录 B
（规范性附录）
附着性的测试方法（根据 ISO 1519）

B.1 装置

图 B.1 和图 B.2 是一个适用的装置。该装置使用直径为 30 mm、40 mm 和 50 mm，公差为 ±0.1%mm的圆柱形芯杆。

B.2 测试方法

应安全牢固地把装置固定在工作台靠近边部的地方，以便能够自由地操作。

退出楔形块使试样托板降低，并使用调整螺钉使弯曲块离开芯杆位置。

装入一个适当的芯杆。

放下手柄至垂直位置，然后把试样插入到芯杆与弯曲块之间，直到被测试样从芯杆中心线朝弯曲块伸出大约 40 mm。

用防松螺母和金属压板将待测试样牢固地夹紧在试样托板上。

将楔形块插入楔槽，使试样托板升高直到试样正好与芯杆相接触。

使用调节螺钉升高弯曲块直到其刚好接触测试试样。

提起手柄平滑地转动 180°，不要用力过猛，过程时间约(1～2)s，此时，试样亦绕芯杆弯曲了 180°。

注：可以在试样支架和弯曲块之间的试样涂层面上插一张薄纸片，以防在弯曲操作时擦伤试样涂层。

弯曲后，移动弯曲块使其离开芯杆，并移出楔形块使试样托板降低，拧松防松螺母，释放试样。

B.3 试样检查

弯曲之后，立即检查试样。用目视观察并检验涂层裂纹和(或)与基底剥离情况，忽略离测试试样边部 5 mm 内的涂层表面。

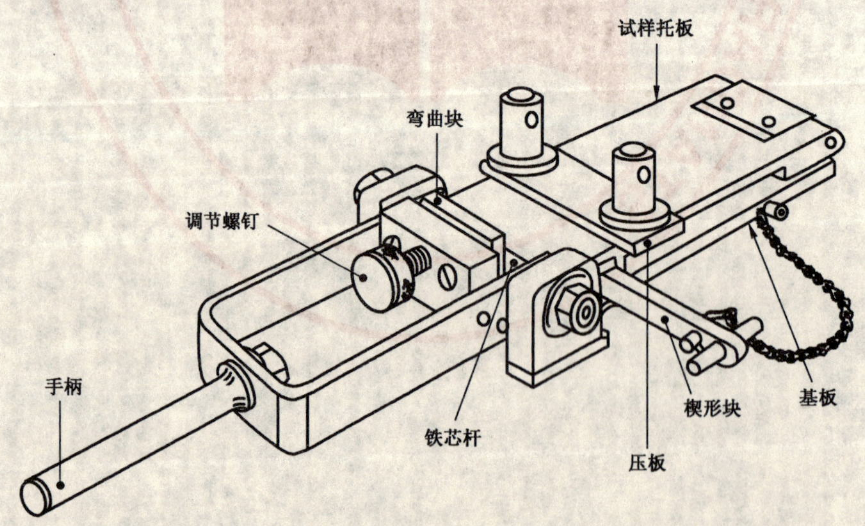

图 B.1 弯曲测试设备

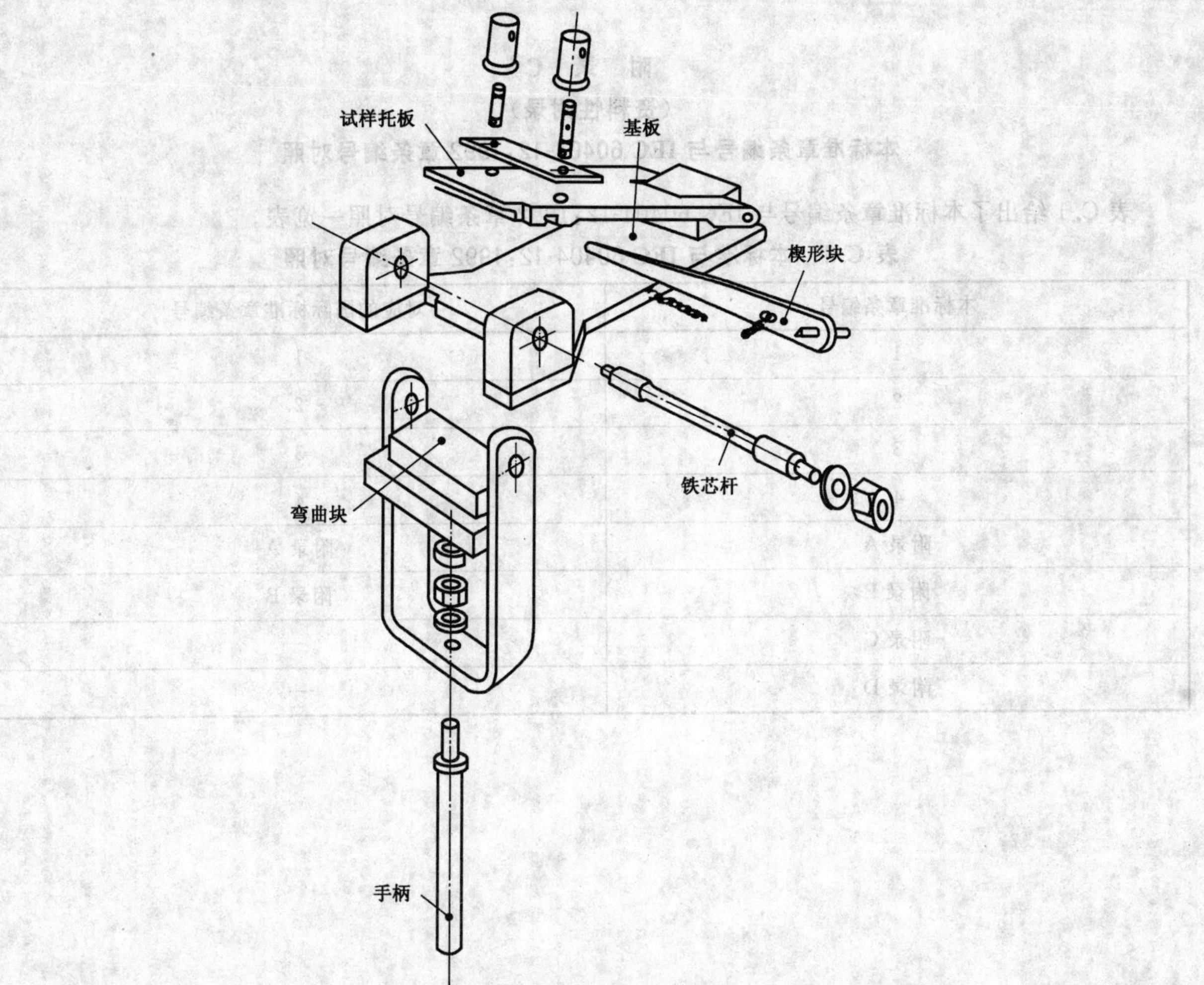

图 B.2 弯曲测试设备详图

附　录　C
（资料性附录）
本标准章条编号与 IEC 60404-12:1992 章条编号对照

表 C.1 给出了本标准章条编号与 IEC 60404-12:1992 章条编号对照一览表。

表 C.1　本标准与 IEC 60404-12:1992 章条编号对照

本标准章条编号	对应的国际标准章条编号
1	1
2	2
3	3
4	4
附录 A	附录 A
附录 B	附录 B
附录 C	—
附录 D	—

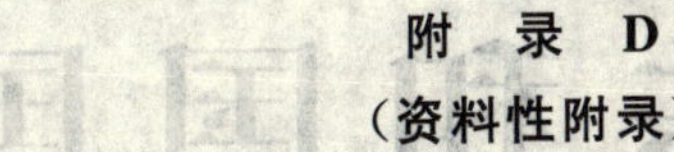

附 录 D
（资料性附录）
本标准与 IEC 60404-12：1992 的技术性差异及原因

本部分章条编号	技术性差异	原　因
1	取消正文中提到的有关 IEC 60404-8 的内容	我国电工钢产品标准与 IEC 60404-8 包括的内容不完全对应
2	取消规范性引用文件中的 IEC 60404-8 和 IEC 60216-1：1990	IEC 60404-8 包括的内容与我国电工钢产品标准不完全对应； IEC 60216-1：1990 中被引用的内容在本标准中不适用
4.1	取消正文中提到的有关 IEC 60216-1：1990 的内容	IEC 60216-1：1990 中被引用的内容在本标准中不适用

ICS 77.040.10
H 22

中华人民共和国国家标准

GB/T 20832—2007/ISO 3785:2006

金属材料 试样轴线相对于产品织构的标识

Metallic materials—Designation of test specimen axes in relation to product texture

(ISO 3785:2006,IDT)

2007-01-11 发布

2007-06-01 实施

中华人民共和国国家质量监督检验检疫总局
中国国家标准化管理委员会 发布

前　言

本标准等同采用国际标准 ISO 3785:2006《金属材料　试样轴线相对于产品织构的标识》(英文版)。

本标准是根据 ISO 3785:2006 采用翻译法起草的,在文本结构和技术内容方面与 ISO 3785:2006 一致,但根据我国编写标准的有关规定做了如下编辑性修改:

——用“本标准”代替“本国际标准”;

——用中文的句号“。”代替英文符号“.”;

——删除了国际标准前言,增加了本标准的前言。

本标准的附录 A 是资料性附录。

本标准由中国钢铁工业协会提出。

本标准由全国钢标准化技术委员会归口。

本标准起草单位:钢铁研究总院、冶金工业信息标准研究院。

本标准主要起草人:高怡斐、董莉、吴增强。

引　言

金属产品的力学性能,尤其是那些特征化的延性和韧性,诸如延伸率、断面收缩率、断裂韧性和冲击韧性等性能都依赖于试样在产品中的位置和取向,也就是与产品的主要加工方向、晶粒流动方向和产品的织构方向有关。本标准就是指定一种方法用来规定与产品织构相关的试样取向。

金属材料
试样轴线相对于产品织构的标识

1 范围

本标准规定了一种利用 X-Y-Z 正交坐标系对相对于产品织构的试样轴线进行标识的方法，可应用于无缺口和缺口(或预裂纹)金属试样。

本方法仅适用于可清楚地识别织构规律一致的金属材料。

在试样加工之前应确定试样取向，按照本标准的规定对其标识并做记录。

2 标识体系

2.1 通则

对于锻造金属，本方法利用 X-Y-Z 正交坐标系指定产品的特定方向为试样轴线：

a) X 轴通常指定为主要变形方向(在产品中最大晶粒流动方向)；

b) Y 轴为最小变形方向；

c) Z 轴为 X-Y 平面的垂直方向。

2.2 试样取向与产品的特征晶粒流动方向不一致

当试样取向与产品的特征晶粒流动方向不一致时，在 3.2.2 和 3.2.4 中用两个字母指定无缺口试样，在 4.2 中用两个字母指定缺口试样。

2.3 无晶粒流动方向

当没有晶粒流动方向时，例如铸件，应在零件图上明确标出试样的位置和取向，在试验结果中不做标识。

3 无缺口试样的标识

3.1 一般规定

无缺口试样相对于产品晶粒流动方向的各种标识见图 1。

3.2 扁平产品

3.2.1 与晶粒流动方向一致

对于非圆截面的产品，在三个坐标轴方向晶粒流动特征不同，试样要按照晶粒流动方向来取，并且规定为 X 或 Y 或 Z 方向试样，见图 1 a)。

3.2.2 与晶粒流动方向不一致

对于非圆截面和在三个坐标轴方向晶粒流动特征不同的产品，试样取向位于产品的两个特征晶粒流动方向的正中间时，试样按照图 1 f)规定为 XY,YZ 或 XZ 方向。当试样取向既不与产品的特征晶粒流动方向一致，也不在特征晶粒流动方向的正中间，而与特征晶粒流动方向成一角度时，那么在两个指定的字母之间应标明角度，第一个字母代表试样轴线倾斜的方向，第二个字母代表试样轴线偏离倾斜的方向。这种标识法仅限于方向矢量在 X、Y、Z 正交坐标轴系描述的三个平面之一上。当方向矢量在这三个平面以外时，应当在产品或零件图上明确标明试样的位置和取向，在试验结果中不做试样的取向标识。

3.2.3 与晶粒流动主方向一致

对于在 Y 和 Z 方向具有相同晶粒流动特征的非圆截面的产品，试样取向通常为晶粒流动的 X 方向

(主方向)，也可以指定为 Y 方向或 Z 方向，见图 1 a)。

3.2.4 与晶粒流动主方向不一致

对于在 Y 和 Z 方向具有相同晶粒流动的非圆截面产品，试样取向位于产品两个特征晶粒流动方向的正中间时，试样取向规定为 XY、XZ 或 YZ 方向，见图 1 f)。当试样取向既不与产品的特征晶粒流动方向一致，也不在特征晶粒流动方向的正中间，而与特征晶粒流动方向成一角度时，那么在两个指定的字母之间应标明角度，第一个字母代表试样轴线倾斜的方向，第二个字母代表试样轴线偏离倾斜的方向。这种标识法仅限于方向矢量在 X、Y、Z 正交坐标轴系描述的三个平面之一上。当方向矢量在这三个平面以外时，应当在产品或零件图上明确标明试样的位置和取向，在试验结果中不做试样的取向标识。

3.3 棒材和厚壁管

图 1 b)和图 1 c)所示的试样取向适用于实心棒材，图 1 d)所示的试样取向适用于空心圆柱体(厚壁管)。

3.4 螺旋形晶粒流动方向的薄壁管

图 1 e)所示的试样取向适用于螺旋形晶粒流动方向的产品，尤其是薄壁管。

3.5 铸件

在铸件中没有晶粒流动方向，应当在零件图上明确标出试样的位置和取向，在试验结果中不做试样的取向标识。

4 缺口(或预裂纹)试样的标识

4.1 一般规定

对于缺口(或预裂纹)试样裂纹扩展平面和方向与产品特征晶粒流动方向一致的标识方法是用连字符连接的两个字母来表示。连字符前面的字母代表裂纹平面的法线方向，连字符后面的字符代表预期的裂纹扩展方向。

4.2 与晶粒流动方向一致

当试样取向与产品的特征晶粒流动方向一致时，一个字母代表裂纹平面的法线方向，另一个字母代表预期的裂纹扩展方向，见图 2 a)、2 c)和 2 d)。

4.3 与晶粒流动方向不一致

当试样取向位于产品特征晶粒流动方向的正中间时，连字符前字母表示裂纹平面的法线方向而连字符后字母表示预期的裂纹扩展方向，见图 2 b)。当试样取向既不与产品的特征晶粒流动方向一致，也不在两个特征晶粒流动方向的正中间，而与特征晶粒流动方向成一角度时，那么在两个指定的字母之间应标明角度，第一个字母代表试样轴线倾斜的方向，第二个字母代表试样轴线偏离倾斜的方向。这种标识法仅限于方向矢量在 X、Y、Z 正交坐标轴系描述的三个平面之一上。当方向矢量在这三个平面以外时，应当在产品或零件图上明确标明试样的位置和取向，在试验结果中不做试样的取向标识。

4.4 无晶粒流动方向

当没有晶粒流动方向时，例如在铸件中，应当在零件图上明确标出试样的位置和取向，并且在试验结果中不做标识。

4.5 焊接件

一个正在制定的国际标准包含了焊接试验方法，在特定的示意图上对焊接试样的位置和取向做了规定。当该方法被国际标准采纳时，焊接试样的位置和取向示意图将成为本标准的一部分。

5 标识方法在材料规范中的应用

5.1 一般规定

对于板材和棒材这些形状规则的产品，其产品特征方向的试样取向和位置标识是直接的。了解产品的生产和加工的试样取向很重要，因为标识一些复杂结构形状的产品比较困难。

5.2 与晶粒流动方向不一致

在与晶粒流动方向不一致的情况下，试样的位置和取向应该参考零件的几何形状，并应随同零件的生产和加工说明书在零件图上注明。

5.3 材料规范

试样的选取应与有关的技术规范相一致。

5.4 比较

当对产品的力学性能进行比较时，试样的位置和取向相对于晶粒流动方向最好保持一致。否则，试验结果之间没有可比性。

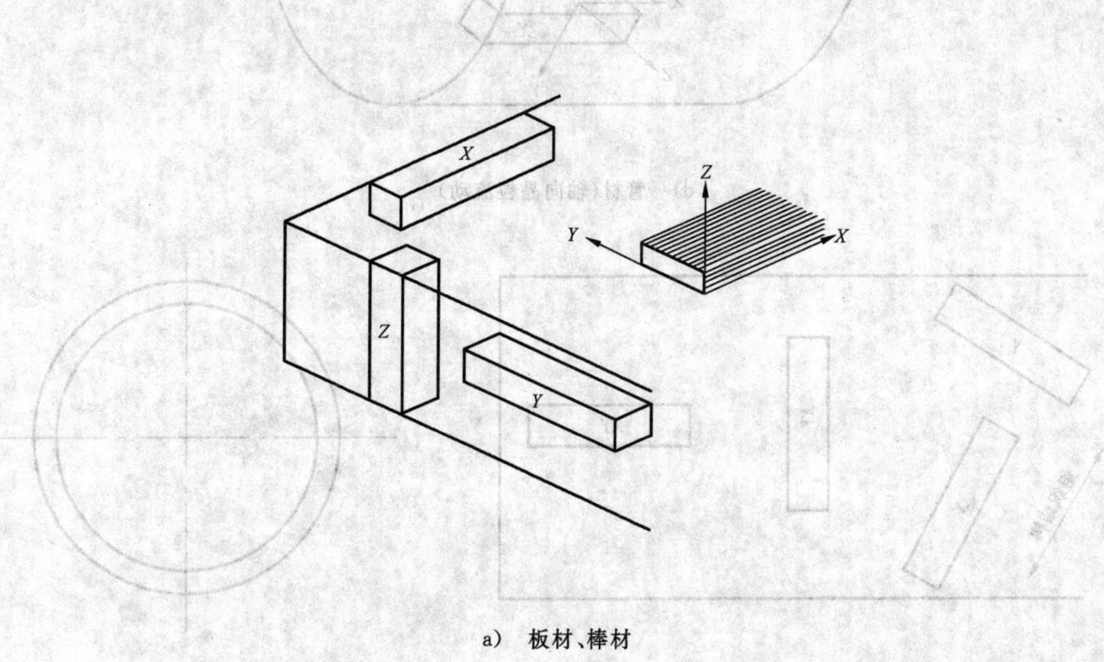

a) 板材、棒材

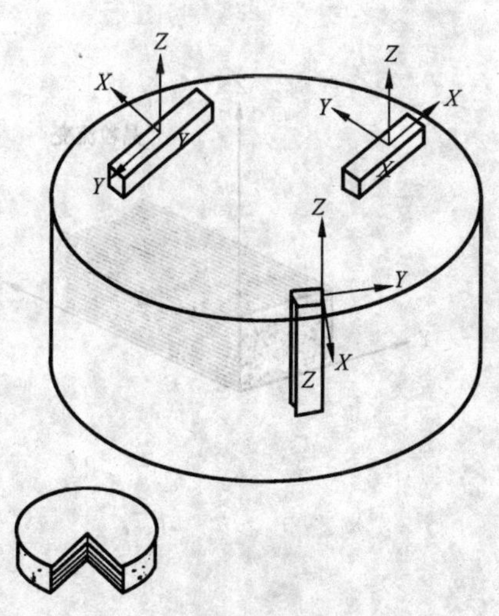

b) 径向晶粒流动，轴向加工方向的棒材

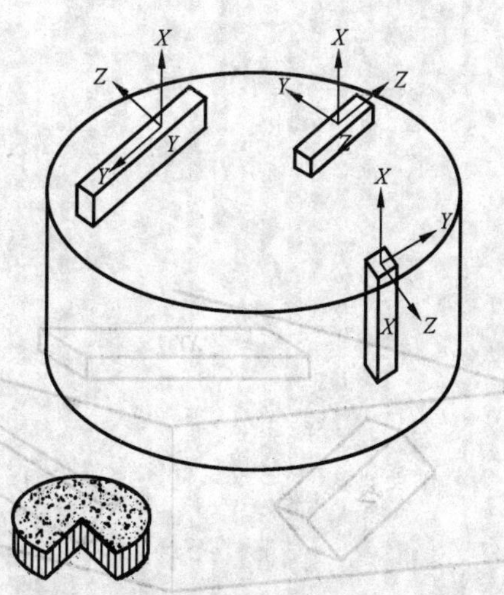

c) 轴向晶粒流动，径向加工方向的棒材

图 1 无缺口试样的标识

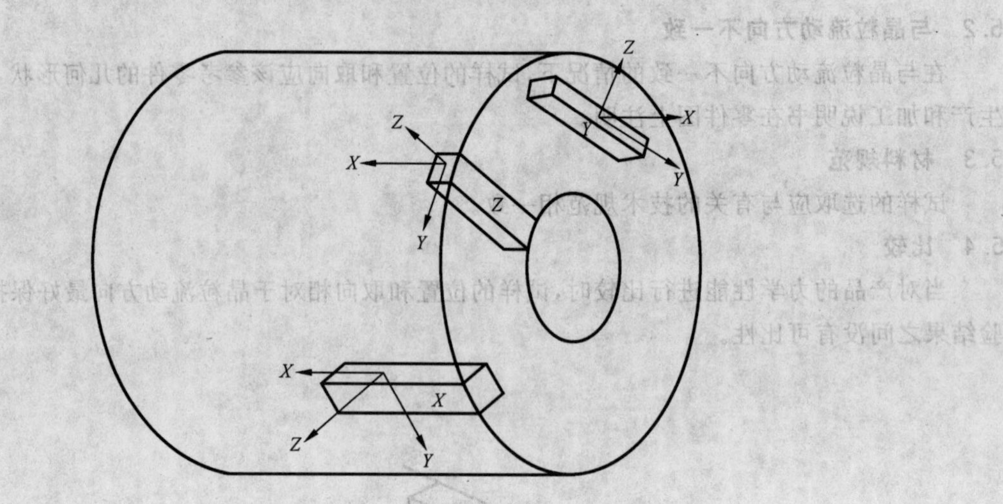

d) 管材(轴向晶粒流动)

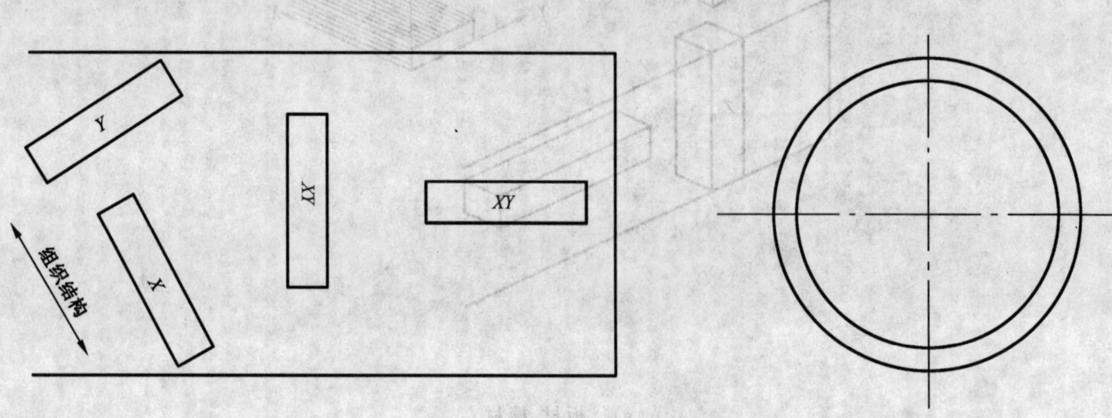

e) 具有螺旋形晶粒流动的薄壁管

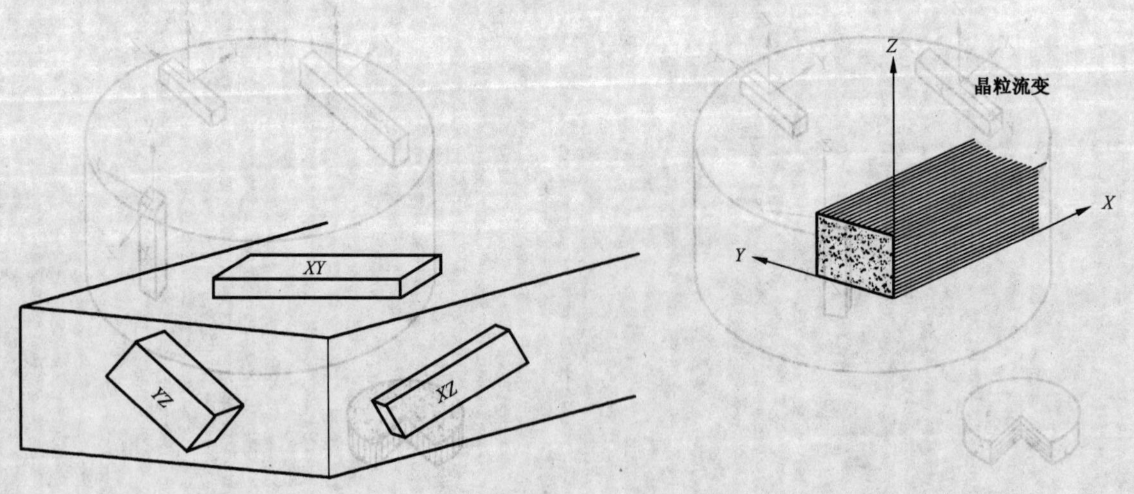

f) 与晶粒流动方向不一致的板材

图 1 (续)

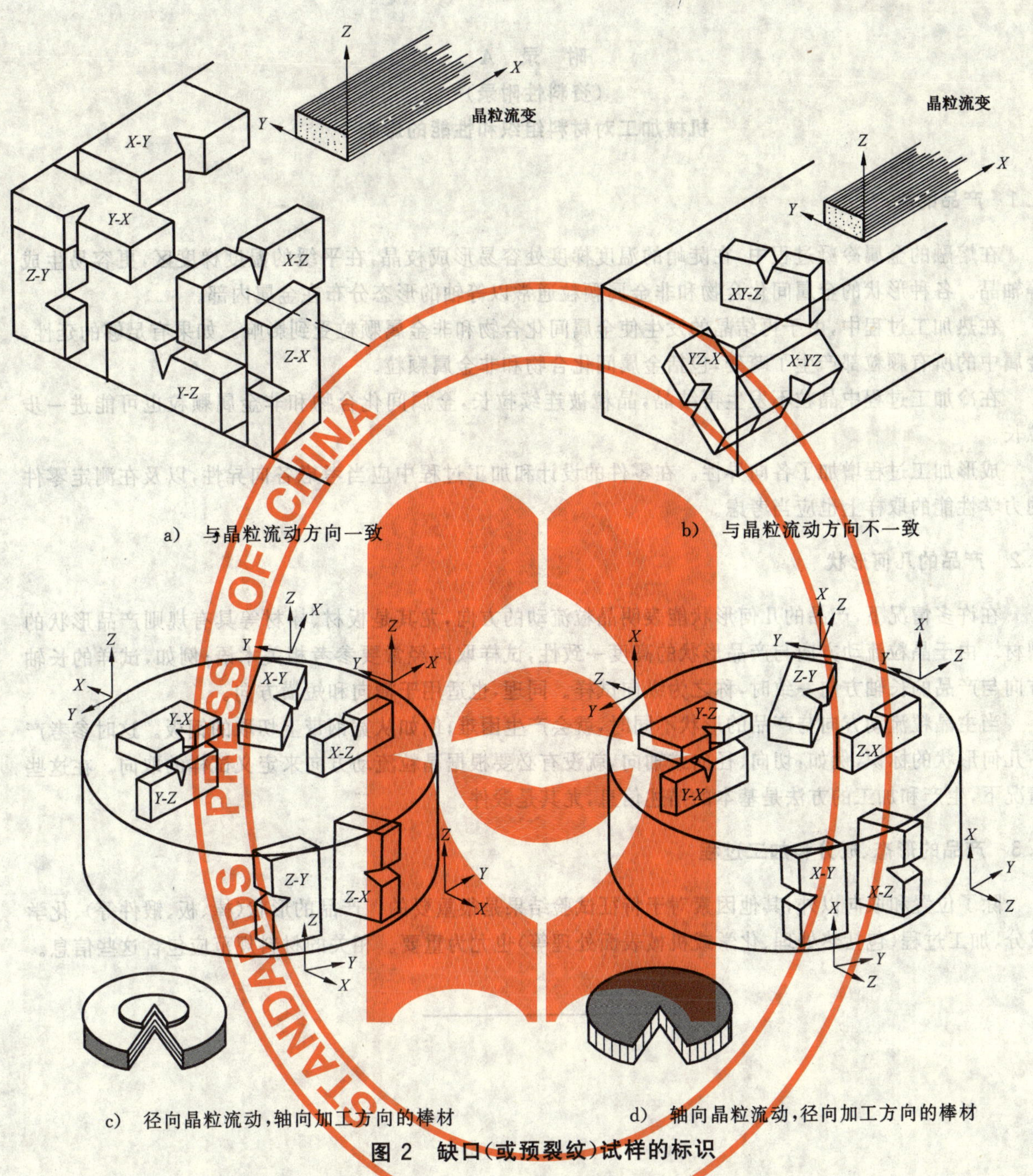

a) 与晶粒流动方向一致

b) 与晶粒流动方向不一致

c) 径向晶粒流动，轴向加工方向的棒材

d) 轴向晶粒流动，径向加工方向的棒材

图 2 缺口(或预裂纹)试样的标识

附 录 A
（资料性附录）
机械加工对材料组织和性能的影响

A.1 产品的生产

在熔融的金属冷凝过程中，在陡峭的温度梯度处容易形成枝晶，在平缓的温度梯度区，更容易生成等轴晶。各种形状的金属间化合物和非金属颗粒通常以等轴的形态分布在金属内部。

在热加工过程中，由于再结晶的发生使金属间化合物和非金属颗粒受到影响。如果有足够的延性，金属中的所有颗粒都产生了畸变，包括金属间化合物和非金属颗粒。

在冷加工过程中晶粒不发生再结晶，晶粒被连续拉长，金属间化合物和非金属颗粒也可能进一步拉长。

成形加工过程增加了各向异性。在零件的设计和加工过程中应当考虑各向异性，以及在测定零件的力学性能的取样上也应当考虑。

A.2 产品的几何形状

在许多情况下，产品的几何形状能表明晶粒流动的方向，尤其是板材、棒材等具有规则产品形状的型材。由于晶粒流动方向与产品形状的高度一致性，试样取向经常要参考相关术语；例如，试样的长轴方向与产品的长轴方向一致时，称之为纵向试样。同理，也适用于横向和短横方向。

当主晶粒流动方向与产品的形状不同时，就会产生困难；例如从宽钢带上切取的钢板。这时参考产品几何形状的标识，例如：切向、径向或轴向，就没有必要根据晶粒流动方向来定义试样的取向。在这些情况下，生产和加工的方法是基本的描述信息，尤其是锻件。

A.3 产品的形态、成分和加工过程

除了位置和取向以外，其他因素对于特征试验结果是很重要的。产品的形状（棒、板、锻件等）、化学成分、加工过程（包括热处理、化学或机械表面处理等）也尤为重要。相关的材料规范应包含这些信息。

ICS 29.160.01
K 20

中华人民共和国国家标准

GB/T 20833—2007

旋转电机定子线棒及绕组局部放电的测量方法及评定导则

The guide for partial discharge measurements and evaluation on stator bar and winding insulation of rotating machinery

2007-01-16 发布　　　　2007-08-01 实施

中华人民共和国国家质量监督检验检疫总局
中国国家标准化管理委员会　发布

前言

局部放电(PD)测量是一种评价设备绝缘优劣的灵敏方法,特别在检验新电机定子绕组绝缘质量时,可以评判绕组部件(例如,成型线圈和线棒等)及整体绕组和整体浸渍定子的绝缘质量。

目前旋转电机的局部放电测量已经为大多数人所接受,但它是从几种不同的研究发展而来的,有着多种不同的测量方法,同时也有多种不同的评定标准和分析方法。因此,需要给那些正在考虑利用局部放电测量来评价旋转电机绝缘系统的用户提供一个测量导则,以统一测量方法。

本标准主要参照 IEC 60034-27 E.1(草案)《旋转电机定子绕组绝缘局部放电离线测量》和 IEEE 1434— 2000《旋转电机的局部放电测量试用导则》。局部放电的评价标准根据国内十几家制造厂和试验单位的试验结果统计得到。

本标准附录 A 为规范性附录,附录 B~附录 F 为资料性附录。

本标准由中国电器工业协会提出。

本标准由全国旋转电机标准化技术委员会归口。

本标准负责起草单位:华东电力试验研究院、华东电网公司、哈尔滨大电机研究所、广东中试所、辽宁省电力科学研究院、上海汽轮发电机有限公司、山东齐鲁电机制造公司、北京北重汽轮电机有限责任公司、东方电机股份有限公司、华北电科院、湖北电试院、河南中试所、国家中小型电机检测中心。

本标准主要起草人:李福兴、徐光昶、隋银德、杨楚明、王建军、舒武庆、隗刚、董蜀元、潘庆辉、白亚民、阮羚、潘勇、张生德。

本标准为首次发布。

旋转电机定子线棒及绕组局部放电的测量方法及评定导则

1 范围

本标准适用于电压等级 6 kV 及以上槽部有防晕层的线棒或成型线圈的旋转电机，本标准的测量方法也适用于槽部无防晕层的电机，但测试结果会有不同，本标准不涉及此评价。

本标准定义了旋转电机局部放电的术语，推荐的试验程序和仪器的一般要求、试验方法、试验结果和试验的评价标准。局部放电测量应包括下列内容：

a) 测量系统和仪器；

b) 试验回路的布置；

c) 试验程序的标准化；

d) 噪声的降低；

e) 试验结果档案；

f) 试验结果的评价。

本标准主要规定了使用频率在 0.1 Hz～400 Hz 的交流电源对旋转电机定子绕组进行局部放电离线测量的电气测量方法。

2 规范性引用文件

下列文件中的条款通过本标准的引用而成为本标准的条款。凡是注日期的引用文件，其随后所有的修改单（不包括勘误的内容）或修订版均不适用本标准，然而，鼓励使用本标准的各方应探讨使用下列标准最新版本的可能性。凡是不注日期的引用文件，其最新版本适用于本标准。

GB/T 7354—2003 局部放电测量(IEC 60270:2000,IDT)

GB/T 16927.1—1997 高电压试验技术 第一部分：一般试验要求(eqv IEC 60060-1:1989)

GB/T 16927.2—1997 高电压试验技术 第二部分：测量系统(eqv IEC 60060-2:1994)

IEC 60034-27 旋转电机定子绕组局部放电离线测量（草案）

IEEE 1434:2000 旋转电机的局部放电测量试用导则

3 术语和定义

GB/T 7354—2003 中的局部放电一般术语和定义适用于本标准，另外本标准根据 IEC 60034-27 给出适用于旋转电机局部放电测量的术语和定义。

3.1

局部放电 partial discharge;PD

导体间绝缘仅被部分桥接的电气放电。这种放电可以在导体附近发生也可以不在导体附近发生。本标准中的局部放电包括：槽放电、绝缘内部放电、线棒脱壳放电和端部表面放电。

3.2

离线测量 off-line measurement

在旋转电机停机状态下进行的测量。指断开电机的电源，试验电压由一个独立的电源供应。

3.3

在线测量 on-line measurement

在旋转电机正常运行时进行的测量。

3.4

端部防晕涂层　stress control coating

在高压电机的定子线棒和绕组上，从槽部低阻层向端部延伸出来的用于主绝缘外面的涂层或带子。防晕层部分搭接在低阻层上，在二者之间应有良好的电气接触，以形成一个均匀的电场。

3.5

槽部防晕层　conductive slot coating

覆在或涂于定子线棒(线圈)槽部主绝缘外的半导体带/漆。通常称作半导体层。该层与定子铁心形成良好的电气接触。

3.6

电阻型检温元件　resistance temperature detector；RTD

用于定子绕组温度测量的电阻型元件，通常位于槽内上层和下层线棒之间。

3.7

槽放电　slot discharges

在定子槽内线圈或线棒的绝缘表面与接地铁心叠片之间发生的放电。

3.8

绝缘内部放电　internal discharges

绝缘内部空隙发生的放电。

3.9

端部表面放电　surface discharges

伸出定子铁心槽部的定子线圈或线棒的绝缘表面上发生的放电。

3.10

脉冲高度分布　pulse height distribution

在设定的相位间隔内，一系列幅值在一定范围内的脉冲数目。

3.11

脉冲相位分布　pulse phase distribution

在设定的相位间隔内，一系列相位在一定范围内的脉冲数目。

3.12

局部放电模式　partial distribution pattern

预先设定的时间间隔内，一系列相位和幅值在一定范围内的脉冲数目。

3.13

耦合装置　coupling device

耦合装置通常是指一个有源或无源的四端网络，它把输入电流转换成输出电压信号。这些信号由传输系统传给测量仪器。耦合装置的频率响应按输出电压与输入电流之比定义，其选择至少要有效防止试验电压及其谐波频率进入测量系统。

3.14

局放耦合单元　PD coupling unit

一个局放耦合单元由一个低感的高压耦合电容和一个低压耦合装置串联而成。

3.15

重复出现的最大局放值　largest repeatedly occurring PD magnitude

Q

重复出现的最大局放值为由测量系统记录到的最大脉冲序列的响应(GB/T 7354—2000，4.3.3)。或者认为具有每秒10个脉冲重复率(*pps*)的一个局放脉冲值，它可以直接从一组脉冲高度分布定量出。

4 旋转电机中局部放电的性质

4.1 局部放电的机理

通常，局部放电(PD)发生在绝缘材料介电特性不均匀的部位。在这些部位，局部电场强度可能集中。由于局部电场强度过高，会导致该部位局部击穿。这种局部击穿并不会导致绝缘系统的完全崩溃。局部放电的发展一般需要一个空气穴，例如绝缘内部的、靠近导体的或者绝缘分界面的气体孔穴。

在有交流电压源的情况下，绝缘系统中某个部位的局部电场强度将随着电压升高而增加，一旦局部场强畸变超过该部位的击穿场强，局部放电就开始发生。因此在交流电压的一个周期内可能会产生大量的局部放电脉冲。

放电时传递的电荷量与不均匀介质的具体特性有密切关系，诸如尺寸、击穿电压和相关材料的特有绝缘性质(例如表面特性、气体种类、气体压力等等)。

高压电机定子绕组绝缘系统通常会有一些局部放电活动，而无机云母成分对局部放电具有固有的抵抗性。因此，在电机中出现严重的放电通常是绝缘缺陷的征兆，但不是故障的直接原因。例如制造质量问题或者服役后的劣化。然而，在特殊情况下，电机中的局部放电也可能直接损害绝缘并影响老化过程。引发故障的时间可能与局部放电水平无关，但与其他的因素有关，例如运行温度、槽楔情况、污染程度等等。

局部放电的测量和分析能有效地用于新绕组和绕组部件的质量控制以及绝缘缺陷的早期检测，这些绝缘缺陷由运行中的热、电、环境和机械应力等因素引起，并可能导致绝缘故障。

4.2 旋转电机中局部放电的类型

因制造工艺、制造缺陷、服役中的正常老化或非正常老化的情况，局部放电可能最终会对定子绕组绝缘系统产生贯穿性的破坏。电机设计、使用材料的特性、制造工艺、运行状况等等，会直接影响主要局部放电的大小、位置、特性、发展趋势。对于一台成型的电机，各种局部放电源可以根据他们特有的局部放电行为加以甄别和区分出来。

4.2.1 内部放电

4.2.1.1 内部孔穴

高压旋转电机设计在制造过程尽量使绝缘系统内部孔穴最小，但在树脂浸渍云母带绝缘系统中仍不可避免地存在一些孔穴。实际上，电机绝缘系统中的云母阻止了局部放电发展成贯穿性击穿。因此，绝缘内部孔穴只要足够小，并且未显著增大，就不会降低电机运行的可靠性。

4.2.1.2 内部分层

主绝缘内的分层是由绝缘系统制造过程固化不够彻底或者受运行期间机械或热的过应力而引起的。在一个大的面积上可能发展出大面积的孔隙，从而导致相当高的能量放电，这将严重地损害绝缘。特别是，分层将减少绝缘的热传导性，并导致绝缘的加速老化甚至热击穿。因此，在评定局部放电行为时，分层应特别重视。

4.2.1.3 绝缘与导体间分层

主绝缘与铜导体间的交界面处的分层是危险的，它会引起热循环恶化，并造成导体匝间或股间的绝缘严重损坏。

4.2.2 槽放电

因槽部或槽口区域的线棒/或线圈的振动，而导致导电层损坏引起的放电。例如由于沉降使槽楔松动、材料腐蚀、磨损、化学侵蚀或者制造缺陷。高压电机中的槽放电将会加快发展。在出现严重的机械损伤时，将会产生高能的放电，导致主绝缘的损坏并最终引发绝缘故障。在槽放电的发展初期，放电像是接触火花放电而不像典型的局部放电。这种接触火花放电也可以在低电位发生，例如在绕组的中性点附近。尽管检测到的放电现象与最终的绝缘失效之间的时间无法确定，但可能会很短。因此，为了预防该损坏，在早期阶段有必要进行可靠地检测。

4.2.3 绕组端部表面放电

绕组端部区域的局部放电可能集中在几个局部电场强度较高的位置。这种放电通常发生在定子绕组端部不同元件的交界面上。如果交界面设计不周、污染、孔隙、热效应等使绕组端部的防晕层失效，就不能保证电场分布均匀，线棒端部表面放电将会发展，并将逐渐腐蚀绝缘材料。虽然由于表面影响可能使局部放电行为发展相对较快，但这通常仍然是个非常缓慢的失效过程。此外，局部放电也可能发生在相间，例如在清理不干净的交界面上、在端部突出部分支撑系统的元件上，或者在绕组端部表面上对地之间的放电。

4.2.4 导电粒子

导电颗粒，特别是小的粒子，例如因绕组污染引起，会在某些部位产生强烈的局部放电的。这可能会导致绝缘内出现“针孔”。

4.3 绕组中的脉冲传播

局部放电发生时，局部放电电流可看成一个上升时间只有几个纳秒的瞬时脉冲。由于短脉冲的频谱较宽，而定子绕组表现为一个分布参数的试品，这就会出现行波和复杂的电容电感耦合现象及谐振现象，因此需考虑局放脉冲传播现象。由于行波的衰减、畸变、反射和交叉耦合，绕组终端所记录的局放信号波形和幅值与初始发生时不同。故旋转电机的局部放电测量需作以下几点说明。

a) 局放源到传感器的传递函数是未知的，它取决于电机的结构，并决定了定子绕组的频率响应。局放源的能量可视作对绝缘侵蚀的程度，但它不能直接测量到。

b) 定子绕组的特有高频传输现象所产生的终端局放信号，可视为被试电机和局放源位置的特征。

c) 当行波通过绕组时，局放信号的特高频部分开始衰减，这与局放初始状态有关，在试品的终端上也许无法检测到。

因此，上述提到的现象不仅与定子绕组结构有关，而且与局放检测系统包括耦合装置的频率响应有关，这将大大影响绕组终端上的信号检测特征。

5 测量系统和仪器

5.1 总则

根据 GB/T 7354—2003 要求，本标准主要描述局部放电的电气测量方法，这是因为局部放电的电气传导测量是最通常的评价旋转电机绕组绝缘的方法，非电量法测量和定位将在附录 B 中介绍。

局部放电测量系统可以分成如下几个子系统，耦合装置、传输系统（例如连接的电缆或光缆）和测量仪器以及校正装置。一般情况下，除某些信号可能会衰减外，传输系统不会对回路特性产生影响，因此对这部分不做特别考虑。

5.2 测量系统频率响应的影响

局部放电检测系统（包括局部放电耦合单元）的频率响应决定了能检测到多少来自绕组的局部放电信号能量。因此，系统的频率响应，特别是使用的耦合单元的类型，对检测的整体灵敏度有相当大的影响。由于下限截止频率的不同，下列定性关系对整体绕组测量基本是适用的：

a) 低频测量，灵敏度较高，不仅能测到线棒/线圈中近传感器的局部放电，也能测到那些源自于绕组中更远处的局部放电。然而，低频范围会较多地受到噪声和骚扰的影响。

b) 特高频测量，只能获得局部放电全部能量一小部分，仅对源自于近传感器的信号具有较好的灵敏度。然而，这个频率范围可能较少受到噪声和骚扰的影响。

对于离线局部放电试验，为了获得源自于整体绕组的局部放电信号的合适的灵敏度，可在较高频率范围内改善信噪比，但建议使用宽带局部放电测量系统，其频率响应具有上限截止频率约1 MHz。根据GB/T 7354—2003，下限截止频率应该在几十kHz的范围。为了详细分析在终端附近发生的局部放电，可采用更广的高频范围辅助测试，以提供更有用的信息。

应该注意，绕组的结构和使用的测量回路，在局部放电测量设备的频率范围内可能发生谐振现象，因此也会影响局部放电测量结果。

5.3 局部放电耦合单元的影响

定子绕组的离线局部放电测量和绕组部件的局部放电试验，常常使用电容式耦合单元。它由一个高压电容和一个低压耦合装置串联构成。在测量独立的绕组部件时，耦合装置也可以与被试品串联连接(见图5b))。低压耦合装置连接到传输系统。

高压电容、耦合装置、传输系统以及测量系统的输入阻抗表现为一个高通滤波器。因此，增大输入阻抗或者采用更高的电容值将增加灵敏度。

图1示意了一个理想化的局部放电脉冲的频率响应和不同的局部放电耦合单元的传输函数，耦合单元有一个高压电容器，低压侧有一个阻性测量阻抗 $Z_m=R$。图中标出的局部放电脉冲和耦合单元的频谱的重叠部分，表示5 ns的 RC 时间常数能测到的信号能量。实际情况，由于寄生电感和电容的影响，这种系统表现出带通滤波器的特性。

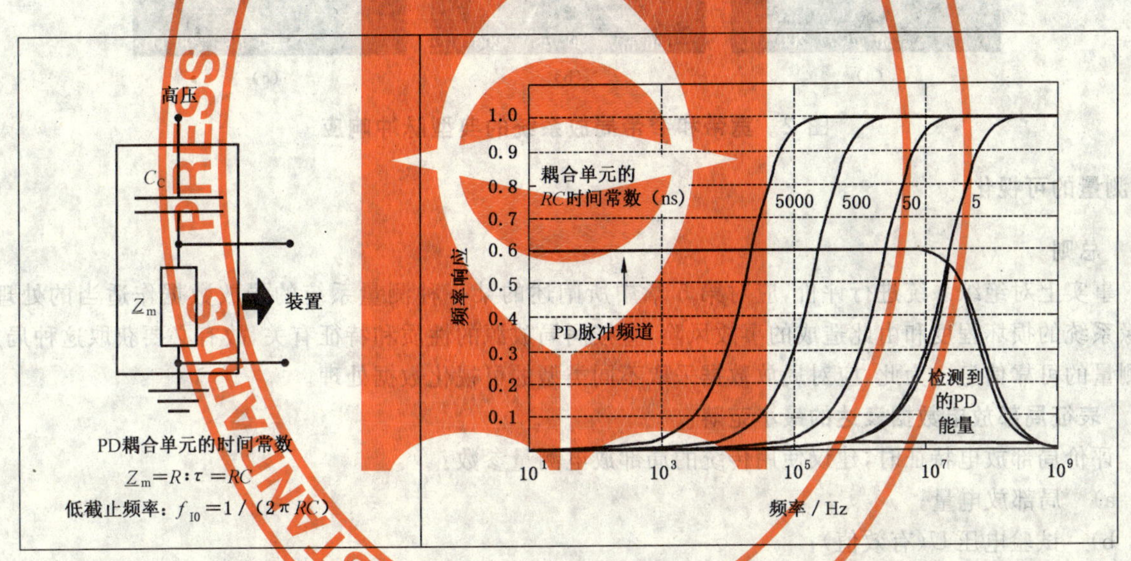

图1 不同时间常数的耦合单元和局部放电脉冲的频率响应

5.4 宽带和窄带测量系统

5.4.1 宽带系统

根据GB/T 7354规定，局部放电测量系统的带宽超过100 kHz，就定义为宽带。对旋转电机来说，宽带测量系统通常使用的频带接近1 MHz。有些测量系统使用的频带到500 MHz。系统的频带决定了耦合装置的频率响应和测量仪器的信号处理。

5.4.2 窄带系统

窄带局放测量设备的特点是频带较窄在9 kHz～30 kHz之间，带中心频率在至1 MHz频率范围内变化。在云母绝缘材料内通常会产生大量的局部放电，故振荡脉冲衰减时间长的放电会导致连续放电脉冲的互相叠加(见图2)。这样可能会引起个别脉冲电荷的读数误差。因此窄带测量系统在旋转电机的局部放电测量上很少采用。

5.4.3 **平方率**

根据 GB/T 7354—2003 规定，平方率一般以平方库仑每秒(C^2/s)表示，对大的脉冲占了很大的权重。窄带滤波器的中心频率在几个 kHz，窄频宽在几百个 Hz。滤波器的输出结果送入平方率检测仪，检测结果对按 C^2/s 定义超过一定水平之上用分贝(dB)表示。检测按平方率筛选，直到一限值为止。当连续的放电之间的时间随机时，该读数有偏差。在这种情况下，读数与内部放电的能量损耗成正比。

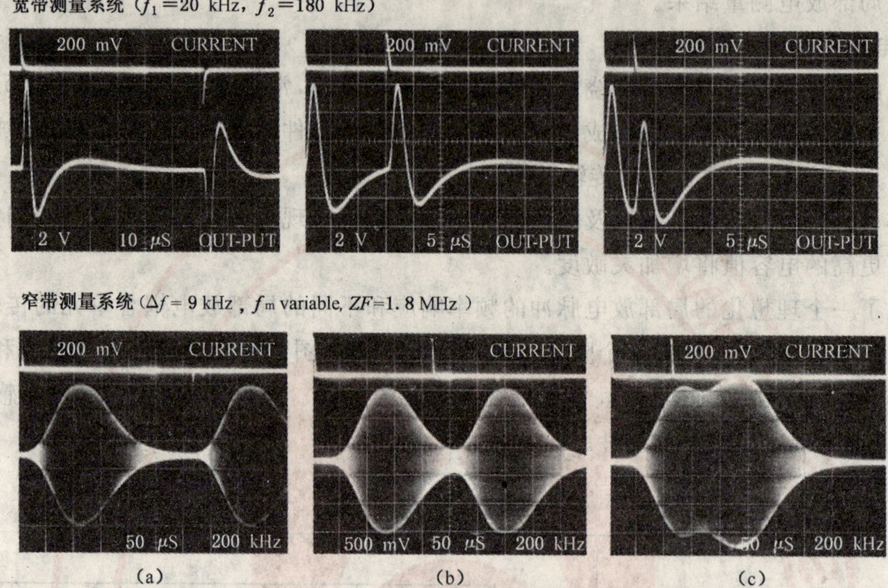

图 2 宽带和窄带局放系统的典型脉冲响应

6 测量的可视化

6.1 总则

事实上对绝缘系统进行评价，应对第 5 章中所阐述的某一种测量系统的局放数据作适当的处理。绝缘系统的损坏程度和由此造成的事故风险，直接同局放源的性质和特征有关，故有必要获取这种局放源测量的可靠信息。为此，应对局放数据采取不同类型的可视化数据处理。

6.2 表征局部放电数据表达的最小范畴

评价局部放电特征时，建议使用传统的局部放电测量参数：

a) 局部放电量；

b) 试验电压 U(有效值)；

局部放电量，即最大的重复出现的量值，可以用电压(mV)或视在电荷(pC)表示，并可以依照 GB/T 7354—2003 确定其数值。原则上说，用于确定局部放电量大小的测量单元是任意的。局部放电量 Q 与施加在绕组或绕组单元上的试验电压 U 相关，在从这两个参数获得的关系曲线中，不论升高或降低电压，二者的关系表示为函数 $Q=f(U)$。试验电压应根据 9.1.5 要求至采用持续或阶跃方式升至最高电压值，然后降至最低试验电压。

另外，依照 GB/T 7354，可以由图 3 中的曲线 $Q=f(U)$ 测定试品的局部放电的起始电压(PDIV)和熄灭电压(PDEV)。起始和熄灭电压与局部放电量的规定的较低阈值有关，该阈值通常是背景噪声水平。因此，用于估计 PDIV 和 PDEV 的检测界限可能会明显地变化，它取决于试验期间的背景噪声水平。

图 3 是 $Q=f(U)$ 曲线的例子。一般用电压作横坐标，局放量 q 作纵坐标。电压轴采用线性刻度。将电压值以预先规定的参考值，例如最大的试验电压 U_{max}，以便于比较。局放量坐标值可以是线性的或对数的，主要取决于所测局放值的范围。

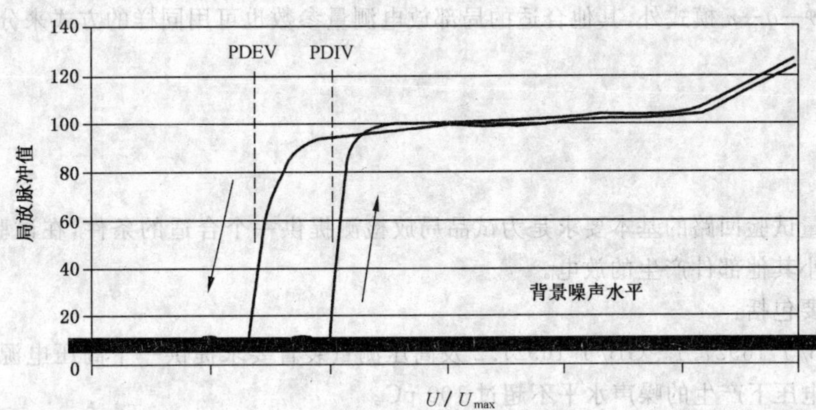

图 3　局放量与正常测试电压的函数关系 $Q=f(U/U_{max})$

6.3　表征局部放电数据的其他方法

6.3.1　总则

使用数字局部放电测量设备时,可捕获在测量时间段内局部放电发生时一系列局放脉冲的视在电荷 q_i,t_1 时刻的瞬时电压值 u_i 或工频交流试验电压周波内的相位角 ϕ_i。每次局放发生时,局部放电的测量数据被记录在测量设备上并存档,用于进行分析和处理。

依照 GB/T 7354—2003,能够从局放数据中导出其他量,比如累积电荷、放电电流、平方率、放电功率、放电能量和 NQN。然而,由数字系统导出的局放参量依赖于试验期间的特殊的仪器设置,例如触发水平等等。通过在随后的分析中使用合适的图表,能够将局放测量可视化,进而可以评估绝缘系统的状态。不论是局放参数的统计分布、单次测量的局放参数的相位离散或者时间离散表达,还是特定参数的所谓的散点图(例如脉冲高度分布、脉冲相位分布、离散相位脉冲高度分布、脉冲序列示波图、局放分布图等等),都可以用于这一目的。

有关局放模式类型的更详细信息以及用于进一步分析的局放图形可参见参考文献[2]。

6.3.2　推荐的局部放电模式

局部放电模式可以看作一个局放分布图,在图上特定局放参量与散点图相关联,以便于获得关于局放源活动的信息。一般采用 2 维局放分布图表示。一种被推荐用于鉴别定子绕组绝缘系统中局放原因的局放模式是 $\phi-q-n$ 模式,其中对每个单独的局放脉冲而言,以局放量 q_i 为纵坐标,以发生相位 ϕ_i 为横坐标。在散点图中,可以通过采用适当的颜色标记来显示每个相位/幅值窗口内的局放发生频率。图 4 为 $\phi-q-n$ 模式的一个例子。

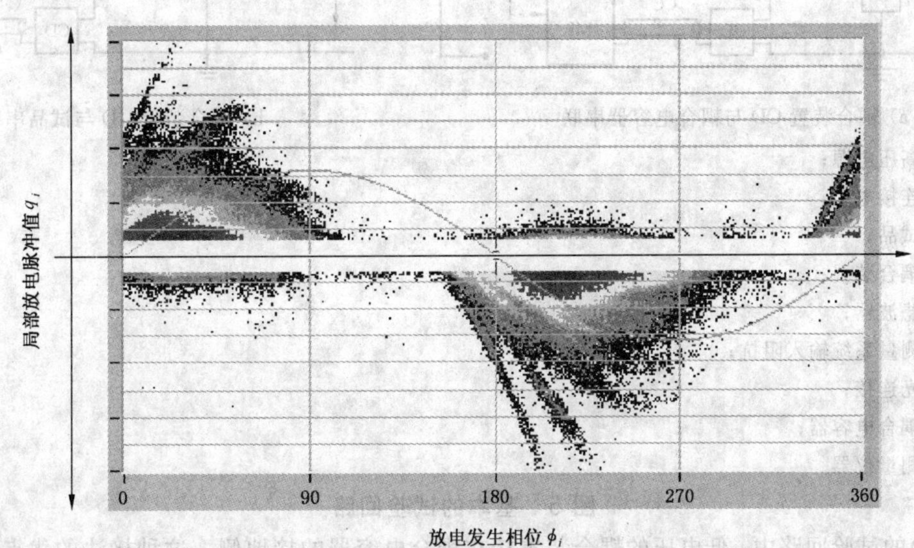

图 4　一个 $\phi-q-n$ 局部放电模式的例子

除了通常的$\phi-q-n$模式外，其他合适的局部放电测量参数也可用同样的方式来分析，并为以后的分析建立分布图。

7 试验回路

7.1 总则

局部放电测量试验回路的基本要求是为试品局放检测提供一个合适的条件，在试验回路中除试品外要求尽可能减小其他部件产生的放电。

试验回路主要包括：

a） 按照 GB/T 16927.1～GB/T 16927.2 及高压测量装置要求提供一个高压电源，高压电源在最高试验电压下产生的噪声水平不超过 100 pC。

b） 1个电压测量装置；

c） 1个合适的局放耦合单元；

d） 1根连接测量阻抗到局放测量装置电缆，该电缆要求足够低的阻尼特性和良好的屏蔽；

e） 局部放电测量系统；

f） 背景噪声足够低的高压连接，在最高试验电压下不超过 100 pC。

为了保证测试回路不影响试品局部放电的测量，根据 9.1.6 试验程序，试验应先将试验回路电压升至最高试验电压而无明显放电。在测试程序过程中，回路的骚扰不允许大到局部放电规定的最低起始测量值，在试品和高压电源之间接入一个阻抗或滤波器。起到衰减来自高压电源的骚扰，例如，来自试验变压器、高压导线和套管的局放，或者试验电压中的谐波进入或接近测量系统的频带干扰。另外，对外部噪声、骚扰和测量灵敏度的有关信息可参见附录 D 和附录 E。

整个测试回路要求是低感回路，接地连接建议采用低感连接。

7.2 单个绕组部件

对单个绕组部件（定子线棒，线圈等）的局部放电测量推荐使用符合 GB/T 7354—2003 中的两个基本试验回路（见图 5）。

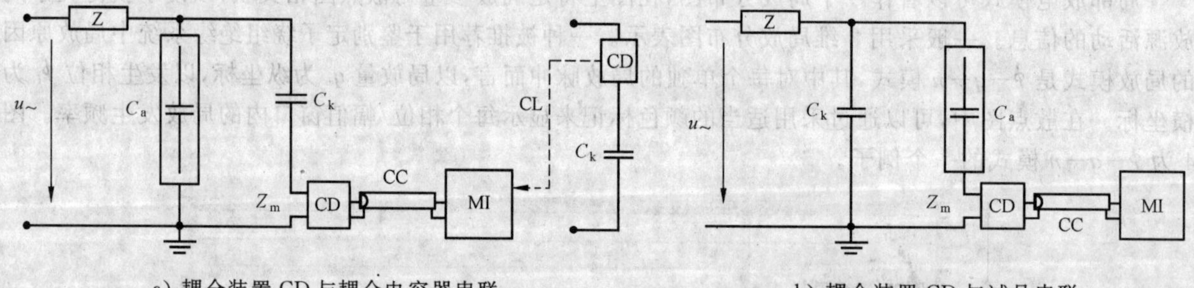

a）耦合装置 CD 与耦合电容器串联　　b）耦合装置 CD 与试品串联

$u\sim$——高压电源；

CC——连接电缆；

C_a——试品；

CD——耦合装置；

Z——滤波器；

Z_m——测量系统输入阻抗；

CL——光连接；

C_k——耦合电容器；

MI——测量仪器。

图 5　基本的试验回路

在图 5a）的试验回路中，低电压的耦合装置接在耦合电容器的接地侧。这种接法的优点是适用于接地试品，试品直接接到高压端和大地之间。在这种情况下如果发生绝缘事故，测量设备上不承受高压。

在图5b)的试验回路中，耦合装置接在试品的接地侧。试品的低压侧同大地隔离。对小电容的试品来说，这个试验回路的灵敏度比图5a)回路要好。图5a)图5b)中的局放测量信号的极性相反。

在上述两种试验回路中，保护回路应组合在耦合装置中，并考虑能承受在试验期间试品可能发生故障时的击穿电流。

7.3 整体绕组

局部放电在绕组高压端测量可获得真实的局放信息，它决定于星形点的紧密连接和测量设备所选的连接方法。

高压电源和局放耦合单元应分别连接至绕组两端，以便利用绕组的阻尼效应来抑制传导来的骚扰。局放耦合单元应尽可能靠近绕组端。定子铁心正常情况下应可靠接地。

图6测试回路给出了对U相进行局部放电测量，U、V、W为绕组高压端，X、Y、Z为绕组的星形侧。

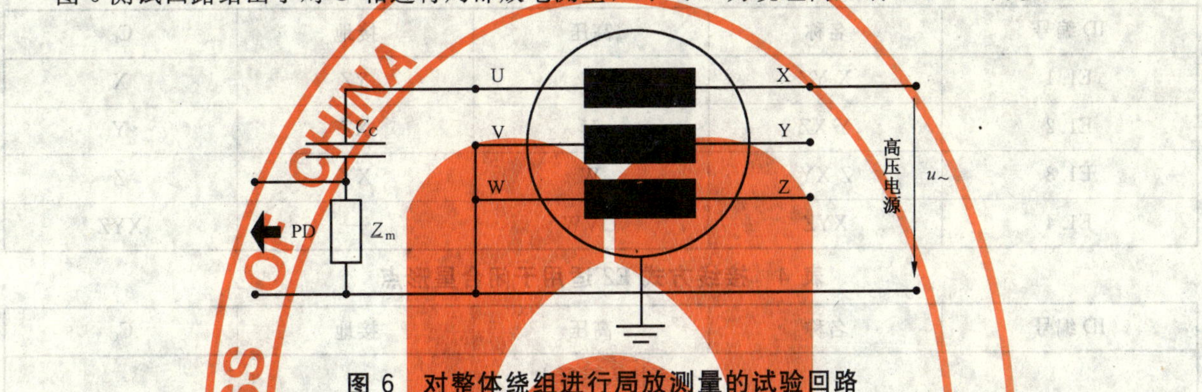

图6 对整体绕组进行局放测量的试验回路

7.3.1 推荐的标准测量

对可拆分星形点绕组的局放测量的接线方式在表1中给出。表2推荐的是可接入星形点和不可接入的星形点的测量方式。为了检查制造后的产品质量应进行局放测量，以便对局部放电结果进行比较和趋势分析。表1和表2推荐了对新的和老化的绕组进行局放测量方法。

表1 接线方式S1适用于可拆分星形点

ID编号	名称	高压	地	C_C
S1.1	U-VW	X	VW	U
S1.2	V-UW	Y	UW	V
S1.3	W-UV	Z	VU	W
S1.4	UVW	XYZ	—	UVW

表2 接线方式S2适用于闭合星形点

ID编号	名称	高压	地	C_C
可接入星形点				
S2.1	VUW	XYZ	—	UVW
不可接入星形点				
S2.2	UVW	UVW	—	UVW

对可拆分星形点绕组，S1.1-S1.3与S1.4的测量结果的比较，可以检测和区分出在绕组两相之间特别的局部放电源。例如，由于制造缺陷或因运行导致老化的情况。

根据提供电源的容量和绕组的电容量，对整体绕组加压可能比较困难。如是这样，表1中对可拆分星形点整体绕组对地的测量可以省去。但对新绕组必须进行。例如，对小电机，制造后采用一个简单的测试程序，甚至对可拆分星形点的绕组只进行S1.4一项。但这对绕组将来的状况比较和趋势分析只能提供少量的信息，并且不能甄别两绕组间可能的放电。

在可以消除电源干扰的情况下，可采用 S1.1-S1.4 和 S2.1 测量方法，绕组的两个端头并接，例如，相侧和中心点侧(UX、VY、WZ)两头可以并接。对绝缘缺陷或制造缺陷，在绕组两侧测量具有相同的灵敏度。

7.3.2 可选择的补充测量(EX.X)

除 7.3.1 中表 1 和表 2 给出的标准测量方法外，另外有一些补充测量可供选择，以便对绕组绝缘的局放性质作更详细的研究。这些测量方法列在表 3 和表 4 中。如果标准测量方法表明局放源需进一步研究，在这些测量方法之外仍然可以选择其他合适的方法。无论怎样，需要进行哪一种补充测量，应由用户和制造厂协商决定。

表 3 接线方式 E1 适用于可拆分星形点

ID 编号	名称	高压	接地	C_C
E1.1	X-YZ	U	YZ	X
E1.2	Y-XZ	V	XZ	Y
E1.3	Z-XY	W	XY	Z
E1.4	XYZ	UVW	—	XYZ

表 4 接线方式 E2 适用于闭合星形点

ID 编号	名称	高压	接地	C_C
可接入星形点				
E2.1	U	XYZ	—	U
E2.2	V	XYZ	—	V
E2.3	W	XYZ	—	W
E2.4	XYZ	UVW	—	XYZ
不可接入星形点				
E2.5	U	V	—	U
E2.6	V	W	—	V
E2.7	W	U	—	W

由于局放脉冲沿绕组传播会衰减，局放试验可以利用该特点，采用表 3 和表 4 所列的补充测量方法作为 7.3.1 中表 1 和表 2 标准测量方法的补充，在定子绕组系统内得到更多详细的有关主要局放源的详尽位置。

8 标准化测量

8.1 总则

4.3 提及的在电机绕组中由于脉冲传播、谐振和相互交叉耦合的影响，校正是不容易的。标准化的目的就是排除测试回路的各种影响。例如，电源的连接、杂散电容、耦合电容和试品电容，当电机与测试回路连接好后，在绕组端注入一个标准的参考脉冲。标准化是保证局放测量系统能提供足够的灵敏度，以测量到一个真正的局放量的准确值。另外测试回路的标准化对使用相同局放设备并对具有相同电机结构的试品的测量结构进行相互比较。测试回路的标准化应采用标准脉冲发生器(校正器)注入已知量的短时电流脉冲来校正测量所得的读数，校准器应符合 GB/T 7354—2003 的规定。

以下两点必须重申：

a) 标准化不能确定绕组绝缘中某个部位的实际局放，在绕组绝缘系统中实际的局放源与放置的传感器之间信号传递函数是由电机结构本身所决定的，它只是局放源位置同绕组结构的一个函数。

b) 电机端子上的标准化并不能真正代表定子绕组内某部位实际发生的局放脉冲。一般，对整体绕组的标准化测量并不需要提供对绝缘系统绝对的测量值。

校正的目的是为了验证局部放电测量系统能够正确地测量规定的局放值。完整试验回路的测量系统校正应按照 8.2 和 8.3 来进行，用以确定视在电荷测量的刻度因数，即确定试品和试验回路电容量的比值。当用 mV 或 mA 测量局放量时，试验回路会影响到试验结果。通常的校正方法是，校准器应符合 GB/T 7354—2003 的要求。

有必要强调，第 4 章中所提及到的电机绕组中脉冲传播现象和每种定子绕组的设计的特征频率响应有关，在高频测量系统中，整体绕组的校正并不能准确反映定子绕组中的实际放电量。但在低频测量系统中，这种校正的误差往往是可以接受的。对单个绕组元件不需考虑脉冲传播现象，可使用视在电荷的校正作为不同试品间绝对比较的基准。

8.2 单个绕组部件

对单个绕组部件的局放测试回路见 7.2，标准化应根据 GB/T 7354—2003(第 5 章、图 4)对整个试验回路注入一个规定的脉冲量进行校正，并进行随后的局放测量。在试品绕组两端使用标准脉冲发生器进行校正，高压电源应连接到测试回路，但不加电压。

校正值应在一个合适的范围内进行，以保证局放测量的精度。对单个绕组部件，局部放电量的测量根据 GB/T 7354—2003 推荐用视在放电量 q 以 pC 表示。

8.3 整体绕组

对整体绕组，标准化测试回路根据 7.3 要求在电机端或 PD 耦合单元位置采用标准脉冲发生器注入一个规定的局放量的电流脉冲。这是模拟在测量时在电机端部出现的局放脉冲。应该注意，使用 pC 或 mV 测量对不同的电机不能提供一个直接比较的基准值。

在开始局放测试前，原则上需对 7.3 中的每个测试回路进行标准化。如果局放试验按顺序进行，例如：S1.1、S1.2、S1.3。可以利用三相绕组的对称性，只需对这些测量进行最初的标准化。

试验时根据单个电机的尺寸可以对每相分别进行标准化。对大型电机由于短路环连接的影响，三相具有对称可以不需要考虑。

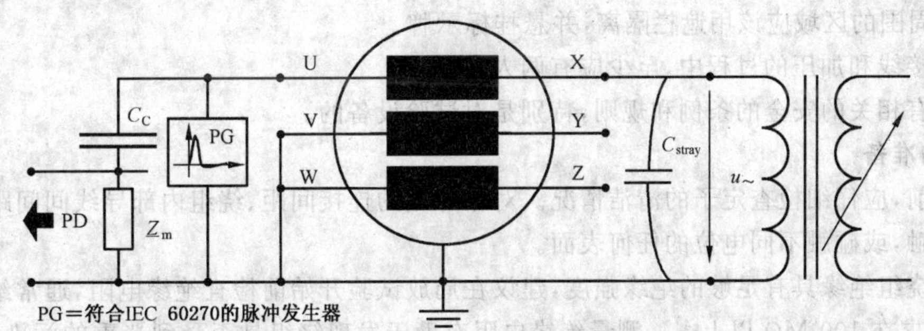

图 7 方法 S1.1 测试回路的标准化

对整体绕组的标准化程序应按照图 7 进行下列步骤：

a) 按 7.3 要求测试回路的选择应根据测量的类型决定(见表 1～表 4)。

b) 所有连接至高压端、局放耦合装置和测试电源的连接导线应尽可能的短，测试回路的所有元件应合理安排并与测试电源连接，但不加压。

c) 标准脉冲发生器连接至相对地的两端，由于引线存在电感，为避免信号干扰引线应尽可能短。如有可能，标准脉冲发生器应直接接到高压端上。

d) 脉冲发生器应根据试品的测量范围合理调节至一个合适的脉冲值。

e) 通过 PD 装置标定标准脉冲的大小，为局放测量确定一个刻度系数。

从一个系统的观点看，由于整个试品的布置，连接电缆和测量装置需要滤波和放大，整个定子绕组作为一个独立的测试回路的校正仅适用于被试的电机和检测系统。有必要重申，如果新的试验回路与前面的测量回路改变时必须重新校正，即使对称绕组也不例外。

原则上，可以采用许多混合校正程序，对在绕组中脉冲传播的交叉影响和脉冲阻尼获得有用信息。然而，这些程序不在本标准考虑范围内。

9 试验程序

9.1 绕组及绕组部件的局放测量

9.1.1 总则

离线局放测量可以在整体绕组、一相绕组或者单个绕组部件上进行。对整体绕组或者部分绕组测量，试品必须与所有的外部电源、母线、避雷器和励磁系统断开。一般情况下，试验引线应接在电机端子上。在任何情况下都不允许通过断路器接入。随后所有的试验，试验接线(依照第7章包括所有部件)应该与初始测量的方法相同布置，以确保测量结果可比性。此外，为了使测量结果可比(例如进行趋势分析)，应依照第5章的要求，使用相同的测量系统以及依照第8章实施的标准化过程。另外，应依照第11章在试验报告中详细记录试验实际情况。

9.1.2 试验设备和安全

按第7章的要求，在试验电压范围内，试验电源应是完全无局放的。施加电压的波形应该符合$U_{pp}/U_{rms}=2\sqrt{2}\pm5\%$。电源的容量(kVA)应足够大。如果电源容量不够，可以采用感性补偿与试验电源并联或者串联，作为一种可替代方案。局放试验可以在低频率下进行(例如使用0.1 Hz的加压设备)，或者在采用谐振试验系统时使用更高频率至400 Hz的供电设备。在这种情况下，应该注意从超低频试验中获得的局放结果可能与工频下的结果存在显著不同，因此无法进行直接比较[3]。不论选择何种方法，其随后进行的试验都应该使用相同的电源，以便对在一段时间内的试验结果进行趋势分析。

高压局放试验的安全要求应包含下列内容(但不局限于此)：

a) 试验回路必须配备可靠的过流保护装置，在发生故障或闪络时及时与电源断开。

b) 定子绕组端子与高压的连线应尽可能短，并且必须有安全加固装置以避免在试验期间连线松开。另应配备接地棒。

c) 试品周围的区域应该用遮栏隔离，并悬挂标示牌。

d) 试验接线和加压的过程中，至少应有两人在场。

应遵守所有相关的安全的条例和规则，特别是对试验设备的。

9.1.3 试品的准备

试验开始前，应仔细检查定子的清洁情况。对相邻相的连接间距、绕组内部导线间间距应足够。导线不应互相碰触，或碰触不同电位的任何表面。

为了确保绕组绝缘具有足够的绝缘强度，建议在局放试验开始前检查绝缘电阻，通常绝缘电阻在校正到40℃时要求在100 MΩ以上[4]。测量绝缘电阻有助于发现绕组是否受到严重的污染、受潮或者绝缘受损。如果绝缘电阻不符合要求，建议对绕组进行清洁并干燥或在确定绝缘电阻偏低的原因后，再进行试验。但是，根据试验方和用户间的协议，电机也可以不需进一步处理就进行局放试验。

在施加高压之前，单个的绕组部件(例如线圈、线棒或浸渍定子的绕组部件)应该仔细检查。进行清洁和干燥并采取防晕措施。应尽可能避免部件端部的电场集中，所有股线应接触良好。导电防晕层应在其全长范围内与地电位紧密接触以形成一个等电位表面。推荐采用细的软铜线、铜绞线或者合适的槽模型。

9.1.4 预处理

在施加电压后的最初几分钟，局放将出现明显地减弱，而预处理将确保绕组或绕组部件的局放测量更准确的。因此，在读取局放值前，应预先加压几分钟对试品进行预处理。为了防止绕组过电压，施加电压应该根据绕组状态慎重地选择。对于新的和老化的绕组，推荐在最大试验电压下(见9.1.5)预处理 5 min。预处理对于单个绕组部件也适用的。在预处理之后，可以重新施加试验电压开始进行局部放电测量。

9.1.5 试验电压

对于局放试验，根据第 7 章将试品接至试验回路，加压程序既可以采用阶跃式的（例如 $\Delta U = 0.2\ U_N$），也可以是持续的（≤1 kV/s）（见图 8b）。升至最高试验电压 U_{max}。如果按照图 8a）阶跃式地增加电压，建议每步至少保持 10 s。以便记录相应的局放参数及在每步电压下的局放模式。在持续升压情况下，电压调节要求电源是完全无局放的。新绕组和绕组部件的最大试验电压 U_{max} 可以从下列电压水平中选取：

$U_1 = U_N/\sqrt{3}$，或者绝缘系统的运行电压（线对地）；

$U_2 = 1.2U_N/\sqrt{3}$，或者 120% 的绝缘系统运行电压（线对地）；

$U_3 = U_N$，或者绝缘系统的额定线对线电压。

对于老化绕组，试验方和用户之间应该就升压速率和最大试验电压达成一致意见。

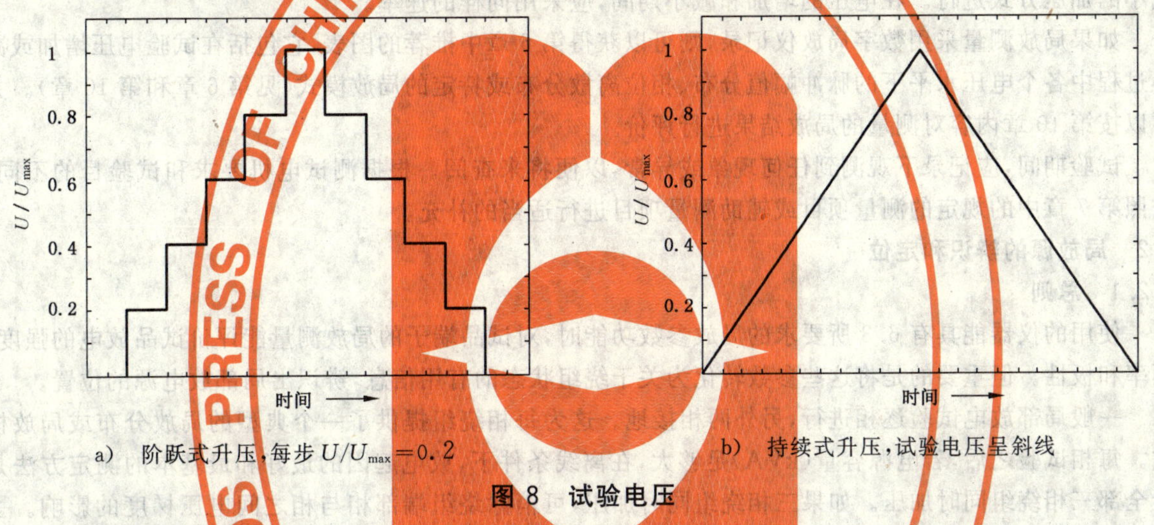

a） 阶跃式升压，每步 $U/U_{max} = 0.2$　　b） 持续式升压，试验电压呈斜线

图 8 试验电压

9.1.6 局部放电试验程序

9.1.6.1 背景噪声测量

局放试验前，应测试与测量装置相关的背景噪声水平，以确保试验装置在升至最高试验电压时具有足够低的噪声和局放。背景噪声测量应该在局放测量回路准备好后进行，若用一个无局放电容器作试品则更佳。如果没有，则空载运行全部试验装置（即接入电源、局放耦合单元和局放测量装置，只断开试品）并升至最高试验电压。在空载试验情况下，应按空载状态分别标准化试验回路，以获得准确可靠的局放数值。如果随后的试验采用持续升压，空载试验应以相同的速率加压。

9.1.6.2 减少噪声和骚扰的影响

噪声（由测量装置内部固有的源所引起）实际上不能完全消除，例如热噪声（见附录 D，噪声、骚扰和灵敏度）。而骚扰（假定其来自于外部元件）能通过合适的方法使之减小或者消除。消除骚扰的方法首先进行定位并采用合适的方法使其最小。通常，下列方法可以改善和优化测量装置：

a） 使用校验过的局放耦合单元与测量设备的整套装置。

b） 耦合单元尽可能靠近试品，以减小试品与耦合单元之间的信号衰减。

c） 将电源和局放耦合单元分别连接到绕组的两端（见第 7 章），以抑制来自电源的骚扰。

d） 测试整个定子绕组时，所有埋置式温度传感器（RTDs）的导线应良好接地。

e） 分别测试传感器和局放耦合单元的局放，以确定骚扰量值的大小。

f） 建议在每次测量前进行试验装置的标准化测量。因为测量的位置和时间不同，供电网的电源质量问题，变压器表面的脏污和变压器绝缘可能的老化或者其他的问题等都可能影响到局放测量。

g) 试品和测量设备的接地要求良好(采用大面积的导线接地)。局放耦合单元、试品和测量设备应一点接地。

h) 试验装置布置应紧凑。测量电缆、接地线和回路连线尽可能短,以尽可能减小试验的电磁耦合。

i) 测量电缆阻抗应匹配以避免反射。

j) 某些电子装置(例如计算机和监视器),可能会对测量设备产生干扰。通常,适当调节这些装置的放置和方向可以减小对局放测量的影响。

9.1.6.3 局部放电试验

局部放电试验测量回路按第7章建立,试验电压按9.1.5要求施加。在每个电压等级或持续升压过程,推荐按第6章进行局放数据的记录并处理,以获得合适的局放数据表达方式。依照第6章,需测量 $Q=f(U)$ 曲线以及局放起始电压(PDIV)和熄灭电压(PDEV),加压方式应按图8所示的先增加随后减小的加压方式进行。在电压的增加和减小期间,应采用同样的速率。

如果局放测量采用数字局放仪记录,则可以获得第6章中推荐的图表,它包括在试验电压增加或减小过程中各个电压水平下的脉冲幅值分布、相位离散分布或特定的局放模式(见第6章和第10章)。并可以按第10章内容对测量的局放结果进行评价。

试验期间,应记录下观测到任何现象或异常,以便将来查阅。根据测试电机要求和试验目的不同,按照第7章中的规定的测量项目或辅助测量项目进行适当的补充。

9.2 局放源的辨识和定位

9.2.1 总则

使用的仪器能具有6.3所要求的局放参数功能时,对试品端子的局放测量能评价试品放电的强度、频率和极性。但重要的是将这些参数转化为关于绕组状态的有用信息,辨识出局部放电源的位置。

一般局部放电试验逐相进行,另外两相接地。这为每相绕组提供了一个典型的局放分布或局放模式。每相试验之后,若电源容量(kVA)足够大,在离线条件下,放电起因的最好和最基本的测定方法是给全部三相绕组同时加压。如果三相绕组同时加压,可消除绕组端部相与相之间电压梯度的影响。去除局放信号中有关绕组端部相与相之间的放电,可以明确地显示相对地的放电,有助于分析其放电性质。若局放量和脉冲数相应减小,则表明绕组端部局放在单相试验测量中起作用。这是将绕组端部局放和槽中放电区分的有用方法。

为了寻找和定位一个特定的放电源,如有可能,最好将绕组拆分进行诊断。但由于电机制造特点,极间连线、短路环和导线从一相接至另一相,因此这些元件是彼此连通的,在这种情况下,一个回路接地而另一个加压,可能会出现异常情况并记录到较高的局放水平。在这种情况下有必要拆分绕组。用户和试验方在试验前应向电机制造商咨询以得到技术指导。

根据局部放电的不同物理效应,可补充多种辅助试验方法。为了确认绕组端部是否存在放电,在试验期间,使用能够观察电晕放电的仪器或相机从两端检测绕组。如有必要,可将外壳和转子抽出进行这种观察,这是离线试验的一个优点。

下面介绍常规的有关电气定位法。非电量局放源定位方法将在附录B中阐述。

9.2.2 电磁探头

使用电磁探头进行局放源定位,需要在不同的外施电压下对定子槽部(在抽出转子后)、槽出口区域或绕组端部区域进行检测。除了在 U_1 下进行检测外,还要求在电压小于 U_1 的几个电压等级上进行类似的检测。特别是与同类型测试过的电机的数据库中的数据作对比,使用此类型探头是最佳的。

应当注意,局放活动不可能仅局限于电机绕组端部。导线接头盒、电缆、端子板和支柱绝缘子等也会产生局放,故对它们也应进行检测。另外需注意的是,探头会干扰电磁场,可能感应出虚假的放电。对于用这些探头在绕组端部进行的局放检测,试验人员需要考虑特殊的安全措施。

10 试验结果的评价

10.1 总则

通常,绕组及绕组部件工厂局放试验的目的是保证电机的制造质量,而现场局放试验的目的则是评定电机绕组在运行期间受不同的应力因素的作用而老化的程度。因此,对试验结果的评价是局放测量后最终的也是最重要的一步。根据试验结果,判断绝缘是否有缺陷。如果有缺陷,对整个绝缘系统的运行来说,决定是否需要进行辅助试验,是否需要计划或执行彻底的恢复性维修。

应注意的是,单个电机在运行期间通常要承受特定的应力层,而不同的制造厂的设计特点有很大不同、生产条件差异和绝缘系统种类繁多。这通常会引起局部放电量的明显的变化,它取决于被试电机的特有的特性。因此,不同类型的电机不推荐进行绝对值的直接比较。但为了控制和保证电机的制造质量,可采用视在放电量作为评价同类型电机定子绕组质量的标准(评价标准详见附录 A)。

为了完善对整个定子绕组局放试验数据的评价,应该从状态评估角度仔细分析和考虑以前的检查报告,例如外观检查的结果。

10.2 PDIV、PDEV 和 Q 的评价

10.2.1 基本解释评价

对离线局放测量结果进行评判,应根据 6.2,在升压和降压时测量局放起始电压(PDIV)、局放熄灭电压(PDEV)和重复出现的最大局放量(Q)。

检测到最大局放量不一定是绕组中最危险的部位,但可以将检测的局放量看作为试验电压的函数,它是一种描述局放源特征的简单而有效的方法。

对整个定子绕组而言,评价总是相对的。也就是,通常不可能确定 Q 值的可接受水平或者存在严重绝缘隐患的 Q 值水平。正如第 8 章中所述,这与定子绕组的电感、电容和传输线特性有关,也与局放值仅仅是失效过程的表征而不是直接原因这一事实相关。然而,可通过下述方法对定子绕组进行评判:

a) 使用相同的测试方法和相同的技术参数的测试设备,在同一个定子上测量 Q 值在一段时间上的趋势;
b) 使用相同的测试方法和相同的技术参数的测试设备,对几台具有相同结构的定子的 Q 值进行比较;
c) 使用相同的测试方法和相同的技术参数的测试设备。对同一台定子的三相 Q 值进行比较。

单个线圈或线棒的局放测量结果用绝对局放量 pC 表示。对不同线圈或线棒的局放量允许进行比较,也允许对使用不同的测试设备测量结果进行比较。单个绕组部件的起始放电电压(PDIV)和熄灭放电电压(PDEV)的测量应在允许的最大噪声背景(pC)下测得。

通常,对相同类型的电机而言,PDIV 和 PDEV 越高,则表示绕组或绕组部件绝缘浸渍得越好,绝缘缺陷越少。

10.2.2 电机中局放随时间的变化趋势

不论采用哪种检测方法,对评价整个定子绕组局放数据都是有用的。首先必须获得一个离线局放活动的初始指纹,新绕组的初始指纹最好。如果电机绕组由于运行服役而劣化,则 Q 值通常将随时间而增大。例如,Q 值在一年内翻倍可能是明显的劣化已经发生的一个迹象,则可以通过进行辅助的离线试验、局放定位测试或者绕组外观检查确定。

有关局放随时间变化趋势的一些应注意点:

a) 新的电机定子绕组局放值可能较高,但经过第一个(5 000~10 000) h 运行之后会逐步减小,原因是绝缘完成了自愈过程。另外,定子槽内的线棒或线圈的导电涂层和接地的定子铁心之间的电气接触得到了改善。
b) 为了使趋势分析有意义,趋势图显示的数据只采用在相同电压、温度和相似的湿度使用相同的局放检测仪条件下检测到的数据。在不同试验期间,试验电压变化不应超过±2.5%,试品

温度变化不应超过±10℃。对于氢冷电机,推荐在大气条件下进行测量,但是在任何情况下都必须与以前试验相同的气体条件和压力条件下进行。

c) 由于试验条件不可避免地会出现变化,并且局放测量过程或多或少具有统计特点。因此,Q 值变化百分之几(例如±25%)属正常的。

如果局放随时间变化趋势上升,或者单个读数与类似定子绕组或线圈相比较高,则需对局放数据进一步分析以确定局放活动增强的可能原因。依照 10.3 的相位离散局放模式分析方法(图 4)对该种情况的局放源辨识是有帮助的。

10.2.3 绕组部件间或绕组间的比较

为了确定一个绕组或绕组部件与其他是否存在异常,一种有效方法就是对绕组部件间或绕组间的局放量进行比较。下列情况可以进行比较。

a) 绕组部件的工厂试验:按照 GB/T 7354—2003 的要求进行测量,对 PDIV、PDEV 和 Q 可以进行直接比较,与部件结构或测量装置无关。根据试验的结果,判别在绕组部件中或绝缘材料中是否发生了变化。通常只需一小部分的绕组部件进行了局放试验。

b) 绕组的工厂试验:对同类电机局放结果进行比较,最有效的是对定子结构相同(包括具有相同的绝缘系统),试验条件相同(试验电压相同、温度和湿度条件相似)下测得结果进行比较。试验要求使用相同局放试验设备,且测量设备使用频率范围相同。至于随时间的变化趋势(10.2.2),不同电机的 Q 值变化在百分之几(例如±25%)并不算严重。工厂中进行这些比较试验的目的是确定制造绕组的材料和工艺的质量。用户可以要求制造商保证新绕组制造质量不低于现已达到质量水平。也就是说,在商定的试验电压下的绕组 Q 值要低于制造商过去制造的相同绕组 Q 值的 95%。

在某些情况下,制造商可以将一个新绕组的局放量与它们过去曾制造的类似绕组相比较。在这种情况下,制造商应该根据经验,对一组不同的电机设计结构应具有相同的局放值统计分布。通常,类似的电机具有相同的设计,属于同类型的电机(如电动机、涡轮发电机等等)并且具有相同的电压额定值。

由于工艺和材料的差异,以及局放试验方法可能存在的差异,因此,不建议对不同的绕组绝缘结构系统或者不同的制造商的整体绕组进行局放量的比较。

c) 绕组在线测试:对具有相同设计结构、制造商和电压值的电机绕组之间进行比较,以便判别哪一个绕组可能出现了最严重的运行老化。在相同的试验电压下,Q 值较高或者 PDIV 和 PDEV 较低的绕组,通常老化更严重。绕组局放试验必须使用相同的试验设备且频率范围相同。

10.3 局放模式识别

记录每次测量的局放数据,可依照 6.3.2 采用 $\phi-q-n$ 模式(图 4)用于评价离线测量的局放行为。由于劣化的程度和绝缘失效的危险与特殊类型的局部放电密切相关,因此收集关于局放源活动(即放电类型和在定子绕组或绕组部件内的可能位置)的声音信息是非常重要的。

使用 $\phi-q-n$ 模式,能将各种局放源彼此区分开,并分别判别其危险性及发展趋势。由于局放量与局放模式中指示的老化过程之间的相关性非常小,所以必须区分放电源。在了解其后的变化过程或者这些单独局放源的位置,就可能分别判别它们的危险。

例如,可能出现两个子模式(在同一次局放读数中)得到相近的局放量的情况:一个是由于槽部主绝缘内部分层引起的,另一个是在绕组端部某处的表面效应引起。尽管两种现象可能产生了等值的局放,但槽部的分层局部放电(由于过热或热循环引起)比绕组端部的表面局部放电(由于污染或者潮湿引起)的危险性更大。

10.3.1 基本评价

使用相位离散局放模式,可按图 9 流程图的基本步骤对绕组中的典型局放源进行辨识和定位。对能从整个局放读数中区分出来的每个子模式都能够用这种方法进行分类。

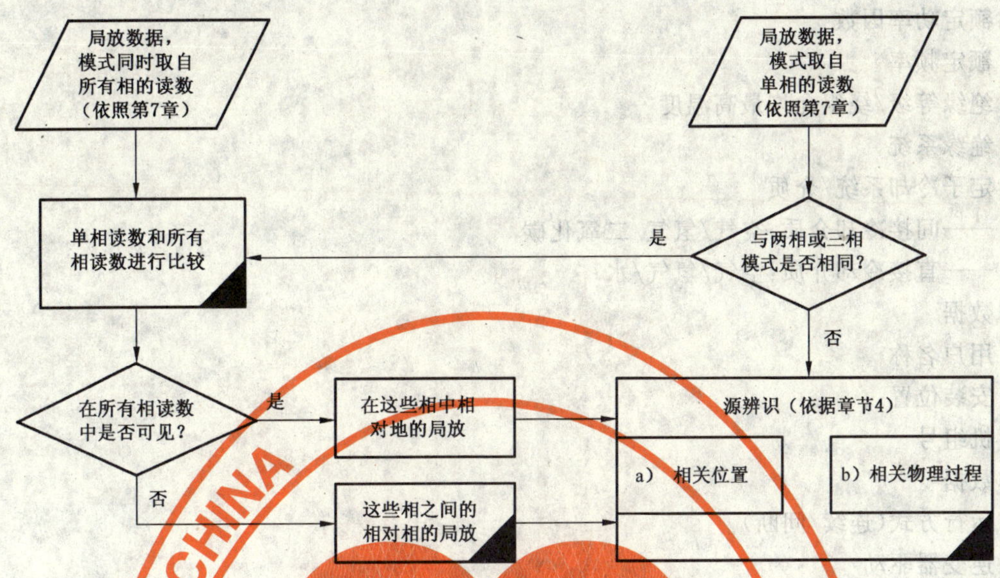

图 9 局放源辨识和定位的示例

辨识局放模式的目的是对取自试品内各种局放源的局放结果进行区分，并掌握这些信息（见附录 F）：

a） 观察每个局放源的趋势特征；

b） 对各种局放现象进行辨识；

c） 提供有关精确定位的初步信息；

d） 根据局放源和局放位置，评价绝缘状况。

在分析相位离散的局放模式时，仍然可以通过下列方法得到最有价值的评价：

a） 使用相同的测试方法和技术参数相同的设备，积累同一个定子的局放模式随时间的变化趋势；

b） 使用相同的测试方法和技术参数相同的设备，对设计结构相同的几个定子的局放模式进行比较；

c） 使用相同的测试方法和技术参数相同的设备，对同一个定子的不同相的局放模式进行比较。

为便于试验结果间的可比性，应建立局放测量数据库。数据库应包括每台电机局放行为的全部历史记录以及运行和维护数据。此外，建议按第 6 章进行将局放试验结果可视化并收录数据库，则新测量后获得的模式能直接与典型的局放模式进行比较。若使用这样的数据库，就可将局放试验结果依照第 6 章进行量化，并归类至特定的局放源。

局放源的典型特征和其对绝缘失效风险的指示之间的特定关系，通常基于经实践证实的经验。另外，对设计结构和绝缘系统类似的电机的局放结果也可与数据库直接比较，以得到进一步的有用信息。

11 试验报告

试验报告应包括所有用于趋势分析所需的数据，以及给用户对电机运行情况一个明确的建议。

试验报告应包括以下参数和数据。

电机参数

制造厂

型号和出厂号

制造年月

原绕组/重绕绕组投产日期

额定电压

额定电流

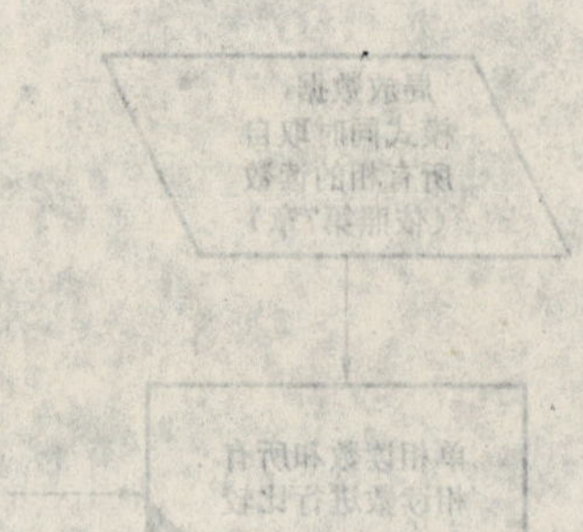

额定视在功率

额定功率因数

额定频率

绝缘等级/绕组允许最高温度

绝缘系统

定子冷却系统/介质

——间接冷却介质:空气/氢气/二氧化碳

——直接冷却介质:空气/氢气/水

用户数据

用户名称

安装位置

机组号

运作数据

运行方式(连续/间断)

逆变器驱动

总的等效运行小时

总的启动次数,如果可能包括热启动、暖启动和冷启动次数

跳机次数

绕组最高运行温度和环境条件

绕组平均运行温度

重要事故情况

测试回路和装置

试验回路的描述

使用的测试设备;包括制造厂、型号、序列号、校正数据和验证次数、耦合电容器的电容量

局放测量系统的带宽

测试条件

测试人员

日期

环境温度

定子绕组温度

相对湿度

大气压力

电机的状态/定子绕组(冷却介质压力或与暴露在空气中)

测试结果

绝缘电阻

仪器的设定

测试电压/上升速率

预处理

标准化/每次连接的校正系数

噪声水平

周围的骚扰源(如知道)

PDIV、PDEV、$Q=f(U)$

可辨识的相位放电次数分布

可辨识的相位放电幅值分布

脉冲序列示波图

可辨识的相位放电模型

诊断和建议

根据测量结果

与前次测量进行比较

测量期间观测到现象

如有可能,比对数据库,确定测量到的放电的性质

建议把测量结果作为原始数据形式储存以供将来参考。

附 录 A
（规范性附录）
评 价 标 准

由于电机绕组局部放电受电机本身机构和脉冲传播现象的影响，电机绕组的局放测量建议采用局放模式进行评价。但是，为了比较同一试品不同时期或同类型电机采用相同仪器和方法测量，可采用视在放电量作为评价电机定子绕组的标准。表 A.1、表 A.2 列出了额定电压 6 kV 及以上电机单根线棒和整体定子绕组绝缘离线试验的最大视在放电量限制值，供参考。

表 A.1 单根线棒最大视在放电量限制值

试验电压		局放量/pC
额定相电压	A(优级)	50
	B(一级)	100
	C(合格)	200
额定线电压		500

表 A.2 电机整体定子绕组(或分支)最大视在放电量限制值

试验电压		局放量/pC
额定相电压	A(优级)	3 000
	B(一级)	5 000
	C(合格)	10 000
额定线电压		20 000

附 录 B
（资料性附录）
使用非电测量法进行局部放电的检测和定位

B.1 总则

局部放电非电量检测法包括声学和光学的方法，另外还包括在现场对试品的任何放电效应的持续观测。

这些方法一般不适用局放的定量测量，主要用于局放的监测和定位。

B.2 检测和定位方法

a) 目测检查

起晕（熄灭灯火）试验，采用缓慢加交流电压，观测表面电晕并确定表面放电的位置。

b) 光学检测

使用电晕检测仪或光电倍增器检测表面电晕位置。

c) 声测法

在安静的环境施加交流电压：靠人耳或声波导向器进行定位。

使用适当长度（有闪络保护）绝缘的听诊器对局部放电进行定位，除非放电声特别大，一般不容易检测到主绝缘中的局部放电活动。

d) 超声波定位

使用带适当长度（闪络保护）绝缘的超声波检测器在试验电压下，对定子槽或线棒表面（近接地部位）进行扫描。根据声源以确定放电部位。

e) 臭氧检测

表面放电的存在会产生化学反应，化学反应后产生一种臭氧物质，它有特殊的味道。

附 录 C
（资料性附录）
局部放电在线测量

在线局放检测是指在发电机或电动机正常运行时进行的测量。导则 IEEE 1434—2000 详细描述了关于局放的起源、结果以及在线和离线局放检测技术。测试可以使用临时或永久性安装的耦合装置。

局放在线检测的优点在于测量数据是在旋转电机承受着所有的运行应力的情况下记录到的，这些应力包括热、电、周围环境和机械的应力。因此，如果测试是完全正确进行的，该方法能有效评价电机是否具有持续可靠运行的能力。在线局放检测具有下述优点：

a） 绕组中的电压分布正常；

b） 在运行温度下进行测量；

c） 承受正常的机械力。

第一减少了电机绝缘出现严重裂化的局放结果的风险，因为它提高了绕组在高电场强度区域的测量灵敏度。第二个优点也非常重要，因为在旋转电机以及其他绝缘系统中的局放具有温度依赖性。温度除了对空隙特性影响外，温度的波动对局放行为有明显的影响，其影响机理为：

a） 热量对铜导体和绝缘之间产生不同的轴向膨胀；

b） 在热塑性绝缘系统中温度对绝缘的产生径向膨胀。

因此，检测应保证电机在运行条件下充分稳定后进行。然而，在有些特殊的情况下，在负荷和温度变化下进行局放试验，有助于局放数据的分析，它能区分温度和振动的不同影响，温度和振动是通过作用在绕组上的电磁力所引起的。与此相关的基本运行参数有：

a） 端电压；

b） 有功和无功功率；

c） 氢气压力（如有）；

d） 定子温度；

e） 定子电流。

有关这些参数的允许偏差可参考导则 IEEE 1434—2000。在工作应力下进行局放试验的能力是在线技术相比于离线技术的主要优点。当然，如果离线试验方法被正确地运用、分析和评价，也能够提供有价值的关于绝缘状态的情况。然而，它存在一些不确定的情况，因为温度通常是明显不同的，而且线棒没有电磁力作用。鉴于此，离线局放试验往往不能确定绕组是否松动，除非由线圈/线棒表面和铁芯之间的相对运动导致的半导体护层磨损非常严重。

然而，在线局放测量技术也存在一些不利条件，如：

a） 电磁干扰；

b） 数据容量；

c） 评价。

第一个不利条件是电子噪音问题，该问题在别处已有详细讨论，此处不再叙述。对监测电机数量众多，甚至在某些情况下试验周期是几个月，对制造厂和用户而言，测试数据的容量就成了问题。在使用连续的在线检测技术时，这个问题就显得更加突出。一个简单的方法就是采用数据压缩或者报警处理功能，它可通过特定的局放数据趋势程序实现，对那些偏离正常值的局放进行进一步观察。原则上，可采用人工神经网络和专家系统等技术完成该工作。但目前就局放起因、机理和影响的理解和掌握，还难以全面定义这种自动化分析所必须的条件判断。显然，如期望得到一个可靠的系统，需对这个领域作进一步的研究工作。

附 录 D
（资料性附录）
外部噪声、骚扰和灵敏度

D.1 概述

噪声定义为任何不应有而出现的电信号。局放测量需区分噪声为测量仪器的内部噪声还是来自外界骚扰的噪声。来自恒定波信号或者脉冲干扰信号的外界骚扰表现为传导信号或者辐射信号。因此，灵敏度、噪声和骚扰之间有密切的内在联系。如果考虑其中一个因素而不考虑另外的两个因素是不现实的。在现场或在工厂进行离线试验一般都使用测量装置，下列内容将局限于这些基本问题讨论以及如何进行处理。

D.1.1 灵敏度

局放测量装置的灵敏度可以基本定义为，在局放位置的实际局放能量与局放检测器检测到的能量之比。

在局放发生的瞬间，整个试验装置及电容器（包括变压器 i_{PDt}，电源线 i_{PDl}，局放耦合单元 i_{PDc} 和试品 i_{PDs}）对这个局放部位进行再充电。显然，所有这些电流分量之和等于局放部位的总电流：

$$i_{PD}=i_{PDt}+i_{PDl}+i_{PDs}+i_{PDc}$$

比率 $i_{PDc}/(i_{PDt}+i_{PDl}+i_{PDs})$，即耦合电容器的电荷转移，反映了测量的灵敏度。局放耦合单元的电容越大，即耦合电容与试品电容的比率越大，则测量的灵敏度就越高。

如果自由选择耦合电容器，则电容量大的耦合电容器灵敏度较高。当然，耦合电容器还需满足测量装置的带通特性和测量阻抗 $\underline{Z}_m$ 要求。

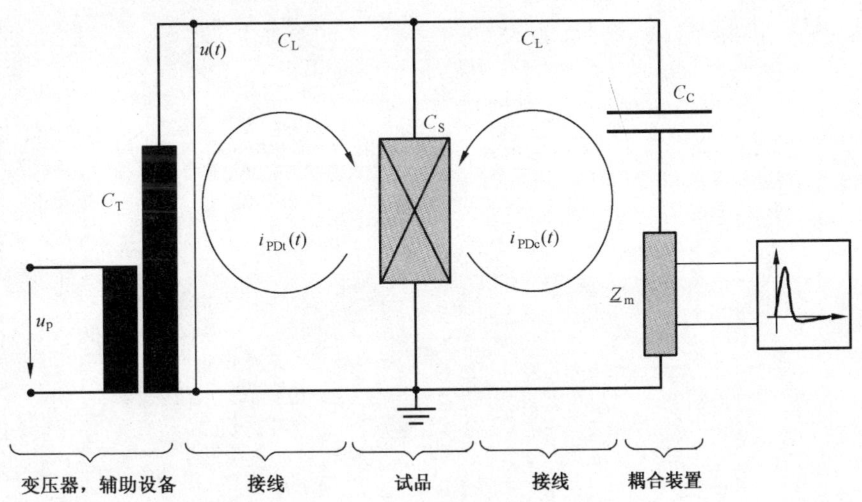

图 D.1 多个电流分量对试品的再充电

D.1.2 噪声和信噪比

电子系统中的全部噪声可分为两种截然不同的类型：基础噪声和附加噪声。基础噪声是由电路中离散电荷的运动引起的，无法完全消除。附加噪声来是由带缺陷的仪器设备或者非理想的元器件特性引起，原则上可以减少至可忽略的水平。这两种类型的噪声，基本上都与频率无关。由于附加噪声主要受仪器设计的影响，测量人员无法改变和抑制它，因此在此不进行讨论。

基础噪声主要是热噪声（Johnson 噪声），它由离散电荷的热运动产生。电荷携带者的热波动在电阻两端引起电压降，表现为穿过这些元器件的热噪声。显然，噪声水平随温度升高（热运动越快）和电阻增大(电压降越大)而增大。

所有遵从 GB/T 7354—2003 的局放测量系统都按照准积分滤波器的原理工作,测量装置的带宽对信号和噪声具有相同的特性:带宽越宽,检测到的信号能量越多。因此这种积分器的输出信号将随着带宽增加而增加,使所需的局放输出信号更大,噪声信号也更大。但与所需的局放信号的幅频谱特性相比,局放信号在非常高的频率范围内它基本是不变的,而热噪声频谱则随频率增加而减小。对局放脉冲而言,带通滤波器的输出信号与带宽成正比。对热噪声而言,它与带宽的平方根成正比。因此信噪比 SNR 近似地随带宽平方根而增大——带宽越宽,SNR 越高。

对一个具有固定阻值的局放耦合器上述关系是成立。由此也决定了低截止频率,对某个特定的布置是有效的。为了降低低截止频率,必须增加耦合电容。耦合电容越大使通过传感器的电流更大,输出信号也更大。在低频范围工作的窄带装置具有与在高频范围工作的宽带装置具有相同的 SNR。由耦合电容器、耦合阻抗和测量装置构成的测量系统必须相互匹配的。

D.1.3 骚扰

骚扰和噪声可通过它们的特性加以区分。噪声是偶然或者周期出现,并且来自外界源,例如整流器、电压跌落或附近的高压电晕。安装离线测量系统必须进行一些测量来减少这些骚扰的不利影响。对离线测量而言,这些外界信号中的部分信号比在线测量要弱。如何减少这些外界骚扰信号影响基本原则已在 9.1.6.2 中给出。

附 录 E
（资料性附录）
噪声抑制方法

E.1 频率限制范围

对局放脉冲而言，外界骚扰（骚扰噪声）的频谱不是连续频谱（见5.3图1）。

骚扰更类似于电力输电线频率或者外界设备开关频率（例如励磁设备）的奇次谐波（见图E.1）。

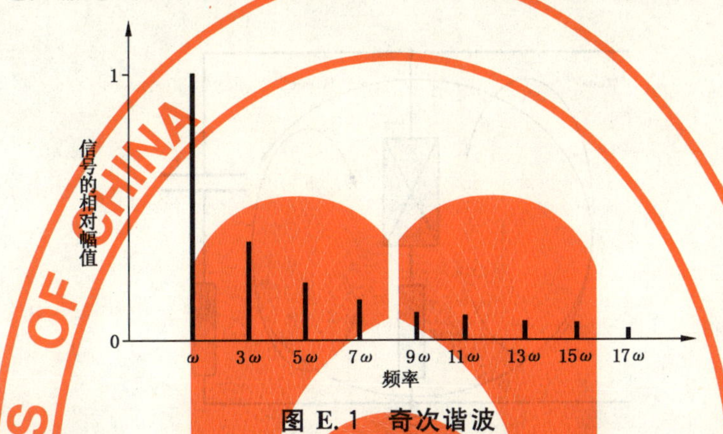

图 E.1 奇次谐波

这些骚扰的另一个来源是HF发射机和其他HF发射源的边缘频率。

为了减少这些骚扰对测量电路的影响，可使用带宽9 kHz～30 kHz的窄带系统（见5.4）。当改变最大骚扰之间的中心频率时，会显著减少骚扰影响。测量装置可以与试验布置合理匹配使用。

E.2 相位窗遮蔽法

相位稳定的骚扰可以通过衰减进行消除。这可以通过预制相位窗内的测量通道电子失效来实现。由于来自试品的骚扰和局放都被遮蔽了，数据不可避免受到影响。见图E.2和图E.3。

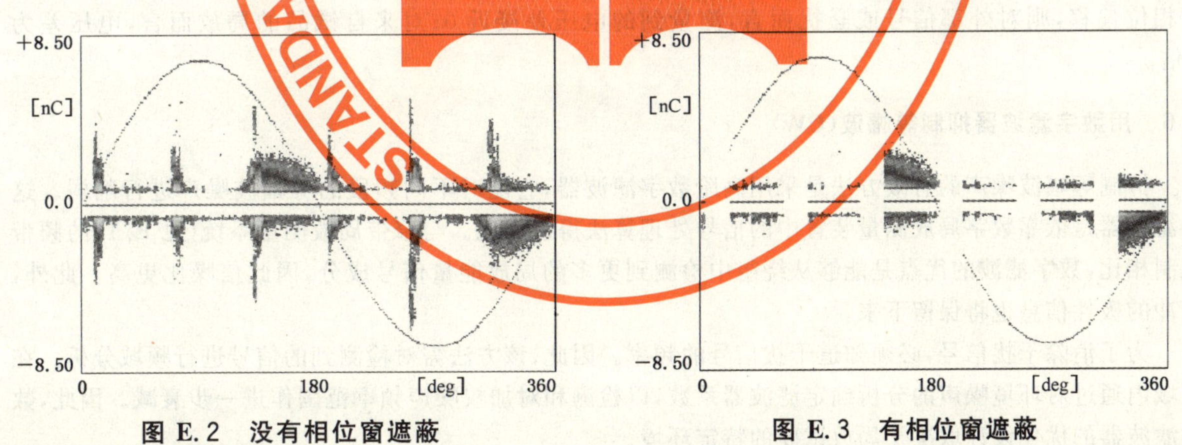

图 E.2 没有相位窗遮蔽　　图 E.3 有相位窗遮蔽

E.3 噪声信号触发遮蔽

局放测量装置至少应配备两个输入通道：除了测量通道外还有第二个测量通道。如果这个第二通道接收到一个信号，测量通道将在该时间间隔内关闭。因此，选通通道的局放传感器完全接收骚扰源。

E.4 通过测量传播时间来检测噪声信号

局放信号通过试品和电缆以波的形式传播。局放脉冲到达试品和电缆内不同位置的时间不同。在不同的位置安装两个局放耦合器,就能确定脉冲的方向。外部局放信号和外部骚扰信号就能与来自试品的局放信号区分开。如果外部骚扰信号交叉耦合至试品,就可能将他们作为试品的局放处理。

E.5 双通道信号差分法

外部信号和绝缘中局放都通过试品和局放耦合装置传播,因此在试品和局放耦合装置上都能测量到它们(见图E.4)。

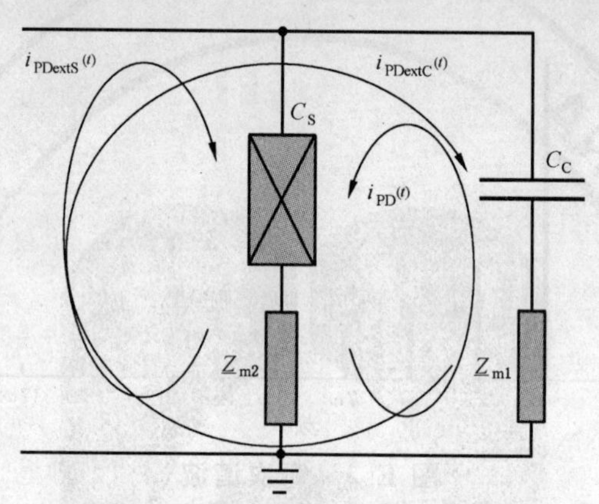

图 E.4 通过测量装置的脉冲电流

对外界信号源而言,通过两个测量阻抗的电压降,具有相同的极性;对来自试品自身的局放而言,具有相反的极性。有两种可选的方式将测量装置接至低压耦合装置(测量阻抗):

第一种方法是用双通道的测量装置,每个通道对应一个耦合装置,单独测量电压下降。然后用极性信号削弱外部信号。

第二种方法是在测量阻抗的前面相连之间接入测量装置。假定测量阻抗相同并且通过两个电路没有相位偏移,则对外部信号或骚扰而言,测量到的电压差接近0;对来自试品的局放而言,电压差为2倍。

E.6 用数字滤波器抑制等幅波(CW)

抑制等幅波噪声的有效方法是采用高阶数字滤波器,它能对不同频段的等幅波噪声进行削弱。这些滤波器是依靠数字局放测量装置中的信号处理算法得以实现。与窄带局放测量系统(见E.1)的频带限制相比,数字滤波的优点是能够从绕组中检测到更多的局放能量信号成分,因此信噪比更高。此外,脉冲的极性信息也将保留下来。

为了消除干扰信号,必须知道干扰信号的频率。因此,该方法需对检测到的信号进行频域分析。在频域内通过对环境噪声的分析确定滤波器系数,以检测和对加权噪声频率范围作进一步衰减。因此,数字滤波器的优化设计取决于局放试验的特定环境。

在实际的局放测量期间,检测到的信号按照典型的滤波器特性进行处理。

E.7 用信号处理技术抑制噪声

电厂内的脉冲噪声来源有几种,例如电晕放电(试品外的局放)、励磁机中的电力电子设备发出的脉冲。

通过对脉冲波形的数字化分析可实现对噪声脉冲的抑制。实际上,局放和噪声脉冲的波形通常是不同的,而且频谱也不同。脉冲源与检测器输入之间的传输阻抗和噪声源的性质不同。例如,励磁机产生的脉冲通常比绝缘系统中产生的局放脉冲具有更低的频率分量。

抑制噪声方法需捕获每个单独局放事件的脉冲波形的合适硬件(比如,提供足够的带宽、采样率和捕获内存,能够获得基于触发条件的脉冲和短的停顿时间)以及合适的软件工具。为了减少连续噪声的叠加影响,采用合适的滤波器绘制出检测器的频率响应曲线。

根据一些特征参数(例如带宽、脉冲形状、衰减特性等)将每个记录的脉冲加以分类,就能区分试品中的局放和噪声脉冲,也能把每个单独的脉冲归类到确定类型或部位的局放源。这样的分类也可有效地用于单独分析每个检测到的局放源,例如用于趋势分析和评价。

区分局放脉冲和噪声脉冲的一般程序如下(供参考):

a) 记录足够数量的脉冲;

b) 从每个记录的脉冲中,提取一些能够区分局放和噪声脉冲间差异的特征;

c) 将具有类似特征的脉冲分组归类;

d) 对每组脉冲相位可辨识的局放模式进行评价;

e) 去除那些会引起相位可辨识的局放脉冲与噪声相混淆的脉冲。这个程序可以自动进行或基于操作人员的经验。

在图 E.5 和图 E.6 中,给出了依据等价时间长度 T 和带宽 W 进行脉冲分类的两个例子。这些参数的定义可以参考电信理论的标准教科书。

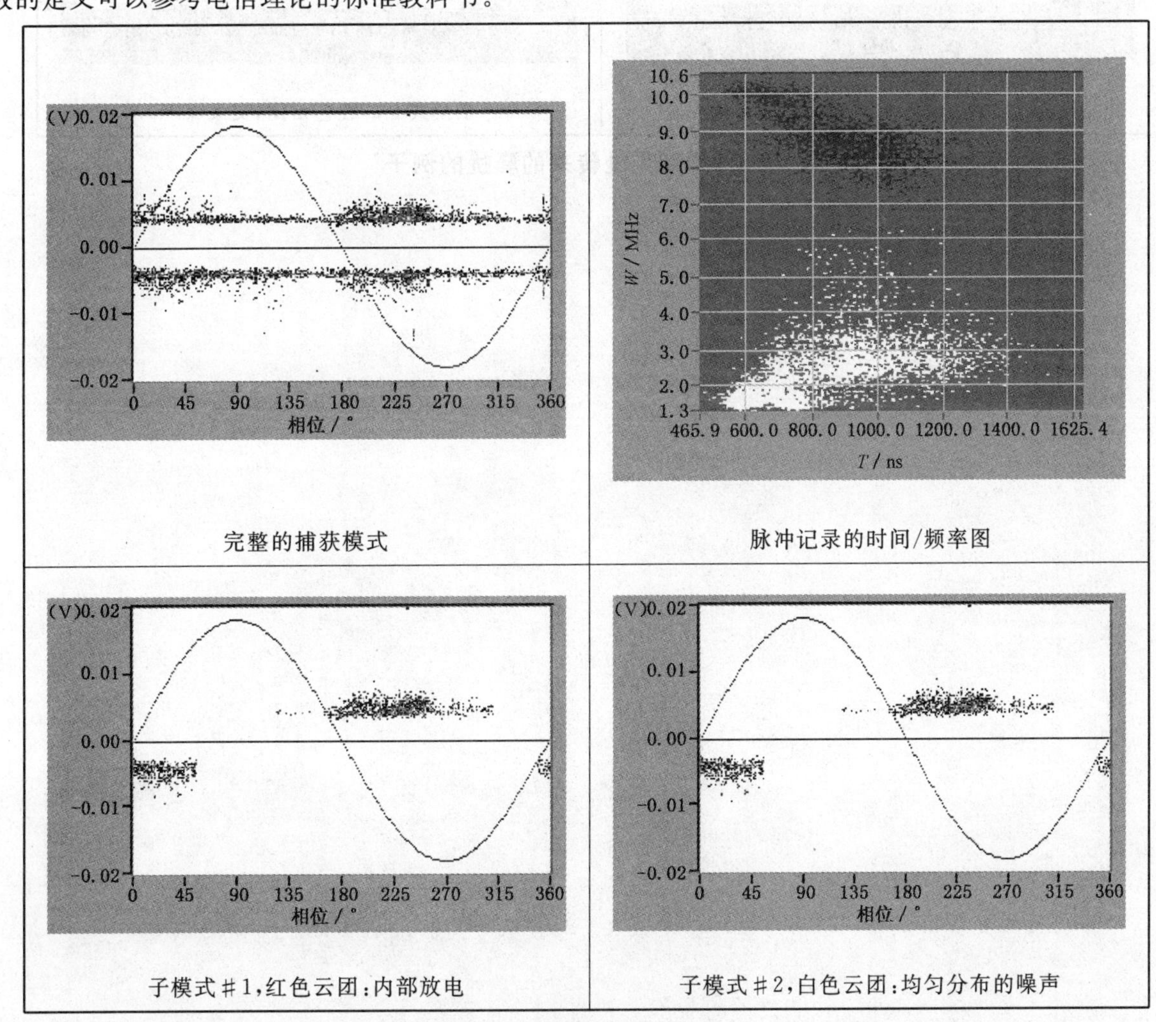

图 E.5 噪声抑制的例子

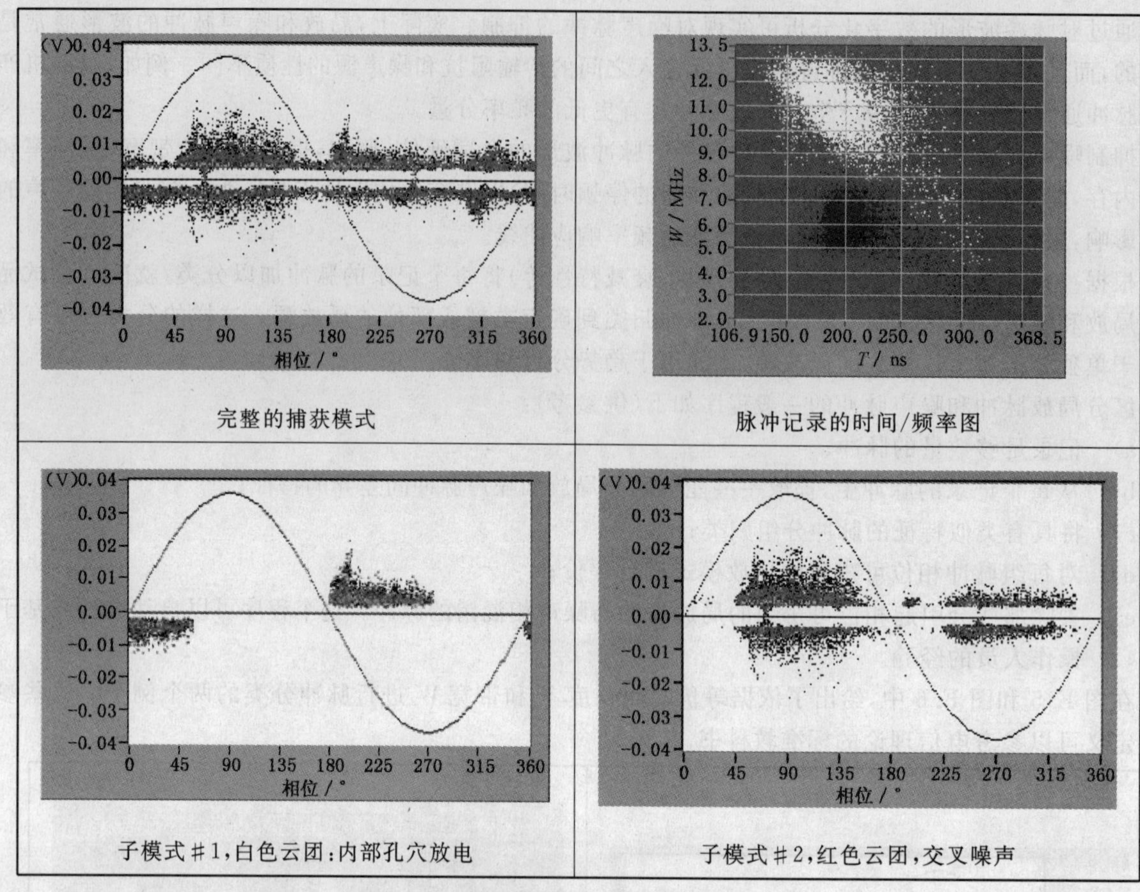

完整的捕获模式

脉冲记录的时间/频率图

子模式♯1,白色云团:内部孔穴放电

子模式♯2,红色云团,交叉噪声

图 E.6 抑制别处传来的骚扰的例子

附　录　F
（资料性附录）
局放数据和相位可辨识的局放模式的评价

F.1　局放模式评价的说明

F.1.1　局放模式举例

在试验室条件下进行局放测量，观测局部放电过程。如采用合适的测量设备，并显示局放图像模式，可采用相位辨识的 $\phi-q-n$ 模式。模式可能会重叠，模式形状、局放频率或其他特征可能会变化。

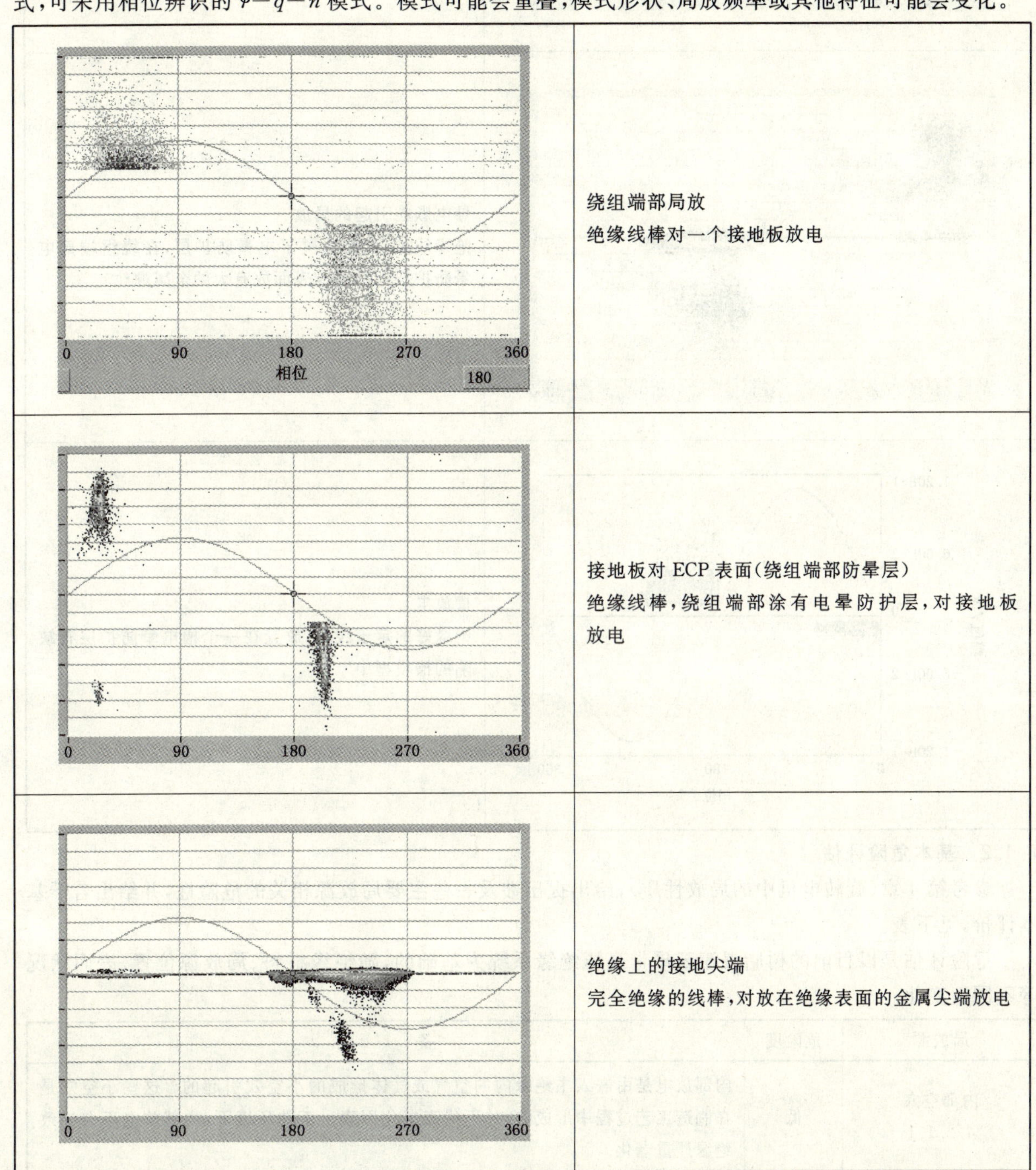

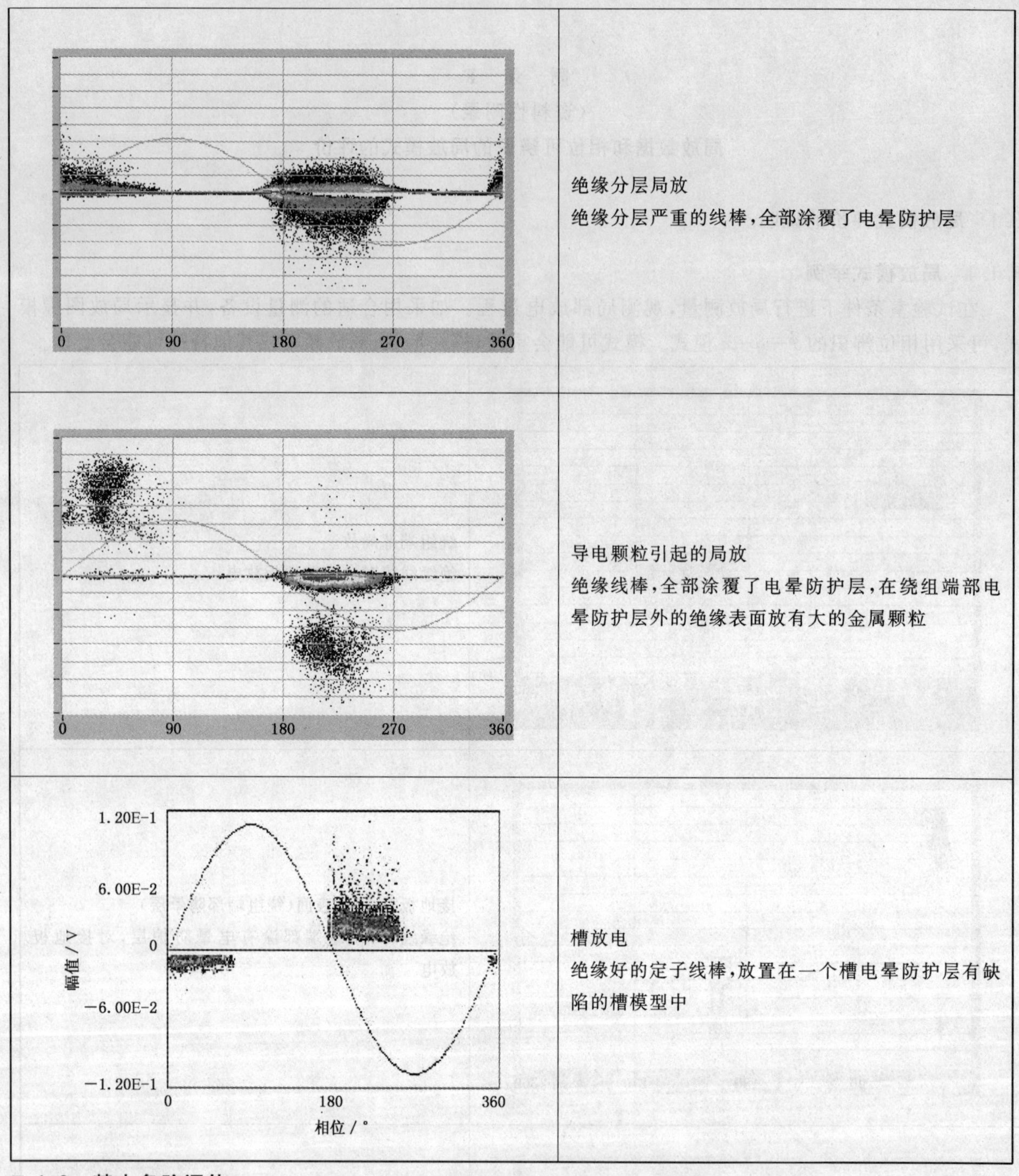

F.1.2 基本危险评估

参考第4章(旋转电机中的局放性质)，给出提出涉及一些主要局放源相关的危险性，并给出若干基本评价，见下表。

危险评估是以目前的树脂浸渍云母带高压绝缘系统为基础的，随绝缘材料、局放源位置、表面状况等不同而变化。

局放源	危险度	备　注
内部空穴 4.2.1.1	低	内部放电是由嵌入主绝缘内的空气或气体形成的小空穴引起的。这些小空穴是在制造工艺过程中形成的，并不代表老化因素。正常环境下，内部放电不会导致绝缘严重老化

表（续）

局放源	危险度	备　　注
内部分层 4.2.1.2	高	内部分层局部放电是由嵌入主绝缘内的空气或气体形成的狭长的空穴(沿线棒纵向)引起的。这些空穴一般是由过热或者外部机械力引起的，这两种都会导致绝缘层之间的大面积分离
导体和绝缘间分层 4.2.1.3	高	导体和绝缘材料间的分层局部放电是嵌入主绝缘和电场分级材料间的空气或气体形成的狭长的小空穴(沿线棒纵向)引起的。 这些小空穴一般是由过热或者外部机械力引起的，这两种都会导致绝缘层之间的大面积分离
槽放电 4.2.2	高	槽放电是由电场防晕层和定子槽壁间的接触不良或脱落引起。典型的槽放电只出现在电机运行期间。电磁力和振动导致接触性电弧，就是检测到的槽放电。只有在电场防晕层严重老化的情况下，离线测量才能检测到槽放电，也才具有4.2.2中描述的局放源的特征
绕组端部表面放电 4.2.3	正常	绕组端部表面的局放出现在绝缘材料表面的某部位，一般位于电机绕组端部区域。通常由导电的污染物(碳、油灰、磨损物等)引起，或者由端部电场分级材料遭破坏引起。由于放电只出现在绝缘的表面，对绝缘不会产生严重的老化
导电颗粒 4.2.4	正常	导电颗粒的局放出现在绝缘材料表面的某部位，一般位于电机绕组端部区域。它们通常由大面积的导电污染物(碳、油灰、磨损物等)引起，或者由个别电场分级材料的区域引起。由于放电只出现在绝缘的表面，对绝缘不会产生严重的老化

F.1.3　基本量值评估

局放的实际位置不清楚，是不可能进行这种评估的。例如，表面局放可能比内部局放或分层局放量高十倍或百倍，但这并不是导致绝缘过早失效的老化现象。反之例如，出现分层现象，与测得的局放幅值无关，但该加速老化现象却需要立即维修。

参 考 文 献

[1] IEEE Std. 1434—2000:Guide To The Measurements Of Partial In Rotating Machinery, IEEE New York, USA,(2000),ISBN 0-7381-2482-6, SH94850

[2] CIGRE Technical Brochure 226: Knowledge Rules For Partial Discharge Diagnosis In Service

[3] IEEE Std. 43(r1991): Recommended Practice for Insulation Testing of Large AC Rotating Machinery with High Voltage at Very Low Frequency

[4] IEEE Std. 43—2000 Recommended Practice for Testing Insulation Resistance of Rotating Machinery

[5] DL/T 492—1992 发电机定子绕组环氧粉云母绝缘老化鉴定导则

ICS 29.160
K 20

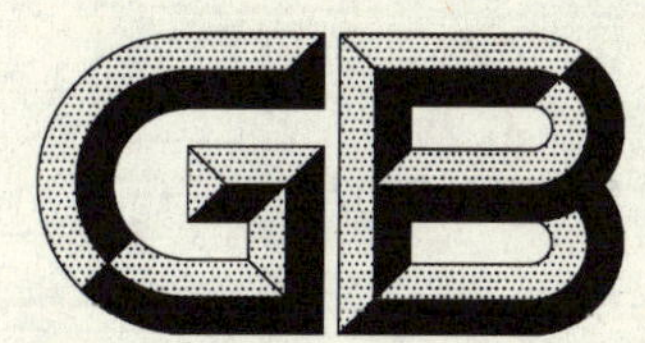

中华人民共和国国家标准

GB/T 20834—2007

发电/电动机基本技术条件

Fundamental technical specifications for generator-motor

2007-01-16 发布 2007-08-01 实施

中华人民共和国国家质量监督检验检疫总局
中国国家标准化管理委员会 发布

前　言

本标准以GB/T 7894—2001《水轮发电机基本技术条件》为基础，按照电网对发电/电动机的电磁及机械性能要求、水泵/水轮机对发电/电动机机械性能要求、结合发电/电动机结构特点编制。编制中参考国际标准和国外先进标准，充分溶入了国内近期已投运及在建的大型发电/电动机的合同技术规范中的相关内容。

本标准由中国电器工业协会提出。

本标准由全国旋转电机标准化技术委员会发电机分技术委员会归口。

本标准主要起草单位：哈尔滨电机厂有限责任公司、中国水电工程顾问集团公司、广东蓄能发电有限公司、华东勘测设计研究院、北京国电水利电力工程公司、东方电机股份有限公司。

本标准主要起草人：韩祖荫、李定中、魏炳章、刘公直、付长虹、余国诠、张惠寰、李渝珍、刘世洪。

本标准由全国旋转电机标准化技术委员会发电机分技术委员会负责解释。

本标准首次发布。

发电/电动机基本技术条件

1 范围

本标准适用于与水泵/水轮机直接连接的三相、50 Hz、可逆式凸极同步发电/电动机（以下简称发电/电动机）。

凡本标准未规定的事项，均应符合 GB 755—2000《旋转电机 定额和性能》、GB/T 1029《三相同步电机试验方法》、GB/T 7894—2001《水轮发电机基本技术条件》、GB/T 8564—2003《水轮发电机组安装技术规范》等相关标准的有关规定。

特殊要求，由买卖双方协商，并在合同技术规范中规定。

2 规范性引用文件

下列文件中的条款通过本标准的引用而成为本标准的条款。凡是注日期的引用文件，其随后所有的修改单（不包括勘误的内容）或修订版均不适用本标准。然而，鼓励根据本标准达成协议的各方研究是否可使用这些文件的最新版本。凡是不注日期的引用文件，其最新版本适用于本标准。

GB 755—2000 旋转电机 定额和性能（idt IEC 60034-1:1996）

GB/T 1029 三相同步电机试验方法

GB/T 7894—2001 水轮发电机基本技术条件（neq IEC 60034-1:1996）

GB/T 8564—2003 水轮发电机组安装技术规范

3 使用环境条件

应符合 GB/T 7894—2001 第 3 章的要求。

4 技术要求

4.1 基本技术要求

4.1.1 发电/电动机的额定功率及额定容量规定如下：

a) 发电工况指输出的电功率/容量，用 MW/MVA 值表示。

b) 电动工况指输出的轴机械功率，用 MW 值表示。

4.1.2 如买方有要求，发电/电动机可设置最大容量。最大容量应与水泵/水轮机的水轮机工况的最大输出功率和水泵工况的最大输入功率相匹配。

4.1.3 允许用提高功率因数的方法，把发电/电动机的有功功率提高到额定容量运行。

4.1.4 额定功率因数

a) 发电工况

额定功率不大于 200 MVA，不低于 0.875（过励）；额定功率大于 200 MVA，不低于 0.9（过励）。

b) 电动工况

不低于 0.95（过励）。一般取 0.975。

4.1.5 电压和频率的变化

4.1.5.1 运行期间发电/电动机电压和频率的变化按 GB 755—2000 的 6.3 执行。

4.1.5.2 如买方需要，发电/电动机的运行电压变化可提高到额定电压值的±7.5%，此时发电/电动机的输出功率或容量应在合同技术规范中规定。

4.1.5.3 根据买方的需要，允许发电/电动机的工作频率与额定频率的变化超过 4.1.5.1 的规定值，此时发电/电动机的定子电流和励磁电流均不应超过允许值。

4.1.5.4 发电/电动机应能适应电动工况起动时短时频率变化(0 Hz～52.5 Hz)的要求。

4.2 电气特性

4.2.1 温升

在规定的使用环境条件及额定工况下,定子、转子绕组和定子铁心等部件的温升限值按 GB/T 7894—2001 中 4.2.2.1 表 1 注 3 执行(即按表中所规定的温升限值降低 5 K～10 K)。

最大容量下,定子、转子绕组和定子铁心等部件的温升,可在合同技术规范中规定(允许比额定工况规定的温升限值提高 5 K～10 K)。

4.2.2 加权平均效率

发电/电动机的加权平均效率按 GB/T 7894—2001 中 4.2.3.2 所列公式计算,由买方根据机组在系统中的运行方式分别提供发电工况和电动工况的加权系数。

计算效率时发电/电动机损耗应包括:

a) 定子绕组铜损耗;

b) 转子绕组铜损耗;

c) 铁心损耗;

d) 风损及摩擦损耗;

e) 推力轴承损耗 $P_{G/M}$(发电/电动机分摊部分);

发电/电动机分摊的推力轴承损耗按以下公式计算:

$$P_{G/M} = G_{G/M}/(G_{G/M} + G_{P/T} + G_H) * P \quad \cdots\cdots\cdots\cdots(1)$$

式中:

$G_{G/M}$——发电/电动机转动部件重;

$G_{P/T}$——水泵/水轮机转动部件重;

G_H——水推力;

P——推力轴承总损耗。

f) 导轴承损耗;

g) 杂散损耗;

h) 励磁系统损耗(例如励磁变、整流器和电压调节器损耗);

i) 其他损耗(如设置电动机风扇,则应计及风扇功率)。

4.2.3 时间常数和参数

发电/电动机的短路比、电抗及时间常数等参数应以发电工况为准,并在合同技术规范中规定。

4.2.4 特殊运行要求

发电/电动机承受不平衡电流和承受过电流的能力应符合 GB/T 7894—2001 中 4.2.6 的要求。

发电/电动机在电压变化范围不超过其额定值的±10%时,应能短时安全运行。此时发电/电动机的定子电流及励磁电流均应不超过 GB/T 7894—2001 中 4.2.6 的规定。

4.2.5 过转矩能力

发电/电动机在电动工况运行时应能承受 150%过转矩,持续时间为 15 s 而不失同步,此时,励磁电流应相当于额定值。

4.2.6 进相和调相

发电/电动机在发电工况及电动工况应能进相(欠励)运行和调相(过励)运行。发电/电动机在作调相运行时,水泵/水轮机的转轮应在空气中旋转运行。不同工况下的进相深度(进相容量及相应的功率因数)、调相容量和充电容量应在合同技术规范中规定。

4.2.7 起动方式

发电/电动机的电动工况起动方式应在合同技术规范中规定,通常可在下列起动方式中选择:

a) 静止变频装置(SFC)起动；

b) 发电/电动机背靠背同步起动或发电机同步起动；

c) 全压或降压异步起动。异步起动时允许的瞬时电压降低值应在合同专用技术规范中规定。

对大型发电/电动机，应优先采用静止变频装置起动方式。

4.2.8 介质损耗角正切

发电/电动机定子线棒(线圈)常态介质损耗角正切值及其增量的限值应符合表1的规定：

表1 常态介质损耗角正切值及其增量限值

试验电压	$0.2U_N$	$0.2U_N \sim 0.6U_N$
介质损耗角正切值及其增量	$\mathrm{tg}\delta$	$\Delta\mathrm{tg}\delta=\mathrm{tg}\delta\,0.6U_N-\mathrm{tg}\delta\,0.2U_N$
指标值/%	≤1	≤0.5
注：U_N——发电/电动机额定线电压，单位为千伏(kV)。		

4.3 机械特性

4.3.1 发电/电动机组应能适应系统调峰、填谷、调频、调相、紧急事故备用、工况转换及频繁开停机的运行要求。

4.3.2 发电/电动机的旋转方向从非驱动端看，发电工况一般按顺时针方向旋转，电动工况一般按逆时针方向旋转。

4.3.3 发电/电动机与水泵/水轮机组装后，机组转动部分的第一阶临界转速应不小于最大飞逸转速的120%。如买方有要求，可提高到125%。

4.3.4 发电/电动机的结构设计，应符合GB/T 7894—2001中4.3.3有关飞逸转速的要求。

当调速系统和励磁系统正常工作时，发电/电动机在发电工况甩100%负荷及电动工况突然断电后允许不经任何检查而重新并网。

4.3.5 发电/电动机每台机日平均开停机次数应不少于5次(开、停按一次计算)。

4.3.6 发电/电动机的大修间隔时间不少于10年(a)。

4.4 结构基本要求

4.4.1 发电/电动机的结构部件应适应机组正、反向旋转运行的要求，并在任何稳态和过渡工况下，均应符合GB/T 7894—2001中4.4.1的e)的要求。

4.4.2 发电/电动机结构型式和总体布置应适应水泵/水轮机转轮拆卸方式的要求，方便检修。如采用上拆方式，发电/电动机的结构应设计成其下机架及水泵/水轮机的可拆卸部件在安装和检修时能通过定子铁心内径；如采用中拆方式，下机架的设计应能方便地起吊水泵/水轮机顶盖、转轮等重大件。大型机组应设计成在不抽出转子和不拆除上机架的情况下更换定子线棒和转子磁极，以及对定子绕组端部和定子铁心进行预防性检查。

4.4.3 发电/电动机推力轴承和导轴承结构及其润滑油循环、冷却系统均应适应机组正、反双向旋转运行和机组热态起动的要求。

采用巴氏合金瓦的发电/电动机推力轴承，应装设高压油顶起装置，供机组起动和停机过程中使用。起动过程中，应允许在机组起动时当转速达到$50\%n_N \sim 80\%n_N$时顶起装置退出运行。发电/电动机在各种正常运行工况下，推力轴承和导轴承的瓦温不应超过GB/T 7894—2001中4.2.2.2的规定。

推力轴承和导轴承及其润滑、冷却系统应便于装拆、调整、维护和检修。

当电力系统对电站有"黑起动"要求时，高压油顶起装置应设置直流电动泵用作备用。

4.4.4 发电/电动机的定子机座和铁心压紧的结构及其工艺应能适应机组频繁开、停机和工况转换的要求，防止铁心松动及"瓢曲"变形。

4.4.5 发电/电动机的定子线棒在槽内和端部的固定结构应在合同技术规范中明确规定，防止线棒在频繁起动和各种正常及非正常运行工况下受热应力及振动等作用经长期运行后产生松动、下沉和磨损。

4.5 通风冷却系统

发电/电动机一般采用无外加风机的轴、径向密闭通风冷却系统或带外加风机的强迫循环密闭通风冷却系统，其通风冷却系统应满足机组正、反向旋转运行的要求。通风冷却系统在合同技术规范中规定，也可由发电/电动机卖方推荐并经买方同意后确定。

发电/电动机的空气冷却器及润滑油冷却器的工作水压范围在合同技术规范中规定。

4.6 制动系统

4.6.1 发电/电动机的机械制动系统应适应机组正、反双向旋转运行的要求，确保在各种工况下安全停机并满足工况转换的要求。

4.6.2 发电/电动机应同时设置机械制动和电气制动装置。正常停机一般在转速50%额定转速时投入电气制动，在转速下降至5%～10%额定转速时，再投入机械制动。机械制动装置单独用于紧急停机时，应能在发电/电动机转速下降至30%～35%额定转速时投入至停机。相应的制动时间应在合同技术规范中规定。

制动装置的设计，应考虑能在水泵/水轮机的导叶漏水产生1.5%额定转矩的情况下正常制动停机。

电气制动应按程序自动运行，最大制动电流按1.1倍定子额定电流设计。

4.6.3 机械制动装置不应产生有害环境的化学物质，并应配置粉尘收集装置。制动环应设计成可拆卸式，制动块应为耐磨、耐热材料制成，正常使用寿命不少于5年(a)。

4.6.4 根据结构需要，发电/电动机的机械制动装置和转子顶起装置可分开设置，也可合并使用。对制动器兼作千斤顶使用的制动系统，压力供油系统应能实现顶起机组转动部分的要求。

4.7 励磁系统

发电/电动机一般采用自并激静止励磁系统并设置电力系统稳定装置(PSS)。

4.8 测速系统

发电/电动机一般采用残压测频和齿盘测速装置提供转速信号。

5 供货范围

发电/电动机的供货范围除应符合GB/T 7894—2001中第5章“供货范围”所列内容外，还应包括电动工况起动装置及相关附属设备。

6 试验及验收

发电/电动机的试验和验收除应符合GB/T 7894所列条款外，还应增加以下项目。

6.1 工厂试验

a) 推力轴承双向旋转运行模拟试验(必要时)；

b) 通风系统模拟试验(必要时)；

c) 嵌入模型槽定子线棒绝缘热老化和电老化试验(必要时)；

6.2 现场试验

a) 推力轴承双向旋转运行试验；

b) 电动机工况起动特性试验；

c) 电动机输入功率试验；

d) 工况转换试验；

e) 电动机工况突然断电试验；

f) 发电/电动机调相、进相试验；

g) 充电容量试验(包括端部结构温升测定)；

h) 通风冷却系统试验(必要时)。

7 标志、包装、运输及保管

发电/电动机的标志、包装、运输及保管除应符合 GB/T 7894—2001 中第 7 章的规定外，其铭牌还应增加电动工况下的如下项目：

a) 额定功率(MW)；

b) 额定容量(MVA)；

c) 额定电压(kV)；

d) 额定电流(kA)；

e) 额定功率因数(cosϕ)；

f) 额定励磁电压(V)；

g) 额定励磁电流(A)。

8 试运行和保证期

8.1 试运行

发电/电动机及其附属设备在现场安装、试验完毕正式投入商业运行之前，应进行 30 d 试运行。

30 d 试运行期间，机组的发电和抽水应服从电网调度。

30 d 试运行期间，由于机组及附属设备的制造或安装质量原因引起中断，应及时检查处理，合格后继续进行 30 d 试运行。中断前后的运行时间可以累加计算；但出现以下情况之一者，中断前后的运行时间不得累加计算，机组应重新开始 30 d 试运行。

a) 一次中断运行时间超过 24 h；

b) 中断累计次数超过 3 次；

c) 起动成功率：发电工况低于 95%，水泵工况低于 90%。

8.2 保证期

发电/电动机的保证期应符合 GB/T 7894—2001 中第 8 章的规定。

ICS 29.160.20
K 20

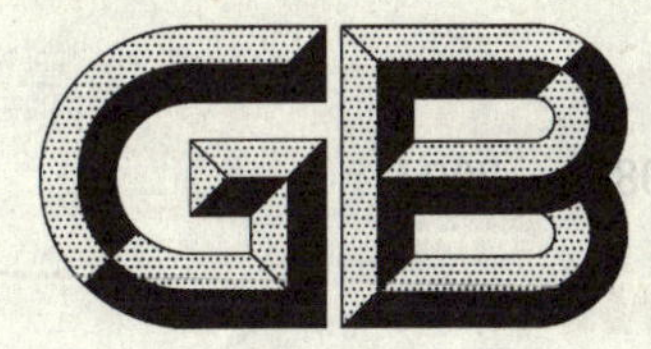

中华人民共和国国家标准

GB/T 20835—2007

发电机定子铁心磁化试验导则

Guides for magnetization test of generator stator core

2007-01-16 发布　　2007-08-01 实施

中华人民共和国国家质量监督检验检疫总局
中国国家标准化管理委员会　发布

前　言

本标准是按照GB/T 1.1—2000的规定进行编制的。

本标准的附录A是资料性附录。

本标准由中国电器工业协会提出。

本标准由全国旋转电机标委会归口。

本标准由哈尔滨大电机研究所负责起草，哈尔滨电机厂有限责任公司、广东省电力试验研究所、东方电机股份有限公司、上海汽轮发电机有限公司、华东电网公司、北京北重汽轮电机有限责任公司、山东齐鲁电机制造公司、南京汽轮电机集团公司、东芝水电设备(杭州)有限公司、武汉汽轮电机股份有限公司、华北电科院、中国长江电力股份公司检修厂、山东电力研究院、西北勘测设计院、东北电科院有限公司等单位参加起草。

本标准主要起草人：富立新、苟智德、杨立海、杨楚明、于鸣、沈蓉洲、王金龙、何士文、王春光、王庆铎、巫旭明、成德明、刘斌文、白恺、王宏、吕六和、王健军。

本标准委托哈尔滨大电机研究所负责解释。

本标准系首次发布。

发电机定子铁心磁化试验导则

1 范围

本标准适用于透平型同步发电机和水轮发电机定子铁心磁化试验，用于判别发电机定子铁心质量。

2 规范性引用文件

下列文件中的条款通过本标准的引用而成为本标准的条款。凡是注日期的引用文件，其随后所有的修改单(不包括勘误的内容)或修订版均不适用于本标准，然而，鼓励根据本标准达成协议的各方研究是否可使用这些文件的最新版本。凡是不注日期的引用文件，其最新版本适用于本标准。

GB/T 7064　透平型同步电机技术要求(GB/T 7064—2002,IEC 60034-3:1988,NEQ)

GB/T 8564　水轮发电机组安装技术规范

3 术语与符号

b_v——定子通风道宽，单位为米(m)；

B——试验时定子铁心轭部磁通密度，单位为特斯拉(T)；

D_1——定子铁心外径，单位为米(m)；

D_{i1}——定子铁心内径，单位为米(m)；

f——试验电源频率，单位为赫兹(Hz)；

f_1——试验时的实测电源频率，单位为赫兹(Hz)；

H——定子轭部磁场强度，单位为安每米(A/m)；

h_{ys}——定子铁心轭高，单位为米(m)；

h_s——定子槽深，单位为米(m)；

I——励磁线圈电流，单位为安(A)；

k_{Fe}——定子铁心叠压系数；

K_S——电源容量系数；

l_u——定子铁心净长，单位为米(m)；

l——定子铁心长度，单位为米(m)；

m——定子铁心轭部质量，单位为千克(kg)；

n_v——定子通风道数；

P——实测功率，单位为瓦(W)；

P_1——试验计算的定子铁心比损耗，单位为瓦每千克(W/kg)；

$P_{10/50}$——定子铁心硅钢片材料在1.0 T、50 Hz时的标准比损耗，单位为瓦每千克(W/kg)；

$P_{14/50}$——定子铁心硅钢片材料在1.4 T、50 Hz时的标准比损耗，单位为瓦每千克(W/kg)；

Q——定子铁心轭部截面面积，单位为平方米(m^2)；

ρ——硅钢片密度，单位为千克每立方米(kg/m^3)；

S——试验电源的容量，单位为千伏安(kVA)；

t——试验时间，单位为分钟(min)；

t_0——环境温度，单位为摄氏度(℃)；

t_1——试验时第 i 测温点的温度，单位为摄氏度(℃)；

U_1——励磁线圈电压，单位为伏(V)；

U_2——测量线圈电压，单位为伏(V)；

W_1——励磁线圈匝数；

W_2——测量线圈匝数；

Δt_{max}——从试验开始经过 45 min（透平型同步发电机）或 90 min（水轮发电机）试验后，铁心的最大温升，单位为开尔文（K）；

Δt_{min}——从试验开始经过 45 min（透平型同步发电机）或 90 min（水轮发电机）试验后，铁心的最小温升，单位为开尔文（K）；

δ_t——从试验开始经过 45 min（透平型同步发电机）或 90 min（水轮发电机）试验后，定子铁心相同部位（定子齿或槽）最大温升与最小温升之差，即 $\delta_t = \Delta t_{max} - \Delta t_{min}$，单位为开尔文（K）。

本标准以下各章中量的符号和单位按本章规定。

4 试验准备

4.1 励磁线圈匝数与励磁电流

励磁线圈匝数 W_1 由 U_1 确定，按下式计算后取整：

$$W_1 = \frac{U_1}{4.44 fQB} \quad \cdots\cdots(1)$$

式中：

$Q = l_u h_{ys}$；

$l_u = k_{Fe}(l - b_v n_v)$；

$h_{ys} = \frac{1}{2}(D_1 - D_{il}) - h_s$；

f——一般为 50 Hz；

k_{Fe}——按设计值确定，当硅钢片厚度为 0.35 mm 时，k_{Fe} 取值范围一般为 0.91～0.93；当硅钢片厚度为 0.50 mm 时，k_{Fe} 取值范围一般为 0.93～0.95；

B——透平型同步发电机取 1.4T，水轮发电机取 1.0T。

励磁线圈电流 I 按下式计算：

$$I = \frac{\pi(D_1 - h_{ys})H}{W_1} \quad \cdots\cdots(2)$$

式中：

H——硅钢片在 1.4T（透平型同步发电机）或 1.0T（水轮发电机）时的磁场强度，单位为安培每米（A/m）。

总励磁安匝 IW_1 按下式计算：

$$IW_1 = \pi(D_1 - h_{ys})H \quad \cdots\cdots(3)$$

4.2 定子铁心轭部质量

定子铁心轭部质量 m 按下式计算：

$$m = \pi(D_1 - h_{ys})Q\rho \quad \cdots\cdots(4)$$

4.3 电源容量

试验电源容量 S 按下式计算：

$$S = K_S U_1 I \times 10^{-3} \quad \cdots\cdots(5)$$

式中：

K_S——一般取 1.1，或根据实际需要确定。

4.4 励磁线圈与测量线圈

按式(2)计算得出的电流 I 确定励磁线圈的线规。励磁线圈与定子铁心及机座之间应有足够的绝缘。在定子铁心上排绕 W_1 匝励磁线圈，水轮发电机可分多组均绕。

测量线圈应绕在与励磁线圈成 90°或者在相邻两组励磁线圈平分的位置，其匝数为 W_2 匝。

4.5 检温计设置

沿定子轴向长度在定子齿上平均设置热电偶或酒精温度计，齿顶至少设置 8 个。

5 试验要求

5.1 试验电源

试验电源应是合格的工频交流电源，其容量应满足式(5)计算得出的电源容量值。

5.2 测量仪器和仪表

5.2.1 电气测量仪器和仪表

电气测量仪器和仪表的准确度应不低于0.5级，功率表应选用低功率因数瓦特表。应按实际读数的需要，选择仪表量程。

5.2.2 仪用互感器

测量用仪用互感器的准确度应不低于0.2级。

5.2.3 温度测量

温度测量可采用红外热像仪、酒精温度计或热电偶测温仪等，不允许使用水银温度计。红外热像仪的测温准确度应不超过±2℃或测量值乘以±2%(℃)。酒精温度计或热电偶温度测量的准确度应不超过±1℃。

5.3 安全要求

定子铁心、绕组及检温元件应可靠接地。应符合相关的安全规程，应由有相关知识和经验的人员操作。

6 试验方法

6.1 试验接线

按4.4的要求绕制励磁线圈与测量线圈，试验接线原理图如图1所示。

M_1——励磁线圈；

M_2——测量线圈；

TA——电流互感器；

f_1——频率表；

V_1、V_2——电压表；

A——电流表；

W——低功率因数瓦特表。

图1 试验接线原理图

6.2 初始温度测量

试验前，应测量定子铁心初始温度和环境温度。

6.3 试验

试验时，在励磁线圈中施加工频交流电源，调整励磁线圈端电压，使励磁线圈电流接近式(2)的计算值。在表1中规定的磁通密度和规定的时间下，进行定子铁心磁化试验。当磁通密度不满足表1时，可按式(6)、式(7)进行试验时间的修正折算。每隔15 min分别测量并记录频率 f_1，励磁线圈端电压 U_1，测量线圈端电压 U_2，励磁线圈电流 I，功率 P、定子铁心温度 t_i 和环境温度 t_0。有条件可以测量铁心预埋检温计的温度。

表1　磁通密度和试验时间

电机类型	磁通密度/T	试验时间/min
透平型同步发电机	1.4	45
水轮发电机	1.0	90
注：磁通密度、试验时间参见 GB/T 7064、GB/T 8564 中的规定。		

a)　透平型同步发电机试验时间的修正折算：

$$t=\left(\frac{1.4}{B}\right)^2\times 45 \qquad \cdots\cdots(6)$$

b)　水轮发电机试验时间的修正折算：

$$t=\left(\frac{1.0}{B}\right)^2\times 90 \qquad \cdots\cdots(7)$$

6.4 试验注意事项

试验中应密切监测定子铁心温升、振动和噪声情况，当发现有异常时，应停止试验。分析其原因，并排除异常后再继续试验。

7 铁心质量判别

7.1 铁心最大温升 Δt_{max} 的限值

在规定的磁通密度下，试验经过规定时间后，铁心最大温升 Δt_{max} 限值如表2。

表2　铁心最大温升 Δt_{max} 限值

电机类型	铁心最大温升限值/K
透平型同步发电机	≤25
水轮发电机	≤25

7.2 铁心相同部位(定子齿或槽)温差 δ_t 的限值

在规定的磁通密度下，试验经过规定时间后，相同部位(定子齿或槽)温差 δ_t 限值如表3。

表3　相同部位(定子齿或槽)温差 δ_t 限值

电机类型	铁心相同部位温差限值/K
透平型同步发电机	≤15
水轮发电机	≤15

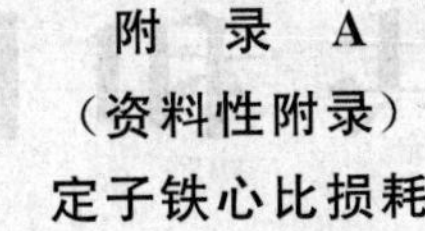

附　录　A
（资料性附录）
定子铁心比损耗

A.1　定子铁心比损耗的试验折算

当试验时的磁通密度和频率与规定值有偏差时，定子铁心比损耗 P_1 按式(A.1)或式(A.2)换算：

a)　透平型同步发电机，换算到磁通密度 1.4T 和频率 50 Hz：

$$P_1 = \frac{P\frac{W_1}{W_2}\left(\frac{1.4}{B}\right)^2\left(\frac{50}{f_1}\right)^{1.3}}{m} \tag{A.1}$$

b)　水轮发电机，换算到磁通密度 1.0T 和频率 50 Hz：

$$P_1 = \frac{P\frac{W_1}{W_2}\left(\frac{1.0}{B}\right)^2\left(\frac{50}{f_1}\right)^{1.3}}{m} \tag{A.2}$$

式中：

$$B = \frac{U_2}{4.44 f_1 Q W_2}$$

A.2　定子铁心比损耗 P_1 的限值

作为辅助的铁心质量判别方法，定子铁心比损耗 P_1 值不得大于所用硅钢片的标准比损耗的 1.3 倍。即：

a)　透平型同步发电机

$$P_1 \leqslant 1.3\ P_{14/50} \tag{A.3}$$

b)　水轮发电机

$$P_1 \leqslant 1.3\ P_{10/50} \tag{A.4}$$

ICS 29.180
K 41

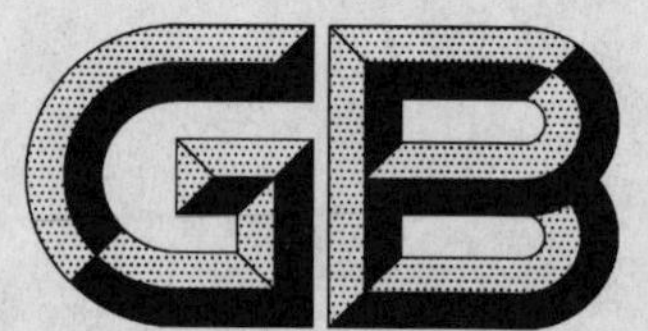

中华人民共和国国家标准

GB/T 20836—2007

高压直流输电用油浸式平波电抗器

Oil-immersed smoothing reactors for HVDC applications

2007-01-16 发布 2007-08-01 实施

中华人民共和国国家质量监督检验检疫总局
中国国家标准化管理委员会 发布

前　言

本标准的编写格式按照GB/T 1.1—2000《标准化工作导则　第1部分:标准的结构和编写规则》。

本标准由中国电器工业协会提出并归口。

本标准起草单位:西安西电变压器有限责任公司、沈阳变压器研究所、特变电工沈阳变压器集团有限公司、中国南方电网有限责任公司、武汉高压研究所、中国电力科学研究院、湖北省电力试验研究院、贵州电力试验研究院、机械工业北京电工技术经济研究所。

本标准的主要起草人:宓传龙、章忠国、汪德华、王健、孙树波、饶宏、付锡年、李光范、胡惠然、杨积久、郭丽平、陈荣。

本标准为首次发布。

引　言

GB/T 20836—2007是机械工业北京电工技术经济研究所总承担的国家科技部2003年度科技基础条件平台工作重点项目“直流输变电系统核心技术与基础标准研究”(项目编号为2003DIA7J034)支持研究制定的标准。

高压直流输电在我国电网建设中,对于长距离送电和大区联网有着非常广阔的发展前景,是目前作为解决高电压、大容量、长距离送电和异步联网的重要手段。“直流输变电系统核心技术与基础标准研究”及其滚动项目“高压直流输电系统及设备关键技术标准研究”(项目编号为2004DEA70820),是根据我国直流输电工程实际需要和高压直流输电技术发展趋势开展的。项目在引进技术的消化吸收、国内直流输电工程建设经验和设备自主研制的基础上,研究制定高压直流输电设备国家标准体系。内容包括基础标准、主设备标准和控制保护设备标准。项目已完成或正在制定的共19项国家标准:

——《高压直流系统特性　第1部分:稳态》(已报批)
——《高压直流系统特性　第2部分:故障与操作》(已报批)
——《高压直流系统特性　第3部分:动态》(已报批)
——《高压直流换流站绝缘配合程序》(已报批)
——《高压直流换流站损耗的确定》(已报批)
——《输配电系统的电力电子技术静止无功补偿器用晶闸管阀的试验》(已报批)
——《高压直流输电用电控晶闸管的一般要求》(正在制定中)
——GB/T 18494.2—2007《变流变压器　第2部分:高压直流输电用换流变压器》
——GB/T 20838—2007《高压直流输电用油浸式换流变压器技术参数和要求》
——GB/T 20836—2007《高压直流输电用油浸式平波电抗器》
——GB/T 20837—2007《高压直流输电用油浸式平波电抗器技术参数和要求》
——《高压直流输电用并联电容器及交流滤波电容器》(已报批)
——《高压直流输电用直流滤波电容器》(已报批)
——《高压直流换流站无间隙金属氧化物避雷器导则》(已报批)
——《高压直流输电系统控制与保护设备》(已报批)
——《高压直流换流站噪音》(正在制定中)
——《高压直流套管技术性能和试验方法》(正在制定中)
——《高压直流输电用光控晶闸管的一般要求》(正在制定中)
——《直流系统研究和设备成套导则》(正在制定中)

高压直流输电用油浸式平波电抗器

1 范围

本标准适用于磁化特性为线性或非线性的高压直流输电用油浸式平波电抗器(以下简称平波电抗器)。

本标准不适用于:

——工业用平波电抗器;

——干式平波电抗器。

2 规范性引用文件

下列文件中的条款通过本标准的引用而成为本标准的条款。凡是注日期的引用文件,其随后所有的修改单(不包括勘误的内容)或修订版均不适用于本标准,然而,鼓励根据本标准达成协议的各方研究是否可使用这些文件的最新版本。凡是不注日期的引用文件,其最新版本适用于本标准。

GB 1094.1 电力变压器 第1部分:总则(GB 1094.1—1996,eqv IEC 60076-1:1993)

GB 1094.2 电力变压器 第2部分:温升(GB 1094.2—1996,eqv IEC 60076-2:1993)

GB 1094.3 电力变压器 第3部分:绝缘水平、绝缘试验和外绝缘的空气间隙(GB 1094.3—2003,IEC 60076-3:2000,MOD)

GB/T 1094.10 电力变压器 第10部分:声级测定(GB 1094.10—2003,IEC 60076-10:2001,MOD)

GB/T 2900.15—1997 电工术语 变压器、互感器、调压器和电抗器(neq IEC 60050-421:1990、IEC 60050-321:1986)

GB/T 7354—2003 局部放电测量(IEC 60270:2000,IDT)

GB/T 10229—1988 电抗器(eqv IEC 60289:1987)

GB/T 17623—1998 绝缘油中溶解气体组分含量的气相色谱测定法(neq IEC 60567:1992)

IEC 62199:2004 直流系统用套管

3 术语和定义

除下列术语和定义外,GB/T 2900.15—1997 中的术语和定义亦适用于本标准。此外,在GB 1094.1和GB/T 10229—1988 中还分别规定了一些更专门的有关电抗器和平波电抗器方面的补充术语和定义。其中有些术语和定义,已对 GB/T 2900.15—1997 中早先规定的同一名称的术语和定义做了一些修改,对此,应优先采用 GB 1094.1 和 GB/T 10229—1988 中所规定的术语和定义。

3.1

额定直流电压 rated d.c. voltage

U_{dr}

平波电抗器所连接系统的直流电压规定值。

3.2

最高连续直流电压 highest continous d.c. voltage

U_{dm}

平波电抗器所连接系统的最高连续直流电压规定值。

3.3

额定直流电流　rated d. c. current

I_{dr}

平波电抗器能够持续流通的直流电流规定值。

注：不包括任何交流电流分量。

3.4

额定谐波电流　rated harmonic current

除直流电流外，规定频率谐波电流的稳态方均根值。

3.5

额定增量电感　rated incremental inductance

L_{inc}

在规定频率谐波电流和额定直流电流下的增量电感规定值。

4　使用条件

4.1　概述

本标准中的平波电抗器应符合 GB 1094.1 中所规定的使用条件，但其中明显不适用于平波电抗器或本标准中另有规定时除外。

4.2　温度

如果平波电抗器的任何部件(如：套管)伸入阀厅内，则除规定产品安装位置正常的环境温度外，还应规定阀厅内的最高温度。

4.3　负载电流

流过平波电抗器的电流主要是直流电流，同时还含有各次谐波电流。在询价或订货时，用户应向制造单位提供直流电流和各次谐波电流的大小，且应在签订合同时对此予以确认。

4.4　功率流向

除另有规定，通过平波电抗器的负载电流应能适应直流系统直流功率输送的方向。

5　符号及名称

本标准中各种变量的符号及名称如下：

I_d——对应负载条件下的连续直流电流；

I_{dr}——额定直流电流；

I_m——与平波电抗器总损耗(在运行中)对应的等效直流电流；

I_T——与绕组损耗(在运行中)对应的等效直流电流；

I_h——h 次谐波的电流；

L_{inc}——额定增量电感；

h——谐波次数；

P_c——总损耗；

P_{dc}——直流损耗；

k_{eh}——h 次谐波电流下的涡流损耗系数；

k_{hh}——h 次谐波电流下的磁滞损耗系数；

ρ_m——铁心损耗；

P_h——谐波损耗；

R——包括内部引线在内的绕组直流电阻；

R_h——h 次谐波频率下的绕组电阻；

U_{ac}——绕组的外施交流试验电压(方均根值);

U_{dc}——绕组的外施直流试验电压;

U_{dm}——最高连续直流电压;

U_{dr}——额定直流电压;

U_{pr}——绕组的极性反转试验电压(直流电压)。

6 额定值

6.1 概述

平波电抗器的额定直流电流、最高连续直流电压、额定谐波电流、额定增量电感和平波电抗器的磁化特性均应由用户规定。平波电抗器的损耗、声级和振动的保证值均应与这些参数值相对应。

6.2 额定直流电压

额定直流电压值由用户予以规定。

6.3 最高连续直流电压

最高连续直流电压值由用户予以规定,它不应低于运行中施加在电抗器绕组与地之间的最高直流电压。

6.4 额定直流电流

额定直流电流值由用户予以规定。

6.5 额定谐波电流

各频率值及相应频率下的电流值均应由用户予以规定。

注:不同的运行状况将产生不同的谐波电流,所有这些谐波电流均应予以考虑,并确定其中之一作为额定谐波电流。

6.6 额定增量电感

额定增量电感的具体值由用户规定。

6.7 平波电抗器的线性度

若用户没有特殊说明,平波电抗器在额定直流电流及以下时应为线性。

必要时,用户可规定一个或多个高于额定直流电流值下的较小的增量电感值。此时,在所有规定直流电流下的增量电感最大值等于额定增量电感值加上正偏差。

7 允许偏差

除本标准规定的允许偏差外,其他允许偏差应按 GB 1094.1 的规定。

7.1 增量电感值允许偏差

额定增量电感值的允许偏差为+15%~0。其他增量电感值的允许偏差由用户与制造单位协商确定。

7.2 损耗允许偏差

按本标准第 8 章计算的平波电抗器总损耗值,不得超过损耗规定值的+10%。

8 损耗

平波电抗器的总损耗包括直流损耗、谐波损耗及铁心损耗(如果有),损耗的计算公式如下:

$$P_c = P_{dc} + P_h + P_m$$

式中:

$P_{dc} = I_d^2 R$

谐波损耗 P_h 可按下式计算:

$$P_h = \sum_{h=2}^{48} I_h^2 R_h \quad (48\text{是计算的最高谐波次数})$$

铁心损耗 P_m 可按以下的经验公式计算：

$$P_m = 0.125 \times P_{dc} \times \sum_{h=2}^{48} (k_{hh} + k_{eh})$$

式中：

$k_{hh} = \frac{I_h}{I_{dr}} \times h \qquad (2 \leqslant h \leqslant 48)$

$k_{eh} = \left(\frac{I_h}{I_{dr}}\right)^2 \times h^{0.5} \qquad (10 < h \leqslant 48)$

$k_{eh} = \left(\frac{I_h}{I_{dr}}\right)^2 \times h \qquad (2 < h \leqslant 10)$

$k_{eh} = \left(\frac{I_h}{I_{dr}}\right)^2 \times 4 \qquad (h = 2)$

上述铁心损耗 P_m 的计算公式主要适用于带气隙铁心结构的平波电抗器，并且是整个铁心的总损耗。对于其他结构的平波电抗器的铁心损耗(如果有)，经制造单位与用户协商，可采用其他的计算方法。

9 绝缘水平

平波电抗器的绝缘水平相应于所连接的直流系统的绝缘水平，具体由用户规定。

9.1 雷电冲击水平

应规定绕组每个端子对地及两个端子之间的雷电冲击耐受电压。

9.2 操作冲击水平

应规定绕组每个端子对地及两个端子之间的操作冲击耐受电压。

9.3 外施直流电压耐受水平

外施直流电压耐受水平应为：

$$U_{dc} = 1.5\, U_{dm}$$

9.4 极性反转电压水平

极性反转电压水平应为：

$$U_{pr} = 1.25\, U_{dm}$$

此电压应施加于连接在一起的绕组两个端子与地之间。

9.5 外施交流电压耐受水平

外施交流电压耐受水平应为：

$$U_{ac} = \frac{1.5}{\sqrt{2}} U_{dm}$$

此电压应施加于连接在一起的绕组两个端子与地之间。

10 声级

10.1 概述

由于制造单位无法模拟平波电抗器运行中的实际电流进行声级测定，因此用户应与制造单位共同协商声级确定的方法。

10.2 保证的声功率级

保证的声功率级应以订货时规定的额定直流电流为基准。由于此声功率级与现场条件下所获得的值不同(见10.3)，因此，用户在定合同前，应与制造单位共同协商此声功率级及试验方法。

10.3 现场的声功率级

在制造单位测得的平波电抗器声级与在现场测得的声级之间的相关性尚不能确立，其差值可能在10 dB(A)至20 dB(A)之间。

11 振动

11.1 概述

由于制造单位无法模拟平波电抗器运行中的实际电流进行振动测量，因此，如果规定需进行振动测量，则经制造单位与用户协商后，可在安装现场进行此项试验。

11.2 保证的振动水平

保证的振动水平应以订货时规定的额定直流电流和额定谐波电流为基准。测量的结果用振动波主波峰的高度来表示。

11.3 现场的振动水平

在安装现场做试验之前，需就以下各项取得一致意见：

a) 当额定直流电流工况与最高连续运行电流工况不一致时，应明确进行试验的工况；

b) 测量位置和测量方法(一般是在油箱的四个侧面并取足够的测量点求得平均值)。

12 试验

12.1 概述

有关例行试验、型式试验和特殊试验的一般要求按 GB 1094.1—1996 中 10.1 的规定。

12.2 试验项目

12.2.1 例行试验

下列试验应在所有的平波电抗器上进行，但不必依次遵循下述顺序：

——绕组直流电阻测量(按 GB 1094.1)；

——增量电感测量(按 12.3)；

——绝缘油试验(按 GB/T 17623—1998)；

——操作冲击试验(按 12.5.1)；

——雷电全波冲击试验(按 12.5.2)；

——包括局部放电测量和声波探测测量的外施直流电压耐受试验(按 12.5.3)；

——包括局部放电测量的极性反转试验(按 12.5.4)；

——外施交流电压耐受试验和局部放电测量(按 12.5.5)；

——绝缘电阻测量(按 GB 1094.1)；

——铁心绝缘(如果有)及其相关绝缘的试验(按 GB 1094.1)；

——绕组的绝缘介质损耗因数(tan δ)和电容量测量；

——油箱压力与真空试验；

——辅助回路绝缘试验。

应在上述试验过程的开始、中途和结束时分别抽取供分析用的油样。在试验过程中途的油样抽取，应在用户与制造单位协商一致的一些重要试验项目做完后进行。应先对试验过程开始和试验过程结束时所抽取的油样进行分析。如果油样分析检测结果有差异，则还要对中途抽取的油样进行分析。

12.2.2 型式试验

型式试验应在每种型式的平波电抗器中的一台上进行，但不必依次遵循下述顺序：

——雷电截波冲击试验(按 12.5.2)；

——温升试验(按 12.6)。

12.2.3 特殊试验

用户在定合同前,应与制造单位共同协商、选择下列试验项目中需做的试验项目及试验方法,但不必依次遵循下述顺序:

——负载电流试验(按 12.7);

——声级测定(按 12.8);

——冷却设备的声级测定(按 12.8);

——振动测量;

——高频阻抗测量(按 12.9);

——损耗测量(按 12.4);

——冷却设备吸取功率测量。

12.3 增量电感测量

增量电感测量按 GB/T 10229—1988 的规定进行,也可采用其他方法测量,但应在签订合同时由用户与制造单位协商确定。

12.4 损耗测量

由于制造单位无法模拟平波电抗器运行中的实际电流进行损耗测量,因此允许采用等效计算的方法,损耗计算方法按第 8 章的规定,但等效计算的方法需经用户与制造单位共同认可。

12.5 绝缘试验

绝缘试验的目的是为了确认平波电抗器是否按规定的绕组绝缘要求进行设计和制造。绝缘试验应按下述顺序进行。

12.5.1 操作冲击试验

操作冲击试验按 GB 1094.3 的规定。

当操作冲击试验电压施加于绕组时,绕组的两个端子应连接在一起,操作冲击试验电压应施加于绕组与地之间。本标准不要求在绕组两端之间进行操作冲击试验。

12.5.2 雷电冲击试验

雷电冲击试验按 GB 1094.3 的规定。试验方法如下:

——应依次对绕组的每个端子施加冲击波,另一端子直接接地。雷电冲击试验电压为GB 1094.3 规定的通过绕组两端的值。

——如果规定了绕组对地的绝缘水平与绕组两端的绝缘水平不同,则雷电冲击试验方法需经用户与制造单位协商一致。可以考虑将绕组非被试端子通过一个适当的电阻接地。此电阻的选择应使受冲击的端子上出现所要求的对地电压值的同时,绕组两端也能得到所需要的试验电压值。本试验应在绕组的每个端子上进行。

对于绕组对地和绕组两端具有相同的雷电冲击水平的绕组,只需做第一种试验。

12.5.3 外施直流电压耐受试验

12.5.3.1 平波电抗器的试验温度

在外施直流电压耐受试验中,油温应为 10℃～30℃。试验时应将绕组的两个端子连接在一起,试验电压应施加于绕组与地之间,并为正极性。

12.5.3.2 试验程序

所有套管端子应在试验开始前至少接地 2 h,不允许对平波电抗器的绝缘结构预先施加较低的电压。试验电压应在 1 min 内升至规定的水平并保持 120 min,此后,电压应在 1 min 内降低至零。

在整个外施直流电压耐受试验过程中,应进行局部放电量测量。

直流耐压试验结束后,应进行充分的放电。否则,绝缘结构件中可能有相当多的残余电荷,对以后的局部放电测量可能会有影响。

注:推荐使用能对局部放电进行探测和定位的仪器,特别是能对平波电抗器内部的局部放电和试验线路上的局部

放电加以区分的仪器。

12.5.3.3 验收准则

局部放电测量按 GB 1094.3—2003 附录 A 的适用部分进行，测量仪器按 GB/T 7354—2003 的规定。

如果在试验的最后 30 min 内，记录到不小于 2 000 pC 的脉冲数不超过 30 个，且在试验的最后 10 min 内，记录到不小于 2 000 pC 的脉冲数不超过 10 个，则应认为此试验结果通过验收，不需要继续进行局部放电试验。如果此条件未满足，则可以将试验延长 30 min。

延长 30 min 的试验只允许进行一次，当在此 30 min 内不小于 2 000 pC 的脉冲数不超过 30 个，且在最后 10 min 内不小于 2 000 pC 的脉冲数不超过 10 个，则应认为该项试验合格。

局部放电测量是非破坏性的试验。当测量结果与验收准则不符，但没有发生击穿时，不应立即拒收被试产品，而应由用户与制造单位就进一步采取的措施进行协商。

12.5.4 极性反转试验

12.5.4.1 平波电抗器试验温度

在极性反转试验中，油温应为 10℃～30℃。试验电压应施加在连接在一起的两个端子与地之间。

12.5.4.2 试验程序

应采用如图 1 所示的双极性反转试验。

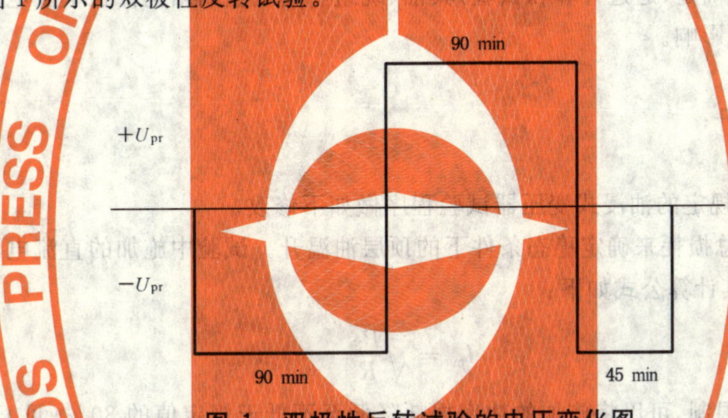

图 1 双极性反转试验的电压变化图

所有套管端子应在试验开始前至少接地 2 h，不允许对平波电抗器的绝缘结构预先施加较低的电压。试验应进行两次极性反转。试验的顺序应包括施加负极性直流电压 90 min，然后施加正极性直流电压 90 min，最后再施加负极性直流电压 45 min。每次电压极性反转均应在 2 min 内完成。当电压达到 100% 试验值时，极性反转结束。

在整个外施直流电压耐受试验过程中，应进行局部放电量测量。

极性反转试验结束后，应进行充分的放电。否则，绝缘结构件中可能有相当多的残余电荷，对以后的局部放电测量可能会有影响。

注：推荐使用能对局部放电进行探测和定位的仪器，特别是能对平波电抗器内部的局部放电和试验线路上的局部放电加以区分的仪器。

12.5.4.3 验收准则

局部放电测量应按 GB 1094.3—2003 附录 A 的适用部分进行，测量仪器按 GB/T 7354—2003 的规定。

如果在每次极性反转后的 30 min 内，记录到不小于 2 000 pC 的脉冲数不超过 30 个，且在每次极性反转的最后 10 min 内，记录到不小于 2 000 pC 的脉冲数不超过 10 个，则应认为此试验结果通过验收，不需要再进行极性反转试验。因为在直流电压变化期间出现的某些放电现象均属正常，故在试验开始后的第一个 5 min 期间、极性反转期间及随后的第一个 5 min 期间所记录的局部放电量应忽略不计。不过，在此期间应测量和记录 500 pC 及以上的放电脉冲，以供参考。

局部放电测量是非破坏性的试验。当测量结果与验收准则不符,但没有发生击穿时,不应立即拒收被试产品,而应由用户与制造单位就进一步采取的措施进行协商。

12.5.5 外施交流电压耐受试验

试验应采用 50 Hz 或 60 Hz 的频率。试验时绕组的两个端子应连接在一起,试验电压应施加于绕组与地之间,试验时间为 1 h。

局部放电测量按 GB 1094.3—2003 附录 A 的适用部分进行,测量仪器按 GB/T 7354—2003 的规定。

注:推荐使用能对局部放电进行探测和定位的仪器,特别是能对平波电抗器内部的局部放电和试验线路上的局部放电加以区分的仪器。

允许的局部放电量最大值应不超过 500 pC。

局部放电测量是非破坏性的试验。当测量结果与验收准则不符,但没有发生击穿时,不应立即拒绝该试品,而应由用户与制造单位就进一步的措施进行协商。具体采取的措施见 GB 1094.3—2003 附录 A 的规定。

12.6 温升试验

如果不另行规定,应按 GB 1094.2 来确定温升特性。

对于平波电抗器,在确定(通过计算和试验)其油、绕组和其他金属结构件在平波电抗器运行时的温度时,应考虑谐波电流的影响。

试验的目的为:

——确定顶层油温升;

——确定绕组温升。

应对 GB 1094.2 所规定的油浸式变压器试验程序做如下修改。

应按第 8 章计算的总损耗来确定稳态条件下的顶层油温升。试验中施加的直流电流等于平波电抗器的等效直流电流 I_m,其计算公式如下:

$$I_m = \sqrt{\frac{P_c}{R}}$$

如果试验设备受到限制,可以将施加的功率损耗降低至不低于规定值的 80%(见 GB 1094.2)。试验终了时,应对本试验所确定的温升值进行校正。

顶层油温升确定后,接着用与额定运行条件下绕组损耗等效的直流电流继续进行试验。这种条件应在绕组中持续 1 h,在此期间应测量油和冷却介质的温度。试验终了时,应测定绕组的温升。

与额定运行条件下绕组损耗等效的直流电流 I_T 的计算公式如下:

$$I_T = \sqrt{\frac{P_{dc} + P_h}{R}}$$

亦可参考 GB 1094.2。关于试验的程序,见 GB 1094.2—1996 的 5.2 和 5.6;关于油箱各部位温度监测,见 GB 1094.2—1996 的 B.4;关于测量程序,见 GB 1094.2—1996 的 C.2 和 C.3;关于油中气体分析,见 GB 1094.2—1996 的 C.4。

12.7 负载电流试验

为了验证平波电抗器的载流能力,应施加按第 8 章计算出的总运行损耗进行负载电流试验。试验持续时间应不少于 12 h。应通过对油中溶解气体的色谱分析来检测可能出现的过热和异常温度。如果进行了温升试验,则负载电流试验可不必进行。

12.8 平波电抗器的声级测定

平波电抗器的声级测定程序按 GB/T 1094.10 的规定。

12.9 高频阻抗测量

如有要求,应通过低压测量来确定平波电抗器的高频阻抗。试验按 GB/T 10229—1988 的规定。

13 平波电抗器的超铭牌负载

如果未与制造单位协商，平波电抗器不允许在超过铭牌规定的额定负载值下运行。

注：平波电抗器一般是为特殊设施而设计的，如果换流站运行的工况高于其额定容量，则需要进行详细的发热研究，以确定所有受影响的终端设备的能力。

14 套管

套管一般应按 IEC 62199:2004 的规定，或者，在缺乏适合的标准时，应由制造单位与用户就直流套管的试验程序进行协商。

套管应能承受下列试验电压：

——对于外施直流耐受电压试验，试验电压为 1.15 U_{dc}；

——对于极性反转试验，试验电压为 1.15 U_{pr}。

在这些试验中，应将套管安装于能得到与运行中出现的电气作用强度条件相似或相同的结构件上。

15 铭牌

每台电抗器均应设有铭牌。铭牌的材料应不受气候影响，并应固定在明显可见的位置。铭牌上所标志的项目内容应清晰、牢固(可采用蚀刻、雕刻、打印或光化学处理等方式)。下述项目应标志在铭牌上。

——电抗器型号及名称；

——标准代号；

——制造单位名称(包括国名)；

——出厂序号；

——制造日期；

——绝缘水平；

——最高连续直流电压；

——额定直流电流；

——额定增量电感；

——冷却方式；

——顶层油温升和绕组平均温升限值；

——总质量；

——运输质量；

——绝缘油质量；

——联接图。

ICS 29.180
K 41

中华人民共和国国家标准

GB/T 20837—2007

高压直流输电用油浸式平波电抗器技术参数和要求

Specification and technical requirements of oil-immersed smoothing reactors for HVDC applications

2007-01-16 发布　　2007-08-01 实施

中华人民共和国国家质量监督检验检疫总局
中国国家标准化管理委员会　发布

前　言

本标准需与GB/T 10229《电抗器》和GB/T 20836《高压直流输电用油浸式平波电抗器》配套使用。

本标准的编写格式按照GB/T 1.1—2000《标准化工作导则　第1部分:标准的结构和编写规则》。

本标准的附录A和附录B均为资料性附录。

本标准由中国电器工业协会提出并归口。

本标准起草单位:西安西电变压器有限责任公司、沈阳变压器研究所、特变电工沈阳变压器集团有限公司、中国南方电网有限责任公司、武汉高压研究所、中国电力科学研究院、湖北省电力试验研究院、贵州电力试验研究院、机械工业北京电工技术经济研究所。

本标准的主要起草人:汪德华、宓传龙、章忠国、王健、孙树波、饶宏、付锡年、李光范、胡惠然、杨积久、韩晓东。

本标准为首次发布。

引　言

GB/T 20837—2007是机械工业北京电工技术经济研究所总承担的国家科技部2003年度科技基础条件平台工作重点项目"直流输变电系统核心技术与基础标准研究"(项目编号为2003DIA7J034)支持研究制定的标准。

高压直流输电在我国电网建设中,对于长距离送电和大区联网有着非常广阔的发展前景,是目前作为解决高电压、大容量、长距离送电和异步联网的重要手段。"直流输变电系统核心技术与基础标准研究"及其滚动项目"高压直流输电系统及设备关键技术标准研究"(项目编号为2004DEA70820),是根据我国直流输电工程实际需要和高压直流输电技术发展趋势开展的。项目在引进技术的消化吸收、国内直流输电工程建设经验和设备自主研制的基础上,研究制定高压直流输电设备国家标准体系。内容包括基础标准、主设备标准和控制保护设备标准。项目已完成或正在制定的共19项国家标准:

——《高压直流系统特性　第1部分:稳态》(已报批)

——《高压直流系统特性　第2部分:故障与操作》(已报批)

——《高压直流系统特性　第3部分:动态》(已报批)

——《高压直流换流站绝缘配合程序》(已报批)

——《高压直流换流站损耗的确定》(已报批)

——《输配电系统的电力电子技术静止无功补偿器用晶闸管阀的试验》(已报批)

——《高压直流输电用电控晶匣管的一般要求》(正在制定中)

——GB/T 18494.2—2007 《变流变压器　第2部分:高压直流输电用换流变压器》

——GB/T 20838—2007 《高压直流输电用油浸式换流变压器技术参数和要求》

——GB/T 20836—2007 《高压直流输电用油浸式平波电抗器》

——GB/T 20837—2007 《高压直流输电用油浸式平波电抗器技术参数和要求》

——《高压直流输电用并联电容器及交流滤波电容器》(已报批)

——《高压直流输电用直流滤波电容器》(已报批)

——《高压直流换流站无间隙金属氧化物避雷器导则》(已报批)

——《高压直流输电系统控制与保护设备》(已报批)

——《高压直流换流站噪音》(正在制定中)

——《高压直流套管技术性能和试验方法》(正在制定中)

——《高压直流输电用光控晶闸管的一般要求》(正在制定中)

——《直流系统研究和设备成套导则》(正在制定中)

高压直流输电用油浸式平波电抗器技术参数和要求

1 范围

本标准规定了±500 kV 级及以下直流输电用油浸式平波电抗器(以下简称电抗器)的性能参数、技术要求、测试项目、标志、包装、运输和贮存,并在附录 A 中给出了一些具体产品的有关性能参数实例。

本标准适用于±500 kV 级及以下直流输电用单相油浸式平波电抗器。

2 规范性引用文件

下列文件中的条款通过本标准的引用而成为本标准的条款。凡是注日期的引用文件,其随后所有的修改单(不包括勘误的内容)或修订版均不适用于本标准,然而,鼓励根据本标准达成协议的各方研究是否可使用这些文件的最新版本。凡是不注日期的引用文件,其最新版本适用于本标准。

GB 1094.1 电力变压器 第 1 部分:总则(GB 1094.1—1996,eqv IEC 60076-1:1993)

GB 1094.2 电力变压器 第 2 部分:温升(GB 1094.2—1996,eqv IEC 60076-2:1993)

GB 1094.3 电力变压器 第 3 部分:绝缘水平、绝缘试验和外绝缘空气间隙(GB 1094.3—2003,IEC 60076-3:2000,MOD)

GB/T 1094.10 电力变压器 第 10 部分:声级测定(GB/T 1094.10—2003,IEC 60076-10:2001,MOD)

GB/T 10229—1988 电抗器(eqv IEC 60289:1987)

GB/T 20836—2007 高压直流输电用油浸式平波电抗器

IEC 60296:2003 电工流体 变压器和开关用的未使用过的矿物绝缘油

3 性能参数

3.1 基本参数

在电抗器询价和订货时,供、需双方需就下列性能参数进行协商,并应在订货合同中予以明确。

a) 额定直流电压;

b) 最高连续直流电压;

c) 额定直流电流;

d) 各次谐波电流;

e) 额定增量电感;

f) 额定直流电流下的损耗。

3.2 声级水平

电抗器在额定直流电流和给定谐波电流下的声级水平(声压级)应不大于 80 dB(A)。

3.3 保证的振动水平

电抗器在额定直流电流和给定谐波电流下的最大振动水平(振幅)应不超过 200 μm(峰—峰)。

3.4 温升限值

电抗器的温升限值应符合表 1 的规定。

表 1 温升限值

部　　位	温升限值 K
顶层油	55
绕组平均(电阻法)	60
铁心	75
油箱及结构件	80
注：考虑谐波电流的影响，用等效试验电流进行温升试验。	

3.5 增量电感

电抗器在额定直流电流(或用户规定的直流电流)及以下时应为线性，且其增量电感等于额定增量电感。在额定直流电流(或用户规定的直流电流)以上时的增量电感应满足用户的要求。

4 绝缘水平

电抗器的绝缘水平按 GB/T 20836—2007 的规定来确定或计算。附录 B 中给出了一台具体产品的外施直流电压、极性反转电压和外施交流电压的计算实例。

5 技术要求

5.1 基本要求

按本标准生产的电抗器应符合 GB 1094.1、GB 1094.2、GB 1094.3、GB/T 10229—1988 及 GB/T 20836—2007的规定。

5.2 安全保护装置

5.2.1 电抗器应装有气体继电器，其接点容量不小于 66 VA(交流 220 V 或 110 V)，直流有感负载时，不小于 15 W。

积聚在气体继电器内的气体数量达到 250 mL～300 mL 或油流速度在整定范围内时，应分别接通相应的接点。气体继电器的安装位置及其结构应能观察到分解气体的数量和颜色，且应便于在地面取气体。

电抗器油箱的联管和油管的设计应采取措施，使气体易于汇集在气体继电器内。

5.2.2 电抗器应装有导流式压力释放装置，当内部压力达到所安装的压力释放装置的启动压力时，压力释放装置应可靠释放压力。至少应在电抗器油箱长轴两端，各设置一个压力释放装置。

5.2.3 如果用户需要，电抗器可以配置在线监测装置。

5.2.4 电抗器应有供给信号测量和保护装置辅助回路用的接线箱。

5.3 油保护装置

5.3.1 电抗器均应装有储油柜，其结构应便于清理内部。储油柜的一端应装有油位计，储油柜的容积应保证在最高环境温度及允许过载状态下油不溢出，在最低环境温度未投入运行时，观察油位计应有油位指示。

5.3.2 储油柜应有注油、放油、放气和排污装置。

5.3.3 电抗器应采取防油老化措施，以确保电抗器内部的油不与大气相接触，如：在储油柜内部加装胶囊、隔膜或采用金属波纹密封式储油柜等。

5.4 油温测量装置

5.4.1 电抗器应装有供玻璃温度计用的管座。所有设置在油箱顶盖的管座应伸入油内不少于 110 mm。

5.4.2 电抗器须装设户外式信号温度计，信号接点容量在交流电压 220 V 时，不低于 50 VA，直流有感负载时，不低于 15 W。温度计的引线应用支架固定。信号温度计的安装位置应便于观察。

5.4.3 电抗器应装有远距离测温用的测温元件。

5.4.4 当电抗器采用集中冷却结构时，应在靠油箱进出油口总管路处装测油温用的玻璃温度计管座。

5.5 强油冷却系统及控制箱

5.5.1 根据冷却方式供给全套风冷却装置或水冷却装置，但不供给水路装置（如水泵、水箱、管路和阀门等）。

5.5.2 对于强油风冷或强油水冷的电抗器，须供给冷却系统控制箱。强油循环装置的控制线路应满足下列要求：

——电抗器在运行中，其冷却系统应按负载和温度情况自动逐台投入或切除相应数量的冷却器；

——当切除故障冷却器时，备用冷却器自动投入运行；

——当冷却系统电源发生故障或电压降低时，应自动投入备用电源；

——当投入备用电源、备用冷却器、切除冷却器和电动机损坏时，均应发出信号。

5.5.3 强油风冷或强油水冷的油泵电动机及风扇电动机应当分别有过载、短路和断相保护。

5.5.4 强油风冷及强油水冷却器的动力电源电压应为三相交流 380 V，控制电源电压为交流 220 V。

5.5.5 强油风冷及强油水冷电抗器，当冷却系统发生故障切除全部冷却器时，在额定负载下允许运行 20 min。当油面温度尚未达到 75℃时，允许上升到 75℃，但切除冷却器后的最长运行时间不得超过 1 h。

5.6 电抗器油箱及其附件的技术要求

5.6.1 电抗器一般不供给小车，其箱底应留有与基础安装的固定孔，若用户特殊要求，其箱底支架焊装位置应符合轨距的要求。轨距：纵向为 1 435 mm，横向为 1 435 mm、2 000 mm（2×2 000 mm、3×2 000 mm）。

5.6.2 电抗器油箱的下部应装有油样活门，底部应装有排油装置。

5.6.3 电抗器油箱应承受真空度为 133 Pa 和正压力为 98 kPa 的机械强度试验，不得有损伤和不允许的永久变形。

5.6.4 电抗器油箱的下部应装有供千斤顶顶起电抗器的装置。

5.6.5 安装平面至油箱顶部的高度在 3 m 及以上时，应在油箱上安有梯子，其位置应便于观察气体继电器。

5.6.6 电抗器油箱结构型式可以为钟罩式或桶式。

5.6.7 套管的安装位置应便于接线，且其带电部分的空气间隙，应满足 GB 1094.3 的要求。

5.6.8 电抗器结构应便于拆卸和更换套管。

5.6.9 电抗器铁心和夹件应分别通过套管引出并可靠接地，接地处应有明显的接地符号“⏚”或“接地”字样。其他较大金属结构零件均应可靠接地。

5.6.10 电抗器不装设套管式电流互感器。

5.6.11 电抗器油箱的上部应装有滤油用阀门，下部应装有事故放油阀。

5.6.12 电抗器所有组件应符合相应的标准要求。

5.6.13 电抗器所使用的变压器油应符合 IEC 60296 的要求。各制造单位应按各自的技术规范对油中颗粒度进行控制。

5.6.14 电抗器整体应具有承受真空度 133 Pa 的能力。

5.6.15 在电抗器试验前，需将电抗器至少静放 72 h 后再进行高电压试验。

6 测试项目及要求

每台电抗器在出厂前均应做例行试验；型式试验和特殊试验项目由用户和制造单位协商确定。

例行试验、型式试验和特殊试验的一般要求按 GB 1094.1、GB 1094.2、GB 1094.3、GB/T 1094.10、GB/T 10229—1988 及 GB/T 20836—2007 等标准的有关规定。

电抗器除应符合 GB/T 20836—2007 规定的测试项目外，还应符合下列要求。

6.1 应提供电抗器绝缘电阻吸收比(R_{60}/R_{15})和极化指数($R_{10\ min}/R_{1\ min}$)的实测值，测试通常应在 10℃～40℃温度下进行。电抗器介质损耗因数($\tan\delta$)在 20℃～25℃时一般应不大于 0.005。

6.2 电抗器本体及储油柜应能承受在最高油面上施加 30 kPa 静压力的油密封试验，其试验时间持续 24 h，不得有渗漏及损伤。

6.3 温升试验前、后，应取油样进行气相色谱分析试验，油中应不含乙炔，其他烃类气体应无明显变化。

6.4 电抗器全部试验完成后，如有必要，应对充油套管取油样进行试验，油中应无乙炔。

7 标志、包装、运输和贮存

7.1 电抗器须具有承受其总质量的起吊装置。电抗器器身、油箱、储油柜或冷却器应有起吊装置。

7.2 电抗器的结构应在经过正常的铁路、公路及水路运输后，内部结构相互位置不变，紧固件不松动。电抗器的组件、部件(如套管、冷却器、事故放油阀和储油柜等)结构布置位置应不妨碍吊装、运输及运输中紧固定位。

7.3 电抗器可带油或充气进行运输。充气运输时，必须充干燥的氮气或干燥的空气(露点低于－40℃)。运输前应进行密封试验，以确保在充以 20 kPa～30 kPa 压力时密封良好。电抗器主体到达现场后，油箱内的气体压力应保持正压，并有压力表进行监视。电抗器在运输和贮存期间应保持正压，并有压力表进行监视。

7.4 电抗器在运输中应装三维冲撞记录仪。

7.5 电抗器应能承受运输冲撞加速度 30 m/s^2(水平)。

7.6 电抗器组件、部件(如套管、储油柜、阀门及冷却器等)在运输中，直至安装前，不应损坏和受潮。

7.7 成套拆卸的组件和零件(如气体继电器、套管、温度计及紧固件等)的包装，应保证经过运输、贮存直至安装前不损坏和不受潮。

7.8 成套拆卸的大组件(如储油柜等)运输时可不装箱，但应保证不受损伤，在整个运输与贮存过程中不得进水和受潮。

附　录　A
（资料性附录）
电抗器的有关性能参数实例

A.1　带气隙铁心的平波电抗器性能参数实例

带气隙铁心的平波电抗器性能参数实例见表 A.1。

表 A.1　带气隙铁心的平波电抗器性能参数

直流电压等级 kV	额定直流电流 A	额定增量电感 mH	额定直流电流下的 直流损耗(75℃) kW	额定直流电流下 的声压级 dB(A)	额定直流电流 下的振动水平 μm
500	3 000	290	475	≤80	≤200
		300	475	≤80	≤200
注：额定增量电感以额定直流电流为基准值。					

A.2　空心、带磁屏蔽的平波电抗器性能参数实例

空心、带磁屏蔽的平波电抗器性能参数实例见表 A.2。

表 A.2　空心、带磁屏蔽的平波电抗器性能参数

直流电压等级 kV	额定直流电流 A	额定增量电感 mH	额定直流电流下的 直流损耗(75℃) kW	额定直流电流下 的声压级 dB(A)	额定直流电流 下的振动水平 μm
500	3 000	270	530	≤80	≤200
注：额定增量电感以额定直流电流为基准值。					

附 录 B
(资料性附录)
外施直流电压、极性反转电压和外施交流电压的计算实例

B.1 电抗器基本参数

最高连续直流电压：$U_{dm}=515\ \text{kV}$

B.2 外施直流电压

$U_{dc}=1.5\times U_{dm}=1.5\times 515=773\ \text{kV}$

B.3 极性反转电压

$U_{pr}=1.25\times U_{dm}=1.25\times 515=644\ \text{kV}$

B.4 外施交流电压

$$U_{ac}=\frac{1.5}{\sqrt{2}}\times U_{dm}=\frac{1.5}{\sqrt{2}}\times 515=547\ \text{kV}$$

ICS 29.180
K 41

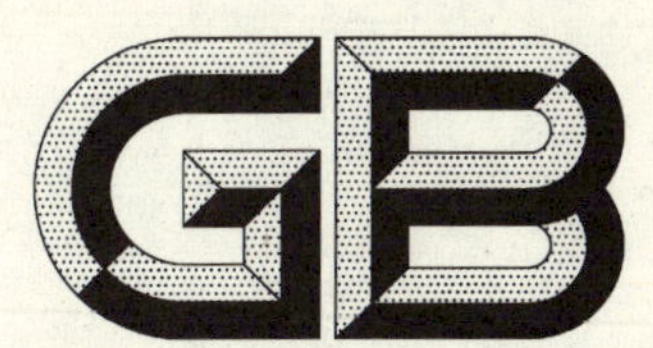

中华人民共和国国家标准

GB/T 20838—2007

高压直流输电用油浸式换流变压器技术参数和要求

Specification and technical requirements of oil-immersed convertor transformers for HVDC applications

2007-01-16 发布　　2007-08-01 实施

中华人民共和国国家质量监督检验检疫总局
中国国家标准化管理委员会　发布

前　言

本标准需与 GB 1094.1、GB 1094.2、GB 1094.3、GB 1094.5 和 GB/T 18494.2 配套使用。

本标准的编写格式按照 GB/T 1.1—2000《标准化工作导则　第1部分：标准的结构和编写规则》。

本标准的附录 A 和附录 B 为资料性附录，附录 C 为规范性附录。

本标准由中国电器工业协会提出并归口。

本标准起草单位：特变电工沈阳变压器集团有限公司、沈阳变压器研究所、西安西电变压器有限责任公司、中国南方电网有限责任公司、武汉高压研究所、中国电力科学研究院、湖北省电力试验研究院、贵州电力试验研究院、机械工业北京电工技术经济研究所。

本标准的主要起草人：王健、孙树波、章忠国、宓传龙、汪德华、饶宏、付锡年、李光范、胡惠然、杨积久、帅远明。

本标准为首次发布。

引　言

GB/T 20838—2007是机械工业北京电工技术经济研究所总承担的国家科技部2003年度科技基础条件平台工作重点项目“直流输变电系统核心技术与基础标准研究”(项目编号为2003DIA7J034)支持研究制定的标准。

高压直流输电在我国电网建设中,对于长距离送电和大区联网有着非常广阔的发展前景,是目前作为解决高电压、大容量、长距离送电和异步联网的重要手段。“直流输变电系统核心技术与基础标准研究”及其滚动项目“高压直流输电系统及设备关键技术标准研究”(项目编号为2004DEA70820),是根据我国直流输电工程实际需要和高压直流输电技术发展趋势开展的。项目在引进技术的消化吸收、国内直流输电工程建设经验和设备自主研制的基础上,研究制定高压直流输电设备国家标准体系。内容包括基础标准、主设备标准和控制保护设备标准。项目已完成或正在制定的共19项国家标准:

——《高压直流系统特性　第1部分:稳态》(已报批)
——《高压直流系统特性　第2部分:故障与操作》(已报批)
——《高压直流系统特性　第3部分:动态》(已报批)
——《高压直流换流站绝缘配合程序》(已报批)
——《高压直流换流站损耗的确定》(已报批)
——《输配电系统的电力电子技术静止无功补偿器用晶闸管阀的试验》(已报批)
——《高压直流输电用电控晶闸管的一般要求》(正在制定中)
——GB/T 18494.2—2007《变流变压器　第2部分:高压直流输电用换流变压器》
——GB/T 20838—2007《高压直流输电用油浸式换流变压器技术参数和要求》
——GB/T 20836—2007《高压直流输电用油浸式平波电抗器》
——GB/T 20837—2007《高压直流输电用油浸式平波电抗器技术参数和要求》
——《高压直流输电用并联电容器及交流滤波电容器》(已报批)
——《高压直流输电用直流滤波电容器》(已报批)
——《高压直流换流站无间隙金属氧化物避雷器导则》(已报批)
——《高压直流输电系统控制与保护设备》(已报批)
——《高压直流换流站噪音》(正在制定中)
——《高压直流套管技术性能和试验方法》(正在制定中)
——《高压直流输电用光控晶闸管的一般要求》(正在制定中)
——《直流系统研究和设备成套导则》(正在制定中)

高压直流输电用油浸式换流变压器技术参数和要求

1 范围

本标准规定了±500 kV级及以下直流输电用油浸式换流变压器(以下简称变压器)的性能参数、技术要求、测试项目、标志、包装、运输和贮存,并在附录A中给出了一些具体产品的有关性能参数实例。

本标准适用于±500 kV级及以下直流输电用单相油浸式换流变压器。

2 规范性引用文件

下列文件中的条款通过本标准的引用而成为本标准的条款。凡是注日期的引用文件,其随后所有的修改单(不包括勘误的内容)或修订版均不适用于本标准,然而,鼓励根据本标准达成协议的各方研究是否可使用这些文件的最新版本。凡是不注日期的引用文件,其最新版本适用于本标准。

GB 1094.1 电力变压器 第1部分:总则(GB 1094.1—1996,eqv IEC 60076-1:1993)

GB 1094.2 电力变压器 第2部分:温升(GB 1094.2—1996,eqv IEC 60076-2:1993)

GB 1094.3 电力变压器 第3部分:绝缘水平、绝缘试验和外绝缘空气间隙(GB 1094.3—2003, IEC 60076-3:2000,MOD)

GB 1094.5 电力变压器 第5部分:承受短路的能力(GB 1094.5—2003,IEC 60076-5:2000, MOD)

GB/T 18494.2—2007 变流变压器 第2部分:高压直流输电用换流变压器(IEC 61378-2:2001, MOD)

IEC 60296:2003 电工流体 变压器和开关用的未使用过的矿物绝缘油

3 12脉动换流系统用变压器接线原理示意图

12脉动换流系统用变压器接线原理示意图见图1所示。

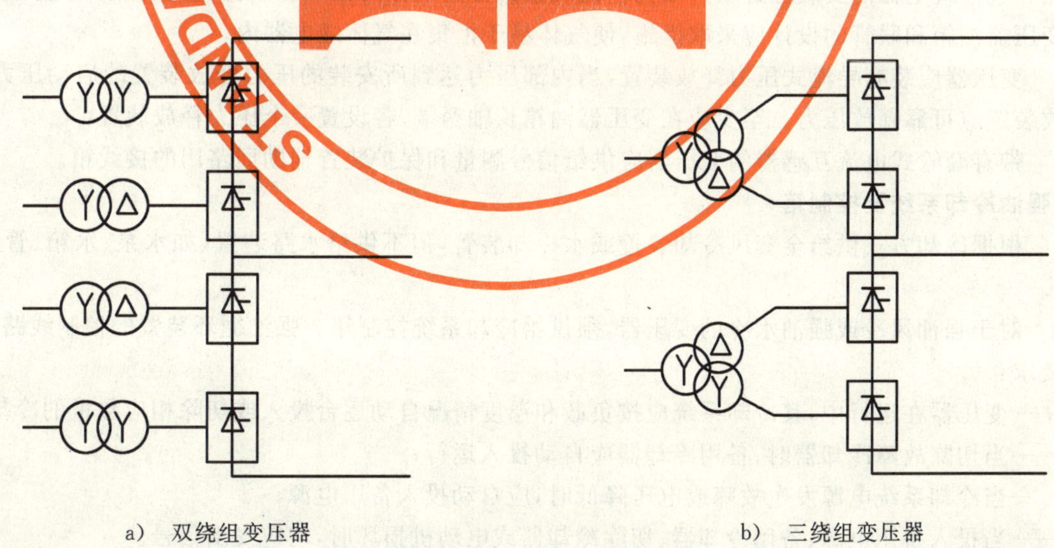

a) 双绕组变压器　　b) 三绕组变压器

图1 12脉动换流系统用变压器接线原理示意图

4 性能参数

在变压器询价和订货时，供、需双方需就下列性能参数进行协商，并应在订货合同中予以明确。

a） 额定容量；

b） 网侧绕组额定电压；

c） 网侧绕组额定电压分接范围；

d） 阀侧绕组额定电压；

e） 绕组联结组标号；

f） 空载损耗；

g） 负载损耗；

h） 空载电流；

i） 短路阻抗；

j） 声级水平；

k） 容量分配(仅适用于三绕组变压器)。

5 绝缘水平

变压器的绝缘水平按 GB/T 18494.2—2007 的规定来确定或计算。附录 B 中给出了一台具体产品阀侧绕组的外施直流电压、极性反转电压和外施交流电压的计算实例。

6 技术要求

6.1 基本要求

按本标准制造的变压器应符合 GB 1094.1、GB 1094.2、GB 1094.3、GB 1094.5 及 GB/T 18494.2—2007 的规定。

6.2 安全保护装置

6.2.1 变压器应装有气体继电器，其接点容量不小于 66 VA(交流 220 V 或 110 V)，直流有感负载时，不小于 15 W。

积聚在气体继电器内的气体数量达到 250 mL～300 mL 或油速在整定范围内时，应分别接通相应的接点。气体继电器的安装位置及其结构应能观察到分解气体的数量和颜色，且应便于在地面取气体。

变压器油箱和联管的设计应采取措施，使气体易于汇集在气体继电器内。

6.2.2 变压器应装有导流式压力释放装置，当内部压力达到所安装的压力释放装置的启动压力时，压力释放装置应可靠释放压力。至少应在变压器油箱长轴两端，各设置一个压力释放装置。

6.2.3 带有套管式电流互感器的变压器应供给信号测量和保护装置辅助回路用的接线箱。

6.3 强油冷却系统及控制箱

6.3.1 根据冷却方式供给全套风冷却装置或水冷却装置，但不供给水路装置(如水泵、水箱、管路和阀门等)。

6.3.2 对于强油风冷或强油水冷的变压器，须供给冷却系统控制箱。强油循环装置的控制线路应满足下列要求：

——变压器在运行中，其冷却系统应按负载和温度情况自动逐台投入或切除相应数量的冷却器；

——当切除故障冷却器时，备用冷却器应自动投入运行；

——当冷却系统电源发生故障或电压降低时，应自动投入备用电源；

——当投入备用电源、备用冷却器、切除冷却器或电动机损坏时，均应发出信号。

6.3.3 强油风冷或强油水冷的油泵电动机及风扇电动机应当分别有过载、短路和断相保护。

6.3.4 强油风冷或强油水冷却器的动力电源电压应为三相交流 380 V，控制电源电压为交流 220 V。

6.3.5 强油风冷及强油水冷变压器，当冷却系统发生故障切除全部冷却器时，在额定负载下允许运行 20 min。当油面温度尚未达到 75℃时，允许上升到 75℃，但切除冷却器后的最长运行时间不得超过 1 h。

6.4 油保护装置

6.4.1 变压器均应装有储油柜，其结构应便于清理内部。储油柜的一端应装有油位计，储油柜的容积应保证在最高环境温度及允许过载状态下油不溢出，在最低环境温度未投入运行时，观察油位计应有油位指示。

6.4.2 储油柜应有注油、放油、放气和排污装置。

6.4.3 变压器应采取防油老化措施，以确保变压器油不与大气相接触，如：在储油柜内部加装胶囊、隔膜或采用金属波纹密封式储油柜等。

6.5 油温测量装置

6.5.1 变压器应装有供玻璃温度计用的管座。所有设置在油箱顶盖的管座应伸入油内不少于 110 mm。

6.5.2 变压器须装设户外式信号温度计，对于强油循环的变压器应设两个。信号接点容量在交流电压 220 V 时，不低于 50 VA，直流有感负载时，不低于 15 W。温度计的引线应用支架固定。信号温度计的安装位置应便于观察。

6.5.3 变压器应装有远距离测温用的测温元件，对于强油循环的变压器应装有两个远距离测温元件。且应放于油箱长轴的两端。

6.5.4 当变压器采用集中冷却结构时，应在靠油箱进出油口总管路处装测油温用的玻璃温度计管座。

6.6 变压器油箱及其附件的技术要求

6.6.1 变压器一般不供给小车，其箱底应留有与基础安装的固定孔，若用户特殊要求，其箱底支架焊装位置应符合轨距的要求。轨距：纵向为 1 435 mm，横向为 1 435 mm、2 000 mm(2×2 000 mm、3×2 000 mm)。

6.6.2 应在油箱的中部和下部分别装有统一口径的油样活门。变压器油箱底部应装有排油装置。

6.6.3 变压器油箱应承受真空度为 67 Pa 和正压力为 98 kPa 的机械强度试验，不得有损伤和不允许的永久变形。

6.6.4 变压器在油箱下部应有供千斤顶顶起变压器的装置。

6.6.5 安装平面至油箱顶部的高度在 3 m 及以上时，应在油箱上安有梯子，其位置应便于观察气体继电器。

6.6.6 变压器油箱结构型式可以为钟罩式或桶式。

6.6.7 套管的安装位置应便于接线，且其带电部分的空气间隙，应满足 GB 1094.3 的要求。

6.6.8 变压器结构应便于拆卸和更换套管，并应便于连同冷却器一起将套管推入阀厅。

6.6.9 变压器铁心和夹件应分别通过套管引出并可靠接地，接地处应有明显的接地符号“⏚”或“接地”字样。其他较大金属结构零件均应可靠接地。

6.6.10 按下述规定供给套管式电流互感器：网、阀侧线端，每相装一只测量级和两只保护级；中性点装一只保护级。

6.6.11 变压器油箱上部应装有滤油用阀门，下部应装有事故放油阀。

6.6.12 变压器所有组件应符合相应的标准要求。

6.6.13 所使用的变压器油应符合 IEC 60296 的要求。各制造单位应按各自的技术规范对油中颗粒度进行控制。

6.6.14 变压器整体应具有承受真空度 67 Pa 的能力。

6.6.15 在变压器试验前，需将变压器至少静放 72 h 后再进行高电压试验。

7 测试项目

变压器除符合 GB 1094.1、GB/T 18494.2—2007 所规定的试验项目外，还应符合下列要求。

7.1 有载分接开关试验合格后，应将有载分接开关装入变压器中，对分接开关油室进行密封试验，不能有渗漏。

7.2 变压器本体及储油柜应能承受在最高油面上施加 30 kPa 静压力的油密封试验，试验时间持续 24 h，不得有渗漏及损伤。

7.3 温升试验前、后，应取油样进行气相色谱分析试验，油中应不含乙炔，其他烃类气体应无明显变化。

7.4 变压器全部试验完成后，如有必要，应对充油套管取油样进行试验，油中应无乙炔。

7.5 应提供变压器吸收比(R_{60}/R_{15})和极化指数($R_{10\ min}/R_{1\ min}$)的实测值，测试通常应在 10℃～40℃温度下进行。

7.6 变压器介质损耗因数(tanδ)，在 20℃～25℃时一般应不大于 0.005。

7.7 经使用部门与制造单位协商可进行下列试验(详见附录 C)。

a) 长时间空载试验；

b) 油流静电试验；

c) 转动油泵时的局部放电测量。

7.8 声级测定

如试验条件允许，需进行空载噪声、负载噪声、谐波噪声、偏磁噪声的测量。

8 标志、包装、运输和贮存

8.1 变压器须具有承受其总质量的起吊装置。变压器器身、油箱、储油柜或冷却器应有起吊装置。

8.2 变压器的结构应在经过正常的铁路、公路及水路运输后，内部结构相互位置不变，紧固件不松动。变压器的组件、部件(如套管、冷却器、事故放油阀和储油柜等)结构布置位置应不妨碍吊装、运输及运输中紧固定位。

8.3 变压器通常为带油进行运输。如受运输条件限制时，可不带油运输，但须充干燥的氮气或干燥的空气(露点低于－40℃)。运输前应进行密封试验，以确保在充以 20 kPa～30 kPa 压力时密封良好。变压器主体到达现场后，油箱内的气体压力应保持正压，并有压力表进行监视。变压器在运输和贮存期间应保持正压，并有压力表进行监视。

8.4 变压器在运输中应装三维冲撞记录仪。

8.5 变压器应能承受运输冲撞加速度 30 m/s^2(水平)。

8.6 变压器组件、部件(如套管、储油柜、闸阀及冷却器等)在运输中，不应损坏和受潮。

8.7 成套拆卸的组件和零件(如气体继电器、套管、温度计及紧固件等)的包装，应保证经过运输、贮存直至安装前不损坏和不受潮。

8.8 成套拆卸的大组件(如储油柜等)运输时可不装箱，但应保证不受损伤，在整个运输与贮存过程中不得进水和受潮。

附 录 A
（资料性附录）
变压器的有关性能参数实例

单相双绕组变压器的有关性能参数实例见表 A.1。

表 A.1 单相双绕组变压器的有关性能参数

额定容量 MVA	电压组合			联结组标号	空载损耗 kW	负载损耗 kW	空载电流 %	短路阻抗 %	声压级 dB(A)
	网侧绕组额定电压 kV	网侧绕组分接范围 %	阀侧绕组额定电压 kV						
297	$525/\sqrt{3}$	+16×1.25 −6×1.25	210	Ii0	147	665	0.15	16	≤75
297	$525/\sqrt{3}$		$210/\sqrt{3}$	Ii0	164	670	0.15	16	≤75
282	$525/\sqrt{3}$	+16×1.25 −6×1.25	199	Ii0	127	620	0.15	15.2	≤75
282	$525/\sqrt{3}$		$199/\sqrt{3}$	Ii0	149	620	0.15	15.2	≤75

注 1：短路阻抗是以额定容量为基准值的基波短路阻抗。

注 2：空载损耗未考虑直流偏磁的影响。

注 3：负载损耗为基波损耗，未考虑谐波电流的影响。如果考虑谐波电流的影响，则谐波损耗按 GB/T 18494.2—2007 的规定计算。

注 4：负载损耗和短路阻抗的参考温度均为 75℃。

注 5：声压级以正弦空载励磁和正弦负载电流励磁为基准。

附 录 B
（资料性附录）
阀侧绕组的外施直流电压、极性反转电压和外施交流电压的计算实例

B.1 变压器基本参数

额定容量：278 MVA（单相双绕组、联结成 Yy 三相组）

网侧绕组额定电压：$525/\sqrt{3}\,^{+22.5\%}_{-7.5\%}$ kV

阀侧绕组额定电压：$196.5/\sqrt{3}$ kV

阀侧绕组的最大相间交流工作电压：$U_{vm}=204$ kV

从直流线路的中性点至与变压器相连的整流桥间所串接的六脉动桥的数量：$N=2$

每个阀桥的最高直流电压：$U_{dm}=257.5$ kV

B.2 外施直流电压

$$\begin{aligned}U_{dc} &= 1.5\times[(N-0.5)\times U_{dm}+0.7\times U_{vm}]\\ &= 1.5\times[(2-0.5)\times 257.5+0.7\times 204]=793\text{ kV}\end{aligned}$$

B.3 极性反转电压

$$\begin{aligned}U_{pr} &= 1.25\times[(N-0.5)\times U_{dm}+0.35\times U_{vm}]\\ &= 1.25\times[(2-0.5)\times 257.5+0.35\times 204]=572\text{ kV}\end{aligned}$$

B.4 外施交流电压

$$\begin{aligned}U_{ac} &= \frac{1.5\times[(N-0.5)\times U_{dm}+\sqrt{2}\times U_{vm}/\sqrt{3}\,]}{\sqrt{2}}\\ &= \frac{1.5\times[(2-0.5)\times 257.5+\sqrt{2}\times 204/\sqrt{3}\,]}{\sqrt{2}}=586\text{ kV}\end{aligned}$$

附　录　C
（规范性附录）
使用部门与制造单位协商的试验

C.1　长时间空载试验

施加 1.1 倍额定电压，开启正常运行时的全部油泵，运行 12 h。试验前、后，油中应无乙炔，总烃含量应无明显变化，并且应无明显的局部放电的声、电信号。

C.2　油流带电试验

断开电源，开启所有油泵历时 4 h 后，测量各绕组端子及铁心对地的泄漏电流，直到电流达到稳定值。试验中应无放电信号。

C.3　转动油泵时的局部放电测量

启动全部运行的油泵运行 4 h，期间连续测量中性点、铁心对地的泄漏电流，并监视有无放电信号。然后在不停油泵的情况下做局部放电试验（施加试验电压，使网侧绕组线端电压为 $1.5U_m/\sqrt{3}$，并维持 60 min，期间连续观察测量局部放电量）与油泵不转动时的试验相比，内部放电量应无明显变化，同时油中应无乙炔。

ICS 03.220.20
R 04

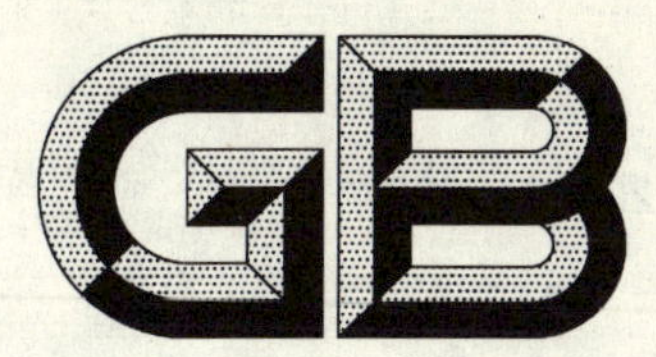

中华人民共和国国家标准

GB/T 20839—2007

智能运输系统　通用术语

Intelligent transport systems—General terminology

2007-03-19 发布　　2007-05-01 实施

中华人民共和国国家质量监督检验检疫总局
中国国家标准化管理委员会　发布

前　言

本标准由中华人民共和国交通部提出。

本标准由全国智能运输系统标准化技术委员会(SAC/TC 268)归口。

本标准起草单位:交通部公路科学研究院、公安部交通管理科学研究所、建设部城市交通工程技术中心。

本标准主要起草人:王笑京、张可、刘浩、李斌、张纪升、张北海、杨蕴、黎明、史其信、王长君、杨晓光。

智能运输系统　通用术语

1　范围

本标准规定了智能运输系统领域中的通用术语，包括：基本术语、交通管理、客运管理、货运管理、交通信息服务、智能公路与辅助驾驶、紧急事件与安全、电子收费、专用通信。

本标准适用于智能运输系统及其相关领域的信息服务、信息处理和信息交换。

2　基本术语

2.1

智能运输系统　intelligent transport systems(ITS)

又称智能交通系统，是在较完善的交通基础设施之上，在先进的信息、通信、计算机、自动控制和系统集成等技术前提下，通过先进的交通信息采集与融合技术、交通对象交互以及智能化交通控制与管理等专有技术，加强载运工具、载体和用户之间的联系，提高交通系统的运行效率，减少交通事故，降低环境污染，从而建立一个高效、便捷、安全、环保、舒适的综合交通运输体系。

2.2

智能运输系统体系框架　ITS architecture

为规划、设计、集成ITS系统提供一个共用的体系架构。它是对ITS这一复杂大系统的整体描述，决定了ITS大系统如何构成，定义了ITS的功能需求以及承载这些功能需求的物理实体，并通过信息流把这些功能需求和物理实体联系起来。通常来说，智能运输系统体系框架由用户服务、逻辑框架、物理框架和标准组成。

2.3

交通综合信息平台　comprehensive transport information platform

整合与ITS相关的各部门的公共信息资源，对多来源渠道的交通相关信息进行有效集成、数据融合和综合管理，实现部门间信息资源的共享，为各个ITS应用系统的有效集成提供基础和支持，为政府部门的科学决策提供依据，并以该平台为依托，面向企事业单位和社会公众提供综合性的交通信息服务。

2.4

先进的交通管理系统　advanced transport management systems(ATMS)

为改善路网运行状况，提高道路的有效利用率，减少拥挤程度，降低交通事故的影响，降低油耗，以及减少废气排放等，而建立的一套系统。它利用计算机技术、通信技术、传感器技术、数据管理和融合技术，通过对道路交通设施及其运行状况的监测，掌握交通系统的状况，按照交通系统运行状况和特殊需求（例如，公交优先、预案控制等），生成交通管理及控制方案，通过信号系统、可变信息标志、交通广播等相应的发布设备对交通流进行管理、调节和诱导。

2.5

先进的出行者信息系统　advanced traveler information systems(ATIS)

为了方便出行者制定和调整出行所使用的交通方式、出行路线和出行时间等，提供包括出行前信息、行驶中驾驶员信息、途中公共交通信息、个性化信息、路径诱导及导航信息等服务。

2.6

先进的公共交通系统　advanced public transport systems(APTS)

将现代通信、信息、电子、控制、计算机等高科技技术，集成应用于公共交通系统，实现公共交通调度、运营、管理的信息化、现代化和智能化，为出行者提供更加安全、舒适、便捷的公共交通服务，从而吸引出行者采用公交出行。

2.7

营运车辆管理　commercial vehicle operations(CVO)

利用现代通信、信息、电子、控制、计算机等技术，实现车辆运行状态安全监测、车队运营组织管理、危险品应急响应和电子通关等服务，提高管理效率，减少延误，提高运输生产效率，保障营运车辆的安全。

2.8

先进的车辆控制系统　advanced vehicle control systems

利用车载传感器、车载计算机和控制装置以及安装在路侧或路表的设备，实现车与路之间以及车与车之间的信息交换来检测周围行驶环境的变化情况，进行部分或完全的自动驾驶控制，以达到行车安全和充分利用道路通行能力的系统。

2.9

紧急事件管理　emergency management(EM)

通过先进的技术手段，对发生的紧急事件进行人工或自动检测、处置和管理。根据确认后的紧急事件属性，协调各相关部门，调动救援资源，使道路恢复其通行能力、减少其影响范围。

2.10

智能运输系统成本效益分析　ITS benefit-cost analysis

对智能运输系统项目的经济合理性、技术可行性、社会效益、环境影响和风险做出评价，为项目的可行性研究、实施效果以及方案比较、选择和优化、决策提供科学依据。

3　交通管理

3.1

城市交通管理与控制　urban traffic management and control(UTMC)

运用计算机、通信、传感器和视频等技术对城市道路网络的交通状况、道路状况、气象等进行监测，生成并不断更新交通信息数据库，分析这些交通相关信息，生成交通管理与控制方案，通过信号系统、可变情报板、交通广播等发布设备，对交通流做出相应的管理和诱导的系统。

3.2

高等级公路综合管理　comprehensive high-class highway traffic management

将现代通信、信息、电子、控制、计算机和运筹学等技术有效地集成应用于高等级公路的管理及交通运输服务的收费、监控、通信、路政、紧急事件管理、路面及桥梁管理等相关业务，从而使交通基础设施发挥出最大的效能，降低高等级公路管理成本，提高信息化水平和管理效率。

3.3

交通监控中心　traffic control and surveillance center

通过设置在道路路网中的检测设备及ITS相关系统，采集交通流量、速度、占有率、视频图像等相关的交通数据，生成并更新交通信息数据库，在此基础上对交通信息进行处理和分析，得出交通管理与控制策略；同时，它还负责交通事件和事故的检测和识别，统一指挥事件的处理，降低对交通流的干扰等。

3.4

区域交通控制　area traffic control

将一定区域内(包括城市道路和公路)的全部交通监测和控制，综合为一个控制中心统一管理下的整体控制系统，根据历史数据及实时检测数据，以区域的全局最优为出发点，以交通信号、可变情报板、车道控制器等为控制手段，实施面向区域的交通协调控制。

3.5

智能交通信号控制 advanced traffic signal control

是区域交通控制的一部分，以提高区域内的车流运行效率，降低交叉口总延误，保障行人过街安全为目标，交通信号灯为手段，实施智能化的控制技术与策略，对该区域或整个城市路口的信号灯进行协调控制。

3.6

自适应信号控制 adaptive signal control

由中央处理计算机依据一定的交通模型，以减少延误时间、停车次数、拥挤程度及油耗等为优化目标函数，对检测器实时传输的交通数据进行分析处理，并进行预测，对各路口信号灯进行配时参数优化，执行交通信号控制。

3.7

公交信号优先 public transport priority

根据公交线路上的车辆和交通情况，在到达交叉口前提出优先通过申请，交通控制系统根据收到的优先通过申请和实时交通状况，为公交车辆提供优化的信号配时，保障公交车辆能优先通过，减少在交叉口的等待延误时间。

3.8

匝道控制 ramp metering

在高速公路、快速道路匝道处以信号控制的方式，通过有效的控制策略最大限度地保障高速公路、快速路的运行服务水平以及事件条件下的安全和快速救援需求。

3.9

特殊车辆监控 special vehicle surveillance and control

按照一定的交通管理要求和车辆运营要求，能够实时监视危险品运输车、超大车辆、超限车辆、海关监管车等特殊车辆的运行情况，了解其位置、运行状态、行驶轨迹等，必要时能够对车辆进行实时调度和控制。

3.10

停车管理 parking management

根据停车设施使用的历史数据和实时情况，对某区域内停车需求进行一定的预测，并依据预测数据给出停车设施的使用方案。在停车设施的运营管理中，利用先进的监控设施和检测设备，了解停车设施的使用情况，并根据这种实时情况对停车资源的利用做出一定的组织，以便更加有效地利用停车资源；对违反规定的停车行为进行监测并记录相关信息。

3.11

公铁交叉口协调管理 highway-rail intersection operations coordination

根据铁路部门提供的列车运行时刻表和维修计划等历史信息，以及实时的列车运行信息，对公铁交叉口进行监控，向驾驶员实时提供安全隐患警告或潜在紧急事件的警告，自动为道路交通提供交叉口关闭信息。

3.12

尾气排放监管 emissions monitoring

通过采取源头控制，加强车辆尾气排放检查力度，禁止排放超标车辆上路；沿途设置尾气排放检测点实时采集尾气排放数据，检测出排放超标的车辆；在车上安装尾气排放检测器，在排放超标时采取出自动报警等监测与控制措施。

4 客运管理

4.1

智能公交调度 intelligent transit dispatch and schedule

利用全球定位系统定位技术、无线通信技术、优化调度技术、系统集成技术等，通过对公交车辆监视，确定公交车辆的位置、运行状态和载客数量等情况，以及当前时刻的交通和道路状况，实现对公交运营车辆的实时监控和可视化调度，提高车辆的满载率和公交系统的运输能力。

4.2

公共交通应急协调调度　coordinated emergency transit dispatch

在紧急情况(例如，自然灾害、气候突变、军事攻击等)下，利用先进的信息、通讯和监控等技术实现救援请求信号的接收和响应，实现公交救援车辆调度并提供接续服务，同时协调各种城市公共交通运输方式(包括轨道交通)之间的联合运输，以保证安全、及时地运送乘客。

4.3

大容量快速公交　bus rapid transit

利用现代公交技术配合智能交通控制和运营管理，为大容量的公交车辆提供专用道路，在交叉口为车辆提供信号优先，保障公交车辆能快速地运送乘客。这是一种介于传统的轨道模式和公交模式之间的新型的地面公交运输系统。

4.4

公交一卡通　E-ticket

为代替现金付费方式，乘客只需要一张电子付费卡，就能在多种交通方式间(例如，公交、轮渡、地铁、轻轨和出租车)，以及在停车等相关服务中支付费用。

4.5

电子站牌　electronic bus stop display

设置在公交车站，向候车乘客动态显示正在向本站行驶的运营车辆的状态及当前位置，预计到达时间、换乘信息以及其他公交运营信息的发布栏或显示载体。

4.6

多模式协调　multi-modal coordination

为旅客提供多种公交运输方式(例如，公共汽车、公共电车、地铁、有轨电车等)间和同种运输方式间的时间、地点等换乘信息，利用先进的通信、电子和多媒体网络技术，在路边、公交车站或站台上及公交车辆上等载体，为出行者提供交通信息服务，以方便旅客对其出行路线、方式和时间做出恰当的选择，能顺利地完成公交换乘。

4.7

旅客联运服务　inter-modal passengers transport

为长距离出行的旅客提供联运服务(包括公路、铁路、水运、航空运输等运输方式)，包括提供联运旅行规划、联运旅行途中信息服务等内容。

4.8

出租车运营管理　taxi operation and management

利用先进技术，出租车公司和交通管理部门监视在道路系统中运营的出租车的位置、轨迹和载客的等运营情况，为出行者提供出租车呼叫服务，并具备遇险自动报警、管理者远程控制等功能。

5　货运管理

5.1

电子通关　electronic clearance

安装了电子标签或其他电子应答系统的载货汽车在行驶状态下接受对其安全状况、注册情况及重量等的检查，对性能安全、注册合法且无明显故障迹象的车辆获准通过检查关卡或卡车称重的通关手续。

5.2

货运车辆自动检测　truck automatic inspection

管理中心、路侧设施接收、处理车辆状况传感器输入的信息以及车辆的自检信息，对货运车辆及其所载货物信息的自动检测。

5.3

动态称重 weigh-in-motion

在不影响车辆正常运行的情况下，测量车辆的实际载重量，为交通管理机构、收费机构、执法机构以及路政机构等提供必要的数据。

5.4

集装箱运输管理 container transport management

根据采集的信息和交通管理要求，对集装箱运输进行管理。根据货源的情况，合理地对货运车辆进行安排和调度，制定完备的运营计划，提高货运的效率和安全，并专门制定对特种货物的运营计划，进行登记申请，对可能发生的紧急事件做预案处理的集装箱运输管理系统。

5.5

货物联运服务 inter-modal freight transport

通过集中收集公路、铁路、水运、航空运输等的货运资源、运输能力等动态信息，为货物的联运提供实时信息服务。

5.6

危险品运输管理 hazardous materials transport management

根据采集的信息和交通管理要求，对危险品运输进行的管理包括：危险品运营计划的制定，运输过程的实时跟踪，事故的预案等管理。

5.7

危险货物自动检测 hazardous cargo automatic inspection

能接收和处理货物状况传感器检测到的信息，向驾驶员、道路使用者与道路管理者发出所装危险品性质及运输路线信息公告，及时发现危险品运输过程中发生的紧急事件，并能发出相应通告信息。

6 交通信息服务

6.1

出行前信息服务 pre-trip information service

利用先进的信息技术，使出行者在出行前可通过多种信息终端，查询当前道路交通及公共交通的相关信息，如出行路径、出行方式、出行时间等，为出行者提供出行建议信息，为出行者的出行提供支持。

6.2

途中驾驶员信息服务 en-route driver information service

在出行途中，通过车载信息单元或者路侧动态交通信息显示装置，为驾驶员提供包括驾驶操作提示、实时交通状况、可选路线、路径诱导、车辆运行状态、事故警告等有助于驾驶员出行的信息服务，并可通过路径诱导系统对车辆进行定位和导航，为驾驶员提供最优行驶路线和辅助驾驶指令。

6.3

途中公共交通信息服务 en-route public transport information service

利用先进的通信、电子和多媒体网络技术，使处在出行途中的出行者在路边、场站内、站台上及车辆内，通过电子站牌、车内电子显示屏、语音提示系统、公交咨询服务电话、个人查询终端等多种媒体获取实时公交出行信息服务，以方便出行者在出行途中能够对出行路线、方式和时间做出恰当的调整。

6.4

个性化信息服务 customized information service

出行者通过交通咨询电话、互联网、手机以及个人便携装置等信息查询方式，提出用户特定的信息需求，得到定制化的、全面的、综合性的交通信息。

6.5

可变情报板 variable message sign, changeable message sign(VMS,CMS)

可变情报板是指设置在道路沿线，动态显示文字、数字或符号，向驾驶员发布最新交通运行状况、道路条件、交通设施使用状况、提供路径诱导、气象和环境条件等交通信息的外场显示板式信息设备。

6.6

可变标志　variable sign

一种显示图案可变的交通标志,包括可变车道控制标志及可变限速标志等。

6.7

路径引导　route guidance

利用先进的信息技术,为驾驶员提供交通管制信息、拥堵信息、道路施工情况、附近停车场、加油站等出行信息,提出建议行驶路线,引导驾驶员选择最佳路径,减少车辆在路网中的滞留时间,从而缓解交通压力。

6.8

车辆导航　vehicle navigation

在应用地理信息系统(GIS)技术、通信技术构造的路网数字化地图的基础上,运用定位技术进行车辆定位,确定最优行驶路线,为出行者提供静态的或实时的最优出行路线信息,并在出行过程中对驾驶员适时地进行路线指引。

6.9

交通广播　traffic broadcast

由广播电台发布,向出行者提供各种诱导信息、气象信息、定位信息等交通信息的无线电广播。

7　智能公路与辅助驾驶

7.1

智能公路系统　intelligent highway system

以公路系统智能化为基础,遵循道路基础设施与车载系统智能协调合作的理念,集成应用现代通信技术、自动控制技术、传感技术以及交通流理论等,实现驾驶员辅助驾驶以及特定条件下自动驾驶功能的系统,从而减少由于人工驾驶引起的交通问题,提高公路系统的安全性和运行效率。

7.2

辅助驾驶　driving assistance

利用传感探测技术、自动控制技术和通信技术,通过车载装置和路边设施的智能探测以及车-车和车-路通信手段,为驾驶员提供信息服务与支持、紧急情况下的预警和控制干预支持等功能,提高驾驶员出行安全和效率。

7.3

自动驾驶　automatic driving

利用传感探测技术、自动控制技术、通信技术和交通流理论等,通过车载装置和路边设施的智能探测、车-车和车-路通信手段、车辆自动操纵控制装置,在特定的道路上实现车辆自动运行。

注:自动驾驶也称为无人驾驶。

7.4

车路协作　vehicle-infrastructure cooperation

从系统的观点出发,基于无线通信技术、传感探测等技术进行车路间信息交互和共享,实现智能在车辆和基础设施之间的合理分配和平衡、车载装置和路上设施的智能协同和配合,达到优化利用系统资源、提高道路交通安全性以及智能公路系统整体功能的目标。

7.5

磁诱导　magnetic guidance

通过车载磁传感器实时检测车辆相对于磁性路标的相对位置和磁性路标编码信息,实现对车辆行驶线路的引导或控制。

7.6

车载雷达　in-vehicle radar

安装在车辆上的,用来探测车辆周边一定距离内静目标或动目标信息的传感器,种类包括毫米波雷达、激光雷达、红外线传感器、超声波传感器等。

7.7

车-车通信　vehicle-vehicle communication

利用现代通信技术实现行驶或静止车辆间的无线信息传输,为车辆间的信息交互、信息共享以及动作协调配合提供支持。

7.8

车-路通信　infrastructure-vehicle communication

利用现代通信技术,实现车载系统与路上设施间的无线信息传输,为实现车路协作提供基本的技术支持。

7.9

横向控制　lateral control

在自动驾驶车辆中,通过调节转向机构,对车辆在车道中的横向位置运动进行的自动控制,包括车道保持和车道变换控制等。

7.10

纵向控制　longitudinal control

对车辆在道路上的纵向运动进行的自动控制,包括车速和制动控制等。

7.11

车道保持　lane keeping

利用先进的车辆导航与诱导技术进行道路标识的有效可靠识别,综合运用车辆横向、纵向的自动控制技术等,实现车辆沿当前车道稳定行驶。

7.12

车道变换　lane changing

基于现代传感、信息和自动控制技术,通过对道路标识和相邻车辆的有效探测识别以及车辆横向、纵向的自动控制技术的综合运用,使车辆从当前车道自动驶入相邻车道。

7.13

车距保持　headway control

基于现代传感、信息和自动控制技术,通过对车辆速度和车辆间距的探测以及车辆纵向运动的自动控制,保持安全、合理的车辆间距行驶。

7.14

自适应巡航控制　adaptive cruise control

按照与前车的距离、自车的运动状态以及驾驶员的操作指令,通过对本车发动机、传动系统或制动器的控制实现与前车保持适当距离,为车辆在公路自由流交通状态下的运行提供纵向控制功能。

7.15

视野增强　vision enhancement

利用车载设备、运输信息和控制技术,通过对车辆周围特殊环境(如在黄昏黑夜、大雾或雾天等环境造成难以看清的障碍物等)的探测并以一定的形式提示告知驾驶员,可以加强驾驶员视觉的可知性,大大提高驾驶员对路况的观察及判断力。

7.16

纵向防撞　longitudinal collision avoidance

利用车载和道路基础设施探测技术、无线通信技术等，探测车辆前后方潜在的碰撞隐患或即将发生的碰撞事件，为驾驶员和周围车辆提供预警等辅助驾驶措施或纵向控制等自动驾驶措施，保持安全的车辆间距，防止车辆间、车辆与其他障碍物间的正面或追尾碰撞。

7.17

横向防撞　lateral collision avoidance

利用车载和道路基础设施探测技术、无线通信技术等，自动识别行车环境(如道路状况、路旁设施、其他车辆等)，当车辆变换车道或发生横向偏离时，判别发生横向碰撞的危险程度，为驾驶员和周围车辆提供预警等辅助驾驶措施或横向控制等自动驾驶措施，保持安全的车辆横向间距，防止车辆间、车辆与其他障碍物间的侧面碰撞或侧面刮擦。

7.18

交叉路口防撞　intersection collision avoidance

在车辆即将进入或者通过有信号控制的交叉路口时，利用车载设备及通信系统所获取的信息，及时地将交叉路口的交通状况通知驾驶员，并根据需要辅助驾驶员对车辆进行控制或车辆自动执行防撞措施(其中包括纵向防撞、横向防撞以及纵横向综合防撞)。

7.19

自动公路系统　automated highway system

应用现代传感技术、通信技术、自动控制技术以及检测技术等装备车辆及公路系统，并通过车-路通信和车-车通信，达到自动控制车辆方向、速度、车间距等，从而使汽车以自由个体或编组形式自动行驶在专用车道内。

7.20

车辆自动编队　automated vehicle platoon

利用传感探测技术、自动控制技术和通信技术，通过车载和路边传感装置的智能探测及车-车通信和车-路通信，以及车辆自动操纵控制装置的自动控制，实现车辆间近距离组队跟踪的自动驾驶运行。

8　紧急事件与安全

8.1

交通事件　traffic incident

交通事件是指由于人、车辆、设施、环境之间的不协调导致正常交通秩序的突发性混乱的事件。

8.2

交通事件管理　traffic incident management

通过各种道路流量检测、监视和通信手段，及时获取发生交通事件的信息，协调道路使用者、道路运营管理部门、道路交通管理部门、紧急救援中心、消防队等对事件做出快速响应，避免对道路交通产生过大的影响，从而使损失降为最低的管理。交通事件管理主要包括如下过程：事件的预防、事件的检测、事件的确认、事件的响应、事后管理、事件的记录等。

8.3

紧急事件　emergency

在道路上非周期性、突然发生的使道路通行能力下降或影响交通安全或公共安全的事件，它具有突发性、破坏性和不可预见的特点，主要包括交通事故、车辆故障、货物散落、道路损坏和自然灾害等。

8.4

紧急事件识别　emergency identification

利用安全监控、自动检测等手段，对交通事故、车辆故障、道路损坏、自然灾害等紧急事件进行识别，获取紧急事件状态、事故车辆位置等信息。

8.5

紧急事件通告　emergency notification

紧急事件发生后，系统获取紧急事件信息，并向周围区域、车辆、相关部门及人员等发送的信息。

8.6

紧急事件响应　emergency response

利用现代通信和信号控制技术，在紧急事件发生时，根据当前采集到的实时信息（如紧急车辆的位置、交通状况、事件发生的位置及性质等），由紧急事件管理中心对紧急车辆进行合理调配，并通过控制信号为其提供适当的优先通行信息和路线诱导信息，从而使紧急车辆按最优行驶路线快速、安全到达现场，进行紧急救援活动等的管理。

8.7

危险品应急响应系统　hazardous materials emergency response system

危险品运输车辆发生事故时，能立刻确定事故的性质、地点及所运的危险品种类，估计出可能造成的影响，为执法和应急人员提供及时、准确的危险品种类的信息，以便对事故进行正确处理的系统。

8.8

紧急呼叫　emergency call

当发生紧急事件时，通过车载通讯系统、路侧紧急电话以人工或自动方式向监控中心发送紧急求援信号。

8.9

营运车辆安全监控　CVO safety surveillance and control

通过安装在路侧或营运车辆上的安全检测设备，对轮胎、制动系统、车灯等运营车辆状态、错位、滑移等货物装载以及疲劳、紧张等驾驶员的状况进行监测和分析，在危险的时候，提出预警信号，并在必要的时候进行自动控制。

9　电子收费

9.1

电子收费　electronic toll collection (ETC)

应用先进的技术手段，自动完成电子收费交易，实现在不停车条件下自动收取道路通行费。

9.2

组合式电子收费系统　combined ETC system

采用“两片式电子标签＋双界面CPU卡”技术，将CPU卡作为带有IC接口的两片式电子标签的扩展存储介质并兼有通行券及支付介质的功能，从而使电子收费系统与人工非现金收费相结合的一种道路收费系统。该系统中，在设置有电子收费车道的站点，用户可以利用两片式电子标签以不停车的方式通过；在仅设置人工收费车道的站点，用户可以利用双界面CPU卡刷卡付费，以停车的方式通过。

9.3

单车道电子收费　single-lane ETC

在用收费岛或其他设施隔离出来的收费车道，应用电子收费技术自动完成对依次通过车辆的收费处理。

9.4

自由流电子收费　free -flow ETC

在没有物理隔离设施的收费公路上，应用电子收费技术自动完成对多条车道上自由行驶车辆的收费处理，此种方式称为自由流电子收费方式，也称为多车道电子收费方式或全电子收费方式。

9.5

自动车辆分类　automatic vehicle classification

利用安装在车道内和车道周围的各种传感装置测定过往车辆的特性参数，自动判别车辆类型。

9.6

视频稽查系统　video enforcement system

以抓拍图像的方式进行稽查的系统。

9.7

车载单元　on-board unit(OBU)

又称为电子标签、车载设备。安装在车辆内部(风挡玻璃或仪表台上)并且支持利用专用短程通信与路侧设备进行信息交换的设备，分为单片式和双片式电子标签。

9.8

路侧单元　roadside unit(RSU)

又称为电子标签读写器、路侧读写天线、ETC天线、路侧设备。安装在收费车道门架上或收费岛立柱上的用于同过往车辆上的车载设备进行通信的天线及相应的控制设备。

9.9

用户卡　subscriber card

又称为非现金支付卡。在道路收费系统中，作为通行费支付手段的集成电路(IC)卡。根据应用方式的不同可以分为记账卡、储值卡和信用卡等类型。记账卡中记有用户标识等基本信息，每张卡在后台系统中有一对应的账户，电子收费交易时用户可用此卡在收费车道先行记账，消费后相应金额将从用户预付的账户中扣除(预付方式)，或在约定时间与用户一并结算(后付方式)。储值卡在对应的用户账户中预存一定金额，卡中记有用户标识和储值信息。用户可用此卡在收费车道直接支付通行费用，其消费金额将从卡中扣除，同时修改用户后台备份账户中的余额。

9.10

黑名单　black list

禁止通过收费车道的非现金支付卡列表。当用户的预付款余额已经低于其最低使用限额，或其该卡已超过规定的透支限额时，该非现金支付卡将被列入黑名单。持有黑名单非现金支付卡的用户将禁止通过收费车道。

9.11

交易　transaction

在道路收费设施(路侧设备)与用户(车载设备)之间通过专用短程通信进行的，为完成一次电子收费操作所必需的全部信息交换过程。

9.12

电子收费服务提供商　ETC service provider

接受用户的付费并提供相应的电子收费服务给用户的公司、机构或抽象实体。

10　专用通信

10.1

专用短程通信　dedicated short range communication(DSRC)

专门用于道路上行驶中的车辆的、车与车或车与道路之间的、通信距离有限的通信方式，主要包括车载单元与路侧单元以及车载单元之间的信息交换，它是智能运输系统领域中的基础通信技术之一。

10.2

窗口　window

物理媒体被路侧设备分配给路侧设备使用(下行链路窗口)或车载设备使用(公共或专用上行链路窗口)的时间段。路侧设备发送信息的时段称为下行链路窗口;车载设备可以发送信息的时段称为上行链路窗口。

10.3

专用上行链路窗口　private uplink window

路侧设备分配给一个特定的预先寻址到的车载设备发送信息的时间段。

10.4

公共上行链路窗口　public uplink window

允许任何车载设备传送信息的时段。在该时段内,各个移动设备按照一定规则相互竞争来发送信息。

10.5

信标服务表　beacon service table(BST)

信标服务表定义了车载设备与路侧设备通信所必需的参数集。这些参数包括:传输媒体特征、帧长度、帧间隔长度、上行链路窗口长度、定时参数、计数器参数等。信标服务表由应用层(数据链路层用户)维护。

10.6

车辆服务表　vehicle service table(VST)

车辆服务表是车载设备的初始化内核对信标服务表的应答,它包括信标服务表中提供且已在车载设备中注册的所有服务的标识和进一步通信所使用的配置。

汉语拼音索引

英 语 索 引

ICS 29.180
K 41

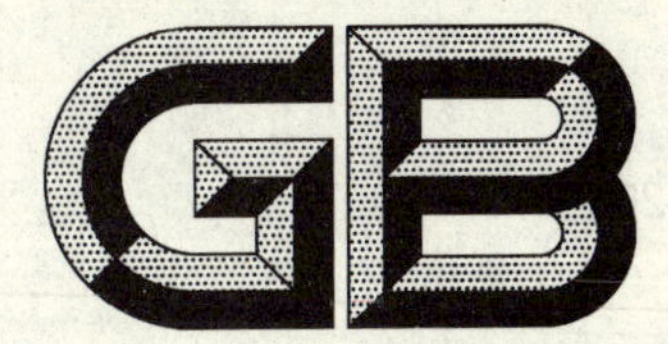

中华人民共和国国家标准

GB/T 20840.7—2007

互感器 第7部分:电子式电压互感器

Instrument transformers—
Part 7:Electronic voltage transformers

(IEC 60044-7:1999,MOD)

2007-01-16 发布 2007-08-01 实施

中华人民共和国国家质量监督检验检疫总局
中国国家标准化管理委员会 发布

前言

《互感器》拟分为以下几个部分：

——第1部分：通用技术要求；

——第2部分：电流互感器；

——第3部分：电磁式电压互感器；

——第4部分：组合互感器；

——第5部分：电容式电压互感器；

——第6部分：保护用电流互感器暂态特性技术要求；

——第7部分：电子式电压互感器；

——第8部分：电子式电流互感器。

本部分为GB/T 20840的第7部分。

本部分修改采用IEC 60044-7:1999《互感器　第7部分：电子式电压互感器》(英文版)。

本部分根据IEC 60044-7:1999起草。在附录A中列出了本部分章条编号与IEC 60044-7:1999章条编号的对照一览表。

考虑到我国国情，在采用IEC 60044-7:1999时，本部分做了一些修改。有关技术差异已编入正文中，并在它们所涉及的条款的页边空白处用垂直单线标识。在附录B中给出了这些技术性差异及其原因的一览表以供参考。

为了便于使用，本部分对IEC 60044-7:1999还做了下列编辑性修改：

a) “本标准”一词改为“本部分”；

b) 删除了IEC 60044-7:1999的前言和附录C(参考文献)；

c) 1.2的引导语按GB/1.1—2000的要求做了修改；

d) 在物理量缩写符号中，表示额定值的下标字母n改为r；

e) 小数点由“,”改为“.”；

f) 部分电器图形符号按GB/T 4728.6—2000进行了调整；

g) 表12中的“适用＝×”改为“○表示适用”。

本部分的附录E为规范性附录，附录A、附录B、附录C和附录D为资料性附录。

本部分由中国电器工业协会提出。

本部分由全国互感器标准化技术委员会(SAC/TC 222)归口。

本部分起草单位：沈阳变压器研究所、传奇电气(沈阳)有限公司、南京新宁电力技术有限公司、清华大学、武汉高压研究所、中国电力科学研究院、西安同维电力技术有限责任公司、南京南瑞继保电气有限公司、武汉长江通信集团股份有限公司、华中科技大学、哈尔滨工程大学、大连第一互感器有限责任公司、上海MWB互感器有限公司、厦门ABB开关有限公司、保定天威互感器有限公司、沈阳互感器有限责任公司、靖江互感器厂、江苏精科互感器有限公司、中山泰峰电气有限公司、西安高压电器研究所、大连北方互感器厂、郑州祥和集团电气设备有限公司、西安信源电力技术有限责任公司。

本部分主要起草人：高祖绵、魏朝晖、尹秋帆、张贵新、余春雨、卢勇、陆天健、罗苏南、杨先明、李红斌、安作平、黄宗军、艾睿、牛传裕、薛晚道、林贵文、熊江咏、王金良、何见光、李涛昌、冯建华、张伟政、孙振权、王仁焘。

本部分为首次制定。

互感器
第7部分:电子式电压互感器

1 范围

1.1 范围

本部分适用于新制造的模拟量输出的电子式电压互感器,供频率为15 Hz～100 Hz的电气测量仪器和电气保护装置使用。

注1:光学装置通常包含电子器件,因而认为属于本部分的适用范围。

注2:电子式电压互感器的技术信息详见附录C。

注3:本部分不包括专用于三相电压互感器的要求,但它们是相关的,第3章～第11章的要求适用于这些互感器,也有些条文包含三相电压互感器的内容(例如2.1.5、5.1.1、5.2、11.2.1和11.2.2)。

注4:有关数字量输出型电子式电压互感器的技术信息可参见GB/T 20840.8。

1.2 规范性引用文件

下列文件中的条款通过本部分的引用而成为本部分的条款。凡是注日期的引用文件,其随后所有的修改单(不包括勘误的内容)或修订版均不适用于本部分,然而,鼓励根据本部分达成协议的各方研究是否可使用这些文件的最新版本。凡是不注日期的引用文件,其最新版本适用于本部分。

GB 156—2003 标准电压(IEC 60038:1983,IEC standard voltage,NEQ)

GB 311.1—1997 高压输变电设备的绝缘配合(neq IEC 60071-1:1993)

GB 1207—2006 电磁式电压互感器(IEC 60044-2:2003,Instrument transformers—Part 2:Inductive voltage transformers,MOD)

GB/T 2900.15—1997 电工术语 变压器、互感器、调压器和电抗器(neq IEC 60050-421:1990,IEC 60050-321:1986)

GB/T 2900.50—1998 电工术语 发电、输电及配电 通用术语(neq IEC 60050-601:1985)

GB/T 2900.57—2002 电工术语 发电、输电和配电 运行(eqv IEC 60050-604:1987)

GB/T 4365—2003 电工术语 电磁兼容(IEC 60050-161:1990,IDT)

GB/T 4703—2001 电容式电压互感器(eqv IEC 60186:1987)

GB/T 4796 电工电子产品环境参数分类及其严酷程度分级(GB/T 4796—2001,idt IEC 60721-1:1990)

GB/T 4797(系列) 电工电子产品自然环境条件(neq IEC 60721-2系列)

GB/T 4798(系列) 电工电子产品应用环境条件(neq或idt IEC 60721-3系列)

GB 4824 工业、科学和医疗(ISM)射频设备 电磁骚扰特性限值和测量方法(GB 4824—2004,CISPR 11:2003,IDT)

GB/T 5465.2 电气设备用图形符号(GB/T 5465.2—1996,idt IEC 60417:1994)

GB/T 7354—2003 局部放电测量(IEC 60270:2000,IDT)

GB/T 11021—1989 电气绝缘的耐热性评定和分级(eqv IEC 60085:1984)

GB/T 14047—1993 量度继电器和保护装置(idt IEC 60255-6:1988)

GB/T 14598.3—1993 电气继电器 第五部分:电气继电器的绝缘试验(eqv IEC 60255-5:1977)

GB/T 14598.13—1998 量度继电器和保护装置的电气干扰试验 第1部分:1 MHz脉冲群干扰试验(eqv IEC 60255-22-1:1988)

GB/T 16927.1—1997 高电压试验技术 第一部分:一般试验要求(eqv IEC 60060-1:1989)

GB/T 17624(系列) 电磁兼容 综述(idt IEC 61000-1 系列)

GB/T 17625(系列) 电磁兼容 限值(idt IEC 61000-3 系列)

GB/T 17626.1 电磁兼容 试验和测量技术 抗扰度试验总论(GB/T 17626.1—2006,IEC 61000-4-1:2000,IDT)

GB/T 17626.2 电磁兼容 试验和测量技术 静电放电抗扰度试验(GB/T 17626.2—2006,IEC 61000-4-2:2001,IDT)

GB/T 17626.3 电磁兼容 试验和测量技术 射频电磁场辐射抗扰度试验(GB/T 17626.3—2006,IEC 61000-4-3:2006,IDT)

GB/T 17626.4 电磁兼容 试验和测量技术 电快速瞬变脉冲群抗扰度试验(GB/T 17626.4—1998,idt IEC 61000-4-4:1995)

GB/T 17626.5 电磁兼容 试验和测量技术 浪涌(冲击)抗扰度试验(GB/T 17626.5—1999,idt IEC 61000-4-5:1995)

GB/T 17626.8 电磁兼容 试验和测量技术 工频磁场抗扰度试验(GB/T 17626.8—2006,IEC 61000-4-8:2000,IDT)

GB/T 17626.9 电磁兼容 试验和测量技术 脉冲磁场抗扰度试验(GB/T 17626.9—1998,idt IEC 61000-4-9:1993)

GB/T 17626.10 电磁兼容 试验和测量技术 阻尼振荡磁场抗扰度试验(GB/T 17626.10—1998,idt IEC 61000-4-10:1993)

GB/T 17626.11 电磁兼容 试验和测量技术 电压暂降、短时中断和电压变化的抗扰度试验(GB/T 17626.11—1999,idt IEC 61000-4-11:1994)

GB/T 17626.12 电磁兼容 试验和测量技术 振荡波抗扰度试验(GB/T 17626.12—1998,idt IEC 61000-4-12:1995)

GB/T 17626.13 电磁兼容 试验和测量技术 交流电源端口谐波、谐间波及电网信号的低频抗扰度试验(GB/T 17626.13—2006,IEC 61000-4-13:2002,IDT)

GB/T 17626.29—2006 电磁兼容 试验和测量技术 直流电源输入端口电压暂降、短时中断和电压变化的抗扰度试验

GB/T 17799(系列) 电磁兼容 通用标准(idt IEC 61000-6 系列)

GB/T 18039(系列) 电磁兼容 环境(idt IEC 61000-2 系列)

GB/T 20840.8—2007 互感器 第8部分:电子式电流互感器(IEC 60044-8:2002,MOD)

1.3 电子式电压互感器的通用框图

根据所采用的技术确定电子式电压互感器需要哪些部分,框图列出的所有部件并非皆为互感器必不可缺的(见图1和图2)。

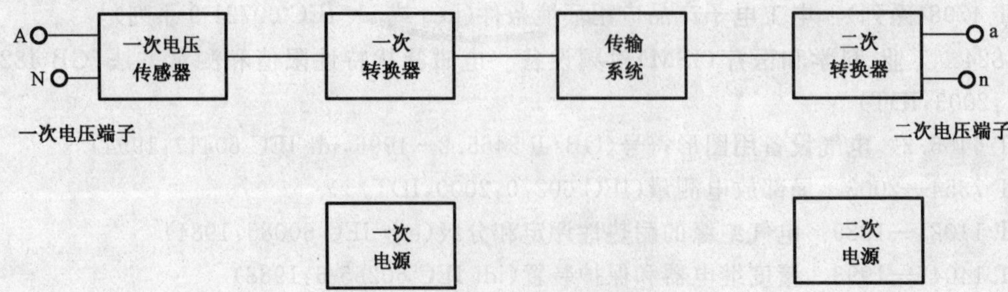

图1 单相电子式接地电压互感器通用框图

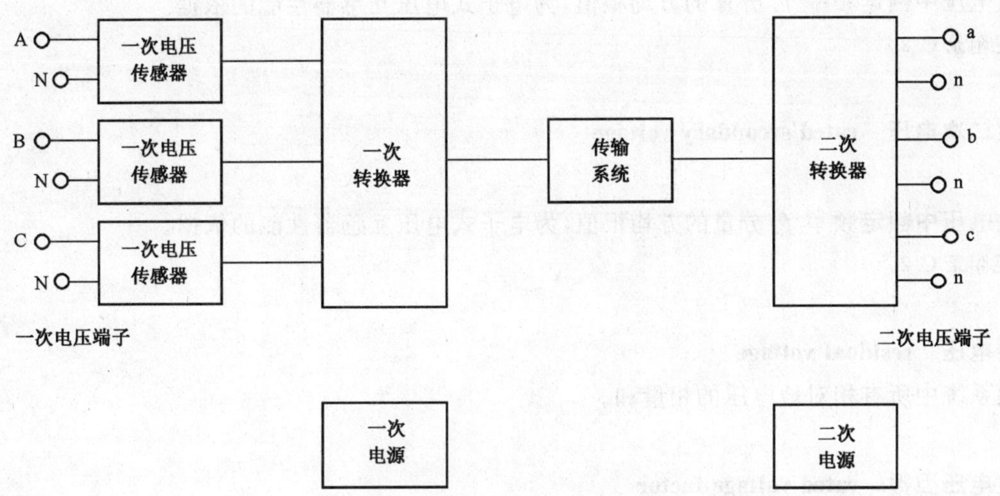

图 2　三相电子式接地电压互感器通用框图

2　术语和定义

GB/T 2900.15、GB/T 2900.50 和 GB/T 2900.57 中确立的以及下列术语和定义适用于的本部分。

2.1　通用定义

2.1.1

电子式互感器　electronic instrument transformer

一种装置，由连接到传输系统和二次转换器的一个或多个电流或电压传感器组成，用于传输正比于被测量的量，以供给测量仪器、仪表和继电保护或控制装置。

2.1.2

电子式电压互感器(EVT)　electronic voltage transformer;EVT

一种电子式互感器，在正常使用条件下，其二次电压实质上正比于一次电压，且相位差在联结方向正确时接近于已知相位角。

2.1.3

测量用电子式电压互感器　electronic measuring voltage transformer

将信息信号传输到测量仪器和仪表的电子式电压互感器。

2.1.4

电子式不接地电压互感器　unearthed electronic voltage transformer

一种电子式电压互感器，其一次电压传感器包括端子在内的所有零部件，皆按其额定绝缘水平对地绝缘。

2.1.5

电子式接地电压互感器　earthed electronic voltage transformer

一种单相电子式电压互感器，其一次电压端子有一个直接接地，或者一种三相电子式电压互感器，其一次中性点直接接地。

2.1.6

二次电路　secondary circuit

接收电子式电压互感器二次转换器输出信号的外部电路。

2.1.7

额定一次电压　rated primary voltage

U_{pr}

一次电压中额定频率 f_r 分量的方均根值，为电子式电压互感器性能的依据。

注：见附录 C.2。

2.1.8

额定二次电压　rated secondary voltage

U_{sr}

二次电压中额定频率 f_r 分量的方均根值，为电子式电压互感器性能的依据。

注：见附录 C.2。

2.1.9

剩余电压　residual voltage

三相系统中所有相对地电压的相量和。

2.1.10

额定电压因数　rated voltage factor

k_u

与额定一次电压值相乘的一个因数，以确定互感器必须满足规定时间内有关热性能要求和满足有关准确度要求的最高电压。

2.1.11

实际电压比　actual transformation ratio

实际一次电压与实际二次电压之比。

2.1.12

额定电压比　rated transformation ratio

K_r

额定一次电压与额定二次电压之比。

2.1.13

负荷　burden

二次电路的导纳。

注：负荷通常用视在功率伏安(VA)值表示，它是在规定功率因数和额定二次电压下所汲取的。

2.1.14

额定负荷　rated burden

确定互感器准确度要求所依据的负荷值。

2.1.15

额定输出　rated output

S_r

在额定二次电压下和接有额定负荷的条件下，电子式电压互感器所供给二次电路的视在功率值(在规定功率因数下的伏安值)。

2.1.16

准确级　accuracy class

对电子式电压互感器给定的等级，互感器在规定使用条件下的电压误差和相位误差应在规定的限值以内。

2.1.17

额定频率　rated frequency

f_r

本部分技术要求所依据的频率值。

2.1.18

额定辅助电源电压　rated auxiliary power supply voltage

U_{ar}

本部分技术要求所依据的辅助电源电压值。

2.1.19

设备最高电压　highest voltage for equipment

U_m

最高相间电压方均根值，设备依据它设计其绝缘和有关设备标准按此电压所规定的其他特性。

注：它是设备可以工作的系统最高电压的最高值。

2.1.20

额定绝缘水平　rated insulation level

一组耐受电压值，它表示互感器绝缘所能承受的耐压强度。

2.1.21

接地故障因数　earth fault factor

在一定的系统布置中，当发生一相或多相的接地故障时，三相系统中某一给定点的非故障相的相对地最高工频电压方均根值与该点在无故障时的相对地工频电压方均根值之比。

2.1.22

中性点绝缘系统　isolated neutral system

除了中性点经保护或测量用的高阻抗接地外，其他中性点均不接地的系统。

2.1.23

(中性点)共振接地系统　resonant earthed (neutral) system

有一个或多个中性点通过电抗接地的系统，借以近似补偿单相对地故障电流的电容性分量。

2.1.24

(中性点)直接接地系统　solidly earthed (neutral) system

一个或多个中性点直接接地的系统。

2.1.25

(中性点)阻抗接地系统　impedance earthed (neutral) system

一个或多个中性点通过阻抗接地以限制接地故障电流的系统。

2.1.26

中性点接地系统　earthed neutral system

中性点直接接地或通过足够小的电阻或电抗接地的系统，此电阻或电抗值应小到能抑制暂态振荡，且又能给出足够的电流供选择接地故障保护用。

a)　某一指定点处的中性点有效接地系统，是指该点的接地故障因数不超过 1.4。

注：如整个系统布置中的零序电抗与正序电抗之比小于 3，并且零序电阻与正序电抗之比小于 1，则该条件一般均能得到。

b)　某一指定点处的中性点非有效接地系统，是指该点的接地故障因数超过 1.4。

2.1.27

暴露安装　exposed installation

设备会遭受大气过电压的一种安装。

注：这种安装通常是直接或经过短电缆与架空输电线连接，且无避雷器保护。

2.1.28

非暴露安装　non-exposed installation

设备不会遭受大气过电压的一种安装。

2.1.29

稳态下的电压　voltage in steady state condition

在稳态下，一次和二次电压分别用下式规定：

$$u_{p}(t)=U_{p}\cdot\sqrt{2}\cdot\sin(2\pi\cdot f\cdot t+\varphi_{p})+U_{p\,dc}+u_{p\,res}(t)$$

$$u_{s}(t)=U_{s}\cdot\sqrt{2}\cdot\sin(2\pi\cdot f\cdot t+\varphi_{s})+U_{s\,dc}+u_{s\,res}(t)$$

式中：

U_{p}——$U_{p\,dc}=0$ 和 $u_{p\,res}(t)=0$ 时的一次电压方均根值；

U_{s}——$U_{s\,dc}=0$ 和 $u_{s\,res}(t)=0$ 时的二次电压方均根值；

f——电网的基波频率；

$U_{p\,dc}$——一次直流电压；

$U_{s\,dc}$——二次直流电压；

φ_{p}——一次相位移；

φ_{s}——二次相位移；

$u_{p\,res}(t)$——一次剩余电压，包含谐波和次谐波分量；

$u_{s\,res}(t)$——二次剩余电压，包含谐波和次谐波分量；

t——时间瞬时值。

在稳态下，f、U_{p}、U_{s}、$U_{p\,dc}$、$U_{s\,dc}$、φ_{p}、φ_{s} 皆为恒定值。

注1：稳态是2.2.4和附录C所述一般状态中的特殊情况。

注2：电子式电压互感器还具有某些特定的特性，例如电压偏移、延迟时间等。它们不包含在GB 1207中，因而需用上述公式准确表述对电子式电压互感器的要求。误差定义也作了一些改进，以便与GB 1207相协调。

2.1.30

二次直流偏移电压　secondary direct voltage offset

$U_{s\,dc0}$

电子式电压互感器在 $U_{p}(t)=0$ 时的二次电压的直流电压分量。

2.1.31

稳态下的电压误差　voltage error for steady-state conditions

ε_{u}

互感器测量电压时的误差，它因实际电压比不等于额定电压比而产生。

电压误差按下式用百分数表示：

$$\varepsilon_{u}=\frac{K_{r}U_{s}-U_{p}}{U_{p}}\times 100,\%$$

式中：

K_{r}——额定电压比；

U_{p}——实际一次电压；

U_{s}——测量条件下，施加 U_{p} 时的实际二次电压。

注：此定义仅涉及一次和二次电压的额定频率分量，未考虑直流电压分量。此定义与GB 1207一致。

2.1.32

稳态下的相位差　phase displacement for steady-state conditions

φ_{u}

$$\varphi_{u}=\varphi_{s}-\varphi_{p}$$

一次电压相量和二次电压相量的相位之差，相量方向选定为在额定频率下理想互感器的相位差角等于其额定值。当二次电压相量导前于一次电压时，其相位差为正。它通常用分或厘弧表示。φ_{u} 可认为由两个分量组成：额定相位偏移 φ_{or} 和额定延迟时间 t_{dr}。

2.1.33

额定相位偏移　rated phase offset

φ_{or}

电子式电压互感器的恒定相位移。

2.1.34

额定延迟时间　rated delay time

t_{dr}

有些电子式电压互感器包含数字数据传输和处理，其所需时间 t_d 的额定值。

2.1.35

相位误差　phase error

φ_e

实际相位差减去额定相位偏移和额定延迟时间构成的相位移。相位误差用额定频率下的电角度表示。

$$\begin{aligned}\varphi_e &= \varphi_u - \varphi_{or} + 2\pi \cdot f \cdot t_{dr} \\ &= \varphi_s - \varphi_p - \varphi_{or} + 2\pi \cdot f \cdot t_{dr}\end{aligned}$$

相位误差通常用分(′)或厘弧(crad)表示。

2.1.36

二次极限电流　secondary limiting current

互感器在额定一次电压下能连续供给的最大二次电流。

2.1.37

短路承受能力　short circuit withstand capability

电子式电压互感器耐受二次端子间短路而无损伤的能力。

2.1.38

联结点　connecting point

由制造方规定，供用户在现场安装或进行试验时连接电缆的联结点。当采用同轴电缆时，只认为外部屏蔽是一个联结点。

2.1.39

一次电压端子　primary voltage terminals

用以将一次电压施加到电子式电压互感器的端子。

2.1.40

一次电压传感器　primary voltage sensor

一种电气、电子、光学或其他的装置，产生与一次电压端子间电压相对应的信号，直接或经过一次转换器传送给二次设备。

2.1.41

一次转换器　primary converter

一种装置，将来自一个或多个一次电压传感器的信号转换成适合于传输系统的信号。

2.1.42

一次电源　primary power supply

一次转换器和/或一次电压传感器的电源(可与二次电源合并)。

2.1.43

传输系统　transmitting system

一次部分和二次部分之间传输信号的短距或长距耦合装置。依据所采用的技术，传输系统也可用以传送功率。

2.1.44

二次转换器　secondary converter

一种装置，将传输系统传送的信号转换为供给测量仪器、仪表和继电保护或控制装置的量，该量与一次端子间电压成正比。

2.1.45

二次电源　secondary power supply

二次转换器的电源（可与一次电源合并）。

2.1.46

二次电压端子　secondary voltage terminals

用以向测量仪器、仪表和继电保护或控制装置的电压电路供电的端子。

2.1.47

低压器件　low-voltage components

一次电压传感器以外的所有器件。

2.1.48

额定电源电流　rated supply current

I_{ar}

在额定条件下，要求辅助电源供给的电流值。

2.1.49

最大电源电流　maximum supply current

$I_{a\,max}$

在最恶劣条件下，要求辅助电源供给的最大电流值。

2.2　单相保护用电子式电压互感器的补充定义

2.2.1

保护用电子式电压互感器　electronic protective voltage transformer

传输信息信号至继电保护和控制装置的电子式电压互感器。

2.2.2

电子式剩余电压互感器　electronic residual voltage transformer

一种三相电子式电压互感器或三台单相电子式电压互感器组，用于传输一种信息信号，它代表施加在一次端子上的三相电压所存在的剩余电压。

2.2.3

暂态响应　transient response

二次电压对一次电压暂态变化的响应。

2.2.3.1

一次短路　short circuit on the primary

电子式电压互感器高压端子对地短路，此时二次电压衰减。

2.2.3.2

线路带滞留电荷的重合闸　reclosing on a line with trapped charges

由于相邻断路器的断开和随之重合闸，电子式电压互感器对架空线上残留直流电荷的暂态响应。

2.2.4

暂态下的电压　voltage in transient conditions

在暂态下，一次和二次电压规定如下：

$$u_p(t) = U_p \cdot \sqrt{2} \cdot \sin(2\pi \cdot f \cdot t + \varphi_p) + U_{p\,dc}(t) + u_{p\,res}(t)$$

$$u_s(t) = U_s \cdot \sqrt{2} \cdot \sin(2\pi \cdot f \cdot t + \varphi_s) + U_{s\,dc}(t) + u_{s\,res}(t)$$

注：暂态是2.1.29所列一次电压公式中的一个或多个参数突然变化而产生的（见附录C.4）。

2.2.5

暂态下的瞬时误差 instantaneous voltage error for transient conditions

$$\varepsilon_u(t)=\frac{K_r \cdot u_s(t)-u_p(t)}{U_p \cdot \sqrt{2}} \times 100, \%$$

式中 $u_s(t)$ 和 $u_p(t)$ 是在限定时间范围内由 2.2.4 的公式给出。所选时间起始点为 2.2.4 所述参数发生突变的瞬间。

注：见附录 C.4。

2.3 缩写符号索引

EVT	电子式电压互感器	2.1.2
f	频率	2.1.29
f_r	额定频率	2.1.17
I_{ar}	额定电源电流	2.1.48
$I_{a\,max}$	最大电源电流	2.1.49
k_u	额定电压因数	2.1.10
K_r	电子式电压互感器的额定电压比	2.1.12
S_r	额定输出	2.1.15
t	时间瞬时值	2.1.29
t_{dr}	额定延迟时间	2.1.34
U_{ar}	额定辅助电源电压	2.1.18
U_m	设备最高电压	2.1.19
U_p	$U_{p\,dc}=0$ 和 $u_{p\,res}(t)=0$ 时的稳态一次电压方均根值	2.1.29
$U_{p\,dc}$	一次直流电压	2.1.29
U_{pr}	额定一次电压	2.1.7
$u_p(t)$	一次电压	2.1.29 和 2.2.4
$u_{p\,res}(t)$	一次剩余电压，包含谐波和次谐波分量	2.1.29
U_s	$U_{s\,dc}=0$ 和 $u_{s\,res}(t)=0$ 时的二次转换器输出电压方均根值	2.1.29
$U_{s\,dc}$	二次直流电压	2.1.29
$U_{s\,dc0}$	二次直流偏移电压	2.1.30
U_{sr}	额定二次电压	2.1.8
$u_s(t)$	二次电压	2.1.29 和 2.2.4
$u_{s\,res}(t)$	二次剩余电压，包含谐波和次谐波分量	2.1.29
φ_p	一次相位移	2.1.29
φ_s	二次相位移	2.1.29
φ_u	稳态下的相位差	2.1.32
φ_{or}	额定相位偏移	2.1.33
φ_e	相位误差	2.1.35
ε_u	稳态下的电压误差	2.1.31
$\varepsilon_u(t)$	暂态下的瞬时电压误差	2.2.5

3 通用要求

3.1 概述

所有的电子式电压互感器皆适合于测量用，但有一些类型也可适合于保护用。测量和保护双用途的电子式电压互感器应符合本部分的全部条款。

3.2 咨询、招标和订货所需内容

为咨询或订购电子式电压互感器提出技术条件时，需按表1列出的项目确定其性能。

表1 电子式电压互感器的规范内容

额定值	缩写符号	定义	条款编号
额定机械强度	F_R		6.11
设备最高电压	U_m	2.1.19	6.1
额定绝缘水平		2.1.20	6.1
使用条件			4
额定频率	f_r	2.1.17	5.5.1
额定一次电压	U_{pr}	2.1.7	5.1.1
额定二次电压	U_{sr}	2.1.8	5.1.2
额定电压因数	k_u	2.1.10	5.3
相应的允许时间			5.3
二次极限电流		2.1.36	
额定输出	S_r	2.1.15	5.2
准确级		2.1.16	12
额定辅助电源电压	U_{ar}	2.1.18	5.5.2
额定相位偏移和额定延迟时间	φ_{or}, t_{dr}	2.1.33,2.1.34	12

4 正常和特殊使用条件

有关环境条件分类的详细资料见GB/T 4796及GB/T 4797系列和GB/T 4798系列标准。

4.1 正常使用条件

4.1.1 环境温度

电压互感器分为3种类别，见表2。

表2 温度类别

类　别	最低温度/℃	最高温度/℃
−5/40	−5	40
−25/40	−25	40
−40/40	−40	40
注：选择温度类别时还应考虑储存和运输条件。		

4.1.2 海拔

海拔不超过1 000 m。

4.1.3 振动或轻微地震

电压互感器由外部原因引起的振动或者轻微地震一般不列入正常使用条件。但确实有些结构的电子式电压互感器可能对振动敏感。适当的振动试验可由制造方和用户协商规定。

4.1.4 户内型电子式电压互感器的其他使用条件

所考虑的其他使用条件如下：

a) 日照辐射影响可以忽略。

b) 环境空气无明显灰尘、烟、腐蚀性气体、蒸气或盐等污秽。

c) 湿度条件如下：

1) 24 h内测得的相对湿度平均值不超过95%；

2) 24 h内水蒸气压强平均值不超过2.2 kPa；

3) 一个月内相对湿度平均值不超过90%；

4) 一个月内水蒸气压强平均值不超过1.8 kPa。

在这些条件下，凝露可能会偶尔出现。

注1：在高湿度期间，凝露可能在温度突然变化时出现。

注2：为了保证能承受高湿和凝露的作用，防止绝缘击穿或金属件腐蚀，电子式电压互感器应按此条件设计。

注3：可采用特殊设计的外壳(房屋)，也可采取适当的通风和加热、或者使用除湿设备防止凝露。

4.1.5 户外型电子式电压互感器的其他使用条件

其他使用条件如下：

a) 24 h内测得的环境气温平均值值不超过35℃。

b) 日照辐射达1 000 W/m²(晴天中午)时应予考虑。

c) 环境空气可能有灰尘、烟、腐蚀性气体、蒸气或盐污秽。污秽等级见GB 1207。

d) 风压不超过700 Pa(相当于风速为34 m/s)。

e) 应考虑出现凝露或降水。

4.2 特殊使用条件

当电子式电压互感器使用在不同于4.1所列的正常使用条件时，用户应参照下述规定的内容提出要求。

4.2.1 海拔

安装处海拔超过1 000 m时，在标准大气条件下的弧闪距离应由使用处要求的额定耐受电压乘以按GB 311.1规定的海拔校正因数确定。如用户另有要求，海拔校正因数可参照附录D的规定选取，但应在定货合同中注明。

注：内绝缘的耐电强度不受海拔影响，外绝缘的检查方法按GB 311.1的规定。

4.2.2 环境温度

安装地点的环境温度明显超出4.1.1所列的正常使用条件范围时，优先的最低和最高温度范围应规定为：

a) 特别寒冷的气候：－50℃和40℃；

b) 特别炎热的气候：－5℃和50℃。

在频繁出现湿热风的某些地区，可能发生温度的突然变化以致凝露，即使是户内也如此。

注：在某些日照辐射条件下，可能需要采取例如遮盖、吹风等适当措施，以避免温升超过规定。

4.2.3 地震

其要求和试验正在考虑中。

4.3 系统接地方式

4.3.1 概述

所考虑的系统接地方式如下：

a) 中性点绝缘系统(见2.1.22)；

b) 共振接地系统(见2.1.23)；

c) 中性点接地系统(见2.1.26)：

1) 中性点直接接地系统(见2.1.24)；

2) 中性点阻抗接地系统(见2.1.25)。

5 额定值

5.1 额定电压标准值

5.1.1 额定一次电压

三相互感器和用于单相系统或三相系统线间的单相互感器，其额定一次电压标准值应符合 GB 156 中的标称系统电压值。接在三相系统线与地之间或系统中性点与地之间的单相互感器，其额定一次电压标准值应是标称系统电压值乘以 $1/\sqrt{3}$。

注：作测量或保护使用的电子式电压互感器，其性能依据额定一次电压，其额定绝缘水平则依据 GB 156 中相应的设备最高电压。

5.1.2 额定二次电压

GB 1207 所列额定二次电压标准值也适用于电子式电压互感器。

此外，对单相系统或三相系统线间的单相互感器，及三相互感器，下列值考虑为标准值：1.625 V、2 V、3.25 V、4 V、6.5 V。

用于三相系统线对地的单相互感器，其额定一次电压为某数除以 $\sqrt{3}$，下列值考虑为标准值：$1.625/\sqrt{3}$ V、$2/\sqrt{3}$ V、$3.25/\sqrt{3}$ V、$4/\sqrt{3}$ V、$6.5/\sqrt{3}$ V。

要求联结成开口角以产生剩余电压的端子，其端子间的额定二次电压如下：

对三相有效接地系统电网：1.625 V、2 V、3.25 V、4 V、6.5 V。

对三相非有效接地系统电网：1.625/3 V、2/3 V、3.25/3 V、4/3 V、6.5/3 V。

对二相电网：1.625/2 V、2/2 V、3.25/2 V、4/2 V、6.5/2 V。

注：有关低电压值的解释见 C.2。

5.2 额定输出标准值

参照附录 E，额定输出标准值为：0.001 VA、0.01 VA、0.1 VA、0.5 VA、1 VA、2.5 VA、5 VA、10 VA、15 VA、25 VA、30 VA。

推荐的额定输出值为：

二次电压≤10 V 的电子式电压互感器：0.001 VA、0.01 VA、0.1 VA、0.5 VA；

二次电压>10 V 的电子式电压互感器：1 VA、2.5 VA、5 VA、10 VA、15 VA、25 VA、30 VA。

特殊情况下可以采用其他值。三相互感器的额定输出应是指每相的额定输出。

注 1：提请注意以下情况：

——增大额定输出会导致：

- 降低可靠性；
- 增大功率消耗；
- 价格提高。

——减小额定输出会增大对电磁干扰的灵敏度。

注 2：对给定的电子式电压互感器，如果额定输出之一是标准值并符合一个标准准确级，不排除其他的额定输出可以是非标准值，但要符合其他的标准准确级。

5.3 额定电压因数标准值

5.3.1 电子式接地电压互感器

电子式接地电压互感器的额定电压因数取决于三相系统的接地故障因数。

对应于不同接地方式的电压因数标准值及其允许持续时间一并列于表 3。

5.3.2 电子式不接地电压互感器

电子式不接地电压互感器的额定电压因数为 1.2，连续运行。

表 3 额定电压因数标准值(k_u)

额定电压因数	额定时间	一次端子联结方式和系统接地方式
1.2	连续	任一电网的相间 任一电网中的变压器中性点与地之间
1.2 1.5	连续 30 s	中性点有效接地系统(2.1.26 a))的相与地之间
1.2 1.9	连续 30 s	带有接地故障自动切除的中性点非有效接地系统(2.1.26b))的相与地之间
1.2 1.9	连续 8 h	无接地故障自动切除的中性点绝缘系统(2.1.22)或无接地故障自动切除的共振接地系统(2.1.23)的相与地之间
注：额定时间允许缩短，由制造方和用户商定。		

5.4 额定辅助电源电压的标准值

采用 GB 14047 的 3.2 所列标准值。

注：通常不参照其他产品标准。如有相关标准可用时，则引用适用于变电站所有电子设备的通用条款。

5.5 其他有影响参数的标准参考值

5.5.1 频率的标准参考范围

测量准确级的频率标准参考范围应为额定频率的 99%～101%，保护准确级则为 96%～102%。

注：此规定适用于所有类型的电子式电压互感器。扩大频率范围正在考虑中，这是为了适应新的用途，例如品质测定，对此要求测量谐波和次谐波。

5.5.2 辅助电源电压的标准参考范围

辅助电源电压的标准参考范围由表 5 所列电压慢变化的要求规定。

5.5.3 负荷的标准参考范围

负荷的标准参考范围应为 25%～100% 额定负荷，其功率因数在额定输出大于或等于 5 VA 时为 0.8(滞后)。对于额定负荷小于 5 VA 时的电子式电压互感器误差，应在任意阻抗角的额定负荷下皆不超过其准确级的限值。

注：上述功率因数值未计入连接电缆电容的影响。对低额定输出值，此影响也可忽略，因为连接电缆通常很短。

5.5.4 温度的标准参考范围

除非另有规定，温度的标准参考范围应为 4.1.1 所列环境气温的下限值到上限值。

6 设计要求

6.1 一次电压传感器的绝缘要求

这些要求适用于所有类型的电子式电压互感器。对气体绝缘的电子式电压互感器可能需要提出补充要求，正在考虑中。

6.1.1 一次端的额定绝缘水平

见 GB 1207—2006 的 7.1.1。

6.1.2 一次端的其他绝缘要求

6.1.2.1 工频耐受电压

见 GB 1207—2006 的 7.1.2.1。

6.1.2.2 接地端子的工频耐受电压

一次电压传感器要求接地且与外壳或框架绝缘的端子，应能承受 1 min 短时工频耐受电压 3 kV（方均根值）。

6.1.2.3 局部放电

见 GB 1207—2006 的 7.1.2.3。

6.1.2.4 截断雷电冲击

如果另有补充规定，一次电压端也应能承受截断雷电冲击电压，其峰值为额定雷电冲击电压的 115%。

注：较低值的试验电压可由制造方和用户商定。

即使这不是高压传感器本身技术所要求的，截断雷电冲击试验也有助于检验二次转换器耐受感应高电压作用的能力。试验布置应由制造方和用户商定。

6.1.2.5 电容量和介质损耗因数

见 GB 1207—2006 的 7.1.2.5。

6.1.3 外绝缘要求

见 GB 1207—2006 的 7.1.5。

6.2 低电压器件的绝缘要求

低电压器件一般包括多个相互电气绝缘的独立电路。其绝缘应能满足以下要求。

6.2.1 工频电压耐受能力

耐受电压水平：2 kV（方均根值）。

6.2.2 冲击电压耐受能力

耐受电压水平：5 kV。

6.3 短路承受能力

电子式电压互感器的设计和制造，在额定电压下，应能承受二次电压端子间外部短路历时 60 s 的机械效应和热效应而无损伤。

制造方应指明所限定的输出电流类型（如果有），例如：输出电流是交流方波，其幅值为最大交流输出电流峰值的 1.2 倍。

用户应了解，在输出电流有限定的情况下，用熔断器排除短路未必有效。因此，电子式电压互感器能够承受短路的时间应大于熔断器熔断所需的时间。

制造方应指明，短路消除后二次输出电压恢复（达到准确级限值内）所需的时间（见 6.9 和 6.10 的补充要求）。

6.4 温升限值

6.4.1 通用要求

电子式电压互感器的设计和制造，应能承受下述条件的热效应，各器件温升不超过规定限值且无损伤：

——规定的最高环境温度；

——额定频率；

——1.2 倍额定一次电压；

——辅助电源电压和二次负荷综合作用，使二次转换器具有最大的内部功耗。

同时，其他部位的温升由所接触或靠近的绝缘材料等级限定。各绝缘等级的最高温升列于表 4。

表 4 温升限值

绝缘等级 (依据 GB/T 11021)	最高温升/K
浸于油中的所有等级	60
浸于油中且全密封的所有等级	65
充填沥青胶的所有等级	50
不浸油或不充沥青胶的各等级	
Y	45
A	60
E	75
B	85
F	110
H	135
注：对某些材料(例如树脂)，制造方应指明其相当的绝缘等级。	

6.4.2 补充要求

电子式电压互感器的设计和制造，应能无损伤地承受 6.4.1 所述条件的热效应，但电压因数和时间按照表 3 的规定。

6.5 无线电干扰电压要求

无线电干扰电压试验的目的是检验电子式电压互感器上电晕放电的发射。电晕放电主要原因是高电压零部件和瓷箱表面的局部放电。此试验适合于 $U_m \geqslant 126$ kV 的电子式电压互感器。

其要求和试验程序见 GB 1207—2006。

6.6 传递过电压要求

传递过电压试验的目的是检验传递过电压从电子式电压互感器一次向二次输出或电源的传播状态。过电压产生的主要原因是高压设备的开关操作。

其要求和试验程序见 GB 1207—2006。

6.7 电磁兼容要求

电磁兼容(EMC)是一种性能，表示一台设备或一个系统在它的电磁环境下能满意地运行，且不对该环境中的任何物件产生过量的电磁骚扰[GB/T 4365]。为了评定电子式电压互感器在此特定电磁环境中的性能，需要确定发射和抗扰度的适当限值。各有关试验的目的分述如下。

注：见附录 C.5.2。

6.7.1 发射要求

除了无线电干扰电压试验(RIV 试验)和传递过电压试验所包含的发射干扰之外，GB 4824 所考虑的发射限值也适用于电子式电压互感器，且应进行相应的试验。

6.7.2 抗扰度要求

表 5 列出适用于电子式电压互感器的各项型式试验及其严重等级和评价准则。

与此有关的其他试验仍在考虑之中。

表 5 抗扰度要求和试验

试　　验	引用标准	严重等级	评价准则
谐波和谐间波抗扰度[a]	GB/T 17626.13	2	A
电压慢变化抗扰度[a]	GB/T 17626.11	+10%～-20%	A
电压慢变化抗扰度[b]	GB/T 17626.29	+20%～-20%	A
电压暂降和短时中断抗扰度[a]	GB/T 17626.11	30%暂降×0.1 s[c] 中断×0.02 s[c]	A
电压暂降和短时中断抗扰度[b]	GB/T 17626.29	50%暂降×0.1 s[c] 中断×0.05 s[c]	A

表 5（续）

试　　验	引用标准	严重等级	评价准则
浪涌(冲击)抗扰度	GB/T 17626.5	4	B
电快速瞬变脉冲群抗扰度	GB/T 17626.4	4	B
振荡波抗扰度	GB/T 17626.12	3	B
静电放电抗扰度	GB/T 17626.2	2	B
工频磁场抗扰度	GB/T 17626.8	5	A
脉冲磁场抗扰度	GB/T 17626.9	5	B
阻尼振荡磁场抗扰度	GB/T 17626.10	5	B
射频电磁场辐射抗扰度	GB/T 17626.3	3	A

A——满足准确度规范限值以内的正常性能。

B——允许与保护无关的测量性能短时下降或能够自动恢复的自诊断运作。不允许复位或重新启动。不允许输出过电压超过 500 V。对于保护用电子式互感器，不允许性能下降致使继电保护装置误动。

[a] 仅适用于交流辅助电源的电子式电压互感器。

[b] 仅适用于直流辅助电源的电子式电压互感器。

[c] 适合于普通继电保护装置的数值。

6.7.2.1　谐波和谐间波抗扰度

本试验要求的目的是检验电子式电压互感器对其低压电源谐波和谐间波分量的抗扰度。本试验要求仅适用于采用交流电源的电子式电压互感器。

6.7.2.2　电压慢变化抗扰度

本试验要求的目的是检验电子式电压互感器对其低压电源电压缓慢变化的抗扰度。本试验要求适用于交流或直流电源。

6.7.2.3　电压暂降和短时中断抗扰度

本试验要求的目的是检验电子式电压互感器对其低压电源电压暂降和短时中断的抗扰度。本试验要求适用于交流或直流电源。

6.7.2.4　浪涌(冲击)抗扰度

本试验要求的目的是检验电子式电压互感器对电网中操作和雷击(直接或间接)过电压引起单向性瞬变过程的浪涌(冲击)的抗扰度。本试验要求对于高压和中压设备非常重要，因为它们遭雷击的概率高。

6.7.2.5　电快速瞬变脉冲群抗扰度

本试验要求的目的是检验电子式电压互感器对极快瞬变脉冲群的抗扰度，其起因是小感性负载切合、继电器接触颤动(传导干扰)，或是高压开关操作——尤其是 SF_6 或真空开关(发射干扰)。

6.7.2.6　振荡波抗扰度

本试验要求的目的是检验电子式电压互感器对高压和中压电站低压电路出现重复性阻尼振荡波的抗扰度，其起因是开关操作(高压/中压露天电站的隔离开关，尤其是对高压母线操作)，或者是高压或中压电网发生故障。

6.7.2.7　静电放电抗扰度

本试验要求的目的是检验电子式电压互感器对静电放电(ESD)的抗扰度，放电发生在操作者(直接或通过工具)触及设备或其邻近物。这通常不必过于担忧，因为电子式电压互感器的电子器件部分，无论在户外或户内皆坐落在裸露的混凝土地面上，也不靠近合成材料的地毯或器具。但为了安全，电子器件通常装在与良好接地网牢固连接的金属箱内。这样使发生静电放电的概率非常小。

6.7.2.8 工频磁场抗扰度

本试验要求的目的是检验电子式电压互感器对工频磁场的抗扰度，此磁场是由互感器邻近的电力线路、变压器等在正常运行或故障条件下产生。本试验要求很重要，因为电子式电压互感器的电子器件部分预计要靠近电力回路。

6.7.2.9 脉冲磁场抗扰度

本试验要求的目的是检验电子式电压互感器对建筑物、金属构架和接地网遭雷击所产生脉冲磁场的抗扰度，本试验要求适合于易受雷击的高压和中压设备。

6.7.2.10 阻尼振荡磁场抗扰度

本试验要求的目的是检验电子式电压互感器对隔离开关合分高压母线所产生阻尼振荡磁场的抗扰度。本试验主要适用于安装在高压变电站的电子设备。

6.7.2.11 射频电磁场辐射抗扰度

本试验要求的目的是检验电子式电压互感器对无线电发射机或其他装置发射电磁波所产生电磁场的抗扰度。对于高压和中压设备，最为严重的作用在于可能使用步话机和移动电话，而附近广播电台或业余无线电的概率通常很低。

6.8 可靠性

电子式电压互感器的可靠性与变电站所用电子器件相类似。所以，电子式电压互感器的可靠性也应同样对待。

6.9 异常条件承受能力

取决于所采用的技术，短路承受能力和过热耐受能力通常仅适用于二次转换器。

注：这里假定，除二次转换器外，电子式电压互感器的一次传感器和其他部件仅满足正常条件下的要求，除非另有明确规定。

6.10 异常条件信号显示

为了避免保护继电器误动，电子式电压互感器应提供辅助指示，用在发生下列情况时阻塞保护继电器：

——二次短路；

——内部故障，由自诊断程序检出；

——辅助电压中断或电压不足。

指示信号的发出时间应小于4 ms。

6.11 机械要求

这些要求仅适用于$U_m \geqslant 72.5$ kV的电子式电压互感器。

表6列出了电子式电压互感器应能承受的静态载荷控制值。其数值包含风力和覆冰作用的载荷。

规定的试验载荷可施加于一次端子的任意方向。

在采用封闭式组合开关的场合，可由制造方和用户协商规定振动试验。

表6 静态承受试验载荷

设备最高电压U_m/kV	静态承受试验载荷F_R/N		
	电子式电压互感器的		
	电压端子	通过电流的端子	
		Ⅰ类载荷	Ⅱ类载荷
72.5	500	1 250	2 500
126	1 000	2 000	3 000
252～363	1 250	2 500	4 000
≥550	1 500	4 000	5 000

表 6（续）

<table>
<tr><td rowspan="4">设备最高电压 U_m/kV</td><td colspan="3">静态承受试验载荷 F_R/N</td></tr>
<tr><td colspan="3">电子式电压互感器的</td></tr>
<tr><td rowspan="2">电压端子</td><td colspan="2">通过电流的端子</td></tr>
<tr><td>Ⅰ类载荷</td><td>Ⅱ类载荷</td></tr>
<tr><td colspan="4">注 1：常规运行条件下所加载荷的总和应不超过规定承受试验载荷的 50%。
注 2：在某些应用情况下，电子式电压互感器的通过电流端子应能承受很少有的急剧动态载荷(例如短路)，它不超过静态试验载荷的 1.4 倍。
注 3：在某些应用情况下，一次端子可能需要抗扭转。试验时施加的扭矩由制造方和用户商定。</td></tr>
</table>

6.12 接地端子

6.12.1 一次电压传感器和一次转换器的接地

对于电子式电压互感器，其金属件(如果有)应装有可靠的接地端子，且具有一个或多个便于使用的紧固螺栓，以供连接适合于规定故障条件的接地导线。

紧固螺栓的直径，对 U_m<40.5 kV 的互感器应不小于 8 mm，对 U_m≥40.5 kV 的互感器应不小于 12 mm。

6.12.2 二次转换器的接地

电子式电压互感器的各二次端子，应设计为任一端子均能独立接地，并且不妨碍二次电路的连接。

7 试验分类

本部分所规定的试验分为型式试验、例行试验和特殊试验。

7.1 型式试验

对每种型式互感器所进行的试验，用以验证按同一技术规范制造的互感器均应满足、且在例行试验中未包括的要求。

注：在一台具有较小差别的互感器上所做的型式试验，经制造方和用户协商同意，也可认为有效。

下列试验是型式试验，详见有关条文：

a) 额定雷电冲击试验(见 8.1.2)；

b) 操作冲击试验(见 8.1.3)；

c) 户外型电子式电压互感器的湿试验(见 8.2)；

d) 准确度试验(见 8.3)；

e) 异常条件耐受能力试验(见 8.4)；

f) 无线电干扰电压试验(见 8.5)；

g) 传递过电压试验(见 8.6)；

h) 电磁兼容试验：发射试验(见 8.7.1)；

i) 电磁兼容试验：抗扰度试验(见 8.7.2)；

j) 低压器件的冲击耐压试验(见 8.8)；

k) 暂态性能试验(见 8.9)：

　1) 一次短路(见 8.9.1)；

　2) 线路带滞留电荷的重合闸(见 8.9.2)。

除非另有规定，各项绝缘型式试验应在同一台互感器上进行。

电子式电压互感器在经受 7.1 规定的型式试验外，还应经受 7.2 规定的全部例行试验。

7.2 例行试验

每台电子式电压互感器都应承受的试验。

下列试验是例行试验。详见有关条文：

a) 端子标志检验(见 9.1)；

b) 一次电压端的工频耐压试验(见 9.2)；

c) 局部放电测量(见 9.2.4)；

d) 低压器件的工频耐压试验(见 9.3)；

e) 准确度试验(见 9.4)；

f) 电容量和介质损耗因数测量(见 9.5)。

除了项 e)准确度试验应在项 b)、c)和 d)试验后进行外，其他试验的顺序或可能的组合均未标准化。

一次端的重复性工频耐压试验应在规定试验电压值的 80%下进行。

7.3 特殊试验

除型式试验或例行试验之外经制造方和用户协商同意的试验。

下列试验是特殊试验。详见有关条文：

a) 一次电压端的截断雷电冲击试验(见 10.1)；

b) 机械强度试验(见 10.2)。

8 型式试验

8.1 一次电压端的冲击试验

8.1.1 一般要求

冲击试验应按 GB/T 16927.1 的规定进行。

冲击试验一般是施加参考电压和额定耐受电压。参考冲击电压应为额定冲击耐受电压的 50%～75%。冲击电压的峰值和波形应予记录。

参考电压和额定耐受电压下所记录各种波形的变异，可作为试验中绝缘损坏的依据。

8.1.2 额定雷电冲击试验

试验电压取决于设备最高电压和规定的绝缘水平，应是 GB 1207—2006 中表 4 和表 5 的相应值(见 6.1.1)。

试验电压应施加在一次电压传感器的各线端端子与地之间。

一次电压传感器的接地端子或电子式不接地电压互感器的非被试端子、座架和箱壳(如果有)应连在一起接地。

记录其他补充量的波形可以提高示伤能力。

由制造方如下自行选择：

——接地连接中可接入适当的电流记录装置；

——二次端子可连在一起接地，或连接适当的装置记录试验时出现在二次电压端子上的电压波形。

8.1.2.1 一次电压端 U_m＜300 kV

试验应在正和负两种极性下进行。每一极性连续冲击 15 次，应作大气条件校正。如果试验满足下列要求，则电子式电压互感器通过本试验：

——非自恢复内绝缘不发生击穿；

——非自恢复外绝缘不出现闪络；

——每一极性下自恢复外绝缘出现闪络不超过 2 次；

——未发现绝缘损坏的其他证据(例如，所记录各种波形的变异)。

对于电子式不接地电压互感器，依次对每个一次电压端子施加规定次数约一半的冲击，而另一个线端接地。

注：施加正、负极性冲击各 15 次，是针对外绝缘试验而规定的。如果制造方和用户协商同意用其他方法检查外绝

缘，则每一极性下的雷电冲击数应减少到3次，且不须作大气条件校正。

8.1.2.2 一次电压端 $U_m \geqslant 300$ kV

试验应在正和负两种极性下进行。每一极性连续冲击3次，不须作大气条件校正。如果试验满足下列要求，则电子式电压互感器通过本试验：

——不发生击穿；

——未发现绝缘损坏的其他证据(例如，所记录各种波形的变异)。

8.1.3 操作冲击试验

试验电压取决于设备最高电压和规定的绝缘水平，应是GB 1207—2006中表5的相应值(见6.1.1)。试验电压应施加在一次电压传感器的各线端端子与地之间。一次电压传感器的接地端子或电子式不接地电压互感器的非被试端子、座架和箱壳(如果有)应连在一起接地。

如果制造方需要，在接地连接中可接入适当的电流记录装置。

低压端子可连在一起接地，或者非接地二次端子可以悬空或连接高阻抗装置以记录试验时出现在二次电压端子上的电压波形。

试验应在正和负两种极性下进行。每一极性下连续冲击15次，应作大气条件校正。

户外型电子式电压互感器应仅承受湿试验。不要求进行干试验。

如果试验满足下列要求，则电子式电压互感器通过本试验：

——非自恢复内绝缘不发生击穿；

——非自恢复外绝缘不出现闪络；

——每一极性下自恢复外绝缘出现闪络不超过2次；

——未发现绝缘损坏的其他证据(例如，所记录各种波形的变异)。

8.2 户外型电子式电压互感器湿试验

为了检验外绝缘的性能，户外型互感器应承受淋雨试验。湿试验程序应按GB/T 16927.1的规定。

8.2.1 一次电压端 $U_m < 300$ kV

试验应按9.2.2用工频电压进行，其大气条件校正按GB/T 16927.1的规定。

8.2.2 一次电压端 $U_m \geqslant 300$ kV

试验应按8.1.3用操作冲击电压进行。

8.3 准确度试验

8.3.1 基本准确度试验

为验证是否符合第12章规定的要求，除非另有规定，试验应按表9和表10规定的各电压值，在额定频率、25%及100%额定负荷和正常环境温度下进行。

注1：当电子式电压互感器是由电容分压器后加放大器构成时，GB/T 4703适用于电容分压器部分，本部分适用于电子(放大器)部分。

注2：试验进行时可用纯延时装置插入基准互感器与差分放大器之间。此装置的延时值设定为铭牌标示值。

8.3.2 准确度与温度关系的试验

本准确度试验是对8.3.1试验的补充，应在温度范围的两个极限值、额定频率、额定电压和100%额定负荷下进行。试验时必须注意热时间常数。

注：互感器达到温度稳定所需的时间取决于互感器的结构和尺寸。

对于部分为户内及部分为户外的电子式电压互感器，试验应对户外和户内两个部分在各自有关温度范围的两个极限值下进行，但要遵循以下规则：

——户外是最高温度时户内也是最高温度；

——户外是最低温度时户内也是最低温度。

在正常使用条件下，误差应在相应准确级的规定限值之内。

8.3.3 准确度与频率关系的试验

本准确度试验是对8.3.1试验的补充，应在5.5.1标准参考频率范围的两个极限值、额定电压和试验区恒定室温以及100%额定负荷下进行。

试验所用测量系统的校验，可仅在额定频率下进行。

试验频率和试验温度的实际值应列入试验报告。

8.3.4 器件更换的准确度试验

电子式电压互感器在更换某些器件后仍能满足其准确级的工作能力，应通过在室温、额定频率、额定电压和100%额定负荷下的准确度试验进行验证。

8.4 异常条件承受能力试验

以下8.4.1和8.4.2所述试验是为验证是否符合6.9规定的要求，通常可仅在二次转换器上进行。

当电子式电压互感器具有多个二次转换器时，试验应在每一个二次转换器上进行。

如果试验后冷却到室温，满足下述要求时，则电子式电压互感器通过本试验：

a) 无可见损伤；

b) 误差与本试验前记录值的差异，不超过其准确级误差限值的一半。

8.4.1 短路承受能力试验

本试验是为验证是否符合6.3规定的要求。

对本试验，电子式互感器起始温度应为10℃～30℃。

电子式电压互感器应在一次侧供电，在二次电压端子之间进行短路。

施加短路1次，历时1 min。

注：此要求也适用于内装熔断器的电子式电压互感器。

短路时二次转换器的输入条件，应等效于一次电压方均根值不低于额定电压。

8.4.2 过热承受能力试验

本试验是为验证是否符合6.4规定的要求。

二次转换器的输入条件，应等效于施加所规定一次电压时一次转换器的输出，按6.4所述。

注：如果经制造方和用户协商同意，电子式电压互感器的一次传感器等和其他部件也需要验证过热承受能力，则本试验应在完整的互感器上施加所规定的一次电压时进行。

试验应按6.4.1进行到温度稳定，然后按6.4.2进行。

8.5 无线电干扰电压试验

见GB 1207。

8.6 传递过电压试验

见GB 1207。

8.7 电磁兼容试验

本试验是为验证是否符合6.7规定的要求。

多数情况，电子式电压互感器可以分成几个主部件，例如，位于控制柜区的电路部分和位于开关站区的电路部分。电磁兼容试验与电子式电压互感器所采用的技术有关，必须对每个主部件进行，试验时整体电子式电压互感器处于运行状态，或者缺少的部件以模拟方式代替。主要部件划分的示例见图3。

8.7.1 电磁兼容发射试验

发射干扰试验应按GB 4824的试验程序进行。

试验限值的规定值为组1、A级。

试验优先在组装完整的条件下进行，但为了试验简便，如果有的部件不包含电子器件时，则可以只对其余的部件进行试验。

8.7.2 电磁兼容抗扰度试验

本试验应逐个端口进行。端口的区分示例见图3。

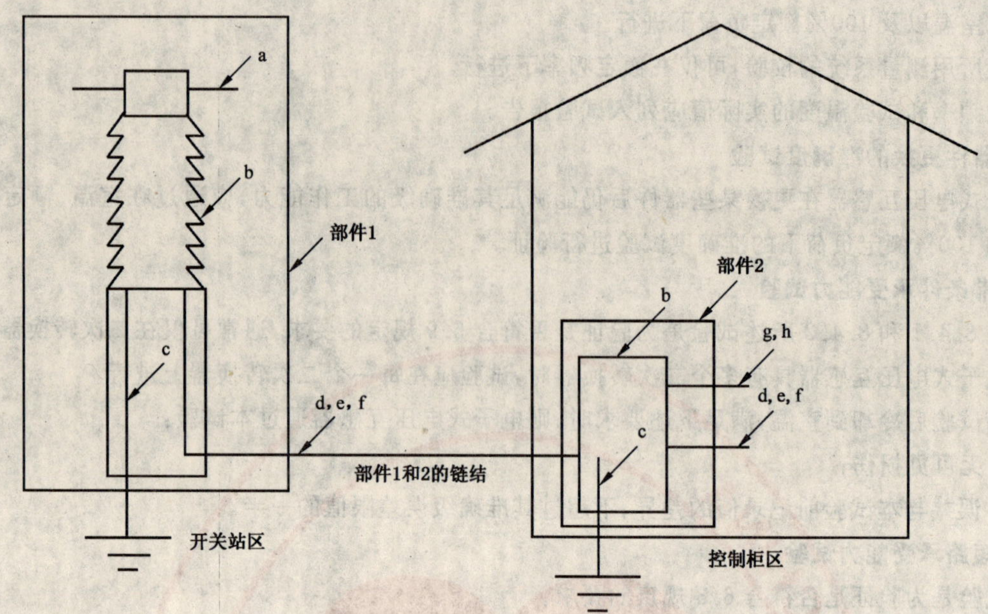

a——高压线；

b——外壳端口；

c——接地端口；

d——信号端口；

e——指令端口；

f——通讯端口；

g——交流电源端口；

h——直流电源端口。

部件 1：在开关站区的“户外部分”；

部件 2：在控制柜区的“户内部分”。

图 3　供电磁兼容试验的各部件

8.7.2.1　谐波和谐间波抗扰度试验

试验应按 IEC 61000-4-13 的试验程序进行。严重等级为 2 级(谐波畸变总量 10%)。评价准则见表 5。

8.7.2.2　慢电压变化抗扰度试验

试验依据的试验程序应为，交流电源按 GB/T 17626.11 规定，直流电源按 IEC 61000-4-29 规定。所用电压波动范围，交流电源为其标称电压的＋10%～－20%，直流电源为其标称电压的＋20%～－20%。评价准则见表 5。

8.7.2.3　电压暂降和短时中断抗扰度试验

试验依据的试验程序应为，交流电源按 GB/T 17626.11 规定，直流电源按 IEC 61000-4-29 规定。

a)　交流电源试验所用电压暂降为其标称电压的 30%，历时 0.1 s。交流电源的电压中断试验按历时 0.02 s 进行。

b)　直流电源试验所用的电压暂降为其标称电压的 50%，历时 0.1 s。直流电源的电压中断试验按历时 0.05 s 进行。

c)　评价准则见表 5。

8.7.2.4　浪涌(冲击)抗扰度试验

试验应按 GB/T 17626.5 的试验程序进行。所用试验发生器是产生标准 1.2/50 μs 电压波(开路)和 8/20 μs 电流波(短路)的组合波(混合式)发生器(见 GB/T 17626.5 的 6.1)。试验水平按设施 4 级

(共模 4 kV,差模 2 kV)。评价准则见表 5。

8.7.2.5 电快速瞬变脉冲群抗扰度试验

试验应按 GB/T 17626.4 的试验程序进行,试验水平按 4 级(电源端口的试验电压为 4 kV 重复率 2.5 kHz,输入/输出信号、数据和控制端口的试验电压为 2 kV 重复率 5 kHz-共模)。试验时,对电源端口采用耦合/去耦合电路,对输入/输出和通讯端口采用电容耦合夹。评价准则见表 5。

8.7.2.6 振荡波抗扰度试验

试验应按 GB/T 17626.12 的试验程序进行。试验发生器采用阻尼振荡波发生器(GB/T 17626.12 的 6.1.2)。电源和控制/信号线的试验电压皆为共模 2.5 kV 及差模 1 kV(类似 GB/T 14598.13)。试验频率是 1 MHz 和重复率 400/s(类似 GB/T 14598.13)。评价准则见表 5。

8.7.2.7 静电放电抗扰度试验

试验应按 GB/T 17626.2 的试验程序进行。试验水平为 2 级(试验电压 4 kV),这对相对湿度低达 10%的抗静电环境(如混凝土)给予防护(亦见 GB/T 17626.2 的 A.4)。评价准则见表 5。

8.7.2.8 工频磁场抗扰度试验

试验应按 GB/T 17626.8 的试验程序进行。试验水平为 5 级(100 A/m 稳态和 1 000 A/m×1 s)。评价准则见表 5。

8.7.2.9 脉冲磁场抗扰度试验

试验应按 GB/T 17626.9 的试验程序进行。试验水平为 5 级(1 000 A/m 峰值)。评价准则见表 5。

8.7.2.10 阻尼振荡磁场抗扰度试验

试验应按 GB/T 17626.10 的试验程序进行。试验水平为 5 级(100 A/m 试验磁场)。评价准则见表 5。

8.7.2.11 射频磁场辐射抗扰度试验

试验应按 GB/T 17626.3 的试验程序进行。试验水平为 3 级(10 V/m 场强)。评价准则见表 5。

8.8 低压器件冲击耐压试验

本试验是为验证是否符合 6.2.2 规定的要求。

试验时应采用具有以下特性的试验发生器:

a) 冲击波形:应是 GB/T 16927.1 规定的标准 1.2/50 μs 冲击波,允许偏差如下:

 1) 电源阻抗:500×(1±10%) Ω;

 2) 电源能量:0.5×(1±10%) J;

b) 试验电压水平按 6.2 的规定,是电子式电压互感器未接入电路端子时的试验电路输出电压;

c) 试验电压偏差:$^{0}_{-10}$%;

d) 冲击发生器电路:GB/T 14598.3—1993 中图 11 推荐的标准试验电路;

e) 试验引线:长度不超过 2 m。

应施加 3 次正极性和 3 次负极性冲击,其间隔时间不小于 5 s。

冲击试验应施加在被试电路的适当联结点上,而其他联结点连在一起接地。

试验时,电子式电压互感器不接通电源。

试验后,电子式电压互感器应仍能满足全部有关性能技术要求。

注:闪络(电容性放电)未必是损坏的证据,因为可能在它发生时并不造成损伤。制造方必须确定是否要消除其起因,条件是要满足可接受的其他准则。

8.9 暂态性能试验

注:见附录 C.4。

8.9.1 一次短路

为验证是否符合 13.6.2 规定的要求,试验应在完整的电子式电压互感器上进行,当电子式电压互感器在额定一次电压和 25%及 100%额定负荷下工作时,将其高压端子与接地的低压端子短路。负荷应是下列两种可能负荷之一：

——串联负荷；

——串并联负荷。

两种负荷的电路图和元件数值见附录E。如果使用容性负荷(由于电缆的电容)时，这些试验应分别进行(简化的试验方法见附录C.4)。

注：经制造方和用户协商同意，可以采用等效试验进行。

试验应是任意时刻短路10次，或者在一次电压峰值时短路2次和一次电压过零点时短路2次。后一种情况，一次电压峰值及过零点的相位角偏差应不超过±20°。

8.9.2 线路带滞留电荷的重合闸

本试验(如果适用)是为验证是否符合13.6.4规定的要求，试验应按附录C.4的电路进行。准确级的限值见表10。

本试验的负荷应是25%额定负荷。

9 例行试验

9.1 端子标志检验

检验端子标志的正确性(见11.2)。

9.2 一次电压端的工频耐压试验和局部放电测量

9.2.1 一般要求

工频耐压试验应按GB/T 16927.1进行。

试验持续时间为60 s。

9.2.2 一次电压端 U_m<300 kV

U_m<300 kV一次电压端的试验电压，应按设备最高电压选取GB 1207—2006中表4的相应值(见6.1.1)。

9.2.2.1 电子式不接地电压互感器

不接地电压互感器应承受以下试验：选取的试验电压施加在连在一起的所有一次电压端子与地之间。座架、箱壳(如果有)和所有的低压端子应连在一起接地。

9.2.2.2 电子式接地电压互感器

电子式接地电压互感器应承受以下试验：一是选取的试验电压施加在一次电压传感器的高压端子与地之间，另一是按6.1.2.2规定的试验电压施加在一次电压传感器接地端子与地之间。座架、箱壳(如果有)和所有的低压端子应连在一起接地。

9.2.3 一次电压端 U_m≥300 kV

电子式电压互感器应承受以下试验：选取的试验电压应为6.1.2.1规定的相应值，试验应按9.2.2.2的规定进行。

9.2.4 局部放电测量

9.2.4.1 试验电路和仪器

采用的试验电路和仪器应按GB/T 7354的规定。试验电路的一些示例见GB 1207—2006的图2～图5。虽然这些图是针对电磁式电压互感器的，但也适用于电子式电压互感器。

所用仪器应测量用皮库(pC)表示的视在放电量 q。其校正应在试验电路中进行(见GB 1207—2006的图5示例)。

宽频带仪器的频带宽度至少为100 kHz，其上限截止频率不超过1.2 MHz。

窄频带仪器的谐振频率范围为0.15 MHz至2 MHz。最好是在0.5 MHz至2 MHz范围内，但如可能，应在灵敏度最高的频率下进行测量。

测量灵敏度应能检测出5 pC的局部放电量水平。

注1：噪音应远低于灵敏度。已知的外部干扰脉冲可以忽略。

注2：为消除外部噪音的影响，可采用平衡试验电路（见GB 1207—2006的图4）。但平衡电路采用耦合电容器可能不适合于消除外部干扰。

注3：当采用电子信号处理和复原技术降低背景噪音时，应通过改变其参数达到能够检测重复出现的脉冲。

9.2.4.2 电子式接地电压互感器的试验程序

在按下述的程序A或程序B施加预加电压后，将电压降到GB 1207—2006中表7规定的局部放电测量电压，然后在30 s内测出其相应的局部放电水平。

测得的局部放电水平应不超过GB 1207—2006中表7规定的限值。

程序A：在一次电压端工频耐压试验后的降压过程中达到局部放电测量电压。

程序B：局部放电试验是在一次电压端工频耐压试验之后进行。将电压升至80%工频耐受电压，至少保持60 s，然后不间断地降到规定的局部放电测量电压。

除非另有规定，程序的选择由制造方自行决定。所用试验方法应在试验报告中列出。

9.2.4.3 电子式不接地电压互感器的试验程序

电子式不接地电压互感器的试验电路应与电子式接地电压互感器相同，但应进行两次试验，轮流对每一个高压端子施加电压，而另一个高压端子与低压端子、座架和箱壳（如果有）相连接（见GB 1207—2006的图2～图4）。

9.3 低压器件的工频耐压试验

应采取适当的安全措施。试验是在电子式电压互感器器件为干燥状态，在参考环境温度下，且器件无自身发热时进行。

试验应采用实际正弦波形和额定频率的工频电压。必须注意考虑试验电源阻抗的影响。

电压的施加和切除的方式，应是能确保不超过其规定值。

9.3.1 试验电压的施加

试验电压应施加在电子式电压互感器的联结点上。

各电路的试验应如下进行，试验电压是它相对于连在一起接地的所有其他电路的规定值：

对指定电路与所有其他电路之间的试验，单个电路的所有联结点皆应连在一起；

对所有的试验，接地的电路应作同样的连接。

9.3.2 试验持续时间

试验持续时间应如下：

a) 型式试验：1 min，电压值按6.2.1的规定；

b) 例行试验：1 min，电压值按6.2.1的规定；或者1 s，电压值按6.2.1规定的1.1倍。其选择由制造方自定。

9.4 准确度试验

例行试验原则上与8.3.1规定的型式试验相同。但只要类似互感器的型式试验中证实，减少测试点仍符合第12章规定的要求，则允许在例行试验减少电压和/或负荷测试点。

9.5 电容量和介质损耗因数测量

适用时，本试验应在一次电压端工频耐压试验后按6.1.2.5的规定进行。

试验电路应由制造方和用户协商同意，但电桥法优先。

对电子式电压互感器，本试验应在环境温度下进行，该温度应予记录。

10 特殊试验

10.1 一次电压端的截断雷电冲击试验

试验时，如果有二次转换器，需与一次电压传感器连结，并按制造方和用户共同确定的方案通电。

试验仅在负极性下进行，且以下述方式与负极性额定雷电冲击试验结合进行。

电压应是GB/T 16927.1规定的标准冲击波在2 μs～5 μs处截断。截断电路的布置应使所记录冲击波的反极性峰值限制在约为峰值的30%。

额定雷电冲击试验电压取决于设备最高电压和规定的绝缘水平，应为 GB 1207—2006 中表 4 或表 5 的相应值。

截断雷电冲击试验电压应按 6.1.2.4 的规定。

冲击波施加的顺序如下：

a) 一次端 U_m<300 kV

- 1 次额定雷电冲击；
- 2 次截断雷电冲击；
- 14 次额定雷电冲击。

对于电子式不接地电压互感器，对每个一次电压端子施加 2 次截断雷电冲击和约半数额定雷电冲击。

b) 一次端 U_m≥300 kV

- 1 次额定雷电冲击；
- 2 次截断雷电冲击；
- 2 次额定雷电冲击。

以截断雷电冲击前后所施加额定雷电冲击的波形变异作为内部损伤的指示。

截波雷电冲击时，在自恢复外绝缘上出现的闪络不应纳入对外绝缘性能的评价。

10.2 机械强度试验

本试验是为验证电子式电压互感器是否符合 6.11 规定的要求。

电子式电压互感器应装配完整，按正常运行状态安装，用座架牢固地固定。

液体浸渍式电子式电压互感器应充满规定的绝缘介质，并达到工作压强。

试验载荷应按照表 7 所示的各种情况施加，持续 60 s。

如果没有出现损坏迹象（变形、断裂或泄漏），则电子式电压互感器通过本试验。

表 7 一次端子上施加试验载荷的方式

电子式电压互感器端子类型	施加方式	
电压端子	水平方向	F_R F_R F_R
	垂直方向	F_R F_R
通过电流的端子	各端子水平方向	F_R F_R
	各端子垂直方向	F_R
注：试验载荷应施加在端子的中心。		

11 标志

11.1 铭牌标志

电子式电压互感器的铭牌应标出表8所列内容。

表8 铭牌标志

(○表示适用)

通用铭牌标志					
额定值	缩写符号	测量用EVT	保护用EVT	条款编号	注
品名:电子式电压互感器(EVT)		○	○		
制造单位名称或简称		○	○		
型号标志		○	○		
制造年份和序号		○	○		
设备最高电压	U_m	○	○	6.1	1
额定绝缘水平		○	○	6.1	1
额定频率	f_r	○	○	2.1.17	
额定电压因数	k_u	○	○	5.3	2
相应的允许持续时间		○	○	5.3	2
质量		○	○		
二次转换器的铭牌标志					
额定值	缩写符号	测量用EVT	保护用EVT	条款编号	注
额定一次电压/额定二次电压	U_{pr}/U_{sr}	○	○	5.1.1,5.1.2	
端子标志		○	○	11.2	
额定输出	S_r	○	○	5.2	3
准确级		○	○	12	3
额定相位偏移	φ_{or}	○	○	12	4
额定延迟时间	t_{dr}	○	○	8.3.1	4
辅助电源的铭牌标志					
额定值	缩写符号	测量用EVT	保护用EVT	条款编号	注
DC(直流)和/或AC(交流)额定电压	U_{ar}	○	○		5
额定电源电流(正常条件下)	I_{ar}	○	○		
最大电源电流(过载条件下)	$I_{a\,max}$	○	○		

注1：设备最高电压和额定绝缘水平可以合并为一个标志(例如126/185/480 kV)。

注2：额定电压因数和相应的允许时间应合并为一个标志(例如1.5/30 s)。

注3：额定输出和相应的准确级应合并为一个标志(例如0.5 VA,1级)。

注4：见附录C.5.1。

注5：辅助电源的性质和额定电压应合并为一个标志(例如AC 220 V)。

11.2 端子标志

11.2.1 通用规则

这些标志适用于单相电子式电压互感器,也适用于组装为一个单元的单相电子式电压互感器组联结成的三相电子式电压互感器。

11.2.2 标志方法

标志应依据图 2 和图 1。

大写字母 A、B、C 和 N 表示一次电压端子，小写字母 a、b、c 和 n 表示相应的二次电压端子。

字母 A、B、C 表示全绝缘端子，字母 N 表示接地端子，其绝缘低于其他端子。

复合字母 da 和 dn 表示提供剩余电压的端子。

电子式电压互感器具有多个二次转换器时，其端子应标为：

1a—1n

2a—2n

3a—3n

11.2.3 极性关系

标有同一字母大写和小写的端子在同一瞬间具有同一极性。

11.2.4 接地端子

11.2.4.1 一次传感器和一次转换器的接地

接地端子应标有“地”符号，按 GB/T 5465.2 中的符号。

11.2.4.2 二次转换器的接地

接地端子应标有“地”符号，按 GB/T 5465.2 中的符号。

12 单相测量用电子式电压互感器的补充要求

12.1 通用要求

在所规定的条件下，以及在温度、频率、负荷和辅助电源电压参考范围(见 5.5.1，5.5.2，5.5.3，5.5.4)内的任一值时，各准确级的电压误差和相位误差应不超过表 9 的规定值。

电子式电压互感器若具有几个单独的二次电压端，因为有可能相互影响，各二次电压端应满足上述条件下的误差要求，且同时其他二次电压端带有零至额定负荷之间的任一值负荷。

如果这些二次电压端之一仅偶然短时带负荷，则它对其他二次电压端的影响可以忽略。误差应在电子式电压互感器的端子处测定，并须包含作为互感器固有元件的熔断器或电阻器的影响。如果电压互感器的同一个二次电压端兼有测量和保护双用途，则两种准确级皆应标出。

虽然二次直流偏移电压(U_{sdc0})不影响电子式电压互感器的准确度，但可能影响二次电路的特性。为了保证二次电路的正确设计，制造方应规定二次直流偏移电压的最大值。

12.2 维护要求

现场可更换且无需校准的器件(分部件)应以适当标志特别标明。此工作能力应由试验验证。

其余的器件更换时，则需要整个电子式电压互感器重新校准。

12.3 测量用电子式电压互感器的准确级标称

准确级是以该准确级在额定电压及 5.5.3 标准参考范围负荷下所规定最大允许电压误差的百分数来标称。

12.4 测量用电子式电压互感器的标准准确级

电子式电压互感器的标准准确级为：0.1、0.2、0.5、1、3。

12.5 测量用电子式电压互感器的电压误差和相位误差限值

在 80%～120%的额定电压及功率因数为 0.8(滞后)的 25%～100%的额定负荷下，其额定频率时的电压误差和相位误差，应不超过表 9 规定的限值。

误差应在互感器的端子处测定，并须包含作为互感器固有元件的熔断器或电阻器的影响。

表 9 测量用电子式电压互感器的电压误差和相位误差限值

准确级	电压(比值)误差 ε_u ±1%	相位误差 φ_e	
		±(′)	±crad
0.1	0.1	5	0.15
0.2	0.2	10	0.3
0.5	0.5	20	0.6
1.0	1.0	40	1.2
3.0	3.0	不规定	

注1：φ_{or}的正常值应为零。但在电子式电压互感器必须与其他电子式电压互感器或电子式电流互感器组合使用时，为了具有一个公共值，可以规定其他值。

注2：延迟时间的影响见C.5.1。

13 单相保护用电子式电压互感器的补充要求

13.1 通用要求

在所规定的条件下，以及在温度、频率、负荷和辅助电源电压参考范围(见5.5.1,5.5.2,5.5.3,5.5.4)的任一值时，各准确级的电压误差和相位误差应不超过表10和表11的规定。

电子式电压互感器若具有几个单独的二次电压端，因为有可能相互影响，各二次电压端应满足上述条件下的误差要求，且同时其他二次电压端带有零至额定负荷之间的任一值负荷。

如果这些二次电压端之一仅偶然短时带负荷，则它对其他二次电压端的影响可以忽略。误差应在电子式电压互感器的端子处测定，并须包含作为互感器固有元件的熔断器或电阻器的影响。如果电压互感器的同一个二次电压端兼有测量和保护双用途，则两种准确级皆应标出。

虽然二次直流偏移电压($U_{s\,dc0}$)不影响电子式电压互感器的准确度，但可能影响二次电路的特性。为了保证二次电路的正确设计，制造方应规定二次直流偏移电压的最大值。

13.2 维护要求

现场可更换且无需校准的器件(分部件)应以适当标志特别标明。此工作能力应由试验验证。

13.3 保护用电子式电压互感器的准确级标称

准确级是以该准确级在5%额定电压至额定电压因数相对应的电压及5.5.3标准参考范围负荷下所规定最大允许电压误差的百分数来标称，其后标以字母“P”。

13.4 保护用电子式电压互感器的标准准确级

保护用电子式电压互感器的标准准确级为3P和6P。在5%额定电压和额定电压因数相对应的电压下，两者的电压误差和相位误差的限值相同。2%额定电压下的误差限值为5%额定电压下对应值的2倍。

若电子式电压互感器在5%额定电压下和在上限电压(即额定电压因数为1.2、1.5或1.9相对应的电压)下的误差限值不相同时，应由制造方和用户协商确定。

13.5 保护用电子式电压互感器的电压误差和相位误差限值

表 10 保护用电子式电压互感器的电压误差和相位误差限值

准确级	在下列额定电压 U_p/U_{pr}(%)下								
	2			5			x[a]		
	ε_u ±1%	φ_e ±(′)	φ_e ±crad	ε_u ±1%	φ_e ±(′)	φ_e ±crad	ε_u ±1%	φ_e ±(′)	φ_e ±crad
3 P	6	240	7	3	120	3.5	3	120	3.5
6 P	12	480	14	6	240	7	6	240	7

注 1：φ_{or}的正常值应为零。但在电子式电压互感器必须与其他电子式电压互感器或电子式电流互感器组合使用时，为了具有一个公共值，可以规定其他值。

注 2：延迟时间的影响见 C.5.1。

a x 为额定电压因数乘以 100。

13.6 暂态性能要求

13.6.1 概述

暂态性能要求仍在考虑中。暂态现象的补充说明见 C.4 和 C.5.1。

13.6.2 一次短路

在高压端子与接地低压端子之间的电源短路之后，电子式电压互感器的二次输出电压应在额定频率的一个周波内下降到短路前峰值的 10%以下。

注：电子式电压互感器的暂态性能和频率响应应与电子式电流互感器(GB/T 20840.8)的内容相协调。

13.6.3 线路断开

当线路断开引起滞留电荷出现时，二次电压分量 $U_{s\,dc}(t)$(见 2.2.4)应衰减到零，以免所接设备的输入变压器饱和。此时间常数必须由制造方提供。

13.6.4 线路带滞留电荷的重合闸

对于用纯电容分压器作为高压传感器的电子式电压互感器，若在一次电压为峰值 $u_p(t)=k_u U_p\sqrt{2}$ 的瞬时切断线路(其他相对地短路)，再在 $u_p(t)=U_p\sqrt{2}$的瞬时(其符号与滞留电荷的相反)重合闸，其暂态条件用以下参数描述(见 2.1.29)：

——$t\leqslant 0$ 时：　$U_p=0$ 和 $U_{p\,dc}=\pm k_u U_{pr}\sqrt{2}$

——$t>0$ 时：　$U_p=U_{pr}$ 和 $U_{p\,dc}=0$

在以上条件下，互感器在额定频率时的电压误差应不超过表 11 的规定值，其中 $f\cdot t$ 是频率 f 和时间 t 的乘积，表示考虑准确度要求的周波数。

表 11 保护用电子式电压互感器在带滞留电荷重合闸的瞬时电压误差限值

说　明	f/f_r	U_p/U_{pr}	$U_{p\,dc}/U_{pr}\sqrt{2}$ $t\leqslant 0$ 时	φ_p	ε_u %	
					$2<f\cdot f\leqslant 3$	$3<f\cdot f\leqslant 4.5$
标么值为 k_u 的线路电荷，标么值为 1 的反极性重合闸	1	1	k_u	$-\pi/2$	10[a]	5[a]
同上，但极性相反	1	1	$-k_u$	$+\pi/2$	10[a]	5[a]

a 经制造方和用户协商同意，可采用其他值。

附 录 A
（资料性附录）
本部分章条编号与 IEC 60044-7:1999 章条编号对照

表 A.1 给出了本部分章条编号与 IEC 60044-7:1999 章条编号对照一览表。

表 A.1 本部分章条编号与 IEC 60044-7:1999 章条编号对照

本部分章条编号	对应 IEC 60044-7:2002 章条编号
—	6.1.1.1
—	6.1.1.2
—	6.1.1.3
—	6.1.3.1
7.2.f)	7.3.b)
7.3.b)	7.3.c)
9.5	10.2
10.2	10.3
附录 A	—
附录 B	—
附录 C	附录 B
附录 D	—
附录 E	附录 A

附 录 B
（资料性附录）
本部分与 IEC 60044-7:1999 技术性差异及其原因

表 B.1 给出了本部分与 IEC 60044-7:1999 技术性差异及其原因一览表。

表 B.1 本部分与 IEC 60044-7:1999 技术性差异及其原因

本部分章条编号	技术性差异	原 因
1.1	增加"注 4:有关数字量输出型电子式电压互感器的技术信息可参见 GB/T 20840.8"。	将数字量输出的信息引入本部分。
1.2	本条引用了采用国际标准的我国标准，而非直接引用国际标准； 增加了"GB/T 20840.8"和"GB/T 11021—1989"。	以适应我国国情。 在正文(或注)中增加引用。
2.1.2	增加缩写"(EVT)"； 将"……接近于零"改为"……接近于已知的相位角"。	便于以后的引用； 依据 2.1.32 的定义。
2.1.32	将"……以理想互感器中的相位差为零来确定"改为"……选定为理想互感器的相位差角等于其额定值"。	依据本条定义，相位差应是在额定相位偏移基础上的差值。
2.1.35	第一个等号后的"φ"改为"φ_u"。	依据 2.1.32,φ 应为 φ_u。 在 C.5.1.2 中也作同样的改动。
2.2.4	第二个等式中的"$U_{s\,dc}$" 改为"$U_{s\,dc}(t)$"。	依据 13.6.3,$U_{s\,dc}$应加(t)。
2.2.5	式中的"$u_p(t-t_{dn})$"改为"$u_p(t)$"。	依据 C.2.1 和 C.3,$(t-t_d)$ 应为 t。
2.3	增加缩写"(EVT)"； 稳态下的相位差"φ"改为"φ_u"。	便于以后的引用； 依据 2.1.32,φ 应为 φ_u。
4.2.1	将海拔校正系数修改为按 GB 311.1 确定，并将原 IEC 60044-7 有关海拔校正系数的规定纳入附录 D。	我国电力系统采用的是 GB 311.1 标准，与 IEC 60044-7 有差异。
5.1.2	将"对三相电网"分为"对三相有效接地系统电网"和"对三相非有效接地系统电网"，并分别列出对应的额定二次电压。	我国电力系统实际存在三相有效接地系统和三相非有效接地系统。
5.5.2	将"……应为额定辅助电源电压的 80%～110%。"改为"……由表 5 所列电压慢变化的要求规定。"	与 GB/T 20840.8 保持一致。
6.1.1	本条内容改为"见 GB 1207 中的 7.1.1"。	与 GB 1207 保持一致，且与 GB/T 20840.8保持相互协调。
6.1.2.1	本条内容改为"见 GB 1207 中的 7.1.2.1"。	与 GB 1207 保持一致，且与 GB/T 20840.8保持相互协调。
6.1.2.3	本条内容改为"见 GB 1207 中的 7.1.2.3"。	与 GB 1207 保持一致，且与 GB/T 20840.8保持相互协调。

表 B.1（续）

本部分章条编号	技术性差异	原　因
6.1.2.5	本条内容改为“见 GB 1207 中的 7.1.2.5”。	与 GB 1207 保持一致，且与 GB/T 20840.8保持相互协调。
6.1.3	本条内容改为“见 GB 1207 中的 7.1.5”。	与 GB 1207 保持一致。
6.4.1	本条内容补充对其他部位的温升要求，并增加表 4 温升限值。	与 GB 1207 保持一致，且与 GB/T 20840.8保持相互协调。
6.5	本条内容“其试验程序正在考虑中”改为“其要求和试验程序见 GB 1207”。	GB 1207 对此已有具体要求。
6.6	本条内容“其试验程序正在考虑中”改为“其要求和试验程序见 GB 1207”。	GB 1207 对此已有具体要求。
6.7.2	表 5 中“电压慢变化抗扰度”和“电压暂降和短时中断抗扰度”的严重等级等按 GB/T 20840.8 进行了调整；并增加了注c。	与 GB/T 20840.8 保持一致。
6.7.2.4	将“高压和超高压”改为“高压和中压”。	与 GB/T 20840.8 保持一致。
6.11	表 6 中 U_m 改为按 GB 311.1 的规定。	我国电力系统采用的是 GB 311.1 标准，与 IEC 60044-7 有差异。
6.12.1	将“设备最高电压 $U_m \geqslant 1.2$ kV 的”句删除。	按我国电力系统采用的标准，此限定无实际意义。
6.12.2	将“设备最高电压 $U_m \geqslant 1.2$ kV 的”句删除。	按我国电力系统采用的标准，此限定无实际意义。
7	将 7.1.a)项中的“雷电冲击试验”改为“额定雷电冲击试验”； 7.2 中增加“一次端的重复性工频耐压试验应在规定试验电压值的 80%下进行”； 将原 7.3“特殊试验”中的 b)项“电容量和介质损耗因数测量”改为 7.2“例行试验”的 f)项。	此处专指“额定雷电冲击试验”； 与 GB 1207 保持一致； 与 GB 1207 保持一致。
8.1.2	将条标题“雷电冲击试验”改为“额定雷电冲击试验”； 将“……应是表 4、表 5 和表 6 的相应值”改为“……应是 GB 1207 中表 4 和表 5 的相应值”。	此条专指“额定雷电冲击试验”； 与 GB 1207 保持一致（表 6 的内容已包括在表 5 中）。
8.1.2.1	将“不须作大气条件校正”改为“应作大气条件校正”。	按 GB/T 16927.1 的规定。
8.1.3	将“……应是表 5 的相应值”改为“……应是 GB 1207中表 5 的相应值”。	与 GB 1207 保持一致。
8.2.1	将“须作大气条件校正”改为“其大气条件校正按 GB/T 16927.1 的规定”。	按 GB/T 16927.1 的规定。

表 B.1（续）

本部分章条编号	技术性差异	原　因
8.4.2	增加注，说明在完整互感器上进行过热承受能力的条件和要求。	本试验相当于二次转换器的温升试验，增加的注表明：必要时应进行完整互感器的温升试验。
8.5	本条内容“正在考虑中”改为“见 GB 1207”。	GB 1207 对此已有具体要求。
8.6	本条内容“正在考虑中”改为“见 GB 1207”。	GB 1207 对此已有具体要求。
8.7.2.2	增加“直流电源按 IEC 61000-4-29 规定。”，将交流电源为其标称电压的波动范围“＋12％～－15％”改为“＋10％～－20％”，同时增加“直流电源为其标称电压的（波动范围）＋20％～－20％”，删除“直流电源的试验程序正在考虑中”。	已有具体的试验方法，并与 GB/T 20840.8保持一致。
9.2.2	将“……选取表 4 的相应值”改为“……选取 GB 1207中表 4 的相应值”。	与 GB 1207 保持一致。
9.2.2.2	将“按 6.1.2.2 规定值的试验电压，施加在一次电压传感器的各线端与地之间”改为“一是选取的试验电压施加在一次电压传感器的高压端子与地之间，另一是按 6.1.2.2 规定的试验电压施加在一次电压传感器接地端子与地之间”。	分别叙述，利于实际操作。
9.2.4.2	将“将电压升至 80％感应耐受电压”改为“将电压升至 80％工频耐受电压”。	IEC 60044-7 原文有误，电子式电压互感器无感应耐受电压试验（值）。
9.3	删除“（50 Hz～60 Hz）”。	与 1.1 中的“15 Hz～100 Hz”相互矛盾。
9.5	将原 IEC 60044-7 标准为特殊试验要求的“电容量和介质损耗因数测量”调整为例行试验要求。	与 GB 1207 保持一致。
10.1	将“……应为表 4 或表 5 的相应值”改为“……应为 GB 1207 中表 4 或表 5 的相应值”。	6.1 中的绝缘要求已改为见 GB 1207。
11.1	表 8 中的“注 1”和“注 5”例举的电压改为按国家标准。	我国电力系统采用的标准，与 IEC 标准有差异。
13.6.2	将注更改为“电子式电压互感器的暂态性能和频率响应应与电子式电流互感器（GB/T 20840.8）的内容相协调”。	因 GB/T 20840.8 已有规定。

附 录 C
（资料性附录）
电子式电压互感器的技术信息

C.1 引言

电子式电压互感器可采用(例如)(电阻—)电容分压器和/或光学装置,并装有电子器件用于被测信号的传输和放大。

本附录给出的信息涉及稳态和暂态条件。

为了增进对这些条件的认识,有必要建立一个电子式电压互感器的简化模型,以便于描述其理论性分析。

C.2 概述

C.2.1 定义

一次和二次电压可用下式表示:

$$u_p(t)=U_p\cdot\sqrt{2}\cdot\sin(2\pi\cdot f\cdot t+\varphi_p)+U_{p\,dc}(t)+u_{p\,res}(t)$$

$$u_s(t)=U_s\cdot\sqrt{2}\cdot\sin(2\pi\cdot f\cdot t+\varphi_s)+U_{s\,dc}(t)+u_{s\,res}(t)$$

式中:

U_p　　$U_{p\,dc}(t)=0$ 和 $u_{p\,res}(t)=0$ 时的一次电压方均根值;

U_s　　$U_{s\,dc}(t)=0$ 和 $u_{s\,res}(t)=0$ 时的二次电压方均根值;

f　　电网的基波频率,Hz;

$U_{p\,dc}(t)$　　一次直流电压,V,例如归因于滞留电荷;

$U_{s\,dc}(t)$　　二次直流电压,V,例如归因于 $U_{p\,dc}(t)$ 和/或电子式电压互感器的内部偏压;

φ_p　　一次相位移,rad;

φ_s　　二次相位移,rad;

$u_{p\,res}(t)$　　一次剩余电压,包含谐波和次谐波分量;

$u_{s\,res}(t)$　　二次剩余电压,包含谐波和次谐波分量;

t　　时间瞬时值,s。

在稳态下,f、U_p、U_s、$U_{p\,dc}$、$U_{s\,dc}$、φ_p、φ_s 皆为恒定值。

为了供测量和保护使用,电子式电压互感器必须提供 f 频率分量的正确测量值。上式中的其他各项是不需要的分量,它们增加测量信号的误差。

C.2.2 电网正常使用条件

在正常使用条件下,一次电压 U_p 和频率 f 保持在电网的固定调节范围内。例如:

$$0.8U_{pr}\leqslant U_p\leqslant 1.2\,U_{pr}$$

$$0.99\,f_r\leqslant f\leqslant 1.01\,f_r$$

正常使用条件下电子式电压互感器用于测量,通常是与测量用电流互感器相组合,即用于计量。

C.2.3 电网异常使用条件

由于电网出现异常现象(如 C.4.1.1 所述),一次电压 U_p 和频率 f 可能明显偏离其额定值。

测量用电子式电压互感器必须能经受这些状态而无损伤,但此时的准确级不受互感器标准约束,可以由制造方与用户按照所要求的性能进行协商确定。

保护用电子式电压互感器应能在正常和异常条件下正确传送信号，将电网条件的任何重要变化通知继电保护装置。

C.2.4 额定二次电压

通常，电子设备用±12 V～±15 V 双极性电压供电，以得到全线性的±10 V 峰值输出信号。所以，电子式电压互感器的额定二次电压选择，应使其最大值不超过这些范围。

举例：

已知电压因数 $k_1=1.9$ 和滞留电荷形成的全偏移电压 $k_2=2$。

对于额定值为 $3.25/\sqrt{3}$ V(方均根值)的相对地电子式电压互感器，其最大电压为：

$$U_{\max}=k_1\cdot k_2\cdot 3.25\sqrt{2}/\sqrt{3}=10.08\ \text{V(峰值)}$$

C.3 稳态条件

在稳态下，直流电压分量为恒定值：

$$\lim_{t\to\infty}U_{\mathrm{p\,dc}}(t)=U_{\mathrm{p\,dc}}$$

$$\lim_{t\to\infty}U_{\mathrm{s\,dc}}(t)=U_{\mathrm{s\,dc}}$$

$$u_{\mathrm{p}}(t)=U_{\mathrm{p}}\cdot\sqrt{2}\cdot\sin(2\pi\cdot f\cdot t+\varphi_{\mathrm{p}})+U_{\mathrm{p\,dc}}+u_{\mathrm{p\,res}}(t)$$

$$u_{\mathrm{s}}(t)=U_{\mathrm{s}}\cdot\sqrt{2}\cdot\sin(2\pi\cdot f\cdot t+\varphi_{\mathrm{s}})+U_{\mathrm{s\,dc}}+u_{\mathrm{s\,res}}(t)$$

C.4 暂态条件

C.4.1 理论性分析

C.4.1.1 电网现象

在高压设备设计时，必须考虑正常使用条件以外的许多电网现象。其中有些直接影响绝缘设计，另一些，例如影响信号响应要求。下列各项是最重要的一些例子。

a) 电网连续过电压

取决于电网线段与强电源的距离，其电压可能连续高于额定值。过电压的表示方法是用一个系数，它须与额定电压相乘。

连续过电压系数通常为 1.2。

b) 中性点不接地三相电网的对地短路

这种电网的一相接地故障导致两个非故障相出现过电压。理论上，该相过电压系数是$\sqrt{3}$。但此系数与电网观测点对接地故障点的距离有关。接地故障可能持续数小时，对难以进入的地区甚至可达数日，例如在冬天。

此过电压系数通常为 1.9，持续 8 h。

c) 高压架空线的大气放电

雷电产生的过电压使高压设备遭受强烈的作用。这些过电压可达兆伏级。幸好此高电压的持续时间往往限于几微秒，也意味着对设备作用的能量有限。然而，波前上升时间约 1 μs，以致作用频率达数兆赫兹，因杂散电容的存在而危及所有的绝缘。

此现象最不利的作用出现在特性阻抗不连续的区域。架空线转移到电力变压器便属于这种情况，线路的特性阻抗比变压器小很多。在这种情况，行波经反射能升高到初始值的两倍。

这种过电压又常使限压装置的放电间隙发生弧闪，造成电网短时遮断。保护系统会把弧闪当作对地短路而切开断路器。这样，通常是电弧熄灭和断路器重合闸。

d) 开关操作

另有一些现象是起因于高压电网的开关操作。它们可能引起寄生振荡暂态过电压，其频率与额定工频不同。该频率主要由电网的实际配置确定，达千赫兹级甚至兆赫兹级(在 GIS)。断路器的电弧也会引起暂态过电压。接通和开断小感性电流皆能激发过电压，其原因是非线性元件与电容的谐振。

更多的电网现象在下面 C.4.1.2 中讨论和描述。

C.4.1.2 暂态条件类型

许多不同的暂态条件是由过电压和开关操作引起的，如 C.4.1.1 所述。

有多种过电压限制装置用于对抗这些过电压，例如放电间隙和非线性电阻。一方面，这些是保护电网及其元件所必需的；另一方面，它们又产生也是必须能耐受的某些暂态条件。这要求准确传送信号的电子式电压互感器务必进行相应的设计。要求测量装置具有高达数千赫兹的良好频率响应。

另外的暂态条件，包括被测相本身短路或其他一相接地故障造成的一次电压突变，如 C.4.1.1 所述。电子式电压互感器必须能够在几毫秒的规定时间内重现这些变化，满足此时的准确度要求。

对于用纯电容分压器作为高电压传感器的电子式电压互感器，最严重的暂态问题是由滞留电荷现象引起的。

当一条线路或电缆被开关断开时，其上可能有电荷滞留。如果线路未有意接地或通过所接低阻抗装置放电，此电荷会保持多日。利用图 C.1 容易了解此现象。电荷量取决于断开时电压的相位。最坏的情况发生在电压为其峰值 U_p 的瞬间，意味着分压器的高压电容器 C_a 保持充电状态，储存电荷 $q_1=C_a\cdot U_p$，而低压电容器 C_b 经所接设备的并联电阻 R_2 放电。

当线路重新接入时，线路经电网的低直流阻抗立即放电，迫使 C_a 的电荷转到 C_b。这样，C_b 将充电为：

$$U_s=-q_1/(C_a+C_b)=-U_pC_a/(C_a+C_b)$$

近似于：

$$-U_p(C_a/C_b)$$

此电压按时间常数 $R_2\cdot C_b$ 作指数衰减，叠加在正弦波信号上，造成很大的误差(见图 C.2)。此非周期分量的最不利的作用，是使电子式电压互感器自身的或所接保护继电器中的变压器饱和。在这种暂态下，最好的解决办法是采用电阻电容混合型分压器传送正确信号。

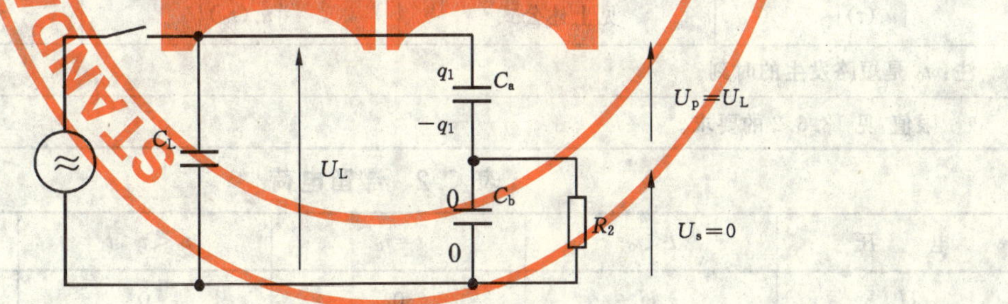

C_L——线路电容。

图 C.1 解释滞留电荷现象的简图

C.4.1.3 $u_p(t)$和 $u_s(t)$的公式

理论上，电网发生暂态时可以用下述公式描述，前文已作为稳态公式介绍(见 C.2.1)：

一次电压： $u_p(t)=U_p\sqrt{2}\cdot\sin(2\pi\cdot f\cdot t+\varphi_p)+U_{p\,dc}+u_{p\,res}(t)$

二次电压： $u_s(t)=U_s\sqrt{2}\cdot\sin(2\pi\cdot f\cdot t+\varphi_s)+U_{s\,dc}+u_{s\,res}(t)$

其中一个或多个参数的突然变化便产生暂态。

比较 $u_p(t)$和 $u_s(t)$，得出电子式电压互感器在暂态下的特性量(见表 C.1 和表 C.2)。

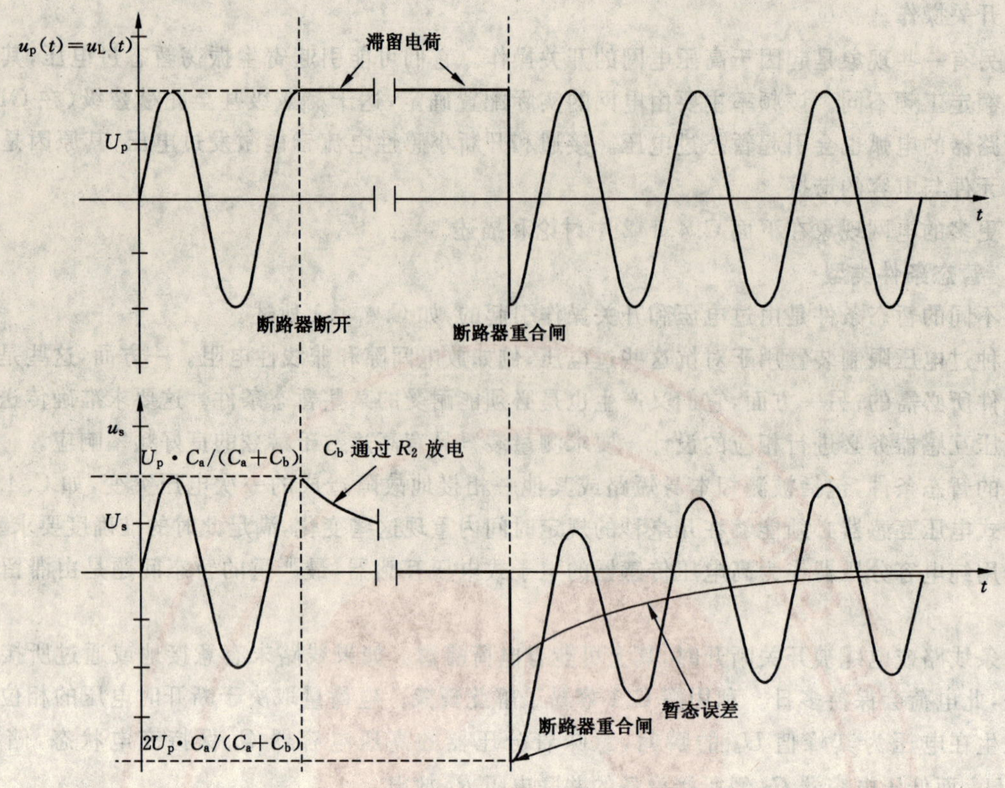

U_p——一次端电压；

U_s——二次端电压。

图 C.2 滞留电荷现象时的电压

表 C.1 一次短路

电　压	$t<t_0$	$t=t_0$	$t\geqslant t_0+(1/f_r)$
$\|u_p(t)\|$	见上述公式	0	0
U_p	$k_u U_{pr}$	0	0
$\|u_s(t)\|$	见上述公式	$\|u_s(t_0)\|$	$\leqslant 0.1\|u_s(t<t_0)\|$ [a]
注：t_0 是短路发生的时刻。			
a 限值：见 13.6.2 的要求。			

表 C.2 滞留电荷

电　压	$t<t_0$	$t=t_0$	$t_0<t<t_1$	$t\geqslant t_1$
U_p	$k_u U_{pr}$	0	0	$k_u U_{pr}$
$U_{p\,dc}$	0	$\pm k_u U_{pr}\sqrt{2}$	$\pm k_u U_{pr}\sqrt{2}$	0
$\|u_s(t)\|$	见上述公式	$\|u_s(t_0)\|$	$\|U_{s\,dc}(t)\|$	*
注：本表所列值，对应于在最严重情况 t_0 时断开和在 U_p 反极性 t_1 时重合闸。 t_0 是断路器断开的时刻。 t_1 是断路器重合闸的时刻。				
* 限值：见 13.6.4 的要求。				

C.4.1.4 电子式电压互感器的简化模型

C.4.1.4.1 概述

每当实际的试验不可能时，电子式电压互感器的特性必须由模拟来验证。这要求制造方与用户有个协议，内容有关所采用的电子式电压互感器模型和模拟软件。

模拟在其他领域里常用，例如验证断路器在电网中的特性，用模拟(采用 EMTP 软件)代替真实试验已是广为接受的方法。

C.4.1.4.2 电子式电压互感器模型

同一模型适用于一次短路和滞留电荷两种状态。制造方与用户的协议，应依据一次短路真实试验与模拟结果的比较。模型应考虑电子式电压互感器的非线性。

假定电子式电压互感器(在暂态下)可采用图 C.3 的电路表示。

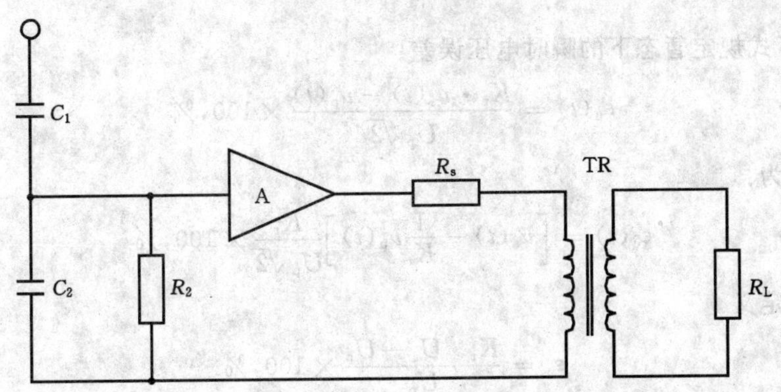

元件：

C_1、C_2——电容分压器；

A——电压增益为 1 的理想放大器；

TR——电磁式互感器；

R_2——A 的输入阻抗；

R_S——A 的输出电路总等效阻抗；

R_L——负荷。

图 C.3 电子式电压互感器简化模型示例

模型描述的网络包括非线性的电磁式互感器 TR。模拟可以使用例如 EMTP、Saber、Spice 等软件进行。R_L 是负荷，并应符合标准要求(并联或串联负荷)。完整试验布置的模型应按照 C.4.3 的要求。

C.4.1.5 暂态对保护继电器的影响

在高压变电站，电压互感器连接保护继电器。这些继电器的输入级装有电磁式电压互感器担当电气绝缘。这些互感器尺寸很小，一次绕组导线非常细。因而它们对输入中含有的任何直流分量非常敏感。此直流分量能造成磁路饱和。以致过电流可能使一次绕组烧毁。制造方和用户应着重验证滞留电荷存在时电子式电压互感器对继电器的影响。这对于能够传送直流电压或极低频电压的电子式电压互感器，尤为重要。

C.4.2 暂态误差定义

瞬时电压误差由下式定义：

$$\varepsilon_u(t)=\frac{K_r\cdot u_s(t)-u_p(t)}{U_p\sqrt{2}}\times 100,\%$$

式中：

K_r 为额定变比。

C.4.3 暂态性能试验

C.4.3.1 传统电压互感器的暂态性能试验

在 GB/T 4703 中，仅对电容式电压互感器有暂态性能要求，只考虑了一次短路。

试验时记录两个信号。第一个信号是电容式电压互感器的输出。第二个信号是代表一次电压的基准设备的输出，并精确确定短路发生的瞬间。性能的检验是简单地直接测量第一个信号的剩余值。

C.4.3.2 电子式电压互感器的暂态性能试验

C.4.3.2.1 概述

在 C.4.2，用下式规定暂态下的瞬时电压误差：

$$\varepsilon_u(t)=\frac{K_r\cdot u_s(t)-u_p(t)}{U_p\sqrt{2}}\times 100,\%$$

此公式可改写为：

$$\varepsilon_u(t)=\left[u_s(t)-\frac{1}{K_r}u_p(t)\right]\frac{K_r}{U_p\sqrt{2}}\times 100,\%$$

利用稳态误差定义

$$\varepsilon_u=\frac{K_r\cdot U_s-U_p}{U_p}\times 100,\%$$

可将 U_p 表示为 U_s 的函数

$$U_p=\frac{K_rU_s}{1+\varepsilon_u/100}$$

以此式替换前式的 U_p，得：

$$\varepsilon_u(t)=\left[u_s(t)-\frac{1}{K_r}u_p(t)\right]\frac{1}{U_s\sqrt{2}}(1+\varepsilon_u/100)\times 100,\%$$

考虑到 $\varepsilon_u/100<<1$

故可利用下式简化试验程序：

$$\varepsilon_u(t)=\left[u_s(t)-\frac{1}{K_r}u_p(t)\right]\frac{1}{U_s\sqrt{2}}\times 100,\%$$

注 1：负荷对电子式电压互感器的暂态响应和稳定性有很大影响。试验时必须采用标准规定的两种负荷(串联负荷和串并联负荷)。

注 2：如果一次短路和滞留电荷重合闸的发生时刻是多种的，能够包含真实电网的所有情况，才可以认为暂态性能试验是完全的。

注 3：额定延迟时间的作用见 C.5。为了避免对保护继电器产生不需要的作用，必须考虑两种情况：

a) 电子式电压互感器的额定延迟时间与电流互感器无关。试验时可不作延迟时间 t_d 的外部补偿。

b) 电子式电压互感器与所配用电流互感器的额定延迟时间相同。试验时采用纯延时装置插入基准互感器与差分放大器之间。此装置的延迟时间应设置为 $t_d=\varphi_{or}/2\pi f_r$，$\varphi_{or}$ 和 f_r 为铭牌标示值。

C.4.3.2.2 一次短路

一次短路试验时，有 $t>0$ 时 $u_p(t)=0$，则 C.4.3.2.1 的公式改变为：

$$\varepsilon_u(t)=u_s(t)\frac{1}{U_s\sqrt{2}}\times 100,\%$$

这就是标准要求的数学表达式。

注：$U_s\sqrt{2}$是 $t<0$ 时(短路发生之前)电子式电压互感器二次输出电压的峰值。此简化公式使得一次短路试验不需要校准的一次电压基准。只需要时间基准以确定短路发生的精确瞬间。

C.4.3.2.3 线路带滞留电荷的重合闸

$t<0$ 时

$$u_p(t)=u_{p\,dc}(t)+u_{p\,res}(t)$$
$$u_s(t)=u_{s\,dc}(t)+u_{s\,res}(t)$$

$t\geqslant 0$ 时

$$u_p(t)=U_p\sqrt{2}\cdot\sin(2\pi\cdot f\cdot t+\varphi_p)+u_{p\,res}(t)$$
$$u_s(t)=U_s\sqrt{2}\cdot\sin(2\pi\cdot f\cdot t+\varphi_s)+u_{s\,dc}(t)+u_{s\,res}(t)$$

则 $t\geqslant 0$ 时

$$\varepsilon_u(t)=\left[u_s(t)-\frac{1}{K_r}u_p(t)\right]\frac{1}{U_s\sqrt{2}}\times 100,\%$$

代入 $u_p(t)$和 $u_s(t)$的表达式，得：

$$\varepsilon_u(t)=\varepsilon_{u\,ac}(t)+\varepsilon_{u\,tr}(t),\%$$

其中：

$$\varepsilon_{u\,ac}(t)=\frac{U_s\sin(2\pi\cdot f\cdot t+\varphi_s)-(U_p/K_r)\sin(2\pi\cdot f\cdot t+\varphi_p)}{U_s}\times 100,\%$$

$$\varepsilon_{u\,tr}(t)=\frac{u_{s\,dc}(t)+u_{s\,res}(t)-(u_{p\,res}(t)/K_r)}{U_s\sqrt{2}}\times 100,\%$$

第一项 $\varepsilon_{u\,ac}(t)$仅包含正弦分量，是电子式电压互感器的稳态误差。如果电子式电压互感器调整恰当，第二项 $\varepsilon_{u\,tr}(t)$误差暂态分量可能达到很小的程度。

最不利的情况是 $u_{p\,dc}(0)=k_uU_s\sqrt{2}$。电子式电压互感器 $u_{s\,dc}(t)$分量的时间常数直接影响试验程序的选择。将其区分为两种情况：长时间常数和短时间常数。

C.4.3.2.3.1 短时间常数

如果 $u_{s\,dc}(t)$的衰减时间常数小于 100 ms，仿真试验布置可按图 C.4 所示。

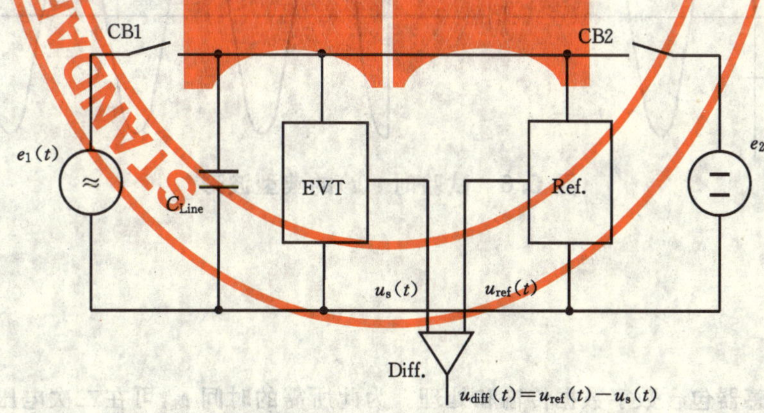

Ref. ——基准高压分压器，其电压比与电子式电压互感器相同。

Diff. ——校准的差分放大器，其低通频带宽度特性由用户和制造方协商确定。

图 C.4 短时间常数的试验布置

$e_1(t)$设定为额定频率的额定电压，e_2 设定为等于额定电压峰值乘以接地系数 k_u 的直流电压。

$$e_1=U_{pr}\sqrt{2}\cdot\sin(2\pi\cdot f\cdot t)$$

$$e_2=k_u\cdot U_{pr}\sqrt{2}$$

取 $C_{Line} \geqslant 1\ 000$ pF，这是为了在滞留电荷状态时(CB1 和 CB2 皆断开)，确保一次电压衰减比电子式电压互感器二次电压衰减至少慢 10 倍。

操作顺序：

a) CB1 断开、CB2 闭合，高压电容器(C_{Line}、电子式电压互感器等)充电至规定值 $k_u \cdot U_{pr}\sqrt{2}$；

b) CB1 断开、CB2 断开，高压直流电源 e_2 与交流电源 e_1 相隔离；

c) CB1 闭合、CB2 断开，有滞留电荷时重新接入交流分量额定值 U_{pr}。

C.4.3.2.3.2 长时间常数

如果 $u_{s\,dc}(t)$ 的衰减时间常数大于 100 ms，仿真试验布置可按图 C.5 所示。

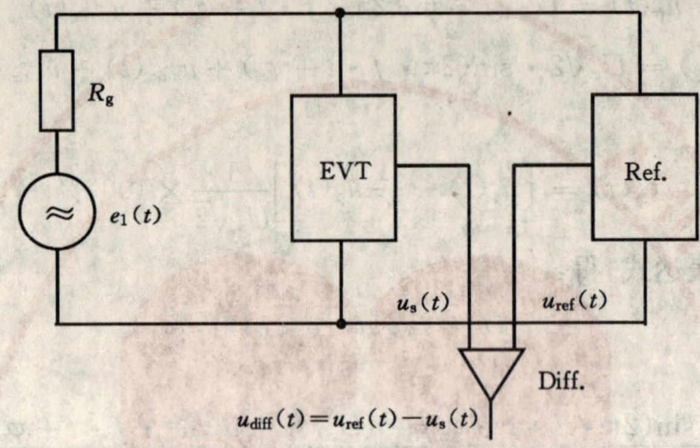

Ref.——基准高压分压器，其电压比与电子式电压互感器相同。

Diff.——校准的差分放大器，其低通频带宽度特性由用户和制造方协商确定。

图 C.5 长时间常数的试验布置

$e(t)$ 的波形见图 C.6。

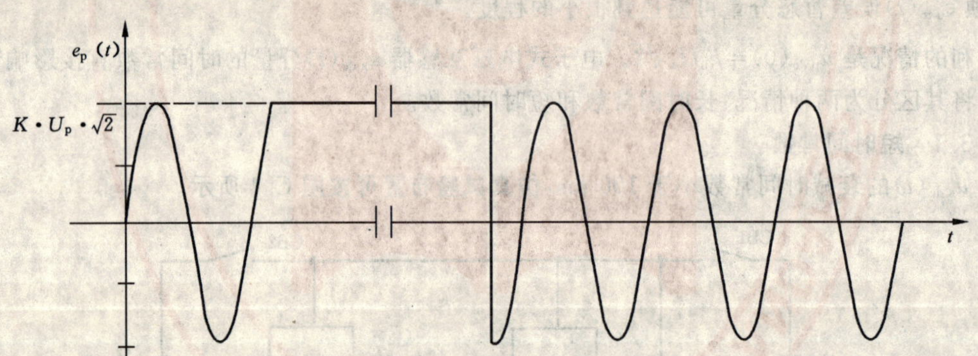

图 C.6 试验时 $e(t)$ 的典型波形

C.5 其他

C.5.1 延迟时间

C.5.1.1 定义

电子式电压互感器包含数字数据传输和处理。为此所需的时间 t_d，可在二次电压公式(见 2.1.29)中用 $(t-t_d)$ 代替 (t) 来表达：

$$u_s(t) = U_s\sqrt{2} \cdot \sin(2\pi \cdot f \cdot (t-t_d) + \varphi_s) + U_{s\,dc}(t-t_d) + u_{s\,res}(t-t_d)$$

其 t_d 为延迟时间。

C.5.1.2 稳态误差所受影响

在稳态下，延迟时间的作用是引入相位移

$$\varphi_{sd} = 2\pi \cdot f \cdot t_d$$

2.1.32 定义的总相位差 φ_u

$$\varphi_u = \varphi_s - \varphi_p$$

可认为由 3 个分量组成：

$$\varphi_u = \varphi_{or} + \varphi_{sd} + \varphi_e = \varphi_{or} + 2\pi \cdot f \cdot t_d + \varphi_e$$

φ_{or}是电子式电压互感器的恒定相位偏移，φ_{sd}是延迟时间造成的恒定相位移。

φ_e 是相位误差。这是受环境影响，即温度及频率造成的相位移。标准的准确级对 φ_u 的最大限值要求可如下表示：

$$-\varphi_{max} \leqslant \varphi_u \leqslant \varphi_{max}$$

应考虑两种情况。

C.5.1.2.1 情况 1

小数值的 t_d 满足以下条件时：

$$-\varphi_{max} \leqslant \varphi_{or} + \varphi_{sd} \leqslant \varphi_{max}$$

t_d 对准确度无影响，可以忽略。

C.5.1.2.2 情况 2

大数值的 t_d，以致

$$|\varphi_{or} + \varphi_{sd}| \geqslant \varphi_{max}$$

t_d 不再能忽略。但如果电子式电压互感器是配用电子式电流互感器作电能测量时，只要它们各自的 φ_{sd}值相同，大数值的 φ_{sd}对准确度亦无影响，显然还要满足下述关系：

$$-\varphi_{max} \leqslant \varphi_e \leqslant \varphi_{max}$$

因此，额定相位偏移 φ_{or}及 t_d 额定值应标在铭牌上。正常的相位差要求示于图 C.7。

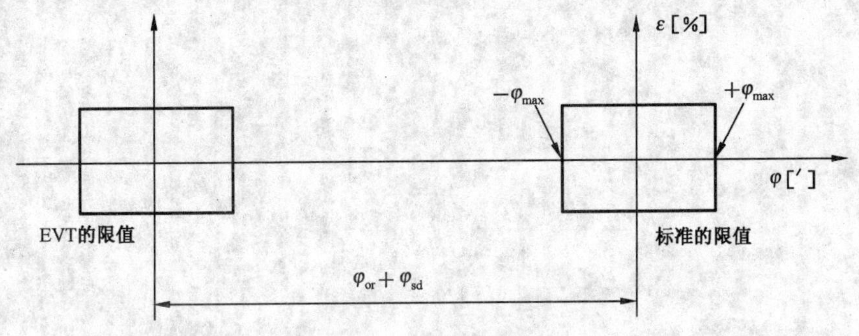

图 C.7 相位差的限值

C.5.2 电磁兼容(EMC)

C.5.2.1 概述

电子式电压互感器必须设计为能够承受高压变电站内骚扰源众多的恶劣条件。其中的多数骚扰已列入现行标准，可借助这些标准来验证电子式电压互感器是否满足它们的要求。以下条文是为应用这些标准提供指南。更详细的信息见 GB/T 17626 系列标准。

C.5.2.2 电磁兼容抗扰度试验方法

C.5.2.2.1 概述

电子式电压互感器的电磁骚扰影响模拟系统是很难确定的，因为测量用电子式电压互感器的准确级校验使用电桥法。通常的电磁兼容试验的布置，要求在电子式电压互感器与其连接电路之间插入去耦阻抗。这些阻抗会引起很大的测量误差。因此，不可能在电磁兼容试验中进行准确度测量。

C.5.2.2.2 寄生效应

由于寄生电容存在，必须采取措施避免骚扰对输出端的直接耦合。

C.5.2.3 低频骚扰

电子式电压互感器主要使用场所是高压变电站，其一次电压传感器与二次转换器可能相隔很远。

在此情况下，这两个组件的地电位可能不同。如果一次电压传感器与二次转换器用电缆连接，这可能引入工频骚扰电流。此骚扰能造成很大的寄生信号迭加在测量信号上，从而影响准确度。这种现象取决于现场安装。

C.5.2.4 现场安装的建议

骚扰影响可以通过现场的合理安装减小到最低程度。以下几点特别重要：

——变电站的接地网；

——接地联结；

——电缆的布置。

通常，安装应按照 GB/T 17624、GB/T 17625、GB/T 17626、GB/T 17799 和 GB/T 18030 系列标准有关电磁兼容的推荐要求进行。

C.5.3 可靠性考虑

取决于电子式电压互感器所采用的相应技术，其可靠性要点各不相同。因而确切的试验，例如热老化或其他热性能试验，要由制造方和用户协商确定。

如果电子式电压互感器内含自检系统，故障检出将用输出信号指示。此信号可用于避免保护继电器的误动。

附　录　D
（资料性附录）
IEC 60044-8:2002 标准的海拔

D.1　海拔

安装处海拔超过 1 000 m 时，在标准大气条件下的弧闪距离，应由使用地区要求的耐受电压乘以按图 3 查得的因数 k 来确定。

注：内绝缘的电介质强度不受海拔影响。检验外绝缘的方法应由制造方和用户商定。

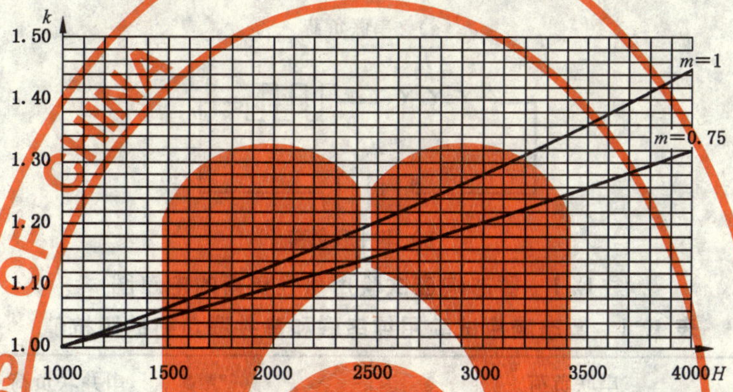

因数 k 可用下式计算：

$$k = e^{m(H-1\,000)/8\,150}$$

式中：

H——海拔，m；

$m=1$——适用于工频和雷电冲击电压；

$m=0.75$——适用于操作冲击电压。

图 D.1　海拔校正因数

附 录 E
（规范性附录）
暂态响应试验用的负荷

E.1 感性负荷

两种可用负荷的电路图见图 E.1，其元件的相应值见表 E.1。

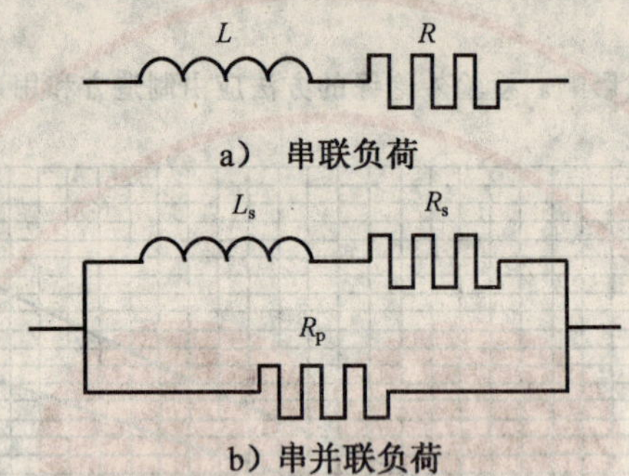

图 E.1 暂态响应试验用感性负荷的电路图

表 E.1 暂态响应试验用纯串联和串并联负荷的阻抗值

输 出	串联负荷		串并联负荷		
	R	$L\cdot\omega$	R_p	R_s	$L_s\cdot\omega$
100% S_r	0.8$\|Z_r\|$	0.6$\|Z_r\|$	2.2$\|Z_r\|$	0.72$\|Z_r\|$	1.25$\|Z_r\|$
25% S_r	3.2$\|Z_r\|$	2.4$\|Z_r\|$	8.8$\|Z_r\|$	2.88$\|Z_r\|$	5$\|Z_r\|$

S_r 为伏安值表示的额定输出。

U_r 为伏特值表示的额定二次电压，所以

$|Z_r|=U_r^2/S_r$，$|Z_r|$ 为欧姆值。

注 1：上列值所得总负荷的功率因数为 0.8。

注 2：电抗应是线性的，例如空心式。串联电阻包括电抗的等效串联电阻（绕组电阻加上铁损的等效串联电阻）和单独的电阻。

注 3：负荷的偏差应为：Z_r 不超过±5%，功率因数不超过±0.03。

E.2 容性负荷

容性负荷的电路图见图 E.2，其元件的相应值见表 E.2。

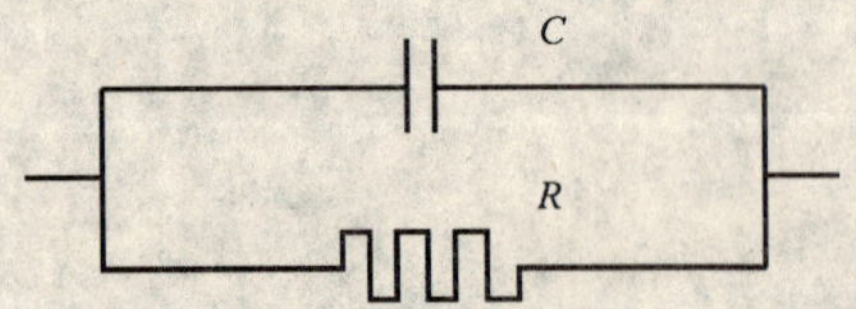

图 E.2 暂态响应试验用容性负荷的电路图

表 E.2 暂态响应试验用容性负荷的阻抗值

输　出	暂态试验用容性负荷	
	R	C
100% S_r	R_r	C_r
25% S_r	$4 \cdot R_r$	C_r
S_r 为伏安值表示的额定输出。 U_r 为伏特值表示的额定二次电压，所以 $R_r = U_r^2/S_r$，R_r 为欧姆值。		
注：C_r 由用户规定。		

ICS 29.180
K 41

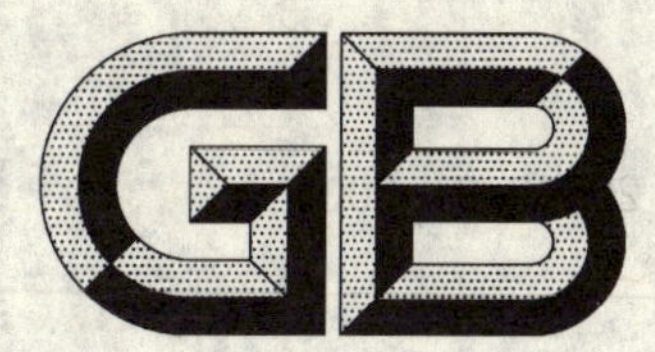

中华人民共和国国家标准

GB/T 20840.8—2007

互　感　器
第8部分：电子式电流互感器

Instrument transformers—
Part 8: Electronic current transformers

(IEC 60044-8:2002,MOD)

2007-01-16 发布　　　　2007-08-01 实施

中华人民共和国国家质量监督检验检疫总局
中国国家标准化管理委员会　发布

前　言

《互感器》拟分为以下几个部分：

——第 1 部分：通用技术要求；

——第 2 部分：电流互感器；

——第 3 部分：电磁式电压互感器；

——第 4 部分：组合互感器；

——第 5 部分：电容式电压互感器；

——第 6 部分：保护用电流互感器暂态特性技术要求；

——第 7 部分：电子式电压互感器；

——第 8 部分：电子式电流互感器。

本部分为《互感器》的第 8 部分。

本部分修改采用 IEC 60044-8:2002《互感器　第 8 部分：电子式电流互感器》(英文版)。

本部分根据 IEC 60044-8:2002 起草。在附录 A 中列出了本部分章条编号与 IEC 60044-8:2002 章条编号的对照一览表。

考虑到我国国情，在采用 IEC 60044-8:2002 时，本部分做了一些修改。有关技术差异已编入正文中，并在它们所涉及的条款的页边空白处用垂直单线标识。在附录 B 中给出了这些技术性差异及其原因的一览表以供参考。

为了便于使用，对 IEC 60044-8:2002 本部分还做了下列编辑性修改：

a) “本标准”一词改为“本部分”；

b) 删除了 IEC 60044-8:2002 的前言和参考文献；

c) 第 2 章的引导语按 GB/T 1.1—2000 的要求做了修改；

d) 小数点由“,”改为“.”；

e) 部分电器图形符号按 GB/T 4728.6—2000 进行了调整；

f) 表 16 中的“适用＝×”改为“○表示适用”。

本部分的附录 C 为规范性附录，附录 A、附录 B、附录 D、附录 E、附录 F、附录 G 和附录 H 为资料性附录。

本部分由中国电器工业协会提出。

本部分由全国互感器标准化技术委员会(SAC/TC 222)归口。

本部分起草单位：沈阳变压器研究所、传奇电气(沈阳)有限公司、南京新宁电力技术有限公司、清华大学、武汉高压研究所、中国电力科学研究院、西安同维电力技术有限责任公司、南京南瑞继保电气有限公司、武汉长江通信集团股份有限公司、华中科技大学、哈尔滨工程大学、大连第一互感器有限责任公司、上海 MWB 互感器有限公司、厦门 ABB 开关有限公司、保定天威互感器有限公司、沈阳互感器有限责任公司、靖江互感器厂、江苏精科互感器有限公司、中山泰峰电气有限公司、西安高压电器研究所、大连北方互感器厂、郑州祥和集团电气设备有限公司、西安信源电力技术有限责任公司。

本部分主要起草人：高祖绵、魏朝晖、尹秋帆、罗承沐、叶国雄、卢勇、陆天健、罗苏南、杨先明、李红斌、安作平、王政文、艾睿、牛传裕、薛晚道、林贵文、熊江咏、王金良、何见光、李涛昌、任稳柱、张伟政、孙振权、王仁焘。

本部分为首次制定。

互 感 器
第8部分:电子式电流互感器

1 范围

1.1 概述

本部分适用于新制造的电子式电流互感器,它具有模拟量电压输出或数字量输出,供频率为15 Hz～100 Hz的电气测量仪器和继电保护装置使用。

注:本部分考虑了频带宽度所需的补充要求。对谐波的准确度要求见附录C。

第12章所列的准确度要求,适用于电气测量仪器用电子式电流互感器。

第13章所列的准确度要求,适用于继电保护装置用电子式电流互感器,特别是那些以电流达额定电流很多倍时仍保持其准确度为主要要求的保护方式。如有要求,电子式电流互感器在电力系统故障时的暂态准确度也列于本章。

测量和保护两用的电子式电流互感器应遵循本部分的所有条款,且被称为多用途电子式电流互感器。

这种互感器技术可以用带有电子器件的光学装置,采用空心线圈(有或无内置积分器)或内装并联电阻的铁心线圈作为电流变电压的转换器,它们可单独使用或配装电子器件。

对于模拟量输出,电子式电流互感器可包括二次信号电缆。采用空心线圈及内装并联电阻的铁心线圈的电子式电流互感器技术实例,列于附录D。

对于数字量输出,本部分采纳电子式互感器到电气测量仪器和电气装置为点对点链接(见附录E)。

为了保证这种点对点链接对整个变电站通讯系统的兼容性,从而允许所有各类变电站装置之间的数据交换,增加了一些内容。这些内容建立了所谓点对点串行链接的链路层映射。总线通讯正在考虑中。

此映射允许不同制造单位的设备可以交互使用。

本部分既不规定特定的实施方案或产品,也不限定计算机系统的各种实施方案和接口。本部分规定各种实施方案的外部可见功能,以及这些功能所应遵守的要求。

注1:将电流互感器和电压互感器的模拟量要求转变为数字量参数(例如比特数和采样速率)更为合理,原因在于对传统电流互感器和电压互感器模拟量要求的规定是基于有局限性的常规技术,并非依据使用电流电压信息的设备的实际需要。

注2:选定的途径着重于探讨二次设备的需要和性能如何校验。基本观念是与总线相兼容。

1.2 电子式电流互感器的通用框图

依据所采用的技术确定电子式电流互感器所需的部件,即图1和图2中列出的所有部件并非皆为互感器必不可缺的。

1.3 数字量输出型电子式电流互感器的通用框图

采用一台合并单元(MU)汇集(合并)多达12个二次转换器数据通道。一个数据通道传送一台电子式电流互感器或一台电子式电压互感器采样测量值的单一数据流(见图2)。在多相或组合单元时,多个数据通道可以通过一个物理接口从二次转换器传输到合并单元。合并单元对二次设备提供一组时间相关的电流和电压样本。二次转换器也可从传统电压互感器或电流互感器获取信号,并可汇集到合并单元。

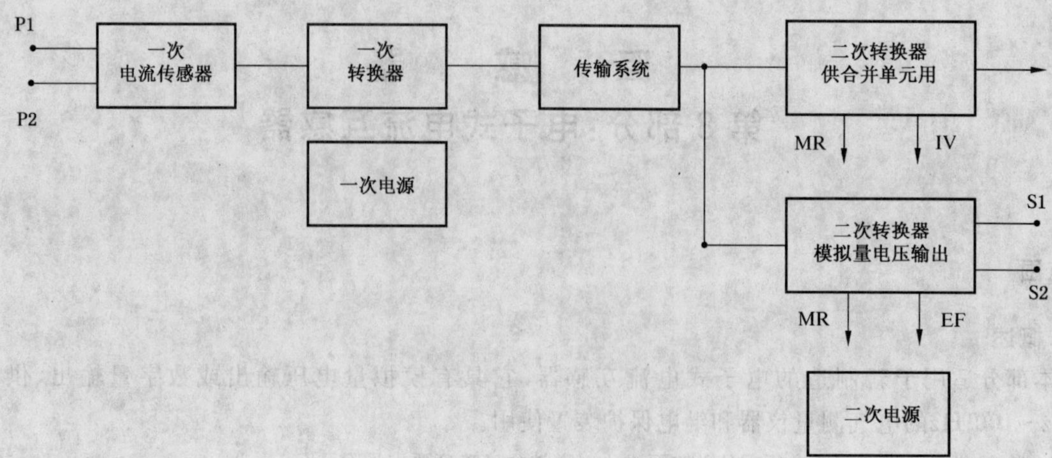

符号

IV——输出无效；

EF——设备故障；

MR——维修申请。

图 1 单相电子式电流互感器的通用框图

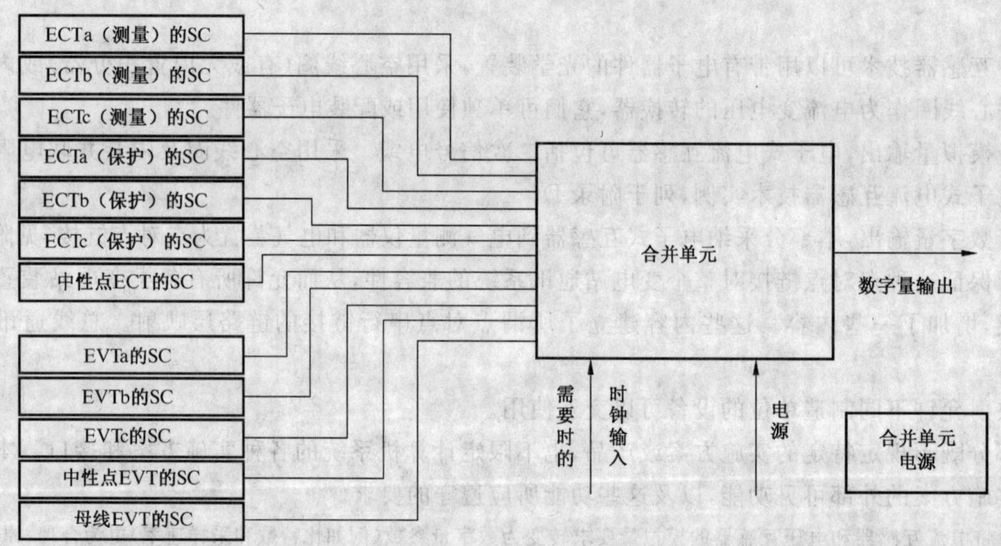

EVTa 的 SC，为 a 相电子式电压互感器的二次转换器（见 GB/T 20840.7）。ECTa 的 SC，为 a 相电子式电流互感器的二次转换器。可能有其他数据通道映射（见 6.2.4）。

图 2 数字接口的框图示例

2 规范性引用文件

下列文件中的条款通过本部分的引用而成为本部分的条款。凡是注日期的引用文件，其随后所有的修改单（不包括勘误的内容）或修订版均不适用于本部分，然而，鼓励根据本部分达成协议的各方研究是否可使用这些文件的最新版本。凡是不注日期的引用文件，其最新版本适用于本部分。

GB 311.1—1997 高压输变电设备的绝缘配合（neq IEC 60071-1:1993）

GB 1208—2006 电流互感器（IEC 60044-1:2003，Instrument transformers—Part 1:current transformers，MOD）

GB 1984 高压交流断路器（GB 1984—2003，IEC 62271-100:2001，MOD）

GB/T 2423.10—1995　电工电子产品环境试验　第二部分:试验方法　试验 Fc 和导则:振动(正弦)(idt IEC 60068-2-6:1982)

GB/T 2423.23—1995　电工电子产品环境试验　试验 Q:密封

GB/T 2900.15—1997　电工术语　变压器、互感器、调压器和电抗器(neq IEC 60050-421:1990,IEC 60050-321:1986)

GB/T 2900.50—1998　电工术语　发电、输电及配电　通用术语(neq IEC 60050-601:1985)

GB/T 2900.57—2002　电工术语　发电、输电和配电　运行(eqv IEC 60050-604:1987)

GB/T 3954　电工圆铝杆

GB 4208　外壳防护等级(IP 代码)(GB 4208—1993,eqv IEC 60529:1989)

GB/T 4365—2003　电工术语　电磁兼容(IEC 60050-161:1990,IDT)

GB/T 4798.3—1990　电工电子产品应用环境条件　有气候防护场所固定使用

GB/T 4798.4—1990　电工电子产品应用环境条件　无气候防护场所固定使用(neq IEC 60721-3-4)

GB 4824—2004　工业、科学和医疗(ISM)射频设备　电磁骚扰特性　限值和测量方法(CISPR 11:2003,IDT)

GB 5585.1—1985　电工用铜、铝及其合金母线　第1部分:一般规定(neq IEC 60028:1925)

GB/T 5465.2　电气设备用图形符号(GB/T 5465.2—1996,idt IEC 60417:1994)

GB 6995.1—1986　电线电缆识别标志　第一部分:一般规定(neq IEC 60304:1982)

GB 6995.2—1986　电线电缆识别标志　第二部分:标准颜色(neq IEC 60304:1982)

GB 6995.4—1986　电线电缆识别标志　第四部分:电气装备电线电缆绝缘线芯识别标志(neq IEC 60304:1982)

GB/T 11020—1989　测定固体电气绝缘材料暴露在引燃源后燃烧性能的试验方法(eqv IEC 60707:1981)

GB/T 11021—1989　电气绝缘的耐热性评定和分级(eqv IEC 60085:1984)

GB/T 11022—1999　高压开关设备和控制设备标准的共同技术要求(eqv IEC 60694:1996)

GB/T 13540—1992　高压开关设备抗地震性能试验

GB/T 14598.3—1993　电气继电器　第五部分:电气继电器的绝缘试验(eqv IEC 60255-5:1977)

GB/T 14598.13—1998　量度继电器和保护装置的电气干扰试验　第1部分:1 MHz 脉冲群干扰试验(eqv IEC 60255-22-1:1988)

GB 16847　保护用电流互感器暂态特性技术要求(GB 16847—1997,idt IEC 60044-6:1992)

GB/T 16927.1—1997　高电压试验技术　第1部分:一般试验要求(eqv IEC 60060-1:1989)

GB/T 16935.1—1997　低压系统内设备的绝缘配合　第一部分:原理、要求和试验(idt IEC 60664-1:1992)

GB/T 17626.1　电磁兼容　试验和测量技术　抗扰度试验总论(GB/T 17626.1—2006,IEC 61000-4-1:2000,IDT)

GB/T 17626.2　电磁兼容　试验和测量技术　静电放电抗扰度试验(GB/T 17626.2—2006,IEC 61000-4-2:2001,IDT)

GB/T 17626.3　电磁兼容　试验和测量技术　射频电磁场辐射抗扰度试验(GB/T 17626.3—2006,IEC 61000-4-3:2006,IDT)

GB/T 17626.4　电磁兼容　试验和测量技术　电快速瞬变脉冲群抗扰度试验(GB/T 17626.4—1998,idt IEC 61000-4-4:1995)

GB/T 17626.5　电磁兼容　试验和测量技术　浪涌(冲击)抗扰度试验(GB/T 17626.5—1999,idt IEC 61000-4-5:1995)

GB/T 17626.7 电磁兼容 试验和测量技术 供电系统及所连设备谐波、谐间波的测量和测量仪器导则(GB/T 17626.7—1998,idt IEC 61000-4-7:1991)

GB/T 17626.8 电磁兼容 试验和测量技术 工频磁场抗扰度试验(GB/T 17626.8—2006,IEC 61000-4-8:2000,IDT)

GB/T 17626.9 电磁兼容 试验和测量技术 脉冲磁场抗扰度试验(GB/T 17626.9—1998,idt IEC 61000-4-9:1993)

GB/T 17626.10 电磁兼容 试验和测量技术 阻尼振荡磁场抗扰度试验(GB/T 17626.10—1998,idt IEC 61000-4-10:1993)

GB/T 17626.11 电磁兼容 试验和测量技术 电压暂降、短时中断和电压变化的抗扰度试验(GB/T 17626.11—1999,idt IEC 61000-4-11:1994)

GB/T 17626.12 电磁兼容 试验和测量技术 振荡波抗扰度试验(GB/T 17626.12—1998,idt IEC 61000-4-12:1995)

GB/T 17626.13 电磁兼容 试验和测量技术 交流电源端口谐波、谐间波及电网信号的低频抗扰度试验(GB/T 17626.13—2006,IEC 61000-4-13:2002,IDT)

GB/T 17626.29—2006 电磁兼容 试验和测量技术 直流电源输入端口电压暂降、短时中断和电压变化的抗扰度试验(IEC 61000-4-29:2000,IDT)

GB/T 20840.7—2007 互感器 第7部分:电子式电压互感器(IEC 60044-7:1999,MOD)

JB/T 5895—1991 污秽地区绝缘子 使用导则(neq IEC 60815:1986)

IEC 60068-2-75:1997 电工电子产品环境试验 第2部分:环境测试锤击试验

IEC 60255-24:2001 电气继电器 第24部分:电力系统瞬变特性交换的通用格式

IEC 60296:2003 电工液体 变压器和开关用的未使用过的矿物绝缘油

IEC 60376:1971 新六氟化硫的验收和技术规范

IEC 60376B:1974 新六氟化硫的验收和技术规范 第2号修改单 第26条

IEC 60480:1974 电气设备中取出的六氟化硫检验导则

IEC 60794(所有各部分) 光纤缆

IEC 60812:1985 系统可靠性分析技术 故障模式与后果分析程序(FMEA)

IEC 60870-5-1:1990 远动设备和系统 第5部分:传输协议 第1章:传输帧格式

IEC 61025:1990 故障树分析(FTA)

IEC/TS 61462:1998 复合绝缘子 户内和户外电气设备用空心绝缘子 定义、试验方法、验收准则和推荐结构

IEC 61850-3 变电站的通信网络和系统 第3部分:通用要求

IEC 61850-7-4 变电站的通信网络和系统 第7-4部分:适用于变电站和馈线装置的基本通信结构—兼容性逻辑节点分级和数据分级

IEC 61850-9-1 变电站的通信网络和系统 第9-1部分:专用通信系统映射(SCSM) 串行单向多站点对点链接

EIA RS-485 用于平衡数字量多点系统的发生器和接收器的电气特性标准

EN 50160:2000 公共配电系统供电的电压特性

3 术语和定义

GB/T 2900.15、GB/T 2900.50 和 GB/T 2900.57 中确立的以及下列术语和定义适用于本部分。

3.1 通用定义

3.1.1

电子式互感器 electronic instrument transformer

一种装置,由连接到传输系统和二次转换器的一个或多个电流或电压传感器组成,用以传输正比于

被测量的量，供给测量仪器、仪表和继电保护或控制装置。在数字接口的情况下，一组电子式互感器共用一台合并单元完成此功能。

3.1.2

电子式电流互感器　electronic current transformer；ECT

一种电子式互感器，在正常使用条件下，其二次转换器的输出实质上正比于一次电流，且相位差在联结方向正确时接近于已知相位角。

3.1.3

一次端子　primary terminals

被测电流通过的端子。

3.1.4

一次电流传感器　primary current sensor

一种电气、电子、光学或其他的装置，产生与一次端子通过电流相对应的信号，直接或经过一次转换器传送给二次转换器。

3.1.5

一次转换器　primary converter

一种装置，将来自一个或多个一次电流传感器的信号转换成适合于传输系统的信号。

3.1.6

一次电源　primary power supply

一次转换器和/或一次电流传感器的电源(可以与二次电源合并，见 3.1.10)。

3.1.7

传输系统　transmitting system

一次部件和二次部件之间传输信号的短距或长距耦合装置。依据所采用的技术，传输系统也可用以传送功率。

3.1.8

二次转换器(SC)　secondary converter；SC

一种装置，将传输系统传送的信号转换为供给测量仪器、仪表和继电保护或控制装置的量，该量与一次端子电流成正比。对于模拟量输出型电子式电流互感器，二次转换器直接供给测量仪器、仪表和继电保护或控制装置。对于数字量输出型电子式互感器，二次转换器通常接至合并单元后再接二次设备。

3.1.9

维修申请(MR)　maintenance request；MR

指示设备需要维修的信息。

3.1.10

二次电源　secondary power supply

二次转换器的电源(可以与一次电源合并(见 3.1.6)，或与其他互感器的电源合并)。

3.1.11

额定辅助电源电压　rated auxiliary supply voltage

U_{ar}

本部分的技术要求所依据的辅助电源电压值。

3.1.12

额定电源电流　rated supply current

I_{ar}

在额定条件下，要求辅助电源供给的电流值，如有要求时还包括 MU 所需电源在内。

3.1.13

最大电源电流　maximum supply current

$I_{a\,max}$

在最恶劣条件下，要求辅助电源供给的最大电流值，如有要求时还包括 MU 所需电源在内。

3.1.14

二次电路　secondary circuit

接收电子式互感器二次转换器（或合并单元）输出信号的外部电路。

3.1.15

二次端子　secondary terminals

二次转换器（或合并单元）的二次电路输出端子。

3.1.16

联结点　connecting point

供现场安装及试验装置连接电缆的联结点。采用屏蔽电缆时，仅认为外部屏蔽是一联结点。各联结点由制造方规定。

3.1.17

低压器件　low-voltage components

与全值额定耐压水平的一次电路相隔开的所有电气或电子器件。

3.1.18

额定频率　rated frequency

f_r

本部分的技术要求所依据的基波频率值。

3.1.19

稳态一次电流　primary current in steady-state condition

在稳态下，一次电流用下式规定：

$$i_p(t) = I_p \cdot \sqrt{2} \cdot \sin(2\pi \cdot f \cdot t + \varphi_p) + i_{p\,res}(t)$$

式中：

I_p——一次电流基波的方均根值；

f——基波频率；

φ_p——一次相位移；

$i_{p\,res}(t)$——一次剩余电流，包括谐波和次谐波分量及一次直流电流；

t——时间瞬时值；

稳态下，f、I_p、φ_p 为常数。

3.1.20

额定一次电流　rated primary current

$\boldsymbol{I_{pr}}$

一次电流的额定频率 f_r 分量方均根值，为电子式电流互感器性能的依据。

3.1.21

稳态二次输出　secondary output in steady-state condition

对模拟量输出：在稳态下，二次电压用下式规定：

$$u_s(t) = U_s\sqrt{2} \cdot \sin(2\pi \cdot f \cdot t + \varphi_s) + U_{sdc} + u_{s\,res}(t)$$

式中：

U_s——$U_{sdc} + u_{s\,res}(t) = 0$ 时二次转换器输出的方均根值；

f——基波频率；

φ_s——二次相位移；

U_{sdc}——二次直流电压；

$u_{s\,res}(t)$——二次剩余电压，包括谐波和次谐波分量；

t——时间瞬时值；

稳态下，f、U_s、φ_s 为常数。

对数字量输出：

$$i_s(n) = I_s\sqrt{2}\cdot\sin(2\pi\cdot f\cdot t_n+\varphi_s)+I_{sdc}(n)+i_{s\,res}(t_n)$$

式中：

i_s——合并单元输出的数字数，代表一次电流的实际瞬时值；

I_s——$I_{sdc}(n)+i_{s\,res}(t_n)=0$ 时该合并单元数字量输出的方均根值；

f——基波频率；

φ_s——二次相位移；

$I_{sdc}(n)$——二次直流输出；

$i_{s\,res}(t_n)$——二次剩余输出，包括谐波和次谐波分量；

n——数据样本的计数；

t_n——一次电流（及电压）第 n 个数据集采样完毕的时间；

稳态下，f、I_s、φ_s 为常数。

3.1.22

额定二次输出　rated secondary output

对模拟量输出，二次电压输出（U_{sr}）的 f_r 频率分量方均根值，为电子式电流互感器性能的依据。

对数字量输出，数字侧用 16 进制数代表额定一次电流。

3.1.23

实际变比　actual transformation ratio

K_a 和 K_d

对模拟量输出，为电子式电流互感器实际一次电流方均根值与实际二次输出的方均根值之比（缩写：K_a）。对数字量输出，为实际一次电流方均根值与实际二次输出的方均根值数值之比（缩写：K_d）。

注 1：对于单独式空心线圈，这些定义仅在稳态下额定频率纯正弦波时正确。当一次电流的频率 f 与额定频率 f_r 不同时，实际变比按 $K_a(f)=f/f_r\times K_{ra}$（或 $K_d(f)=f/f_r\times K_{rd}$）计算。

注 2：测量瞬时误差和复合误差时，单独式空心线圈必须采用积分器。这种情况下，K_a（或 K_d）为一次电流与积分器二次输出之比。

3.1.24

额定变比　rated transformation ratio

K_{ra} 和 K_{rd}

变比的额定值。

3.1.25

电流（比值）误差　current error (ratio error)

ε

电子式电流互感器测量电流时出现的误差，它由于实际变比不等于额定变比而产生的。

对模拟量输出，电流误差百分数用下式表示：

$$\varepsilon=\frac{K_{ra}\cdot U_s-I_p}{I_p}\times 100,\%$$

式中：

K_{ra}——额定变比；

I_p——$i_{p\,res}(t)=0$ 时实际一次电流的方均根值；

U_s——$U_{sdc}+u_{s\,res}(t)=0$ 时二次转换器输出的方均根值。

注：此定义仅涉及在额定负荷和额定频率下的一次电流和二次电压两个量。此定义与 GB 1208 中的定义对应。

对数字量输出，电流误差百分数用下式表示：

$$\varepsilon=\frac{K_{rd}\cdot I_s-I_p}{I_p}\times 100,\%$$

式中：

K_{rd}——额定变比；

I_p——$i_{p\,res}(t)=0$ 时实际一次电流的方均根值；

I_s——$I_{sdc}(n)+i_{s\,res}(t_n)=0$ 时数字量输出的方均根值。

注：电流误差是数字量计算的结果(见附录 E)。

3.1.26

相位差 phase displacement

φ

对模拟量输出，为一次电流相量和二次输出相量的相位之差，相量方向选定为在额定频率下理想互感器的相位差角等于其额定值。当二次输出相量超前于一次电流相量时相位差为正值。它通常用分或厘弧表示。

$$\varphi=\varphi_s-\varphi_p$$

式中：

φ_p——一次相位移；

φ_s——二次相位移。

对数字量输出，为一次端子某一电流的出现瞬时与所对应数字数据集在 MU 输出的传输起始瞬时之时间差(用额定频率的角度单位表示)。

注 1：此定义仅在正弦波电流时严格正确。

注 2：对模拟量输出和数字量输出，理想互感器的相位差 φ(见 E.6.1 和 3.1.29)皆可认为由两个分量组成：额定相位偏移 φ_{or} 和额定延迟时间 t_{dr}。

注 3：相位差计算的详细说明见附录 E。

3.1.27

额定延迟时间 rated delay time

t_{dr}

(例如)数字数据处理和传输所需时间的额定值。

3.1.28

额定相位偏移 rated phase offset

φ_{or}

电子式电流互感器的额定相位移，依据所采用的技术，它不受频率影响。

3.1.29

相位误差 phase error

φ_e

相位误差，等于相位差 φ 减去由额定相位偏移和额定延迟时间构成的相位移。相位误差是对额定频率而言。

$$\varphi_e=\varphi-(\varphi_{or}+\varphi_{tdr})\text{ 和 }\varphi_{tdr}=-2\pi f t_{dr}$$

由于数字量输出要求与时钟脉冲同步，相位误差是时钟脉冲与数字量传输值对应的一次电流采样瞬时之时间差(用额定频率的角度单位表示)。

相位误差通常用分或厘弧表示。

注:相位误差的解释和说明图形,见附录E。

3.1.30

准确级　accuracy class

对电子式电流互感器给定的等级,互感器在规定使用条件下的误差应在规定的限值内。

3.1.31

设备最高电压　highest voltage for equipment

U_m

最高相间电压方均根值,它是电子式电流互感器绝缘设计的依据。

3.1.32

额定绝缘水平　rated insulation level

一组耐受电压值,它表示电子式电流互感器绝缘所能承受的耐压强度。

3.1.33

中性点绝缘系统　isolated neutral system

除了中性点经保护或测量用的高阻抗接地外,其他中性点均不接地的系统。

3.1.34

(中性点)共振接地系统　resonant earthed (neutral) system

有一个或多个中性点通过电抗接地的系统,借以近似补偿单相对地故障电流的电容性分量。

3.1.35

接地故障因数　earth-fault factor

在一定的系统布置中,当发生一相或多相的接地故障时,三相系统中某一给定点的非故障相的相对地最高工频电压方均根值与该点在无故障时的相对地工频电压方均根值之比。

3.1.36

(中性点)直接接地系统　solidly earthed (neutral) system

一个或多个中性点直接接地的系统。

3.1.37

(中性点)阻抗接地系统　impedance earthed (neutral) system

一个或多个中性点通过阻抗接地以限制接地故障电流的系统。

3.1.38

中性点接地系统　earthed neutral system

中性点直接接地或通过足够小的电阻或电抗接地的系统,此电阻或电抗值应小到能抑制暂态振荡,且又能给出足够的电流供选择接地故障保护用。

a)　某一指定点处的中性点有效接地系统,是指该点的接地故障因数不超过1.4。

注:如整个系统布置中的零序电抗与正序电抗之比小于3,并且零序电阻与正序电抗之比小于1,则该条件一般均能得到。

b)　某一指定点处的中性点非有效接地系统,是指该点的接地故障因数超过1.4。

3.1.39

暴露安装　exposed installation

设备会遭受大气过电压的一种安装。

注:这种安装通常是直接或经过一段短电缆与架空输电线连接,且无避雷器保护。

3.1.40

非暴露安装　non-exposed installation

设备不会遭受大气过电压的一种安装。

3.1.41

额定短时热电流　rated short-time thermal current

I_{th}

电子式电流互感器能够承受1 s而无损伤的一次电流方均根值。

3.1.42

额定动稳定电流　rated dynamic current

I_{dyn}

电子式电流互感器能够承受其电磁力作用而无电气或机械损伤的一次电流峰值。

3.1.43

额定连续热电流　rated continuous thermal current

I_{cth}

一次端子允许连续流过而温升不超过规定值的电流，模拟量二次输出时连接额定负荷。

3.1.44

唤醒时间　wake-up time

有些电子式电流互感器是由线路电流提供电源。这种互感器电源的建立需要在一次电流接通后迟延一定时间。此延时称为“唤醒时间”。在此延时期间，电子式电流互感器的输出为零。

3.1.45

唤醒电流　wake-up current

唤醒电子式电流互感器所需的最小一次电流方均根值。

3.1.46

IP代码　IP code

一种代码系统，表示防止接触危险零件、防止固体异物进入和防止进水的外壳防护等级，并给出这种防护相关的补充信息。

3.1.47

防护等级　degree of protection

防止接触危险零件及防止固体异物进入和/或防止进水的外壳防护程度，由标准试验方法验证。

3.1.48

气体绝缘的额定充气压强 p_{re}（或密度 ρ_{re}）　rated filling pressure for gas insulation p_{re} (or density ρ_{re})

气体绝缘电子式电流互感器投运前充气的，或自动补气的，用帕(Pa)为单位的压强（或密度），以+20℃和101.3 kPa标准大气条件为参考，可用相对值或绝对值表示。

3.1.49

气体绝缘的报警压强 p_{ae}（或密度 ρ_{ae}）　alarm pressure for gas insulation p_{ae} (or density ρ_{ae})

提供监示信号指示须在较短时间补气的绝缘气体压强(Pa)（或密度），以+20℃和101.3 kPa标准大气条件为参考，可用相对值或绝对值表示。

3.1.50

气体绝缘的最低工作压强 p_{me}（或密度 ρ_{me}）　minimum functional pressure for gas insulation p_{me} (or density ρ_{me})

电子式电流互感器保持其额定性能和有补气需要的绝缘气体最低压强(Pa)（或密度），以+20℃和101.3 kPa标准大气条件为参考，可用相对值或绝对值表示。

3.1.51

绝对泄漏率　absolute leakage rate

F

单位时间的气体逸出量，以 Pa·m^3/s 表示。

3.1.52

相对泄漏率　relative leakage rate

F_{rel}

在额定充气压强(或密度)下,相对于系统气体总量的绝对泄漏率,以每年或每日的百分数表示。

3.2　测量用电子式电流互感器的补充定义

3.2.1

测量用电子式电流互感器　measuring electronic current transformer

传输信息信号至指示仪器、积分仪表和类似装置的电子式电流互感器。

3.2.2

额定扩大一次电流　rated extended primary current

保证准确度与额定一次电流下准确度相同的更大值一次电流,但不超过额定连续热电流 I_{cth}。

3.2.3

额定扩大一次电流系数　rated extended primary current factor

K_{pcr}

额定扩大一次电流与额定一次电流的比值。

3.3　保护用电子式电流互感器的补充定义

3.3.1

保护用电子式电流互感器　protective electronic current transformer

传输信息信号至继电保护和控制装置的电子式电流互感器。

3.3.2

额定准确限值一次电流　rated accuracy limit primary current

在稳态下,保护用电子式电流互感器能满足复合误差要求的最大一次电流值。

3.3.3

准确限值系数　accuracy limit factor

K_{alf}

在稳态下,额定准确限值一次电流与额定一次电流的比值。

3.3.4

复合误差　composite error

ε_c

在稳态下,复合误差为下列两者之差的方均根值:

一次电流的瞬时值,和

实际二次输出的瞬时值乘以额定变比,一次电流和二次输出的正符号须与端子标志规定一致。

对模拟量输出,复合误差 ε_c 通常按下式表示为一次电流方均根值的百分数:

$$\varepsilon_c = \frac{100}{I_p}\sqrt{\frac{1}{T}\int_0^T \left[K_{ra}u_s(t) - i_p(t-t_{dr})\right]^2 dt}, \quad \%$$

式中:

K_{ra}——额定变比;

I_p——一次电流方均根值;

i_p——一次电流;

u_s——二次电压;

T——一个周波的周期;

t——时间瞬时值;

t_{dr}——额定延迟时间。

注1:对于单独式空心线圈,二次输出是在积分器的输出上测量(见 K_{ra} 和 K_{rd} 的定义,及附录 D)。

对数字量输出，复合误差 ε_c 通常按下式表示为一次电流方均根值的百分数：

$$\varepsilon_c = \frac{100}{I_p}\sqrt{\frac{T_s}{kT}\sum_{n=1}^{kT/T_s}\left[K_{rd}i_s(n) - i_p(t_n)\right]^2}, \quad \%$$

式中：

K_{rd}——额定变比；

I_p——一次电流方均根值；

i_p——一次电流；

i_s——二次的数字量输出；

T——一个工频周波的周期；

n——样本的计数；

t_n——一次电流(及电压)第 n 个数据集采样完毕的时间；

k——累计周期数；

T_s——一次电流两个样本之间的时间间隔。

注 2：实用上复合误差是数字量计算的结果，其算法见附录 E。

3.3.5

暂态特性的额定一次短路电流　rated primary short-circuit current for transient performance

I_{psc}

在暂态下，电子式电流互感器额定准确度性能所依据的一次对称短路电流方均根值。

3.3.6

暂态特性的额定对称短路电流倍数　rated symmetrical short-circuit-current factor for transient performance

K_{ssc}

在暂态下，比值：

$$K_{ssc} = I_{psc}/I_{pr}$$

3.3.7

暂态特性的额定一次时间常数　rated primary time constant for transient performance

τ_{pr}

在暂态下，电子式电流互感器性能所依据的一次电流直流分量时间常数额定值。

3.3.8

无电流时间　dead time

t_{fr}

在断路器自动重合闸工作循环中，一次短路电流从切断到再出现的间隔时间(亦参照 GB 1984)。

3.3.9

额定工作循环(C-O 和/或 C-O-C-O)　rated duty cycle(C-O and/or C-O-C-O)

在工作循环的各规定通电期间，一次电流假定为“全偏移”，并具有额定一次时间常数(τ_{pr})和额定幅值(I_{psc})。

各工作循环如下：

单次通电：C-t'-O

双次通电：C-t'-O-t_{fr}-C-t''-O

(两次通电时的磁通极性相同)

其中：t'是第一次电流通过时间；

t''是第二次电流通过时间。

3.3.10

暂态响应 transient response

二次输出对一次电流暂态变化的响应。

3.3.11

暂态一次电流 primary current in transient condition

$i_p(t)$

在暂态下,一次电流用下式规定:

$$i_p(t) = I_{psc}\sqrt{2}\cdot[\sin(2\pi\cdot f\cdot t+\varphi_p)-\sin(\varphi_p)\cdot e^{-t/\tau_p}]+i_{p\,res}(t)$$

式中:

I_{psc}——一次电流对称分量方均根值;

f——基波频率;

τ_p——一次时间常数;

φ_p——一次相位移;

$i_{p\,res}(t)$——一次剩余电流,包括谐波和次谐波分量及一次直流电流;

t——时间瞬时值。

3.3.12

瞬时误差电流 instantaneous error current

$i_\varepsilon(t)$,$i_\varepsilon(n)$

二次输出乘以额定变比与一次电流两者瞬时值之差。

对模拟量输出,瞬时误差电流定义在 $t\geqslant t_{dr}$,用下式表示:

$$i_\varepsilon(t) = K_{ra}\cdot u_s(t)-i_p(t-t_{dr})$$

注1:对于单独式空心线圈,电压 $u_s(t)$是在积分器的输出上测量(见 K_{ra}和 K_{rd}的定义,及附录D)。

对数字量输出,瞬时误差电流定义在 $t\geqslant t_{dr}$,用下式表示:

$$i_\varepsilon(n) = K_{rd}\cdot i_s(n)-i_p(t_n)$$

注2:实用上复合误差是数字量计算的结果,其算法见附录E。

注3:对于单独式空心线圈,二次输出是在积分器的输出上测量。积分器可以在求值单元中实现数字化。由于积分器可能影响延迟时间,在这种试验配置中,允许其额定延迟时间与被试互感器的正常额定延迟时间不相同。

3.3.13

最大峰值瞬时误差 maximum peak instantaneous

$\hat{\varepsilon}$

在规定工作循环中,用额定一次短路电流峰值的百分数表示的最大瞬时误差电流:

$$\hat{\varepsilon} = 100\cdot\hat{i}_\varepsilon/(\sqrt{2}\cdot I_{psc}),\quad \%$$

3.4 数字量输出的补充定义

3.4.1

数字量输出 digital output

数字量输出是由合并单元上的光学或电气输出接口生成的。

它以电流和/或电压数据的数字编码时间相关数组,供给测量仪器、仪表和继电保护或控制装置。

3.4.2

合并单元(MU) merging unit;MU

用以对来自二次转换器的电流和/或电压数据进行时间相关组合的物理单元。合并单元可以是互感器的一个组成件,也可以是一个分立单元,例如装在控制室内(见图2)。

3.4.3

合并单元的时钟输入 merging unit clock input

合并单元的电气或光学的时钟信号输入，如果需要，它用于对多个合并单元进行同步。

3.4.4

合并单元电源 merging unit power supply

合并单元的电源(可以与二次电源合并，见3.1.10)。

3.4.5

数据速率 data rate

$1/T_S$

电流和/或电压数据集的每秒传输数量。

3.4.6

输出无效(IV) output invalid;IV

指示电子式电流互感器输出信号为无效的信息。

3.5 模拟量电压输出的补充定义

3.5.1

设备故障(EF) equipment failed;EF

指示设备已有故障的信息。

3.5.2

负荷 burden

二次电路的阻抗，用欧姆表示，其功率因数为1。

3.5.3

额定负荷 rated burden

R_{br}

技术规范中准确度要求所依据的负荷值。

3.5.4

二次直流偏移电压 secondary direct voltage offset

U_{sdc0}

电子式电流互感器在 $I_p(t)=0$ 时的二次电压直流电压分量。

注：对于是由一次电流供给电源的一次转换器，本定义不适用。这种情况下，评估的方法须由制造方和用户商定(见附录D)。

3.5.5

单独式空心线圈 stand-alone air-core coil

依据无内置积分器的空心线圈技术制成的互感器(见附录D)。

3.6 主要定义和缩写符号索引

ECT	电子式电流互感器，定义3.1.2
EVT	电子式电压互感器，见GB/T 20840.7
EF	设备故障，定义3.5.1
IV	输出无效，定义3.4.6
MR	维修申请，定义3.1.9
MU	合并单元，定义3.4.2
R_{br}	额定负荷，定义3.5.3
SC	二次转换器，定义3.1.8
f_r	额定频率，定义3.1.18
K_{ra}, K_{rd}	电子式电流互感器的额定变比，定义3.1.24

K_{pcr}	额定扩大一次电流系数,定义 3.2.3
K_{alf}	准确限值系数,定义 3.3.3
K_{ssc}	额定对称短路电流倍数,定义 3.3.6
t	时间瞬时值,定义 3.1.19
t_{dr}	额定延迟时间,定义 3.1.27
t_{fr}	无电流时间,定义 3.3.8
T_s	两个数据集之间的时间,数据速率的倒数,定义 3.4.5
U_m	设备最高电压,定义 3.1.31
U_{sr}	模拟量输出的额定二次输出,定义 3.1.22
U_{sdc0}	二次直流偏移电压,定义 3.5.4
U_{ar}	额定辅助电源电压,定义 3.1.11
I_{ar}	额定电源电流,定义 3.1.12
$I_{a\,max}$	最大电源电流,定义 3.1.13
I_{th}	额定短时热电流,定义 3.1.41
I_{cth}	额定连续热电流,定义 3.1.43
I_{dyn}	额定动稳定电流,定义 3.1.42
I_{psc}	暂态的额定一次短路电流,定义 3.3.5
I_p	$i_{p\,res}(t)=0$ 时的一次电流方均根值,定义 3.1.19
I_{pr}	额定一次电流,定义 3.1.20
$i_p(t)$	一次电流,定义 3.1.19 和 3.3.11
$i_{p\,res}(t)$	一次剩余电流,包括谐波和次谐波分量,定义 3.1.19
$i_\varepsilon(t),i_\varepsilon(n)$	暂态下瞬时误差电流,定义 3.3.12
φ	相位差,定义 3.1.26
φ_{or}	额定相位偏移,定义 3.1.28
φ_e	相位误差,定义 3.1.29
ε	稳态下电流误差,定义 3.1.25
ε_c	复合误差,定义 3.3.4
$\hat{\varepsilon}$	最大峰值瞬时误差,定义 3.3.13
τ_{pr}	额定一次时间常数,定义 3.3.7
p_{re},ρ_{re}	气体绝缘的额定充气压强或密度,定义 3.1.48
p_{ae},ρ_{ae}	气体绝缘的报警压强或密度,定义 3.1.49
p_{me},ρ_{me}	气体绝缘的最低工作压强或密度,定义 3.1.50

4 正常和特殊使用条件

4.1 一般要求

除非另有规定,高压电子式电流互感器额定性能的使用条件是 4.2 所列的正常使用条件。

如果实际使用条件与正常使用条件不同,则高压电子式电流互感器应设计为符合用户要求的任何特殊使用条件,或者须作适当调整(见 4.3)。

注 1:为了保证电子元件的正常运行,这些元件应该符合 GB/T 2423 的环境要求。

注 2:有关环境条件分类的详细资料见 GB/T 4798.3(户内)和 GB/T 4798.4(户外)。

4.2 正常使用条件

4.2.1 环境温度

电子式电流互感器分为 3 种类别,列于表 1。

表1 温度类别

类　别	最低温度/℃	最高温度/℃
−5/40	−5	40
−25/40	−25	40
−40/40	−40	40
注：在选择温度类别时，贮存和运输条件亦应考虑。		

4.2.2 海拔

海拔不超过1 000 m。

4.2.3 振动或轻微地震

开关操作或短路电动力可能产生振动。电子式电流互感器由于外部原因引起的振动(例如断路器开关操作等)，必须列入正常使用条件。电子式电流互感器在这种场合下是否能正确运行，应进行试验验证(见8.13)。由轻微地震造成的振动按特殊使用条件考虑。

4.2.4 户内型子式电流互感器的其他使用条件

其他使用条件如下：

a) 日照辐射影响可以忽略。

b) 环境空气无明显灰尘、烟、腐蚀性气体、蒸气或盐等污秽。

c) 湿度条件如下：

1) 24 h内测得的相对湿度平均值不超过95%；

2) 24 h内水蒸气压强平均值不超过2.2 kPa；

3) 一个月内相对湿度平均值不超过90%；

4) 一个月内水蒸气压强平均值不超过1.8 kPa。

在这些条件下，凝露可能会偶尔出现。

注1：在高湿度期间，凝露可能在温度突然变化时出现。

注2：为了保证能承受高湿和凝露的作用，防止绝缘击穿或金属件腐蚀，电子式电流互感器应按此条件设计。

注3：可采用特殊设计的外壳(房屋)，也可采取适当的通风和加热、或者使用除湿设备防止凝露。

4.2.5 户外型电子式电流互感器的其他使用条件

其他使用条件如下：

a) 24 h内测得的环境气温平均值不超过35℃。

b) 日照辐射达1 000 W/m²(晴天中午)时应予考虑。

c) 环境空气可能有灰尘、烟、腐蚀性气体、蒸气或盐污秽。污秽等级见表7。

d) 风压不超过700 Pa(相当于风速为34 m/s)。

e) 应考虑出现凝露或降水。

4.2.5.1 局部户外型电子式电流互感器

对于某些部分为户内和部分为户外的电子式电流互感器，制造方应指明设备的哪些部分是户内型，哪些部分是户外型。

4.3 特殊使用条件

4.3.1 一般要求

当电子式电流互感器使用在不同于4.2所列的正常使用条件时，用户应参照下述规定的内容提出要求。

4.3.2 海拔

安装处海拔超过1 000 m时，在标准大气条件下的弧闪距离应由使用处要求的额定耐受电压乘以按GB 311.1规定的海拔校正因数确定。如用户另有要求，海拔校正因数可参照附录F的规定选取，但应在定货合同中注明。

注：内绝缘的电介质强度不受海拔影响，外绝缘的检查方法按 GB 311.1 的规定。

4.3.3 海拔对温升的影响

安装处海拔超过 1 000 m 时，在正常大气压空气中的部件，其温升应按下式校正：

$$\Delta\Theta_c = \Delta\Theta_m\left[1 - 0.03\,\frac{(H - 1\,000)}{1\,000}\right]$$

式中：

$\Delta\Theta_c$——校正后的温升值；

$\Delta\Theta_m$——低海拔处测得的温升值；

H——使用地区的海拔，m。

注：如海拔低于 2 000 m，低压辅助和控制设备无需采取特殊措施。对于更高海拔，见 GB/T 16935.1。

4.3.4 环境温度

安装地点的环境温度明显超出 4.2.1 所列的正常使用条件范围时，优先的最低和最高温度范围应规定为：

a) 特别寒冷的气候－50℃和＋40℃；

b) 特别炎热的气候－5℃和＋50℃。

在频繁出现湿热风的某些地区，可能发生温度的突然变化以致凝露，即使在户内也如此。

注：在某些日照辐射条件下，可能需要采取例如遮盖、吹风等适当措施，以避免温升超过规定。

4.3.5 地震

其要求和试验正在考虑中。

注：对于可能发生地震的安装地点，应由用户按照 GB/T 13540 规定其相应的烈度水平。

4.4 系统接地方式

所考虑的系统接地方式为：

a) 中性点绝缘系统(见 3.1.33)；

b) 共振接地系统(见 3.1.34)；

c) 中性点接地系统(见 3.1.38)：

1)中性点直接接地系统(见 3.1.36)；

2)中性点阻抗接地系统(见 3.1.37)。

5 额定值

5.1 通用额定值

5.1.1 额定一次电流(I_{pr})的标准值

额定一次电流标准值为：

10 A、12.5 A、15 A、20 A、25 A、30 A、40 A、50 A、60 A、75 A 以及它们的十进制倍数或小数。

有下划线者为优先值。

5.1.2 额定扩大一次电流系数(K_{pcr})的标准值

K_{pcr}的标准值为：

1.2、1.5、2、5、10、20、50、100。

有下划线者为优先值。

5.1.3 额定连续热电流(I_{cth})

额定连续热电流应不小于额定一次电流，或是有规定时的额定扩大一次电流。

5.1.4 短时电流的额定值

5.1.4.1 对称短路电流的标准值

5.1.4.1.1 标准准确限值系数(K_{alf})

标准准确限值系数为：

3、5、7.5、10、12.5、15、17.5、20、25、30、40、63、80 及其十进制倍数。

5.1.4.1.2 额定短时热电流(I_{th})

按 GB 16847，其方均根值标准值为：

6.3 kA、8 kA、10 kA、12.5 kA、16 kA、20 kA、25 kA、31.5 kA、40 kA、50 kA、63 kA、80 kA、100 kA。

5.1.4.1.3 额定动稳定电流(I_{dyn})

额定动稳定电流(I_{dyn})值通常为额定短时热电流(I_{th})的 2.5 倍，如与此值不同时应在铭牌上标出(见 3.1.42)。

5.1.4.2 暂态特性的标准值

5.1.4.2.1 额定对称短路电流倍数(K_{ssc})的标准值

K_{ssc}的标准值为：

3、5、7.5、$\underline{10}$、12.5、15、17.5、$\underline{20}$、25、30、40、63、80 及其十进制倍数。

有下划线者为优先值。

5.1.4.2.2 额定一次短路电流(I_{psc})

优先值由上述条款所列值选取的 I_{pr} 和 K_{ssc} 之乘积得出。额定一次短路电流应小于或等于 I_{th}(GB 16847)。

5.1.4.2.3 额定一次时间常数(τ_{pr})的标准值

额定一次时间常数标准值(GB 16847)为：

40 ms、60 ms、80 ms、100 ms、120 ms。

注：对于某些使用情况，可能要求更高值的额定一次时间常数。例如大型气轮发电机电路。

5.1.5 标准频率范围

电子式电流互感器应在标准频率范围内满足其准确级要求。标准频率范围：对测量用准确级应为额定频率(f_r)的 99%～101%，对保护用准确级应为额定频率的 96%～102%(GB/T 20840.7)。

如果有要求，标准频率范围之外的准确度按照附录 C 的规定。

5.1.6 温升限值

电子式电流互感器在其端子通过的一次电流为额定热连续电流，及(模拟量电压输出)连接额定负荷时，其温升应不超过表 2 所列的相应值。这些值是以第 4 章给定的使用条件为依据。

如果规定的环境温度超过 4.2 的给定值，表 2 的允许温升应减去环境温度的超过值。

如果电子式电流互感器规定在海拔超过 1 000 m 的地区使用，而试验处海拔低于 1 000 m，则表 2 的温升限值应按 4.3.3 修正减小。

电子式电流互感器的温升由所用技术的最低绝缘等级限定。各绝缘等级的最高温升列于表 2。

对电子式电流互感器预期最热部位的温升应进行代表性测量。此测量随所用技术而定(即绕组的电阻测量，一次导体的温度测量)。

表 2 互感器的温升限值

绝缘等级 (依据 GB/T 11021)	最高温升/K
浸于油中的所有等级	60
浸于油中且全密封的所有等级	65
充填沥青胶的所有等级	50

表 2(续)

绝缘等级 (依据 GB/T 11021)	最高温升/K
不浸油或不充沥青胶的各等级	
Y	45
A	60
E	75
B	85
F	110
H	135
注:对某些材料(例如树脂),制造方应指明其相应的绝缘等级。	

5.1.7 额定辅助电源电压(U_{ar})

额定辅助电源电压是指装置运行时在其自身电源端口测得的电压,如有必要,包括制造方提供的或要求装入的串联辅助电阻或附件,但不包括连接电源的导体。

额定辅助电源电压应在表 3 和表 4 所列的标准值中选取。

表 3 直流(DC)电压

单位为伏

电压
24
48
60
110 或 125
220 或 250
注:有下划线者为优先值。

表 4 交流(AC)电压

单位为伏

三相三线或三相四线制系统	单相三线制系统	单相二线制系统
—	120/240	120
220/380	—	(220)
230/400	—	230
(240/415)	—	(240)
277/480	—	277

注 1:第一栏中的较低值是对中性点的电压,较高值是相间电压。第二栏中的较低值是对中性点的电压,较高值是线间电压。

注 2:230/400 V 将是未来唯一的 IEC 标准电压,并推荐在新系统上采用。IEC 标准化工作将在下阶段考虑把现有系统中的 220/380 V 和 240/415 V 这些不同电压归入 230/400 V(1±10%)范围内。

5.1.8 额定辅助电源频率

额定电源频率的标准值为直流、50 Hz 和 60 Hz。

5.1.9 辅助电源电压的标准参考范围

辅助电源电压的标准参考范围由表 8 所列电压慢变化的要求规定。

5.1.10 温度的标准参考范围

除非另有规定,温度的标准参考范围应为第 4 章所列环境气温的下限值到上限值。

5.1.11 唤醒时间的标准参考范围

在额定一次电流下唤醒时间的标准最大值为:

无、1 ms、2 ms、5 ms。

在唤醒时间内，模拟量输出为0，数字量输出为无效。必须注意，在此延时期间保护继电器不得有动作判断。

5.2 额定相位偏移的标准值

额定相位偏移的标准值为：

0°和90°(例如单独式空心线圈)。

5.3 数字量输出的额定值

5.3.1 数字量输出额定值

额定二次输出的标准方均根值列于表5。

表5 数字量输出的额定值

额定值	测量用 ECT (比例因子 SCM)	保护用 ECT (比例因子 SCP)	EVT (比例因子 SV)
(range－flag＝0)	2D41 H (十进制 11 585)	01CF H (十进制 463)	2D41 H (十进制 11 585)
量程标志(range－flag＝1)	2D41 H (十进制 11 585)	00E7 H (十进制 231)	2D41 H (十进制 11 585)

注1：所列16进制数值，在数字侧代表额定一次值(皆为方均根值)。

注2：保护用ECT能测量电流高达50倍额定一次电流(0%偏移)或25倍额定一次电流(100%偏移)，而无任何溢出。测量用ECT和EVT能测量达2倍额定一次值而无任何溢出。

注3：如果互感器的输出是一次电流的导数，其动态范围与电流输出的动态范围不同。电流互感器的最大量程与暂态过程的直流分量有关。微分后，此低频分量的幅值减小。因而，例如range－flag＝0时，电流导数输出的保护用ECT能测量无直流分量(0%偏移)的50倍额定一次电流，或全直流分量(100%偏移)的25倍额定一次电流。

注4：对保护用ECT，当rang－flag置位时，不发生溢出的一次电流最大可测量值增加一倍。

5.3.2 额定延迟时间(t_{dr})的标准值

延迟时间的标准值为：

$2T_s$、$3T_s$(T_s为数据速率的倒数)

注1：如果数据帧仅包含测量用数据，允许更大的延迟时间以获得最佳的抗混叠滤波，但限于最大3.3 ms。

注2：如果合并单元采用同步脉冲，对所有数据速率的延迟时间皆为0.3 ms～3 ms，因为它与相位误差无关。

5.3.3 数据速率($1/T_s$)的额定值

数据速率的额定值为：

在 $f_r=50$ Hz或60 Hz时　　　　$80f_r-48f_r-20f_r$

及在 $f_r=16⅔$ Hz时　　　　$48f_r$

注1：$20f_r$和$48f_r$，不能满足所有准确级对谐波的全部准确度要求(见附录C)。

注2：对馈送数据速率高于所需值的系统，二次设备应该采用IEC 60255-24(电力系统暂态数据交换的通用格式)所述的采样抽取技术。

注3：如用户有要求时，可采用更高的数据数率，如：$96f_r$～$200f_r$等。

5.4 模拟量电压输出的额定值

5.4.1 额定延迟时间(t_{dr})的标准值

额定延迟时间的标准值为：

无，50 μs、100 μs、200 μs、500 μs。

5.4.2 额定二次电压(U_{sr})的标准值

在额定一次电流下的额定二次电压U_{sr}方均根值，其标准值为：

22.5 mV、150 mV、200 mV、225 mV、4 V。

对于在中压系统中通常不使用二次转换器的情况(传输系统直接连接到低压设备,见图1),其标准额定值为:

——22.5 mV 和 225 mV,用于输出电压正比于电流的电子式电流互感器(例如带内装负荷的铁心式互感器)。

——150 mV,用于输出电压正比于电流导数的电子式电流互感器(例如空心线圈)。

注:额定二次电压 40 mV、100 mV 和 1 V 可用于现有设计。

对于使用二次电子转换器的情况(见图1),其标准额定值:在保护用时为 200 mV,在测量用时为 4 V。

注:ANSI 标准还推荐额定二次电压 200 mV 用于保护用模拟量输出。对于测量用输出,因量程是4倍 I_{pr},ANSI 标准推荐为额定二次电压 2 V。如果 I_{pr} 的规定值选择得当,这些标准值是兼容的。

5.4.3 额定负荷(R_{br})

额定负荷的标准值以欧姆表示为:

2 kΩ、20 kΩ、2 MΩ。

总负荷须等于或大于额定负荷。

注:应注意到电气测量仪表或继电保护装置的并联电容。

6 设计要求

6.1 一般设计要求

6.1.1 绝缘要求

6.1.1.1 一次端的额定绝缘水平

(见 GB 1208—2006 的 6.1.1)

6.1.1.2 一次端的其他绝缘要求

(见 GB 1208—2006 的 6.1.2)

6.1.1.2.1 工频耐受电压

(见 GB 1208—2006 的 6.1.2.1)

6.1.1.2.2 局部放电

(见 GB 1208—2006 的 6.1.2.2)

6.1.1.2.3 截断雷电冲击耐受电压

(见 GB 1208—2006 的 6.1.2.3)

6.1.1.2.4 电容量和介质损耗因数

(见 GB 1208—2006 的 6.1.2.4)

6.1.1.2.5 多次截断雷电冲击

(见 GB 1208—2006 的 6.1.2.5)

6.1.1.3 低压器件的电压耐受能力

低压器件如合并单元和二次转换器,通常包含彼此电气绝缘的多个独立电路。其绝缘应能满足表6的要求。

表6 低电压耐受能力

被试端口	结构和引用标准	电压耐受能力	冲击电压耐受能力
电源输入	按照 GB 11022—1999 的 6.2.10	交流电源输入: 交流 2.0 kV,1 min 或 直流电源输入: 直流 2.8 kV,1 min	5 kV,1.2/50 μs

表 6(续)

被试端口	结构和引用标准	电压耐受能力	冲击电压耐受能力
输出和输入 接到开关站区与控制柜区之间的电气链接 (见图 14)	结构 1: 双屏蔽双绞线电缆,其一层或两层屏蔽和信号线用电缆的组合插头与二次设备连接,仅一层屏蔽连接互感器	交流 1.5 kV,1 min 或 直流 2.1 kV,1 min	5 kV,1.2/50 μs
	其他结构: (按照 GB 11022—1999 的 6.2.10和 GB/T 14598.3—1993 的第 8 章)	交流 2.0 kV,1 min 或 直流 2.8 kV,1 min	5 kV,1.2/50 μs
其他输出和输入 (见图 14)	(按照 GB/T 14598.3—1993 的第 6 章和 IEC 61850-3)	交流 500 V,1 min 或 直流 700 V,1 min	
注:直流试验仅推荐用于电子设备。			

6.1.1.4 外绝缘要求

6.1.1.4.1 一般要求

如电子式电流互感器采用瓷绝缘子时,绝缘子应符合 JB/T 5895 的要求。如电子式电流互感器采用空心复合绝缘子时,绝缘子应符合 IEC 61462 的要求。

6.1.1.4.2 污秽

对带有易受污秽的高电压瓷绝缘子的户外型电子式电流互感器,其给定各污秽等级的爬电距离列于表 7。

表 7 给定污秽等级的爬电距离

污秽等级		最小标称爬电比距 mm/kV[a,b]	爬电距离/弧闪距离
Ⅰ Ⅱ	轻 中	16 20	≤3.5
Ⅲ Ⅳ	重 严重	25 31	≤4.0
注 1:公认绝缘子的形状对其表面绝缘特性有非常大的影响。 注 2:在极轻的污秽地区,根据运行经验可采用标称爬电比距低于 16 mm/kV,但最小约为 12 mm/kV。 注 3:对特别严重的污秽情况,标称爬电比距 31 mm/kV 可能不满足要求。根据运行经验和/或试验室试验结果,可采用更大的爬电比距,但在某些情况下可能需要考虑冲洗的可能性。			
a 爬电比距为相对地的爬电距离除以设备最高电压(相对相)方均根值(见 GB 311.1)。 b 有关爬电距离的其他要求和制造公差见 JB/T 5895。			

6.1.2 温升的一般要求

电子式电流互感器的设计和构造,应能承受下述条件的热效应而温升不超过规定限值且无损伤:

——规定的最高环境温度;

——额定频率;

——额定连续热电流;

——辅助电源电压和二次负荷的综合作用,使二次转换器具有最大的内部功率消耗。

6.1.3 无线电干扰电压要求

无线电干扰电压要求的目的是检验电子式互感器上电晕放电的发射。电晕放电的主要原因是高电压零件和绝缘子箱体表面的局部放电。此试验适用于U_m≥126 kV的电子式互感器。

其要求和试验程序见GB 1208。

6.1.4 传递过电压要求

传递过电压要求的目的是检验传递过电压从电子式互感器一次向二次输出、合并单元或电源的传播状态。

过电压的主要起因是高电压设备的开关操作。如果传输系统采用绝缘体,则此要求不适用。

其要求和试验程序见GB 1208。

6.1.5 电磁兼容要求

6.1.5.1 一般要求

电磁兼容(EMC)是一种性能,表示一台设备或一个系统在它的电磁环境下能满意地运行,且不对该环境中的任何物件产生过量的电磁骚扰[GB/T 4365]。为了评定电子式互感器在此特定电磁环境中的特性,需要确定发射和抗扰度的适当限值。各有关试验的目的分述如下。

6.1.5.2 发射要求

除了无线电干扰电压试验(RIV试验)和传递过电压试验所包含的发射要求之外,GB 4824所考虑的发射限值也适用于电子式互感器,且应进行相应的试验。

6.1.5.3 抗扰度要求

表8列出适用于电子式互感器的各项型式试验及其严酷等级和评价准则。与此有关的其他试验仍在考虑之中。

表8 抗扰度要求和试验

试 验	引用标准	严酷等级	评价准则
谐波和谐间波抗扰度试验[a]	GB/T 17626.13	2	A
电压慢变化抗扰度试验[a]	GB/T 17626.11	+10%~-20%	A
电压慢变化抗扰度试验[b]	GB/T 17626.29	+20%~-20%	A
电压暂降和短时中断抗扰度试验[a]	GB/T 17626.11	30%暂降×0.1s[c] 中断×0.02s[c]	A
电压暂降和短时中断抗扰度试验[b]	GB/T 17626.29	50%暂降×0.1s[c] 中断×0.05s[c]	A
浪涌(冲击)抗扰度试验	GB/T 17626.5	4	B
电快速瞬变脉冲群抗扰度试验	GB/T 17626.4	4	B
振荡波抗扰度试验	GB/T 17626.12	3	B
静电放电抗扰度试验	GB/T 17626.2	2	B
工频磁场抗扰度试验	GB/T 17626.8	5	A
脉冲磁场抗扰度试验	GB/T 17626.9	5	B
阻尼振荡磁场抗扰度试验	GB/T 17626.10	5	B
射频电磁场辐射抗扰度试验	GB/T 17626.3	3	A

A:满足准确度规范限值以内的正常性能(稳态下,在额定一次电流或其较低值)。

B:允许与保护无关的测量性能暂时下降或能够自动恢复的自诊断运作。不允许复位或重新启动。不允许输出过电压超过500 V。对于保护用电子式互感器,不允许性能下降致使继电保护装置误动。

a 仅适用于带交流电源端口的电子式互感器。

b 仅适用于带直流电源端口的电子式互感器。

c 适合于普通继电保护装置的数值。

6.1.5.3.1 谐波和谐间波抗扰度

本试验要求的目的是检验电子式互感器对其低压电源谐波和谐间波分量的抗扰度。本试验要求仅适用于采用交流电源的电子式互感器。

6.1.5.3.2 电压慢变化抗扰度

本试验要求的目的是检验电子式互感器对其低压电源电压缓慢变化的抗扰度。本试验要求适用于交流或直流电源。

6.1.5.3.3 电压暂降和短时中断抗扰度

本试验要求的目的是检验电子式互感器对其低压电源电压暂降和短时中断的抗扰度。本试验要求适用于交流或直流电源。

6.1.5.3.4 浪涌(冲击)抗扰度

本试验要求的目的是检验电子式互感器对电网中操作和雷击(直接或间接)过电压引起单向性瞬变过程的浪涌(冲击)的抗扰度。本试验要求对于高压和中压设备非常重要,因为它们遭受雷击的概率高。

6.1.5.3.5 电快速瞬变脉冲群抗扰度

本试验要求的目的是检验电子式互感器对极快瞬变脉冲群的抗扰度。其起因是小感性负载切合、继电器接触颤动(传导干扰),或者高压开关操作—尤其是 SF_6 或真空开关(发射干扰)。

6.1.5.3.6 振荡波抗扰度

本试验要求的目的是检验电子式互感器对高压和中压电站低压电路出现重复性阻尼振荡波的抗扰度。其起因是开关操作(高压/中压露天电站的隔离开关,尤其是对高压母线的合分),或者是高压或中压电网发生故障。

6.1.5.3.7 静电放电抗扰度

本试验要求的目的是检验电子式互感器对静电放电(ESD)的抗扰度,放电发生在操作者(直接或通过工具)触及设备或其邻近物。这通常不必过于担忧,因为电子式互感器的电子器件部分,无论在户外或户内一般皆坐落在裸露的混凝土地面上,也不靠近合成材料的地毯或器具。但为了安全,电子器件通常要装在与良好接地网牢固连接的金属箱内,这样就会使静电放电的概率非常小。

6.1.5.3.8 工频磁场抗扰度

本试验要求的目的是检验电子式互感器对工频磁场的抗扰度。此磁场是由邻近的电力线路、变压器等在正常运行或故障条件下产生。本试验要求很重要,因为电子式互感器的电子器件部分预计要靠近电力回路。

6.1.5.3.9 脉冲磁场抗扰度

本试验要求的目的是检验电子式互感器对建筑物、金属构架和接地网遭雷击所产生脉冲磁场的抗扰度。本试验要求适合于易受雷击的高压和中压设备。

6.1.5.3.10 阻尼振荡磁场抗扰度

本试验要求的目的是检验电子式互感器对隔离开关合分高压母线所产生阻尼振荡磁场的抗扰度。本试验要求主要适用于安装在高压变电站的电子设备。

6.1.5.3.11 射频电磁场辐射抗扰度

本试验要求的目的是检验电子式互感器对无线电发射机或其他装置发射电磁波所产生电磁场的抗扰度。对于高压和中压设备,最为严重的作用在于可能使用步话机和移动电话,而接近广播电台或业余无线电的概率通常很低。

6.1.6 信噪比

在制造方规定的频带宽度内,电子式电流互感器输出的最小信噪比应为30dB(相对于额定二次输出)。

6.1.7 唤醒电流

如果涉及,唤醒电流应由制造方规定。

6.1.8 **机械强度要求**

这些要求仅适用于 $U_m \geqslant 72.5$ kV 的独立型电子式电流互感器。

表 9 列出了电子式电流互感器应能承受的静态载荷控制值。其数值包含风力和覆冰作用的载荷。

规定的试验载荷定可施加于一次端子的任意方向。

表 9 静态承受试验载荷

设备最高电压 U_m/kV	静态承受试验载荷 F_R/N	
	Ⅰ类载荷	Ⅱ类载荷
72.5	1 250	2 500
126	2 000	3 000
252～362	2 500	4 000
≥550	4 000	6 000

注 1：常规运行条件下所加载荷的总和不得超过规定承受试验载荷的 50%。

注 2：在某些应用情况下，电子式电流互感器的通电流端子，应能承受很少有的急剧动态载荷(例如短路)，它不超过静态试验载荷的 1.4 倍。

注 3：在某些应用情况下，一次端子可能需要抗扭转。试验时施加的扭矩由制造方和用户商定。

6.1.9 **可靠性和可信赖性**

制造方应按有关标准，例如 IEC 60812 和 IEC 61025，提供电子式电流互感器的可靠性和可信赖性资料。其内容包括可维修各主件预期的平均无故障时间(MTTF)和平均无故障间隔时间(MTBF)，以及故障模式与后果分析(FMEA)。提供框图说明各分部件之间的关系，怎样管理如果有的冗余度。可维修各件及其维修方法必须清楚表示。

注：改善可靠性和可信赖性的一种方法可能是采用适当的冗余度。

制造方应尽力提供所有必需的控制，避免因电源丧失或电源不足、内部元器件丧失或元器件故障引起的任何虚假运行。

电子式电流互感器的可靠性和可信赖性状况与变电站所用电子器件相类似。所以，电子式电流互感器的可靠性和可信赖性也应同样对待。

至少，电子式电流互感器应能在某些元器件更换后无需校准仍保持其准确级。容许更换的元器件仅是电子式电流互感器制造方指定的元器件。

现场可更换且无需校准的器件(分部件)应以适当标志特别标明。此工作能力应由试验验证。

其余的器件更换时，则需要整个电子式电流互感器重新校准。

6.1.10 **设备中液体介质的要求**

制造方应规定设备所用液体介质的类型及其数量、品质要求，并向用户提供更新液体介质和保持其数量、品质要求所必需的说明书。

6.1.10.1 **液位**

适合时，设备应带有指示正常运行允许最低和最高限位的液面检查装置，或类似的检查装置。

6.1.10.2 **液体介质的品质**

设备所用液体介质应符合制造方的说明书。

对于油浸式设备，新绝缘油应符合 IEC 60296 的要求。

6.1.11 **设备中气体介质的要求**

制造方应规定设备所用气体介质的类型及其数量、品质和密度要求，并向用户提供更新气体介质和保持其数量、品质要求所必需的说明书，但全封闭死的压力系统除外。

对于充六氟化硫的设备，新六氟化硫应符合 IEC 60376 的要求。

为防止凝露，在所充气体为绝缘要求的额定充气密度 ρ_{re} 的设备内，其最大容许含水量，对应于在20℃下测量的露点应不高于－25℃（或更低）。在其他温度下的测量值须作适当校正。露点的测量和确定见 IEC 60376B 和 IEC 60480。

高电压设备容纳压缩气体的零部件，应符合有关标准的要求。

制造方对密闭压力电子式电流互感器所规定的密封特性，应符合维修量和检验量最小的原则。

密闭压力电子式电流互感器的气密性，用相对泄漏率 F_{rel} 规定，应不超过每年 0.5%。

注：这些数值可用于计算补气的间隔时间 T，但不适用于极端温度状态或频繁操作情况。

对充气式电子式电流互感器，应提供其在运行时安全地进行补气的方法。

注：应注意遵守有关压力容器的地方法规。

6.1.12 设备的接地

对于电子式电流互感器，每台设备装置的座架均应提供可靠的接地端子，且具有供适合于在规定故障条件下连接接地导体的紧固螺丝或螺栓。

紧固螺丝或螺栓的直径不小于 8 mm，对安装在 $U_m \geqslant 40.5$ kV 开关站区的装置则不小于 12 mm。

金属外壳连接接地系统的零件可认为是一个接地导体。

6.1.13 外壳的防护等级

对于高电压设备的包含电源电路零件并可从外部透入的所有外壳，以及所有高电压设备装置的低电压控制电路和/或辅助电路及机械操作机构的外壳，皆应按照 GB/T 4208 规定其防护等级。

防护等级适应于设备的使用条件。

注：对于例如维修、试验等其他情况，可以有不同的防护等级。

6.1.13.1 防止触及危险零件的人身防护和防止固体异物进入的设备防护

防止触及电源电路、控制和/或辅助电路的危险件及任何危险运动件（不包括平稳转动的轴和缓慢移动的连杆），外壳的人身防护等级应按 GB 4208 规定的标志方式表示。

第一位特征数字表示的外壳防护等级，是关于人身防护，以及防止固体异物进入外壳的设备防护。

如果仅要求防止触及危险零件的防护，或要求比第一位特征数字所表示的防护等级更高时，可以采用 GB 4208 规定的补充字母。

GB 4208 列出了各防护等级外壳所“阻止”物体的详细内容。术语“阻止”表示：固体异物不能完全进入外壳，及人体的某部分或手持物件或者是不能进入外壳，或即使进入也能保持适当间距使之不会触及危险件。

6.1.13.2 防止进水的防护

规定不用 IP 代码的第二位特征数字表示防止有害进水的防护等级（第二位特征数字用 X 代替）。

户外设备有附加防雨和其他气候条件防护的要求时，规定用补充字母 W 加在第二位特征数字之后，或加在如果有的附加字母之后。

6.1.13.3 正常使用条件下抗机械冲击的设备防护

封闭设备的外壳应有足够的机械强度（可有的相应试验在 8.11.2 规定）。

对户内装置，建议冲击水平为 2 J。

对无附加机械防护的户外装置，可规定更高的冲击水平，由制造方与用户商定。

6.1.14 可燃性

在可能之处，材料应按 GB/T 11020 的分类进行选择，设计的零件应能阻滞设备中因意外过热所产生火焰的蔓延。

6.1.15 振动

保护用电子式电流互感器的输出，应在承受与其使用状态相应的振动水平时仍运行正确。电子式电流互感器的不同部件可以承受不同的振动水平。

测量用电子式电流互感器的输出，仅进行振动寿命试验。

6.1.16 传输系统和输出链接的要求

6.1.16.1 一般要求

如传输系统和/或输出链接采用光缆，它应符合 IEC 60794 的要求。光缆应防水，且应与电缆隔离，安装在专用管道内。

传输系统和输出链接的缆线应具有防止啮齿类动物破坏的保护。

6.1.16.2 光学接插件

户外光纤接插件不允许没有适当的保护外套。

6.1.16.3 光纤端子盒

采用光纤端子盒时，它应是便于在地面直接进行检验。

6.1.16.4 缆线总长度

电子式电流互感器能够在制造方规定的传输系统缆线和输出链接的最大长度下运行。

注：对于超高电压的露天变电站，制造方必须考虑缆线总长度可能达 1 km。

6.1.17 维修

某些电子式电流互感器结构需要维修。为了估计这种维修的复杂性和为了能够有效地进行维修，制造方应依据 15.6.2 提供维修手册。

6.1.18 故障检出和维修的告示

当自动检测出电子式电流互感器故障时，应使模拟量输出为零，或者触发数字量输出数据无效标志。至少，传输系统故障应能自动检出，或允许传输系统用继电器监视。在因电源中断造成输出中止的特定情况下，输出应是电压输出为零和数字量输出为无效。随着电子式电流互感器电源恢复，应自动恢复其运行。当检测出电子式电流互感器要求维修时，应有告示。对数字量输出，这将触发维修申请标志（见 6.2.4.1.11）。

6.1.19 可操作性

为了方便电子式电流互感器的操作和维修，凡是用户易接近的零部件的位置应由用户和制造方商定。这些零部件可以包括开关、插口、熔断丝、输入和输出等。

6.2 数字量输出的设计要求

6.2.1 一般要求

有关数字接口的物理层和链路层，允许有两种技术方案。一种采用 IEC 61850-9-1 所述的以太网，另一种在此描述。两种方案的应用层相同。实现在此所述的方案，可采用同步脉冲或者插值法，从多个合并单元得到时间相关的一次电流和电压样本。依据 IEC 61850-9-1 的以太网链接通常采用同步脉冲。

6.2.2 物理层

合并单元到二次设备的联结，可用光纤传输系统或铜线型传输系统实现。在以下条款中，分别叙述这两种系统。

通用帧的标准传输速度为 2.5 Mbit/s。采用曼彻斯特编码。首先传输 MSB(最高位)。

曼彻斯特编码：从低位转移到高位为二进制 1，从高位转移到低位为二进制 0，见图 3 说明。

注 1：数字量输出的通用信息见附录 E。

注 2：高位和低位的定义按 6.2.2.1 和 6.2.2.5 的规定。

6.2.2.1 光纤传输

如采用光纤传输系统，兼容接口是合并单元的光纤接插件。接插件类型见表 10 规定。此表提供的一些导则有助于建立可靠的光纤传输链接。其他的机械工程规范，例如安装位置和光缆布局，由制造方规定。

高位定义为“光线亮”，低位定义为“光线灭”。

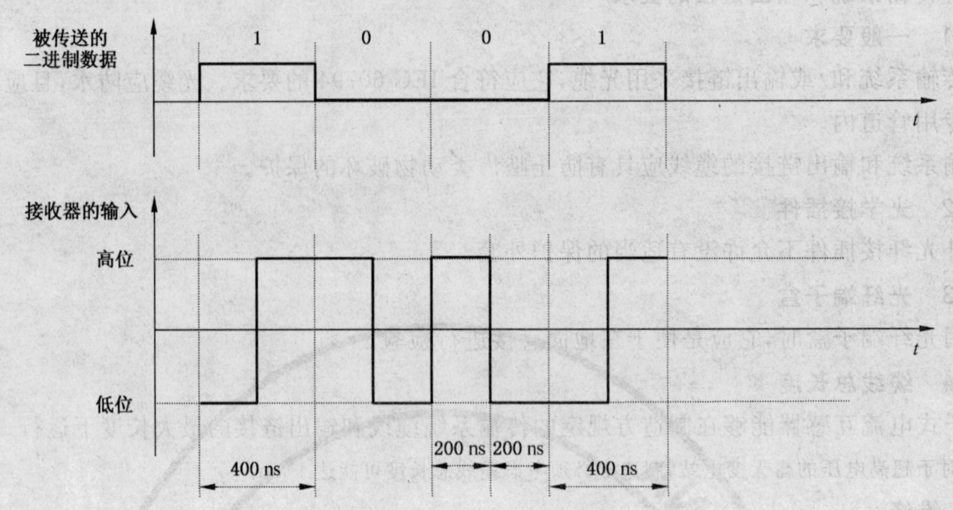

图 3 曼彻斯特编码

6.2.2.2 光驱动器特性

6.2.2.2.1 接收器的上升和下降时间

信号的上升和下降时间，由幅值的10%和90%两点确定，应小于20 ns。

表 10 兼容性光纤传输系统

特征	塑料光纤	玻璃光纤
接插件	BFOC/2.5[c]	BFOC/2.5[a]
光缆类型	阶跃折射率 980/1 000 μm	渐变折射率 62.5/125 μm[b]
典型距离	达5 m	达1 000 m
光波长	660 nm	820 nm～860 nm
最大传输功率[d,e]	－10 dBm	－15 dBm
最小传输功率[d,e]	－15 dBm	－20 dBm
最大接收功率[d]	－15 dBm	－15 dBm
最小接收功率[d]	－25 dBm	－30 dBm
系统储备量[f]	最小＋3 dB	最小＋3 dB

a LSH 接插件可用于严酷环境。

b 可采用 50/125 μm 光纤。如采用此型光纤，可输入的传输功率会下降，因而应分别规定其距离、接收功率和系统储备量。

c HP 塑料接插件可用于塑料光纤，也可以采用 ST 接插件。

d 各功率值是50%占空比的平均值。

e 传输光功率应在10 m长(硅 62.5/125 μm)或1 m长(塑料)光纤的输出处测量。0 dBm 定义为光功率方均根值1 mW。

f 设计传输链接时，须注意接收器上的光功率瞬时(峰)值不得超过其最大额定值。如超过最大额定值，接收器不可能正确检测比特流(因为它已无识别能力)，因而传输线上发送信号会出现大量错误(亦见6.2.2.2.2)。

6.2.2.2.2 光脉冲特性

过冲值应小于光脉冲标称输出的30%，在脉冲后半部的脉动值限制为光脉冲标称输出的10%。

过冲和脉动按图4定义。

过冲百分数定义为 $\{[过冲量(P_{峰值}-P_{100\%})]/P_{100\%}\}\times 100$

脉动百分数定义为{[最大的|P(100 ns<t<200 ns)$-P_{100\%}$|]/$P_{100\%}$}×100

注：进行这些测量，是为了检验接收器不受过高光功率的影响，和检验发送器输出的稳定性以满足良好的光功率检测。

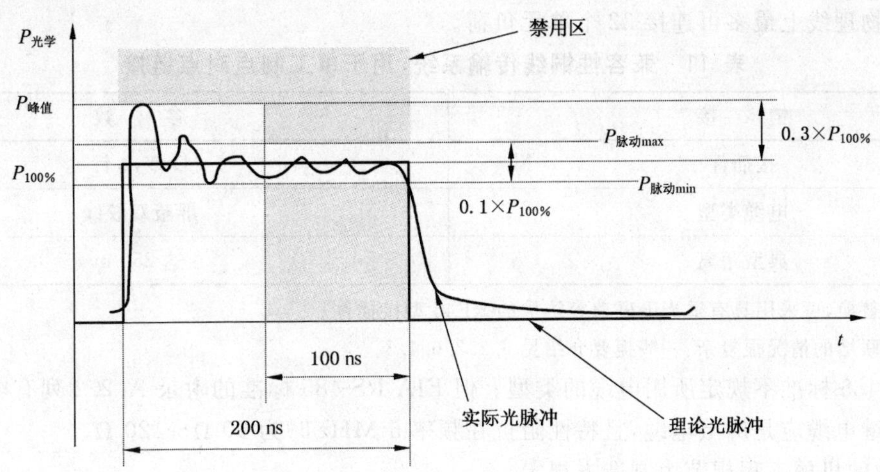

图 4 光脉冲特性

6.2.2.2.3 光脉冲试验电路

光脉冲试验电路见图5。

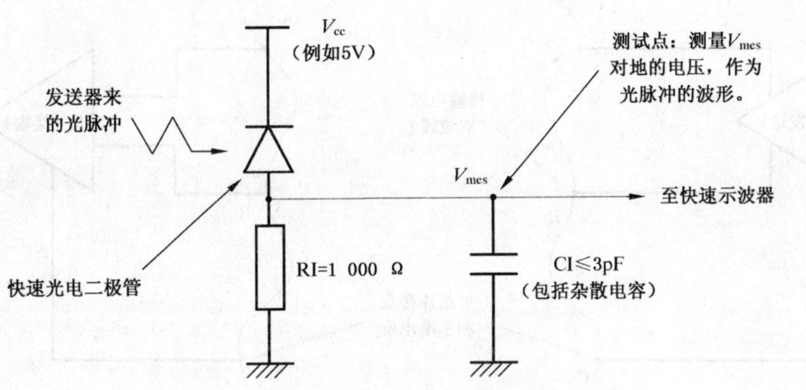

图 5 光脉冲试验电路

注1：此电路未表示电源 V_{cc} 所需的去耦合网络。

注2：示波器及其探头的频带宽度应至少为500 MHz。

注3：试验电路所用光电二极管的上升和下降时间应非常小，典型值≤1.5 ns。例如 BPX65。

注4：光脉冲应在10 m长(石英62.5/125 μm)或1 m长(塑料)光纤的输出上获取。

6.2.2.3 光接收器特性

6.2.2.3.1 接收器的上升和下降时间

信号的上升和下降时间，由幅值的10%和90%两点确定，应小于20ns。

6.2.2.3.2 脉冲宽度失真

脉冲宽度失真应小于25 ns。

6.2.2.4 光传输的定时准确度

6.2.2.4.1 时钟抖动

半电压点测得的数据跳变应发生在标称时钟周期的±10 ns以内。

6.2.2.5 铜线接口

铜线接口见图6。

作为上述光纤传输系统的替换选择，铜线型传输系统可用在合并单元与电气测量仪器和继电保护装置之间(见表11)。此传输系统应符合 EIA RS-485 标准。

在此用途中，仅用于电子式电流互感器到二次设备的单向性链接。由于 EIA RS-485 标准规定的特性，在一条物理线上最多可连接 32 个单元负荷。

表 11 兼容性铜线传输系统，用于单工制点对点链接

链 接	参 数
接插件	D型，9 针
电缆类型	屏蔽双绞线
典型距离	达 250 m

注 1：作为替换，可采用具有适当电磁兼容防护的 RJ-45 型接插件。

注 2：多点联结的情况很复杂：一些扼要介绍见 6.2.2.6.4.3。

EIA RS-485 标准不规定所用电缆的类型。但 EIA RS-485 标准的附录 A.2.2 列有电缆选用导则。无论如何，中继电缆应是屏蔽电缆，且特性阻抗在频率 5 MHz 时为 90 Ω～120 Ω。

所有其他的机械工程规范由制造方规定。

线路驱动器输出为 3 点式电缆(亦见 11.1.2)。低位定义为 A 点电压(V_a)高于 B 点电压(V_b)，$V'_a-V'_b$(接收器输入)＞200 mV 峰值。高位定义为 A 点电压(V_a)低于 B 点电压(V_b)，$V'_a-V'_b$(接收器输入)＜－200 mV 峰值。

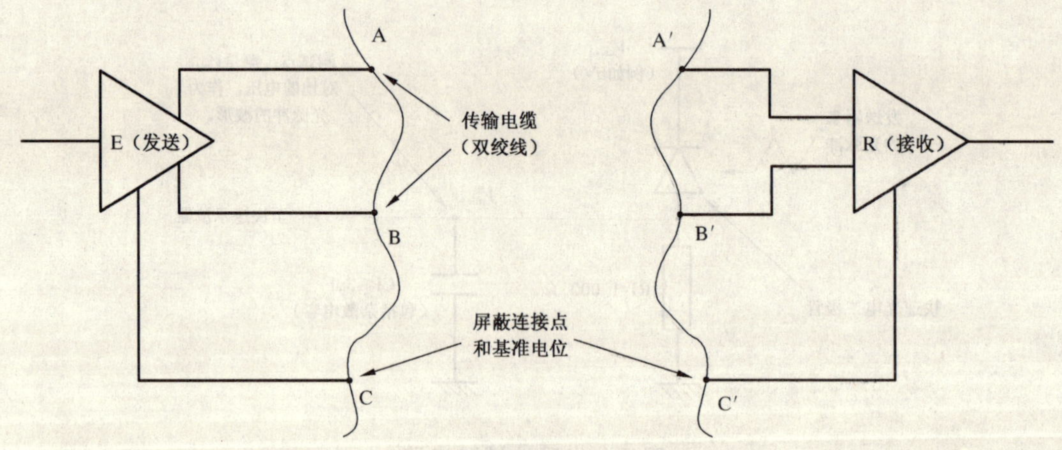

图 6 铜线接口

注 1：铜线型传输系统对电磁干扰的敏感性远高于光纤型系统。含有铜线型传输系统应不得降低电气测量仪器和继电保护装置的运行性能。

注 2：也可采用 RS 422 型通讯的设计电路，但必须经制造方和用户双方同意。

注 3：对于多个接收器通过菊花链方式链接一个发送器的情况，特别要注意电缆的机械联结技术要求。

注 4：接收器的最低灵敏度由 6.2.2.6.2.3 的要求规定。

6.2.2.6 铜线传输的电气要求

注：波形、电磁兼容要求和试验电路的详细信息见 EIA RS-485 标准。

6.2.2.6.1 线路驱动器特性

6.2.2.6.1.1 输出阻抗

线路驱动器应具有平衡输出的内阻抗为 110×(1±20%)Ω，它是 0.1 MHz～6 MHz 频率下在其连接传输线的端子上测得。

6.2.2.6.1.2 信号幅值

信号幅值应为 3 V～10 V 峰对峰值，它是在输出端子所接的电阻(110×(1±1%)Ω)上测得，且无任何中继电缆。

6.2.2.6.1.3　上升和下降时间

最大上升和下降时间，由幅值的10%和90%两点确定，应为20 ns，它是在线路驱动器输出端子所接的110 Ω电阻上测得。

6.2.2.6.2　线路接收器特性

6.2.2.6.2.1　接收器输入阻抗

接收器最小输入电阻应为12 kΩ。

6.2.2.6.2.2　最大输入信号

接收器与6.2.2.6.1.2所规定极限电压之间工作的线路驱动器直接连接时，应能正确解译数据。

6.2.2.6.2.3　最小输入信号

当某随机输入信号产生的眼形图（见图7），其特征为V_{min}是200 mV和T_{min}等于50%码元周期时，接收器应能正确解译数据。

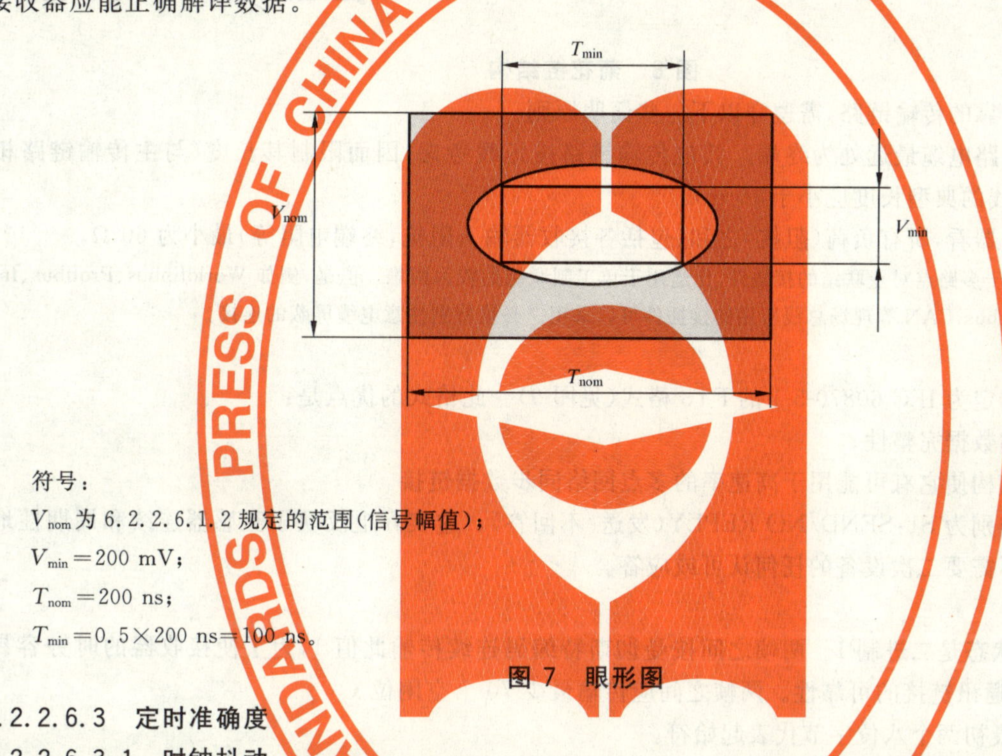

符号：

V_{nom}为6.2.2.6.1.2规定的范围（信号幅值）；

V_{min}＝200 mV；

T_{nom}＝200 ns；

T_{min}＝0.5×200 ns＝100 ns。

图7　眼形图

6.2.2.6.3　定时准确度

6.2.2.6.3.1　时钟抖动

半电压点测得的数据跳变应发生在标称时钟周期的±10 ns以内。

6.2.2.6.4　其他

6.2.2.6.4.1　线路终端阻抗的匹配

为了保证传输线路正常运行，尤其是在高速率下，惯例是对传输线路添加终端阻抗。此终端阻抗防止线路上的任何反射，避免信号品质下降。这种情况的通用规则是线路驱动器输出阻抗和各接收器总输入阻抗与电缆线路特性阻抗相匹配。根据所选用的电缆，此特性阻抗值可能会有微小变化，但不超过本标准设定的限值。作为通用规则，输出和输入阻抗两者与特性阻抗的最佳匹配将保证最佳的传输品质。

6.2.2.6.4.2　单工制点对点联结

这是由一个驱动器和一个接收器组成。这种情况下，最简易的方法是适当地在接收器输入端并联一个电阻作为线路终端，该电阻值与线路特性阻抗相匹配。

6.2.2.6.4.3　单工制多点联结

这是由一个驱动器和传输线路不同点上连接的多个接收器组成。这种情况的优先结构是菊花链联结。星形结构虽然简单和容易增补，但不能保证互感器应用时信号传输的正常品质。菊花链结构见图 8。

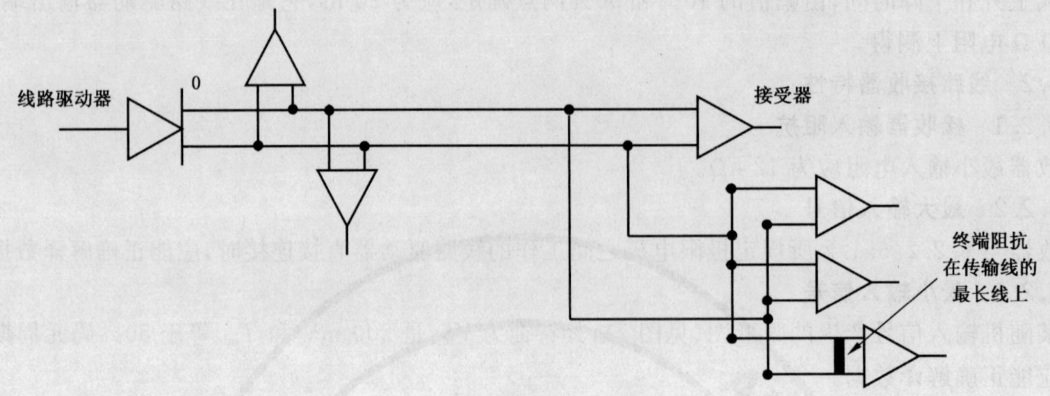

图 8 菊花链结构

为了建立可靠的传输链路，需遵守以下一些简明原则：

——仅以线路电缆最远处为终端。其他传输链路按短线考虑，因而限制其长度(与主传输链路相比，短线的典型长度应小于 10 m)。

——由驱动器看，所有负荷(阻抗)之和(包括各接收器输入阻抗，终端电阻等)最小为 60 Ω。

注：寻找适用于多路点对点联结的接插件，比适用于单工制联结的较为困难。但是，例如 Worldfipbus、Profibus、Interbus、Bitbus、CAN 等现场总线所用的接插件可以采用。必须特别注意电缆屏蔽的连接。

6.2.3 链路层

此链路层选定为 IEC 60870-5-1 的 FT3 格式(见图 9)。此格式的优点是：

——良好的数据完整性；

——其帧结构使它有可能用于高速率的多点网络同步数据链接。

链接服务类别为 S1:SEND/NO REPLY(发送/不回答)。这实际上反映了互感器连续和周期性地传输其数值并不需要二次设备的任何认可或应答。

传输规则：

R1 空闲状态是二进制 1。两帧之间按曼彻斯特编码连续传输此值 1，为了使接收器的时钟容易同步，由此提高通讯链接的可靠性。两帧之间应传输最少 70 个空闲位。

R2 帧的最初两个八位字节代表起始符。

R3 16 个八位字节用户数据由一个 16 比特校验序列结束。需要时，帧应填满缓冲字节，以完成给定的字节数。

R4 由下列多项式生成校验序列码：

$$X16+X13+X12+X11+X10+X8+X6+X5+X2+1$$

此规范生成的 16 比特校验序列是取反的。

R5 接收器检验信号品质、起始符、各校验序列和帧长度。如果这些检验中任一项有误，该帧将废弃，反之交付给用户。

注 1：规则 R1：推荐在两帧之间填满尽可能多的空闲位；某些接收器的同步方法可利用紧接起始符前的小空白间隔，使接收器为传输来临做好准备。

注 2：因为所用的服务类别是 S1，故对 IEC 60870-5-1 的规则 R5 和 R6 已作修改：由于发送器无法知道接收器是否检测出错误，所以不需要 IEC 60870-5-1 对 R5 规定的最小行空闲状态，否则会导致不必要的高数据速率。规则 R1 规定了最小行空闲状态，并可供检验使用。

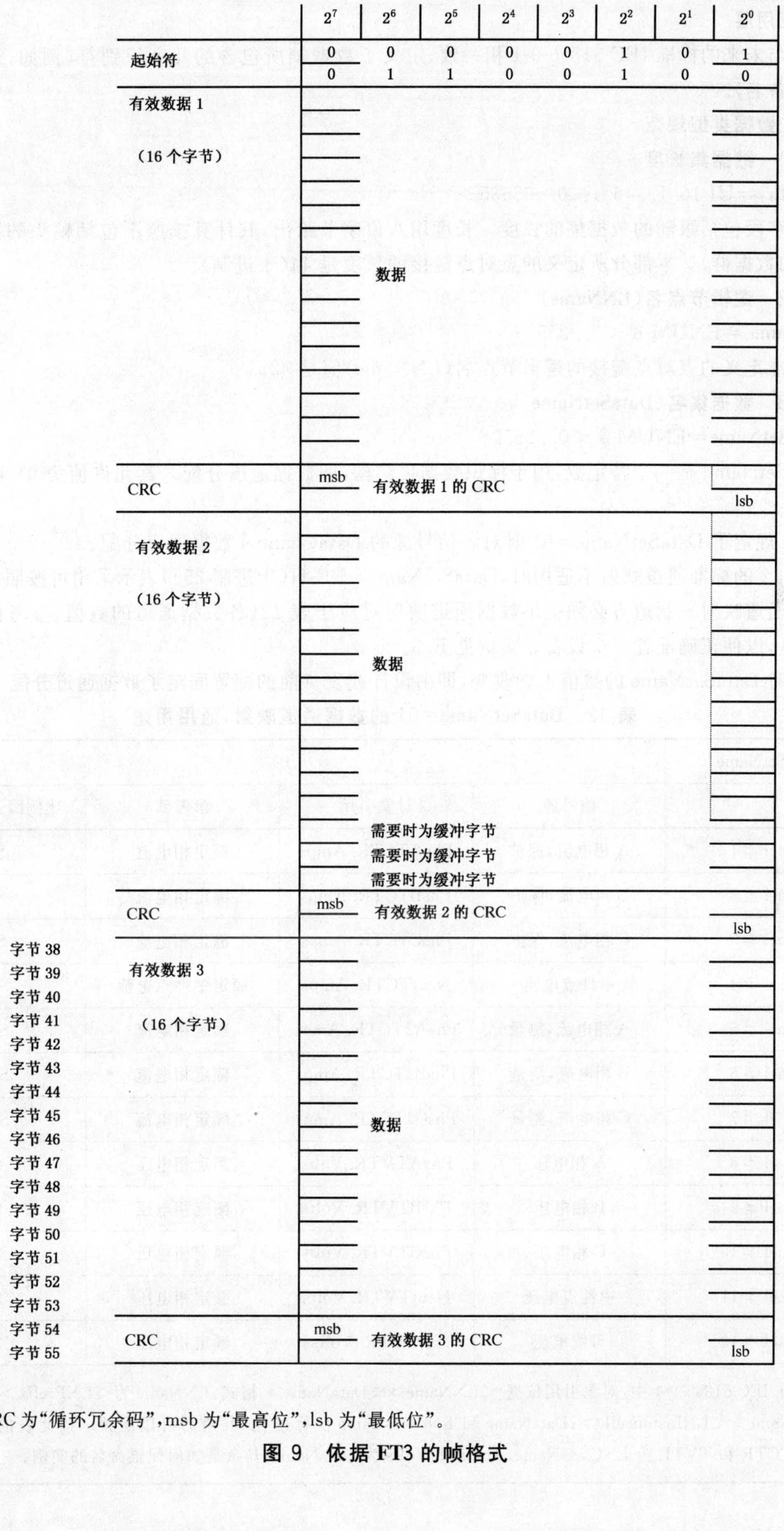

2^7 2^6 2^5 2^4 2^3 2^2 2^1 2^0
起始符
0 0 0 0 0 1 0 1
0 1 1 0 0 1 0 0
有效数据 1
(16 个字节)
数据
CRC
msb
有效数据 1 的 CRC
lsb
有效数据 2
(16 个字节)
数据
需要时为缓冲字节
需要时为缓冲字节
需要时为缓冲字节
CRC
msb
有效数据 2 的 CRC
lsb
字节 38
字节 39
字节 40
字节 41
字节 42
字节 43
字节 44
字节 45
字节 46
字节 47
字节 48
字节 49
字节 50
字节 51
字节 52
字节 53
字节 54
字节 55
有效数据 3
(16 个字节)
数据
CRC
msb
有效数据 3 的 CRC
lsb

其中:CRC 为“循环冗余码”,msb 为“最高位”,lsb 为“最低位”。

图 9 依据 FT3 的帧格式

6.2.4 应用层

为了与未来的标准 IEC 61850-9-1 相一致，定义了数据帧所包含的几个识别符(例如，逻辑节点名和逻辑设备名)。

6.2.4.1 数据类型规范

6.2.4.1.1 数据集长度

Length：=UI 16[1..16]，<0..65535>

长度字段包括跟随的数据集的长度。长度用八位字节给出，其计算按照不包括帧头的数据集的长度(长度和数据群)。本部分所定义的点对点链接的长度是 44(十进制)。

6.2.4.1.2 逻辑节点名(**LNName**)

LNName =ENUM 8 <0..255>

本标准定义的点对点链接的逻辑节点名(LNName)值是 02。

6.2.4.1.3 数据集名(**DataSetName**)

DataSetName=ENUM 8 <0..255>

DataSetName 是一个特定数，用于标识数据集结构，即数据通道分配。其允许值为 01 和 FE H(十进制 254)。

表 12 规定了 DataSetName=01 时对各信号源的 DataChannel 数据通道分配。

当表 12 的标准通道映射不适用时，DataSetName=FE H(十进制 254)表示采用可按照各种用途调整的特定通道映射。制造方必须提供数据通道映射对应于表 12(各数据通道的数值、参考值和比例因子)的信息，以便正确配置二次设备。实例见 E.3。

运行时 DataSetName 的数值不能改变，即由设计或发货前的配置固定了数据通道分配。

表 12 DataSetName=01 的数据通道映射，通用用途

DataSetName	01			
	信号源	对象引用	参考值	比例因子(见表 5)
DataChannel #1	A 相电流，保护	PhsATCTR. Amps	额定相电流	SCP
DataChannel #2	B 相电流，保护	PhsBTCTR. Amps	额定相电流	SCP
DataChannel #3	C 相电流，保护	PhsCTCTR. Amps	额定相电流	SCP
DataChannel #4	中性点电流	NeutTCTR. Amps	额定中性点电流	SCM
DataChannel #5	A 相电流，测量	PhsA2TCTR. Amps	额定相电流	SCM
DataChannel #6	B 相电流，测量	PhsB2TCTR. Amps	额定相电流	SCM
DataChannel #7	C 相电流，测量	PhsC2TCTR. Amps	额定相电流	SCM
DataChannel #8	A 相电压	PhsATVTR. Volts	额定相电压	SV
DataChannel #9	B 相电压	PhsBTVTR. Volts	额定相电压	SV
DataChannel #10	C 相电压	PhsCTVTR. Volts	额定相电压	SV
DataChannel #11	中性点电压	NeutTVTR. Volts	额定相电压	SV
DataChannel #12	母线电压	BBTVTR. Volts	额定相电压	SV

注：在 IEC 61850-9-1 中，对象引用依据 <LNName><DataName> 格式；LNName 为<LNPrefix><LNClassName><LNInstanceID>；DataName 和 LNClassName 已标准化，其余的可以配置。按此表的上列内容，TCTR 和 TVTR 为 LNClassName；Amps 和 Volts 为 DataName；其余是如何配置命名的实例。

6.2.4.1.4 **逻辑设备名(LDName)**

LDName＝UI 16，<0..65535>

逻辑设备名(LDName)是一个特定数，用在变电站中标识数据集的信号源。LDName 可以参数化，例如，在安装时给定其参数。

6.2.4.1.5 **额定相电流(PhsA. Artg)**

PhsA. Artg:＝UI 16 <0..65535>

注：按照未来的 IEC 61850-7-4，各相可以有自身的额定值。现选择 A 相，就通用数据集包含的信息作一示范。

额定相电流以安培(方均根值)数给出。

注：此值的传输为任选。如果不发送，则应以传输 0 值代替。在这种情况下，接收器必须参数化，如同对待传统互感器那样明确。如果传输不需要接收器参数化，则不良配置设备的危险性下降，并且设置简化。

6.2.4.1.6 **额定中性点电流(Neut. Artg)**

Neut. Artg:＝UI 16 <0..65535>

额定中性点电流以安培(方均根值)数给出。

注：此值的传输为任选。如果不发送，则应以传输 0 值代替。在这种情况下，接收器必须参数化，如同对待传统互感器那样明确。如果传输不需要接收器参数化，则不良配置设备的危险性下降，并且设置简化。

6.2.4.1.7 **额定相电压和额定中性点电压(PhsA. Vrtg)**

PhsA. Vrtg:＝UI 16 <0..65535>

注：按照未来的 IEC 61850-7-4，各相可以有自身的额定值。现选择 A 相，就通用数据集包含的信息作一示范。

额定电压以 $1/(\sqrt{3}\times 10)$ kV(方均根值)数给出。

额定相电压和额定中性点电压皆乘以$\sqrt{3}$进行传输，避免舍位误差。

例如：一台 EVT 的额定电压 $U_r=110/\sqrt{3}$kV，在数据帧的额定相电压值为：

$$(110/\sqrt{3})\times\sqrt{3}\times 10=1\ 100$$

注：此值的传输为任选。如果不发送，则应以传输 0 值代替。在这种情况下，接收器必须参数化，如同对待传统互感器那样明确。如果传输不需要接收器参数化，则不良配置设备的危险性下降，并且设置简化。

6.2.4.1.8 **额定延迟时间**

tdr:＝UI 16 <0..65535>

额定延迟时间以微秒(μs)数给出。

6.2.4.1.9 **数据通道 DataChannel ＃1 至 DataChannel ＃12**

DataChannel ＃n:＝I 16 <−32768...32767>(即 16 比特线型 2 s 补码)

DataChannel ＃1 至 DataChannel ＃12 各数据通道给出测得的即时值，分别为

——相电压；

——相电流，保护用；

——相电流，测量用；

——中性点电流；或

——中性点电压。

对测量值的数据通道分配，依据 6.2.4.1.3 和 E.3 所述的 DataSetName 赋值。

保护用和测量用的相电流数据的比例

如果数据通道为相电流占用，其比例由测量用电子式电流互感器的额定输出值或保护用电子式电流互感器的额定值规定(见表 5)。

比例的实例：

如一台保护用电子式电流互感器，额定一次电流 4 000 A(方均根值)，按表 5 规定，额定输出为 SCP

＝01CF H(方均根值,RangFlag＝0)。

例如,对应于样本 2DF0 H 的即时模拟量电流值为:(2DF0/01CF)×4 000 A＝101 598A。

如果发生溢出,正溢出必须用 7FFF H 码指示,负溢出必须用 8 000 H 码指示。

保护用和测量用的导数相电流数据的比例

如果数据通道为相电流导数占用,其比例由测量用电子式电流互感器的额定输出值或保护用电子式电流互感器的额定值(见表 5)及一次电流的额定角频率($\omega=2\pi f_r$)规定。

中性点电流数据的比例

中性点电流可以用单独的互感器测量,或用三个相电流叠加计算。其比例由测量用电子式电流互感器的 SCM 额定输出值规定(见表 5),但与 RangFlag 的设置无关。

如果发生溢出,正溢出必须用 7FFF H 码指示,负溢出必须用 8 000 H 码指示。当中性点电流值由三个相电流叠加计算时,如有一相电流溢出也必须指示溢出。

注:中性点电流的额定准确度可以与相电流的规定准确度不相同。

电压数据(相电压、中性点电压或母线电压)的比例

如果数据通道为 A、B、C 相及中性点或母线测得的即时电压占用,其比例由 SV 额定输出值规定(见表 5)。

母线电压可以传输一相的母线值供同步用。

比例的实例:

如一台 EVT,额定一次电压 220kV/$\sqrt{3}$(方均根值),按表 5 规定,额定输出为 SV＝2D41 H(方均根值)。

例如,对应于样本 2DF0 H 的即时模拟量电压值为:(2DF0/2D41)×220 kV/$\sqrt{3}$＝129 kV。

如果发生溢出,正溢出必须用 7FFF H 码指示,负溢出必须用 8 000 H 码指示。当中性点电压值由三个相电压叠加计算时,如有一相电压溢出也必须指示溢出。

注:在一些带滞留电荷重合闸的情况下(见 GB/T 20840.7—2007 的 C.4),数字量电压值可能高达溢出。

6.2.4.1.10 样本计数器(SmpCnt)

SmpCnt＝UI 16[1..16]＜0..65535＞

＜0...65535＞:＝顺序计数

此 16 位计数器用以检查连续更新的帧数。此计数应在每出现一个新帧时加 1。连续运行中一旦溢出,它应以 0 值重新开始。

采用同步脉冲进行各合并单元同步时,计数应随每一个同步脉冲出现时置零。一次电流采样与同步脉冲重合时的数据集应赋值为 0。

6.2.4.1.11 状态字(StatusWord ＃1 和 StatusWord ＃2)

StatusWord ＃n＝BS 16

状态字 StatusWord ＃1 和 StatusWord ＃2 的说明见图 10 和图 11。

如果一个或多个数据通道不使用,相应的状态标志应设置为无效,相应的数据通道应填入 0000 H。

如果互感器有故障,相应的状态标志应设置为无效,并应设置要求维修标志(LPHD. PHHealth)。

如为预防性维修,所有配置信号皆有效,可以设置要求维修标志(LPHD. PHHealth)。

当因在唤醒时间期间而数据无效时,应设置无效标志和唤醒时间指示的标志。

在下列逻辑条件满足时:[[同步脉冲消逝或无效] 和 [合并单元内部时钟漂移超过其相位误差额定限值的一半]],应设置同步脉冲消逝或无效比特(比特 4)。

	说明		注释
比特 0	要求维修 (LPHD. PHHealth)	0:良好 1:警告或报警(要求维修)	
比特 1	LLN0. Mode	0:接通(正常运行) 1:试验	
比特 2	唤醒时间指示 唤醒时间数据的有效性	0:接通(正常运行),数据有效 1:唤醒时间,数据无效	在唤醒时间期间应设置
比特 3	合并单元的同步方法	0:数据集不采用插值法 1:数据集适用于插值法	
比特 4	对同步的各合并单元	0:样本同步 1:时间同步消逝/无效	如合并单元用插值法也要设置
比特 5	对 DataChannel ＃1	0:有效 1:无效	
比特 6	对 DataChannel ＃2	0:有效 1:无效	
比特 7	对 DataChannel ＃3	0:有效 1:无效	
比特 8	对 DataChannel ＃4	0:有效 1:无效	
比特 9	对 DataChannel ＃5	0:有效 1:无效	
比特 10	对 DataChannel ＃6	0:有效 1:无效	
比特 11	对 DataChannel ＃7	0:有效 1:无效	
比特 12	电流互感器输出类型 $i(t)$或 $d(i(t)/dt)$	0:$i(t)$ 1:$d(i(t)/dt)$	对空心线圈应设置
比特 13	RangeFlag	0:比例因子 SCP=01CF H 1:比例因子 SCP=01E7 H	比例因子 SCM 和 SV 皆无作用
比特 14	供将来使用		
比特 15	供将来使用		

图 10 状态字 ＃1(StatusWord ＃1)

	说明		注释
比特 0	对 DataChannel ＃8	0:有效 1:无效	
比特 1	对 DataChannel ＃9	0:有效 1:无效	
比特 2	对 DataChannel ＃10	0:有效 1:无效	
比特 3	对 DataChannel ＃11	0:有效 1:无效	
比特 4	对 DataChannel ＃12	0:有效 1:无效	
比特 5	供将来使用		
比特 6	供将来使用		
比特 7	供将来使用		
比特 8	供专用		
比特 9	供专用		
比特 10	供专用		
比特 11	供专用		
比特 12	供专用		
比特 13	供专用		
比特 14	供专用		
比特 15	供专用		

图 11　状态字 ＃2(StatusWord ＃2)

6.2.4.2　帧的存储内容

帧的存储内容见图 12。

图 12　通用帧

注：某些电压或电流值不使用时，相应的字段应为 0000 H，且相应的状态字应设置为无效标志。

6.2.5 合并单元的时钟输入

如果规定时钟输入,可以是电信号的或光信号,应遵循以下规范:

——时间触发:在低到高的脉冲上升沿。触发阈值如下所述。

——时钟速率:每秒 1 个脉冲。

——合并单元应作合理性检查,验明输入脉冲是否有误。

图 13 表示脉冲的图形。

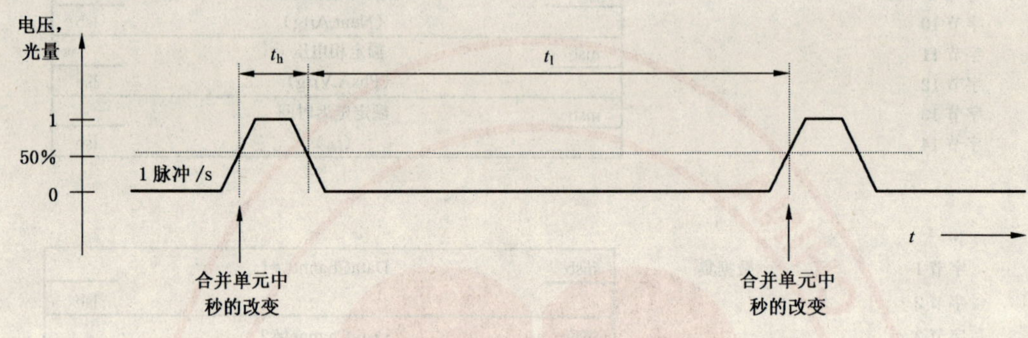

图 13 时钟输入的脉冲波形

并且规定:

光输入

——触发阈值:最大光量的 50%,如图 13 所示。

——接插件、光纤等,与数字量输出的相同(见表 10)。

——脉冲宽度 t_h>10 μs。

——脉冲间隔 t_l>500 ms。

低电压输入(例如,用背板方案)

——电压水平:10 V 或 24 V。

——触发阈值:5 V。

——脉冲宽度 t_h>30 ms。

——脉冲间隔 t_l>500 ms。

——输入电流 1 mA 至 20 mA。

电压输入,按电站电池电压

——电压水平:110 V 或 220 V。

——触发阈值:35 V。

——脉冲宽度 t_h>30 ms。

——脉冲间隔 t_l>500 ms。

——输入电流 1 mA 至 20 mA。

注 1:此脉冲可由主时钟或例如全球定位系统接收器产生。这样的装置通常为开路集电极输出,以便连接电站电池。距离较长和准确度较高时则须是光量输入。在电磁兼容无问题的场所,简单的低电压输入是最经济有效的方法。

注 2:制造方应声明,采用何种同步脉冲源进行互感器的准确度测量。还应说明,保持此准确度所需同步脉冲源必须满足的要求(例如,最大上升时间)。

6.3 模拟量电压输出的设计要求

6.3.1 接插件

作为导则,推荐的设计见表 13。

表 13 接 插 件

接 插 件	交流耐受电压
RG-108A 的 Twin-BNC 夹持式插头	⩽1.5 kV
ODU-MINI-SNAP	⩽2 kV
Phoenix 微型接插件	⩽2 kV
注：Phoenix 微型接插件不适用于 2MΩ 负荷。	

罗纹端子也可以使用。

6.3.2 输出电缆的接地

如果采用双屏蔽电缆，在变电站可能用多种方法满足电磁兼容要求：

a) 内屏蔽在一侧接地和外屏蔽在另一侧接地。

b) 外屏蔽在两侧接地，内屏蔽在一侧接地。

c) 外屏蔽在一侧接地和另一侧通过电容接地，内屏蔽在一侧接地。

7 试验分类

7.1 一般要求

本标准所规定的试验分为型式试验、例行试验和特殊试验。

型式试验：对每种型式互感器所进行的试验，用以验证按同一技术规范制造的互感器均应满足、且在例行试验中未包括的要求。在具有较少差别的互感器上所做的型式试验，或在未改动的分组部件上所做的型式试验，其有效性应经制造方和用户协商同意。

例行试验：每台电子式电流互感器都应承受的试验。

特殊试验：型式试验或例行试验之外经制造方和用户协商同意的试验。

7.2 型式试验

7.2.1 通用型式试验

下列试验是型式试验，详见有关条款：

a) 短时电流试验(见 8.1)；

b) 温升试验(见 8.2)；

c) 额定雷电冲击试验(见 8.3.2)；

d) 操作冲击试验(见 8.3.3)；

e) 户外型电子式电流互感器的湿试验(见 8.4)；

f) 无线电干扰电压(RIV)试验(见 8.5)；

g) 传递过电压试验(见 8.6)；

h) 低压器件的耐压试验(见 8.7)；

i) 电磁兼容试验：发射(见 8.8.3)；

j) 电磁兼容试验：抗扰度(见 8.8.4)；

k) 准确度试验(见 8.9)；

l) 保护用电子式电流互感器的补充准确度试验(见 8.10)；

m) 防护等级的验证(见 8.11)；

n) 密封性能试验(见 8.12)；

o) 振动试验(见 8.13)。

除非另有规定，所有的绝缘型式试验应在同一台电子式电流互感器上进行。

电子式电流互感器除经受 7.2 规定的绝缘型式试验外，还应经受 7.3 规定的全部例行试验。

7.2.2 数字量输出的补充型式试验

a) 驱动器特性的验证(见 8.14.2.1 或 8.14.3.1);

b) 接收器特性的验证(见 8.14.2.2 或 8.14.3.2);

c) 定时准确度的验证(见 8.14.2.3 或 8.14.3.3)。

7.3 例行试验

7.3.1 通用例行试验

下列试验适用于每台电子式电流互感器:

a) 端子标志检验(见 9.1);

b) 一次端的工频耐压试验(见 9.2.1);

c) 局部放电测量(见 9.2.2);

d) 低压器件的工频耐压试验(见 9.3);

e) 准确度试验(见 9.4);

f) 密封性能试验(见 9.5);

g) 电容量和介质损耗因数测量(见 9.6)。

试验的顺序未标准化,但准确度试验应在其他试验后进行。

一次端的重复性工频耐压试验应在规定试验电压值的 80%下进行。

7.3.2 数字量输出的补充例行试验

a) 光纤传输(见 9.7.1);

b) 铜线传输(见 9.7.2)。

7.3.3 模拟量输出的补充例行试验

见 9.8。

7.4 特殊试验

7.4.1 通用特殊试验

下列试验是依据制造方和用户协商同意而进行的试验:

a) 截断雷电冲击试验(见 10.1);

b) 一次端的多次截断冲击试验(见 GB 1208—2006 附录 G);

c) 机械强度试验(见 10.2);

d) 谐波准确度试验(见 10.3);

e) 依据所采用技术需要的试验(见 10.4)。

8 型式试验

8.1 短时电流试验

对于短时热电流 I_{th}试验,电子式电流互感器的起始温度应在 10℃和 40℃之间。

本试验进行时应为:

——辅助电源电压和二次负荷同时作用,使二次转换器具有最大的内部功率消耗;

——历时 t 的电流 I 应达到(I^2t)的数值不小于(I_{th})^2,并且 t 在 0.5 s 和 5 s 之间。

动稳定试验进行时应为:

——辅助电源电压和二次负荷同时作用,使二次转换器具有最大的内部功率消耗;

——一次电流至少有一个峰值不小于额定动稳定电流(I_{dyn})。

动稳定试验可以和上述热电流试验合并进行,只需其试验电流的第一个主峰值不小于额定动稳定电流(I_{dyn})。

如果互感器冷却到环境温度(10℃与 40℃之间)后满足下列要求,则认为通过本试验:

a) 无可见损伤;

b) 其误差与本试验前的差异不超过其准确度误差限值的一半；

c) 能承受 9.2.1 规定的绝缘试验，但试验电压降低到一次端的规定值的 90%；

d) 经检查，接触导体表面的绝缘无明显的劣化现象（例如炭化）。

验收判据 c）和 d）可能没有相关性，这与结构有关，例如采用隔离绝缘子的电子式电流互感器。

如果一次导体对应于额定短时热电流的电流密度不超过下列值，则不要求 d）项的检查：

——180 A/mm²，一次导体为铜材，其电导率不小于 GB 5585.1 规定值的 97%。

——120 A/mm²，一次导体为铝材，其电导率不小于 GB/T 3954 规定值的 97%。

注：经验表明，对于 A 级绝缘，只要一次导体对应于额定短时热电流的电流密度不超过上述值，运行时的热额定值要求通常能得到满足。

因此，如果制造方和用户协商同意，可以用符合此要求来取代绝缘检查。

8.2 温升试验

为验证是否符合 6.1.2 的要求，应进行本试验。试验中，若温升变化值每小时不超过 1 K 时，即认为电子式电流互感器已达到稳定温度。

试验场地的环境温度应在 10℃ 和 30℃ 之间。

试验时，互感器应按代表实际使用情况的状态放置。

温升测量可以用温度计、热电偶或其他适当装置。

电子式电流互感器具有多个二次转换器时，试验应对每一个二次转换器进行。

如果试验结果如下，则认为电子式电流互感器通过本试验：

a) 温升符合 5.1.6 规定的额定值；

b) 冷却到室温后能满足下列要求：

1) 无可见损伤；

2) 其误差与试验前的差异，不超过其准确级相应误差限值的一半。

8.3 一次端的冲击试验

8.3.1 一般条件

8.3.1.1 大气条件

有关标准大气条件和大气校正系数，按照 GB/T 16927.1 的规定。

对主要以自由空气为外绝缘的电子式电流互感器，在有规定时，应采用校正系数 K_t。

对仅有内绝缘的电子式电流互感器，因不受环境大气条件影响，不应采用校正系数 K_t，即使有规定时也如此。

8.3.1.2 湿试验程序

湿试验应不采用湿度校正系数。湿试验程序应按照 GB/T 16927.1 的规定。

8.3.1.3 电子式电流互感器的状态

绝缘试验应在按照使用状态装配完整的电子式电流互感器上进行，绝缘件外表面应仔细清理干净。

电子式电流互感器试验时放置的最小间距和高度，由制造方规定。

如被试设备距地面的高度大于使用时距地面的高度，即认为满足要求。

压缩气体绝缘的电子式电流互感器，绝缘试验应在其最低工作密度 ρ_{me} 下进行。

最低工作密度可用参考温度 20℃ 时的压强表示。如果试验时温度不是 20℃ 时，其压强必须调整到与最低工作密度相对应。试验时应注意和记录气体的温度和压强，并列入试验报告。

8.3.1.4 波形记录

每次冲击的波形和峰值皆应记录。

8.3.2 额定雷电冲击试验

为了验证是否符合 6.1.1.1 的要求，电子式电流互感器应承受额定雷电冲击试验。试验电压应按设备最高电压和规定的绝缘水平，取 GB 1208—2006 表 3 和表 4 的相应值。

试验电压应施加在同一次电流传感器连接在一起的线端端子与地之间。座架(如果有)、箱壳(如果有)和所有二次端子(如果有)应连在一起接地。

记录其他补充量的波形可以改善示伤能力。

由制造方按下列项自行选择：

——接地连接中可接入适当的电流记录装置；

——二次端子(如果有)可连在一起接地,或接入适当的装置以记录试验时的适当输出量。

注：如无另行规定,试验应在装配完整的电子式电流互感器上进行,包括传输系统和二次转换器。

8.3.2.1 一次端 U_m＜300 kV

试验应在正和负两种极性下进行。每一极性连续冲击15次,应作大气条件校正。如果试验结果满足下列要求,则电子式电流互感器通过本试验：

——非自恢复内绝缘不发生击穿；

——非自恢复外绝缘不出现闪络；

——每一极性下自恢复外绝缘出现闪络不超过2次；

——未发现绝缘损伤的其他证据(例如,所记录各种波形的变异)。

注：施加正、负极性冲击各15次,是针对外绝缘试验而规定的。如果制造方和用户协商同意用其他方法检查外绝缘,则每一极性下的雷电冲击数应减少到3次,且不须作大气条件校正。

8.3.2.2 一次端 U_m≥300 kV

试验应在正和负两种极性下进行。每一极性连续冲击3次,不须作大气条件校正。

如果试验结果满足下列要求,则电子式电流互感器通过本试验：

——不发生击穿；

——未发现绝缘损伤的其他证据(例如,所记录各种波形的变异)。

8.3.3 操作冲击试验

为了验证是否符合6.1.1.1的要求,电子式电流互感器应承受操作冲击试验。试验电压应按设备最高电压和规定的绝缘水平,取GB 1208—2006表4的相应值。试验电压应加在一次电流传感器连在一起的线端端子与地之间。座架(如果有)、箱壳(如果有)和所有二次端子(如果有)应连在一起接地。

由制造方自行选择,接地连接中可接入适当的电流记录装置。二次端子(如果有)可连在一起接地,或接入适当的装置以记录试验时的适当输出量。

试验应在正和负两种极性下进行。每一极性连续冲击15次,应作大气条件校正。

如果试验结果满足下列要求,则电子式电流互感器通过本试验：

——非自恢复内绝缘不发生击穿；

——非自恢复外绝缘不出现闪络；

——每一极性下自恢复外绝缘出现闪络不超过2次；

——未发现绝缘损伤的其他证据(例如,所记录各种波形的变异)。

8.4 户外型电子式电流互感器的湿试验

为了检验外绝缘的性能,户外型互感器应承受湿试验。湿试程序应按照GB/T 16927.1的规定。

8.4.1 一次端 U_m＜300 kV

试验应按GB 1208—2006表3用工频电压进行,其大气条件校正应按GB/T 16927.1的规定。

8.4.2 一次端 U_m≥300 kV

试验应按GB 1208—2006表4用操作冲击电压进行。

8.5 无线电干扰电压(RIV)试验

见GB 1208—2006。

8.6 传递过电压试验

见GB 1208—2006。

8.7 低压器件的耐压试验

8.7.1 试验条件

试验时的大气条件应为：

——环境温度：15℃～35℃；

——相对湿度：45%～75%；

——大气压强：86 kPa～106 kPa。

8.7.2 试验电压的施加

试验电压应施加在电子式电流互感器的各联结点上，互感器为新的和干燥状态且无自身发热。

每一独立电路的试验，应在它对连在一起的其余所有电路以及对地所规定的试验电压下进行。

a) 对给定电路与其余所有电路之间的试验，单个电路的所有联结点皆应连在一起；

b) 对所有的试验，须接地的各电路均应作同样的连接。

除非显而易见，各独立电路皆由制造方说明。例如，二次转换器或合并单元可以是独立电路。

试验电压应直接施加在各端子上。

对具有绝缘外壳的装置，外露的各导电件应以覆盖整个外壳的金属箔来模拟，但在各端子周围应留有适当的间隙以避免对端子闪络。

8.7.3 工频耐压试验

工频耐压试验应施加 6.1.1.3 所规定的电压进行。

试验电压电源应是，在对被试装置施加规定电压值的一半时，观测的电压降小于 10%。

电源电压应以优于 5%的准确度作校验。

试验电压应是频率 45 Hz 至 65 Hz 的实际正弦波电压，或直流电压。

起始的电源开路电压不得超过规定试验电压的 50%。然后施加到被试装置上。电压由此起始值，以不发生明显暂态现象的方式升高到规定值，持续 1 min。随后，应尽可能快地平滑降压到零。

验收判据：未发生击穿或闪络。

8.7.4 冲击耐压试验

冲击耐压试验应施加 6.1.1.3 所规定的电压进行。

应采用 GB/T 16927.1 规定的标准雷电冲击波。其参数为：

——波前时间：1.2×(1±30%)μs

——半峰值时间：50×(1±20%)μs

——输出阻抗：500×(1±10%)Ω

——输出能量：0.5×(1±10%)J

各试验引线长度不得超过 2 m。

冲击电压应施加在装置外部可接近的适当联结点上，其他各电路和外露导电零件皆接地。

试验时，装置不能有输入或辅助能源接入。

应施加 3 次正极性和 3 次负极性冲击，其间隔时间不小于 5 s。

验收判据：未发生闪络，试验后的电子式电流互感器应仍满足基本准确度试验要求。

8.8 电磁兼容(EMC)试验

8.8.1 一般要求

本试验是为验证是否符合 6.1.5 的要求。

多数情况，一台电子式互感器可以分成几个主要部件，例如，位于控制柜区的电路部分和位于开关站区的电路部分。电磁兼容试验与电子式互感器所采用的技术有关，必须对每个主要部件进行，试验时整台电子式互感器处于运行状态，或者缺少的部件以模拟方式代替。主要部件划分的实例见图 14。

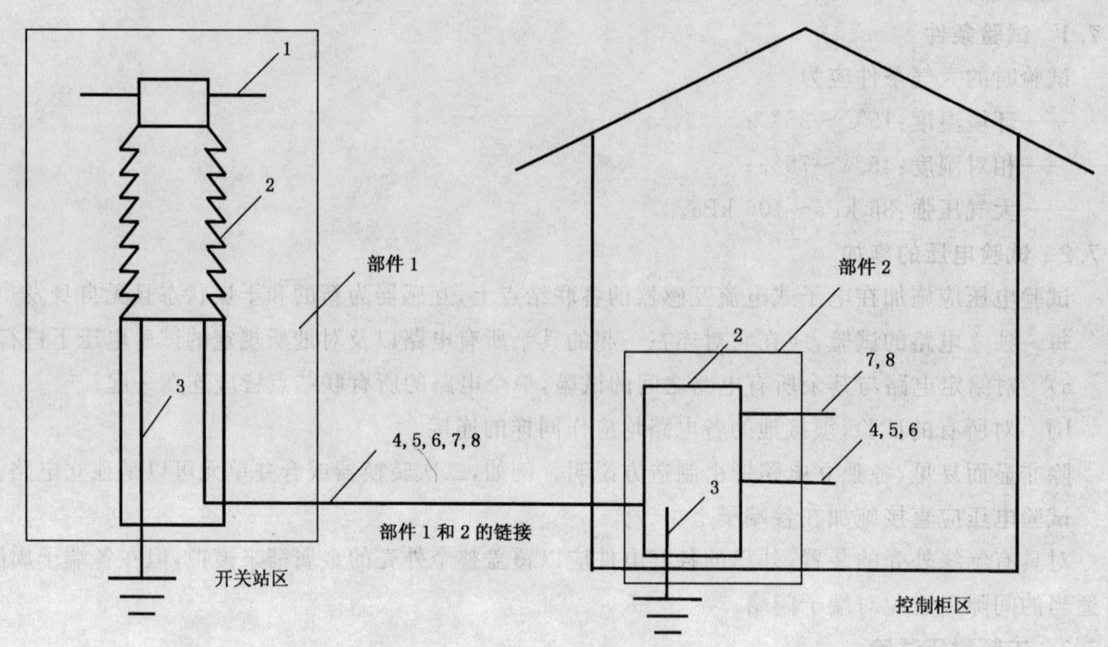

符号：

1——高压线；

2——外壳端口；

3——接地端口；

4——信号端口；

5——指令端口；

6——通讯端口；

7——交流电源端口；

8——直流电源端口。

部件 1：在开关站区的"户外部分"。

部件 2：在控制柜区的"户内部分"。

图 14 供电磁兼容试验的部件示例

8.8.2 电磁兼容试验的一般条件

电磁兼容试验的一般条件见 GB/T 17626.1 和 GB 4824。电磁兼容试验时，电子式电流互感器与试验设备之间及部件 1 与 2 之间的缆线长度，应是制造方规定的最大值，缆线的布置应尽实际可能符合使用状态。

8.8.3 电磁兼容发射试验

发射试验应按 GB 4824 的试验程序进行。试验限值的规定值为组 1、A 级。试验优先在组装完整的条件下进行，但为了试验简便，如果有的部件不包含电子器件，则可以只对其余的部件进行试验。

8.8.4 电磁兼容抗扰度试验

本试验应以逐个端口进行。端口的区别示例见图 14。

8.8.4.1 谐波和谐间波抗扰度试验

试验应按 GB/T 17626.13 的试验程序进行。严酷等级为 2 级（总谐波畸变量 10%）。评价准则见 6.1.5.3。

8.8.4.2 电压慢变化抗扰度试验

试验依据的试验程序应为，交流电源按 GB/T 17626.11 规定，直流电源按 GB/T 17626.29 规定。所用电压波动范围，交流电源为其标称电压的＋10%～－20%，直流电源为其标称电压的＋20%～－20%。

评价准则见 6.1.5.3。

8.8.4.3 **电压暂降和短时中断抗扰度试验**

试验依据的试验程序应为，交流电源按 GB/T 17626.11 规定，直流电源按 GB/T 17626.29 规定。

——交流电源试验所用电压暂降为其标称电压的 30%，历时 0.1 s。交流电源的电压中断试验按历时 0.02 s 进行。

——直流电源试验所用电压暂降为其标称电压的 50%，历时 0.1 s。

——直流电源的电压中断试验按历时 0.05 s(低阻抗)进行。

——评价准则见 6.1.5.3。

8.8.4.4 **浪涌(冲击)抗扰度试验**

试验应按 GB/T 17626.5 的试验程序进行。试验发生器采用产生标准 1.2/50 μs 电压波(开路)和 8/20 μs 电流波(短路)的组合波(混合式)发生器(GB/T 17626.5 的 6.1)。试验水平按设施 4 级(共模 4 kV，差模 2 kV)。评价准则见 6.1.5.3。

8.8.4.5 **电快速瞬变脉冲群抗扰度试验**

试验应按 GB/T 17626.4 的试验程序进行。试验水平按 4 级(电源端口的试验电压为 4 kV 重复率 2.5 kHz，输入/输出信号、数据和控制端口的试验电压为 2 kV 重复率 5 kHz—共模)。试验时，对电源端口采用耦合/去耦合电路，对输入/输出和通讯端口采用电容耦合夹。评价准则见 6.1.5.3。

8.8.4.6 **振荡波抗扰度试验**

试验应按 GB/T 17626.12 的试验程序进行。试验发生器采用阻尼振荡波发生器(GB/T 17626.12 的6.1.2)。电源和控制/信号线的试验电压皆为共模 2.5 kV 及差模 1 kV(类似 GB/T 14598.13)。试验频率是 1 MHz 和重复率 400/s(类似 GB/T 14598.13)。评价准则见 6.1.5.3。

8.8.4.7 **静电放电抗扰度试验**

试验应按 GB/T 17626.2 的试验程序进行。试验水平为 2 级(试验电压 4 kV)，这对相对湿度低达 10%的抗静电环境(如混凝土)给予防护(亦见 GB/T 17626.2 的 A.4)。评价准则见 6.1.5.3。

8.8.4.8 **工频磁场抗扰度试验**

试验应按 GB/T 17626.8 的试验程序进行。试验水平为 5 级(100 A/m 稳态和 1 000 A/m×1 s)。评价准则见 6.1.5.3。

8.8.4.9 **脉冲磁场抗扰度试验**

试验应按 GB/T 17626.9 的试验程序进行。试验水平为 5 级(1 000 A/m 峰值)。评价准则见 6.1.5.3。

8.8.4.10 **阻尼振荡磁场抗扰度试验**

试验应按 GB/T 17626.10 的试验程序进行。试验水平为 5 级(100 A/m 试验磁场)。评价准则见 6.1.5.3。

8.8.4.11 **射频电磁场辐射抗扰度试验**

试验应按 GB/T 17626.3 的试验程序进行。试验水平为 3 级(10 V/m 场强)。评价准则见 6.1.5.3。

8.9 准确度试验

8.9.1 一般要求

下述准确度试验适用于测量用电子式电流互感器和保护用电子式电流互感器。其试验电路，对数字量输出见附录 E，对模拟量输出见附录 D。

8.9.2 基本准确度试验

8.9.2.1 **测量用电子式电流互感器的基本准确度试验**

为验证是否符合 12.2 的要求，试验应按表 17、表 18 和表 19 列出的各电流值，在额定频率、额定负荷(如果适用)和常温下进行，另有规定时除外。电流互感器的额定一次电流系数大于 1.2 时，试验应以额定扩大一次电流代替 1.2 倍额定一次电流。

注：试验时，可采用纯延时装置插入基准互感器与准确度测量系统之间。

8.9.2.2 保护用电子式电流互感器的基本准确度试验

为验证是否符合 13.1.3 的要求，试验应在额定一次电流（见表 20）、额定频率、额定负荷（如果适用）和常温下进行。

注：试验时，可采用纯延时装置插入基准互感器与准确度测量系统之间。

8.9.3 温度循环准确度试验

本试验是对 8.9.2 基本准确度试验的补充，温度循环准确度试验应在下列条件下进行：

——额定频率；

——连续施加额定电流或额定扩大一次电流；

——额定负荷（如果适用）；

——户内和户外的元器件处在其规定的最高和最低环境气温。循环试验应按图 15 进行。

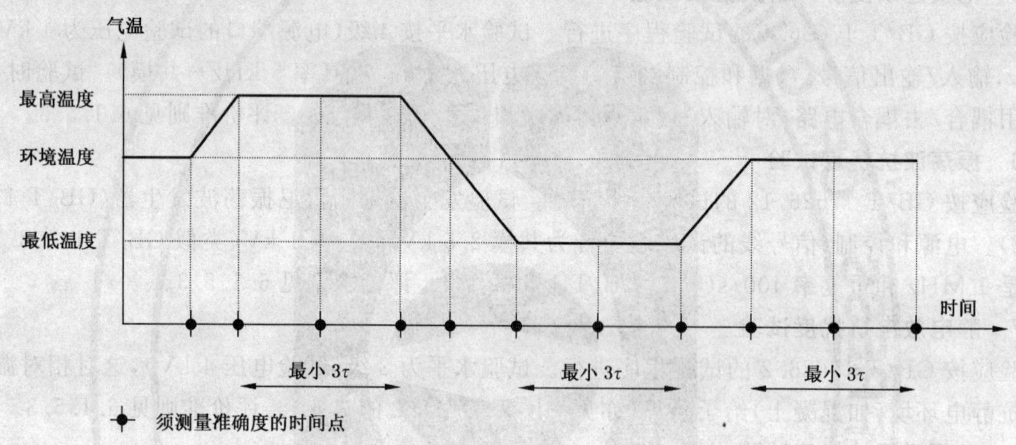

图 15 温度循环准确度试验

温度的最低变化速率为 5 K/h。只要制造方允许，可以更大些。

热时间常数 τ 应由制造方提供。

注：电子式电流互感器达到温度稳定所需的时间，主要取决于互感器的尺寸和结构。

对于部分为户内和部分为户外的电子式电流互感器，试验应对户内和户外两部分各自在其有关温度范围的两个极限值下进行，但遵循以下规则：

——两部分皆处于环境气温；

——户外部分处于其最高温度时户内部分也处于其最高温度；

——户外部分处于其最低温度时户内部分也处于其最低温度。

在正常使用条件下，各测量点测得的误差应在相应准确级的限值以内。

8.9.4 准确度与频率关系的试验

本试验是对 8.9.2 基本准确度试验的补充，准确度试验应是在 5.1.5 标准参考频率范围的两个极限值、额定电流、额定负荷（如果适用）和恒定环境温度下进行。

误差应在相应准确级的限值以内。

注：不同频率下的测量是用同一个试验电路进行。试验所用的准确度测量系统，可以允许在额定频率下校验。

8.9.5 元器件更换的准确度试验

为验证是否符合 6.1.9 的要求，应进行本试验。电子式电流互感器在某些器件更换后仍能满足其准确级的工作能力，应通过在室温、额定频率、额定电流和额定负荷（如果适用）下的准确度试验进行验证。

8.9.6 信噪比试验

为验证是否符合 6.1.6 的要求,应进行信噪比试验。试验程序应经制造方和用户协商同意。其导则见 C.2.3。

8.10 保护用电子式电流互感器的补充准确度试验

8.10.1 复合误差试验

为验证是否满足表 20 所列的复合误差限值,应采用直接法试验,试验时一次端子通过实际正弦波电流,其值等于额定准确限值一次电流,连接额定负荷(如果适用)。

试验可在与交货产品相类似的电子式电流互感器上进行,只要几何尺寸布置保持相同,可以减少绝缘。

注:对于一次电流非常大和单匝一次导体的电子式电流互感器,一次返回导体与电子式电流互感器之间的距离应注意模仿运行情况。

8.10.2 暂态特性试验

为验证是否满足表 20 所列准确限值条件下达到 t' 和/或 t'' 的瞬时误差限值,应采用直接法试验,试验时一次端子通过 3.3.11 定义的暂态电流,在额定负荷(如果适用)、额定一次短路电流、额定一次时间常数和额定工作循环下进行。

注:对于一次电流非常大和单匝一次导体的电子式电流互感器,一次返回导体与电子式电流互感器之间的距离应注意模仿运行情况。

8.11 防护等级的验证

8.11.1 IP 代码的验证

为验证是否满足 6.1.13.1 和 6.1.13.2 的要求,应按照 GB 4208,对依据运行条件装配完整的电子式电流互感器所有部件的各外壳进行试验。

8.11.2 机械冲击试验

为验证是否满足 6.1.13.3 的要求,户内装置的各外壳应承受冲击试验。对外壳上视为最薄弱的各点施加 3 次冲击。但例如接插件、显示器等设施除外。

推荐采用 IEC 60068-2-75 规定的弹簧式冲击试验装置。

试验后,外壳应不出现破裂,外壳的变形应不影响电子式电流互感器的正常性能,且不降低规定的防护等级。表面损伤可以忽略,例如漆膜脱落,散热翅或类似件的破损,或小面积凹陷。

8.12 密封性能试验

密封性能试验的目的,是为验证泄漏率 F_{rel} 不超过 6.1.11 规定的允许值。

对充气式电子式电流互感器,通常只能用累积漏气量测量计算泄漏率。合适的试验方法的选用,参见GB/T 11022和 GB/T 2423.23。

对油浸式电子式电流互感器,密封性能试验是对电磁单元进行的型式试验,它按正常运行状态装配和充以规定的绝缘液体。在电磁单元内,应以超过其最高工作压强 50 kPa±10 kPa 的压强至少保持 8 h。如无泄漏现象,则电磁单元成功通过本试验。

8.13 振动试验

8.13.1 二次部件的振动试验

二次转换器、合并单元和二次电源通常与变电站的电子式二次设备相类似,应按 GB/T 2423.10 对正常使用条件下运行的二次部件进行试验。

8.13.2 一次部件的振动试验

试验布置应尽量符合实际地所体现的最恶劣振动运行情况。振动水平是随联结布置、绝缘类型以及断路器的动作原理(认为弹簧机构产生较强的振动水平)不同而变化的。

8.13.3 短时电流期间的一次部件振动试验

本试验是在短时电流电磁力造成母线振动时,确定受振动的电子式电流互感器是否能正确运行。

本试验可与短时电流试验或复合误差试验结合进行。在断路器最后一次分闸经5 ms后，在额定频率一个周期计算出的电子式电流互感器二次输出信号方均根值，理论上应该是“0”，实际上应不超过额定二次输出的3%。为体现最恶劣的振动情况，电子式电流互感器应与断路器作刚性连接。

8.13.4 一次部件与断路器机械耦联时的振动试验

8.13.4.1 一般要求

本试验也适用于安装在全封闭组合电器(GIS)、中压开关和罐式断路器上的电子式电流互感器。

8.13.4.2 操作期间

本试验是确定电子式电流互感器在断路器操作造成的振动下是否能正确运行。

断路器应作无电流操作一个工作循环(分－合－分)。在断路器最后一次分闸经5 ms后，在额定频率一个周期计算出的电子式电流互感器二次输出信号方均根值，理论上应该是“0”，实际上应不超过额定二次输出的3%。为体现最恶劣的振动情况，断路器应通过软导体连接。

8.13.4.3 振动疲劳试验

断路器应按GB 1984的规定，在无一次电流的情况下操作3 000次。电子式电流互感器应在此试验前、后测量额定电流下的准确度。试验后电子式电流互感器的误差与试验前的差异，应不超过其准确级相应误差限值的一半。

注：断路器产生的振动水平主要取决于其动作原理。弹簧机构的断路器通常产生较强的振动水平，因此，经制造方与用户协商同意，电子式电流互感器在这种断路器上进行的试验可以认为对其他类型断路器也有效。

8.14 数字量输出的补充型式试验

8.14.1 一般要求

这些试验适用于在正常使用条件及其额定参数(辅助电源，和推荐的光纤/电缆类型及长度)下使用的电子式电流互感器。

8.14.2 光纤传输

8.14.2.1 光驱动器特性的验证

a) 上升和下降时间；

b) 脉冲特性。

8.14.2.2 光接收器特性的验证

a) 上升和下降时间；

b) 脉冲宽度失真。

8.14.2.3 定时准确度的验证

a) 时钟抖动。

此试验的试验信号应为曼彻斯特编码的伪随机序列，其最小重复期为511比特。时钟抖动应在过零点测量。

注：时钟抖动测量和上升、下降时间测量有可能合并进行。

8.14.3 铜线传输

8.14.3.1 线路驱动器特性的验证

a) 输出阻抗；

b) 信号幅值；

c) 上升和下降时间。

8.14.3.2 线路接收器特性的验证

a) 接收器输入阻抗；

b) 正确检测的最大输入信号；

c) 正确检测的最小输入信号。

8.14.3.3 定时准确度的验证

a) 时钟抖动。

时钟抖动应在传输线所用推荐电缆的输出上测量，按规定的电缆长度并以其额定终端阻抗为终止端（也为了测量传输介质、阻抗失配和接插件等的影响）。如果不可能，允许采用传输线模型。

本试验的试验信号，应为曼彻斯特编码的伪随机序列，其最小重复期为 511 比特。时钟抖动应在过零点测量。

注：时钟抖动测量和上升、下降时间测量有可能合并进行。

9 例行试验

9.1 端子标志检验

检验端子标志的正确性（见表 15）。

9.2 一次端的工频耐压试验和局部放电测量

9.2.1 工频耐压试验

见 GB 1208—2006 的 9.2.1。

在绝缘仅由固体绝缘子和常压的空气构成时，如果各导电件与座架之间的距离已通过尺寸测量核查合格，工频耐压试验可以不进行。

尺寸核查的依据是（外形）尺寸图，它是型式试验报告的组成部分（或报告中引用）。因此，这些图样应给出尺寸核查所需的全部资料，包括允许公差在内。

9.2.2 局部放电测量

见 GB 1208—2006 的 9.2.2。

如果在具体结构上不适用，本试验可以不进行。

9.3 低压器件的工频耐压试验

例行试验采用与型式试验相同的规定（见 8.7.3）。试验持续时间应为所规定的 1 min，或是在 1.1 倍规定试验电压下 1 s。由制造方自行选择。

9.4 准确度试验

原则上，例行试验与 8.9.2 的型式试验相同。但只要对相同互感器的型式试验证实了减少测试点仍符合所规定准确级要求，则允许在例行试验中减少电流测试点。

9.5 密封性能试验

例行试验应在常温下进行，试验时，电子式电流互感器充入的压强与制造方的实际试验相对应。对充气式电子式电流互感器可采用气体检漏的方法。对油浸式电子式电流互感器，如果适用，应采用8.12 的密封性能试验。

9.6 电容量和介质损耗因数测量

适用时进行测量，见 GB 1208—2006 的 9.5。

9.7 数字量输出的补充例行试验

9.7.1 光纤传输

a) 传输功率的测量，按表 10。

9.7.2 铜线传输

a) 线路驱动器输出信号幅值的测量。

9.8 模拟量输出的补充例行试验

a) 二次直流偏移电压（$U_{s\,dc0}$）的测量。

b) 如果适用（电子式电流互感器由线路电流供给电源），保证电子式电流互感器正常性能所需最小一次电流的测量。

10 特殊试验

10.1 一次端的截断雷电冲击试验

见 GB 1208—2006 第 10 章。

10.2 **机械强度试验**

本试验是为了验证电子式电流互感器是否符合表 9 规定的要求。

电子式电流互感器应装配所有承受机械应力的零部件，直立安装，用座架牢固地固定。

液浸式电子式电流互感器应充满规定的绝缘介质，并达到其工作压强。

试验载荷应按照表 14 所示的各种情况施加，持续 60 s。

如果没有出现损坏迹象（变形、断裂或泄漏），则电子式电流互感器通过本试验。

表 14　一次端子上施加试验载荷的方式

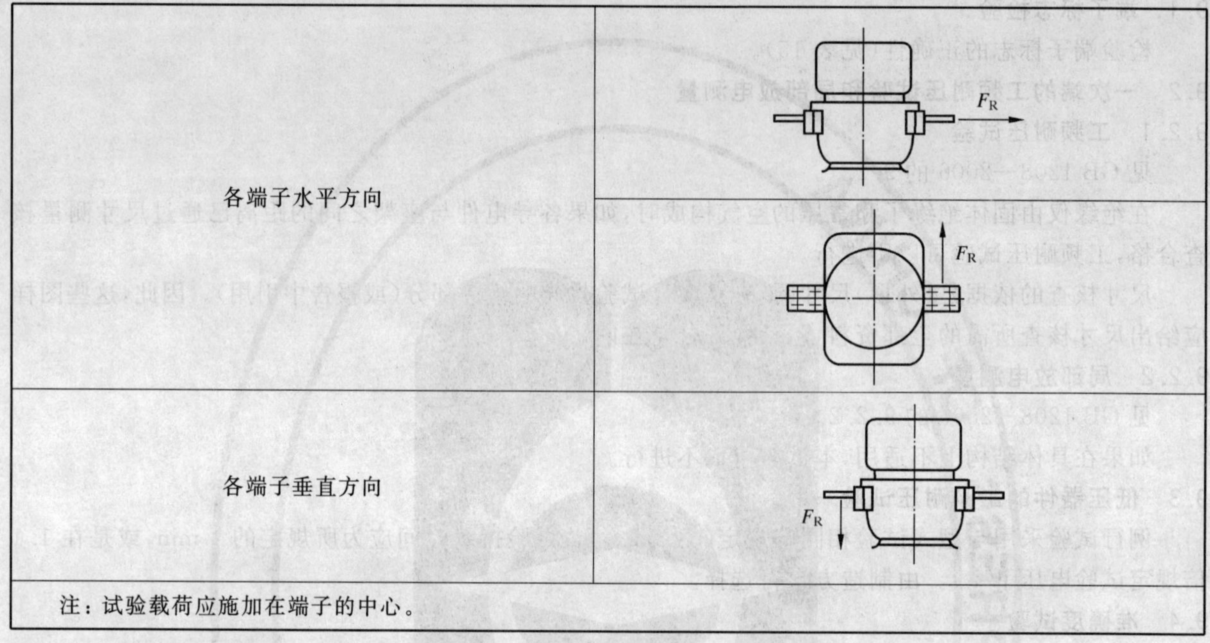

各端子水平方向	F_R
各端子垂直方向	F_R
注：试验载荷应施加在端子的中心。	

10.3 **谐波准确度试验**

本试验是为了验证电子式电流互感器是否符合 12.3 和 13.2 所规定的谐波准确度要求。

理想情况下对谐波的试验，应在额定频率和额定一次电流上叠加所要求的各谐波频率分量，该分量为额定一次电流的某一百分数。这样的一次电流能提供互感器动态要求的逼真图像，从而使互感器中可能发生的某些非线性现象（例如，内调制）得到良好的反映。

但是，获得产生这种一次电流的试验电路往往有困难。故从实际考虑，各次测量准确度的试验仅在一次侧施加单一谐波频率是可以接受的。

试验电路应由用户和制造方商定。

注 1：试验电路可选用 C.5 的规定。

注 2：基准电流互感器可用短路试验常用的同轴分流器代替。

注 3：一次电流可采用功率放大器供给。

注 4：适用于品质测量的试验可能更难实现。

10.4 **依据所采用技术需要的试验**

依据所采用技术需要的特殊试验由制造方与用户协商确定，例如人工污秽试验和人工老化试验等。

11 标志

11.1 **端子标志——通则**

端子标志应能识别：

a) 一次和二次端子；

b) 对模拟量输出，二次输出的极性。

此外，所有电缆及其端头应有清晰的识别标志。光纤两端应按 GB 6995.1、GB 6995.2 和

GB 6995.4标出识别的编码或颜色。

11.1.1 标志方法

端子标志应清晰和牢固地标在其表面或近旁处。

标志由字母和随后的数字组成,或需要时数字在字母前。字母应为大写黑体。

11.1.2 采用的标志

电子式电流互感器端子的标志如表 15 所示。

表 15 端 子 标 志

一次端子 二次端子	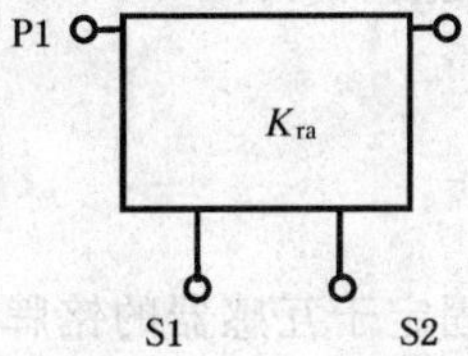 P1 P2 K_{ra} S1 S2	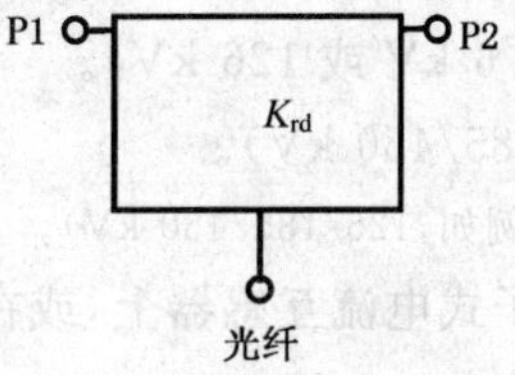 P1 P2 K_{rd} 光纤	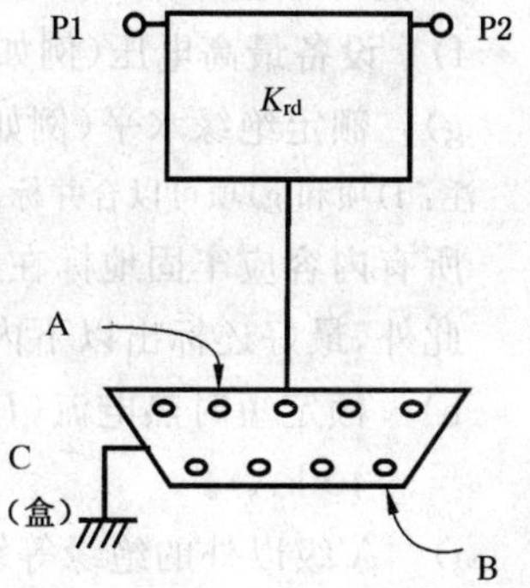 P1 P2 K_{rd} A C (盒) B
ODU-MINI-SNAP 二次端子	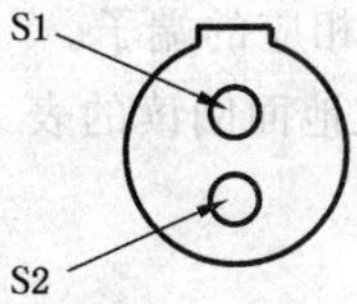 S1 S2		
	模拟量输出	数字量输出,光纤	数字量输出,铜线

数字量输出用的电接插件插脚:

插脚编号	信号
1	
2	数据 A
3	
4	
5	
6	
7	
8	
9	数据 B

所有接地端子应标有地符号,按 GB/T 5465.2 的第 5019 符号。

任何光纤端子盒应清楚标明为“光纤端子盒”。

光缆应很清楚地标出“光缆”字样,以便与电缆相区别。

11.1.3 相对极性的表示

对模拟量输出,所有标为 P1、S1 的端子,在计及延迟时间(如果有)作用的同一瞬间应具有相同的极性。

对数字量输出,标为 P1 的端子是正极性时(负极性时),帧中的对应值为其 MSB 等于 0(等于 1)。

11.2 铭牌标志

所有电子式电流互感器的铭牌至少应标有以下内容：

a) 制造单位名称或其他便于识别的标志。

b) 序号或型号标志，最好皆标出。

c) 额定一次电流和额定二次输出。

d) 额定频率(例如 50 Hz)。

e) 准确级。

注：适用时，应分别标出二次输出(例如，1 S，2 kΩ，0.5 级；2 S，20 kΩ，1 级)。

f) 设备最高电压(例如，3.6 kV 或 126 kV)。

g) 额定绝缘水平(例如，185/450 kV)。

注：f)项和 g)项可以合并标出(例如，126/185/450 kV)。

所有内容应牢固地标在电子式电流互感器上，或在可靠固定于互感器的铭牌上。

此外，最好还标出以下内容：

h) 额定短时热电流(I_{th})和不等于 2.5 倍额定短时热电流的额定动稳定电流(例如 13 kA，或 13/40 kA)。

i) A 级以外的绝缘等级。

注：如果使用几种不同等级的绝缘材料，则应标出限制电子式电流互感器温升的那一种。

j) 互感器具有 2 个二次转换器时，各转换器的用途及其相应的端子。

实际可能时，所有电子式电流互感器的铭牌应标有可以在地面阅读的表 16 所列内容。

表 16 铭牌标志

(○ 表示适用)

额定值	符号	测量用 ECT	保护用 ECT	模拟量输出	数字量输出	条款	注
通用铭牌标志							
品名： 电子式电流互感器	ECT	○	○	○	○		
制造单位名称或简称		○	○	○	○		
型号标志		○	○	○	○		
制造年份和序号		○	○	○	○		
引用 GB/T 20840.8		○	○	○	○		
设备最高电压	U_m	○	○	○	○	3.1.31，6.1.1	1
额定绝缘水平		○	○	○	○	3.1.32，6.1.1	
额定频率	f_r	○	○	○	○	3.1.18	
额定一次电流	I_{pr}	○	○	○	○	3.1.20，5.1.1	
额定短时热电流	I_{th}	○	○	○	○	3.1.41，5.1.4.1.2	
额定动稳定电流	I_{dyn}	○	○	○	○	3.1.42，5.1.4.1.3	
额定扩大一次电流系数	K_{pcr}					3.2.3，5.1.2	
暂态特性的 额定对称短路电流倍数	K_{ssc}		○	○	○	3.3.6，5.1.4.2.1	
额定一次时间常数	τ_{pr}		○	○	○	3.3.7，5.1.4.2.3	

表 16(续)

(○ 表示适用)

额定值	符号	测量用 ECT	保护用 ECT	模拟量输出	数字量输出	条款	注
通用铭牌标志							
额定相位偏移	φ_{or}	○	○	○	○	3.1.28,5.2	
额定工作循环			○	○	○	3.3.9	
额定唤醒时间		○	○	○	○	3.1.44,5.1.11	
质量		○	○	○	○		
注:可更换零件见运行手册。							
二次转换器铭牌标志							
额定二次输出		○	○	○		3.1.22,5.4.2	
端子标志		○	○	○		11.1	
额定负荷	R_{br}			○		3.5.3,5.4.3	2
准确级		○	○	○	○	12,13	3
额定延迟时间	t_{dr}	○	○	○	○	3.1.27,5.3.2,5.4.1	
辅助电源铭牌标志							
额定辅助电源电压	U_{ar}	○	○	○	○	3.1.11,5.1.7	4
额定辅助电源频率		○	○	○	○	5.1.8	
额定电源电流(正常状态)	I_{ar}	○	○	○	○	3.1.12	
最大电源电流(过载状态)	$I_{a\ max}$	○	○	○	○	3.1.13	
合并单元铭牌标志							
接口类型(光/电)		○	○		○		
额定延迟时间	t_{dr}	○	○		○	3.1.27,5.3.2,5.4.1	
数据速率	$1/T_s$	○	○		○	3.4.5,5.3.3	
时钟输入(是/否)		○			○	3.4.3,6.2.5	
打算采用插值法(是/否)		○	○		○	附录 E	
接插件类型		○	○		○	6.2.2.1,6.2.2.5	
光纤类型		○	○		○	6.2.2.1	
注 1:设备最高电压和额定绝缘水平可以合并标出(例如 126/185/450 kV)。 注 2:见有关条款。 注 3:额定负荷和相应的准确级应合并标出(例如:20 kΩ,1 级)。 注 4:辅助电源的性质和额定电压应合并标出(例如:230 V a.c.)。							

12 测量用电子式电流互感器的补充要求

12.1 准确级的标称

测量用电子式电流互感器的准确级,是以该准确级在额定电流下所规定最大允许电流误差的百分数来标称。

12.1.1 标准准确级

测量用电子式电流互感器的标准准确级为:0.1、0.2、0.5、1、3、5。

12.2 额定频率下的电流误差和相位误差限值

对0.1、0.2、0.5和1级,其额定频率下的电流误差和相位误差应不超过表17所列值。

表17 误差限值

准确级	在下列额定电流(%)下的电流(比值)误差 ±%				在下列额定电流(%)下的相位误差							
					±(′)				±crad			
	5	20	100	120	5	20	100	120	5	20	100	120
0.1	0.4	0.2	0.1	0.1	15	8	5	5	0.45	0.24	0.15	0.15
0.2	0.75	0.35	0.2	0.2	30	15	10	10	0.9	0.45	0.3	0.3
0.5	1.5	0.75	0.5	0.5	90	45	30	30	2.7	1.35	0.9	0.9
1.0	3.0	1.5	1.0	1.0	180	90	60	60	5.4	2.7	1.8	1.8
注:120%额定一次电流下所规定的电流误差和相位误差限值,应保持到额定扩大一次电流。												

对0.2 S和0.5 S级特殊用途电流互感器(尤其是连接特殊电表,要求在额定电流1%和120%之间的电流下测量准确),其额定频率下的电流误差和相位误差应不超过表18所列值。

表18 特殊用途电流互感器的误差限值

准确级	在下列额定电流(%)下的电流(比值)误差 ±%					在下列额定电流(%)下的相位误差									
						±(′)					±crad				
	1	5	20	100	120	1	5	20	100	120	1	5	20	100	120
0.2S	0.75	0.35	0.2	0.2	0.2	30	15	10	10	10	0.9	0.45	0.3	0.3	0.3
0.5S	1.5	0.75	0.5	0.5	0.5	90	45	30	30	30	2.7	1.35	0.9	0.9	0.9
注:120%额定电流下所规定的电流误差和相位误差限值,应保持到额定扩大一次电流。															

对3级和5级,在额定频率下的电流误差应不超过表19所列值。

表19 误差限值

准确级	在下列额定电流(%)下的电流(比值)误差 ±%	
	50	120
3	3	3
5	5	5
注:120%额定电流下所规定的电流误差限值,应保持到额定扩大一次电流。		

3级和5级的相位误差不作规定。

有关准确度和各保护用准确级的限值,更多信息和图形说明见附录G。

对模拟量输出,试验所用二次负荷应按有关条款的规定选取。

12.3 对谐波的准确度要求

对谐波的准确度要求见附录C。

13 保护用电子式电流互感器的补充要求

13.1 准确级

13.1.1 准确级的标称

保护用电子式电流互感器的准确级，是以该准确级在额定准确限值一次电流下所规定最大允许复合误差的百分数来标称，其后标以字母“P”(表示保护)或字母“TPE”(表示暂态保护电子式互感器准确级——更多说明见附录 H)。

13.1.2 标准准确级

保护用电子式电流互感器的标准准确级为：5P、10P 和 5TPE。

13.1.3 误差限值

在额定频率下的电流误差、相位误差和复合误差，以及规定暂态特性时在规定工作循环下的最大峰值瞬时误差，应不超过表 20 所列值。误差限值表中所列相位误差是对额定延迟时间补偿后余下的数值。

表 20 误差限值

准确级	在额定一次电流下的电流误差 %	在额定一次电流下的相位误差		在额定准确限值一次电流下的复合误差 %	在准确限值条件下的最大峰值瞬时误差 %
		(′)	crad		
5TPE	±1	±60	±1.8	5	10
5P	±1	±60	±1.8	5	—
10P	±3	—	—	10	—

注：对 TPE 级和 GB 1208—2006 规定的各级(PR 和 PX)以及 GB 16847 规定的其他各级(TPS,TPX,TPY,TPZ)，有关暂态的信息见附录 H。

对模拟量输出型电子式电流互感器，试验所用二次负荷应按有关条款的规定选取。

13.2 对谐波的准确度要求

对谐波的准确度要求见附录 C。

14 咨询、招标和订货须知

14.1 规范内容

为咨询或订购电子式电流互感器规定技术条件时，需要按表 21 所列项目确定其性能。

表 21 电子式电流互感器的规范内容

额定值	简写	定义	条款
额定机械强度			6.1.8
设备最高电压	U_m	3.1.31	6.1.1.1
额定绝缘水平		3.1.32	6.1.1.1
使用条件			4
额定频率	f_r	3.1.18	5.1.5
额定一次电流	I_{pr}	3.1.20	5.1.1
暂态特性的额定一次短路电流	I_{psc}	3.3.5	5.1.4.2.2
额定扩大一次电流系数	K_{pcr}	3.2.3	5.1.2

表 21(续)

额　定　值	简写	定义	条款
暂态特性的额定对称短路电流倍数	K_{ssc}	3.3.6	5.1.4.2.1
暂态特性的额定一次时间常数	τ_{pr}	3.3.7	5.1.4.2.3
输出类型(模拟量电压或数字量)			
合并单元的同步方法类型 (插值法或同步脉冲,对数字量输出)			附录 E
合并单元的电或光学接口(对数字量输出)			6.2.2
额定二次输出(对模拟量输出)	U_{sr}	3.1.22	5.4.2
额定二次负荷(对模拟量输出)	R_{br}	3.5.3	5.4.3
准确限值系数	K_{alf}	3.3.3	5.1.4.1.1
准确级			12,13
额定辅助电源电压	U_{ar}	3.1.11	5.1.7
额定相位偏移	φ_{or}	3.1.28	5.2
额定延迟时间	t_{dr}	3.1.27	5.3.2,5.4.1
额定唤醒时间		3.1.44	5.1.11
ECT 的最大功率消耗			
使用方式 (例如:独立式,GIS 配套,母线悬挂,断路器配套)			

14.2 可靠性

制造方应提供可靠性和可信赖性的信用文件(见 6.1.9)。

15 运输、储存和安装规则

电子式电流互感器的运输、储存和安装,以及使用中的运行和维修,务必依据制造方的说明书。

因此,制造方应该提供电子式电流互感器的运输、储存、安装、运行和维修说明书。运输和储存说明书应在交货前的适当时间供给,安装、运行和维修说明书应最迟在交货时供给。

对所制造的每一种不同类型装置的安装、运行和维修规则,不可能完全详尽,但制造方提供的说明书应包括视为最重要内容的下述信息。

15.1 运输、储存和安装时的条件

如果定单上的温度和湿度使用条件在运输、储存和安装中不能得到保证,制造方与用户应该签订专门的协议。在运输、储存和安装中以及在通电之前,有必要专为保护产品绝缘采取预防措施,以免由于例如雨、雪或凝露而受潮。运输中的振动应予重视。必须提供适当的须知。

15.2 安装

对各型电子式电流互感器,制造方所提供的说明书至少应包括下列各项。

15.3 拆箱和起吊

应给出安全起吊和拆箱的须知,包括必要的专用吊具和定位装置等详细内容。

15.4 组装

当电子式电流互感器不是完全组装整件运输时,所有各运输单件应有清楚标志。这些单件的组装图应随电子式电流互感器产品一起提供。

15.4.1 安装

电子式电流互感器、操作装置和辅助设备的安装说明书，应包括位置和基础足够详细的资料，以便完成现场准备工作。

这些说明书还应列出：

——包括绝缘液体在内的设备总质量；

——绝缘液体的质量；

——单独起吊的设备各最重件的质量，如果超过 100 kg；

——重心。

15.4.2 联结

说明书应包含的内容：

a) 导体的联结，包括必要的建议，以防止过热和避免电子式电流互感器不必要的受力变形，及保持足够的间距；

b) 辅助电路的联结；

c) 液体或气体系统的联结，如果有，包括管路尺寸和布置；

d) 接地的联结；

e) 二次端子联结的缆线类型：制造方应指明所推荐的缆线(包括完整的参考资料和至少一家供货商的名录)，以及二次端子和二次设备之间的该缆线最大推荐长度。

15.4.3 安装的最终检查

说明书应给出电子式电流互感器在安装和全部联结完成后应进行的检查和试验。

这些说明应包括：

——为建立正确运行所推荐的现场试验一览表；

——实现正确运行可能需要进行的任何调整的程序；

——有助未来维修决策所应进行和记录的一些有关测量的建议；

——最终检查和投入运行的须知。

注：当采用光系统时，最终检查中重要的是验证其完整性和进行功能试验，以保证光纤安装时未发生物理损伤。

15.5 运行

制造方提供的说明书应包括以下内容：

——设备的概述，着重于对其参数和所有运行特性的技术性说明，使用户对其主要原理能有足够的了解；

——最小唤醒电流；

——设备的安全性能及其运作的说明；

——有关维修和试验时对设备操作行为的说明。

15.6 维修

15.6.1 一般要求

维修的效果主要依靠制造方编制的说明和用户的实施。

15.6.2 对制造方的建议

制造方提供的维修手册应包括下列内容：

a) 计划的维修频次和操作时间。

b) 维修工作的详细说明：

- 推荐的维修工作场所(户内，户外，在工厂，在现场，电子式电流互感器)；
- 外观检查、诊断测试、检测、大修和功能检验(限值和允许偏差，例如光电器件工作效率)的程序；
- 参考的图样；

- 参考的零件编号；
- 使用的专用设备或工具(清洁剂和除油剂)；
- 预防性观察(例如洁净度)。

c) 供维修用的电子式电流互感器综合详图，其上具有各组装配、各部件和各重要零件的清晰标记(零件编号和名称)。

注：推荐采用标明各总组装配和各部件中元器件相对位置的放大详图。

d) 推荐的备件表(名称、参考编号、数量)和储备建议。

e) 预定的维修时间的估计。

f) 如何处置工作寿命终结的设备，要考虑环境保护要求。

制造方应向用户介绍电子式电流互感器的特点，及有关可能发生系统性缺陷和故障时所需要的正确行为。

备件供应：制造方应负责保证维修用推荐备件的持续供应，其时间自电子式电流互感器制造完成日期后不少于10年。

15.6.3 对用户的建议

如用户要求自行维修，应确保其工作人员有足够的资质和丰富的电子式电流互感器知识。

用户应记录以下信息：

——电子式电流互感器的序号和型号；

——电子式电流互感器投入运行的日期；

——在电子式电流互感器寿命期内所进行的全部试验和测量的结果，包括诊断测试在内；

——进行维修工作的日期和范围；

——运行历史，电子式电流互感器在特殊运行条件下及其后(例如电网故障时及故障后运行状态)的测量记录；

——所有故障报告的目录。

如果发生故障和缺陷时，用户应编写故障报告，并应通知制造方说明当时的情况和采取的措施。根据事故的性质，故障分析应与制造方合作进行。

15.6.4 故障报告

本故障报告条款是为了使电子式电流互感器的故障记录标准化，目的如下：

——采用通用术语描述故障；

——提供用户统计数据；

——向制造方提供有意义的反馈；

下列为编写故障报告的导则，故障报告应包括下列凡是有用的资料：

a) 故障电子式电流互感器的区别标志
   - 变电站名称；
   - 电子式电流互感器的区别标志(制造单位，型号，序号，额定值)；
   - 电子式电流互感器的类别(油或 SF_6 绝缘，自支撑或母线支撑，是否与断路器机械耦联)；
   - 电子式电流互感器采用的技术(空心线圈，铁心线圈，光学)；
   - 安装场所(户内，户外)；
   - 外壳。

b) 电子式电流互感器的历史
   - 设备投入运行日期；
   - 故障/缺陷发生日期；
   - 最近维修日期；
   - 自制造以来对设备进行任何变动的详细内容；

- 故障/缺陷发现时电子式电流互感器所处的状态(运行中、维修等)。

c) 造成原发故障/缺陷的部件/元器件类别的区分
- 承受高电压作用的元器件;
- 电气控制和辅助电路;
- 其他元器件。

d) 估计促使故障/缺陷发生的作用因素
- 环境条件(温度、风、雪、冰、污秽、雷击等)。

e) 故障/缺陷的分类
- 严重故障;
- 轻微故障;
- 缺陷。

f) 故障/缺陷的根源和原因
- 根源(机械的、电气的、电子的、密封性,如果适用);
- 原因(设计、制造、说明书不恰当、安装不正确、维修不正确,除此以外的因素等)。

g) 故障或缺陷的后果
- 电子式电流互感器退出运行;
- 修理耗费时间;
- 劳务费用;
- 备件费用。

事故报告可以包括以下资料:

——图样,示意图;

——缺陷元器件的照片;

——电站主接线图;

——记录或曲线图;

——有关的维修手册。

16 安全性

高电压电子式电流互感器,只有按照有关的安装守则安装及按照制造方的说明书使用和维修时(见第15章),它才能是安全的。

高电压电子式电流互感器通常只有指定人员可以接近。其操作和维修应由熟练人员进行。如果接近带电的电子式电流互感器不受限制时,则要求增加安全装置。

本部分的下述规定,提供避免电子式电流互感器各种危险的人身安全措施。

16.1 电气方面

——绝缘距离(见6.1.1);

——接地(间接接触)(见6.1.12);

——高压和低压电路的分离(见6.1.13);

——IP代码(直接接触)(见6.1.13)。

16.2 机械方面

——承受压力的器件(见6.1.11);

——机械冲击防护(见6.1.13.3)。

16.3 热学方面

——可燃性(见6.1.14)。

附 录 A
（资料性附录）
本部分章条编号与 IEC 60044-8:2002 章条编号对照

表 A.1 给出了本部分章条编号与 IEC 60044-8:2002 章条编号对照一览表。

表 A.1 本部分章条编号与 IEC 60044-8:2002 章条编号对照

本部分章条编号	对应 IEC 60044-8:2002 章条编号
7.3.1 g)	7.4.1 b)
7.4.1 b)	7.4.1 c)
7.4.1 c)	7.4.1 d)
7.4.1 d)	7.4.1 e)
7.4.1 e)	7.4.1 f)
9.6	10.2
9.7	9.6
9.8	9.7
10.2	10.3
10.3	10.4
10.4	10.5
附录 A	—
附录 B	—
附录 C	附录 D
附录 D	附录 C
附录 E	附录 B
附录 F	附录 F
附录 G	附录 E
附录 H	附录 A

附 录 B
（资料性附录）
本部分与 IEC 60044-8:2002 技术性差异及其原因

表 B.1 给出了本部分与 IEC 60044-8:2002 技术性差异及其原因一览表。

表 B.1 本部分与 IEC 60044-8:2002 技术性差异及其原因

本部分章条编号	技术性差异	原因
2	本章引用了采用国际标准的我国标准，而非直接引用国际标准。	以适应我国国情。
4.3.2	将海拔校正因数修改为按 GB 311.1 确定，并将原 IEC 60044-8 有关海拔校正因数规定的纳入附录 F。	我国电力系统采用的是 GB 311.1 标准，与 IEC 60044-8 有差异。
5.1.7	将表 4 中“220/380 V”的括号去掉。	符合国家标准 GB 156 的规定，作为优选值。
5.3.1	表 5 中注 1“……在数字侧代表额定一次电流(……”改为“……在数字侧代表额定一次值(……”。	兼顾 ECT 的额定一次电流和 EVT 的额定一次电压。
5.3.3	增加注 3“如用户有要求时，可采用更高的数据数率，如：$96f_r$～$200f_r$ 等”。	拓展数据数率的范围，便于实际采用。
6.1.1.3	将表 6 中的“工频电压耐受能力”更改为“电压耐受能力”。	因其下所列并非全是“工频”数值。
6.1.8	表 9 中 U_m 改为按 GB 156 的规定。	我国电力系统采用的是 GB 156 标准，与 IEC 60044-8有差异。
6.1.10.1	删除段中的“最好能在运行中指示”，增加“……或类似的检查装置”。	因前句已要求有指示；增加句意为可采用非直接指示液面的装置，以涵盖现有部件的使用情况。
6.1.11	第 3 段“……露点应不高于－5℃。……”改为“……露点应不高于－25℃(或更低)。……”	因露点－5℃对应的 SF_6 气体含水量过高，根据实际情况应选定不高于－25℃(或更低)的露点温度。
6.1.12	将“设备最高电压 U_m≥1.2kV 的”句删除。	此限定无实际意义。
6.1.16.1	删除光缆“不含有金属”。	因有些光缆需用金属作骨架。
6.2.2.1	表 10 注 c 中增加“也可采用 ST 接插件”。	因 ST 接插件为常规接插件。
6.2.2.2.3	增加“光脉冲试验电路见图 5”句。	将图 5 引入正文。
6.2.2.5	增加“铜线接口见图 6”句。	将图 6 引入正文。
6.2.3	图 9 中增加对“CRC”、“msb”和“lsb”的说明。	便于理解标准。
6.2.4.1.7	将例举的额定电压改为“$110/\sqrt{3}$kV”。	我国电力系统采用的是 GB 156 标准，与 IEC 60044-8有差异。

表 B.1(续)

本部分章条编号	技术性差异	原因
6.2.4.1.9	将例举的模拟量电压值改为“129 kV”。	IEC 60044-8 计算有误。
6.2.4.1.10	“SmpCtr”更改为“SmpCnt”。	使之与图 12 中术语统一。
6.2.4.2	增加“帧的存储内容见图 12”句。	将图 12 引入正文。
6.2.5	将输入的电压水平由“60V 或 250V”改为“110V 或 220V”。	我国电力系统采用的是 GB 156 标准,与 IEC 60044-8有差异。
7	7.2.1“通用型式试验”中的 c)项改为“额定雷电冲击试验”; 7.2.2.中各项增加见“8.14.3”的有关条款。 将原 7.4.1“通用特殊试验”中的 b)项“电容量和介质损耗因数测量”改为 7.3.1“通用例行试验”的 g)项。	因本试验只针对“额定雷电冲击试验”; 8.14.3 中有关验证项应同为补充型式试验所要求; 与 GB 1208 保持一致。
8.1	增加 b)项“其误差与本试验前的差异不超过其准确度误差限值的一半”。	使互感器制造的质量控制更趋严格,以确保产品性能稳定。
8.3.2	条标题改为“额定雷电冲击试验”。	因本试验只针对“额定雷电冲击试验”。
8.3.2.1	将“不须作大气条件校正”改为“应作大气条件校正”。	按国家标准 GB 311.1 的规定。
8.4.1	将“须作大气校正”改为“其大气条件校正应按 GB/T 16927.1 的规定”。	按国家标准 GB/T 16927.1 的规定。
9.6	将 IEC 60044-8 标准特殊试验要求的“电容量和介质损耗因数测量”调整为例行试验要求。	与 GB 1208 保持一致。
11.2	将 g)项及表 16 铭牌标志注 1 中例举的额定绝缘水平改为对应 GB 311.1 的规定的额定绝缘水平。 将 g)项下方的“此外,如有空余位置时,还应……”改为“此外,最好……”。	我国电力系统采用的是 GB 311.1 标准,与 IEC 60044-8 有差异。 便于实际操作。
D.6.2.2	最后一行“$\underline{I}_p=-j\frac{E_s}{\omega\cdot M}$”改为“$\underline{I}_p=-j\frac{U_s}{\omega\cdot M}$”。	使之与前面的公式相互关联。

附 录 C

（规范性附录）

电子式电流和电压互感器的频率响应和谐波准确度要求

C.1 概述

C.2中的要求适用于所有的电子式电流和电压互感器。C.3中的要求，适用于包含数字数据处理或传输的电子式电流和电压互感器，无论是数字量输出或模拟量输出。C.4中的谐波准确度要求仅在有规定时适用。

电子式电流互感器各种频率下的准确度试验列于C.5。

C.2 一般要求

C.2.1 电网的正常使用条件

在正常使用条件下，一次电流 I_p 和频率 f 保持在电网调节的固定限值之内。例如：

$$0.2I_{pr} \leqslant I_p \leqslant 1.2I_{pr} \quad 和 \quad 0.99f_r \leqslant f \leqslant 1.01f_r$$

在正常使用条件下，按测量用途设计的电子式电流互感器，多半是与测量用电压互感器组合使用，即用于计量。

C.2.2 电网的非正常使用条件

由于电网的各种故障，一次电流 I_p 和频率 f 可能与额定值明显不同。例如：

$$10I_{pr} \leqslant I_p \leqslant 50I_{pr} \quad 和 \quad 0.96f_r \leqslant f \leqslant 1.02f_r$$

保护用电子式电流互感器的设计，应能正确传送正常和非正常条件下的一次电流，将电网的任何关键性变化通知继电保护装置。

测量用电子式电流互感器的设计，不需要正确传送非正常条件下的一次电流。但应在电网回复到正常条件后立即恢复其额定性能。

C.2.3 信噪比要求

对噪声的要求按照6.1.6的规定。

电子式互感器的输出可能包含某些扰动，加在所有电子系统共有的白噪声上。电子式互感器产生的这种扰动占有很宽的频带，且在无任何一次电流时。这些扰动源可能是转换器的时钟信号、多路开关的换向噪声、直流/直流的转换器、整流频率。

试验程序由制造方和用户商定。推荐以下程序：

——无一次信号时测量互感器在规定频带宽度（见C.2.4）上的输出，采用频谱分析仪。由此得到互感器本身感生的噪声图像。

其他的扰动可能来自50 Hz基波的畸变（产生本身的谐波），或来自基波的谐波调制（在二次转换器的输出上产生谐间波）。制造方应向用户提供这些扰动源的一些指标。能得到有用指标的一种简单测量方法可以是：

——在“纯”50 Hz一次信号下，测量电子式互感器在规定频带宽度（见C.2.4）上的输出，例如采用频谱分析仪。由此可得到互感器本身感生的谐波畸变图像。

C.2.4 频带宽度要求

制造方应提供给出互感器的传递函数曲线，它给出电子式互感器频率特性的全貌。

对于包含数字数据传输的互感器，制造方应规定无虚假测量的最高频率，此频率称为 f_a。它是互感器能够测量和正确传输的最高频率。对于数字量输出型互感器，f_a 通常是所用输出数据速率的一半。提供的传递函数应至少不低于 2 倍 f_a（例如，不低于数据速率）。

C.2.5 其他的考虑

当电子式互感器的电子单元接通电源时，启动的暂态过程可能产生大量输出信号，它们与任何电源系统的输出无关。同样情况也发生在断电时。这些虚假输出在电子系统上很正常。但无论如何，如果继电器不能正确处理，它们会导致误动。

用户设计其控制系统时应了解这些情况。

对于数字量输出型电子式互感器，这种情况不会对继电器产生任何问题，因为包含在数字帧内的自诊断信息此时指示为无效数据。

对于模拟量输出型电子式互感器，推荐以下简单预防措施：

——制造方尽可能减小启动和断电时的虚假输出；

——电子式互感器在相应的继电器通电之前接通电源。

互感器中的滤波器也能发生过冲或下冲响应，或在非正常条件下，例如在线路故障和隔离开关操作时，可能呈现高频阻尼特性。这些误差一旦发生，可能导致高速继电器误动。而且，电子式互感器暂态响应的差异也会使母线差动保护（宽带高速差动系统）误动。

检验电子式互感器在这些情况下是否能正确运行的好方法，是将它置于隔离开关操作试验或全偏移短路电流试验中，在开关操作期间检验其输出。

注：同样的问题出现在传统互感器上往往表现为谐振或铁磁谐振：它们的传递特性曲线不平直，对快速瞬变的响应可能很复杂。

C.3 包含数字数据传输或数据处理的电子式电流和电压互感器的要求

以下要求对数字量输出型和模拟量输出型两种互感器皆适用，只要它们以某种方式包含了数字数据传输或数据处理。型式试验见 C.5.2。

C.3.1 抗混叠滤波器的要求

数字数据传输限制其频带宽度（f_a，见 C.2.4）为所用数字量采样速率或数据速率的一半。如果传输路径用了多种数据速率，其最低频率是限制因数。高于 f_a 的频率与低于 f_a 的频率互为镜像。就准确度而言，最关键的频率是对 f_r 映射的各频率。

对 f_r 映射的首要频率是 $2f_a-f_r$。

因此，应采用所谓抗混叠滤波器，它应满足以下要求：

$f\geqslant 2f_a-f_r$ 的衰减应是 $\geqslant 40$ dB

通常 f_a 是数据速率 f_{dr} 的一半（$f_{dr}=2f_a$）。如 f_a 或 $2f_a-f_r$ 未知时，可以通过对一次信号进行频率扫描来获得。

衰减的计算按下式：

$$衰减=20\cdot\log\frac{I_p\cdot I_{sr}}{I_s\cdot I_{pr}},\mathrm{dB}$$

式中：

I_p——频率 f 的一次电流方均根值，$f\geqslant 2f_a-f_r$；

I_s——镜像频率的二次输出方均根值，该频率为 $2f_a-f_r$；

I_{pr}——额定一次电流；

I_{sr}——额定二次输出。

对电子式电压互感器则以电压 U 取代电流 I。

举例：

对于数据速率 $f_{dr}=2\ 400$ Hz 和 $f_r=50$ Hz，可得 $f_a=1\ 200$ Hz，$2f_a-f_r=2\ 350$ Hz。

即使在 2 350 Hz 下也有 10% I_{pr}，这仅将造成 f_r 下的测量误差必定小于 0.1%。

C.3.2 抗混叠滤波器的实例

图 C.1 为数字数据获取系统的一个实例。

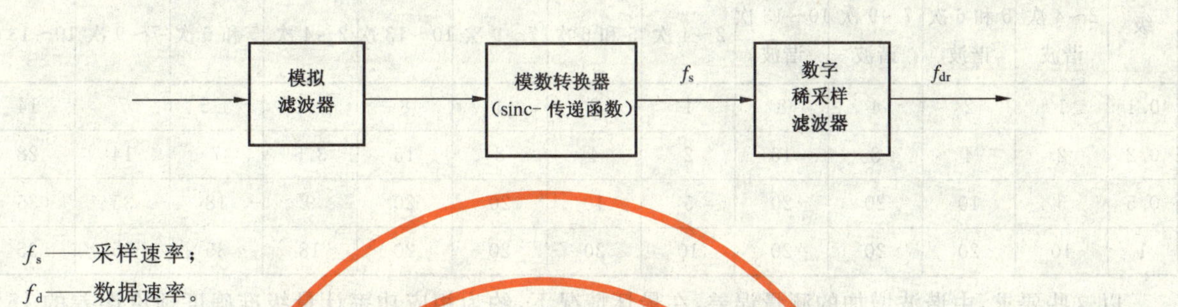

f_s——采样速率；

f_d——数据速率。

图 C.1 数字数据获取系统

通常 f_s 大于 f_{dr}。在这种情况 f_a 等于 $f_{dr}/2$，否则 f_a 等于 $f_s/2$。

如采样速率 f_s 等于数据速率 f_{dr}，则不需要数字滤波器。此时推荐采用模拟贝塞耳滤波器，例如是：

——4 阶；

——截止频率 $f_c=(f_{dr})/3$；

——传递函数(拉普拉斯表示法)

$$\text{bessel 4(p)}=\left[\frac{1}{(1+0.774\ 2p+0.388\ 9p\cdot p)\cdot(1+1.339\ 6p+0.488\ 9p\cdot p)}\right]$$

(式中：$p=j\cdot f/f_c$)

这种滤波器的优点是：

——优良的暂态响应(无过冲，还原时间短)；

——高于数据速率的各频率的衰减合理；

——覆盖宽频带的群延时恒定，它意味着该滤波器引入的相位移(近似)为高达 f_c 的频率的线性函数。滤波器对相位移的影响与传输系统中的纯延时相同。因而，只要它的等效延迟时间包含在电子式电流互感器的额定延迟时间之内，则对相位移的影响可以忽略。

贝塞耳滤波器的等效延迟时间等于$\dfrac{1.01}{\text{数据速率}}$

过采样和使用数字滤波器具有显著的优点，如：

——简单的模拟量输入的滤波器；

——各模拟元件的偏差或温度偏移几乎不成问题。

推荐数字滤波的 FIR 滤波器，因为它们具有理想的恒定群延时和良好的暂态响应。设计滤波器，推荐采用 Remez 交换算法(或 Parks-McClellan 等脉动算法)。

如果采用 IIR 滤波器，推荐贝塞耳滤波器(例如上述实例)，用 z 匹配变换转入数字域，以保证最大的相位线性度和恒定群延时。不推荐使用普通的双线性变换。

C.4 谐波的准确度要求

注：以下条款定义的各种准确级，对电子式电流互感器和电子式电压互感器皆应适用。

C.4.1 普通准确级

由于使用特殊装置(非线性负荷，柔性交流输电系统，轨道交通)，电网上会产生谐波。谐波量与电网和电压水平有关。谐波对计量、品质测量和继电保护皆有影响。准确级按照各种专门用途列出。数字量输出型电子式互感器的准确度要求与模拟量输出型电子式互感器的相同。型式试验见 C.5.1。

C.4.1.1 功率计量

准确级	在下列谐波下的电流(比值)误差 ±%				在下列谐波下的相位误差							
					±(°)				±crad			
	2～4次谐波	5和6次谐波	7～9次谐波	10～13次谐波	2～4次	5和6次	7～9次	10～13次	2～4次	5和6次	7～9次	10～13次
0.1	1	2	4	8	1	2	4	8	1.8	3.5	7	14
0.2	2	4	8	16	2	4	8	16	3.5	7	14	28
0.5	5	10	20	20	5	10	20	20	9	18	35	35
1	10	20	20	20	10	20	20	20	18	35	35	35

以这些要求,由谐波增加的测量误差,在最坏情况下,约为相应功率计量级准确度理论误差的15%(即采用0.2级电流互感器和0.2级电压互感器时,50 Hz基波输送能量的相应功率计量级准确度为0.4。若谐波输送能量也测量时,基波及其谐波输送能量的总误差为0.4%+0.15×0.40%=0.46%)。如此小的误差可以接受。

C.4.1.2 品质测量

根据EN 50160和GB/T 17626.7,为此用途,测量的谐波高达40次(有些情况甚至达50次)。GB/T 17626.7规定其相对误差(相对于被测值)应不超过5%。如果还需要测量相位角,相应的误差应不超过5°。

准确级	在下列谐波下的电流(比值)误差 ±%		在下列谐波下的相位误差			
			±(°)		±crad	
	1～2次谐波	3～50次谐波	1～2次谐波	3～50次谐波	1～2次谐波	3～50次谐波
品质测量专用	1	5	1	5	1.8	9

C.4.1.3 常规继电保护

对于常规用途,有关的谐波不超过5次序列。16.66 Hz或20 Hz适合于包含铁道工频的各种现象。

准确级	在下列谐波下的电流(比值)误差 ±%		在下列谐波下的相位误差			
			±(°)		±crad	
	1/3次谐波(仅16.7或20 Hz)	2～5次谐波	1/3次谐波(仅16.7或20 Hz)	2～5次谐波	1/3次谐波(仅16.7或20 Hz)	2～5次谐波
所有的保护级XPXX	10	10	10	10	18	18

C.4.1.4 与传统电流互感器和电压互感器的比较

所有的传统互感器都达不到品质测量级要求的性能:电压互感器的频率特性比电流互感器更差。并且某些互感器,如电容式电压互感器(CVT)是以很窄的频带宽度调谐,甚至达不到(C.4.1.2和C.4.1.3)保护和测量准确级的要求。

C.4.2 专用准确级

C.4.2.1 宽频带保护专用准确级

某些用途例如行波保护继电器,需要的频率高达500 kHz。使用依据行波分析原理的继电器,看来有希望解决很精确故障定位的问题。例如，按此原理的新装置声称，其定位精度远高于传统电抗式故障定位器。然而这样的继电器现在尚不能可供使用，这方面仍处于研究发展之中，但适用于这些继电器的电流互感器和电压互感器应具有很宽的频率范围，其"扩展"范围高达 500 kHz。

准确级	在下列频率下的最大峰值误差 ±%
宽频带保护专用	f_r～50 kHz
	10

电子式互感器的频带宽度(−3 dB 截止频率)应至少为 500 kHz。

注 1：行波保护继电器是专为此用途设计而且很特殊(非常宽的频带宽度等)。通常，制造方供给继电器/故障定位器同时附带电流/电压传感器及其附属电子设备。实际上，许多这类装置的运作如同扰动记录仪，存储故障时的数据和进行一些后处理，然后作故障点定位。

注 2：由于其宽频带宽度，本准确级不适用于标准化的数字量输出。

C.4.2.2 电子式电压互感器的直流保护专用准确级

电子式电压互感器应能对线路上的直流电压给出适当指示，例如出现滞留电荷时。对这种情况，用户并不要求反映的电压很准确，重要的信息是线路上残余电压的极性。

对此专用级，C.4.1.3 中有关谐波的所有要求也适用。

补充要求：

准确级	在下列频率下的最大峰值误差 ±%
直流保护专用 (对 EVT)	0 Hz(直流)～f_r
	10

注：必须注意，由于线路不能通过 EVT 放电(EVT 恒定直流输出)，在模拟量输出时，所接继电器的输入变压器不得饱和。当然，数字量输出时无此问题。

C.5 试验方案和试验电路

C.5.1 谐波准确度试验

试验电路可选用 D.4 或 E.6.2 的任一电路。

对于电子式电流互感器试验，试验电流可用功率放大器供给。推荐短路试验常用的同轴分流器作为基准电流互感器。

对于 EVT 试验，推荐利用现有设备：公共配电系统中数据传输所用的信号电压是正弦波，覆盖频率范围为 110 Hz～148.5 kHz，其幅值适合于本试验(详细内容见 EN 50160)。

按下列各表，施加每一个规定谐波频率的一次电流/电压。每一个频率下的幅值误差和相位误差由基准与被试互感器相比较进行计算，依照众所周知的程序(见附录 E 中的数字量输出)。

普通准确级(C.4.1)的试验电流及电压

谐波电流幅值(I_{pr}的百分数)或电压幅值(U_{pn}的百分数) %	
2～5 次谐波	6 次及以上的谐波
10	5

专用准确级(C.4.2)的试验电流及电压

准　确　级	暂态条件下准确度试验的电流或电压的幅值(I_{pr}的百分数)或(U_{pn}的百分数) %			
	0 Hz,直流	直流～0.99f_r	1.01f_r～5 次谐波	5 次谐波～250 kHz
宽频带保护专用	—	20	10	5
直流保护专用(对 EVT)	100	20	20	—

C.5.2　正常抗混叠性能的型式试验

施加频率为 $2f_a - f_r$ 的一次信号。测量输出信号的频率,用以检查此输入频率是否确实为 f_r 的镜像。

按 C.3.1,检验计算的衰减值是否符合其限值。

一次信号的大小应至少为额定一次信号的 1%。

由于假频出现时输入信号和输出信号的诸频率不相同。因而不能采用桥式电路的试验布置。进行试验最简易的方法,是对输入和输出的方均根值,使用数字量系统分别计算,或使用简单的模拟量万用表分别测量。

附 录 D
（资料性附录）
模拟量输出型电子式电流互感器的技术信息

D.1 范围

本附录适用于新制造的模拟量输出型电子式电流互感器，用于电气测量仪器和继电保护装置。

电子式电流互感器采用电流传感器[例如：电流互感器、霍尔效应传感器、空心线圈（罗戈夫斯基线圈）]和/或光学装置，由二次转换器提供模拟量电压输出。电子式电流互感器可以包含二次信号电缆。

D.2 二次输出的数学描述

当 $t \geqslant t_{dr} - \varphi_{or}/(2\pi f)$ 时，二次电压可以如下表示：

$$u_s(t) = U_{ssc}\sqrt{2} \cdot \sin(2\pi \cdot f \cdot t + \varphi_s) + U_{s\,dc}(t) + u_{s\,res}(t)$$

式中：

U_{ssc}——二次电压对称分量的方均根值；

$U_{s\,dc}$——二次直流电压，包括指数衰减分量；

$u_{s\,res}$——二次剩余电压，包括谐波和次谐波分量；

f——基波频率；

φ_s——二次相位移；

t——时间瞬时值；

t_{dr}——额定延迟时间。

D.3 二次直流偏移电压（$U_{s\,dc0}$）

直流偏移电压是电子设备的普遍特性，这是由于电子元件需要偏压而造成的。按照定义，它是在零输入信号时的设备输出上测得。正常情况下，偏移电压可认为与信号以及辅助电源无关，因而是输出信号的附加分量。

如果电源与输入信号有关，例如一次转换器的电源来源于一次电流本身，则可能出现特殊的状态。在这种情况下，仅在一次电流大于唤醒电流时才可以获得稳定的电源及其产生的稳定偏移电压。小于此最低一次电流，尤其是零值时，偏移电压可能改变其数值。

对于这种特殊情况，制造方与用户应商讨确定一个恰当的 U_{sdc0} 技术要求。建议可规定最小一次电流，超过它时 U_{sdc0} 依照上述定义，例如 $I_p > 0.1 I_{pr}$ 时 $U_{sdc0} = 5$ mV。

D.4 稳态准确度测量的试验电路

稳态准确度测量的试验电路见图 D.1。

D.5 铁心线圈式低功率电流互感器的信息

D.5.1 范围

铁心线圈式低功率电流互感器（LPCT）是传统电磁式电流互感器的一种发展。由于现代电子设备的低输入功率要求，LPCT 可以按照高阻抗 R_b 进行设计。结果是，传统电磁式电流互感器在非常高（偏移的）一次电流下出现饱和的基本特性得到改善，并因此显著扩大测量范围。

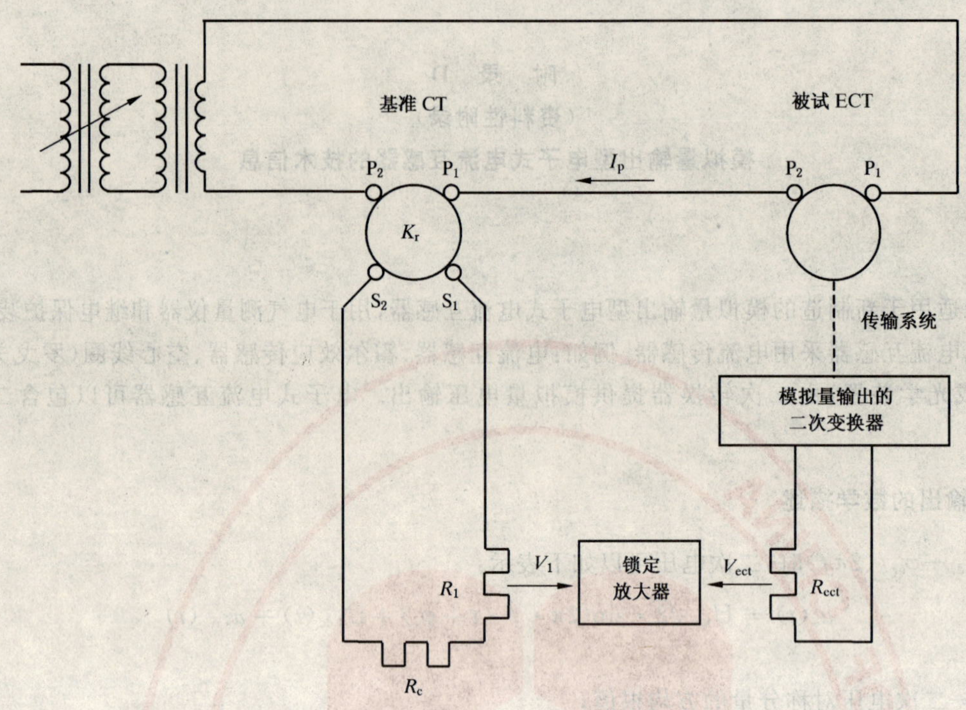

符号：

K_r——基准电流互感器的额定变比；

V_1——锁定放大器的输入电压；

R_1——调节锁定放大器输入电压的负荷；

R_1+R_c——基准电流互感器的额定二次负荷；

V_{ect}——模拟量输出型 ECT 的二次电压；

R_{ect}——ECT 的额定二次负荷。

要求 R_1 和 R_{ect} 是高精度负荷。

锁定放大器的输入电压应按标称条件调节。此电压应等于标称额定二次电压。

图 D.1 稳态准确度测量的试验电路

D.5.2 应用

总消耗功率的降低，便有可能无饱和地高准确度测量高达短路电流的过电流。对全偏移短路电流也能满足。除了量程比较宽，LPCT 的设计尺寸可以比传统电磁式电流互感器小。随之，由于全部使用范围可以由单个(多用途)电流互感器承担，测量用与保护用互感器无须有差别。

D.5.3 原理

LPCT 是一种电磁式电流互感器，它包含一次绕组、小铁心和损耗极小的二次绕组，后者连接并联电阻 R_{sh}。此电阻是 LPCT 的固有元件，对互感器的功能和稳定性极为重要。因此，原理上 LPCT 提供电压输出。

并联电阻 R_{sh} 设计为互感器的功率消耗接近于零。二次电流 I_s 在并联电阻上产生电压降 U_s，其幅值正比于一次电流且同相位。而且，互感器的内部损耗和负荷要求的二次功率越小，其测量范围和准确度越理想。

LPCT 的功能可以用图 D.2 和图 D.3 说明。

例如，将 R_{sh} 设计为使 $U_{s\,max}$ 与 I_{th} 相对应。

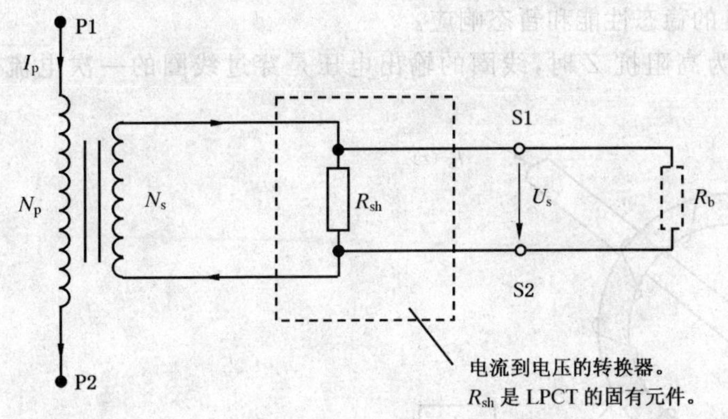

$U_s=R_{sh}\cdot\frac{N_p}{N_s}\cdot I_p$ 和

$I_p=K_R\cdot U_s$

而 $K_R=\frac{1}{R_{sh}}\cdot\frac{N_s}{N_p}$

图 D.2 铁心线圈式互感器

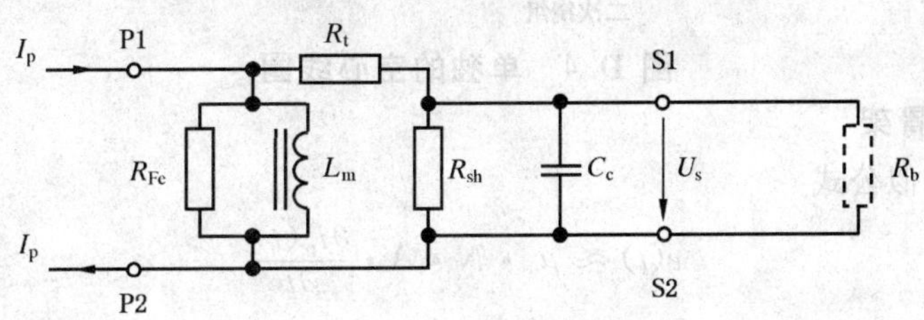

符号：

I_p——一次电流；

R_{Fe}——等效铁损电阻；

L_m——等效励磁电感；

R_t——二次绕组和引线的总电阻；

R_{sh}——并联电阻(电流到电压的转换器)；

C_c——电缆的等效电容；

$U_s(t)$——二次电压；

R_b——负荷，Ω；

P1、P2——一次端子；

S1、S2——二次端子。

图 D.3 电压输出的铁心式电流互感器等效电路

D.5.4 输出特性

传统电流互感器的变比(按 GB 1208—2006 标准规定)通常与额定一次电流相关联。由于 LPCT 具有测量大电流且不出现饱和的能力，更为合理的是将测量范围联系到电网预期的最大电流。

D.6 单独式空心线圈和空心线圈的一般信息

D.6.1 范围

在高压电网中，罗哥夫斯基型传感器在继电保护上采用日益增多。自从 1912 年就已知道，罗哥夫斯基线圈的输出与电流的导数成正比。

在高电压应用中，传感器输出的积分往往不在线圈本体上进行，可以免去电子器件，而更愿在继电器上实现，这样能够降低费用。

本附录重温单独式空心线圈原理，列出其输出的导数形式。除此独特点外，空心线圈的其他特性要求(温度特性、电磁兼容、绝缘要求)则依据本标准。

D.6.2 原理

在空心线圈中，二次线绕在非磁性骨架上(见图 D.4)。无铁磁材料使这种传感器的线性度良好，不饱和也无磁滞现象。因此,空心线圈具有优良的稳态性能和暂态响应。

空心线圈应用安培定理时表明,当负荷为高阻抗 Z 时,线圈的输出电压是穿过线圈的一次电流 $I_p(t)$ 的函数。

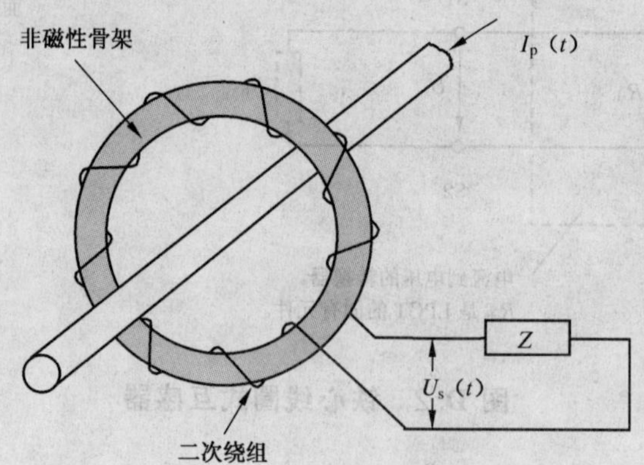

图 D.4 单独的空心线圈

D.6.2.1 对于圆环形骨架

a) 任意截面的近似公式

$$e(t) \approx \mu_0 \cdot N \cdot A \cdot \frac{\partial i_p(t)}{\partial t}$$

b) 矩形截面的公式

$$e(t) \approx \frac{\mu_0 \cdot N_w \cdot h}{2\pi} \cdot \ln \frac{r_a}{r_i} \cdot \frac{\partial i_p(t)}{\partial t}$$

式中:

μ_0——真空导磁率,$4\pi \cdot 10^{-7}$,V·s/A·m;

N——匝数密度,匝/m;

A——单匝面积,m^2;

$2r_a$——外直径,m;

$2r_i$——内直径,m;

h——高度,m;

N_w——空心环的匝数;

$e(t)$——低负荷 $R_b \to \infty$ 时,空心线圈的输出电压,V。

以这些符号,令

$$M = \mu_0 \cdot \frac{N_w \cdot h}{2\pi} \cdot \ln \frac{r_a}{r_i} \approx \mu_0 \cdot N \cdot A$$

则空心线圈的输出电压为:

$e(t) = \dfrac{M \cdot \partial i_p(t)}{\partial t}$,或在稳态正弦电流下:

$$\boxed{\underline{E} = M \cdot j \cdot \omega \cdot \underline{I}_p}$$

D.6.2.2 等效电路

图 D.5 为空心线圈的等效电路。

电阻 R_a 是任选的,供校正调节用。也可采用在铭牌上标出校正系数。电阻 R_a 或校正系数是用于补偿线圈骨架尺寸和匝数的制造偏差。它们也使传感器与电子装置能有互换性。

以下公式依据图 D.5 等效电路:

$$\underline{E} = j\omega \cdot M \cdot \underline{I}_p$$

$$\underline{U}_s = \frac{R_b}{R_t + R_a + R_b + j\omega L} \cdot \underline{E}$$

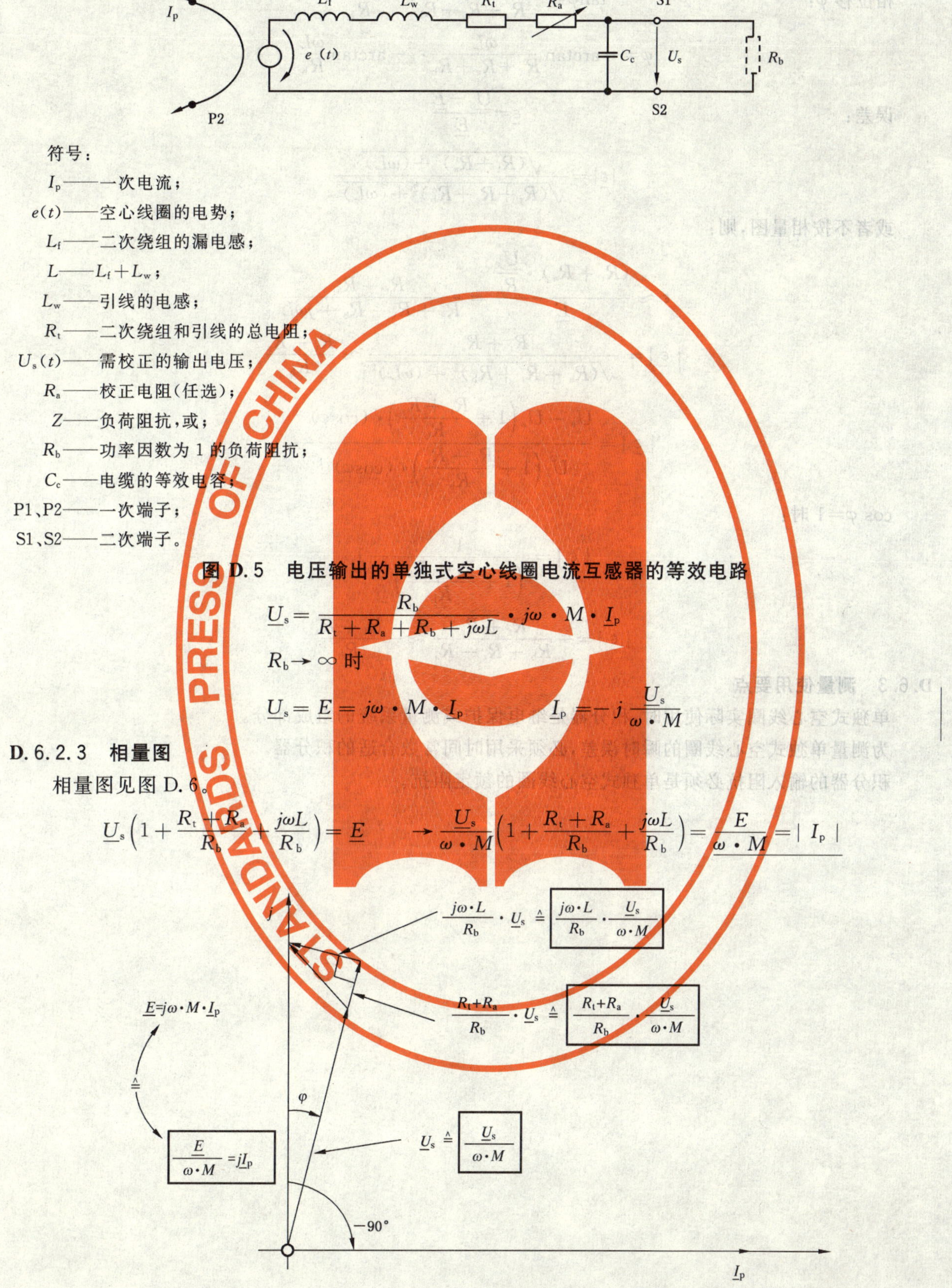

符号：

I_p——一次电流；

$e(t)$——空心线圈的电势；

L_f——二次绕组的漏电感；

L——L_f+L_w；

L_w——引线的电感；

R_t——二次绕组和引线的总电阻；

$U_s(t)$——需校正的输出电压；

R_a——校正电阻(任选)；

Z——负荷阻抗，或；

R_b——功率因数为 1 的负荷阻抗；

C_c——电缆的等效电容；

P1、P2——一次端子；

S1、S2——二次端子。

图 D.5　电压输出的单独式空心线圈电流互感器的等效电路

$$\underline{U}_s=\frac{R_b}{R_t+R_a+R_b+j\omega L}\cdot j\omega\cdot M\cdot \underline{I}_p$$

$R_b\to\infty$ 时

$$\underline{U}_s=\underline{E}=j\omega\cdot M\cdot \underline{I}_p \qquad \underline{I}_p=-j\frac{\underline{U}_s}{\omega\cdot M}$$

D.6.2.3　相量图

相量图见图 D.6。

$$\underline{U}_s\left(1+\frac{R_t+R_a}{R_b}+\frac{j\omega L}{R_b}\right)=\underline{E} \qquad \to\frac{\underline{U}_s}{\omega\cdot M}\left(1+\frac{R_t+R_a}{R_b}+\frac{j\omega L}{R_b}\right)=\frac{E}{\omega\cdot M}=|\ I_p\ |$$

图 D.6　单独式空心线圈的相量图

相位移 φ：

$$\tan\varphi = -\frac{\omega L}{R_t + R_a + R_b} \approx -\frac{\omega L}{R_b}$$

$$\varphi = -\arctan\frac{\omega L}{R_t + R_a + R_b} \approx -\arctan\frac{\omega L}{R_b}$$

误差：

$$\underline{\varepsilon} = \frac{\underline{U}_s - \underline{E}}{\underline{E}}$$

$$|\underline{\varepsilon}| = \frac{\sqrt{(R_t + R_a)^2 + (\omega L)^2}}{\sqrt{(R_t + R_a + R_b)^2 + (\omega L)^2}}$$

或者不按相量图，则：

$$\underline{\varepsilon} \approx \frac{(R_t + R_a)\cdot\dfrac{\underline{U}_s}{R_b}}{\underline{E}} = \frac{R_t + R_a}{R_a + R_t + R_b + j\omega L}$$

$$|\underline{\varepsilon}| = \frac{R_t + R_a}{\sqrt{(R_a + R_t + R_b)^2 + (\omega L)^2}} \approx \frac{R_t + R_a}{R_b}$$

$$|\underline{\varepsilon}| = \frac{U_s - U_s\left(1 + \dfrac{R_t + R_a}{R_b}\right)\cdot(\cos\varphi)^{-1}}{U_s\left(1 + \dfrac{R_t + R_a}{R_b}\right)\cdot(\cos\varphi)^{-1}}$$

$\cos\varphi = 1$ 时：

$$|\underline{\varepsilon}| = \frac{1}{\left(1 + \dfrac{R_t + R_a}{R_b}\right)} - 1$$

$$|\underline{\varepsilon}| = -\frac{R_t + R_a}{R_b + R_t + R_a} \approx -\frac{R_t + R_a}{R_b}$$

D.6.3　测量使用要点

单独式空心线圈实际使用时，积分器是继电保护或测量系统的组成部分。

为测量单独式空心线圈的瞬时误差，必须采用时间常数合适的积分器。

积分器的输入阻抗必须是单独式空心线圈的额定阻抗。

附 录 E
（资料性附录）
数字量输出型电子式电流互感器的技术信息

E.1 范围

本附录适用于新制造的数字量输出型电子式电流互感器，供电气测量仪器和继电保护装置使用。

电子式电流互感器采用电流传感器[例如：电流互感器、霍尔效应传感器、空心线圈（罗戈夫斯基线圈）]和／或光学装置，提供数字量输出。

本附录涉及插值法和时钟同步机理、误差测量以及计算等所需要的信息。

E.2 数字量输出的工作原理

为了有效利用电子式电流和电压互感器的优点，信号必须用统一的方式处理。以时间不确定性小于几微秒的同样状态取得的电流和电压瞬时值，必须传输到测量和继电保护装置。对此，推荐的方法是组合来自一个设备间隔的各电流和电压，即三相的电流和电压按一个协议规则进行传输。将电流和电压进行这种组合的物理单元称为合并单元（MU）。测量系统的结构见图 E.1。

连接到一个合并单元的各互感器如何同步化，由制造方自定，本部分不作规定。

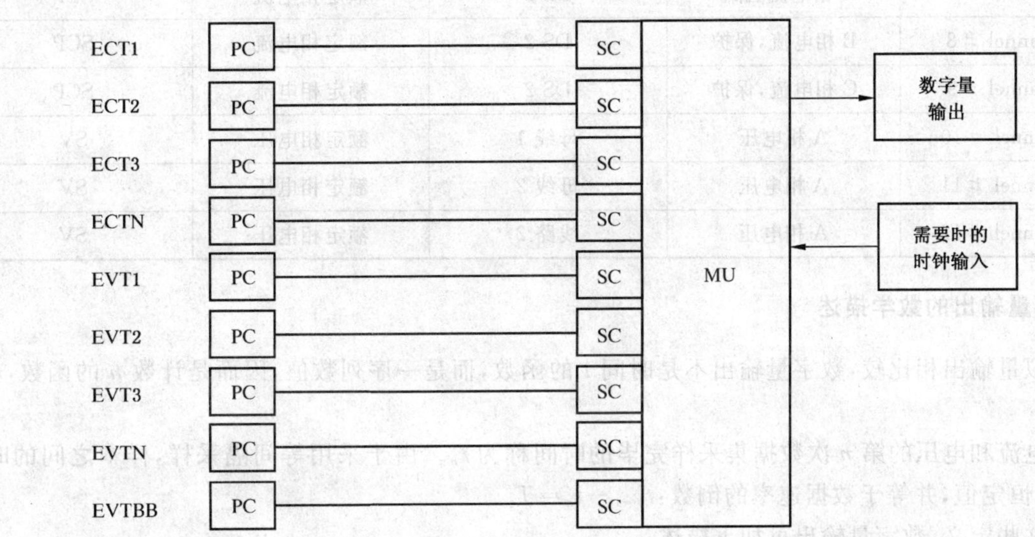

符号：

PC——一次转换器；

SC——二次转换器；

MU——合并单元。

图 E.1 电子式电流和电压互感器组合构成的数字量输出

E.3 数据通道的其他分配

某些用途要求的数据通道分配与 6.2.4.1.3 表 12(DataSetName＝01)的不同。例如，1½断路器布置中的线路继电保护，它利用各断路器两侧组合的电流和电压各传感器，需要至少两组电流（保护判断）和一组电压数据。

为满足特定的用途，DataSetName＝FE H(十进制 254)允许制造方自由分配各信号源的数据通道。

在这种情况下，制造方规定其数据通道分配如表 E.1 所示实例。各数据通道的数据接收器的正确配置，需要下述各项内容：

交换值：　信号的文字描述；

参考值：　该通道可使用的参考值，可用值为额定相电流，额定中性点电流，额定相电压；

比例因子：该数据通道的比例因子，按表 5 规定。可用值为 SCP、SCM 和 SV。

正常运行时数据通道分配不得改变。

表 E.1　DataSetName＝FE H 的数据通道特定分配应用实例：
用于 1½ 断路器布置中各断路器两侧有组合 ECT/EVT 的线路保护和同步

DataSetName	FE H			
	交换值	信号源	参考值	比例因子
DataChannel ＃1	A 相电流，保护	DS 1	额定相电流	SCP
DataChannel ＃2	B 相电流，保护	DS 1	额定相电流	SCP
DataChannel ＃3	C 相电流，保护	DS 1	额定相电流	SCP
DataChannel ＃4	A 相电压	线路 A	额定相电压	SV
DataChannel ＃5	B 相电压	线路 A	额定相电压	SV
DataChannel ＃6	C 相电压	线路 A	额定相电压	SV
DataChannel ＃7	A 相电流，保护	DS 2	额定相电流	SCP
DataChannel ＃8	B 相电流，保护	DS 2	额定相电流	SCP
DataChannel ＃9	C 相电流，保护	DS 2	额定相电流	SCP
DataChannel ＃10	A 相电压	母线 1	额定相电压	SV
DataChannel ＃11	A 相电压	母线 2	额定相电压	SV
DataChannel ＃12	A 相电压	线路 2	额定相电压	SV

E.4　数字量输出的数学描述

与模拟量输出相比较，数字量输出不是时间 t 的函数，而是一序列数值，因而是计数 n 的函数，n 为整数。

一次电流和电压的第 n 次数据集采样完毕的时间称为 t_n。由于采用等间隔采样，样本之间的时间间隔 T_s 是恒定值，并等于数据速率的倒数：$t_{n+1}-t_n=T_s$。

借助这些定义，数字量输出可如下描述：

$$i_s(n)=I_{ssc}\sqrt{2}\cdot\sin(2\pi\cdot f\cdot t_n+\varphi_s)+I_{sdc}(n)+i_{s\,res}(n)$$

式中：

i_s——合并单元输出的数字数，代表一次电流的实际瞬时值；

I_{ssc}——该合并单元输出的对称分量方均根值；

I_{sdc}——二次直流输出，包括指数衰减分量；

$i_{s\,res}$——二次剩余输出，包括谐波和次谐波分量；

n——数据集的计数；

t_n——一次电流及电压第 n 次数据集采样完毕的时间；

f——频率；

φ_s——二次相位移。

E.5 合并单元的时间同步

许多继电保护需要的信号是来自不同设备间隔的同步的电流和电压信息。因此，必须使不同协议规则的电流和电压信息做到同步。进行这种同步的方法有两种：几个协议规则的各数值的插值法，或利用电站时钟作不同协议规则的同步。

对于插值法，在不同各协议规则的各样本之间采用插值法所确定的状态，用不同各协议规则的已知不同延迟时间来推算各样本，见图 E.2。

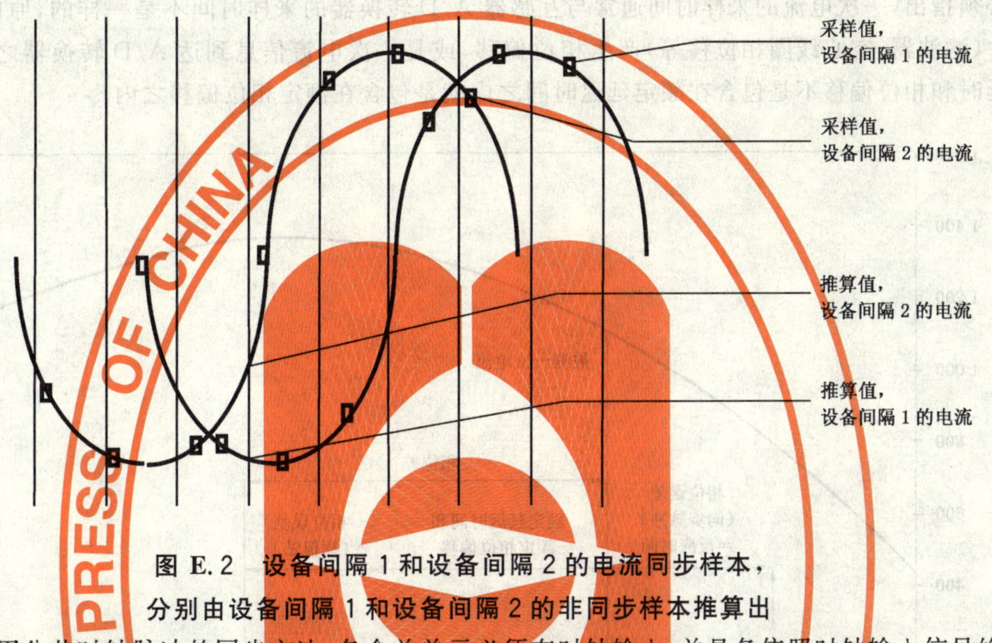

图 E.2　设备间隔 1 和设备间隔 2 的电流同步样本，
分别由设备间隔 1 和设备间隔 2 的非同步样本推算出

对于利用公共时钟脉冲的同步方法，各合并单元必须有时钟输入，并具备依照时钟输入信号给定的时间状态取得样本的协议规则。见图 E.3。

图 E.3　用公共时钟同步采样的设备间隔 1 和设备间隔 2 的电流样本

E.6 误差测量

E.6.1 数字接口的相位误差定义

图 E.4 标出了一台电子式电流互感器测量的某个一次电流。经历一段时间后，测得的电流值通过数字接口按数字编码的方式传输。当然,由于互感器的幅值误差,传输值通常与被测的实际一次电流并不完全一样。

到达传输开始的这段时间便是相位差。它包括两个分量:一个恒定等于 $\varphi_{or}-2\pi\times f\times t_{dr}$ 的额定值和一个可能变化的值。

如果两个合并单元的数据是用插值法结合,非常重要的是准确地保持由 φ_{or} 和 t_{dr} 确定的相位移额定值。在这种情况下,当几个合并单元的数据结合时,相位差与 $\varphi_{or}-2\pi\times f\times t_{dr}$ 的任何差异值将形成相位误差。

必须指出,一次电流的采样时间通常与互感器 A/D 转换器的采样时间不是一样的,原因往往是模拟元件(滤波器、空心线圈相位移等)产生相位偏移,或是一次电流信息到达 A/D 转换器之前的延时。这些延时和相位偏移不是包含在额定延迟时间之内就是包含在额定相位偏移之内。

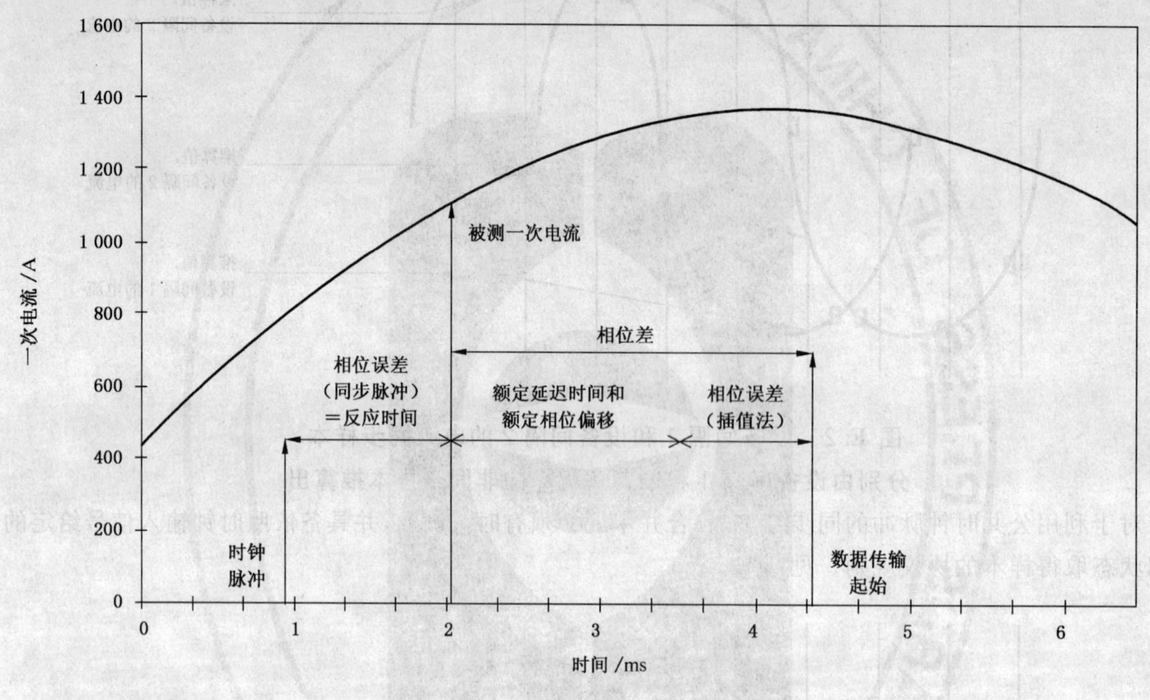

图 E.4 数字接口的相位误差定义

在多个合并单元用一个公共时钟脉冲同步时,另一个时间变得重要,即时钟脉冲与电流或电压测量之间的时间间隔。此时间理应为 0。任何与 0 的差异值形成相位误差。此时间间隔也称为"反应时间"。

时钟脉冲不是每个测量传送一次,而是每秒一次。用它使合并单元的内部时钟与主时钟同步。由于时钟脉冲是良好确定的周期性信号,可以做到反应时间为 0。

这样的话,可以确保两个时钟脉冲之间的各次测量皆不超过互感器规定的相位误差,只要求这些测量不在各时钟脉冲出现的同一时刻进行。

合并单元的设计可以采用这些原理(插值法或时钟)之一或二者并用。

E.6.2 试验布置和程序

图 E.5 表示合并单元连接一台互感器时的准确度试验布置。

如果基准系统的误差与被试的准确级相比能够忽略时,可以取基准的数字量输出 i_{ref} 乘以其额定变比 K_r 等于 i_p,直接用于误差计算,由图 E.5 中的求值单元进行,并在下文中说明。

在合并单元规定采用插值法的情况下,求值单元(例如微机)首先必须设法取得基准和被试互感器的时间相关数据集。为此,求值单元要使用被试互感器和基准系统的额定延迟时间和额定相位偏移,其数值必须已知为非常精确。

如果 t_{nre} 是接收被试互感器第 n 次数据集的开始时间，那么，数据集采样完毕的时间 t_n 如下计算：

$$t_n = t_{nre} - t_{dr} + \varphi_{or}/(2\pi f)$$

于是，相应的一次电流值 $i_p(t_n)$ 或 $i_{ref}(t_n)$ 可以用基准数据 i_{ref} 和插值法算法进行计算。另一种可用方法是以被试互感器的数据集触发基准电流互感器的采样，从而在同一时间取得一次电流的两种样本。

一旦基准互感器和被试互感器的时间相关数组电流数据已经获得，误差计算可按下一条款所述的数学方法进行。

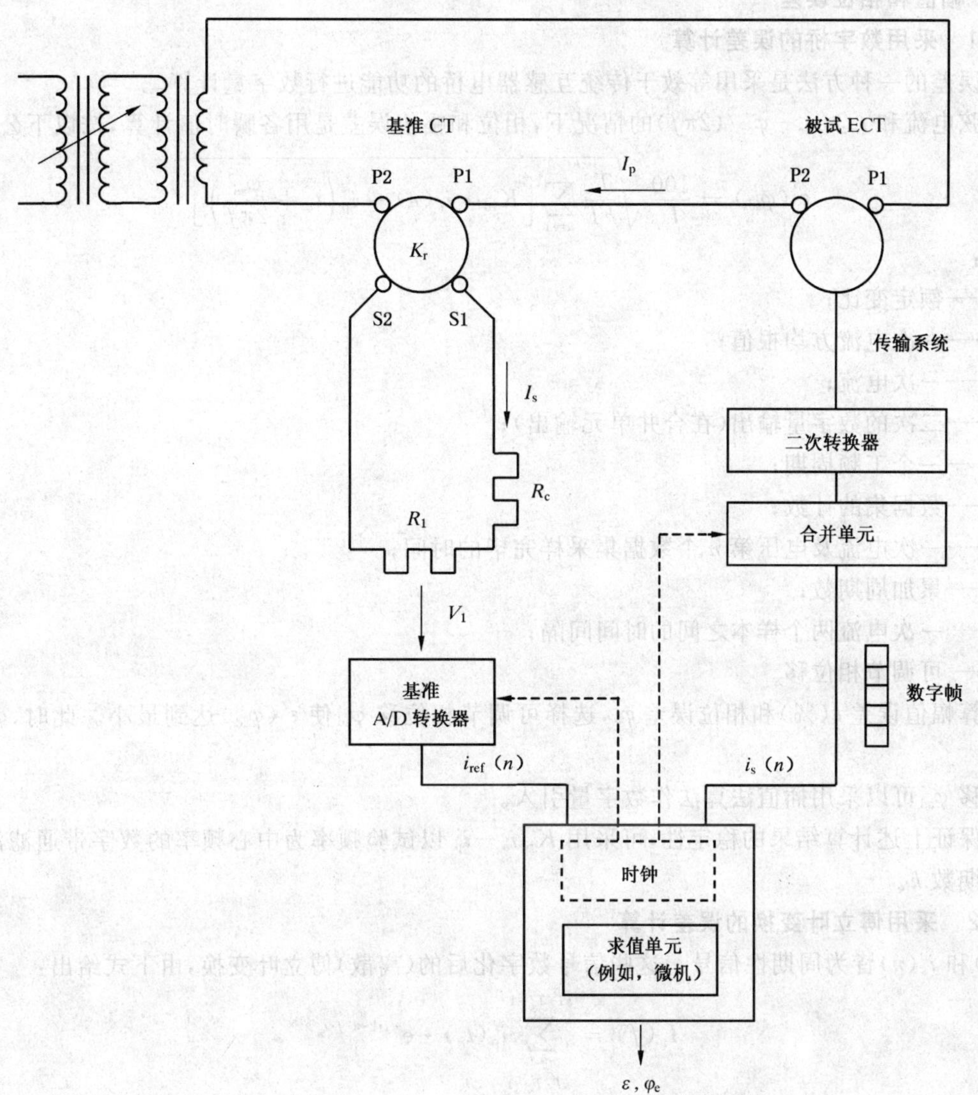

符号：

K_r——基准电流互感器的额定变比；

V_1——基准 A/D 转换器的输入电压；

R_1——调整基准 A/D 转换器输入电压的负荷；

R_1+R_c——基准电流互感器的额定二次负荷。

要求 R_1 是高精度的负荷。

图 E.5 试验布置

在合并单元采用时钟脉冲同步时，其程序则不相同。由于供给被试互感器和基准互感器的是同一时钟脉冲，它们的样本理应已经具有时间相关性。被试互感器的 $i_s(n)$ 和基准互感器的 $i_{ref}(n)$ 可以直接进行比较。在下一条款的各公式中，$i_p(t_n)$可直接用 $K_{rd\,ref} \cdot i_{ref}(n)$置换。当然，采用时钟脉冲同步时，时钟脉冲务必足够精确。

如果一台数字量输出型互感器已经验证为精确度足够，它当然可以作为基准。采用上述任一种方法经独立的外部基准校验后，已校准的互感器可以代替图 E.5 中的基准系统，这样，有两个合并单元与求值单元连接，一个是被试互感器的，另一个是基准互感器的。如两个互感器采用相同的合并单元技术，则试验布置可简化为两者皆接到同一个合并单元上。

E.6.3 误差计算的数学求值方法

E.6.3.1 幅值和相位误差

E.6.3.1.1 采用数字桥的误差计算

计算误差的一种方法是采用等效于传统互感器电桥的功能进行数字量计算。

在正弦电流和 $t_n \geqslant t_{dr} - \varphi_{or}/(2\pi f)$的情况下，相位和幅值误差是用各瞬时值计算，按以下公式：

$$\varepsilon'(\varphi_{ad}) = \frac{100}{I_p}\sqrt{\frac{T_s}{kT}\sum_{n=1}^{kT/T_s}\left[K_{rd} \cdot i_s(n) - i_p\left(t_n + \frac{\varphi_{ad}}{2\pi f}\right)\right]^2}$$

式中：

K_{rd}——额定变比；

I_p——一次电流方均根值；

i_p——一次电流；

i_s——二次的数字量输出(在合并单元输出)；

T——一个工频周期；

n——数据集的计数；

t_n——一次电流及电压第 n 个数据集采样完毕的时间；

k——累加周期数；

T_s——一次电流两个样本之间的时间间隔；

φ_{ad}——可调节相位移。

为计算幅值误差 ε(%)和相位误差 φ_e，选择可调节相位移 φ_{ad}使 $\varepsilon'(\varphi_{ad})$达到最小。此时，$\varphi_e = \varphi_{ad}$和 $\varepsilon = \varepsilon'$。

相位移 φ_{ad}可以采用插值法算法作数字量引入。

为了保证上述计算结果的稳定性，可采用 $K_{rd} i_s - i_p$ 以试验频率为中心频率的数字带通滤波和较大的累加周期数 k。

E.6.3.1.2 采用傅立叶变换的误差计算

$i_p(t_n)$和 $i_s(n)$皆为周期性信号。这些信号数字化后的(离散)傅立叶变换，由下式给出：

$$I_p(f) = \sum_{n=0}^{kT/T_s-1} i_p(t_n) \cdot e^{-j \cdot 2 \cdot \pi \cdot f \cdot t_n}$$

$$I_s(f) = \sum_{n=0}^{kT/T_s-1} i_s(n) \cdot e^{-j \cdot 2 \cdot \pi \cdot f \cdot t_n}$$

式中：

i_p——一次电流；

i_s——二次的数字量输出(在合并单元输出)；

T——一个工频周波的时间；

n——数据集的计数；

t_n——一次电流及电压第 n 个数据集采样完毕的时间；

k——累加周期数；

T_s——一次电流两个样本之间的时间间隔。

对于谐波 h，以 $f=f_h=h\cdot f_r$ 应用上述公式，得到2个复数系数：

$$I_p(f_h)=|I_p(f_h)|\cdot e^{-j\cdot\varphi_{p,h}}$$

$$I_s(f_h)=|I_s(f_h)|\cdot e^{-j\cdot\varphi_{s,h}}$$

对于正弦电流和 $t_n\geqslant t_{dr}-\varphi_{or}/(2\pi f)$ 时，额定频率的相位和幅值误差，用 $h=1$ 的傅立叶变换系数计算。

幅值误差：$\varepsilon=100\dfrac{K_{rd}\cdot|I_s(f_1)|-|I_p(f_1)|}{|I_p(f_1)|}$，%

式中：

K_{rd}——为额定变比。

相位误差：$\varphi_e=\varphi_{s,1}-\varphi_{p,1}$，rad。

E.6.3.1.3 采用数字量同步检测算法的误差计算

计算增益和相位误差的另一种可用方法，是按照同步检测原理（通常在锁定放大器上采用）进行数字量计算，如同用于模拟量输出（见D.4）。

E.6.3.2 复合误差

为计算复合误差 ε_c，模拟函数用等效的数字量计算代替（在 $t_n\geqslant t_{dr}-\varphi_{or}/(2\pi f)$ 时）：

$$\varepsilon_c=\frac{100}{I_p}\sqrt{\frac{T_s}{kT}\sum_{n=1}^{kT/T_s}\left[K_{rd}i_s(n)-i_p(t_n)\right]^2}$$

式中：

K_{rd}——额定变比；

I_p——一次电流方均根值；

i_p——一次电流；

i_s——二次的数字量输出（在合并单元输出）；

T——一个周期；

n——数据集的计数；

t_n——一次电流及电压第 n 个数据集采样完毕的时间；

k——累加周期数；

T_s——一次电流两个样本之间的时间间隔。

可以用大量的累加周期数 k 保证上述计算的结果稳定。不允许使用带通滤波。

注：对单独式空心线圈，二次输出是在积分器的输出上测量的（见 K_{ra} 和 K_{rd} 的定义及附录D）。积分器可以在求值单元中用数字量的方法实现。由于积分器可能影响延迟时间，在此试验布置中，允许其额定延迟时间与被试互感器的额定延迟时间不相同。

E.6.3.3 瞬时误差

瞬时误差电流是在 $t_n\geqslant t_{dr}-\varphi_{or}/(2\pi f)$ 下规定，并用下式计算：

$$i_\varepsilon(n)=K_{rd}\cdot i_s(n)-i_p(t_n)$$

式中：

K_{rd}——额定变比；

i_p——一次电流；

i_s——二次的数字量输出（在合并单元输出）；

n——数据集的计数；

t_n——一次电流及电压第 n 次数据集采样完毕的时间。

注：对单独式空心线圈，二次输出是在积分器的输出上测量的（见 K_{ra} 和 K_{rd} 的定义及附录D）。积分器可以在求值单元中用数字量的方法实现。由于积分器可能影响延迟时间，在此试验布置中，允许其额定延迟时间与被试互感器的额定延迟时间不相同。

E.7 模拟量输出与数字量输出的电流互感器/电压互感器的系统总准确度比较

对构成元件为相同准确级的各系统进行比较时，采用数字量输出的电子式电流和电压互感器系统，其系统总准确度与采用模拟量输出的系统的不同之处，见图 E.6。当采用数字量输出的电子式电流和电压互感器时，由纯数字信号传输引起的误差被排除。在此情况下，只要计算精度选择恰当，仪表因是数字值的纯计算而不会增加任何误差。在仪表中，受温度或长期漂移影响的可能性也全部被消除。

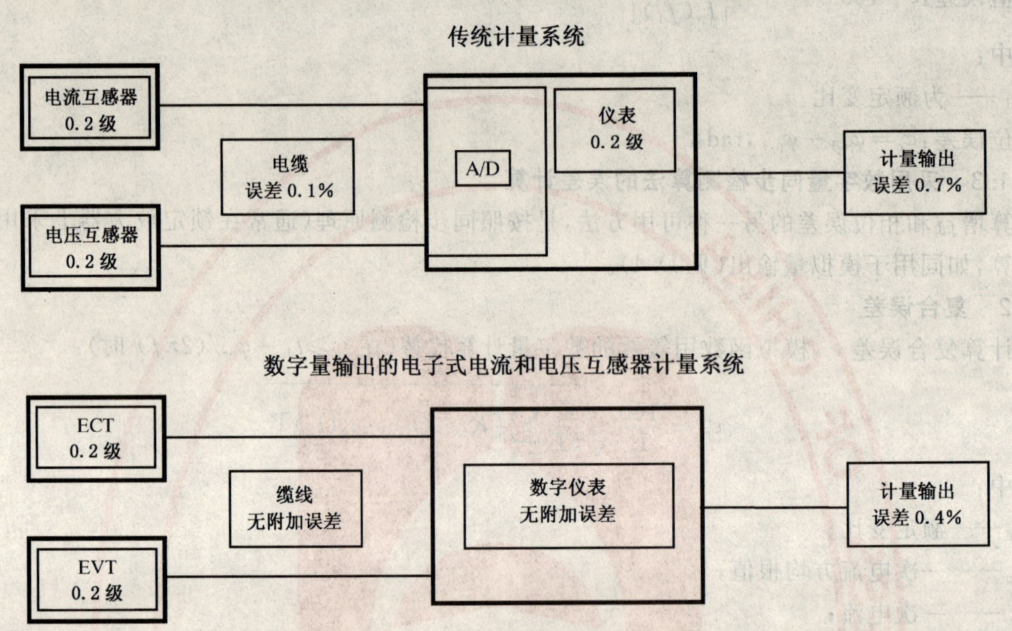

图 E.6 传统计量系统与数字量输出的电子式电流和电压互感器计量系统的误差比较

附　录　F
（资料性附录）
IEC 60044-8:2002 标准的海拔

F.1　海拔

安装处海拔超过 1 000 m 时，在标准大气条件下的弧闪距离，应由使用地区要求的耐受电压乘以按图 F.1 查得的因数 k 来确定。

注：内绝缘的电介质强度不受海拔影响。检验外绝缘的方法应由制造方和用户商定。

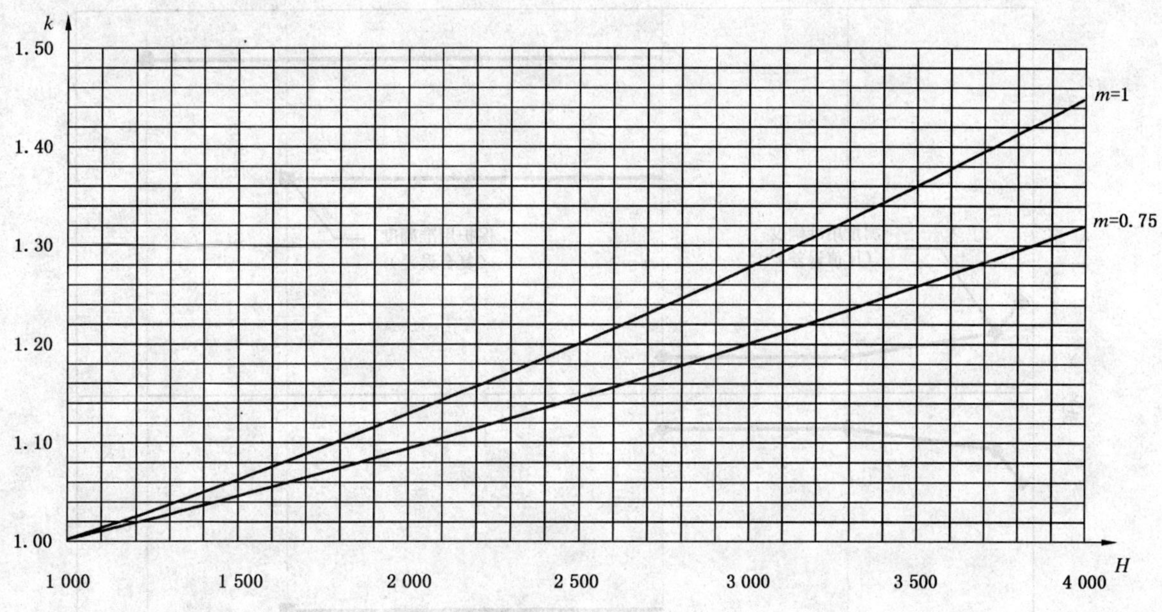

因数 k 可用下式计算：

$$k=e^{m(H-1\,000)/8\,150}$$

式中：

H——海拔，m；

$m=1$——适用于工频和雷电冲击电压；

$m=0.75$——适用于操作冲击电压。

图 F.1　海拔校正因数

附 录 G
（资料性附录）
准确度要求的图形说明

图G.1表示一台多用途电子式电流互感器(即同时满足测量和保护的要求)的准确度限值,也规定了暂态响应要求。

各标志点,表示型式试验时在该一次电流下进行准确度测量。各实线,表示在该一次电流范围理应保持的准确度。

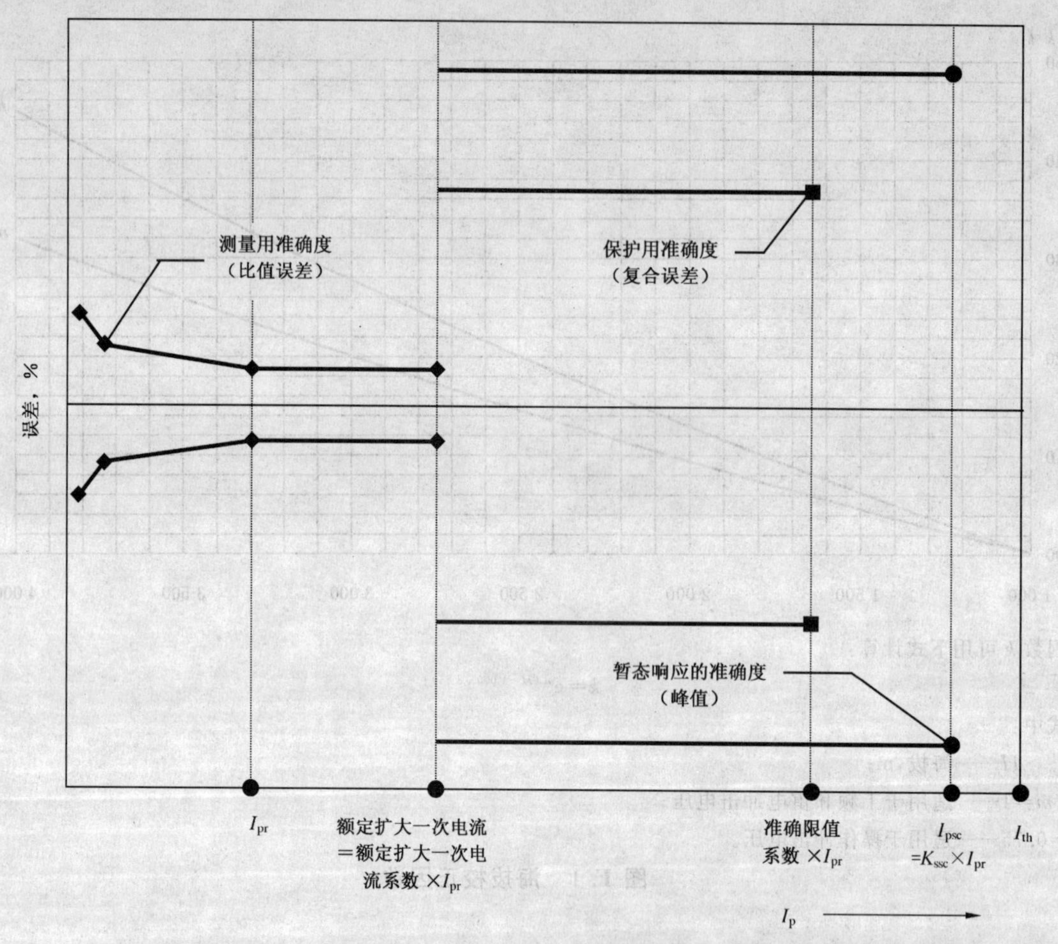

图 G.1 多用途电子式电流互感器的准确度限值

如果在应用上,要求各相上电子式电流互感器的相位误差和/或比值误差的差异很小,用户应选用校验数据相近的一组电子式电流互感器,如同对传统互感器所做的那样。校验数据可以在例行试验报告上得到。不需要特殊试验。

附　录　H
（资料性附录）
电子式电流互感器的暂态特性

H.1　引言

任何一种(电磁式或电子式)电流互感器，皆以不同的瞬时误差重现电流的交流分量和暂态直流分量。交流分量的瞬时误差影响保护继电器的运行。暂态直流分量的瞬时误差通常与继电保护的判断运算无关。但仍然显示在暂态故障录波图上。电流互感器(包括电子式)的非线性度可能使重现的交流分量畸变。因此，交流分量的瞬时误差取决于其输入的幅值和暂态直流分量的大小。

在 GB 16847 中，给出了某些用途所要求的暂态特性详细分析。然而该标准仅适用于采用磁性材料的传统技术。基于法拉第传感器和罗哥夫斯基线圈等不同技术的各种电子式电流互感器，则不受传统电流互感器的制约，而使用户考虑一次直流分量时有更多的灵活性。本附录的目的是指明，在要求暂态特性时，用户采用电子式电流互感器可以得到的好处。

H.2　电网中的短路电流

为确定电网中短路电流，等效电路可以是图 H.1 表示的电路。

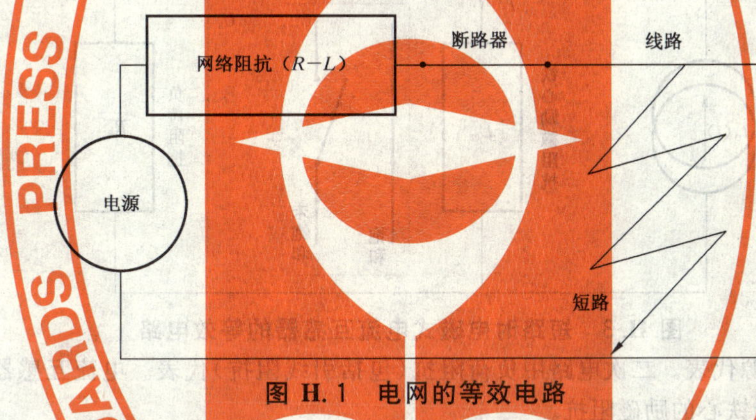

图 H.1　电网的等效电路

具有对称分量 I_{psc} 的短路电流的瞬时值近似表达式可写为：

$$i(t)=\sqrt{2}\cdot I_{psc}\cdot\left[e^{-t/\tau_p}\cdot\cos(\theta)-\cos(\omega\cdot t+\theta)\right]$$

式中：

τ_p——为一次时间常数(用图 H.1 电路中电元件的 L/R 比值表示)。

表达式方括号第二项表示稳态一次电流的时间函数。

其第一项表示叠加在稳态电流上的暂态分量，满足电网各电感性分量有关的各连续方程。仅在一次故障前与故障后的一次电压与电流之间的相位差不是同一值时，此分量才出现。如果相位差保持不变，$\theta=90°$，则暂态分量不出现。

为消除此短路电流，断路器断开。因为许多短路是由线路绝缘子上受到大气过电压引起的，断路器采用自动工作循环方式在短时间内消除这些故障后又接通电网。如果是真实的故障，断路器合闸时会再次出现短路电流。为确定电流互感器在暂态下的特性，需要有两次短路电流的组合(见 3.3.9)。

但是，电网的短路电流通常是几个不同衰减指数的电流(图 H.2)叠加，所以描述短路电流的上述公式仅是一种近似。另一方面，对称幅值 I_{psc} 和一次时间常数随故障的位置而改变，还与故障发生时电网的结构有关。由于变电站中电力变压器的存在，如短路位置靠近变电站，一次时间常数可能很高(例如 200 ms)，但如短路发生在数公里外，因为加上线路的电阻而可能较低(例如 60 ms)。I_{psc} 也取决于短路的位置。

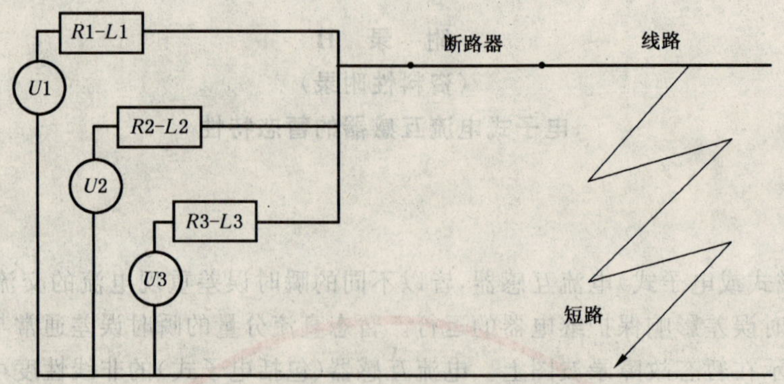

图 H.2　短路时较复杂的等效电路

这些参数不容易确定，故需要采纳一些假设来确定电流互感器的技术要求。这也由于电流互感器的特性既受一次短路参数的影响，还受下一条款中说明的二次电路的影响。

H.3　短路时电流互感器的等效电路

为分析短路电流通过时电磁式电流互感器的特性，可用以下图 H.3 表示的等效电路。

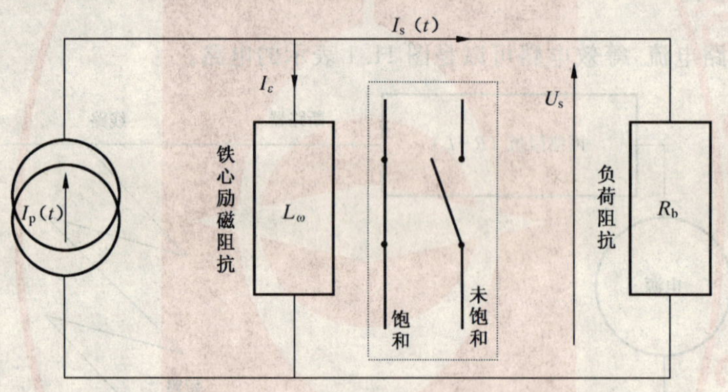

图 H.3　短路时电磁式电流互感器的等效电路

一次电流用电流源代表。二次电路用负荷阻抗（包括引线阻抗）代表。电流互感器则仅用电抗 L_ω 代表，它是电流互感器铁心的励磁阻抗。

难点在于铁心发生饱和时该阻抗呈非线性变化。为了简化，铁心未饱和时该阻抗可当作是开路；在这种情况，实际上该阻抗上的电流和所代表的误差非常小（几乎为零）。发生饱和时，该阻抗可当作是短路，认为一次电流全部流过该阻抗，误差非常大。二次电路的电流趋近零。

磁通达到饱和曲线的拐点时发生饱和（见图 H.4）。磁通为电压 U_s 的积分值（见图 H.3）。

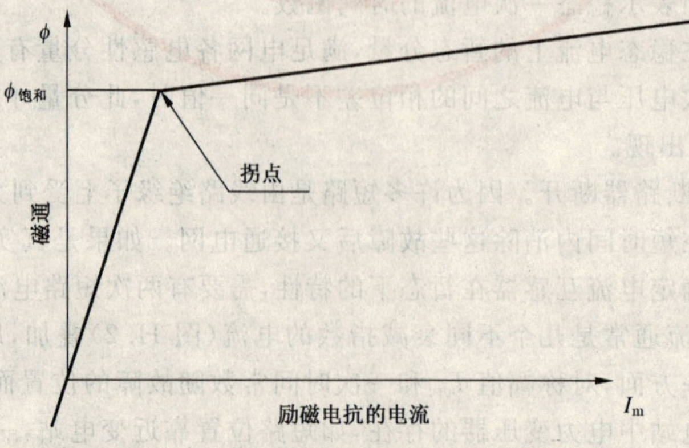

图 H.4　无剩磁电流互感器的励磁电抗

在稳态下，铁心的饱和与 U_s 的大小直接相关。此电压取决于电流和负荷，它们是检验铁心避免饱和的主要参数。

在暂态期间，U_s 此时包含来自一次短路电流的正弦分量和直流分量，磁通是其综合结果。一次时间常数越大，达到拐点越迅速。为避免暂态期间因直流分量而饱和，铁心尺寸需要显著增大。

当短路电流消失，铁心不能立即回复初始状态。二次电路有一暂态指数衰减电流流过。此电流的时间常数是二次时间常数（$\tau_2 = L/R_b$）。由于铁心电抗值很大，此时间常数也远大于一次时间常数（例如，τ_2 可达 2 s、3 s、…、5 s，取决于铁心尺寸）。如果短路电流重新出现时磁通尚未降到很低值，则达到饱和前可供利用的磁通量将减少。

短路电流消失还可能出现另一个问题。如果铁心无气隙，将会有剩磁。如对电流互感器重新施加短路电流时情况又更加严重。达到饱和前可供利用的磁通量将大为减小（有些情况下，剩磁可高达饱和磁通的 80%，如图 H.5 所示）。

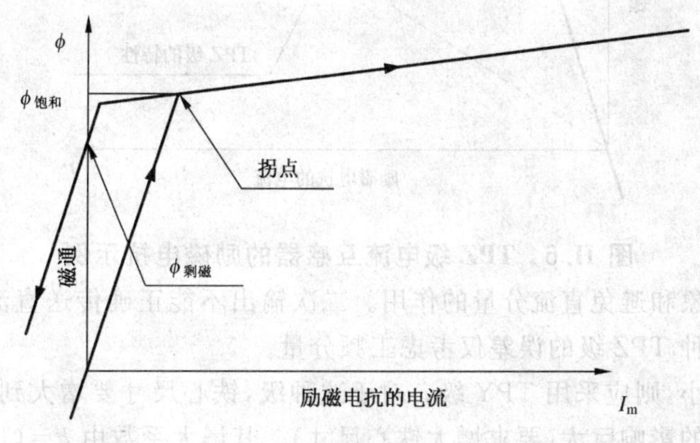

图 H.5 有剩磁电流互感器的励磁电抗

H.4 电磁式电流互感器的准确级

H.4.1 一般要求

电磁式电流互感器的技术性局限可以由适当的铁心设计来解决。但是，设计与特定的技术要求相关联，对不同的用途必须进行新的设计。因此，不同的保护准确级由各有关的电流互感器标准规定。以下条文是对 GB 1208 和 GB 16847 所述各保护准确级的简要说明。GB 1208 中的各保护准确级依据于稳态试验。GB 16847 中的各保护准确级依据于暂态试验。

H.4.2 稳态准确级

H.4.2.1 GB 1208 的传统的 P 级

当短路电流相对于额定电流不是很高时，消除故障的时间要求不苛刻。可以采用传统的机电式继电器（目前也有采用新型的电子式模拟或数字继电器）。另外，这类电路的一次时间常数通常很小，暂态电流可以忽略。这类用途采用传统的 P 级。为避免稳态下饱和，仅需考虑短路电流和负荷的数值。

H.4.2.2 GB 1208 的新的 PR 和 PX 级

当短路电流很高时，后果很严重，要求在短时间内消除。在 20 世纪 70 年代，解决此问题是采用暂态特性级（见 H.4.3）。这些特性级的验证费用高昂，而且电流互感器的全部性能未必都是必需的。例如，有些情况下，用计算拐点处的电压 U_s（见图 H.3 和图 H.4）便足以确定避免饱和的条件。这就是新 PX 级的目的，它依据于英国标准（BS）实践的长期经验。

PR 级适用于差动继电保护。在这种情况，消除短路电流必须尽可能快。保护继电器的反应时间非常短（例如 5 ms）。即使有直流分量，在此短时间内磁通的增长量对达到铁心饱和而言则很小。然后可能发生的饱和并无影响。惟一的条件是避免剩磁，确保连接差动保护继电器的各电流互感器处于相同的初始状态。

H.4.3　GB 16847 的暂态准确级

GB 16847 标准规定了特殊的 TPS、TPX、TPY、TPZ 级，并对某些用途所要求的暂态特性提供了详细分析。这些特殊级综合了 GB 1208 规定的保护准确级 P、PR 和 PX。

在本附录中对 4 种级的差别不作解释，详见 GB 16847。

TPZ 和 TPY 级经常用于新型距离保护继电装置。TPZ 级的目的是避免因直流分量造成铁心饱和。因而铁心中包含大气隙。其效果是改变励磁阻抗特性，如图 H.6 所示。

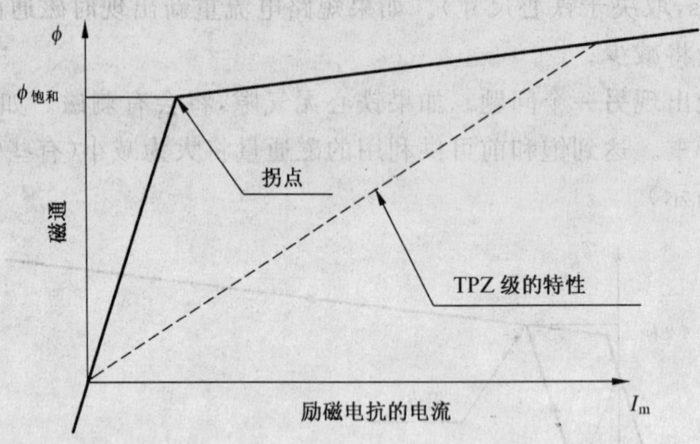

图 H.6　TPZ 级电流互感器的励磁电抗示例

结果是消除剩磁现象和避免直流分量的作用。二次输出不能正确传送直流分量，其相位差比传统保护准确级大很多。这种 TPZ 级的误差仅考虑工频分量。

如果相位差必须减小，则应采用 TPY 级。对于这种级，铁心尺寸要增大到避免直流分量存在时发生饱和。困难在于磁通的影响巨大（要求增大铁心尺寸）。其增大系数由 $k=(1+\tau_{pr}\cdot\omega)$ 确定（例如，对于一次时间常数为 100 ms，工频 50 Hz 时的系数 k 超过 30）。

其效果是改变励磁阻抗特性，如图 H.7 所示。

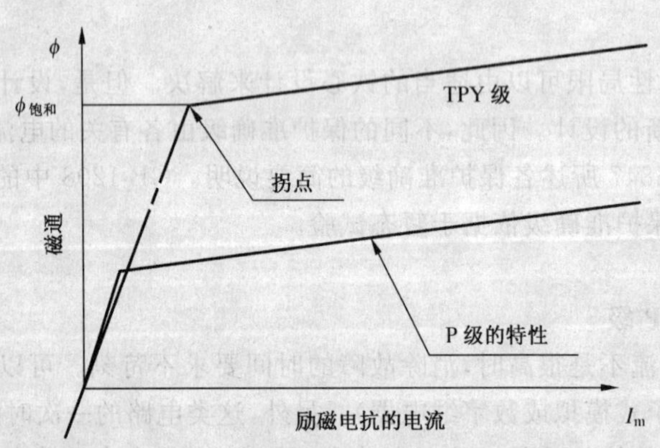

图 H.7　TPY 级电流互感器的励磁电抗示例

由于铁心尺寸大而饱和磁通值很高，因铁心中有气隙而避免剩磁。故其误差是包含直流分量和工频分量的暂态误差。此误差定义为本部分的电子式电流互感器所采用。

H.5　TPE 级

TPE 级的定义为：在准确限值条件、额定一次时间常数和额定工作循环下的最大峰值瞬时误差为 10%。峰值瞬时误差同时包含暂态直流分量和交流分量的误差。此定义等同于传统电流互感器的 TPY 级定义。所以，TPE 级电子式电流互感器满足继电保护用途和故障暂态录波的通用要求。

用于交流的电流互感器（包括电子式）通常具有低于额定频率的高通特性。TPE 级隐含规定电子式电流互感器的最大下限截止频率(或二次时间常数)。例如,额定一次时间常数 $\tau_{pr}=120$ ms,意味着一阶系统的下限截止频率最大为 0.15 Hz,从而得到暂态直流分量的瞬时误差低于10%。为了得到暂态直流分量同样的峰值瞬时误差,较大的一次时间常数要求较低的截止频率。

如果电子式电流互感器:

——用在电网的一次时间常数大于额定时间常数,或(等效的);

——截止频率(较小的二次时间常数)高于 TPE 级性能的要求值。

则暂态直流分量的瞬时误差增大。如果结构的线性度足够,瞬时交流误差保持低值或仍在电子式电流互感器的规定限值以内。其暂态特性与传统 TPZ 级电流互感器相同。由于继电保护的判断运算通常仅取决于瞬时交流误差,该结构可以使用不作限制。但是,在分析暂态故障录波数据时需要了解电子式电流互感器的二次时间常数。如果结构明显为非线性,瞬时交流误差将增大并可能超过可接受的限值。因此,制造方应规定在这种使用情况下的瞬时交流误差值。

H.6　TPE 级与传统暂态性能级的比较

信号高过一定水平后,几乎每一种系统都变成非线性。但按照频率响应,有两种情况应该考虑。

——情况 1:无直流滤除的系统。

这是采用磁性材料传统技术的典型情况。一次的任何直流分量都使磁感应产生直流偏移,它减小交流分量可用的线性区域。此外,由于材料的磁滞现象,如无应对措施(例如气隙),材料会记忆磁感应的先前状态。因此,电流互感器在暂态下的特性取决于其先前状态并可能导致饱和,如同所施加一次电流的作用叠加在先前的电流作用上。所以,暂态特性的传统电流互感器必须按照有关的工作循环进行试验。

——情况 2:有直流滤除的系统。

这种系统的频率响应限制在低频侧:它们不能传送任何直流分量。这是具有下述形式传递函数的任何系统的典型情况:

$$H(f)=H_0\frac{j\dfrac{f}{f_{low}}}{1+j\dfrac{f}{f_{low}}}$$

式中:f_{low}为下限截止频率,f 为电网频率。

在承受 H.2 所表示的一次电流时,并经适当调整,这些系统可以误差较小地传送交流分量,而去除了部分或全部直流分量。

因而,一次时间常数可以非常大也不会影响交流分量测量的准确度。

举例:

假定额定一次时间常数为 60 ms,相关的等效频率可为 2.67 Hz,和一台下限截止频率设计为 0.5 Hz的电子式电流互感器。此电子式电流互感器包含交流和直流分量的暂态误差满足 5TPE 准确级的要求(见13.1.3)。无论何种原因,如果一次故障发生时的时间常数比较大,例如 200 ms,相关的等效频率可为0.8 Hz,则误差将增大,但交流误差不变。因而继电保护可以正确工作。

由于给定电网的一次时间常数额定值和短路电流(I_{psc})值的确定颇为困难,并且电磁式电流互感器对一次时间常数极为敏感,这就显示出 TPE 级的主要优点。

另一优点是,对于模拟量输出,还相对削弱了准确度受二次电路负荷的影响。在数字量输出时,则准确度与其输出无关。

ICS 29.060.20
K 13

中华人民共和国国家标准

GB/T 20841—2007/IEC 60800:1992

额定电压300/500 V生活设施加热和防结冰用加热电缆

Heating cables with a rated voltage of 300/500 V for comfort heating and prevention of ice formation

(IEC 60800:1992,IDT)

2007-01-16发布 2007-08-01实施

中华人民共和国国家质量监督检验检疫总局
中国国家标准化管理委员会 发布

前　言

本标准等同采用国际电工委员会标准 IEC 60800:1992《额定电压 300/500 V 生活设施加热和防结冰用加热电缆》(英文版)。

本标准在等同采用 IEC 60800:1992 时修正了原文中几处编辑性错误。这些修正如下:

——IEC 60800:1992 的 2.3.6 中原文有误,3.5.5 应改为 2.3.5,本标准已作了相应修正。

——IEC 60800:1992 的 2.4.4.1 中原文有误,2.5.3.5 应改为 2.3.5.3,本标准已作了相应修正。

——IEC 60800:1992 的 2.4.5 中原文有误,2.2.4 应改为 2.4.4,本标准已作了相应修正。

——IEC 60800:1992 的 2.7.4.2 中原文有误,1.7.6.4 应改为 1.7.4,本标准已作了相应修正。

为便于使用,本标准还做了下列编辑性修改:

——本标准删除了 IEC 60800 标准前言。

——本标准的 1.2 采用了适用于我国标准的引用语,删除了 IEC 60800 标准的引用语。

——IEC 60800:1992 引用了 IEC 60702-1:1988,目前 IEC 60702-1:1988 已更新为 IEC 60702-1:2002,故 IEC 60800:1992 的 2.8.5 中的 11.1 和 11.2(IEC 60702-1:1988 的条文号)应改为 13.6 和 13.7(IEC 60702-1:2002 的条文号),本标准已作了相应修改。等同采用 IEC 60702-1:2002 的国家标准为 GB/T 13033.1—2007《额定电压 750 V 及以下矿物绝缘电缆及其终端 第 1 部分:电缆》。

——为使本标准适合国内与国际贸易需要,本标准增加的附录 B 采用了 IEC 60800 第 2 章的产品型号表示方法和与此相适应的国内产品型号并列的表示方法,并对产品标记除产品型号外增加了额定电压、芯数和每芯导体的每米电阻值等。

本标准的附录 A 为规范性附录。附录 B 为资料性附录。

本标准由中国电器工业协会提出。

本标准由全国电线电缆标准化技术委员会归口。

本标准主要起草单位:上海电缆研究所。

本标准参加起草单位:宝胜科技创新股份有限公司、远东电缆厂、天津金山电线电缆股份有限公司、嘉兴市五丰电缆有限公司、泰科热控(湖洲)有限公司。

本标准主要起草人:张敬平、庞玉春、黄惠清、朱烨星、汪传斌、郑国俊、谢汉宜。

本标准为首次发布。

额定电压 300/500 V 生活设施加热和防结冰用加热电缆

1 一般要求

1.1 范围

本标准适用于低温下使用的加热电缆，如生活设施加热和防止结冰。本标准适用于额定电压为300/500 V的电缆。

工业用加热电缆将在另一单独的标准中规定。

本标准仅适用于电缆而不适用于加热系统的任何其他组成部分。本标准规定了使用单根或多根导体的电缆结构，并推荐了已认可的绝缘和护套材料的组合方式。

供电电压等于或小于 50 V 的裸导体和带保护导体不包括在本标准范围内。

1.2 规范性引用文件

下列文件中的条款通过本标准的引用而成为本标准的条款。凡是注日期的引用文件，其随后所有的修改单(不包括勘误的内容)或修订版均不适用于本标准，然而，鼓励根据本标准达成协议的各方研究是否可使用这些文件的最新版本。凡是不注日期的引用文件，其最新版本适用于本标准。

GB/T 2900.10 电工术语 电缆(GB/T 2900.10—2001,idt IEC 60050(461):1984)

GB/T 2951.1—1997 电缆绝缘和护套材料通用试验方法 第1部分:通用试验方法 第1节:厚度和外形尺寸测量——机械性能试验(idt IEC 60811-1-1:1993)

GB/T 2951.2—1997 电缆绝缘和护套材料通用试验方法 第1部分:通用试验方法 第2节:热老化试验方法(idt IEC 60811-1-2:1985)

GB/T 2951.3—1997 电缆绝缘和护套材料通用试验方法 第1部分:通用试验方法 第3节:密度测定方法——吸水试验——收缩试验(idt IEC 60811-1-3:1993)

GB/T 2951.4—1997 电缆绝缘和护套材料通用试验方法 第1部分:通用试验方法 第4节:低温试验(idt IEC 60811-1-4:1985)

GB/T 2951.5—1997 电缆绝缘和护套材料通用试验方法 第2部分:弹性体混合料专用试验方法 第1节:耐臭氧试验——热延伸试验——浸矿物油试验(idt IEC 60811-2-1:1986)

GB/T 2951.6—1997 电缆绝缘和护套材料通用试验方法 第3部分:聚氯乙烯混合料专用试验方法 第1节:高温压力试验——抗开裂试验(idt IEC 60811-3-1:1985)

GB/T 2951.7—1997 电缆绝缘和护套材料通用试验方法 第3部分:聚氯乙烯混合料专用试验方法 第2节:失重试验 热稳定性试验(idt IEC 60811-3-2:1985)

GB/T 3956 电缆的导体(GB/T 3956—1997,idt IEC 60228:1978)

GB/T 20637 船舶电气设备 船用电力电缆 一般结构和试验要求(GB/T 20637—2006,idt IEC 60092-350:2001)

GB/T 13033.1—2007 额定电压 750 V 及以下矿物绝缘电缆及其终端 第1部分:电缆(IEC 60702-1:2002,IDT)

IEC 60885-1:1987 电缆电性能试验方法 第1部分:额定电压 450/750 V 及以下电缆、软线和电线的电性能试验

1.3 基本规定

加热电缆的设计和结构应满足耐电、耐热和耐机械力的要求，以保证正常使用时的性能可靠并对用

户或周围环境没有危害。通过完成所有规定的试验来进行合格检验。

本标准第 2 章规定的电缆的某些使用导则见附录 A。

1.4 定义

下述定义适用于本标准。如有必要,按 GB/T 2900.10 规定的名词术语进行修订。

1.4.1

加热电缆 heating cable

带或不带金属屏蔽、护套或铠装的能散发热量的电缆,目的是用来加热。

1.4.2

加热导体 heating conductor

加热电缆的金属部分,它能将电能转换成热能。

1.4.3

任选长度加热电缆 heating cable with arbitrary length

在任选电压下为达到要求效果而使用的加热电缆。

1.4.4

电缆绝缘 insulation of a cable

能使每根导体和其他导体之间或每根导体和接地或近地电位处导电部分之间绝缘的材料。

1.4.5

护套 sheath

金属或非金属的均匀连续的管状包覆层,包在绝缘导体上,并用来保护电缆以防受到周围环境的影响(腐蚀、潮湿等)。

1.4.6

金属套 metallic sheath

通过金属材料拉制、挤制或焊接制作且可以成卷的护套。

1.4.7

屏蔽 screen

包在绝缘导体上的金属丝编织层或螺旋缠绕金属丝层,或者绕包或纵包的金属带。

1.4.8

接地导体 earthing conductor

在整个长度上与金属套或屏蔽保持良好电气接触的绝缘导体。

1.4.9

铠装 armouring

电缆的机械加强件。加强件由一层或多层钢丝或钢丝编织,或其他等效材料,或一层金属套或合适材料制作。

1.4.10

耐腐蚀护层 corrosion resistant covering

防腐用的施加在金属套、屏蔽或铠装外面的一层绝缘材料。

1.4.11

额定电压 rated voltage

对于任选长度电缆,额定电压为电缆内两根导体之间或每根导体与护套或屏蔽之间或非屏蔽电缆的导体与地之间允许的最大电压。

1.4.12

导体工作温度 operating conductor temperature

电缆导体及其绝缘允许的最高连续温度。

1.4.13

表面工作温度　operating surface temperature

电缆表面允许的最高连续温度。

1.4.14

额定温度　rated temperature

任一种有绝缘和有护套的电缆指定的温度。该温度不会导致绝缘或护套在超过各自适用的表面温度下运行。

1.4.15

单根(或多根)导体的额定电阻　rated resistance of individual conductor(s)

1 m 长电缆在 20℃时的电阻。

1.5　分类

本标准包括的电缆分成三类,表明它们在敷设期间及敷设后耐机械力的能力。分为:

——A 类:低机械强度;

——B 类:中机械强度;

——C 类:高机械强度。

任一种电缆的类别是根据 1.7.7.1 的要求测得的性能参数来确定。

1.6　标志

1.6.1　产地标志和电缆识别

电缆应具有采用 1.6.1.1 或 1.6.1.2 规定的任一种方法标识的制造厂标记。

1.6.1.1　除非是使用 1.6.1.2 规定的方法,标识方法应是一根标志线或制造厂名或商标的重复标志。标志可以油墨印字,或者压印凸字在绝缘或护套上,或者打印在一根带子或一根隔离标志带上,或者压印凹字在护套上,只要护套任一处的最小护套厚度不小于本标准第 2 章的规定值。

1.6.1.2　矿物绝缘电缆,或者当 1.6.1.1 规定的标识方法影响了电缆的质量时,不要求有标志。在这种情况下,制造厂的识别标志应在一个合适的标签上说明,并系在每一交货长度的电缆上。

1.6.2　标志连续性

一个完整标志的末端与下一个标志的始端之间的距离应不超过:

——如果标志在护套上,500 mm。

——如果标志在绝缘或带子上,200 mm。

1.6.3　耐擦性

油墨印字标志应耐擦,并应按 3.3 所述的试验方法检查是否符合要求。

1.6.4　清晰度

所有标志均应清晰。

标志线的颜色应容易识别或辨认。必要时,可用汽油或其他适当的溶剂擦干净。

1.6.5　附加标志

除了 1.6.1 所述的制造厂标志,每根交货长度的电缆应在标签上标明下述内容:

——产品型号;

——每根导体在 20℃时的电阻,Ω/m。

上述内容只是最基本的要求,供货商可以添加任何可能有用的其他内容。

1.6.6　应进行检查是否符合 1.6.1,1.6.2,1.6.4 和 1.6.5 的要求。

1.7　电缆结构的一般要求

1.7.1　导体

导体应由一根或多根纯金属或金属合金单线组成。假如导体由镀有金属镀层的纯铜线组成,则金属镀层应与导体工作温度相匹配。除非在产品标准中另有规定,导体在 20℃±1℃时的电阻应是制造厂规定的数值,最大偏差为+10%和-5%。

在多芯电缆中,所有加热导体均应有相同的标称电阻。

导体电阻应不具有负温度系数,应按 3.4.2 的试验检查是否符合要求。

1.7.2 绝缘

1.7.2.1 材料

认可的材料如下:

材料[a]	导体工作温度/℃
PVC—聚氯乙烯	70
EPR—乙丙橡胶(硫化)	80
XLPE—交联聚乙烯	80
EVAC—乙烯/醋酸乙烯(交联)	100
MI—矿物绝缘	见 2.8

a 可以使用一般用于高温下的其他材料,只要这些材料符合工业用加热电缆的 IEC 61423/TR2(技术报告)规定的材料要求,并且该电缆符合本标准的相应要求。

注:当热塑性绝缘加热电缆在接近其组成材料允许的最高温度下运行时,应采取措施防止热塑流动。

1.7.2.2 厚度

绝缘厚度的平均值应不小于第 2 章列出的每种型号电缆的规定值。任一处的绝缘厚度可以小于规定的平均值,只要其差值不超过第 2 章相应条文的规定值。

除了矿物绝缘应按 3.2.1 检查外,其他绝缘应按 3.2.2 所述的方法检查是否符合要求。

1.7.2.3 绝缘的性能

对于用 EPR,XLPE,EVAC 和 PVC 作绝缘的电缆,使用的材料应符合表 1 和表 2 规定的要求,且应按表 1 和表 2 中的 GB/T 2951 的试验方法检查是否符合要求。

如果是矿物绝缘电缆,绝缘应由压实的粉状矿物或紧压成形的矿物组成。绝缘的电气性能应使成品电缆符合 1.7.6 规定的试验要求。

1.7.2.4 非污染试验

当绝缘和护套互相紧密接触或者不是用连续的金属套隔开时,绝缘和护套之间应不发生有害的反应。应按 GB/T 2951.2—1997 中的 8.1.4 所述的试验方法检查是否符合表 1 和表 2 规定要求。

1.7.3 金属套或屏蔽

1.7.3.1 厚度

对于矿物绝缘电缆,金属套是其结构的必要组成部分,且金属套厚度应符合 2.8.4.3 的要求,应按 3.2.4 所述的方法检查是否符合要求。

对于使用金属套的有机绝缘电缆,金属套厚度的平均值和任一处的最小值应不小于 2.6.4.3 的规定值,且应按 3.2.4 所述的试验方法检查是否符合要求。

金属套或屏蔽的结构应符合 1.7.3.2 和 1.7.3.3 的要求。

1.7.3.2 电阻

接地金属套或屏蔽,包括一根与金属套或屏蔽接触的单独接地导体,其电阻应不大于电缆中每根导体的电阻或 GB/T 3956 所述的导体截面为 1 mm^2 裸铜导体的电阻中较小值。屏蔽或金属套或电缆内的任何接地线芯的截面积应不小于 1 mm^2 铜导体的截面积。为符合这一要求可加入若干根镀锡铜线。

注:在某些国家,国家规程要求其电阻小于 1 mm^2 铜导体的电阻。

应在至少 1 m 长的交货电缆的金属套或屏蔽上检测电阻是否符合要求。

如果金属套或屏蔽单独用作接地导体,测得的电阻应是包括与电缆一起交货的接地连接金具在内的总电阻。

1.7.3.3 **屏蔽的耐穿透性**

对于带屏蔽的电缆,其屏蔽结构应防止直径大于 1 mm 的外来物在不触及屏蔽的条件下穿透到绝缘上,且应按 3.5.2 规定的试验检查是否符合要求。在不触及屏蔽的条件下试针应不能推入绝缘中。

注:考虑到保护层不与带电导体直接接触,这条规定是必要的。

1.7.4 **铠装**

1.7.4.1 独立铠装应主要由钢丝组成,且不应直接施加在金属套(如有的话)上,而应用一适当绝缘材料组成的保护层将其隔开。该保护层能耐机械损伤及在正常使用条件下达到的温度,并保护金属套不生锈或腐蚀。

如果铠装作为唯一的金属护层,那么这样的铠装(如有必要可加入镀锡铜线)应符合 1.7.3.2 的要求。

1.7.4.2 用任何适当方法测量的钢线直径应符合可能规定在第 2 章产品标准中的要求。

1.7.4.3 钢丝铠装应有良好的保护以防生锈,且应按 3.7 的方法检查是否符合要求。没有不能除去的红色铜沉淀物产生的 5 个试样的浸泡次数的平均值应不小于 1 次。

1.7.4.4 除钢以外其他金属的腐蚀试验:目前未规定试验条件和试验要求。

1.7.5 **非金属外护套**

非金属外护套应具有由电缆型号决定的机械和/或防腐作用。

1.7.5.1 **材料**

认可的护套材料如下:

材料[a]	表面工作温度/℃
PVC—聚氯乙烯	70
PA—聚酰胺	80
CSP—氯磺化聚乙烯(硫化)	80
HDPE—高密度聚乙烯	80

[a] 可以使用一般用于高温下的其他材料,只要这些材料符合工业用加热电缆的 IEC 61423/TR2(技术报告)规定的材料要求,并且该电缆符合本标准的相应要求。

1.7.5.2 **厚度**

外护套厚度的平均值应不小于规定值。但是任一处的厚度可以小于规定的平均值,只要其差值不超过第 2 章相应条文规定的数值。

应按 3.2.3 所述的方法检查是否符合要求。

1.7.5.3 **非金属护套性能**

对于 PVC 或 CSP 护套和/或防腐护套电缆,使用的材料应符合表 3 规定的要求。应按表 3 中的 GB/T 2951 的试验方法检查是否符合要求。

对于 PA 护套电缆,使用的材料的熔点应至少为 170℃,并足以耐高温,且应按 3.6 所述的方法检查是否符合要求。

经 3.6.3 的热老化试验后,用正常视力或校正视力而不用放大镜检查时,护套应不开裂。

对于 HDPE 护套,目前尚未规定试验要求。

1.7.5.4 **非污染试验**

当绝缘和护套互相紧密接触或者不是用连续的金属套隔开时,绝缘和护套之间应不发生有害的反应,且应按 GB/T 2951.2—1997 中 8.1.4 所述的试验方法检查是否符合表 3 的要求。

1.7.6 **成品电缆电性能试验**

1.7.6.1 **室温和高温下的电压试验**

加热电缆的电气强度应满足正常使用条件下达到的温度时的要求。并应按 3.4 规定的相应试验方法检查是否符合要求(如是矿物绝缘电缆,参见 2.8.6)。在每种情况下,电缆应在规定时间内耐受试验电压。

1.7.6.2 高温下的绝缘电阻试验

在高于额定导体温度 20 K 的温度下,绝缘电阻应至少为 0.03 MΩ·km。但 2.8.6 给出适用于矿物绝缘电缆的一些例外规定。应按 3.4.5 规定的试验方法检查是否符合要求。

1.7.7 成品电缆机械性能试验

1.7.7.1 变形试验

加热电缆应能承受敷设期间和运行时可能产生的机械力。

电缆应承受的机械力:

——A 类电缆,300 N;

——B 类电缆,600 N;

——C 类电缆,2 000 N。

应按 3.5.1 的试验检查是否符合要求。试验后,用正常视力或校正视力而不用放大镜检查时,护套应不开裂。

1.7.7.2 拉力试验

所有成品电缆应进行拉力试验并应承受 120 N 的最小拉力,且应按 3.5.3 的试验方法检查是否符合要求。

1.7.7.3 正反卷绕试验

除了矿物绝缘电缆外,所有电缆应进行正反卷绕试验,且应按 3.5.4 所述的试验方法检查是否符合要求。

正反卷绕试验后的试样应通过 3.4.3 规定的电压试验。

1.7.7.4 弯曲和压扁试验

本试验仅适用于矿物绝缘电缆。应按 2.8.5 的变形试验检查是否符合要求。

1.7.7.5 耐燃烧能力

未规定要求。

表 1 硫化绝缘材料 EPR、XLPE 和 EVAC 非电性试验要求

序号	试验项目	单位	混合物型号			试验方法	
			EPR	XLPE	EVAC	国标号	条文号
1	抗张强度和断裂伸长率						
1.1	交货状态原始性能					GB/T 2951.1—1997	9.1
1.1.1	抗张强度						
	——最小中间值	N/mm²	4.2	12.5	6.5		
1.1.2	断裂伸长率						
	——最小中间值	%	200	200	200		
1.2	空气烘箱老化后的性能					GB/T 2951.2—1997	8.1.3.1
1.2.1	老化条件:						
	——温度	℃	135±2	135±2	150±2		
	——处理时间	h	7×24	7×24	7×24		
1.2.2	抗张强度						
	——最小中间值	N/mm²	—	—	—		
	——最大变化率[a]	%	±30	±25	±30		
1.2.3	断裂伸长率						
	——最小中间值	%	—	—	—		
	——最大变化率[a]	%	±30	±25	±30		

表 1(续)

序号	试验项目	单位	混合物型号			试验方法	
			EPR	XLPE	EVAC	国标号	条文号
1.3	空气弹老化试验					GB/T 2951.2—1997	8.2
1.3.1	老化条件:						
	——温度	℃	127±1	—	150±2		
	——处理时间	h	40	—	7×24		
1.3.2	抗张强度						
	——最小中间值	N/mm²	—	—	6.0		
	——最大变化率[a]	%	±30	—	—		
1.3.3	断裂伸长率						
	——最小中间值	%	—	—	—		
	——最大变化率[a]	%	±30	—	−30		
2	非污染试验[b]					GB/T 2951.2—1997	8.1.4
2.1	老化条件:						
	——温度	℃	90±2	90±2	110±2		
	——处理时间	h	7×24	7×24	7×24		
2.2	抗张强度						
	——最小中间值	N/mm²	—	—	—		
	——最大变化率[a]	%	±30	±25	±30		
2.3	断裂伸长率						
	——最小中间值	%	—	—	—		
	——最大变化率[a]	%	±30	±25	±30		
3	耐臭氧试验					GB/T 2951.5—1997	8
3.1	试验条件:						
	——臭氧浓度(体积比)	%	0.025～0.030	—	—		
	——处理时间	h	24	—	—		
3.2	试验结果		不开裂				
4	热延伸试验					GB/T 2951.5—1997	9
4.1	试验条件:						
	——温度	℃	250±3	200±3	200±3		
	——载荷时间	min	15	15	15		
	——机械压力	N/mm²	0.20	0.20	0.20		
4.2	试验结果						
	——载荷下伸长率的最大中间值	%	175	175	100		
	——冷却后永久伸长率的最大中间值	%	15	15	25		
5	收缩试验					GB/T 2951.3—1997	10
5.1	试验条件:						
	——温度	℃	—	130±2	—		
	——处理时间	h	—	1	—		
5.2	试验结果						
	——最大允许收缩率	%	—	4	—		

a 变化率为老化后中间值与老化前中间值之差与老化前中间值之比,以百分比表示。

b 如适用,参见 1.7.2.4。

表 2 聚氯乙烯(PVC/E)绝缘的非电性试验要求

序号	试验项目	单位	PVC	试验方法	
				国标号	条文号
1	抗张强度和断裂伸长率			GB/T 2951.1—1997	9.1
1.1	交货状态原始性能				
1.1.1	抗张强度				
	——最小中间值	N/mm^2	15.0		
1.1.2	断裂伸长率				
	——最小中间值	%	150		
1.2	空气烘箱老化后的性能			GB/T 2951.2—1997	8.1
1.2.1	老化条件：				
	——温度	℃	135±2		
	——处理时间	h	10×24		
1.2.2	抗张强度				
	——最小中间值	N/mm^2	15.0		
	——最大变化率[a]	%	±25		
1.2.3	断裂伸长率				
	——最小中间值	%	150		
	——最大变化率[a]	%	±25		
2	失重试验			GB/T 2951.7—1997	8.1
2.1	老化条件：				
	——温度	℃	115±2		
	——处理时间	h	10×24		
2.2	失重				
	——最大值	mg/cm^2	2.0		
3	非污染试验[b]			GB/T 2951.2—1997	8.1.4
3.1	老化条件：				
	——温度	℃	80±2		
	——处理时间	h	7×24		
3.2	抗张强度				
	——最小中间值	N/mm^2	15.0		
	——最大变化率[a]	%	±25		
3.3	断裂伸长率				
	——最小中间值	%	150		
	——最大变化率[a]	%	±25		
4	热冲击试验			GB/T 2951.6—1997	9.1
4.1	试验条件：				
	——温度	℃	150±2		
	——处理时间	h	1		
4.2	试验结果		不开裂		
5	高温压力试验			GB/T 2951.6—1997	8.1

表 2(续)

序号	试验项目	单位	PVC	试验方法	
				国标号	条文号
5.1	试验条件:				
	——刀口上施加的力		见 GB/T 2951.6—1997 中的 8.1.4		
	——载荷下加热时间		见 GB/T 2951.6—1997 中的 8.1.5		
	——温度	℃	90±2		
5.2	试验结果				
	——压痕深度最大中间值	%	50		
6	低温弯曲试验			GB/T 2951.4—1997	8.1
6.1	试验条件:				
	——温度[c]	℃	−15±2		
	——施加低温时间		见 GB/T 2951.4—1997 中的 8.1.4 和 8.1.5		
6.2	试验结果:		不开裂		
7	低温拉伸试验			GB/T 2951.4—1997	8.3
7.1	试验条件:				
	——温度[c]	℃	−15±2		
	——施加低温时间		见 GB/T 2951.4—1997 中的 8.3.4 和 8.3.5		
7.2	试验结果:				
	——最小伸长率	%	20		
8	低温冲击试验			GB/T 2951.4—1997	8.5
8.1	试验条件:				
	——温度[c]	℃	−15±2		
	——施加低温时间		见 GB/T 2951.4—1997 中的 8.5.5		
	——落锤重量		见 GB/T 2951.4—1997 中的 8.5.4		
8.2	试验结果:		见 GB/T 2951.4—1997 中的 8.5.6		
9	热稳定性试验			GB/T 2951.7—1997	9
9.1	试验条件:				
	——温度	℃	200±0.5		
9.2	试验结果:				
	——热稳定时间的最小中间值	min	180		

a 变化率为老化后中间值与老化前中间值之差与老化前中间值之比,以百分比表示。

b 如适用,参见 1.7.2.4。

c 根据我国气候条件,试验温度规定为−15℃。

表3 聚氯乙烯(PVC/ST6)护套和硫化的氯磺化聚乙烯(CSP)护套的非电性要求

序号	试验项目	单位	混合物型号		试验方法	
			CSP	PVC	国标号	条文号
1	抗张强度和断裂伸长率				GB/T 2951.1—1997	9.2
1.1	交货状态原始性能					
1.1.1	抗张强度					
	——最小中间值	N/mm²	10.0	15.0		
1.1.2	断裂伸长率					
	——最小中间值	%	250	150		
1.2	空气烘箱老化后的性能				GB/T 2951.2—1997	8.1.3.1
					GB/T 2951.1—1997	9.2
1.2.1	老化条件:					
	——温度	℃	120±2	135±2		
	——处理时间	h	7×24	10×24		
1.2.2	抗张强度					
	——最小中间值	N/mm²	—	15.0		
	——最大变化率[a]	%	−30	±25		
1.2.3	断裂伸长率					
	——最小中间值	%	—	150		
	——最大变化率[a]	%	−40	±25		
2	失重试验				GB/T 2951.7—1997	8.2
2.1	老化条件:					
	——温度	℃	—	115±2		
	——处理时间	h	—	10×24		
2.2	失重					
	——最大值	mg/cm²	—	2.0		
3	非污染试验[b]				GB/T 2951.2—1997	8.1.4
3.1	老化条件:					
	——温度	℃	按表1和表2中绝缘的要求进行			
	——处理时间	h				
3.2	抗张强度					
	——最小中间值	N/mm²	—	15.0		
	——最大变化率[a]	%	−30	±25		
3.3	断裂伸长率					
	——最小中间值	%	—	150		
	——最大变化率[a]	%	−40	±25		
4	热冲击试验[c]				GB/T 2951.6—1997	9.2
4.1	试验条件:					
	——温度	℃		150±2		
	——处理时间	h		1		

表 3(续)

序号	试验项目	单位	混合物型号		试验方法	
			CSP	PVC	国标号	条文号
4.2	试验结果		不开裂			
5	高温压力试验				GB/T 2951.6—1997	8.2
5.1	试验条件:					
	——刀口上施加的力		见 GB/T 2951.6—1997 中的 8.2.4			
	——载荷下加热时间		见 GB/T 2951.6—1997 中的 8.2.5			
	——温度	℃	—	90±2		
5.2	试验结果					
	——压痕深度最大中间值	%	—	50		
6	低温弯曲试验[c]				GB/T 2951.4—1997	8.2
6.1	试验条件:					
	——温度[d]	℃	—	−15±2		
	——施加低温时间		见 GB/T 2951.4—1997 中的 8.2.3			
6.2	试验结果:		不开裂			
7	低温拉伸试验				GB/T 2951.4—1997	8.4
7.1	试验条件:					
	——温度[d]	℃	—	−15±2		
	——施加低温时间		见 GB/T 2951.4—1997 中的 8.4.4			
7.2	试验结果:					
	——最小伸长率	%	—	20		
8	低温冲击试验				GB/T 2951.4—1997	8.5
8.1	试验条件:					
	——温度[d]	℃	—	−15±2		
	——施加低温时间		见 GB/T 2951.4—1997 中的 8.5.5			
	——落锤重量		见 GB/T 2951.4—1997 中的 8.5.4			
8.2	试验结果:		见 GB/T 2951.4—1997 中的 8.5.6			
9	热稳定性试验				GB/T 2951.7—1997	9
9.1	试验条件:					
	——温度	℃	—	200±0.5		
9.2	试验结果:					
	——热稳定时间的最小中间值	min		180		

表 3(续)

序号	试验项目	单位	混合物型号		试验方法	
			CSP	PVC	国标号	条文号
10	浸矿物油后的机械性能				GB/T 2951.5—1997 GB/T 2951.1—1997	10 9.2
10.1	试验条件: ——油的温度 ——浸油时间	 ℃ h	 100±2 24			
10.2	抗张强度 ——最大变化率[a]	 %	 ±40			
10.3	断裂伸长率 ——最大变化率[a]	 %	 ±40			
11	热延伸试验				目前未规定试验条件和试验要求	

a 变化率为老化后中间值与老化前中间值之差与老化前中间值之比,以百分比表示。

b 如适用,参见 1.7.5.4。

c 矿物绝缘电缆的 PVC 护套的例外参见 2.8.6.3 和 2.8.6.4。

d 根据我国气候条件,试验温度规定为-15℃。

2 产品标准

本章规定了额定电压 300/500 V 加热电缆的详细规范

注:产品型号分成几部分,第 1 部分为这些电缆指定的 IEC 出版物编号。英文缩写 IEC 后面的数字表示规定的电缆型号。接下来的两部分分别表示绝缘和外护套(或护层)所使用材料的英文缩写以及相应的额定温度。

示例:800 IEC 10/PVC 70;800 IEC 15 XLPE 80/PVC 70。

2.1 单层有机物绝缘无金属套或屏蔽的加热电缆

2.1.1 产品型号

800 IEC 10/—/—

2.1.2 额定电压

300/500 V

2.1.3 额定温度

PVC——导体温度:70℃

XLPE——导体温度:80℃

2.1.4 结构

组成:导体,绝缘。

2.1.4.1 导体

导体可由一根单线或以束或绞合的多根单线组成,并应符合 1.7.1 的要求。

2.1.4.2 绝缘

绝缘应是一层如 1.7.2 规定的 PVC 或 XLPE 材料组成的挤包层。该挤包层应紧密地包覆在导体上,但又能容易地从导体上剥离。

规定的绝缘厚度平均值应不小于 1.2 mm。

任一处厚度可以小于规定的平均值,只要其差值不超过规定的平均值的 10%+0.1 mm。

2.1.5 要求

电缆应符合第 1 章规定的相应要求和 2.1.4 的要求。

2.2 有机物绝缘和护套无金属套或屏蔽的加热电缆

2.2.1 产品型号

800 IEC 15/—/—

2.2.2 额定电压

300/500 V

2.2.3 认可的材料组合方式

根据 1.7.2.1 规定的绝缘材料和 1.7.5.1 规定的护套材料，认可的有限范围内的组合方式如下：

绝缘	护套
PVC	PVC
PVC	PA
EPR	PVC
XLPE	PVC
EPR	CSP
XLPE	HDPE
XLPE	CSP
EVAC	CSP
EVAC	PA

2.2.4 额定温度

为了确定任一种电缆的额定温度，必须考虑与绝缘相适应的导体工作温度和与护套相适应的表面工作温度。任一种有绝缘和护套的电缆最后确定的额定温度，在任何情况下均不会导致绝缘或护套在超过 1.7.2.1 和 1.7.5.1 规定的相应温度的温度下运行。

2.2.5 结构

组成：导体，绝缘，非金属护套。

2.2.5.1 导体

单芯电缆：导体可由一根单线或以束或绞合多根单线组成。

多芯电缆：每根导体可由一根单线或以束或绞合多根单线组成。

导体应符合 1.7.1 的要求。

2.2.5.2 绝缘

绝缘应是一层如 1.7.2 规定的 PVC、EPR、XLPE、EVAC 或其他适当材料组成的挤包层。该挤包层应紧密地包覆在导体上，但又能容易地从导体上剥离。

规定的绝缘厚度平均值应不小于 0.8 mm。任一处厚度可以小于规定的平均值，只要其差值不超过规定的平均值的 10%+0.1 mm。

2.2.5.3 护套

护套应是一层如 1.7.5 规定的材料组成的挤包层，并紧密地包覆在绝缘导体上，但又能容易地从绝缘导体上剥离。

规定的护套厚度平均值应不小于下表规定的数值：

护套前直径/mm		PVC,CSP 和 HDPE 厚度/mm	PA(仅用于单芯[a])厚度/mm
—	≤7	0.8	0.1
>7	≤15	1.0	0.17

[a] 多芯电缆的 PA 护套厚度应由供需双方协商决定。

任一处厚度可以小于规定的平均值，只要其差值不超过：

——PVC,CSP 和 HDPE 护套：

规定的平均值的 15%+0.1 mm。

——PA 护套:

规定的平均值为 0.1 mm 时,0.03 mm。

规定的平均值为 0.17 mm 时,0.05 mm。

2.2.6 要求

电缆应符合第 1 章规定的相应要求和 2.2.5 的要求。

2.3 有机物绝缘和金属屏蔽的加热电缆

2.3.1 产品型号

800 IEC 20/—/—。

2.3.2 额定电压

300/500 V

2.3.3 认可的材料组合方式

如果电缆具有 2.2 所述的绝缘和护套时,只有特定的非金属护套材料被认可用于和每种绝缘(2.1)或绝缘/护套(2.2)组合。绝缘符合 2.1 要求的电缆施加屏蔽后防腐用的非金属护套应为下述材料中的一种:

绝缘	防腐护套
PVC	PVC
XLPE	PVC
XLPE	HDPE
XLPE	CSP

绝缘和护套符合 2.2 要求的电缆施加屏蔽后防腐用的非金属护套应为下述材料中的一种:

绝缘	护套	防腐护套
PVC	PVC	PVC
PVC	PA	PVC
EPR	PVC	PVC
XLPE	PVC	PVC
EPR	CSP	CSP
XLPE	HDPE	HDPE
XLPE	CSP	CSP
EVAC	CSP	CSP
EVAC	PA	CSP

2.3.4 额定温度

为了确定任一种电缆的额定温度,必须考虑与绝缘相适应的导体工作温度和与护套相适应的表面工作温度。任一种电缆最后确定的额定温度,在任何情况下均不会导致绝缘或护套在超过 1.7.2.1 和 1.7.5.1 规定的相应温度的温度下运行。

2.3.5 结构

组成:一根或多根绝缘导体,任选的护套,金属屏蔽,任选的防腐护套。

2.3.5.1 施加屏蔽前电缆的基本要求

施加屏蔽前电缆的结构符合 2.1 或 2.2 的要求。

2.3.5.2 金属屏蔽

屏蔽的结构应符合 1.7.3.2 和 1.7.3.3 的要求。

2.3.5.3 防腐护套

如果金属屏蔽不耐腐蚀,并且该电缆可能敷设在腐蚀环境中时,则应施加非金属护套以防腐蚀。

护套应是一层如 1.7.5 规定的材料组成的挤包层。

规定的护套厚度平均值应不小于下表规定的数值：

护套前直径/mm		PVC,CSP 和 HDPE 厚度/mm
—	≤7	0.8
>7	≤15	1.0

任一处厚度可以小于规定的平均值，只要其差值不超过规定的平均值的 15%+0.1 mm。

2.3.6　要求

电缆应符合第 1 章规定的相应要求和 2.3.5 的要求。

2.4　有机物绝缘、金属屏蔽和铠装的加热电缆

2.4.1　产品型号

800 IEC 25/—/—。

2.4.2　额定电压

300/500 V

2.4.3　额定温度

为了确定任一种电缆的额定温度，必须考虑与绝缘相适应的导体工作温度和与护套相适应的表面工作温度。任一种电缆最后确定的额定温度，在任何情况下均不会导致绝缘或护套在超过 1.7.2.1 和 1.7.5.1 规定的相应温度的温度下运行。

2.4.4　结构

组成：一根或多根绝缘导体，任选的护套，金属屏蔽，防腐护套，铠装，任选的防腐护套。

2.4.4.1　施加铠装前电缆的基本要求

施加铠装前的电缆宜符合 2.3 的所有要求并应包括符合 2.3.5.3 的防腐护套。

2.4.4.2　铠装

铠装应由编织或螺旋缠绕镀锌钢丝组成，并应符合 1.7.4 的要求。

2.4.4.3　防腐护套

若特别要求，防腐护套应包在铠装上，并且其材料应与用来包覆屏蔽的防腐护套材料相同。

规定的护套厚度平均值应不小于下表规定的数值：

护套前直径/mm		PVC,CSP 和 HDPE 厚度/mm
—	≤7	0.8
>7	≤15	1.0

任一处厚度可以小于规定的平均值，只要其差值不超过规定的平均值的 15%+0.1 mm。

2.4.5　要求

电缆应符合第 1 章规定的相应要求和 2.4.4 的要求。

2.5　有机物绝缘和铠装的加热电缆

2.5.1　产品型号

800 IEC 30/—/—。

2.5.2　额定电压

300/500 V

2.5.3　认可的材料组合方式

如果电缆具有 2.2 所述的绝缘和护套时，只有特定的非金属护套材料被认可用于和每种绝缘(2.1)或绝缘/护套(2.2)组合。绝缘符合 2.1 要求的电缆施加铠装后防腐用的非金属护套应为下述材料中的一种：

绝缘	防腐护套
PVC	PVC
XLPE	PVC
XLPE	HDPE
XLPE	CSP

绝缘和护套符合 2.2 要求的电缆施加铠装后防腐用的非金属护套应为下述材料中的一种：

绝缘	护套	防腐护套
PVC	PVC	PVC
PVC	PA	PVC
EPR	PVC	PVC
XLPE	PVC	PVC
EPR	CSP	CSP
XLPE	HDPE	HDPE
XLPE	CSP	CSP
EVAC	CSP	CSP
EVAC	PA	CSP

2.5.4 额定温度

为了确定任一种电缆的额定温度，必须考虑与绝缘相适应的导体工作温度和与护套相适应的表面工作温度。任一种电缆最后确定的额定温度，在任何情况下均不会导致绝缘或护套在超过 1.7.2.1 和 1.7.5.1 规定的相应温度的温度下运行。

2.5.5 结构

组成：一根或多根绝缘导体，任选的护套，铠装，任选的防腐护套。

2.5.5.1 施加铠装前电缆的基本要求

施加铠装前电缆结构符合 2.1 或 2.2 的要求。

2.5.5.2 铠装

铠装应由编织或螺旋缠绕镀锌钢丝组成，并应符合 1.7.4 的要求。

2.5.5.3 防腐护套

如果铠装不耐腐蚀，并且该电缆可能敷设在腐蚀环境中时，则应施加非金属护套以防腐蚀。

护套应是一层如 1.7.5 规定的材料组成的挤包层。

规定的护套厚度平均值应不小于下表规定的数值：

护套前直径/mm		PVC,CSP 和 HDPE 厚度/mm
—	≤7	0.8
>7	≤15	1.0

任一处厚度可以小于规定的平均值，只要其差值不超过规定的平均值的 15%+0.1 mm。

2.5.6 要求

电缆应符合第 1 章规定的相应要求和 2.5.5 的要求。

2.6 有机物绝缘和金属套的加热电缆

2.6.1 产品型号

800 IEC 40/—/—。

2.6.2 额定电压

300/500 V

2.6.3 额定温度

为了确定任一种电缆的额定温度,必须考虑与绝缘相适应的导体工作温度和与护套相适应的表面工作温度。任一种有绝缘和护套的电缆最后确定的额定温度,在任何情况下均不会导致绝缘或护套在超过 1.7.2.1 和 1.7.5.1 规定的相应温度的温度下运行。

2.6.4 结构

组成:一根或多根绝缘导体,金属套,任选的防腐护套。

2.6.4.1 导体

导体可由一根单线或以束或绞合多根单线组成,并且应符合 1.7.1 的要求。

2.6.4.2 绝缘

绝缘应是一层如 1.7.2 规定的 EPR 或 XLPE 材料组成的挤包层,并紧密地包覆在导体上,但又能容易地从导体上剥离。

规定的绝缘厚度平均值应不小于 0.8 mm。

任一处厚度可以小于规定的平均值,只要其差值不超过规定的平均值的 10%+0.1 mm。

2.6.4.3 金属套

铅套应施加在绝缘线芯上。对于绝缘线芯的直径为 5 mm 及以下时,其规定的平均厚度应不小于 0.8 mm;对于绝缘线芯的直径大于 5 mm 时,其规定的平均厚度应不小于 1.0 mm。

任一处厚度可以小于规定的平均值,只要其差值不超过规定的平均值的 10%。

2.6.4.4 防腐护套

如果金属套不耐腐蚀,并且该电缆可能敷设在腐蚀环境中时,则应施加非金属护套以防腐蚀。护套应为一层如 1.7.5 规定的 PVC 挤包层。对于铅套外径为 7 mm 及以下的电缆,其规定的平均厚度应不小于0.8 mm;对于铅套外径大于 7 mm 的电缆,其规定的平均厚度应不小于 1.0 mm。

任一处厚度可以小于规定的平均值,只要其差值不超过规定的平均值的 15%+0.1 mm。

2.6.5 要求

电缆应符合第 1 章和 2.6.4 规定的相应要求。

2.7 有机物绝缘、金属套和铠装的加热电缆

2.7.1 产品型号

800 IEC 45/—/—。

2.7.2 额定电压

300/500 V

2.7.3 额定温度

为了确定任一种电缆的额定温度,必须考虑与绝缘相适应的导体工作温度和与护套相适应的表面工作温度。任一种电缆最后确定的额定温度,在任何情况下均不会导致绝缘或护套在超过 1.7.2.1 和 1.7.5.1 规定的相应温度的温度下运行。

2.7.4 结构

组成:一根或多根绝缘导体,金属套,防腐护套,铠装,任选的防腐护套。

2.7.4.1 施加铠装前电缆的基本要求

施加铠装前的电缆应符合 2.6 的所有要求,并应包括符合 2.6.4.4 的防腐护套。

2.7.4.2 铠装

铠装应由编织或螺旋缠绕镀锌钢丝组成,并应符合 1.7.4 的要求。

2.7.4.3 防腐护套

若特别要求,可以使用 PVC 防腐护套。

规定的护套厚度平均值应不小于下表规定的数值：

护套前直径/mm		PVC 厚度/mm
—	≤7	0.8
>7	≤15	1.0

任一处厚度可以小于规定的平均值，只要其差值不超过规定的平均值的 15%+0.1 mm。

2.7.5 要求

电缆应符合第 1 章和 2.7.4 规定的相应要求。

2.8 矿物绝缘电缆

2.8.1 产品型号

800 IEC 50/—/—

2.8.2 额定电压

300/500 V

2.8.3 额定温度

当矿物绝缘电缆有防腐护套时，其额定温度应与这个防腐护套使用的材料相适应。相关温度规定在 1.7.5.1 中。

2.8.4 结构

组成： 一根或多根导体，矿物绝缘，金属套，任选的防腐护套。

2.8.4.1 导体

导体应由纯金属或金属合金的一根单线组成，并应符合 1.7.1 的要求。

2.8.4.2 绝缘

绝缘应由压实的粉状矿物或紧压成形的矿物组成，并包围在单根或多根导体周围。

导体之间及每根导体和护套之间的标称绝缘厚度应为 0.70 mm。

只有单芯电缆，其平均厚度应不小于规定的标称值；对于单芯和多芯电缆，最小绝缘厚度应不小于规定的标称值的 90%−0.1 mm。

2.8.4.3 金属套

金属套应是没有焊接过的连续铜套，并且不得有削弱其防水性能的任何缺陷。

规定的铜套厚度平均值应不小于测得的铜套外径的 7%，最小值为 0.25 mm。

任一处厚度可以小于规定的平均值，只要其差值不超过规定的平均值的 10%。

2.8.4.4 防腐护套

如果金属套不耐腐蚀，并且该电缆可能敷设在腐蚀环境中时，则应施加非金属护套以防腐蚀。

该护套应为 PVC，HDPE 或 PA 的挤包层，其颜色可以是除红色以外的任何颜色。

规定的护套厚度平均值应不小于下表规定的数值：

护套前直径/mm		PVC 和 HDPE 厚度/mm	PA 厚度/mm
—	≤7	0.8	0.4
>7	≤15	1.0	0.5

任一处厚度可以小于规定的平均值，只要其差值不超过：

——PA 护套：0.1 mm。

——HDPE 和 PVC 护套：规定的平均值的 15%+0.1 mm。

2.8.5 要求

电缆应符合第 1 章和 2.8.4 规定的相应要求，但应注意 2.8.6 所述的例外。

除了进行其他电缆规定的试验外，矿物绝缘电缆应经受一个弯曲和压扁试验，试验方法如

GB/T 13033.1—2007中13.6和13.7所述。

2.8.6 矿物绝缘电缆的特殊规定

2.8.6.1 参见:1.7.1。

矿物绝缘电缆导体电阻的偏差应为:±10%。

2.8.6.2 参见:1.7.2。

本试验应在制造厂规定的额定温度下进行。

2.8.6.3 参见:第1章表3,适用于PVC护套的序号6和7的相应内容。

如有可能,应进行低温拉伸试验。如果由于电缆的PVC护套外径非常小而不能制备试样时,应使用直径为电缆外径10倍的芯轴进行弯曲试验。

2.8.6.4 参见:第1章表3,适用于PVC护套的序号4的相应内容。

如有可能,应按GB/T 2951.6—1997中9.2.2的b)项进行热冲击试验。

如果由于电缆的PVC护套外径非常小而不能制备试样时,应按GB/T 2951.6—1997中9.2.2的a)项使用直径为电缆外径10倍的芯轴进行试验。

3 试验方法

3.1 概述

3.1.1 一般要求

本标准第1章和第2章规定的试验方法见本章和GB/T 13033.1以及GB/T 2951。

3.1.2 试验项目

适用于各种型号电缆的试验项目规定在第2章的相关条文中。

3.1.3 试验分类

规定的试验为型式试验;例行试验应由供需双方协商决定。

3.1.4 取样

对于绝缘或护套上的凸字标志或护套上的凹字标志,制备试样时应包括这样的标志。

3.1.5 预处理

全部试验应在绝缘和护套材料挤出或硫化后存放至少16 h方可进行。

3.1.6 试验温度

除非另有规定,试验应在环境温度下进行。

3.1.7 试验电压

除非另有规定,试验电压应是频率为49 Hz到61 Hz的近似正弦波形的交流电压,峰值与有效值之比为$\sqrt{2}$,偏差为±7%。

电压均为有效值。

3.2 绝缘和护套厚度的测量

3.2.1 矿物绝缘电缆绝缘厚度的测量

3.2.1.1 取样和制备

如有必要,试样应在去掉损坏的末端部分后,从电缆一端选取。如果平均厚度和最小厚度(或如是多芯电缆,则只有最小厚度)均不符合要求,应拒收该交货长度电缆。如果二个指标中只有一个不合格,应从电缆另一端选取试样重复进行试验,此时如果最小厚度和平均厚度均符合要求,则应接受该交货长度电缆。

制备试样时,截取的横截面与电缆轴线基本成直角。

3.2.1.2 测量步骤

应使用放大倍数均至少为10倍的显微镜或投影仪进行测量;有争议时,应采用显微镜测量方法作为基准方法。

3.2.1.2.1 **单芯电缆**

先在绝缘最薄处测量径向厚度;然后每间隔约 60°再测量 5 个径向厚度。6个值的平均值应作为绝缘平均厚度。

所测全部数值中的最小值应作为任一处绝缘的最小厚度。

3.2.1.2.2 **多芯电缆**

测量每对相邻导体之间的、以及每根导体和铜套之间的最小距离。

所测全部数值中的最小值应作为任一处绝缘的最小厚度。

3.2.2 **有机物绝缘的绝缘厚度测量**

3.2.2.1 **步骤**

应按 GB/T 2951.1—1997 中 8.1 规定进行测量。电缆试样应在至少相隔 1 m 的 3 处各取一段,并对每根绝缘线芯检查是否符合要求。

若取出导体有困难,则应在拉力机上拉出,或将绝缘线芯试样浸入水银中,直至绝缘变得松弛,能把导体抽出。

3.2.2.2 **测量结果的评定**

每一绝缘线芯取三段绝缘试样,计算 18 个值的平均值(以 mm 表示),应计算到小数点后第二位,并按如下规定修约,然后将该值作为绝缘厚度的平均值。

计算时,若第二位小数是 5 或大于 5,则第一位小数应进 1;例如 0.74 应修约为 0.7,0.75 应修约为 0.8。

所测全部数值中的最小值应作为任一处绝缘的最小厚度。

本试验可与任何其他厚度测量一起进行,如 1.7.2.3 规定的试验项目。

3.2.3 **非金属护套厚度的测量**

3.2.3.1 **步骤**

应按 GB/T 2951.1—1997 中 8.2 进行测量。

试样应在至少相隔 1 m 的 3 处各取一段。

3.2.3.2 **测量结果的评定**

对于从三段护套上测得的全部数值的平均值(以 mm 表示),应计算到小数点后第二位,并按如下规定修约,然后将该值作为非金属护套厚度的平均值。

计算时,第二位小数是 5 或大于 5,则第一位小数应进 1;例如 1.74 应修约为 1.7,1.75 应修约为 1.8。

所测全部数值中的最小值应作为任一处非金属护套的最小厚度。

本试验可与任何其他厚度测量一起进行,如 1.7.5.3 规定的试验项目。

3.2.4 **金属套厚度的测量**

3.2.4.1 **步骤**

测量应在从电缆上小心切取下来的金属套的剖开圆形窄条上进行。这个试样应从距成圈电缆一端不超过 150 mm 处截取。

用千分尺沿着窄条尽可能等距离地测量 6 次,测量时,其平面测脚应放在护套外边,球面测脚应放在护套里边。

3.2.4.2 **测量结果的评定**

3.2.4.2.1 **矿物绝缘电缆**

所测全部数值的平均值应计算到小数点后第三位,并按如下规定修约,然后将该值作为护套厚度的平均值。

计算时,第三位小数是 5 或大于 5,则第二位小数应进 1;例如 0.573 应修约为 0.57,0.575 应修约为 0.58。

所测全部数值中的最小值应作为任一处护套的最小厚度。

3.2.4.2.2 有机物绝缘电缆

所测全部数值的平均值应计算到小数点后第二位，并按如下规定修约，然后将该值作为护套厚度的平均值。

计算时，第二位小数是5或大于5，则第一位小数应进1；例如0.83应修约为0.8，0.85应修约为0.9。

所测全部数值中的最小值应作为任一处护套的最小厚度。

3.3 标志耐擦性检查

用浸过水的一团脱脂棉或一块棉布轻擦拭标志，试着将其擦去，共擦10次，检查结果是否符合要求。

3.4 电气性能试验

3.4.1 概述

试验方法的总则见IEC 60885-1:1987。

进行电气性能试验时，矿物绝缘电缆的一些例外规定见2.8.6。

3.4.2 导体电阻

导体电阻应在长度至少为1 m的试样上用任何适当的方法进行测量，共测量两次。第一次在室温下测量，第二次在高于室温至少20 K的温度下测量。将室温下的测量值换算成20℃±1℃时的值，然后判断该电阻值是否符合制造厂规定的数值。

应将高温下测得的数值与室温下的进行比较，确认该导体电阻具有正温度系数。

3.4.3 室温下的电压试验

成品电缆试样，长度至少为10 m(矿物绝缘电缆为5 m)或者当交货长度较短时，则直接使用交货长度。将试样浸入温度为20℃±5℃的水中至少16 h，但不超过24 h。试样端部露出水面足够长以避免在规定的试验电压下发生闪络放电。金属套(如有的话)应从试样的两端除去以防击穿。如果是矿物绝缘电缆，试样两端应暂时密封。带特殊连接金具的电缆应连同这些连接金具一起试验。

浸水周期结束，此时试样仍浸在水中，将试验电压依次施加于每根导体和所有连接在一起的其他导体与护套(如有的话)及水之间，每次施加电压时间为5 min。

矿物绝缘加热电缆的试验电压应为1 500 V，所有其他电缆的试验电压应为2 000 V。

试验电压应逐渐升高，并在2 s到10 s的时间内达到规定值。

电缆在规定时间内应能承受该试验电压。

3.4.4 高温电压试验

在邻近用于3.4.3试验的试样的长度上截取长度至少为5 m试样，然后进行下列试验。将电缆置于自然通风烘箱内。如果该电缆的导体额定温度小于150℃，则烘箱温度应为导体额定温度加上20℃±3℃。

除矿物绝缘电缆外，如果电缆的导体额定温度较高时，则烘箱温度应高于导体额定温度20℃±5℃。

矿物绝缘电缆应在制造厂规定的导体额定温度下试验，偏差为±3℃。

电缆在该温度下放置2 h，然后将1 500 V电压依次施加于每根导体和所有其他连接在一起的导体及金属套或任何其他金属护层之间，施加电压时间为15 min。

没有金属套或任何其他金属护层的电缆，应在5 m长的试样上套上铜编织网套以保证试验(同于金属套电缆规定的试验)顺利进行。或者，这些电缆可以在一接地金属槽里试验，内有尺寸相同，直径不小于1 mm也不大于3 mm的导电圆球，例如滚珠，铅弹等。

金属套电缆试验时，必须将金属套从试样两端各除去一小段，以防电压试验期间发生闪络放电。如有必要可加上特殊连接金具。

另外，在低于100℃的温度下进行试验时，试样的端部装置应与3.4.3矿物绝缘电缆的相同。当试验温度高于100℃时，则没有必要密封。

3.4.5 绝缘电阻

绝缘电阻应在完成3.4.4规定的试验后立即在同一试样上同一温度下进行测量。

如果可以分别试验,试样长度、制备以及处理时间应同3.4.4的规定一致。

绝缘电阻应依次在每根导体和所有其他连接在一起导体及金属护层或导电圆球之间施加80 V到500 V直流电压1 min后进行测量。

3.5 成品电缆机械性能试验

3.5.1 变形试验

成品电缆试样应在于20℃±5℃温度下,垂直放在直径为6 mm的圆柱形钢柱顶端。钢柱置于钢制平面上。

用100 mm^2 刚性板对电缆试样施加压力,但不应对试样和钢柱交叉点的任一处产生冲击。其中对A类电缆的压力为300 N,B类电缆为600 N,C类电缆为2 000 N。加压30 s后,仍处于压力之下的试样应能耐受1 500 V交流电压30 s而不击穿。若是不带屏蔽和铠装的电缆,电压应施加在导体和钢柱之间;若是带金属套、屏蔽和铠装电缆,则应施加在导体和金属套、屏蔽或铠装之间。

3.5.2 屏蔽穿透试验

当电缆平直放置和卷绕在直径为5倍于电缆直径的芯棒上时,用直径为1 mm的钢制试针应能穿透屏蔽到绝缘上。

当电缆平直放置或卷绕在直径为5倍于电缆直径的芯棒上时,试针在不触及屏蔽的情况下,应不能推入绝缘中。

对本试验的修订正在考虑中。

3.5.3 拉力试验

成品电缆试样应在夹头结构如图1的拉力试验机上进行试验,并按图1所示将试样装在夹头中。夹头的起始间距应在100 mm到200 mm之间。夹头移动速率应为50 mm/min。监测导体的连续性,并连续检查电缆试样任一组成部分是否有断裂的迹象。首次发现断裂现象时的负荷应是断裂负荷。

共测试三个试样,并将最小断裂负荷作为试验结果。

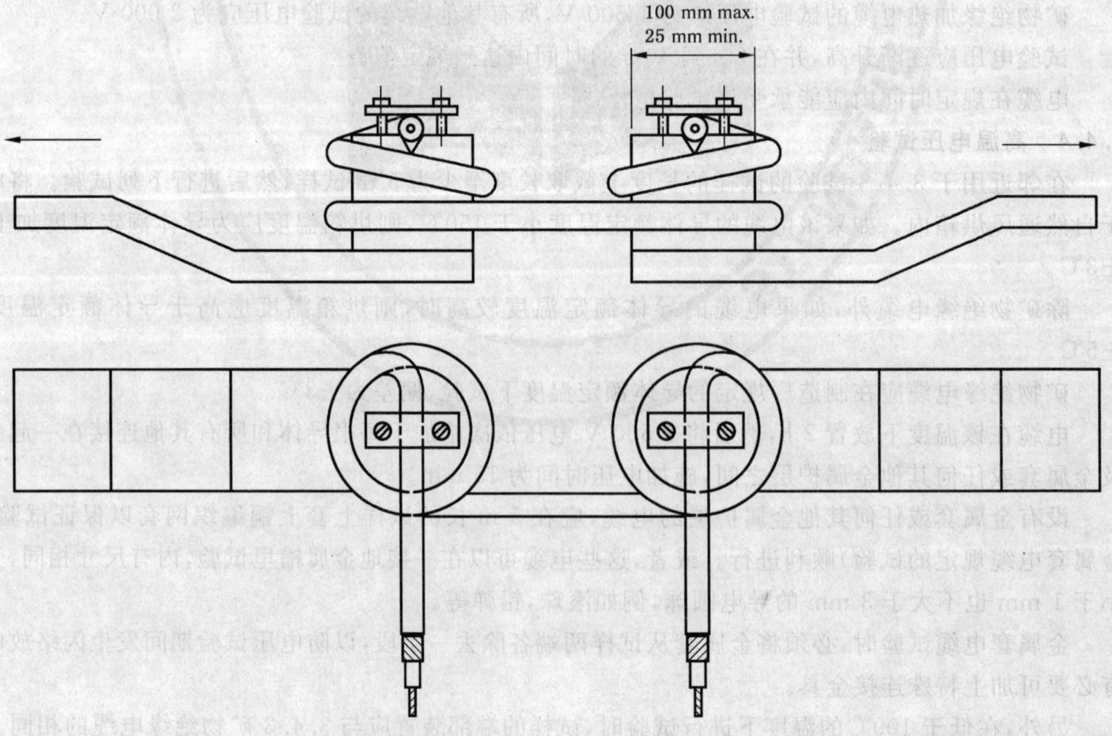

图1 加热电缆的拉力试验夹头

3.5.4 正反卷绕试验

成品电缆试样应在拉力负荷下，螺旋形紧密卷绕在芯棒上至少3圈。对于非屏蔽和屏蔽电缆，芯棒直径应为其外径的6倍；对于铠装电缆，芯棒直径应为其外径的15倍。

整个试验包括六个试验周期，每个周期又包括将电缆卷绕在芯棒上，松开然后以相反方向重新卷绕，并且第1次卷绕时的螺旋形电缆内表面应为重新卷绕时的螺旋形电缆的外表面。试验后电缆任一部分不应损伤。护套的轻微皱褶不应认为不合格。

正反卷绕试验结束后，试样应进行3.4.3的电压试验。

3.6 聚酰胺护套试验方法

聚酰胺护套应按3.6.1、3.6.2和3.6.3规定的试验进行检验。

3.6.1 检查聚合物类型

对挤包的聚酰胺护套试样做红外光谱，光谱应显示出次酰胺基的特征谱型。

3.6.2 熔点

应对使用的护套材料试样进行检查并用适当的方法测定其熔点。如有疑问时，应使用差示扫描量热法(DSC)。

3.6.3 热老化试验

将聚酰胺护套电缆的三个试样置于温度为100℃±2℃的烘箱中72 h后，从烘箱中取出试样，并在相对湿度为65%，温度为20℃±5℃的环境中放置24 h。然后把试样连续卷绕在直径为10倍于试样外径的芯棒上整5圈。

3.7 铠装用钢丝镀锌试验

200 mm长的5个试样应用浸有石脑油或其他合适清洁剂的回丝擦干净，并干燥。

试样应逐个浸入高160 mm和直径35 mm的玻璃容器中，玻璃容器内盛有约4/5的硫酸铜溶液。溶液不应搅动。直径大于0.8 mm的钢丝浸泡时间为1 min；直径不大于0.8 mm的钢丝浸泡时间为30 s。从溶液中取出试样后，立即在自来水中用回丝清洗，以除去海绵状铜沉淀物。

这一操作过程应用同一溶液重复进行，直至产生了不能用回丝除去的附着的铜沉淀物。从浸没端起30 mm内的那部分试样不作考核。

对每个试样应使用新鲜溶液。该溶液为1份硫酸铜($CuSO_4 \cdot 5H_2O$)溶于5份水中(187 g/L)。

完全溶解后，为了中和硫酸铜溶液中的游离硫酸根，可在每升溶液中加入1 g到2 g的氢氧化铜或粉状碳酸铜或氧化铜。溶液应保持在18℃±0.5℃的温度。

注1：有时锌层自身上有铜沉淀物，造成了不合格的假象。对于这种情况，可以在最后浸泡结束后试验这种铜沉淀物的附着性，或剥离或轻擦，或者浸在氢氯酸(1/10)溶液中15 s后立即在干净的自来水中清洗并用力擦，如果除去铜后露出下面的锌，则该试样不应判定为不合格。

注2：本试验参见GB/T 20637(IEC 60092-350)。

附 录 A
（规范性附录）
使用导则

A.1 必须指出的是由于对加热电缆的使用各不相同，以致在本使用导则中不可能包括适用于加热电缆的所有使用指南。

A.2 绝缘和护套的额定温度

已在第2章产品标准中规定。

A.3 最小弯曲半径

对于带或不带金属编织屏蔽的电缆，内弯曲半径应不小于其外径的6倍；对于带或不带铠装的金属套电缆，内弯曲半径应不小于其外径的10倍。

A.4 使用场合

Ⅰ 建筑物	Ⅱ 户外使用场合
101 地面 102 天花板 103 墙壁 104 屋顶和排水沟	201 路面和坡道

A.5 分类与使用指南

分类	使用场合		机械保护
	Ⅰ	Ⅱ	
A	101 102		假设所有电缆均敷设在水泥盖板下
B	101 102 103 104	201	无
C	101 到 104	201	无

A.6 耐燃性

符合本标准的加热电缆不宜敷设在接触易燃建筑材料的地方。

附 录 B
（资料性附录）
产品型号和标记

B.1 代号

系列代号
加热电缆 …… JR

导体代号
铜导体 …… T
铜基合金 …… TH
镍铬合金 …… N
其他导体材料 …… 考虑中

注：供需双方可协商使用其他合适的导体加热材料。

绝缘代号
聚氯乙烯 …… V
乙丙橡胶(硫化) …… E
交联聚乙烯 …… YJ
乙烯/醋酸乙烯(交联) …… YY
矿物绝缘 …… 省略

非金属护套和防腐护套代号
聚氯乙烯 …… V
聚酰胺 …… N
氯磺化聚乙烯(硫化) …… H
高密度聚乙烯 …… Y

金属套代号
铜套 …… T
铅套 …… Q

屏蔽代号
屏蔽 …… P

铠装代号
镀锌钢丝铠装 …… G

电缆耐机械力的代号
A类电缆 …… A
B类电缆 …… B
C类电缆 …… C

B.2 产品型号和标记

B.2.1 产品型号的组成和排列顺序如下：

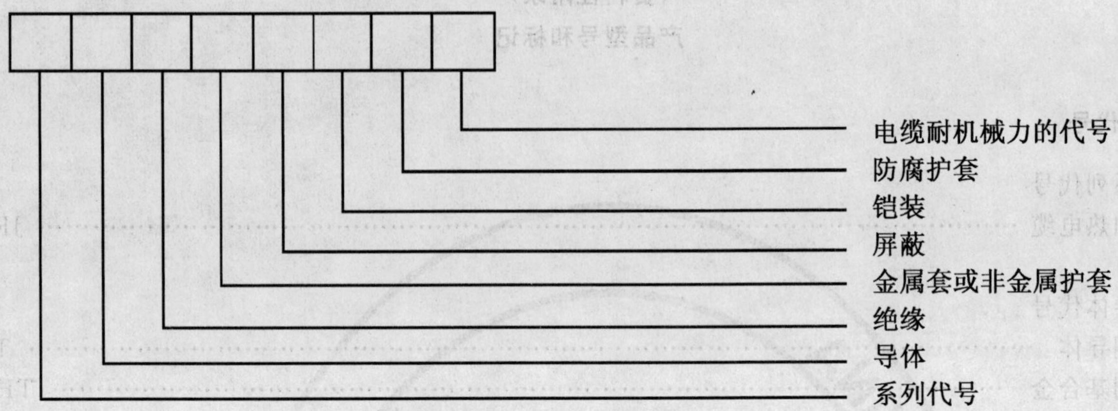

B.2.2 产品标记

B.2.2.1 产品标记由型号、额定电压、绝缘导体的芯数、每芯导体的每米电阻值及本标准编号组成。

B.2.2.2 示例

a) 康铜合金芯交联聚乙烯绝缘聚氯乙烯护套铜丝编织屏蔽钢丝铠装聚氯乙烯防腐护套加热电缆，耐机械力为A类，额定电压为300/500 V，2芯，每芯导体的每米电阻为0.26Ω，表示为：

JRTHYJVPGVA 300/500 2×0.26 GB/T 20841—2007 (800 IEC 25 XLPE80/PVC70)

b) 镍铬合金芯乙丙橡胶绝缘氯磺化聚乙烯护套加热电缆，耐机械力为A类，额定电压为300/500 V，1芯，每芯导体的每米电阻为1.25Ω，表示为：

JRNEHA 300/500 1×1.25 GB/T 20841—2007 (800 IEC 15EPR80/CSP80)

c) 铜芯矿物绝缘铜套高密度聚乙烯防腐护套加热电缆，耐机械力为A类，额定电压为300/500 V，1芯，每芯导体的每米电阻为0.017Ω，表示为：

JRTTYA 300/500 1×0.017 GB/T 20841—2007(800 IEC 50 MI /HDPE80)

B.3 型号对照表

生活设施加热和防结冰用加热电缆型号对照表

序号	名　　称	IEC 60800 型号	国内用的型号*
1	单层有机物绝缘无金属套或屏蔽的加热电缆	800 IEC 10/—/—	JRXXVX,JRXXYJX
2	有机物绝缘和护套无金属套或屏蔽的加热电缆	800 IEC 15/—/—	JRXXXXXX
3	有机物绝缘和金属屏蔽的加热电缆	800 IEC 20/—/—	JRXXXXXPXX,JRXXXXXPX JRXXXXPXX,JRXXXXPX
4	有机物绝缘、金属屏蔽和铠装的加热电缆	800 IEC 25/—/—	JRXXXXXPGXX,JRXXXXXPGX JRXXXXPGXX,JRXXXXPGX
5	有机物绝缘和铠装的加热电缆	800 IEC 30/—/—	JRXXXXXGXX,JRXXXXXGX JRXXXXGXX,JRXXXXGX
6	有机物绝缘和金属套的加热电缆	800 IEC 40/—/—	JRXXXXQVX,JRXXXXQX
7	有机物绝缘、金属套和铠装的加热电缆	800 IEC 45/—/—	JRXXXXQGVX,JRXXXXQGX
8	矿物绝缘电缆	800 IEC 50/—/—	JRXXTXX,JRXXTX

* X及XX表示B.1中的相应代号。

ICS 47.080
U 27

中华人民共和国国家标准

GB/T 20842—2007
代替 GB 11573—1989,
GB/T 14651—1993,
GB/T 16302—1996

封闭救生艇技术条件

Technical specification of enclosed lifeboats

2007-02-09 发布　　　　2007-08-01 实施

中华人民共和国国家质量监督检验检疫总局
中国国家标准化管理委员会　发布

前 言

本标准采用国际海事组织(IMO)"国际救生设备(LSA)规则"[1996 年 6 月 4 日通过的 MSC.48(66)决议的附件]对 GB 11573—1989、GB/T 14651—1993 和 GB/T 16302—1996 三个标准进行了修订。

本标准代替 GB 11573—1989《全封闭救生艇技术条件》、GB/T 14651—1993《部分封闭救生艇技术条件》和 GB/T 16302—1996《自由降落救生艇技术条件》。

本标准与 GB 11573—1989、GB/T 14651—1993 和 GB/T 16302—1996 三个标准相比,主要变化如下:

——将以上三个标准中规定的几种类型救生艇的技术要求集中在本标准中提出;

——按 IMO 最新的规则提出了相应的技术要求;

——根据生产实际的需要,提出了一些具体要求。

本标准由中国船舶重工集团公司提出。

本标准由全国船舶舾装标准化技术委员会(SAC/TC 129)归口。

本标准起草单位:中国船舶重工集团公司标准化研究中心。

本标准主要起草人:单明哲、陈寒松、李传明、金海祥、虞伟棠。

封闭救生艇技术条件

1 范围

本标准规定了封闭救生艇(以下简称救生艇)的要求、试验方法、检验规则、证书及标志、运输及贮存等。

本标准适用于除开敞救生艇以外各种类型的救生艇。

2 规范性引用文件

下列文件中的条款通过本标准的引用而成为本标准的条款。凡是注日期的引用文件,其随后所有的修改单(不包括勘误的内容)或修订版均不适用本标准,然而,鼓励根据本标准达成协议的各方研究是否可使用这些文件的最新版本。凡是不注日期的引用文件,其最新版本适用于本标准。

GB 3107.2 船用红光降落伞信号

GB 3107.8 船用橙色烟雾信号

GB 3107.9 船用手持红光火焰信号

GB/T 8242.4 船体设备术语 救生设备

GB 11946—2001 船用钢化安全玻璃(neq ISO 1095:1989)

GB 12757 救生保温用具

CB* 197 海锚

CB*/Z 343 热浸锌通用工艺

CB 473 艇篙

CB* 474 桨

CB 476 桨架

CB/T 3960—2004 封闭式救生艇试验方法

IMO 第 66 届海安会通过的"国际救生设备(LSA)规则"

IMO A.658(16)决议"救生设备上使用和张贴逆向反光材料的建议案"

国际海事组织《1974 年国际海上人命安全公约》(IMO SOLAS 1974)

3 术语和定义

GB/T 8242.4 确立的以及下列术语和定义适用于本标准。

3.1

封闭救生艇 enclosed lifeboat

具有刚性的艇体与顶盖,或由刚性艇体和部分刚性顶盖及可折式顶篷组合成的非开敞的救生艇。包括全封闭救生艇和部分封闭救生艇。

4 要求

4.1 一般要求

4.1.1 救生艇应能在－30℃～＋65℃的环境下存放而不致损坏。

4.1.2 救生艇在－1℃～＋30℃的海水环境中应能正常使用。

4.1.3 救生艇的设备和材料应防腐烂、耐腐蚀,并不受海水、原油或霉菌侵袭的影响。在日光暴露下具有抗老化变质的能力。

4.1.4　救生艇基本参数的允许偏差范围为：

a)　艇重：±5%；

b)　艇长：±0.5%；

c)　艇宽：±1.0%；

d)　艇深：±1.0%。

4.2　构造

4.2.1　艇体和顶盖

4.2.1.1　艇体和顶盖的结构及材料

救生艇应具有刚性艇体与顶盖，并应由滞燃或不燃的玻璃纤维增强塑料制成。其层合板的性能应符合表1。

表1　玻璃纤维增强塑料层合板的性能

序号	项目	单位	增强材料	
			短切毡	短切毡与无捻粗纱正交布交替
1	树脂重量含量	%	65～75	55～65
2	拉伸强度	N/mm²	80	100
3	拉伸模量	N/mm²	5 000	7 000
4	弯曲强度	N/mm²	125	150
5	弯曲模量	N/mm²	5 000	7 000
6	压缩强度	N/mm²	80	90
7	压缩模量	N/mm²	5 000	7 000
8	剪切强度(横截面)	N/mm²	62	62
9	剪切模量(横截面)	N/mm²	2 750	2 750
10	层间剪切强度	N/mm²	17.25	17.25
11	巴氏硬度	—	≥40	≥40
12	吸水率	%	≤0.5	≤0.5
13	氧指数	—	>27	>27

4.2.1.2　部分封闭救生艇顶盖结构

部分封闭救生艇的顶盖由两端向艇中部延伸应不少于该艇长度的20%。在艇中部的开口处应设置固定附连的可折式软篷，可折式软篷连同刚性顶盖形成一个能挡风雨的遮蔽，应能完全罩住该艇成员。

4.2.1.3　全封闭救生艇(包括自由降落救生艇)顶盖结构

全封闭救生艇(包括自由降落救生艇)的顶盖应为完全覆盖救生艇的刚性水密围蔽。

4.2.1.4　部分封闭救生艇的可折式软篷

部分封闭救生艇的可折式软篷要求如下：

a)　软篷应有合适的刚性型材或条板，以支撑成型；

b)　应可由不多于2人即可方便地开启或关闭；

c) 软篷应采用有空气间隙隔开的不少于两层的材料或其他等效设施来隔热，且应设有防止水分聚集在空气间隙内的措施，软篷外层材料应有较好的耐老化性能；

d) 软篷应设有有效的可调整的关闭装置，其内外两面均应能容易而迅速地开启和关闭该装置，软篷关闭后既可通气又可防止海水、风和冷气的侵入；

e) 应设有使软篷牢固地固定在开启和关闭位置的设施。

4.2.1.5 全封闭救生艇(包括自由降落救生艇)的刚性顶盖

全封闭救生艇(包括自由降落救生艇)刚性顶盖的要求如下：

a) 进入救生艇通道的舱口关闭后应使救生艇风雨密；

b) 除自由降落救生艇外，救生艇艏、艉舱口的位置应设在无任一乘员离开该封闭盖的情况下，能完成降落和回收操作的地方，这些舱口的开口尺寸应不小于 600 mm×600 mm；

c) 通道舱盖在内外两面均应能开启和关闭，并应有使其牢固地固定在开启位置的设施；

d) 当救生艇处于翻覆位置，舱盖关闭且无明显漏水时应能支撑包括属具、机械和乘员在内的救生艇的全部质量；

e) 人员从进口处无须跨过横座板或其他障碍物而到达他们的座位；

f) 舱盖关闭时主机操作期间，救生艇内的气压不应低于或高于外界大气压力 20 hPa。

4.2.1.6 顶盖的高度

各类救生艇从艇底表面到超过 50%艇底面积的顶盖的垂直距离要求如下：

a) 乘员定额为 9 人或 9 人以下的救生艇，应不小于 1.3 m；

b) 乘员定额为 24 人或 24 人以上的救生艇，应不小于 1.7 m；

c) 乘员定额为 9 人～24 人的救生艇，应不小于以线性内插法确定的介于 1.3 m 与 1.7 m 之间的距离。

4.2.2 救生艇的强度

救生艇的强度应满足以下要求：

a) 载足全部乘员及属具后应能安全降落水中。

b) 以吊架降落的救生艇，当母船在平静水中以 5 kn 航速前进时应能降落水中并被拖带。

c) 以吊架降落的救生艇，在吊挂时应能承受全部乘员及属具的总质量 2 倍的负荷。当超载 25%时，艇宽变化及龙骨变形应不超过艇长的 1/400。且在逐步加载时艇的变形量应大致成比例，负荷卸去后应无残余变形。

d) 以吊架降落的救生艇当其在载足全部乘员和属具，在装有护艇滑架时，应能经受碰撞速度不小于 3.5 m/s 碰撞船舷的侧向撞击力，并应能经受不小于 3 m 高度处投落下水，救生艇不应产生影响使用的损坏。

e) 自由降落救生艇应能承受当载足全部乘员和属具时，从自由降落核准高度不小于 1.3 倍的高度处自由降落。

f) 自由降落救生艇的结构应确保救生艇能提供免受在下列负载状态下从核准的高度且船舶在静水中不利的纵倾达 10°，并向任一舷横倾达 20°时降落所产生的有害加速度影响的保护：

——载足全部乘员；

——载有乘员以使重心移至最前方位置；

——载有乘员以使重心移至最后方位置；

——只有操作船员；

——如果母船为油船、化学品液货船和气体运输船，当该船的破损浮态超过横倾 20°时，该船所配自由降落救生艇应能安全下放水中。

g) 救生艇的座板或固定椅应能支承：

——相当于乘员人数的静负荷(每个人体重以 100 kg 计)；

——以吊架降落的救生艇从 3 m 高度处投落时(任一单独座位上的负荷为 100 kg)；

——当自由降落救生艇在核准高度 1.3 倍的高度自由降落时(任一单独座位上的负荷为 100 kg)。

4.2.3 救生艇金属附件的防锈

救生艇的金属附件除采用不锈材料制造外，对碳钢材料制造的构件应按 CB* /Z 343 标准的规定进行热浸锌处理。

4.3 救生艇的乘员定额

4.3.1 救生艇的乘员定额应不大于 150 人。

4.3.2 吊架降落救生艇的乘员定额应不大于下列各数中的较小者：

a) 全部穿着救生衣以正常姿势坐着时不致妨碍推进装置或任何救生艇属具操作的人数(每个人的平均体重为 75 kg)。

b) 按图 1 要求的座位设置所能提供的座位数目。倘若搁脚板已固定，有足够脚部活动空间而且座位上、下垂直分隔不少于 350 mm 时，则各座位形状可以交搭如图 1 所示。

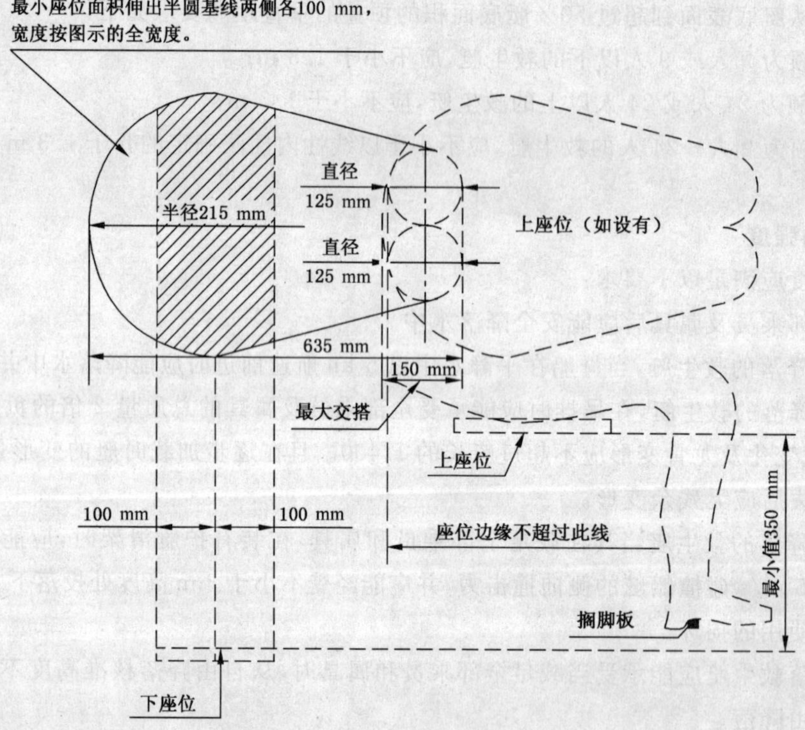

图 1 吊架降落救生艇座位图

4.3.3 自由降落救生艇的乘员定额应为所能提供的不影响推进或任何属具操作的座位的乘员数量。座位的宽度应不小于 430mm，座位靠背前面的空隙应不小于 635 mm，座位靠背高出座板应不小于 1 000 mm 如图 2 所示。

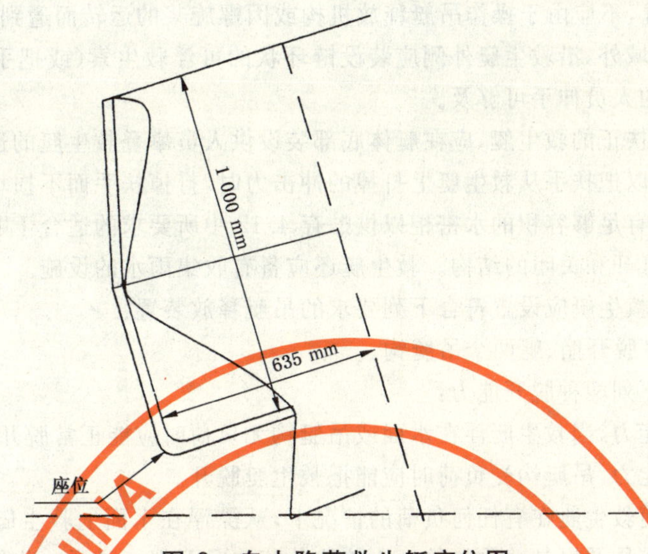

图 2 自由降落救生艇座位图

4.4 浮力

所有救生艇应具有自然浮力,或应设有不受海水、气温、原油或石油产品不利影响的自然浮力材料。当艇内浸水或破漏通海时,仍足以将满载属具的救生艇浮起。每个救生艇额定乘员应配备不小于280 N浮力的附加浮力材料。

4.5 干舷和稳性

4.5.1 救生艇的形状及尺度比例应使其在海浪中具有充裕的稳性,并在载足全部乘员及属具后,具有足够的干舷。当艇在平静水面处于正浮位置并载足全部乘员及属具时,以及艇在水线下任何部位破孔(没有掉失浮力材料及没有其他损伤)时仍应能保持正稳性。且此时的水线高度不应高出任何座板以上500 mm。

4.5.2 当50%额定的乘员从正常位置移至中心线一侧时,救生艇应是稳定的,并且具有一个正的初稳性高(GM)。

4.5.3 在4.5.2的乘座情况下:

a) 在舷侧有开口的救生艇的干舷应不小于救生艇长度的1.5%或100 mm,取其大者。干舷是从水线量至救生艇可能浸水的最低开口处。

b) 在舷侧没有开口的救生艇的横倾角不应超过20°。

4.5.4 全封闭救生艇(包括自由降落救生艇)当装载全部或部分乘员及属具、所有开口都是水密关闭,且所有乘员都用安全带缚牢时,应能自然或自动地自行扶正。

4.5.5 全封闭救生艇(包括自由降落救生艇)在处于4.5.1的破损状态,并受外力翻覆时,救生艇应能自动地处于为乘员提供在水面上逃出的位置。当救生艇处于稳定的浸没状态下,救生艇内的水平面沿着椅背不应超过在任何乘员所坐位置的座板以上500 mm。

4.6 舾装件

4.6.1 救生艇(除自由降落救生艇外)应在靠近艇体内最低点处装设排水阀。当救生艇离水时,该阀应能自动开启,让艇底的积水排出。当救生艇入水时,应能自动关闭,防止海水进入。每只排水阀应配有能使其完全关闭的盖子或塞子,并用短绳、链条或其他适宜方法系于救生艇上。排水阀应位于艇内人员容易到达之处,并且其位置应有明显标志。

4.6.2 救生艇应装有符合下列要求的舵(或可转动导流管)和舵柄:

a) 当遥控操舵(或导流管)装置失灵时,通过舵柄仍可对舵(或导流管)实行控制;

b) 在设有遥控操舵装置时舵柄可为可拆式(否则应固定安装在舵杆上),舵柄平时应可靠地存放在舵杆附近;

c) 舵及舵柄的布置，不应由于操作吊艇释放机构或因螺旋桨的运转而遭到损坏。

4.6.3 除螺旋桨附近区域外，沿救生艇外侧应装设链环状的可浮救生索(或把手浮子)，其高度为当艇空载浮于水面时在水中的人员伸手可够及。

4.6.4 翻覆时不能自行扶正的救生艇，应在艇体底部装设供人员攀登救生艇的适宜扶手。扶手与救生艇的固定，应是当受到足以把扶手从救生艇上打掉的冲击力时，打掉扶手而不损坏救生艇。

4.6.5 救生艇应设置具有足够容积的水密柜以供贮存4.12中所要求的适合于贮存的属具。水密柜的盖应为靠人力可方便地打开和关闭的结构。救生艇还应备有收集雨水的设施。

4.6.6 每艘吊架降落式救生艇应设置符合下列要求的吊艇释放装置：

a) 该装置应能同时脱开艏、艉两个吊艇钩。

b) 该装置应具有下列两种脱开能力：

——正常脱开能力，当救生艇浮在水面或吊艇钩无负荷时应能正常脱开救生艇；

——受载脱开能力，吊艇钩受负荷时应能把救生艇脱开。

此脱开装置应使救生艇在有任何负荷的情况下，从漂浮在水面上救生艇无负荷情况到等于救生艇载足全部乘员及属具总重量的1.1倍的负荷情况下都能脱开。此种脱开能力应有适当的保护，使在意外或过早操作时均不致脱开。适当的保护应包括不属于一般卸载脱开要求的特殊机械保护，此外，还应有一个危险信号标志。为了防止救生艇回收过程中的意外脱开，机械保护(联锁装置)只在脱开装置适当地、安全地复位时才啮合。为了防止过早的负载脱开，脱开装置的负载操作应要求操作者有一个有意的和持续的动作。脱开装置的设计应使在救生艇中的船员在脱开装置适当地、完全地复位和准备起吊时能清楚地观察。脱开装置旁应贴有清楚的操作须知和适当的文字警告。

c) 当满载的救生艇以高达5 kn的航速被拖带时，其释放装置能被正常脱开。

d) 脱钩控制手柄应有明显标志，其手柄的颜色应与周围的颜色有明显的差异。

e) 若两吊艇钩平均承受艇重时，该装置材料强度极限的安全系数应不小于6。

4.6.7 每艘自由降落救生艇应装设一套释放钩脱开系统，它应：

a) 具有2个只能从救生艇内部操作释放钩的独立操作系统，并且标有与周围明显不同的颜色；

b) 其布置应使艇从无装载状态到200%的救生艇正常负载状态下均能脱开；

c) 能够保护不发生意外的或过早的使用；

d) 应使其在试验脱开系统时不用降放救生艇；

e) 按材料的强度极限计算其安全系数，应不小于6。

4.6.8 每艘救生艇应在艇艏附近设一艏缆固定装置。当被母船在静水中以5 kn速度拖航前进时，该装置应使救生艇不会出现不安全和不稳定的情况。除自由降落救生艇外，艏缆固定装置应包括一脱开装置，以使船在静水中以5 kn速度将救生艇拖行时，艏缆能从救生艇内部方便地脱开。

4.6.9 以吊架降落的救生艇应设置便于救生艇降落和防止损坏以及提供免受由于救生艇碰撞而产生的有害加速度影响的护舷和护艇滑架。当采用可拆式护艇滑架时，艇下水后应能在艇内方便地解脱护艇滑架。

4.6.10 在救生艇顶盖上部应装设一盏人工控制的认可的示位灯。在救生艇内亦应装设一盏或数盏认可的人工控制的照明灯。

4.6.11 每艘救生艇的布置应能在控制与操舵位置提供足够的向前、向后和向两舷的视域，以便安全地降放和操纵救生艇。顶盖的窗口还应能使足够的日光射进舱口关闭的救生艇内部而不必采用人工光。

4.6.12 救生艇透明窗应采用符合GB 11946要求的钢化安全玻璃。

4.6.13 以吊架降落的全封闭救生艇，每个座位处应设有一套安全带，该安全带应在救生艇处于翻覆位置时能将体重为100 kg的人员牢固地缚在原处。自由降落救生艇每个座位上设置的安全带应使救生艇在自由降落时以及处于翻覆位置时均能将体重为100 kg的人员牢固地缚在座位上。

4.6.14 救生艇上应设有扶手,供在救生艇外部活动的人员作安全扶手用,并帮助登艇和离艇。

4.6.15 在救生艇控制位置处顶盖的适当位置应有可供遥控放艇的拉索穿过的小孔。

4.7 推进装置

4.7.1 每艘救生艇应由认可的发动机驱动,并应能在舵工位置控制发动机和传动装置。

4.7.2 发动机应有手启动系统,或设有使用两个独立的可再次补充能源的动力启动系统。发动机的罩壳、横座板或其他障碍物均不得妨碍启动装置。

4.7.3 螺旋桨轴系的布置应可使螺旋桨与发动机脱开。应设有救生艇推进的正车和倒车装置。

4.7.4 废气管的布置应防止水进入正常运转状态的发动机。对于可自扶正的救生艇,还应做到在救生艇翻覆和扶正时,使海水不会进入发动机。

4.7.5 救生艇设计时应充分考虑在水中人员的安全和漂浮物损坏推进系统的可能性。

4.7.6 满载状态的救生艇在所有由发动机驱动的辅助设备处于运转情况下,在平静水域中的前进航速应不小于 6 kn。而当其拖带一只载足全部乘员和属具,或具有相等重量的 25 人救生筏时,在平静水域中的前进航速应不小于 2 kn。

4.7.7 救生艇应配备适合船舶预期航区温度范围使用的燃油,并足以供满载状态的救生艇以 6 kn 速度航行不少于 24 h。

4.7.8 救生艇发动机、传动装置和发动机附件应设有阻燃罩壳或其他能提供类似保护的设施。这些设施还应能保护人员不致意外地接触到发热和转动的部件。救生艇应装设降低噪音的适宜装置,以使发动机旁的噪声级不大于 100 dB(A)。供启动用电池(如设有)应有能将电池底部和四周形成水密围壁的电池箱。电池箱还应有装配紧密且又能排气的顶盖(全密封蓄电池例外)。

4.7.9 供发动机启动装置、照明灯及探照灯用的所有电池均应配有充电设备,并应能从母船上获得不超过 50 V 电压的电源,持续向救生艇供电。在艇的登乘位置处可将该电源与艇脱开(或在艇上装有认可的太阳能充电设备)。

4.7.10 发动机启动控制设备附近的明显位置处应张贴启动和操作发动机的防水须知。

4.8 进入救生艇的通道

4.8.1 救生艇的布置,应使其全部乘员在从发出登艇时间起不超过 3 min 登艇完毕。还应可以迅速离艇。

4.8.2 救生艇应备有在任何一舷开口处均可使用的登乘梯(艉开门的救生艇可只在艉甲板处使用),以便水中人员能够登艇。该梯子的最下一级踏板应在救生艇轻载水线以下不小于 0.4 m 处。

4.8.3 救生艇的布置应能把丧失自主能力的人从海上或从所躺担架上抬进救生艇。

4.8.4 人员可能行走的所有表面应有防滑层。

4.9 颜色

4.9.1 救生艇外部有助于探测的部位(一般指顶盖、软篷及甲板)应为鲜明的橙黄色。色泽应均匀,并应有较好的耐紫外线老化的性能。

4.9.2 救生艇内部(包括软篷内表面)的颜色应不致使乘员感到不舒适。

4.9.3 以吊架降落的全封闭救生艇每个座位上的安全带的颜色应和紧挨座位上带子的颜色有明显区别;自由降落救生艇座位上配备的安全带则应有鲜明的色彩。

4.10 具有空气维持系统救生艇的附加要求

4.10.1 具有空气维持系统救生艇除应符合上述全封闭救生艇的要求外,还应在艇内设置一定数量的空气瓶,其内应贮存可供人员呼吸的纯净空气。当救生艇在全部进口和开口均关闭的情况下航行时,救生艇内空气应保持安全和适宜于呼吸,而且发动机正常运转时间应不少于 10 min。在此期间,救生艇内的气压应不得降到艇外大气压力,也不得超过艇外大气压 20 hPa 以上。当气源耗尽时应有自动装置,以防止在艇内形成危险程度的低气压。

4.10.2 空气瓶及其配件应得到认可。气瓶阀和压力调节阀应能很方便地进行操作,并应有视觉指示器，无论何时均可指示供气压力。

4.10.3 在供气系统旁应贴有操作各类阀件的须知且应防水。

4.11 耐火救生艇的附加要求

4.11.1 除符合上述4.10的要求外，耐火救生艇在水面时应能保护其额定乘员经受持续油火包围该救生艇的时间不少于8 min。

4.11.2 耐火救生艇应装有喷水防火系统，该系统应符合下列要求：

a) 当救生艇处于轻载状态浮于水面，用自吸式机动泵从海里抽水为该系统供水时，水流应均匀喷洒至救生艇外部，并尽可能遍布整个救生艇的外表面。该系统应能“开启”和“关闭”洒到救生艇外面的水流。

b) 海水吸入口的布置应防止从海面吸入易燃液体。

c) 该系统布置应能用淡水冲洗，并应能完全排清积水。

4.12 属具的配备

每艘救生艇属具配备按表2。

表2 救生艇属具配备表

序号	名称	单位	数量		备注
			吊架降落救生艇	自由降落救生艇	
1	划桨	支	2~4	—	应符合CB* 474
2	桨架	副	2~4	—	应符合CB 476，用链系于艇上
3	艇篙	支	2	2	应符合CB 473
4	可浮水瓢	只	1	1	
5	水桶	只	2	2	
6	救生手册	本	1	1	
7	艇用罗经	具	1	1	安装在操舵位置
8	海锚	套	1	1	应符合CB* 197
9	艏缆	根	2	2	长度不小于37 m
10	太平斧	把	2	2	短柄单面口，首尾各置一把
11	淡水	L/人	3	3	其中2 L淡水可由认可的人工反渗透除盐器来产生
12	水勺	个	1	1	不锈材料
13	饮水量杯	个	1	1	不锈材料
14	干粮	份/人	1	1	每份干粮发热量为10 MJ，气密包装存于水密干粮箱内
15	降落伞火焰信号	支	4	4	应符合GB 3107.2，水密封装
16	手持火焰信号	支	6	6	应符合GB 3107.9，水密封装
17	漂浮烟雾信号	个	2	2	应符合GB 3107.8，水密封装
18	防水手电筒	套	1	1	连同备用电池一副及备用灯泡一只，装在防水容器内
19	日光信号镜	套	1	1	

表 2(续)

序号	名　称	单位	数　量		备　注
			吊架降落救生艇	自由降落救生艇	
20	救生信号图解说明表	张	1	1	符合 SOLAS 第 5 章第 6 条,印在防水纸上
21	哨笛	只	1	1	
22	急救药包	套	1	1	
23	防晕船药	片/人	6	6	
24	清洁袋	只/人	1	1	
25	水手刀	把	1	1	以短绳系于艇上
26	开罐头刀	把	3	3	
27	救生浮环	套	2	2	固定在救生艇开口附近
28	手摇泵	台	1	1	
29	钓鱼用具	套	1	1	
30	机修工具	套	1	1	
31	手持灭火器	个	1	1	适于扑灭油火
32	探照灯	套	1	1	
33	雷达反射器	套	1	1	艇外应有固定支架
34	保温用具	件/10 人	1	1	应符合 GB 12757,数量或为两件,取大者
35	小型碰垫	只	2	2	
36	登艇梯	套	1	1	

注 1:主管机关若考虑到船舶经常从事的航行性质及时间,认为某些属具为不必要者,则可准予少配或免配。
注 2:所有属具在艇内安放适当,并作必要的固定。但艇篙、太平斧及救生浮环应在艇入口处近旁,以方便取用。

5 试验方法

救生艇的试验方法按 CB/T 3960—2004 的规定。

6 检验规则

救生艇应进行型式检验和出厂检验。

6.1 型式检验

6.1.1 应进行型式检验的情况

a) 首制艇原型试验时;

b) 产品鉴定或定型时;

c) 连续生产满 8 年时;

d) 停产 5 年后再生产时;

e) 出厂检验结果比型式检验结果下降较大,影响安全时;

f) 结构、材料、工艺的改变足以影响产品性能时;

g) 主管检验机构提出要求时。

6.1.2 **型式检验项目和方法**

6.1.2.1 型式检验项目和方法按表3及CB/T 3960—2004第5章的规定。

6.1.2.2 除6.1.2.1所述试验外，还应做下列检验：

a) 按4.6规定，对救生艇的舾装件作全面检查，以证实配备是否齐全，安装是否符合要求；

b) 按4.12规定，对救生艇属具作全面检查，以证实配备是否齐全，存放是否符合要求；

c) 按第7章规定，对救生艇的证书和标志作全面检查，以证实证书内容及标志的完整性与正确性；

d) 对吊架降落式救生艇的吊艇钩释放装置及自由降落救生艇的脱开系统进行检查，以保证它们确实安装到位并锁紧。

6.2 出厂检验

6.2.1 **出厂检验规定**

每艘救生艇均应进行出厂检验。

6.2.2 **出厂检验项目和方法**

6.2.2.1 出厂检验项目、方法按表3及CB/T 3960—2004第5章的规定。

6.2.2.2 除6.2.2.1所述试验外还应按6.1.2.2进行各项检验。

表3 救生艇试验项目

序号	试验项目名称	要求章条号	试验方法章条号（CB/T 3960—2004标准）	吊架降落救生艇								自由降落救生艇					
				部分封闭救生艇		全封闭救生艇		具有空气维持系统救生艇		耐火救生艇		全封闭救生艇		具有空气维持系统救生艇		耐火救生艇	
				出厂试验	原型试验	出厂试验	原型试验	出厂试验	原型试验	出厂试验	原型试验	出厂试验	原型试验	出厂试验	原型试验	出厂试验	原型试验
1	重量测定	4.1.4	5.1	√		√		√		√		√		√		√	
2	玻璃纤维增强塑料层合板性能试验	4.2.1	5.2.1	—	√	—	√	—	√	—	√	—	√	—	√	—	√
3	浮力材料试验	4.4	5.2.2	—	√	—	√	—	√	—	√	—	√	—	√	—	√
4	玻璃纤维增强塑料层合板阻燃试验	4.2.1	5.2.3	—	√	—	√	—	√	—	√	—	√	—	√	—	√
5	主尺度测定	4.1.4	5.3	√		√		√		√		√		√		√	
6	超载试验A	4.2.2	5.4.1	—	√	—	√	—	√	—	√	—		—		—	
7	超载试验B	4.2.2	5.4.2	—		—		—		—		—	√	—	√	—	√
8	撞击试验	4.2.2	5.5.1	—	√	—	√	—	√	—	√	—		—		—	
9	投落试验	4.2.2	5.5.2	—	√	—	√	—	√	—	√	—		—		—	
10	撞击和投落试验后的操作试验	4.2.2	5.5.3	—	√	—	√	—	√	—	√	—		—		—	
11	模型自由降落试验	4.2.2	5.6.1	—		—		—		—		—	√	—	√	—	√
12	实艇自由降落试验	4.2.2	5.6.2	—		—		—		—		—	√	—	√	—	√
13	座位强度试验A	4.2.2	5.7.1	—	√	—	√	—	√	—	√	—		—		—	
14	座位强度试验B	4.2.2	5.7.2	—		—		—		—		—	√	—	√	—	√

表 3(续)

序号	试验项目名称	要求章条号	试验方法章条号(CB/T 3960—2004 标准)	吊架降落救生艇								自由降落救生艇					
				部分封闭救生艇		全封闭救生艇		具有空气维持系统救生艇		耐火救生艇		全封闭救生艇		具有空气维持系统救生艇		耐火救生艇	
				出厂试验	原型试验	出厂试验	原型试验	出厂试验	原型试验	出厂试验	原型试验	出厂试验	原型试验	出厂试验	原型试验	出厂试验	原型试验
15	乘座试验	4.3.2 4.8.1	5.8	—	√	—	√	—	√	—	√	—	√	—	√	—	√
16	浸水稳性试验	4.5.5	5.9.1	—	√	—	√	—	√	—	√	—	√	—	√	—	√
17	干舷试验	4.5.3	5.9.2	—	√	—	√	—	√	—	√	—	√	—	√	—	√
18	释放机构试验 A	4.6.6	5.10.1	—	√	—	√	—	√	—	√	—		—		—	
19	释放机构效用试验	4.6.6	5.10.1.1	√		√		√		√		—		—		—	
20	释放机构强度试验	4.6.6	5.10.1.2	√		√		√		√		—		—		—	
21	5 kn 航速下模拟释放试验	4.6.6	5.10.1.3	—	√	—	√	—	√	√		—		—		—	
22	释放机构试验 B	4.6.7	5.10.2	—		—		—		—		√		√		√	
23	发动机运转试验及油耗试验	4.7	5.11.1	√		√		√		√		√		√		√	
24	发动机离水试验	4.7.1	5.11.2	√		√		√		√		√		√		√	
25	罗经安装位置试验	—	5.11.3	—	√	—	√	—	√	—	√	—	√	—	√	—	√
26	幸存者拯救试验	4.8.2 4.8.3	5.11.4	—	√	—	√	—	√	—	√	—	√	—	√	—	√
27	被拖带试验	4.6.8	5.12.1	—	√	—	√	—	√	—	√	—	√	—	√	—	√
28	艏缆释放试验	4.6.8	5.12.2	—	√	—	√	—	√	—	√	—	√	—	√	—	√
29	竖篷试验	4.2.1.3	5.13	√		—		—		—		—		—		—	
30	自扶正试验	4.5.4	5.14	—		—	√	—	√	—	√	—	√	—	√	—	√
31	淹覆试验	4.5.5	5.15	—		—	√	—	√	—	√	—	√	—	√	—	√
32	气源试验	4.10.1	5.16	—		—		—	√	—	√	—		—	√	—	√
33	洒水试验	4.11.2	5.17	—		—		—		—	√	—		—		—	√
34	拖筏试验	4.7.6	—	—	√	—	√	—	√	—	√	—	√	—	√	—	√
35	雨水收集试验	4.6.5	5.18	—	√	—	√	—	√	—	√	—	√	—	√	—	√
36	艇体水密试验	—	5.19.1	√		√		√		√		√		√		√	
37	顶盖水密性试验	4.2.1.3 4.2.1.4	5.19.2	√		√		√		√		√		√		√	
38	担架抬人试验	4.8.3	5.20	—	√	—	√	—	√	—	√	—	√	—	√	—	√
39	火烧试验	4.11	5.21	—		—		—		—	√	—		—		—	√

注：划“√”者为进行试验的项目，划“—”者为不试验项目。

7 证书及标志

7.1 证书

7.1.1 每艘救生艇应有主管机关的认可证书，认可证书应包括下列内容：

a) 制造厂名和地址；

b) 救生艇型号和出厂号码；

c) 制造年月；

d) 救生艇额定乘员人数；

e) 标志出批准的资料，包括批准的主管机关及任何操作限制。

7.1.2 证书颁发机构应为救生艇提供一份批准书，除上述各项之外，还应有：

a) 批准证书的号码；

b) 艇体结构材料应详细到确保在修理中不发生兼容性；

c) 属具和人员载足时的总重量。

7.1.3 对于自由降落救生艇，除上述要求外，其批准书还应该写明：

a) 自由降落核准高度；

b) 要求的降落滑道长度；

c) 自由降落核准高度的降落滑道角度。

7.2 标志

7.2.1 在救生艇内、外要求启闭、操作及提请注意的部位应有简单明了的标志或说明，文字部分应有中、英文两种文字(外销产品按订货方的要求)。

7.2.2 在救生艇内部应贴有图文并用、简明的、防水的操作行动指南。文字部分应有中、英文两种文字(外销产品按订货方的要求)。

7.2.3 应标志出淡水、口粮、信号等重要属具的存放位置。

7.2.4 在吊架降落式救生艇的座板上应明显标志出每个座位的位置。

7.2.5 在救生艇外表面应按海事组织决议 A.658(16)装贴逆向反光材料。

7.2.6 在艇的适当位置处应装有铭牌，应标出下列内容：

a) 制造厂名；

b) 产品名称；

c) 产品型号；

d) 生产日期；

e) 产品主要参数(自由降落救生艇应包括自由降落核准高度)；

f) 认可机关名称。

7.2.7 在救生艇艏外表面两侧，以高度不小于 38 mm 的永久性字迹标明其主要尺度和乘员定额。在艇艄左右舷应以高度不小于 76 mm 的永久字迹写明该艇所属船名及编号，在艇艉左右舷应写明船籍港，并在船名、船籍港下加注汉语拼音(外销产品按订货方要求)。

7.2.8 在救生艇顶盖或甲板外面，应以大字标明救生艇所从属船舶和编号的标志，应能从空中看清(此标志可由船东进行，但必须在订货时说明)。

8 运输及贮存

8.1 救生艇在建造过程中,即应按艇体线型制作座架来存放。座架与艇壳接触处应衬以软垫,建造完成后救生艇应与座架适当固定,以供存放和运输之用。

8.2 在存放和运输过程中,应以塑料薄膜或其他材料制作的艇罩将全艇覆盖。

8.3 在长期存放时救生艇应尽可能放在能防风雨的库房中。

ICS 47.020.30
U 55

中华人民共和国国家标准

GB/T 20843—2007/ISO 6454:1984

造船　吸入滤箱

Shipbuilding—Strum boxes

(ISO 6454:1984,IDT)

2007-03-05 发布　　　　2007-07-01 实施

中华人民共和国国家质量监督检验检疫总局
中国国家标准化管理委员会　发布

前　言

本标准等同采用 ISO 6454:1984《造船　吸入滤箱》(英文版)。

本标准等同翻译 ISO 6454:1984。

为了便于使用,本标准做了如下编辑性修改:

——“本国际标准”一词改为“本标准”;

——用小数点“.”代替作为小数点的逗号“,”;

——删除了引用标准一章;

——删除国际标准的前言。

本标准由中国船舶工业集团公司提出。

本标准由全国船用机械标准化技术委员会管系附件分技术委员会归口。

本标准起草单位:中国船舶工业综合技术经济研究院、大连造船重工有限责任公司。

本标准主要起草人:息春青、奚基华、罗发元、杨铭珍。

造船　吸入滤箱

1　范围

本标准规定了为防止管子被固体物质堵塞而安装于舱底水吸入管末端的吸入滤箱的主要尺寸。

本标准所规定的吸入滤箱不适用于机器处所和轴隧处的舱底水吸入管。

本标准适用于海船和内河船舶。

注：本标准使用者应注意：在遵守本标准要求的同时，还应保证遵守适用的有关船舶法定要求、规范和规则。

2　定义

本标准采用下述定义。

吸入滤箱公称通径 DN　strum box nominal size

舱底水吸入管的公称通径。

3　类型

本标准规定了吸入滤箱的四种类型：

R2 型——圆筒形箱，筒板穿孔，顶板不穿孔；

R3 型——圆筒形箱，筒板和顶板都穿孔；

S2 型——方形箱，边板穿孔，顶板不穿孔；

S3 型——方形箱，边板和顶板都穿孔。

注 1：吸入滤箱类型的代号由一个字母和一个数字组成。字母表示吸入滤箱的形状(R：圆形；S：方形)，数字表示滤箱孔的总面积与管子截面积的最小比值。

注 2：当吸入滤箱带有穿孔的底板时，该面积不计入第 6 章所列的规定之内。

4　尺寸

尺寸按图 1 和表 1 所示，其中 D_e 为管子外径。

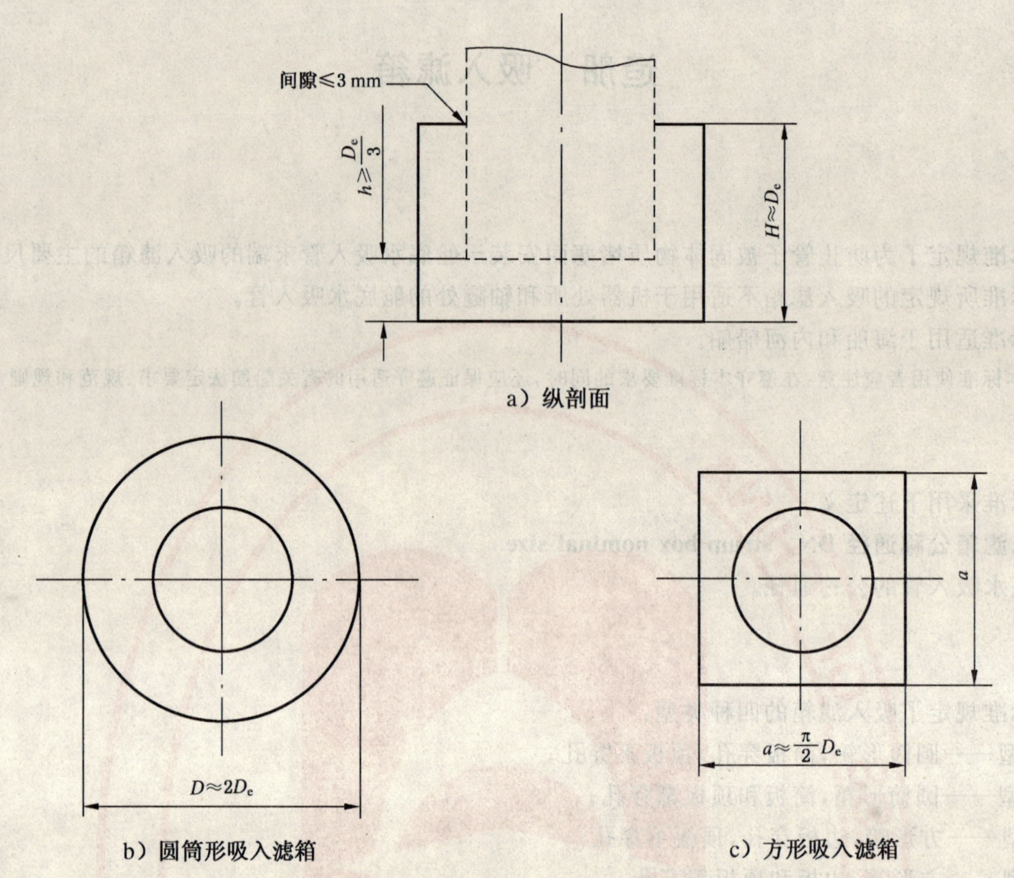

a）纵剖面

b）圆筒形吸入滤箱

c）方形吸入滤箱

图 1

表 1

单位为毫米

DN	32[b]	40[b]	50	65	80	100	125	150	200	250	300	350
D_e	42.4	48.3	60.3	76.1	88.9	114.3	139.7	168.3	219.1	273	323.9	355.6
H	43	49	61	76	89	115	140	169	220	273	324	356
h[a]	15	17	21	26	30	39	47	57	73	91	108	119
D	85	95	120	150	180	230	280	335	440	545	650	710
a	65	75	95	120	140	180	220	265	345	430	510	560

a　尺寸 h 在管系安装时通过调节获得。

b　见第 1 章的注。

5　穿孔板

5.1　每个孔的面积应为 79 mm^2 左右。

5.2　孔的总面积与管子截面积$\left[\frac{\pi}{4}D_e^2\right]$之比应为：

——对 R2 和 S2 型，大于 2；

——对 R3 和 S3 型，大于 3。

5.3　孔的总面积与穿孔板的总面积之比不应小于 0.30。

6 结构

吸入滤箱的结构应便于拆卸。

管子和顶板管孔之间的间隙不应超过 3 mm。

7 材料

吸入滤箱应采用厚度不小于 3 mm 的碳素钢制成。

吸入滤箱制成后应进行热浸镀锌或涂敷供需双方一致同意的其他有效涂料。若采用热浸镀锌防护,则锌在整个表面上的附着量不应少于 600 g/m^2。

在环境条件(腐蚀等)和相邻接的材料允许的情况下,可以采用适当厚度的其他材料。

8 标记

符合本标准的吸入滤箱应按下列顺序进行标记:

a) 名称:吸入滤箱;

b) 本标准号:GB/T 20843—2007/ISO 6454:1984;

c) 类型(见第 3 章):R 或 S;

d) 公称通径(DN)(见第 3 章),例如:300。

标记示例:

公称通径(DN)为 300 mm、顶板穿孔的圆筒形(R3 型)吸入滤箱标记为:

吸入滤箱 GB/T 20843—2007/ISO 6454:1984-R3-300

ICS 47.080
U 37

中华人民共和国国家标准

GB/T 20844—2007/ISO 15584:2001

小艇　舷内汽油机 机装燃油和电气部件

Small craft—Inboard petrol engines—Engine-mounted fuel and electrical components

(ISO 15584:2001,IDT)

2007-03-05 发布　　2007-07-01 实施

中华人民共和国国家质量监督检验检疫总局
中国国家标准化管理委员会　发布

前　言

本标准等同采用 ISO 15584：2001《小艇　舷内汽油机　机装燃油和电气部件》(英文版)。

本标准等同翻译 ISO 15584：2001。

为便于使用，本标准做了下列编辑性修改：

——“本国际标准”一词改为“本标准”；

——删除国际标准的前言。

本标准由中国船舶工业集团公司提出。

本标准由全国小艇标准化技术委员会(SAC/TC 241)归口。

本标准起草单位：中国船舶工业集团公司第七〇八研究所。

本标准主要起草人：林德辉、张伟东。

小艇 舷内汽油机 机装燃油和电气部件

1 范围

本标准规定了在艇体长度不大于 24 m 小艇上，为了将燃油泄漏减至最小并防止周围可燃性气体被点燃，对舷内汽油发动机上机装燃油及电气系统部件的设计及安装要求。

本标准不适用于下列型式的发动机：

——ISO 13590 所定义的个人艇的发动机；

——舷外机。

2 规范性引用文件

下列文件中的条款通过本标准的引用而成为本标准的条款。凡是注日期的引用文件，其随后所有的修改单(不包括勘误的内容)或修订版均不适用于本标准，然而，鼓励根据本标准达成协议的各方研究是否可使用这些文件的最新版本。凡是不注日期的引用文件，其最新版本适用于本标准。

GB/T 14652.1—2001 小艇 耐火燃油软管(idt ISO 7840:1994)

GB/T 17726 小艇 电气装置 防止点燃周围可燃性气体的保护(GB/T 17726—1999，idt ISO 8846:1990)

GB/T 19310—2003 小艇 永久性安装的燃油系统和固定式燃油柜(ISO 10088:2001,IDT)

GB/T 19320—2003 小艇 汽油发动机逆火火焰控制(ISO 13592:1998,IDT)

ISO 1817:1999 硫化橡胶 液体作用的确定

ISO 9227:1990 模拟大气中的腐蚀试验 盐雾试验

3 术语和定义

本标准采用下列术语和定义。

3.1

机装 engine-mounted

由发动机制造厂牢固地固定在船用艇内机上，当发动机运行时仍在位的部件。

3.2

电气部件 electrical component

由电流使其运行或通过机械运行产生电流的部件。

3.3

汽油 petrol

在大气压下为液体，用于火花点火发动机的碳氢化合物燃油或碳氢化合物燃油混合物。

3.4

火花点火发动机 spark-ignition engine

由电火花点火的发动机。

3.5

可达性 accessible

无需拆卸艇上永久性结构就可到达进行检查、拆卸或维修的能力。

4 一般要求

4.1 机装燃油系统部件(诸如汽化器、滤器、燃油泵、燃油管路和软管)按照制造厂说明书安装时,应将燃油漏泄至发动机部件的危险减至最小,并应符合第5章的要求。

4.2 会在外部或内部产生电火花而可能点燃汽油和空气混合物的机装电气部件(诸如断路器、开关、电磁线圈、振荡器、发电机、调压器和电动机),应按 GB/T 17726 和第6章要求为防点燃型。

4.3 制造厂应提供安装说明书。

5 发动机燃油系统部件

5.1 一般要求——管路、软管、泵、滤器及其连接件

5.1.1 燃油泵与汽化器或调节阀体喷射装置之间连接应为:

——金属管路,诸如铜或铜合金、不锈钢、涂防护层的钢;或

——符合 GB/T 14652.1—2001 要求的软管,配有永久性安装的管端附件,诸如锻造管接头衬套或管接头和螺纹接头。

5.1.2 当按 GB/T 19310 所述耐火试验程序进行试验时,机装燃油系统部件应能经受暴露于自由燃烧的燃油中 2.5 min。

对汽化器无此要求。

5.1.3 燃油系统的每个部件及整套系统应能在－10℃～＋80℃大气温度范围内运行而无故障或泄漏,并在不使用时能在－30℃～＋80℃的大气温度下贮存而无故障或泄漏。

5.1.4 除具有符合 GB/T 19320 要求和本标准所有其他要求的火焰阻止能力外,所有机装燃油系统部件的通风都应设在进气系统之内。

5.1.5 所有燃油泵隔板的故障或压力释放阀的动作,不应导致燃油释放至发动机部件中。

5.1.6 使用汽化器发动机,其燃油泵的工作压力应不超过 70 kPa 。

5.1.7 燃油滤器应紧固在发动机上,不能悬挂在燃油管或软管上。

5.1.8 如果燃油滤器装有泄放孔,则只允许使用带O型圈或垫片的直管螺纹泄放旋塞或锥管螺纹泄放旋塞。

5.1.9 所有发动机燃油系统连接件应有可达性。

5.2 汽化器和/或调节阀阀体

5.2.1 汽化器和燃油喷射调节阀阀体应:

——配备有满足 GB/T 19320 要求的逆火火焰阻止器。安装在带供气阀或其他吸入系统的二冲程发动机上满足 GB/T 19320 要求的,能阻止逆火火焰通过进气系统扩散的汽化器和燃油喷射调节阀阀体除外。

——汽化器和燃油喷射调节阀阀体上所有排气口应或抽气口包含在进气系统内部。满足 GB/T 19320要求的火焰阻止能力,且满足本标准的其他要求者除外。

——防止燃油被逆火压缩波或反向气流带出,并在发动机启动后将收集的燃油返回发动机吸气系统。

——通向汽化器或燃油调节阀体外的密封材料,应采用非吸油芯型,即非吸燃油型的垫片、O型圈,接头密封环等。

——能在向任何方向持续偏离设计位置12°倾角条件下运行,并不超过5.3所规定的泄漏限值。

5.2.2 汽化器应能承受 80 kPa 的供给压力而不会使浮体机构移位。

5.2.3 燃油喷射调节阀体应能承受 350 kPa 的供给压力而不会从喷射器和调节装置上发生泄漏。

5.3 调节程序

汽化器和燃油喷射调节阀体在完成下列调整程序后应满足5.4的泄漏试验要求。

汽化器或调节阀体在－30℃温度中存放 48 h，放回至室温，然后：

——在处于正常工作状态，承受垂向加速度峰值 13 g～17 g[1)]，频率不高于 80 次/min，持续时间最少 6 ms 的基本半正弦冲击脉冲 1 000 次。冲击试验以后，稳态燃油供给量的变化不应超过±5%。部件应无结构或机械损坏。

——带有符合 GB/T 19320 的火焰阻止器、燃油和真空管路或管路开口封闭的汽化器和调节阀体安装于进气总管或盲板的法兰上，使按 ISO 9227：1990 中 5.1 的要求在 35℃温度下用 5%盐溶液经受 96 h 的盐雾试验(NSS)。盐雾试验期间所有联动装置应每 24 h 转动一次。试验以后，所有运动部件的运行应无功能损失。

5.4 燃油泄漏试验

下列情况时，30 s 内汽化器或调节阀体和它的进气系统外部燃油泄漏量不应超过 5 cm³：

——汽化器的燃油进油截止阀固定在全开启流动状态或调节阀体喷油口处于燃油连续流动状态；和

——调节阀板处于全关闭与全开启之间的中间位置。多级喷油嘴临界面的汽化器或由主调节阀板移动而开启副调节阀板的调节阀体开启不大于 50%的位置，以防止燃油积存；

——发动机在不起动情况下以通常的转动速度摇转 30 s。

6 发动机电气系统和部件

6.1 一般要求

6.1.1 电气系统直流负极接地应为两种型式：

——完全绝缘的接地回路；或

——连接至地的接地回路。

6.1.2 除发动机起动电动机和点火配电器的位置应根据发动机制造厂的设计外，所有电气系统部件应安装于发电机上尽可能高的位置。

6.1.3 点火线圈和磁电机的安装或保护应使在高压端头周围不会积聚水。

6.1.4 如果要求电气部件为防点燃型(GB/T 17726)，且其罩盖为防点燃外壳的一部分，则在此部件上应设永久性警告标签或在部件上永久性和明显地予以标志，标志上用适当的文字或符号表明当发动机准备运行时罩盖应在位。

6.2 点火配电器

6.2.1 当发动机运行时，配电器应满足 GB/T 17726 的防点燃要求。用于紧固配电器端头的设施，应防止在内部燃油和空气汽化混合物爆炸时配电器端头顶开密封表面。试验期间，高电压(二次)点火导线应如发动机运行时所安装的那样，以接线端子罩盖置于所有配电器端头凸缘上。

6.2.2 所有通气口或排气口均应以有效的火焰阻止器隔板盖住或有能提供等效的防点燃的尺寸和长度。

6.2.3 高电压(二次)导线与配电器端头凸缘的连接，当其已安装但接线端子罩盖未在位时，应能承受沿凸缘轴向最小为 27 N 的拉力。

6.2.4 接线端子罩盖应紧固设置，以在高压导线绝缘外面及配电器端头凸缘(如在位)外面形成水密密封，并满足 6.3.1 的绝缘漏电试验要求。配电器端头凸缘外面的密封应在罩盖与凸缘底的端头表面接触前就起作用。

6.3 高电压(二次)点火电缆组件——绝缘漏电试验

6.3.1 高压点火电缆组件应在高压导线绝缘外部、配电器端头凸缘外部及火花塞陶瓷绝缘子外部形成水密密封，使当此连接浸入已接地的质量百分数为 3%的盐水溶液液面下 30 mm～50 mm 处 2 h 后，以

1) $g=9.806\ 65\ m/s^2$。

50 Hz～60 Hz，峰值 20 kV(方均根值 14 kV)的电压作用于导体时不致发生漏电。在高压导线的自由端与浸入盐水溶液端之间，应以 500 V 峰值(方均根值 355 V)每秒的速率施加电压。

6.3.2　试验应按 6.3.2.1～6.3.2.3 所述进行。

6.3.2.1　安装于高压点火电缆上的水密密封，在 125℃±2℃温度下放置 40 h 后，接着在室温条件下，在火花塞和配电器端头凸缘上装、拆 10 次使其挠曲后，应满足 6.3.1 的漏电试验要求。

6.3.2.2　安装于高压点火电缆上的水密密封，当在密封的玻璃容器内在室温中悬挂于满足 ISO 1817 的试验 C 液面以上 25 mm±5 mm 处 30 h 后，接着在火花塞和配电器端头凸缘上装、拆 10 次使其挠曲后，应满足 6.3.1 的漏电试验要求。

6.3.2.3　安装于高压点火电缆上的水密密封，在 125℃±2℃、符合 ISO 1817 要求的 3 号试验油中放置 40 h，从试验油中移出，冷却到室温，抹去附着的试验油，在火花塞和配电器端头凸缘上装、拆 10 次后应满足 6.3.1 的漏电试验要求。

6.3.2.1～6.3.2.3 所述试验应在高压点火电缆组件的各分组上进行。

参 考 文 献

[1] GB/T 19311—2003/ISO 10133:2000 小艇 电气系统 超低压直流装置

[2] ISO 13590:2003 Small craft—Personal watercraft—Construction and system installation requirements

ICS 47.080
U 37

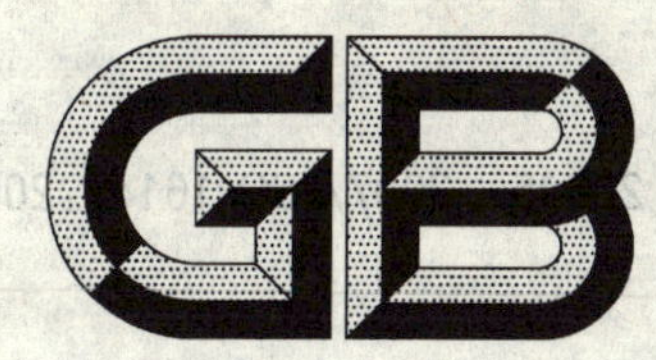

中华人民共和国国家标准

GB/T 20845—2007/ISO 16147:2002

小艇　舷内柴油机
机装燃油和电气部件

Small craft—Inboard diesel engines—Engine-mounted fuel and electrical components

(ISO 16147:2002,IDT)

2007-03-05 发布　　2007-07-01 实施

中华人民共和国国家质量监督检验检疫总局
中国国家标准化管理委员会　发布

前　言

本标准等同采用 ISO 16147:2002《小艇　舷内柴油机　机装燃油和电气部件》(英文版)。

本标准等同翻译 ISO 16147:2002。

为便于使用,本标准做了下列编辑性修改:

——“本国际标准”一词改为“本标准”;

——用小数点“.”代替作为小数点的逗号“,”;

——删除国际标准的前言;

——“规范性引用文件”的引导语按 GB/T 1.1—2000 作了修改。

本标准由中国船舶工业集团公司提出。

本标准由全国小艇标准化技术委员会归口。

本标准起草单位:中国船舶工业集团公司第七〇八研究所。

本标准主要起草人:王海军。

小艇　舷内柴油机
机装燃油和电气部件

1　范围

本标准规定了在艇体长度不大于 24 m 的小艇上，为将燃油泄漏和/或火焰发散的危险减至最小，对舷内柴油机上机装的燃油和电气部件的设计及安装要求。

2　规范性引用文件

下列文件中的条款通过本标准的引用而成为本标准的条款。凡是注日期的引用文件，其随后所有的修改单(不包括勘误的内容)或修订版均不适用于本标准，然而，鼓励根据本标准达成协议的各方研究是否可使用这些文件的最新版本。凡是不注日期的引用文件，其最新版本适用于本标准。

GB/T 14652.1—2001　小艇　耐火燃油软管(idt ISO 7840:1994)

GB/T 19310—2003　小艇　永久性安装的燃油系统和固定式燃油柜(ISO 10088:2001,IDT)

GB/T 19311　小艇　电气系统　超低压直流装置(GB/T 19311—2003,ISO 10133:2000,IDT)

3　术语和定义

本标准采用下列术语和定义。

3.1

机装　engine-mounted

固定在船用舷内发动机上，且当发动机运行时在位的部件。

3.2

柴油　diesel fuel

在大气压下呈液态，且用于压燃式发动机的碳氢燃料或各碳氢燃料的混合物。

3.3

柴油机　diesel engine

通过压缩柴油/空气混合物的方式进行点燃的压燃式发动机。

3.4

可达性　accessible

无需拆除艇上永久性结构就可到达进行检查、拆除或维护的能力。

注：此处舱口盖不视为艇上永久性结构，需要用工具打开者除外。

3.5

低压燃油管路　low-pressure fuel line

为高压泵或喷射泵提供燃油的软管或管子，包括高压泵、喷射泵、喷射器等的泄油管和回油管。

3.6

高压燃油管　high-pressure fuel pipe

高压泵或包括与高压蓄能器共轨的喷射泵的燃油管。

4　一般要求

所有材料和部件应适用于海洋大气环境，能在－10℃～80 ℃环境温度范围内无故障和无泄漏运行，并能在－30℃～80℃环境温度范围内无故障和无泄漏贮存。

5 发动机燃油系统和部件

5.1 一般要求

5.1.1 机装燃油和滑油系统应密封，正常运行条件下，在连接部件和管接头的接口表面，不会由于雾化的油雾或燃油或滑油的油液而出现液滴或变湿。

5.1.2 燃油系统所用的所有材料，应能防止在下列物质作用下老化：燃油和其他液体，或在正常运行条件下可能接触到的混合物，例如：油脂、润滑油、舱底溶剂和海水。

5.1.3 所有密封材料，例如衬垫、O型圈、连接环等均应为无毛细作用，即非吸燃油型。

5.1.4 燃油滤器、软管应单独或者在装配后经受GB/T 19310—2003的附录B或GB/T 14652.1—2001的附录A中所述的耐火试验2.5 min。

5.2 高压管子

5.2.1 高压管子应能适应系统的压力和压力冲击，应用焊接或整体拉伸钢管制成。

5.2.2 高压管子应予以紧固，以防在发动机所有运行转速下，由于振动而产生的管子破裂。

5.3 低压燃油管路

5.3.1 低压燃油管路应由以下材料构成：

——无缝铜管或铜合金管，不锈钢管或有高温（450℃或以上）焊接或铜焊端头的带耐腐蚀涂层的低碳钢管，或带压紧密封环和阳/阴螺纹接头的直管；或

——软管应符合GB/T 14652.1要求，且应设有金属软管夹或永久性安装的端部附件，例如型锻管套、带螺纹的插入件或有压紧环密封的接头。

5.3.2 公称直径大于25 mm的软管连接应带有两个软管夹，且接管的长度至少为35 mm，以提供夹子的位置。

5.3.3 所有低压管子均应紧固在位，以防在振动过大时损坏，导致管子破裂。所有软管的位置均应远离表面温度200℃以上的无绝缘部件，但应保持便于检查和维护的可达性。

5.4 燃油滤器

燃油滤器应：

——单独支撑，以避免应力集中在管子连接处；

——易于接近；

——避免安装在涡轮增压器或未经冷却的排气总管上方。

6 发动机的电气系统和部件

6.1 直流装置

电气系统的直流负极接地应是：

——完全不接地回路；或

——动接地回路。

6.2 起动电动机

起动电动机的接地回路应接地（直流负极接地）至发动机的接地回路系统。

6.3 导线和连接

6.3.1 电缆和导线的截面应符合GB/T 19311的要求。

6.3.2 电缆、导线和导管应：

——具有适当的长度，防止电缆和连接的应力及防止擦伤绝缘层；

——使电缆和导线与导管紧固，且与旋转轴联轴器、皮带等保持一定距离；

——使振动和擦伤带来的影响最小。

6.3.3 导线连接应有下列防护：

——如果遭受短时浸水，至少满足外壳防护等级 IP67 的要求；

——如果遭受溅水，至少满足外壳防护等级 IP55 的要求；

——如果安装在舷内受保护的部位，至少满足外壳防护等级 IP20 的要求。

6.4 继电器、熔断器盒和电子控制模块(ECMs)

继电器、熔断器和电子控制单元应有下列防护或应封闭在有相同防护等级的盒子里：

——如果遭受短时浸水，至少满足外壳防护等级 IP67 的要求；

——如果遭受溅水，至少满足外壳防护等级 IP55 的要求；

——如果安装在舷内受保护的地方，至少满足外壳防护等级 IP20 的要求。

ICS 47.020.90
U 25

中华人民共和国国家标准

GB/T 20846—2007/ISO 9943:1991

造船 厨房和具有烹调设备的配餐室的通风及空气处理

Shipbuilding—Ventilation and air-treatment of galleys and pantries with cooking appliances

(ISO 9943:1991,IDT)

2007-03-05 发布 2007-07-01 实施

中华人民共和国国家质量监督检验检疫总局
中国国家标准化管理委员会 发布

前　言

本标准等同采用 ISO 9943:1991《造船　船用厨房和具有烹调设备的配餐室的通风及空气处理》(英文版)。

本标准等同翻译 ISO 9943:1991。

为便于使用,本标准作了下列编辑性修改:

——“本国际标准”一词改为“本标准”;

——用小数点“.”代替作为小数点的逗号“,”;

——删除国际标准的前言。

本标准的附录 A 和附录 B 为资料性附录。

本标准由中国船舶工业集团公司提出。

本标准由全国海洋船标准化技术委员会归口。

本标准起草单位:中国船舶工业综合技术经济研究院。

本标准主要起草人:王俊、王磊。

造船　厨房和具有烹调设备的配餐室的通风及空气处理

1　范围

本标准规定了民用远洋船舶上厨房和具有烹调设备的配餐室的通风及空气处理(当船东对此类通风和空气处理有要求时)的设计要求及一般考虑。

本标准适用于除极冷或极热气候(即超出第2章所规定的最低或最高温度)以外的所有海域的正常环境。

本标准适用于厨房和具有耗电量超过仅需小量电力的咖啡壶、食物保暖电热板、电热沸水壶等烹调设备的配餐室。

注:除要遵守本标准的各项要求外,建议各相关船只同时符合可能需要遵循的法定要求、规范和规则。

2　设计要求

2.1　总则

厨房应采用独立的室外送风系统。

厨房应采用独立的排风系统,并将全部风量排至大气。

送风机和排风机应能减速及全速运转,以便在冬季能降低风量使用。

通风系统应按2.3和2.4中的条件及第3章中的风量要求进行设计。

小型厨房的送风系统可以连接至用于多个其他处所的空调系统。此时,风量的减少可以采用其他的方式获得,而不一定依靠降低风机转速达到。小型厨房的送风系统可以接受来自其他处所的循环空气。相关的布置应得到主管机关的批准。

2.2　订货资料

采购方应向制造方提供下列资料:

a)　厨房设备布置图,包括风冷式压缩机等设备;

b)　各种烹调设备的额定功率、加热介质、热量和湿气消耗及集气罩情况(如果配备);

c)　设备的同时使用系数(见3.1.1)。

2.3　夏季

通风系统的冷却能力应能在外界气温为+35℃,相对湿度为70%的条件下,使送入的空气温度降低到10℃。

2.4　冬季

通风系统的加热能力应能在外界气温为-20℃条件下,使送入的空气温度升高到+20℃,相应温升应在低转速下获得。

3　风量计算

3.1　送风量

送至厨房的风量应取按3.1.1或3.1.2的方法计算所得的最大值。

3.1.1　根据显热计算

为带走设备散发的显热所需的总风量应按公式(1)计算。

$$V_{qs}=\frac{L\times\sum\phi_{qs}}{C\times\rho\times\Delta t}\qquad\cdots\cdots(1)$$

式中：

V_{qs}——为带走设备散发的显热所需的总风量，单位为立方米每秒(m^3/s)；

L——同时使用系数(见注 1)；

ϕ_{qs}——设备散发的显热，单位为千瓦(kW)(见注 2)；

C——空气的比热，等于 1.01 kJ/(kg·K)；

ρ——在温度为＋35℃，相对湿度为 70%，压力为 101.3 kPa 状态下空气的密度，等于 1.2 kg/m^3；

Δt——房间平均温度与送入空气温度之差，等于 10 K。

注 1：同时使用系数 L，表示厨房内同时运转的设备台数与所安装设备总台数的比率，该系数不宜低于 0.5。当无具体数据时，可采用下列系数来计算：

$L=1$，配餐室；

$L=0.8$，每天供应不超过 250 客膳食的厨房(货船)；

$L=0.7$，每天供应 250 客以上膳食的厨房。

注 2：当无具体数据时，可采用附录 B 表 B.1 的第 2 栏和第 4 栏中的值来计算。

3.1.2 根据潜热计算

为带走设备散发的潜热所需的总风量应按公式(2)计算。

$$V_{ql}=\frac{L\times\sum\phi_{ql}}{C\times\rho\times\Delta t} \quad \cdots\cdots(2)$$

式中：

V_{ql}——为带走设备散发的潜热所需的总风量，单位为立方米每秒(m^3/s)；

ϕ_{ql}——设备散发的潜热，单位为千瓦(kW)(见注)；

L、C、ρ 和 Δt 与 3.1.1 中含义相同。

注：当无具体数据时，可参照附录 B 表 B.1 的第 3 栏和第 5 栏中的值来计算。

3.2 排风量

排风量应大于送风量(参见附录 A 中 A.2.3)。

4 指南和惯例

附录 A 提供了在厨房通风设计方面的指南和惯例。

附 录 A
（资料性附录）
指南和惯例

A.1 总则

通风系统的设计宜专门考虑。建议厨房的设计及排风、送风末端装置的布置能使人员工作区内的空气流动速度尽可能不大于 0.5 m/s。

厨房内散发的显热不宜大于 130 W/m^2，否则会导致工作环境欠佳。

A.2 空气分配及其设备

A.2.1 排风设备配置

对散发受污染热空气的设备（烹调设备、烘烤盘、煎锅）宜设置罩型排风末端装置。

罩子宜配有易于清洁更换的滴油盘和油分滤器，并利于空气在扩散前将油分吸收并排掉。

其他排风末端装置宜容易清洁。

在排气罩及其他排风末端装置附近，宜设置一个附有全部排风末端装置清洗说明的标牌。

A.2.2 送风设备配置

送风设备的配置宜考虑船员工作区的情况，送风装置的型式宜便于船员管理。

送风设备的配置不宜影响排出的空气，同时建议避免送风与排风末端装置间的混杂。

送风系统的设计宜使房间温度在采暖期间易于控制。

A.2.3 压力考虑

厨房内的空气压力宜低于相邻起居处所内的压力。

建议每个送风管和排风管都应设有预先调整好的风闸，以确保厨房与其相邻处所间适当的空气平衡。在某些情况下，可能需要安装输送空气的装置，例如与服务舱口相连接的设备。

针对过滤器和风管积垢的影响，建议考虑增加风量作为补偿。

A.3 风机和室外空气滤器

送风机不宜单独运转也不宜以大于排风机的风量运转，送风机和排风机开关宜联动。

排风机的电动机宜置于气流之外，以防油污淤积及失火危险。

排风机的外壳宜配有检修盖，并在最低处设置放泄口。

从室外送入的空气宜经过适当（例如符合欧洲通风 EUROVENT，EU-3[1)]级标准）的过滤装置过滤。

对载运粉末状货物的船舶宜考虑采用更为有效的过滤装置。

A.4 排风管

建议排风管尽可能布置在起居处所外面，否则，宜满足相应的防火标准，并保持管路内为负压。

水平排风管宜配有检修盖，长度尽可能短，并在最低部位设置放泄口。

如果排风管途经船上低温区域，则建议在管路外面设隔热层，以防管路内凝水。

建议对直排式洗碟机提供附加排风量。

1） 本资料是给本标准的使用者提供方便，并不等同于 ISO 产品认可。同类产品如果能达到同样的效果也可以使用。

排风口与起居处所及机舱进风口的高度和位置不宜交错混杂。

建议在排风管设计中考虑不同风向影响下的环境污染状况。

A.5 噪声

距通风末端装置 1 m 处测得的来自空气配送系统的 A 计权声压级不宜超过 75 dB。

附 录 B
（资料性附录）
厨房设备散发到房间的显热和潜热

厨房内每个设备散发的显热和潜热可由表 B.1 中 2、3、4、5 栏内相应的值[2]乘以设备额定功率得到。

表 B.1

设备类型	电加热设备		蒸汽与热水加热设备	
	散发的显热 ϕ_{qs}/ (kW/kW)	散发的潜热 ϕ_{ql}/ (kW/kW)	散发的显热 ϕ_{qs}/ (kW/kg)	散发的潜热 ϕ_{ql}/ (kW/kg)
1	2	3	4	5
烧水锅(盖子可移走的)	0.041	0.07	0.026	0.044
烧水锅	0.05	0.029	0.038	0.02
蒸汽锅	0.029	0.052	0.017	0.029
压力蒸汽锅	0.046	0.07	0.029	0.041
压力通过式蒸汽锅	0.041	0.052	0.026	0.033
热气蒸笼	0.058	0.267	0.035	0.162
无压式蒸汽锅	0.105	0.302	—	—
倾斜式煎锅	0.377	0.337		
烘饼炉(炉灶)	0.377	0.337		
烤架	0.732	0.174		
烘烤箱	0.383	0.157		
对流灶	0.105	0.302		
连续沸水炉	0.256	0.232	—	—
链斗式升降沸水炉	0.198	0.035		
带机械搅拌器的烧水锅	0.18	0.163		
深油炸锅	0.093	0.715		
连续深油炸锅	0.041	0.523		
炉灶	0.418	0.081		
汤锅	0.418	0.081		
微波炉	0.279	0.012		
连续使用的微波炉	0.116	0.024		
双重蒸锅	0.106	0.314		
热食分配台	0.562		0.343	
保暖橱	0.349			
冰箱	0.726			
炊事机械	0.174			
输送机	1			
自助食堂热食分配设备	0.075	0.215		
自助食堂冷食分配设备	0.726			
包装机	0.296			
热饮料壶	0.099	0.099		

2） 表中数值是指设备在使用期间的平均值，而不是启动时的值。

ICS 47.080
U 37

中华人民共和国国家标准

GB/T 20847.1—2007/ISO 9094-1:2003

小艇　防火
第1部分:艇体长度不大于15 m的艇

Small craft—Fire protection—Part 1:Craft with a hull length of up to and including 15 m

(ISO 9094-1:2003,IDT)

2007-03-05 发布　　　　2007-07-01 实施

中华人民共和国国家质量监督检验检疫总局
中国国家标准化管理委员会　发布

前　言

GB/T 20847《小艇　防火》包含下列部分：

——第1部分：艇体长度不大于15 m的艇；

——第2部分：艇体长度大于15 m的艇。

本部分是GB/T 20847的第1部分。

本部分等同采用ISO 9094-1:2003《小艇　防火　第1部分：艇体长度不大于15 m的艇》(英文版)。

本部分等同翻译ISO 9094-1:2003。

为便于使用，本标准做了下列编辑性修改：

——"本国际标准"一词改为"GB/T 20847的本部分"；

——用小数点"."代替作为小数点的逗号"，"；

——删除国际标准的前言和引言。

本部分的附录A和附录B为规范性附录。

本部分由中国船舶工业集团公司提出。

本部分由全国小艇标准化技术委员会(SAC/TC 241)归口。

本部分起草单位：中国船舶工业集团公司第七〇八研究所。

本部分主要起草人：林德辉、张伟东。

小艇 防火
第1部分:艇体长度不大于15 m的艇

1 范围

GB/T 20847的本部分规定了实施防火的方法,对手提灭火设备和固定式灭火系统提出了要求。

GB/T 20847的本部分适用于艇体长度 L_H 不大于15 m的各种型式的小艇。对艇体长度大于15 m的小艇,采用ISO 9094-2。

GB/T 20847的本部分不适用于个人艇。

2 规范性引用文件

下列文件中的条款通过GB/T 20847的本部分的引用而成为本部分的条款。凡是注日期的引用文件,其随后所有的修改单(不包括勘误的内容)或修订版均不适用于本部分,然而,鼓励根据本部分达成协议的各方研究是否可使用这些文件的最新版本。凡是不注日期的引用文件,其最新版本适用于本部分。

GB/T 14652.1—2001 小艇 耐火燃油软管(idt ISO 7840:1994)

GB/T 17726—1999 小艇 电气装置 防止点燃周围可燃性气体的保护(idt ISO 8846:1990)

GB/T 18814—2002 小艇 电气系统 交流装置(ISO 13297:2000,IDT)

GB/T 18821—2002 小艇 液化石油气(LPG)系统(ISO 10239:2000,IDT)

GB/T 19310 小艇 永久性安装的燃油系统和固定式燃油柜(GB/T 19310—2003,ISO 10088:2001,IDT)

GB/T 19311 小艇 电气系统 超低压直流装置(GB/T 19311—2003,ISO 10133:2000,IDT)

GB/T 19312 小艇 汽油机和/或汽油柜舱室的通风(GB/T 19312—2003,ISO 11105:1997,IDT)

ISO 3941:1977 火灾等级

ISO 4589-3:1996 塑料 通过氧指数确定燃烧特性 第3部分:温升试验

ISO 5923:1989 防火 灭火介质 二氧化碳

EN 1869:1997 消防毯

3 术语和定义

GB/T 20847的本部分采用下列定义。

3.1

可达性 accessilble

无需拆除艇上的永久性结构便可通达进行检查、拆除或维护的能力。

注:虽然打开舱口盖需借助工具,但本部分中舱口盖不看作是永久性的艇上结构。

3.2

易达性 readily accessilble

无需使用工具或者拆除艇上任何结构,或移开放置在预定作为贮存便携设备的处所,诸如箱柜、橱柜或物品架等便携设备,而立即通达进行操作、检查或维护的能力。

3.3

机舱 engine space

艇内有主机或辅机的处所或舱室。

3.4

燃油处所 fuel space

永久装设燃油柜或用作存放便携燃油箱的处所。

3.5

厨房处所 galley space

装有烹饪炉灶的处所。

3.6

固定式灭火系统 fixed fire-extinguishing system

具有固定部件的灭火系统。

注：这种系统以下简称为"固定系统"。

3.7

手动灭火系统 manual fire - extinguishing system

需由人员手动操作的系统。

3.8

自动灭火系统 automatic fire - extinguishing system

在到达预先设定的温度限值，表明有失火危险时自动工作的系统。

3.9

出口 exit

通向露天的符合 4.2.2～4.2.5 要求的任何门、舱口或开孔。

3.10

明火装置 open-flame device

可能整体与明火直接接触的装置。

3.11

室密封的装置 room-sealed appliance

具有燃烧系统的装置，在该系统中进入的可燃性气体和排出的燃烧产物都通过密封的连接至密闭的燃烧室且终止于艇外的管道。

3.12

汽油 petrol/gasoline

在大气压力下为液体，用于火花点火式发动机的碳氢燃料或其混合物。

注：本部分中煤油不认为是汽油。

3.13

柴油 diesel

在大气压力下为液体，用于压缩点火式发动机的碳氢燃料或其混合物。

4 防火

4.1 艇的布置和设计

4.1.1 应有到可能积存可燃性液体的舱底进行清洁的可达性。

4.1.2 装有汽油发动机和(或)汽油柜的舱室应与封闭的居住处所分隔。处所结构应符合下列要求才满足条件：

a) 间界为连续密封(例如焊接、钎焊、胶粘、层压或其他密封手段)；

b) 电缆、管子等有贯通件、密封件和/或密封剂予以密封者；

c) 诸如门、舱口等出入开口均装设使其牢固关闭的装置。

间界连接或密封的有效性可以通过文件或外观检查予以验证。

4.1.3 在发动机舱内的汽油柜应符合 GB/T 19310 的要求，且应通过以下措施之一与发动机或其他热源相隔开：

a) 在汽油柜与发动机、机装部件（包括供油和供水管路）和任何热源之间设一隔板（例如舱壁、隔壁、绝缘材料等），或

b) 在此汽油与发动机、机装部件和任何热源之间留有用于防止接触的气隙，此气隙应足够大，以便对发动机和有关部件进行维护。此气隙应至少为：

——100 mm，在汽油发动机与燃油柜之间，或

——250 mm，在干燥排气口与燃油柜之间。

4.1.4 穿过起居处所的通道应畅通无阻。

4.2 脱险通道和出口

4.2.1 至通向露天的最近出口的距离应不超过 5 m。

如果出口通道通过发动机处所旁边，则至最近出口的距离应不超过 4 m。

此距离应在水平面内，以出口的中心与以下各点之间的最短距离进行测定：

——人员可能站立（最小高度 1.60 m）的最远点；或

——床铺的中点。

取大者。

如果只设一条脱险通道，则其不应通过炉灶的正上方。

如果起居舱室与最近出口由一固体隔板（例如门）分隔，且正好通过一炉灶或发动机处所，则应设置另一可选择的出口。

4.2.2 起居处所的任何出口应具有下列最小净开口：

——圆形：直径 450 mm；

——其他形状：最小尺寸为 380 mm，最小面积为 0.18 m^2。此尺寸必须足以容许一个 380 mm 直径的圆与其内切。

最小净开口的测定如图 1 中所示。

单位为毫米

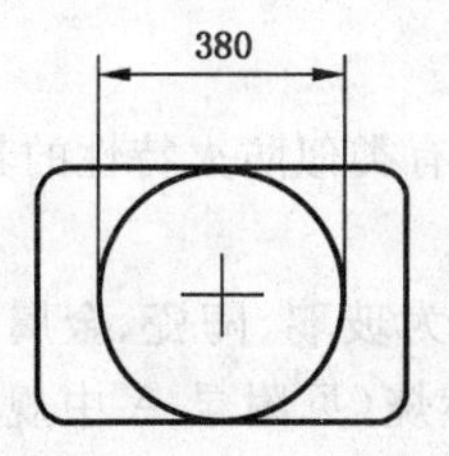

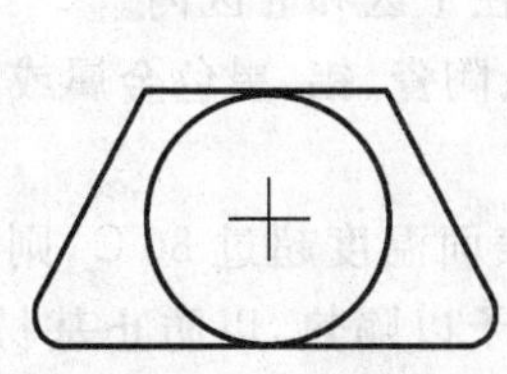
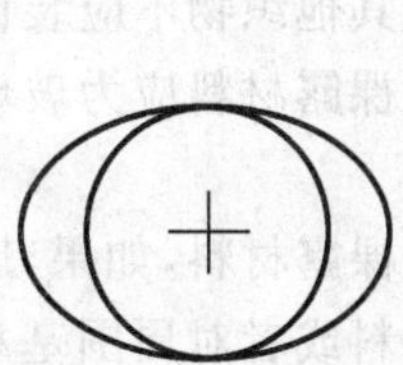
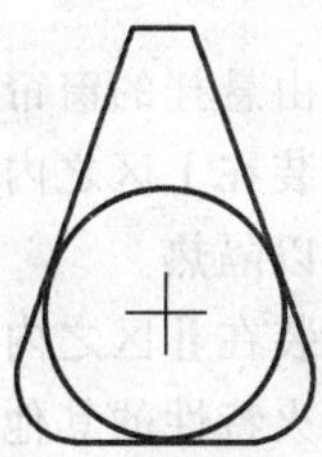

图 1 最小净开口的测定

4.2.3 出口应易达，且当其关紧和未锁住时，应能从内部和外部打开。

4.2.4 如果甲板舱口指定用作出口，则应设有立足点、梯子、梯阶或其他设施。这些设施应永久安装且不会移动。在上部立足点与出口之间的垂直距离应不超过 1.2 m。

4.2.5 除主升降口扶梯/门之外的出口应按有关的 ISO 标准或国家标准予以标识。

4.3 炉灶和加热装置

4.3.1 炉灶和加热装置附近的材料

在图 2 所规定的明火炉灶和加热装置附近范围内使用的材料和制成品应符合下列要求。装设有带平架固定的炉子，则应考虑到燃烧器的晃动角度，对于单体帆艇不大于 20°角，或者对于多体艇和单体机动艇不大于 10°角：

单位为毫米

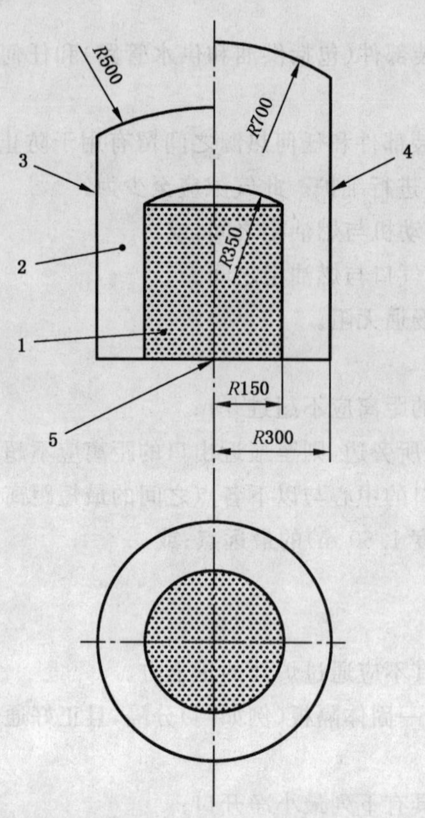

1——Ⅰ区；

2——Ⅱ区；

3——LPG 器具；

4——液体燃料器具；

5——燃烧器的中心。

从燃烧器的中心进行测量。

图 2　特定材料要求的区域

——自由悬挂的窗帘或其他织物不应装设在Ⅰ区和Ⅱ区内。

——安装在Ⅰ区之内的裸露材料应为玻璃、陶瓷、铝、黑色金属或具有类似防火特性的其他材料，或予以隔热。

——安装在Ⅱ区之内的裸露材料，如果其表面温度超过 80℃，则应为玻璃、陶瓷、金属或具有类似防火特性的其他材料或者对周围基材予以隔热，以防止基材燃烧（见附录 A 中规定的燃烧试验）。

注：此隔热可以通过气隙或采用适当的材料来实现。

这些要求不适用于炉灶本身的材料。

4.3.2　安全一般规定

4.3.2.1　如果安装烟道，则应进行绝热或遮蔽，以避免使相邻材料或艇结构过热或损坏。

4.3.2.2　对于使用在大气压力下为液体燃料的烹饪和加热装置（参见 ISO 14895），应符合下列要求：

——炉子和加热装置应可靠地固定；

——明火燃烧器应设有易达的集油盘；

——若安装明火式水加热器，则应设有足够的通风和烟道保护；

——若安装指示灯，则其燃烧室应为室密封，但炉灶除外；

——不应安装用汽油点火或作为燃料的器具。

对于非整体式柜和供油管路,应符合 GB/T 19310 的有关要求:

——非整体组合式柜应可靠地紧固,且应安装在图 2 的Ⅱ区之外。

——应在此柜上安装一易达的关闭阀。如果此阀在厨房之外,则应在厨房处所中图 2Ⅱ区之外的燃料管上装设第二个阀,但此阀不应在炉灶背后。此要求不适用于位于炉灶/加热器以下,且无虹吸可能性的柜。

——柜的滤器开口应具有可见的标识,以指明该系统所使用燃料的类别。

4.4 机舱和燃油处所

4.4.1 机舱的绝缘用材料应:

——滞燃,且在朝向发动机方向为非吸附燃料表面,且;

——按 ISO 4589-3,在 60℃环境温度下,氧指数(OI)至少为 21。

机舱和燃油处所应予通风,以防止可能积聚爆炸性气体。

对于汽油机和汽油柜处所,应满足 GB/T 19312 的要求。GB/T 19312 涉及自然通风和强制通风。

4.5 电气装置

直流电气装置应符合 GB/T 19311 的要求。

交流电气装置应符合 GB/T 18814 的要求。

这些标准涉及:

——蓄电池的安装和屏蔽;

——导线的截面积、走线和保护;以及

——过电流保护。

4.6 燃油装置

燃油系统和固定式燃油柜的安装应符合 GB/T 19310 的要求,此标准涉及:

——燃油柜:设计、结构、材料、接地;

——燃油管路:直径、走向、固紧、耐火;

——注油和透气管路:直径、排出口、耐火;以及

——附件、阀、滤器。

4.7 液化石油气(LPG)系统

LPG 系统应符合 GB/T 18821 的要求,此标准涉及:

——系统的工作压力;

——气罐的存放;

——LPG 供气管路的材料和走向;

——安装、通风;

——器具及其连接;以及

——泄漏测试。

4.8 防止点燃

在包含下列设备的舱室中只应安装符合 GB/T 17726 要求的防止点燃的设备:

——汽油发动机;

——汽油燃油柜;

——LPG 或 CNG 罐;

——汽油管路的附件;

——LPG 或 CNG 管路的附件,但在起居处所内靠近器具处的连接除外;以及

——便携汽油箱柜或具有整体式汽油燃油箱柜的舷外机。

5 灭火设备

5.1 ISO 火灾等级

ISO 3941 按着火材料的性质确定火灾等级，没有对由电气危险引起的火灾规定特定的等级。

以下的定义是为了针对不同性质的火灾，及其对不同灭火器和灭火剂的有效性进行标识和分级。

ISO A 级　通常是有机性质的固体材料的火灾，通常燃烧后生成灼热的余烬。

ISO B 级　液体或液化固体的火灾。

ISO C 级　气体的火灾。

ISO D 级　金属的火灾。

5.2 灭火介质的适用性

某一特定灭火介质对某些类别火灾的适用性应予以考虑。

5.3 要求

5.3.1 一般要求

应根据艇的尺度、发动机以及明火装置的布置，对艇上应装备的灭火设备作出规定。

5.3.2 起居舱室

起居区域应择一设置：

——按第 6 章设置手提灭火器，或

——按第 7 章设置固定式灭火系统，并按第 6 章加设 1 台或多台手提灭火器。

5.3.3 厨房

应设置下列各项对厨房进行保护：

——手提灭火器(第 6 章)，或

——消防毯(第 9 章)，或

——水雾系统。

不应使用喷淋系统。

5.3.4 机舱和/或燃油处所

5.3.4.1 机舱和/或燃油处所的防护

应按表 1 中所列的要求对机舱和/或燃油处所进行防护。

表 1　机舱和/或燃油处所的防护

发动机位置	发动机的类型和功率	防护要求
发动机或发动机部件位于艉舱底面以上的开敞式艇，罩壳几乎垂直	小于 120 kW 的艇内汽油机 柴油机	——固定式灭火系统(第 7 章)，或 ——手提灭火器，其规格和位置应能通过发动机罩上的消防口将灭火介质注满发动机处所
尾板安装舷外机的开敞式艇便携燃油露天存放	舷外汽油机	对小于 25 kW 的单台舷外机无要求(6.4 条适用)
尾板安装舷外机的开敞式艇，每台舷外机具有 1 只以上便携燃油箱或燃油柜设置在封闭的处所中	舷外汽油机	——固定式灭火系统，用于保护燃油处所(第 7 章)，或 ——手提式灭火器，其规格和位置应能通过燃油处所间界的消防口将灭火介质注满燃油处所

表 1(续)

发动机位置	发动机的类型和功率	防护要求
发动机在艉舱平面以下或在艇内	艇内汽油机	——固定式灭火系统(第7章)
	合计功率(主机和辅机)不大于120 kW的艇内柴油机	——固定式灭火系统(第7章),或 ——手提式灭火器,其型式和规格应能通过发动机罩上的消防口将灭火介质注满发动机处所
	合计功率(主机和辅机)大于120 kW的艇内柴油机	——固定式灭火系统(第7章)

5.3.4.2 灭火介质和容量

灭火介质应适用于扑灭机舱火灾,且能注满整个处所。

手提灭火器的容量应足以充满机舱的容积。

应设有一排放口,以使灭火介质无需打开主出入通道即可排放至机舱。

注:总容积不大于1 m^3 的机舱,适于扑灭B级火灾的任何灭火介质都认为是满足此要求的。

5.3.4.3 消防口

消防口应:

——予以标识;

——具有适于排放喷嘴的尺寸;

——开放或能打开,以向该发动机处所排放灭火介质提供便利通道;

——设置部位使所要求规格的灭火器能在此位置操作,且允许完全排放其灭火介质。

6 手提灭火器

6.1 目的

本章规定了艇上手提灭火器的型号、规格、数量、位置和存放。本部分对灭火器本身的技术要求不作规定,它们应遵照相关国家规则。

6.2 一般要求

6.2.1 任何手提灭火器均应具有易达性。

6.2.2 如果手提灭火器位置暴露于被水喷淋处,则在灭火器的工作喷嘴和触发器的上方应有遮盖,但对具有船用证书或船用产品清单中所列的灭火器除外。

6.2.3 灭火器可以分散存放在橱柜或者其他有防护或封闭的处所内。橱柜或封闭处所门的开口部位应设有适当的ISO符号。

6.2.4 二氧化碳(CO_2)手提灭火器只可以设置在具有带电的电气设备(例如电动机处所、蓄电池处所、配电板)或具有易燃性液体(例如厨房)的舱室内。

CO_2 作为灭火介质应符合ISO 5923的要求。

6.3 类型、容量和数量

6.3.1 艇应以6.3.2~6.3.8中所述的方法进行保护。

6.3.2 手提灭火器的数量应按6.3.7、6.3.8和6.4予以确定。

6.3.3 单个灭火器的A/B容量都不应小于5A/34B。

6.3.4 任何单个二氧化碳灭火器的最大容量应为2 kg。

6.3.5 在每一危险区域中,可设有不多于一个的二氧化碳灭火器。

6.3.6 除了开敞式艇,如果设有二氧化碳灭火器,则应在这些灭火器附近位置固定一警告告示(见附录B中B.4.5的第4号告示)。

6.3.7 装设明火装置(例如炉灶、加热器或灯具)的艇,应装备

——最小合计容量为8A/68B的一个或多个手提灭火器,或

——1块符合第9章要求用于保护炉灶/厨房的消防毯和1个最小容量为5A/34B的手提灭火器。

6.3.8 装有功率为25 kW以上舷外机的艇,应装备最小合计容量为8A/68B的一个或多个手提灭火器。

6.4 位置

所配置手提灭火器的最少数量应满足6.3和下列要求。

一个手提灭火器应安放在:

——对L_H<10 m的艇,距主操舵部位或尾舱1 m之内;

——对L_H为10 m～15 m的艇,距主操舵部位或尾舱2.5 m之内;

——除非设有符合第9章要求的消防毯,否则与炉灶或任何固定安装的明火装置的距离应在2 m之内,一旦发生火灾应可达;

——机舱之外,但距消防开口不超过2 m;

——距床铺中心的距离(按图1测量)在5 m之内。

单个灭火器至少应满足一条以上要求。

7 固定式灭火系统

7.1 目的

本章规定了能手动或自动运行,采用适用的可完全覆盖或注满封闭处所的灭火介质,且能扑灭A级和B级火灾的固定式灭火系统(如果装设)的要求。这些要求与规格、位置和安装有关。

本部分对气瓶本身的技术要求不作规定,它们可遵照相关国家规定。

7.2 要求

7.2.1 手动系统

手动操作的固定式系统应能从主操舵位置起动。

如果此位置与被保护区域或处所的距离大于5 m,则应在该处所附近设置一就地起动的设施。

7.2.2 自动系统

自动起动的固定式系统应符合7.4的要求。

7.2.3 手动/自动组合系统

手动/自动组合系统的布置应使操作者能手动遥控自动方式。系统应符合7.4的要求。

7.3 应用

采用窒息性灭火剂作为灭火介质的固定式系统的安装限于艇上预定不用于起居目的,且与起居区域相隔开的处所。如果这些处所除用于以下目的之外的开口,并无其他永久性开口,则其满足此要求:

——连接至周围舱底的开口;

——机舱通风及供给燃烧用空气的开口;

——管道和电缆用的开口;

——用于通达设备的开口。

如果灭火介质是窒息性的,则此分隔结构应建造得能限制此介质流入起居区域。

7.4 安装

7.4.1 一般要求

固定灭火系统的部件应可靠地紧固于小艇结构上,以承受正常运行时的运动、冲击和振动。

在小艇运行时气瓶及其输配管路和控制器的位置应使它们不会经受超过系统设计工作温度范围的温度。

7.4.2 **气瓶/容器**

气瓶/容器可以安装在被保护处所的内部或外部。

为使腐蚀减至最小，气瓶应安装在预定的舱底水位。它们应可达进行拆除，且控制器和刻度盘应易达并可见。安装在可能积聚水的表面之上的气瓶应留有间距。

7.4.3 **手动系统，释放装置**

释放装置应是可见的，或清楚地标明其位置及所防护的处所。

释放装置应易达并可操作。

7.4.4 **输配管路**

作为所安装的防火系统的一部分，预定不熔融的输配管路，包括其非金属安装件应是符合GB/T 14652.1要求的耐火型。

用于金属管路或附件的锡焊或铜焊材料应具有不低于600℃的熔化温度。

排放喷嘴的数量和位置应确保在处所内有效灭火。

7.5 **排放和控制**

7.5.1 应设有可见的排放指示。

7.5.2 系统安装应能使排放按灭火剂制造厂技术要求完成。

7.5.3 如果灭火介质是窒息性的，且如果被保护处所的尺寸足以容纳一人（工作或进行其他活动），则一旦该系统发出报警，整个艇上应都能听见，且应在灭火剂施放前始终发出声响报警。

7.5.4 如果在危险处所中安装了多于一个的系统，则除非它们为同时排放，否则每一系统应能分别保护该处所。

7.6 **运行**

7.6.1 **运行范围**

固定式系统应能在环境温度为0℃以上时运行。

7.6.2 **排放指南**

在紧靠释放装置附近应设有说明系统如何排放的标牌。

7.6.3 **操作指南**

应提供每一系统的操作指南。如果灭火介质是窒息性的，则应说明在进入处所进行损坏评估和接着再次起动发动机之前如何对处所进行通风的要求。

7.7 **设计浓度**

应根据舱室的净容积（空气容积加20%）确定系统的灭火容量。

8 显示内容

8.1 若认为与相邻起居舱室相分隔的处所由固定式系统进行保护，则应在释放装置附近显示如下内容：

底色：黄

注　意

在排放之前

关闭发动机和通风机

8.2 若不认为与相邻起居舱室相分隔的处所由固定式系统进行保护，则应在释放装置附近显示如下内容：

底色：黄

注　意

在排放之前

关闭发动机和通风机

起居舱室撤空

8.3 如果灭火介质为窒息性的，则在被保护处所的任何入口处应显示如下内容：

底色：黄或桔黄

警　告

动力机舱设有固定式灭火系统

为避免窒息，应在排放前离开该区域

在排放后，进入之前应通风

8.4 应在任何二氧化碳手提灭火器附近显示如下内容：

底色：黄或桔黄

警　告

此灭火器使用 CO_2 作为灭火介质

它仅用于扑灭电气或厨房火灾

为避免排放后的窒息

应立即离开该区域，且在进入之前应通风

8.5 这些内容应以适当的语种，及符合 ISO 6309 或其他相关标准的符号表示。

9 消防毯

在任何明火炉灶或深油炸锅所在的区域内，应配备符合 EN 1869 要求的消防毯，但其位置应不致使在一旦失火时不能接近。

此消防毯应易达并可立即使用。

10 艇主手册

在艇主手册中应包括的内容和说明按附录 B 的规定。

附 录 A
（规范性附录）
燃烧试验

试验条件是每个明火燃烧器都应用直径 200 mm、厚度 3 mm±0.2 mm 的金属板予以罩盖。火焰应在控制器调定至最大值时燃烧 10 min。燃烧结束时，应测量明火装置周围所有部件材料的表面温度。

附 录 B
（规范性附录）
“艇主手册”中应列入的说明和内容

B.1 灭火设备

B.1.1 手提灭火器

本艇在使用时应配备具有下列灭火容量和处于下列位置的手提灭火器。

（位置的草图和说明）

1号：位置______________________灭火容量______________________

2号：位置______________________灭火容量______________________

n号：位置______________________灭火容量______________________

B.1.2 消防毯

消防毯应放置在下列位置：

（位置的说明）

B.1.3 灭火设备的维护

艇主/操艇者应：

——具有经按设备上所示检定周期检查过的灭火设备；

——如果有效期已满或者已排放，则以相同灭火容量的装置来替换手提灭火器；

——在有效期已满或者已排放时，重新加注或替换固定式系统。

B.2 艇主/操艇者的责任

艇主/操艇者的责任是：

a) 当艇上有人时，确保灭火设备易达，且

b) 告知艇员：

——灭火设备的位置及其使用方法；

——至机舱的排放开口的位置；

——脱险通道和出口的位置。

B.3 对操艇者的告诫提示

B.3.1 一般要求

保持艇底清洁，且经常检查燃油和燃气的蒸气或燃油的泄漏。

在更换灭火装置的部件时，只应采用相配的具有相同设计或在技术和耐火性能上等效的部件。

在炉灶或其他明火装置的附近或上方，不应配置自由悬挂的窗帘或其他织物。

在机舱中不应存放可燃的材料。若在机舱中存放不可燃材料，则应把它们紧固，以防掉落在机器上，且不应阻塞出入通道。

除主通道门和配有永久性固定扶梯的舱口外的出口均应用符号标记（见表B.1）。

B.3.2 特别警告

禁止

——阻碍至出口和舱口的通道；

——阻碍安全控制器，例如燃油阀、燃气阀、电气系统的开关；

——阻碍贮存在柜中的手提灭火器；

——在炉灶和（或）加热器具正在使用时离开无人照看的艇；

——修改艇上的任何系统（特别是电气、燃油和燃气系统）或容许未授予资格的人员修改艇上的任何系统；

——在机器正在运转或者炉灶或加热器具正在使用时向任何燃油柜加油或更换气瓶；

——在输送燃油或燃气时吸烟。

B.4　显示的警告告示

B.4.1　在 B.4.2～B.4.5 中的警告告示应以标牌形式显示在艇上。

艇制造者应从以下方案中选择合适的告示。

应按第 8 章的规定，在艇主手册载有或重复显示有关的注意和警告告示。

B.4.2　若认为封闭的处所由固定式系统进行保护，则应在释放装置附近显示如下内容：

1 号告示

底色：黄

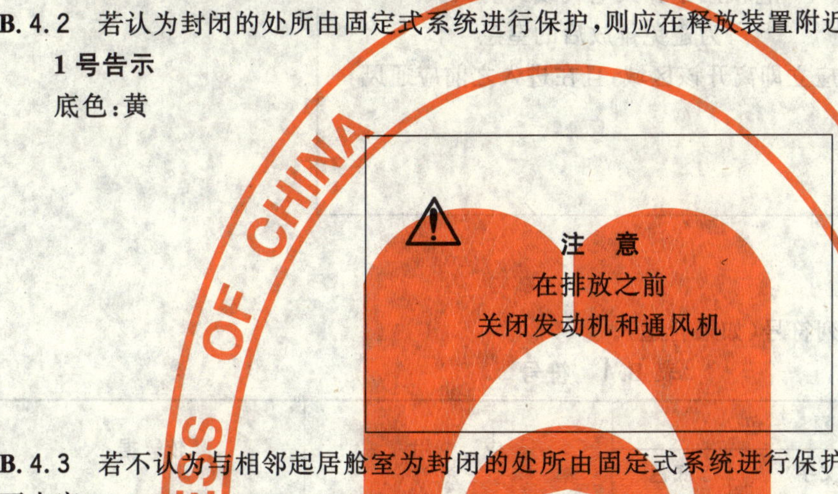

注　意

在排放之前

关闭发动机和通风机

B.4.3　若不认为与相邻起居舱室为封闭的处所由固定式系统进行保护，则应在释放装置附近显示如下内容：

2 号告示

底色：黄

注　意

在排放之前

关闭发动机和通风机

起居舱室撤空

B.4.4　如果灭火介质为窒息性的，则在被保护处所的任何入口处应显示如下内容：

3 号告示

底色：黄或桔黄

警　告

动力机舱设有固定式灭火系统

为避免窒息，应在排放前离开该区域

在排放后，进入之前应通风

B.4.5 应在任何二氧化碳手提灭火器附近显示如下内容：

4号告示

底色：黄或桔黄

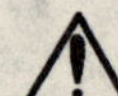

警 告

此灭火器使用 CO_2 作为灭火介质

它仅用于扑灭电气或厨房火灾

为避免排放后的窒息

应立即离开该区域，且在进入之前应通风

B.5 显示的符号

在小艇上应显示表 B.1 所列符号(如果合适)。

表 B.1 符号

符 号	颜 色		应 用	依 据
	符号/文字	底色		
	白	红	表明手提灭火器或其贮存柜的位置	ISO 6309:1987,符号 11
	白	绿	至应急出口的方向	ISO 3864-1:2002,图 15
	白	绿	接近应急出口,如脱险舱口	ISO 7001:1990,图 27
	白	红	指示固定灭火系统的手动控制器	ISO 6309:1987,符号 1
	圆形带:红 对角斜杆:红 火柴符号:黑	白	接近易燃液体(滤器帽盖、柜、LPG 罐)	ISO 3684:1984,B.1.2
注：可以采用认为合适的其他符号,优先从 ISO 6309:1987 中选取。				

参 考 文 献

ISO 3684:1984 输送带 最小带轮直径的测定

ISO 3864-1:2002 安全色和安全标志

ISO 6309:1987 防火 安全符号

ISO 7001:1990 公共信息图符号

ISO 7165:1999 手提灭火器 性能和结构

ISO 8665:1994 小艇 船用推进发动机和系统 功率的测定和申报

ISO 14895:2000 小艇 液体燃料厨房炉灶

EN 3:1996(所有部分) 手提灭火器

ICS 47.020.50
U 21

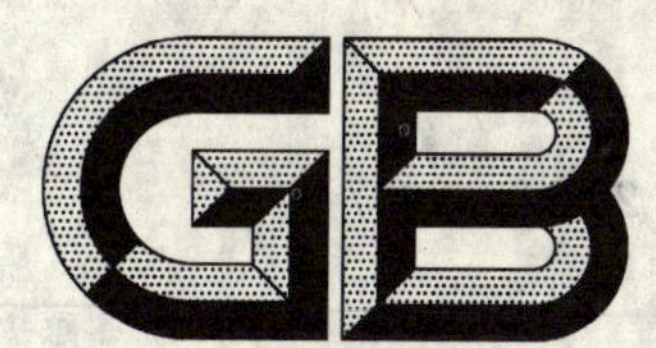

中华人民共和国国家标准

GB/T 20848—2007

系泊链

Mooring chain

2007-03-05 发布　　　　2007-07-01 实施

中华人民共和国国家质量监督检验检疫总局
中国国家标准化管理委员会　发布

前　言

本标准的附录 A 和附录 B 为规范性附录。

本标准由中国船舶工业集团公司提出。

本标准由全国船舶舾装标准化技术委员会归口。

本标准起草单位:正茂集团有限责任公司镇江锚链厂、中国船舶工业综合技术经济研究院、江南造船集团有限责任公司。

本标准主要起草人:郎宏军、张美玲、余文鹏。

系　泊　链

1　范围

本标准规定了系泊链的要求、试验方法、检验规则、标志和文件。

本标准适用于浮式海洋工程结构物定位和系泊用链及其附件的设计、制造和验收。

2　规范性引用文件

下列文件中的条款通过本标准的引用而成为本标准的条款。凡是注日期的引用文件，其随后所有的修改单(不包括勘误的内容)或修订版均不适用于本标准，然而，鼓励根据本标准达成协议的各方研究是否可使用这些文件的最新版本。凡是不注日期的引用文件，其最新版本适用于本标准。

GB/T 222　钢的成品化学成分允许偏差

GB/T 223.3　钢铁及合金化学分析方法　二安替比林甲烷磷钼酸重量法测定磷量

GB/T 223.5　钢铁及合金化学分析方法　还原型硅钼酸盐光度法测定酸溶硅含量

GB/T 223.10　钢铁及合金化学分析方法　铜铁试剂分离-铬天青 S 光度法测定铝含量

GB/T 223.11　钢铁及合金化学分析方法　过硫酸铵氧化容量法测定铬量

CB/T 223.14　钢铁及合金化学分析方法　钽试剂萃取光度法测定钒含量

GB/T 223.16　钢铁及合金化学分析方法　变色酸光度法测定钛量

GB/T 223.18　钢铁及合金化学分析方法　硫代硫酸钠分离-碘量法测定铜量

GB/T 223.24　钢铁及合金化学分析方法　萃取分离-丁二酮肟分光光度法测定镍量

GB/T 223.26　钢铁及合金化学分析方法　硫氰酸盐直接光度法测定钼量

GB/T 223.63　钢铁及合金化学分析方法　高碘酸钠(钾)光度法测定锰量

GB/T 223.68　钢铁及合金化学分析方法　管式炉内燃烧后碘酸钾滴定法测定硫含量

GB/T 223.71　钢铁及合金化学分析方法　管式炉内燃烧后重量法测定碳含量

GB/T 226　钢的低倍组织及缺陷酸蚀检验法

GB/T 228　金属材料　室温拉伸试验方法

GB/T 229　金属夏比缺口冲击试验方法

GB/T 549—1996　电焊锚链(neq ISO 1704:1991)

GB/T 1979　结构钢低倍组织缺陷评级图

GB/T 4162　锻轧钢棒超声波检验方法

GB/T 4336　碳素钢和中低合金钢　火花源原子发射光谱分析方法(常规法)

GB/T 4340　金属维氏硬度试验

GB/T 6394　金属平均晶粒度测定法

GB/T 6402　钢锻材超声波检验方法

GB/T 11345　钢焊缝手工超声波探伤方法和探伤结果分级

GB/T 15822　无损检测　磁粉检测

3　术语和定义

下列术语和定义适用于本标准。

3.1

系泊链　mooring chain

由普通链环和附件连接成的用于海洋工程结构物定位和系泊的组件。

3.2

链节　chain length

由普通链环、加大链环和(或)末端链环连接成系泊链的组件。

3.3

连接普环　connecting common link

替换系泊链中的缺陷环或失效环的普通链环。

3.4

附件　accessory

系泊链上连接普通链环和锚或系泊结构物的各种连接件的总称。附件包括加大链环、末端链环、肯特卸扣、末端卸扣、连接卸扣、转环和转环卸扣等。

3.5

公称链径　nominal diameter of common link

相邻普通链环连接处横截面的公称直径。

4　分类和标记

4.1　分类

系泊链的分类见表1。

表1　系泊链的分类

型　式	级　别	名　称
A	R3	三级有档系泊链
	R3S	三级半有档系泊链
	R4	四级有档系泊链
B	R3	三级无档系泊链
	R3S	三级半无档系泊链
	R4	四级无档系泊链

4.2　组成、型式及尺寸

系泊链的典型组成、普通链环和附件的型式及尺寸按 GB/T 549 的规定。

4.3　标记

4.3.1　系泊链的型号表示方法为：

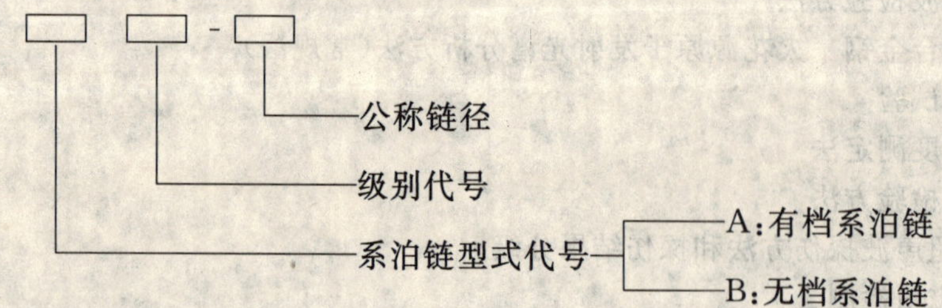

4.3.2　标注示例

公称链径为 76 mm 的三级半有档系泊链标记为：

系泊链 GB/T 20848—2007　AR3S-76

公称链径为 90 mm 的四级无档系泊链标记为：

系泊链 GB/T 20848—2007　BR4-90

4.3.3　普通链环和附件的型号表示方法为：

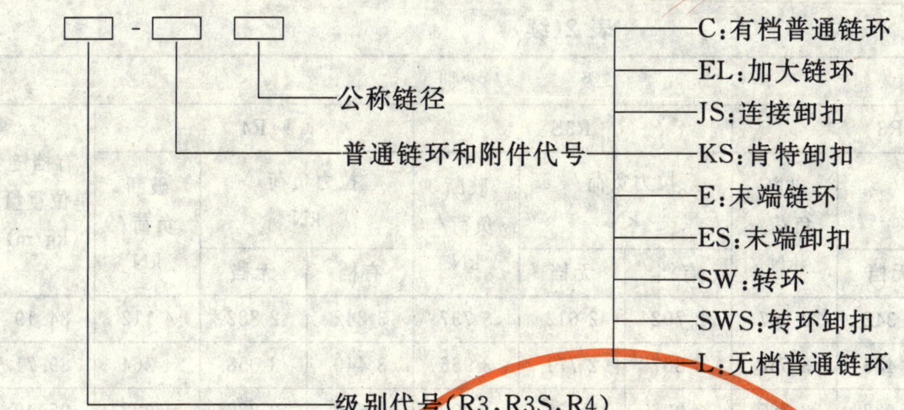

4.3.4 标注示例

公称链径为 84 mm 的四级肯特卸扣标记为：

肯特卸扣 GB/T 20848—2007 R4-KS84

5 要求

5.1 材料

系泊链的材料采用专用热轧圆钢，其要求见附录 A。

链环横档的材料采用与链环相当的钢，焊接加固的链环横档的材料含碳量不应超过 0.25%。

5.2 破断负荷

系泊链的链环和附件在表 2 规定的破断负荷下不应出现断裂迹象。

表 2 系泊链的公称链径、耐受负荷及单位重量

公称链径/mm	级别									有档链单位重量/(kg/m)
	R3			R3S			R4			
	拉力负荷/kN		破断负荷/kN	拉力负荷/kN		破断负荷/kN	拉力负荷/kN		破断负荷/kN	
	有档	无档		有档	无档		有档	无档		
34	707	745	1 065	859	831	1 189	1 031	917	1 308	25.32
36	789	832	1 189	960	928	1 327	1 152	1 024	1 461	28.39
38	876	923	1 319	1 065	1 030	1 473	1 278	1 136	1 621	31.63
40	967	1 019	1 456	1 176	1 136	1 626	1 411	1 254	1 789	35.04
42	1 061	1 119	1 599	1 291	1 248	1 786	1 549	1 377	1 965	38.64
44	1 160	1 223	1 748	1 411	1 364	1 952	1 693	1 505	2 148	42.40
46	1 263	1 331	1 903	1 536	1 485	2 125	1 843	1 639	2 338	46.35
48	1 370	1 444	2 064	1 666	1 610	2 304	1 999	1 777	2 536	50.46
50	1 480	1 560	2 230	1 800	1 740	2 490	2 160	1 920	2 740	54.75
52	1 595	1 681	2 403	1 940	1 875	2 683	2 327	2 069	2 952	59.22
54	1 713	1 806	2 581	2 083	2 014	2 882	2 500	2 222	3 171	63.87
56	1 835	1 934	2 764	2 231	2 157	3 086	2 677	2 380	3 396	68.68
58	1 960	2 066	2 953	2 384	2 304	3 297	2 860	2 543	3 628	73.68
60	2 089	2 202	3 147	2 541	2 456	3 514	3 049	2 710	3 867	78.84

表 2(续)

公称链径/mm	级别									有档链单位重量/(kg/m)
	R3			R3S			R4			
	拉力负荷/kN		破断负荷/kN	拉力负荷/kN		破断负荷/kN	拉力负荷/kN		破断负荷/kN	
	有档	无档		有档	无档		有档	无档		
62	2 222	2 342	3 347	2 702	2 612	3 737	3 242	2 882	4 112	84.19
64	2 357	2 485	3 552	2 867	2 771	3 966	3 440	3 058	4 364	89.71
66	2 497	2 632	3 762	3 036	2 935	4 200	3 644	3 239	4 622	95.40
68	2 639	2 782	3 977	3 210	3 103	4 440	3 852	3 424	4 886	101.27
70	2 785	2 936	4 196	3 387	3 274	4 686	4 065	3 613	5 156	107.31
73	3 010	3 173	4 535	3 661	3 539	5 064	4 393	3 905	5 572	116.71
76	3 242	3 417	4 885	3 943	3 812	5 454	4 731	4 206	6 002	126.50
78	3 401	3 584	5 124	4 136	3 998	5 721	4 963	4 411	6 295	133.24
81	3 644	3 841	5 490	4 432	4 284	6 130	5 318	4 727	6 746	143.69
84	3 894	4 104	5 866	4 735	4 577	6 550	5 682	5 051	7 208	154.53
87	4 150	4 374	6 252	5 047	4 879	6 981	6 056	5 383	7 682	165.77
90	4 412	4 651	6 648	5 366	5 187	7 423	6 439	5 724	8 168	177.39
92	4 590	4 838	6 916	5 583	5 397	7 723	6 699	5 955	8 498	185.37
95	4 862	5 125	7 326	5 914	5 717	8 180	7 096	6 308	9 002	197.65
97	5 047	5 320	7 604	6 138	5 934	8 491	7 366	6 547	9 343	206.06
100	5 328	5 616	8 028	6 480	6 264	8 964	7 776	6 912	9 864	219.00
102	5 519	5 817	8 316	6 712	6 489	9 285	8 055	7 160	10 217	227.85
105	5 809	6 123	8 753	7 065	6 830	9 774	8 478	7 536	10 755	241.45
107	6 006	6 330	9 049	7 304	7 061	10 104	8 765	7 791	11 118	250.74
111	6 405	6 751	9 650	7 789	7 530	10 775	9 347	8 309	11 857	269.83
114	6 709	7 072	10 109	8 160	7 888	11 288	9 792	8 704	12 421	284.62
117	7 018	7 398	10 575	8 536	8 251	11 808	10 243	9 105	12 993	299.79
120	7 332	7 728	11 047	8 917	8 620	12 335	10 700	9 511	13 573	315.36
122	7 543	7 951	11 365	9 174	8 868	12 690	11 008	9 785	13 964	325.96
124	7 756	8 175	11 686	9 433	9 118	13 048	11 319	10 062	14 358	336.74
127	8 078	8 515	12 172	9 825	9 497	13 591	11 790	10 480	14 956	353.23
130	8 405	8 859	12 663	10 222	9 881	14 140	12 266	10 903	15 559	370.11
132	8 624	9 090	12 994	10 488	10 139	14 509	12 586	11 187	15 965	381.59
137	9 178	9 674	13 829	11 163	10 791	15 442	13 395	11 907	16 992	411.05
142	9 741	10 268	14 677	11 847	11 452	16 389	14 217	12 637	18 034	441.60
147	10 311	10 869	15 536	12 541	12 123	17 348	15 049	13 377	19 089	473.24
152	10 888	11 476	16 405	13 242	12 800	18 318	15 890	14 124	20 157	505.98

5.3　拉力负荷

系泊链的拉力负荷见表2。系泊链的链环和附件在表2规定的拉力负荷下不应断裂。

5.4　加工质量

5.4.1　链环的表面不应有裂纹、凹痕、毛刺和附录B中B.1描述的缺陷；链环对焊接头及其被电极夹持部位不应有裂纹、熔合不足和密集气孔。

5.4.2　链环对焊接头内部不应有裂纹、未熔合和附录B中B.2描述的危害性缺陷。

5.4.3　链环横档的安装应采用压入的方法。链环的横档压痕区域不应有裂纹、折叠和其他表面缺陷。链环上横档的压痕深度最小为链环公称直径的2%，最大不超过公称直径的6%。

5.4.4　R3级和R3S级系泊链的链环横档压入后可以焊接加固，焊接加固应限于与链环闪光对焊相对的一侧横档末端，其周边均应焊接，焊接接头不应有裂纹、气孔、夹杂和附录B中B.1描述的缺陷，横档焊接接头型式见图1；R4级系泊链的横档不允许焊接。

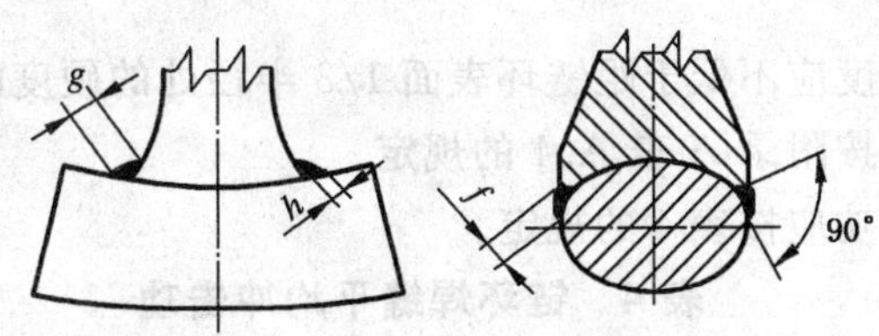

图1　横档焊接接头型式

5.4.5　附件表面不应有裂纹、折叠和其他缺陷，附件磁粉检验缺陷的评定按附录B中B.1的规定。

5.4.6　附件内部不应有裂纹、夹杂、缩孔和附录B中B.2描述的危害性缺陷。

5.5　尺寸和公差

5.5.1　除5.5.2～5.5.6规定的公差外，系泊链的链环和附件的其他尺寸公差应按GB/T 549—1996中4.3的规定。

5.5.2　无档链环的长度应为$6d$（d是无档普通链环的公称链径），宽度应为$3.3d$～$3.4d$。

5.5.3　除环冠外，链环其他部位直径的下偏差为0，上偏差应不大于链环公称直径的5%。焊接接头处直径的上偏差应不大于公称直径的15%。

5.5.4　系泊链链环横档焊缝的尺寸及其偏差见表3。

表3　横档焊缝尺寸及其偏差

单位为毫米

代　号	公称尺寸	下　偏　差
f	$0.10d$	$0.01d$
g	$0.20d$	$0.02d$
h	$0.09d$	$0.01d$
注：d为链环的公称直径。		

5.5.5　链环横档的圆角半径应不小于4 mm。

5.5.6　肯特卸扣的圆角半径R（图2中所示）应不小于肯特卸扣公称直径的3%。

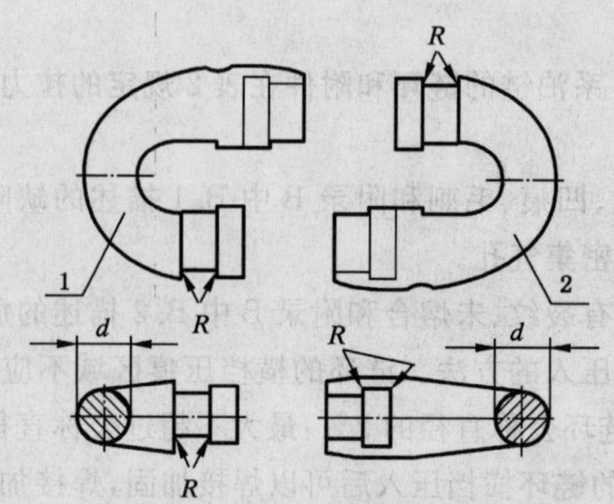

1——第一半环；

2——第二半环。

图 2　肯特卸扣的圆角半径

5.6　力学性能

5.6.1　链环横截面中心的硬度应不低于距链环表面 1/3 半径处的硬度的 85%。

5.6.2　系泊链的力学性能应按附录 A 表 A.1 的规定。

5.6.3　链环焊缝的平均冲击功应按表 4 的规定。

表 4　链环焊缝平均冲击功

<table>
<tr><th rowspan="2">级　别</th><th colspan="2">夏比 V 型缺口冲击试验</th></tr>
<tr><th>试验温度/
℃</th><th>平均冲击功(不小于)/
J</th></tr>
<tr><td rowspan="2">R3</td><td>0</td><td>50</td></tr>
<tr><td>−20</td><td>30</td></tr>
<tr><td rowspan="2">R3S</td><td>0</td><td>53</td></tr>
<tr><td rowspan="2">−20</td><td>33</td></tr>
<tr><td>R4</td><td>36</td></tr>
</table>

5.7　连接普环

连接普环的热处理不应影响与其相邻链环的性能。热处理时与其相邻链环任意部位的温度不应超过 250℃。

每 100 m 长度的系泊链最多可使用 3 个连接普环。

6　试验方法

6.1　材料

系泊链用钢按附录 A 中 A.3 规定的试验方法进行检验。结果应符合 5.1 的要求。

6.2　试验条件

试验前，系泊链应采用喷丸的方法去除表面氧化物、油污或其他覆盖物。

6.3　破断

将试样安置在拉力试验机上，施加表 2 规定的破断负荷，保持 30 s，卸去破断负荷后检查链环。结果应符合 5.2 的要求。

6.4　拉力

链节上的链环逐个进行拉力试验，也可将同一批产品的链环和附件单个或几个连接在一起进行。

将试件安置在试验机上，试件中各链环及附件的相对位置应正确，不应搓扭。然后，施加表 2 规定的拉力负荷。卸去拉力负荷后，用目测的方法逐个检查链环和附件。结果应符合 5.3 的要求。

6.5 加工质量

6.5.1 用目视和 GB/T 15822 规定的方法检验链环表面、链环所有焊接接头及其被电极夹持部位附近表面的质量。结果应符合 5.4.1 和 5.4.4 的要求。

6.5.2 按 GB/T 11345 规定的方法检验链环对焊接头的内部质量。对比试块的制作、检验等级、仪器调整和缺陷评定见附录 B。结果应符合 5.4.2 的要求。

6.5.3 拉力试验后，沿链环的纵向对称中心线，将链环分割成两半，用目视方法检查链环横档压痕区域的表面质量，再用通用量具分别测量链环焊缝和环背侧横档压痕深度。结果应符合 5.4.3 的要求。

6.5.4 应按 GB/T 15822 规定的方法检验附件的表面质量。结果应符合 5.4.5 的要求。

6.5.5 按 GB/T 6402 规定的方法检验附件的内部质量。对比试块的制作、检验等级和缺陷评定见附录 B。结果应符合 5.4.6 的要求。

6.6 尺寸和公差

6.6.1 用量具测量链环和附件的尺寸。结果应符合 5.5 的要求。

6.6.2 测量系泊链相连 5 个链环长度时，第 1 次测量前 5 个链环组，从第 2 次起 5 个链环中至少应包括前一组中的 2 环，如此测量至最后一个链环。测量时一般应对系泊链施加 5%～10% 的拉力负荷。位于拉力机固定装置中的链环可免于测量。结果应符合 5.5 的要求。

6.7 力学性能

6.7.1 硬度

6.7.1.1 在靠近链环焊缝处，横向截取 2 片试块，按 GB/T 4340 的规定制备硬度试样。

6.7.1.2 按 GB/T 4340 规定的方法检测硬度。在试样横截面相互垂直的直径方向上每隔 2 mm 进行室温下载荷为 98.07 N 的维氏硬度的测定，并绘制硬度分布图。结果应符合 5.6.1 的要求。

6.7.2 拉伸

6.7.2.1 链环的一个拉伸试样应从与链环闪光对焊焊缝相对的一侧截取，另一个拉伸试样从闪光对焊焊缝处截取并使焊缝位于试样的中央(R3 级系泊链不要求制备此试样)，试样位置见图 3。

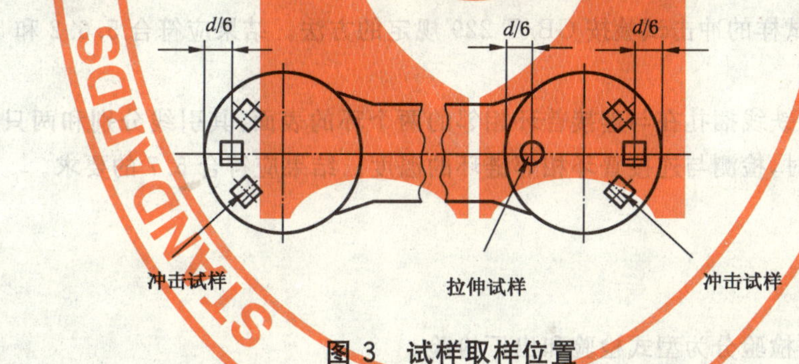

图 3 试样取样位置

和连接普环相同的方式制造的另一个链环按上述规定切取拉伸试样。

附件的拉伸试件应取自每批附件中公称直径最大的产品。应在其主载荷方向最大截面上按图 4、图 5 切取试样。

单位为毫米

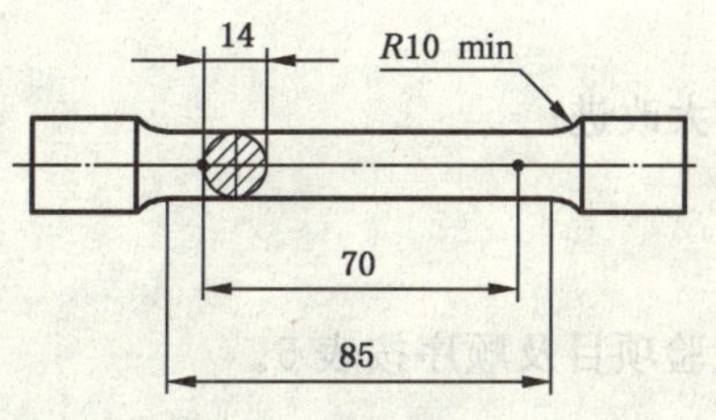

图 4 拉伸试样尺寸

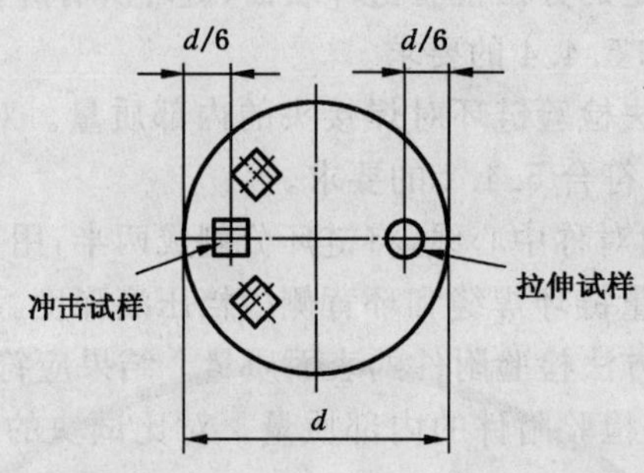

图 5 附件的拉伸、冲击试样取样位置

6.7.2.2 拉伸试样尺寸见图 4。

6.7.2.3 链环和附件试样的拉伸试验按 GB/T 228 规定的方法。结果应符合 5.6.2 的要求。

6.7.3 冲击

6.7.3.1 链环的第一组 3 块冲击试样取自于闪光对焊焊缝处并使焊缝位于试样的中央；

链环的第二组 3 块冲击试样取自闪光对焊焊缝相对的一侧；

链环的第三组 3 块冲击试样取自于环冠处。

试样取样位置见图 3。

和连接普环相同的方式制造的另一个链环按上述规定切取冲击试样。

附件的冲击试件应取自每批附件中公称直径最大的产品。应在其主载荷方向最大截面上按图 4、图 5 切取试样。

6.7.3.2 冲击试样尺寸按 GB/T 229 的规定。

6.7.3.3 链环和附件试样的冲击试验按 GB/T 229 规定的方法。结果应符合 5.6.2 和 5.6.3 的要求。

6.8 连接普环

两只热电偶分别用铁线捆扎在与连接普环相邻的两个环的表面，其引线分别和两只温度指示器连接，当连接普环热处理时，检测与连接普环相邻链环的温度。结果应符合 5.7 的要求。

7 检验规则

7.1 检验分类

系泊链及其附件的检验分为型式检验和出厂检验。

7.2 型式检验

7.2.1 检验时机

系泊链及其附件有下列情形之一时应进行型式试验：

a) 产品首次生产；

b) 产品转厂生产；

c) 产品结构、材料、工艺有较大改进；

d) 主管部门认为有必要。

7.2.2 检验项目及顺序

系泊链及其附件型式检验的检验项目及顺序按表 5。

表 5　检验项目

序号	检验项目名称		要求的章条号	检验方法的章条号	型式检验	出厂检验
1	材料		5.1	6.1	√	×
2	破断		5.2	6.3	√	√
3	拉力		5.3	6.4	√	√
4	加工质量		5.4	6.5	√	√
	其中:横档压痕		5.4.3	6.5.3	√	×
5	尺寸和公差		5.5	6.6	√	√
6	力学性能	硬度	5.6.1	6.7.1	√	×
		拉伸	5.6.2	6.7.2	√	√
		冲击	5.6.2、5.6.3	6.7.3	√	√
7	连接普环		5.7	6.8	√	○
注:√——检验项目,×——不检项目,○——协商检验项目。						

7.2.3　检验样品数量

7.2.3.1　每一级别的系泊链应取同一钢厂制造的最大公称直径的产品进行检验。

7.2.3.2　链节和附件中试样的组成见表 6。

表 6　取样数量

序号	检验项目名称		取样数量		
			链节	连接普环	附件
1	破断		1组,由相邻的3个普通链环组成	连接普环数量的50%	1个
2	拉力		逐个链环		逐个附件
3	尺寸和公差		不少于链环数量的5%		1个
4	加工质量	外观	逐个链环	逐个环	逐个附件
		焊接接头及电极夹持部位的表面;附件内部	逐个链环		逐个附件
		可见表面	不少于链环数量的10%		逐个附件
		横档的焊缝处	如焊接横档,不少于链环数量的50%		—
5	力学性能	硬度	1个环		—
		拉伸	2个试样	连接普环数量的50%,每个环取2个试样	1个试样
		冲击	3组,每组3个试样	连接普环数量的50%,每个环取3组,每组3个试样	1组,由3个试样组成
6	连接普环		—	与连接普环相邻的2个环	
注:公称链径132 mm以上的破断试验试样可由1个环组成。					

7.2.3.3 用与连接普环相同的材料、生产工艺和热处理条件另外制造的另一链环专门用于连接普环的拉伸、冲击试验。

7.2.4 判定规则

7.2.4.1 系泊链的型式检验项目全部符合要求，则判定系泊链型式检验合格。若有个别项目不符合要求，允许重新取样复验，若复验仍不符合要求，则判定系泊链型式检验不合格。

附件的型式检验若有不符合要求的项目，则判定附件的型式检验不合格。

7.2.4.2 如果系泊链破断试验不符合要求，允许在同一链节上加倍取样复验。若复验仍不符合要求，则判定系泊链型式检验不合格。

7.2.4.3 如果系泊链拉力试验中有一环断裂，应在失效环的两边各取一组破断试样进行破断试验。若复验仍有一组试样不符合要求，则判定系泊链型式检验不合格。

7.2.4.4 如果链环焊接接头有裂纹、划伤等缺陷，可采用打磨的方法去除，打磨深度不超过链径的5%，打磨后的链环应重新进行磁粉检验。如果缺陷依然存在，则判定系泊链型式检验不合格。

7.2.4.5 如果链环的链径、长度、宽度、横档的对中不符合要求，则将这些尺寸分别与其左右各20个链环的相应尺寸作比较。如果其中有2个以上链环的同一尺寸不符合要求，则应对所有链环的该尺寸进行测量，如果仍有不符合要求的链环，则判定系泊链型式检验不合格。

如果五环长度小于规定的最小值，可用不大于1.1倍拉力负荷的负荷予以拉长，经拉长处理的系泊链的编号和试验负荷应在检验报告中注明。如果五环长度超过规定的最大值，则判定系泊链型式检验不合格。

7.2.4.6 如果系泊链拉伸试验不符合要求，可从同一试件中加倍取样进行复验。如果复验中任何一个试样不符合要求，则判定系泊链型式检验不合格。

7.2.4.7 如果系泊链冲击试验不符合要求，允许从同一试件中再取1组试样进行复验。将复验结果与原来的结果相加得到一个新的平均值，如果该值不低于规定的平均值，而且在这6个参与平均的单值中，低于规定平均值的单值不超过2个且只有1个单值低于该平均值的70%，则判定系泊链型式检验合格。否则，判定系泊链型式检验不合格。

7.3 出厂检验

7.3.1 检验项目及顺序

系泊链及其附件出厂检验的检验项目及顺序按表5。

7.3.2 抽样方案

7.3.2.1 系泊链及其附件的检验按链节和附件分别组批。同一级别、同一炉号、同一公称链径、同一炉热处理的链节为一批；同一级别、同一炉号、同一炉热处理、公称链径相差不超过25 mm、数量不多于25个的附件为一批。

7.3.2.2 在每批链节中按表7规定的取样间距确定试样数量，试样的组成按表6。

表7 链节取样间距

公称链径/mm	最大取样间距/m	公称链径/mm	最大取样间距/m
34～48	91	99～111	198
49～60	110	112～124	222
61～73	131	125～137	250
74～85	152	138～149	274
86～98	175	150～152	297

7.3.2.3 制造与连接普环材料相同、生产工艺相同、热处理条件相同，且数量相等的链环专门用于连接普环的拉伸、冲击试验。

7.3.3 判定规则

7.3.3.1 系泊链的出厂检验项目全部符合要求，判定出厂检验合格。若有个别项目不符合要求，允许重新取样或修复后复验一次，若复验仍不符合要求，则判定系泊链出厂检验不合格。

附件的出厂检验若有不符合要求的项目，则判定该批附件出厂检验不合格。

7.3.3.2 如果系泊链破断试验不符合要求，允许在同一链节上再取两组试样进行附加破断试验。若复验仍有一组试样不符合要求，则判该链节代表的这批系泊链出厂检验不合格。

7.3.3.3 如果系泊链拉力试验中有一环断裂，可在失效环的两边各取一组破断试样进行破断试验。两组破断试样中任一组试验结果不符合要求，则判该节系泊链出厂检验不合格。

7.3.3.4 链环焊接接头有裂纹、划伤等缺陷可采用打磨的方法去除。打磨深度不超过链径的5%，打磨后的链环应重新进行磁粉检验。如果缺陷依然存在，则该链环应予切除。

如果超声探伤发现链环焊接接头有不符合要求的缺陷，则该链环应予切除。

7.3.3.5 如果链环的链径、长度、宽度、横档的对中不符合要求，则应将这些尺寸分别与其左右各20个链环的相应尺寸作比较。如果其中有2个以上链环的同一尺寸不符合要求，则应对所有链环的该尺寸进行测量，不合格的链环应予切除。

如果五环长度小于规定的最小值，可用不大于1.1倍拉力负荷的负荷予以拉长，经拉长处理的系泊链的编号和试验负荷应在检验报告中注明。如果五环长度超过规定的最大值，则超长的链环应予切除。

7.3.3.6 如果系泊链拉伸试验不符合要求，可从同一试件中加倍取样进行复验。如果复验中任何一个试样不符合要求，则判该试样代表的一批链环出厂检验不合格。

如果系泊链冲击试验不符合要求，可从同一试件中再取1组试样进行复验。将复验结果与原来的结果相加得到一个新的平均值，如果该值不低于规定的平均值，而且在这6个参与平均的单值中，低于规定平均值的单值不超过两个，且只有1个单值低于该平均值的70%，则判定系泊链出厂检验合格。否则，判该批链环出厂检验不合格。

7.3.4 连接普环

出厂检验不符合要求的系泊链允许使用连接普环。

连接普环热处理后应重新进行破断、拉力、尺寸和公差、加工质量和力学性能试验。

8 标志和文件

8.1 标志

8.1.1 系泊链应在下述位置的链环的横档或环背上打上标志：

a) 系泊链的始端和末端；

b) 不大于100 m的每一间距处；

c) 连接普环；

d) 与连接普环或卸扣相邻的链环；

e) 系泊链连续长度上每个炉号的第一个和最后一个普通链环。

8.1.2 系泊链每一附件应打标志。

8.1.3 系泊链的标志内容：

a) 制造厂代号；

b) 系泊链级别代号；

c) 系泊链的公称链径。

8.1.4 连接普环除应按8.1.3作标志外还应加注一个该链环专有的标志，与其相邻的链环横档或环背上也应打上相同的标志。连接普环的标志应在证书中予以注明。

8.1.5 附件上所有可拆卸的部件均应打上系列编号。

8.2 文件

8.2.1 系泊链应随产品提供下列文件一套：

a) 尺寸检查、试验和检验报告；

b) 无损检测报告、制造过程记录以及任何校正和修整的记录；

c) 连接普环的位置和数量的记录；

d) 制造系泊链的材料质量保证书。

8.2.2 每节系泊链应出具合格证书。所有文件均应注明该证书的编号。

附 录 A

（规范性附录）

系泊链用热轧圆钢

A.1 分级

系泊链用热轧圆钢（以下简称圆钢）按其抗拉强度分为 R3、R3S、R4 共三级，其分级见表 A.1。

A.2 要求

A.2.1 化学成分

圆钢的化学成分按供需双方合同规定，其中 R4 级圆钢中钼的含量不少于 0.2%。

A.2.2 力学性能

A.2.2.1 圆钢的力学性能应符合表 A.1 的规定。

表 A.1 圆钢的力学性能

级别	屈服点 σ_2 不小于/ (N/mm²)	抗拉强度 σ_b 不小于/ (N/mm²)	伸长率 δ_5 不小于/ %	断面收缩率 Ψ 不小于/ %	夏比 V 型缺口冲击试验	
					试验温度/ ℃	平均冲击功不小于/ J
R3	410	690	17	50	0	60
					−20	40
R3S	490	770	15		0	65
					−20	45
R4	580	860	12		−20	50
注：屈服强度与抗拉强度的比值不大于 0.92。						

A.2.2.2 R3S 级和 R4 级圆钢的氢脆性能应符合公式（A.1）的要求：

$$\Psi_1/\Psi_2 \geqslant 0.85 \qquad \cdots\cdots\cdots\cdots\cdots(\text{A.1})$$

式中：

Ψ_1——未经低温处理的试样断面收缩率的数值，%；

Ψ_2——经低温处理的试样断面收缩率的数值，%。

A.2.3 尺寸和形状公差

圆钢的直径和圆度的允许偏差应按表 A.2 的规定。

表 A.2 圆钢的尺寸公差和圆度公差

单位为毫米

公称直径	直径偏差	圆度公差（$d_{max}-d_{min}$）
34～50	$^{+1.6}_{0}$	1.10
51～80	$^{+2.0}_{0}$	1.50
81～100	$^{+2.6}_{0}$	1.95
101～120	$^{+3.0}_{0}$	2.25
121～160	$^{+4.0}_{0}$	3.00

A.2.4 表面质量

圆钢表面不应有裂纹、折叠、结疤和夹杂等缺陷。

A.2.5 内在质量

圆钢内部不应有缩孔、裂纹和白点等缺陷。

A.2.6 低倍组织

圆钢在横向酸浸低倍组织试片上不应有肉眼可见的缩孔、气泡、裂纹、白点。

系泊链用钢的低倍组织的合格级别应按表 A.3 的规定。

表 A.3 低倍组织的合格级别

单位为级

低倍组织	中心疏松	一般疏松	偏析
合格级别不大于	2.0	2.0	2.0

A.2.7 奥氏体晶粒度

圆钢的奥氏体晶粒度不小于 6 级。

A.3 试验方法

A.3.1 化学成分

圆钢化学成分分析用试样的取样方法及部位按 GB/T 222 的规定。试样的化学分析一般按 GB/T 4336规定的方法。仲裁时按 GB/T 223.3、GB/T 223.5、GB/T 223.10、GB/T 223.11、GB/T 223.14、GB/T 223.16、GB/T 223.18、GB/T 223.24、GB/T 223.26、GB/T 223.63、GB/T 223.68和 GB/T 223.71 规定的方法。结果应符合 A.2.1 的要求。

A.3.2 力学性能

A.3.2.1 圆钢的拉伸试验按 GB/T 228 规定的方法。结果应符合 A.2.2.1 的要求。

A.3.2.2 圆钢的冲击试验按 GB/T 229 规定的方法。结果应符合 A.2.2.1 的要求。

A.3.2.3 圆钢的氢脆试验应在整个拉伸试验过程中始终小于 0.000 3/s 的应变速率进行直至断裂(对于直径 20 mm 试样拉伸试验时间近 10 min),测量低温处理前后的断面收缩率。结果应符合 A.2.2.2 的要求。

A.3.3 尺寸和形状公差

用量具测量圆钢的外形尺寸。结果应符合 A.2.3 的要求。

A.3.4 表面

系泊链用钢的磁粉探伤按 GB/T 15822 规定的方法。结果应符合 A.2.4 的要求。

A.3.5 内在

系泊链用钢的超声探伤按 GB/T 4162 规定的方法。结果应符合 A.2.5 的要求。

A.3.6 低倍组织

圆钢的低倍组织检验按 GB/T 226 规定的方法。缺陷评级按 GB/T 1979 规定。结果应符合A.2.6 的要求。

A.3.7 奥氏体晶粒度

圆钢的晶粒度测定按 GB/T 6394 规定的方法。结果应符合 A.2.7 的要求。

附 录 B
（规范性附录）
无 损 检 测

B.1 系泊链磁粉检验的质量要求

链环和附件磁粉探测结果，表面不应有下列现象：

a) 长度超过 1.6 mm 的径向线性磁痕或超过 3.2 mm 的轴向线性磁痕；

b) 长度超过 4.8 mm 的非线性磁痕；

c) 长度超过 1.6 mm 并列或首尾间隔 1.6 mm 或不足 1.6 mm 的非线性磁痕 4 条或更多；

d) 在长度不超过 150mm 的任一面积为 $4\times10^3 mm^2$ 的表面上有长度超过 1.6 mm 的磁痕 10 条或更多条。

B.2 超声检验

B.2.1 链环对接焊缝

B.2.1.1 对比试块

链环超声检验试块的制作应采用与被测试环直径、表面状况、化学成分和加工工艺近似的链环，试块应符合下列要求：

a) 在链环闪光对焊焊缝的表面由相互成 180°的弓形槽组成试块的两个对比反射体，一个槽靠近横档的内侧，另一个位于外侧；

b) 槽的最大宽度为 3 mm，深度为链环公称直径的 4%，但不大于 5 mm；

c) 槽的半径为 15 mm。

B.2.1.2 检验等级

检验等级为 GB/T 11345 规定的 B 级。

B.2.1.3 仪器调整

在对比试块焊缝表面一侧，采用公称折射角为 45°～70°的斜探头，调节增益使两个对比反射体上最大反射波幅为荧光屏满幅高度的 75%，并以此为基准波高。灵敏度提高 6 dB 代表评定灵敏度。在对比试块焊缝表面的另一侧重复此过程。

B.2.1.4 缺陷的评定

最大反射波幅超过评定线的缺陷为危害性的。

B.2.2 附件

B.2.2.1 对比试块

附件纵波检验用对比试块的当量平底孔直径为 3 mm。

B.2.2.2 检验等级

检验等级为 GB/T 6402 规定的 2 级。

B.2.2.3 缺陷的评定

最大反射波幅超过 GB/T 6402 规定的验收基准－6 dB 的缺陷为危害性的。

ICS 37.060.10
N 42

中华人民共和国国家标准

GB 20849—2007

35 mm 电影放映机的安全要求

Safety requirements for 35 mm motion-picture projectors

2007-01-18 发布　　　　2007-06-01 实施

中华人民共和国国家质量监督检验检疫总局
中国国家标准化管理委员会　发布

前 言

本标准的全部技术内容为强制性。

本标准由中国机械工业联合会提出。

本标准由秦皇岛视听机械研究所归口。

本标准由秦皇岛视听机械研究所负责起草。

本标准参加起草单位:南京金南影影视设备有限公司,上海八一精密机械有限公司,哈尔滨电影机械厂,广东珠江影视设备制造有限公司,上海3M中国有限公司,张家港市红叶视听器材有限公司,天津电影机械制造厂。

本标准主要起草人:俞季村。

35 mm电影放映机的安全要求

1 范围

本标准规定了35 mm电影放映机的安全要求及试验方法。

本标准适用于放映35 mm胶片的电影放映机。

2 术语和定义

下列术语和定义适用于本标准。

2.1

电影放映机 motion picture projector

放映电影胶片的设备。

2.2

Ⅰ类器具 class Ⅰ appliance

其电击防护不仅依靠基本绝缘而且包括一个安全防护措施的器具。其防护措施是万一基本绝缘失效时应确保易触及的导电部件不会带电，方法是将易触及的导电部件连接到设施固定布线中的接地保护导体。

2.3

额定电压 rated voltage

由制造厂为器具规定的电压。

2.4

额定频率 rated frequency

由制造厂为器具规定的频率。

3 试验的一般条件

3.1 按本标准进行的试验为型式试验。

3.2 设备和它的运动部件，都应处在正常使用中可能出现的最不利位置上进行试验。

3.3 试验在无强制对流空气且环境温度一般为20℃±5℃、相对湿度为70%～80%的场所内进行。

4 分类

在电击防护方面，本设备属于Ⅰ类器具。

5 安全要求

5.1 标志

设备应含下述内容的标志：

——额定电压(单位:V)；

——额定频率(单位:Hz)；

——额定输入功率(单位:W)；

——制造厂名称、商标；

——器具型号、规格。

5.2 对触及带电部件的防护

设备的结构和外壳应使其对意外触及带电部件有足够的防护。

5.3 电气强度

设备的电气强度应是足够的。绝缘应经受频率为 50 Hz 基本为正弦波 1 250 V 的试验电压 1 min 试验，在试验期间不应出现击穿。

5.4 稳定性

除固定式放映机以外，在一个表面例如地面或桌面上使用的设备，应有足够的稳定性。

5.5 结构

5.5.1 设备不应有在正常使用或用户维护期间能对用户造成危险的粗糙或锐利的棱边，也不应有用户易触到的自攻螺丝钉或其他紧固件暴露在外的尖端。

5.5.2 带有卤钨灯及高压放电灯的设备结构，应使得灯泡破碎时玻璃碎片不能从设备内部飞出。

5.6 内部布线

5.6.1 布线的保护应使它们不与那些可能引起绝缘损坏的毛刺、冷却用翅片或类似的棱缘接触。

5.6.2 应有效地防止布线与运动部件接触。

5.6.3 内部布线的线束应在适当位置上固定，线束中导线和端接点不应承受过压力，端接点不应有松动现象。

5.7 安全连锁装置的保护要求

对防止电击和能量危险的保护而言，当外罩、箱门等在打开或取下时，应能自动切断这类危险零部件的供电电源，包括火线和零线。

6 试验方法

6.1 标志

通过视检，检查其合格性。

6.2 对触及带电部件的防护

通过视检和下列试验来检查其合格性。

6.2.1 用不明显的力施加给图 1 所示的试验指，使试验指通过设备开口伸到允许的任何深度，并且在插入到任一位置之前、之中和之后，转动倾斜试验指，该试验指应不能触及带电部件。

6.2.2 用不明显的力施加给图 2 所示的试验销来穿越设备的各开口（通过灯头和插座中的带电部件的开口除外），该试验销应不能触及到带电部件。

6.3 电气强度

设备处于充分发热状态时，在不连接电源的情况下，设备按正常工作状态接线，将开关置于工作位置，在电源插头进线端和机壳导电部位之间施加 50 Hz 基本为正弦波的交流电，试验初始，施加的电压不超过规定电压值的一半，然后迅速升高至满值 1 250 V 并保持 1 min，观察有无击穿现象。

击穿试验装置的泄漏电流选择应设置在不大于 3.5 mA 一挡。

6.4 稳定性

设备不与电源连接，以使用中的任一正常放置状态（包括最不利的状态）放在一个与水平面成10°角的倾斜平面上，设备不应翻倒。

6.5 结构

通过视检，检查其合格性。

6.6 内部布线

通过视检，检查其合格性。

6.7 安全连锁装置的保护要求

通过操作试验，检查其合格性。

未注单位为毫米

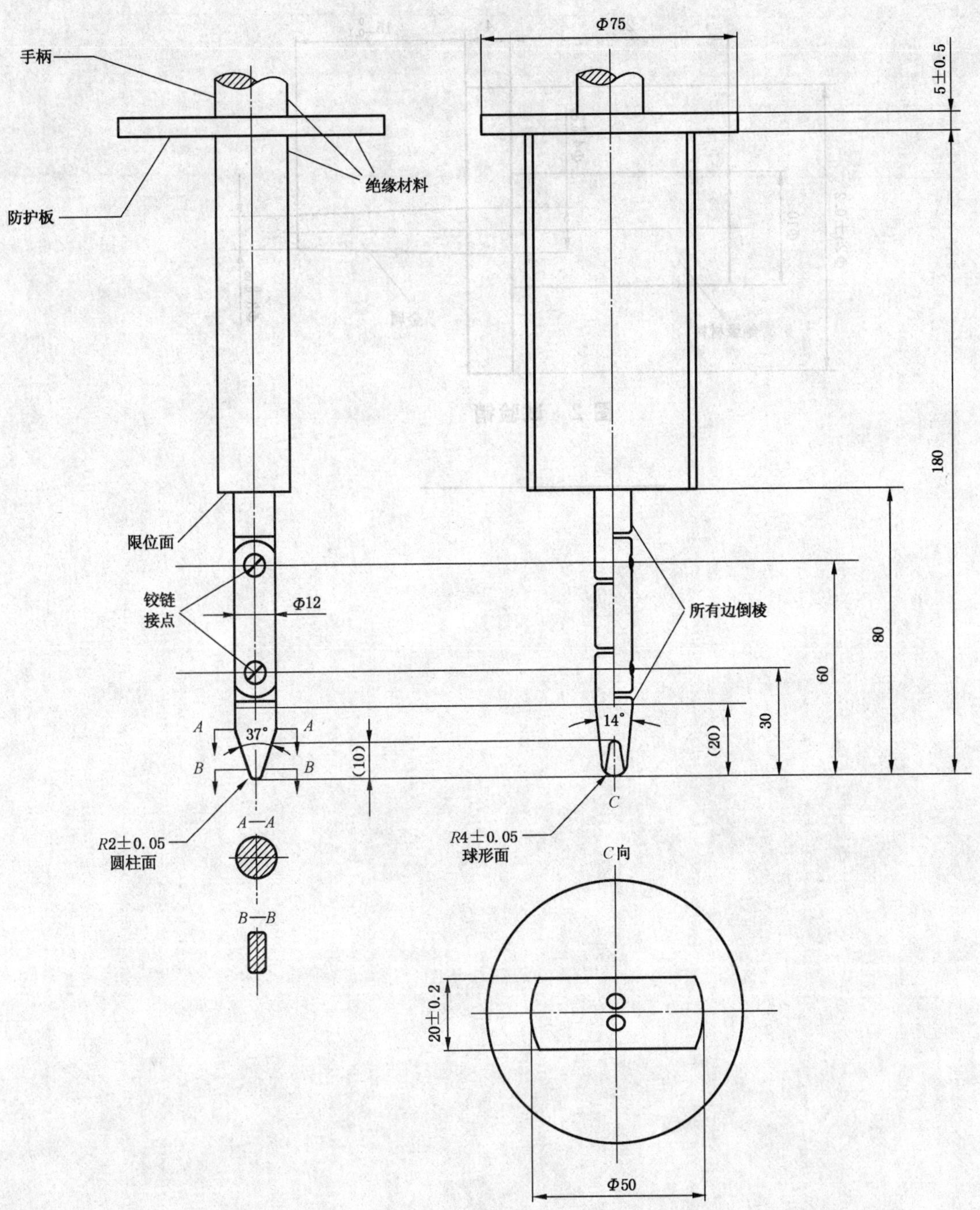

材料：金属，另有规定时除外。

没有规定公差的尺寸，其公差：

角度：$^{0}_{-10'}$

长度尺寸：≤25 为 $^{0}_{-0.05}$

＞25 为 $^{+0.2}_{-0.2}$

两个绞接点都应允许在同一平面上，以相同的方向运动 $90^{\circ}{}^{+10^{\circ}}_{0}$ 的范围内。

图 1　试验指

单位为毫米

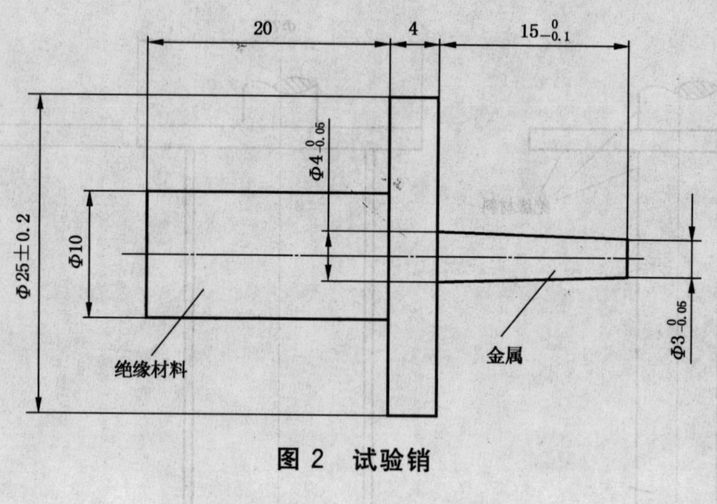

图 2 试验销

ICS 13.110
J 09

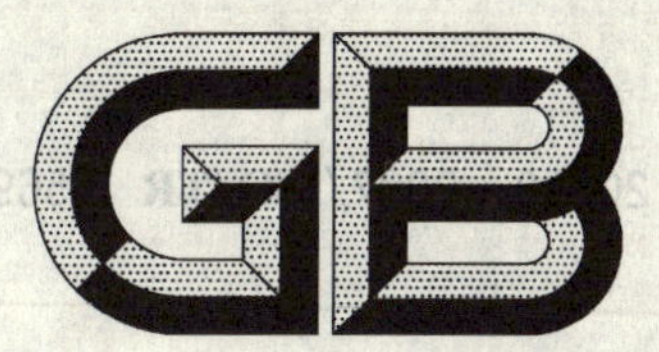

中华人民共和国国家标准

GB/T 20850—2007/ISO/TR 18569:2004

机械安全 机械安全标准的理解和使用指南

**Safety of machinery—
Guidelines for the understanding and use of safety of machinery standards**

(ISO/TR 18569:2004,IDT)

2007-03-02 发布 2007-09-01 实施

中华人民共和国国家质量监督检验检疫总局
中国国家标准化管理委员会 发布

前言

本标准是等同采用国际标准技术报告 ISO/TR 18569:2004《机械安全　机械安全标准的理解和使用指南》制定的。

本标准等同翻译 ISO/TR 18569,并做了编辑性修改,主要差异如下:

——“本国际标准”一词改为“本标准”;

——按照汉语习惯对一些编排格式进行了修改;

——取消了国际标准的前言,ISO/TR 18569 前言只是对标准起草和审批程序的说明,其存在与否对本标准的理解和使用没有影响;

——对于有关的国际标准和欧洲标准,尽量给出对应的国家标准;

——在表 1、表 2 和表 3 中插入一列对应的我国国家标准。

本标准的附录 A、附录 B、附录 C、附录 D 是资料性附录。

本标准由全国机械安全标准化技术委员会提出并归口。

本标准负责起草单位:机械科学研究总院中机生产力促进中心。

本标准参加起草单位:中国包装和食品机械总公司、南京食品包装机械研究所、长春试验机研究所、中联认证中心。

本标准主要起草人:李勤、聂北刚、王国扣、宁燕、居荣华、王学智、隰永才、张晓飞。

机械安全
机械安全标准的理解和使用指南

1 范围

本标准规定了机械安全各相关标准的提纲性内容。

本标准可为机械及相关设备的设计者和制造者提供帮助，特别是在缺少特定C类标准的情况下，能帮助设计者和制造者正确理解相关的机械安全标准。

注：本标准不涉及C类标准的内容。

2 机械安全标准的分类

2.1 A类标准（安全基础标准）

给出适用于所有机械的基本概念、设计原则和一般特性。

表1列出了中国标准、国际标准和等效的欧洲标准中A类标准对应的标准编号和名称。

表1 A类标准

中国标准	国际标准	等效的欧洲标准	标准名称
GB/T 15706.1	ISO 12100-1	EN ISO 12100-1	机械安全 基本概念与设计通则 第1部分：基本术语和方法
GB/T 15706.2	ISO 12100-2	EN ISO 12100-2	机械安全 基本概念与设计通则 第2部分：技术原则
GB/T 16856	ISO 14121	EN 1050	机械安全 风险评价的原则
—	—	EN 1070	机械安全 术语（本文件是取自于其他文件多种术语及定义的选集）

2.2 B类标准（安全通用标准）

B类标准涉及一种安全特征或一类使用范围较宽的有关安全的装置。

——B1类，特定的安全特征（如安全距离、表面温度和噪声）标准。

——B2类，安全装置（如双手操纵装置、联锁装置、压敏装置和防护装置）标准。

表2列出了中国标准、国际标准和等效的欧洲标准中B类标准对应的标准编号和名称。

表2 B类标准

中国标准	国际标准	等效的欧洲标准	标准名称
通用标准			
GB/T 16855.1	ISO 13849-1	EN 954-1	机械安全 控制系统有关安全部件 第1部分：设计通则
GB/T 16855.2	ISO 13849-2	EN ISO 13849-2	机械安全 控制系统有关安全部件 第2部分：确认
GB 16754	ISO 13850	EN 418	机械安全 急停 设计原则
GB/T 19671	ISO 13851	EN 574	机械安全 双手操纵装置 功能状况及设计原则

表 2（续）

中国标准	国际标准	等效的欧洲标准	标准名称
GB 12265.1	ISO 13852	EN 294	机械安全　防止上肢触及危险区的安全距离
GB 12265.2	ISO 13853	EN 811	机械安全　防止下肢触及危险区的安全距离
GB 12265.3	ISO 13854	EN 349	机械安全　避免人体各部位挤压的最小间距
GB/T 19876	ISO 13855	EN 999	机械安全　与人体部位接近速度相关防护设施的定位
GB/T 17454.1	ISO 13856-1	EN 1760-1	机械安全　压敏防护装置　第1部分：压敏垫和压敏地板设计和试验通则
—	ISO 13856-2	EN 1760-2	机械安全　压敏防护装置　第2部分：压敏边缘和压敏棒的设计和试验通则
GB/T 19670	ISO 14118	EN 1037	机械安全　防止意外启动
GB/T 18831	ISO 14119	EN 1088	机械安全　带防护装置的联锁装置　设计和选择原则
GB/T 8196	ISO 14120	EN 953	机械安全　防护装置 固定式和活动式防护装置设计与制造一般要求
GB 17888.1	ISO 14122-1	EN ISO 14122-1	机械安全　进入机器和工业设备的固定设施　第1部分：进入两级平面之间的固定设施的选择
GB 17888.2	ISO 14122-2	EN ISO 14122-2	机械安全　进入机器和工业设备的固定设施　第2部分：工作平台和通道
GB 17888.3	ISO 14122-3	EN ISO 14122-3	机械安全　进入机器和工业设备的固定设施　第3部分：楼梯、阶梯和护栏
GB 17888.4	ISO 14122-4	EN ISO 14122-4	机械安全　进入机器和工业设备的固定设施　第4部分：固定式直梯
GB/T 18569.1	ISO 14123-1	EN 626-1	机械安全　减小由机械排放的危害性物质对健康的风险　第1部分：用于机械制造商的原则和规范
GB/T 18569.2	ISO 14123-2	EN 626-2	机械安全　减小由机械排放的危害性物质对健康的风险　第2部分：产生验证程序的方法学
GB 19891	ISO 14159	EN ISO 14159	机械安全　机械设计的卫生要求
—	—	EN 1093-1	机械安全　空气中有害物质排放的评估　第1部分：试验方法的选择
—	—	EN 1093-3	机械安全　空气中有害物质排放的评估　第3部分：特定污染的排放率　实体污染物的试验台试验方法
—	—	EN 1093-4	机械安全　空气中有害物质排放的评估　第4部分：排气系统的俘获效率　示踪法
—	—	EN 1093-6	机械安全　空气中有害物质排放的评估　第6部分：通过质量来测定非导管出口的分离效率

表 2（续）

中国标准	国际标准	等效的欧洲标准	标准名称
—	—	EN 1093-7	机械安全　空气中有害物质排放的评估　第 7 部分:通过质量来测定导管出口的分离效率
—	—	EN 1093-8	机械安全　空气中有害物质排放的评估　第 8 部分:试验带法测定污染物的浓缩参数
—	—	EN 1093-9	机械安全　空气中有害物质排放的评估　第 9 部分:室内法测定污染物的浓缩参数
—	—	EN 1093-11	机械安全　空气中有害物质排放的评估　第 11 部分:净化指数
—	—	EN 1127-1	爆炸性环境　爆炸防止和防护　第 1 部分:基本概念和方法
—	—	EN 12198-1	机械安全　机械辐射产生的风险的评价和降低　第 1 部分:总则
—	—	EN 12198-2	机械安全　机械辐射产生的风险的评价和降低　第 2 部分:辐射测量规程
—	—	EN 12198-3	机械安全　机械辐射产生的风险的评价和降低　第 3 部分:通过衰减或屏蔽降低辐射
电气标准			
GB 5226.1	IEC 60204-1	EN 60204-1	机械安全　机械电气设备　第 1 部分:通用技术条件
GB/T 15969.1	IEC 61131-1	EN 61131-1	可编程序控制器　第 1 部分:通用信息
GB/T 15969.2	IEC 61131-2	EN 61131-2	可编程序控制器　第 2 部分:设备特性
GB/T 15969.3	IEC 61131-3	EN 61131-3	可编程序控制器　第 3 部分:编程语言
—	IEC 61131-7	EN 61131-7	可编程序控制器　第 7 部分:模糊控制编程
—	IEC/TR 61131-8	—	可编程序控制器　第 8 部分:编程语言的执行和应用指南
GB 18209.1	IEC 61310-1	EN 61310-1	机械安全　指示、标志和操作　第 1 部分:关于视觉、听觉和触觉信号的要求
GB 18209.2	IEC 61310-2	EN 61310-2	机械安全　指示、标志和操作　第 2 部分:标志要求
GB 18209.3	IEC 61310-3	EN 61310-3	机械安全　指示、标志和操作　第 3 部分:操作件的位置和操作的要求
GB/T 19436.1	IEC 61496-1	EN 61496-1	机械安全　电敏防护装置　第 1 部分:一般要求和试验
GB/T 19436.2	IEC 61496-2	—	机械安全　电敏防护装置　第 2 部分:使用有源光电防护器件(AOPDs)设备的特殊要求
—	IEC 61496-3	EN 61496-3	机械安全　电敏防护装置　第 3 部分:引起漫反射有源光电保护装置的特殊要求(AOPDDR)

表 2（续）

中国标准	国际标准	等效的欧洲标准	标准名称
流体动力标准			
GB/T 3766	ISO 4413	EN 982	液压系统通用技术条件（EN 名称：机械安全 对流体系统及其部件的安全要求 液压装置）
GB/T 7932	ISO 4414	EN 983	气动系统通用技术条件（EN 名称：机械安全 对流体系统及其部件的安全要求 气动装置）
振动标准			
—	—	EN 1032	机械振动 测定移动式机械整体振动排放值的试验 概述
—	—	EN 1033	手-臂振动 手导式机械的把手平面振动的试验室测定 概述
电磁兼容性标准（EMC）			
—	—	EN 50081-1	电磁兼容性 一般排放标准 第 1 部分：居民区、商业区和轻工业区
—	—	EN 50081-2	电磁兼容性 一般排放标准 第 2 部分：工业环境
—	—	EN 50082-1	电磁兼容性 一般抗扰度标准 第 1 部分：居民区、商业区和轻工业区
GB/T 17626.2	IEC 61000-4-2	EN 61000-4-2	电磁兼容 试验和测量技术 静电放电抗扰度试验
GB/T 17626.3	IEC 61000-4-3	EN 61000-4-3	电磁兼容 试验和测量技术 射频电磁场辐射抗扰度试验
GB/T 17626.4	IEC 61000-4-4	EN 61000-4-4	电磁兼容 试验和测量技术 电快速瞬变脉冲群抗扰度试验
GB/T 17626.5	IEC 61000-4-5	EN 61000-4-5	电磁兼容 试验和测量技术 浪涌（冲击）抗扰度试验
GB/T 17626.8	IEC 61000-4-8	EN 61000-4-8	电磁兼容 试验和测量技术 工频磁场抗扰度试验
GB/T 17626.11	IEC 61000-4-11	EN 61000-4-11	电磁兼容 试验和测量技术 电压暂降、短时中断和电压变化的抗扰度试验
GB/T 17799.2	IEC 61000-6-2	EN 61000-6-2	电磁兼容 通用标准 工业环境中的抗扰度试验
声学标准			
GB/T 14367	ISO 3740	EN ISO 3740	声学 噪声源声功率级的测定 基础标准使用指南
GB/T 6881.1	ISO 3741	EN ISO 3741	声学 声压法测定噪声源声功率级 混响室精密法
GB/T 6881.2	ISO 3743-1	EN ISO 3743-1	声学 声压法测定噪声源声功率级 混响场中小型可移动声源工程法 第 1 部分：硬壁测试室比较法

表 2（续）

中国标准	国际标准	等效的欧洲标准	标 准 名 称
GB/T 6881.3	ISO 3743-2	EN ISO 3743-2	声学 声压法测定噪声源声功率级 混响场中小型可移动声源工程法 第2部分:专用混响测试室法
GB/T 3767	ISO 3744	EN ISO 3744	声学 声压法测定噪声源声功率级 反射面上方近似自由场的工程法
GB/T 6882	ISO 3745	EN ISO 3745	声学 噪声源声功率级的测定 消声和半消声室精密法
GB/T 3768	ISO 3746	EN ISO 3746	声学 声压法测定噪声源声功率级 反射面上方采用包络测量表面的简易法
GB/T 16538	ISO 3747	EN ISO 3747	声学 声压法测定噪声源声功率级 使用标准声源简易法
GB/T 14574	ISO 4871	EN ISO 4871	声学 机器和设备噪声发射值的标示和验证
GB/T 16404	ISO 9614-1	EN ISO 9614-1	声学 声强法测定噪声源的声功率级 第1部分:离散点上的测量
GB/T 16404.2	ISO 9614-2	EN ISO 9614-2	声学 声强法测定噪声源的声功率级 第2部分:扫描测量
GB/T 16404.3	ISO 9614-3	EN ISO 9614-3	声学 声强法测定噪声源的声功率级 第3部分:扫描测量精密法
GB/T 17248.1	ISO 11200	EN ISO 11200	声学 机器和设备发射的噪声 测定工作位置和其他指定位置发射声压级的基础标准使用导则
GB/T 17248.2	ISO 11201	EN ISO 11201	声学 机器和设备发射的噪声 工作位置和其他指定位置发射声压级的测量 一个反射面上方近似自由场的工程法
GB/T 17248.3	ISO 11202	EN ISO 11202	声学 机器和设备发射的噪声 工作位置和其他指定位置发射声压级的测量 现场简易法
GB/T 17248.4	ISO 11203	EN ISO 11203	声学 机器和设备发射的噪声 由声功率级确定工作位置和其他指定位置的发射声压级
GB/T 17248.5	ISO 11204	EN ISO 11204	声学 机器和设备发射的噪声 工作位置和其他指定位置发射声压级的测量 环境修正法
—	ISO 11205	EN ISO 11205	声学 机器和设备发射的噪声 用声强在工作位置和其他指定位置现场测定发射声压级的工程法
—	ISO/TR 11688-1	EN ISO 11688-1	声学 低噪声机器和设备设计的推荐实用规程 第1部分:计划
GB/T 17249.1	ISO 11690-1	EN ISO 11690-1	声学 低噪声工作场所设计指南 噪声控制规划
GB/T 17249.2	ISO 11690-2	EN ISO 11690-2	声学 低噪声工作场所设计指南 第2部分:噪声控制措施
GB/T 19052	ISO 12001	EN ISO 12001	声学 机器和设备发射的噪声 噪声测试规范起草和表述的准则

表 2（续）

中国标准	国际标准	等效的欧洲标准	标 准 名 称
		人类工效学标准	
GB/T 16251	ISO 6385	ENV 26385	工作系统设计的人类工效学原则
GB/T 17244	ISO 7243	EN 27243	热环境 根据 WBGT 指数(湿球黑球温度)对作业人员热负荷的评价
GB/T 5703	ISO 7250	EN ISO 7250	用于技术设计的人体测量基础项目
GB/T 934	ISO 7726	EN 27726	高温作业环境气象条件测定方法
GB/T 18049	ISO 7730	EN ISO 7730	中等热环境 PMV 和 PPD 指数的测定及热舒适条件的规定
—	ISO 7933	EN 12515	热环境人类工效学 利用预热变形的计算值进行热应力的分析测定和说明
GB/T 18048	ISO 8996	EN 28996	人类工效学 代谢产热量的测定
GB/T 18978.1	ISO 9241-1	EN ISO 9241-1	使用视觉显示终端(VDTs)办公的人类工效学要求 第 1 部分:概述
GB/T 18978.2	ISO 9241-2	EN 29241-2	使用视觉显示终端(VDTs)办公的人类工效学要求 第 2 部分:任务要求指南
—	ISO 9241-3	EN 29241-3	使用视觉显示终端(VDTs)办公的人类工效学要求 第 3 部分:视觉显示要求
—	ISO 9241-4	EN ISO 9241-4	使用视觉显示终端(VDTs)办公的人类工效学要求 第 4 部分:键盘要求
—	ISO 9241-5	EN ISO 9241-5	使用视觉显示终端(VDTs)办公的人类工效学要求 第 5 部分:工作台布置和位置要求
—	ISO 9241-6	EN ISO 9241-6	使用视觉显示终端(VDTs)办公的人类工效学要求 第 6 部分:工作环境指南
—	ISO 9241-7	EN ISO 9241-7	使用视觉显示终端(VDTs)办公的人类工效学要求 第 7 部分:反射显示要求
—	ISO 9241-8	EN ISO 9241-8	使用视觉显示终端(VDTs)办公的人类工效学要求 第 8 部分:显示彩色要求
—	ISO 9241-9	EN ISO 9241-9	使用视觉显示终端(VDTs)办公的人类工效学要求 第 9 部分:非键盘输入装置的要求
GB/T 18978.10	ISO 9241-10	EN ISO 9241-10	使用视觉显示终端(VDTs)办公的人类工效学要求 第 10 部分:对话原则
GB/T 18978.11	ISO 9241-11	EN ISO 9241-11	使用视觉显示终端(VDTs)办公的人类工效学要求 第 11 部分:可用性指南
—	ISO 9241-12	EN ISO 9241-12	使用视觉显示终端(VDTs)办公的人类工效学要求 第 12 部分:信息表达
—	ISO 9241-13	EN ISO 9241-13	使用视觉显示终端(VDTs)办公的人类工效学要求 第 13 部分:用户指南
—	ISO 9241-14	EN ISO 9241-14	使用视觉显示终端(VDTs)办公的人类工效学要求 第 14 部分:菜单对话

表 2（续）

中国标准	国际标准	等效的欧洲标准	标 准 名 称
—	ISO 9241-15	EN ISO 9241-15	使用视觉显示终端(VDTs)办公的人类工效学要求 第 15 部分:命令对话
—	ISO 9241-16	EN ISO 9241-16	使用视觉显示终端(VDTs)办公的人类工效学要求 第 16 部分:直接处理对话
—	ISO 9241-17	EN ISO 9241-17	使用视觉显示终端(VDTs)办公的人类工效学要求 第 17 部分:填表对话
—	ISO 9355-1	EN 894-1	显示器和控制致动器设计的人类工效学要求 第 1 部分:人与显示器和控制致动器的相互作用
—	ISO 9355-2	EN 894-2	显示器和控制致动器设计的人类工效学要求 第 2 部分:显示器
—	—	EN 894-3	机械安全 显示器和控制制动器设计的人类工效学要求 第 3 部分:控制致动器
—	ISO 9886	EN ISO 9886	人类工效学 热疲劳生理学测定的评价
—	ISO 9920	EN ISO 9920	热环境人类工效学 服装热绝缘和蒸发阻尼效果的评价
—	ISO 9921	EN ISO 9921	人类工效学 对语言通讯设备的评价
GB/T 15241	ISO 10075	EN ISO 10075-1	人类工效学 与心理负荷相关的术语
GB/T 15241.2	ISO 10075-2	EN ISO 10075-2	与心理负荷相关的工效学原则 第 2 部分:设计原则
—	ISO 10075-3	EN ISO 10075-3	与心理负荷相关的人类工效学原则 第 3 部分:有关测量和评定心理负荷的原则和要求
GB/T 18977	ISO 10551	EN ISO 10551	热环境人类工效学 使用主观判定量表评价热环境的影响
—	ISO 11064-1	EN ISO 11064-1	控制中心的人类工效学设计 第 1 部分:控制中心的设计原则
—	ISO 11064-2	EN ISO 11064-2	控制中心的人类工效学设计 第 2 部分:控制序列排列原则
—	ISO 11064-3	EN ISO 11064-3	控制中心的人类工效学设计 第 3 部分:控制室布置
—	ISO/TR 11079	ENV ISO 11079	冷环境评价 服装绝缘要求的测定(IREQ)
—	ISO 11226	EN 1005-4	人类工效学 工作状态标定值的评价(EN 名称:机械安全 人体物理性能 第 4 部分:有关机器工作状态和运动的评价)
—	—	EN 1005-3	机械安全 人体物理性能 第 3 部分:机械操作用推荐力限值
—	ISO 11228-1	EN 1005-2	人类工效学 人工搬运 第 1 部分:提升和搬运(EN 名称:机械安全 人体物理性能 第 2 部分:机器和机器部件的人工搬运)
—	—	EN 1005-1	机械安全 人体物理性能 第 1 部分:术语和定义

表 2（续）

中国标准	国际标准	等效的欧洲标准	标 准 名 称
—	ISO 11399	EN ISO 11399	热环境人类工效学　有关国际标准的原则和应用
GB 1251.2	ISO 11428	EN 842	人类工效学　险情视觉信号　一般要求、设计和检验(EN 名称:机械安全　可视危险信号　一般要求、设计和试验)
GB 1251.3	ISO 11429	EN 981	人类工效学　险情和非险情声光信号体系(EN 名称:机械安全　危险信号的视听系统)
—	ISO 12894	EN ISO 12894	热环境人类工效学　暴露于极热或极冷环境时个人的医学观察
—	ISO 13406-1	EN ISO 13406-1	平板视觉显示工作的人类工效学要求　第 1 部分:概述
—	ISO 13406-2	EN ISO 13406-2	平板视觉显示工作的人类工效学要求　第 2 部分:平板显示的人类工效学要求
GB/T 18976	ISO 13407	EN ISO 13407	以人为中心的交互系统设计过程
—	ISO 13731	EN ISO 13731	热环境人类工效学　词汇和符号
GB/T 18153	—	EN 563	机械安全　可接触表面温度　确定热表面温度限值的工效学数据
—	ISO 14738	EN ISO 14738	机械安全　机器工作间设计的人体测量要求
—	ISO 14915-1	EN ISO 14915-1	多用户接口的软件人类工效学　第 1 部分:设计原则和结构
—	ISO 14915-3	EN ISO 14915-3	多用户接口的软件人类工效学　第 3 部分:媒体的选型和组合
GB/T 18717.1	ISO 15534-1	EN 547-1	用于机械安全的人类工效学设计　第 1 部分:全身进入机械的开口尺寸确定原则(EN 名称:机械安全　人体测量　第 1 部分:全身进入机械的开口尺寸确定原则)
GB/T 18717.2	ISO 15534-2	EN 547-2	用于机械安全的人类工效学设计　第 2 部分:人体局部进入机械的开口尺寸确定原则(EN 名称:机械安全　人体测量　第 2 部分:人体局部进入机械的开口尺寸确定原则)
GB/T 18717.3	ISO 15534-3	EN 547-3	用于机械安全的人类工效学设计　第 3 部分:人体测量数据(EN 名称:机械安全　人体测量　第 3 部分:人体测量尺寸)
—	ISO 15535	EN ISO 15535	确定人体测量基础数据的一般要求
—	ISO 15536-1	EN ISO 15536-1	人类工效学　计算机模拟和人体造型　第 1 部分:一般要求
—	ISO 15537	EN ISO 15537	用于工业产品和设计方面人体测量的检验人员和选择原则

2.3 **C 类标准**(专业机械安全标准)

对一种特定的机器或一组机器规定出详细的安全要求。

注：本标准中不涉及C类标准。

2.4 **概述——基本流程图和流程配置**(见图 1)

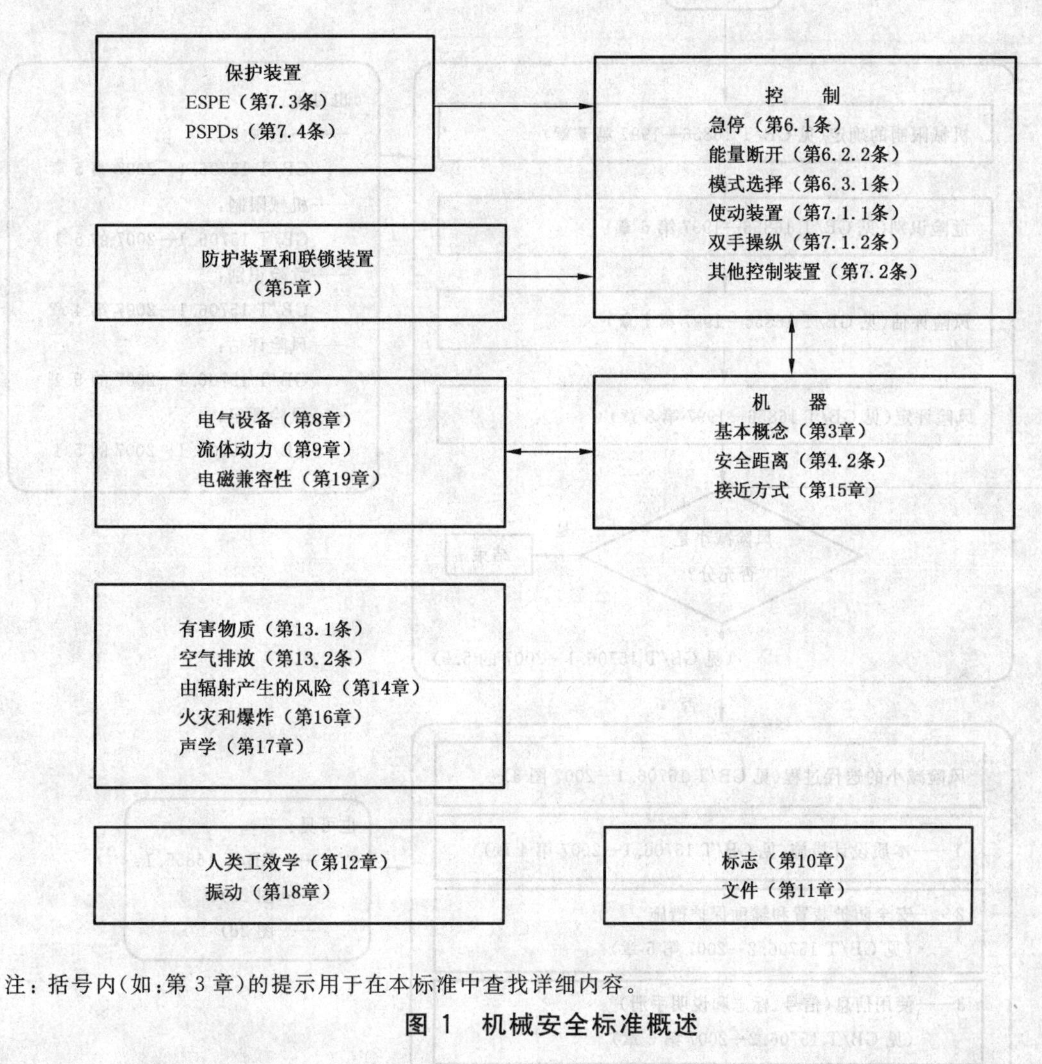

注：括号内(如：第 3 章)的提示用于在本标准中查找详细内容。

图 1 机械安全标准概述

3 基本概念、原则和要求

达到机械安全的基本途径在图 2a)、图 2b)、图 2c)和图 2d)中给出，这些途径包括采用保护措施(包括安全功能)减小风险的思想，用于风险评价/风险减小的迭代方法以及安全功能(控制系统有关安全部件)的选择与确认。在图 2a)和图 2c)左上角的方框内，描述了风险评价过程的基本步骤(详见 GB/T 16856《机械安全　风险评价的原则》)。图 2b)描述了采用包括安全功能(控制系统有关安全部件)在内的保护措施来减小风险的思想。图 2c)描述了减小风险的基本程序(详见 GB/T 15706.1—2007 的图 2)。图 2d)描述了保护措施被确定为控制系统有关安全部件时的确定过程。

本标准其余部分给出了由制造者承担的分级减小风险措施：

1) 本质设计措施；

2) 防护装置和辅助保护措施；

3) 使用信息。

关于使用信息的更多细节见 GB/T 15706.1—2007 的第 5 章，GB/T 15706.2—2007 的第 6 章以及本标准的第 11 章。

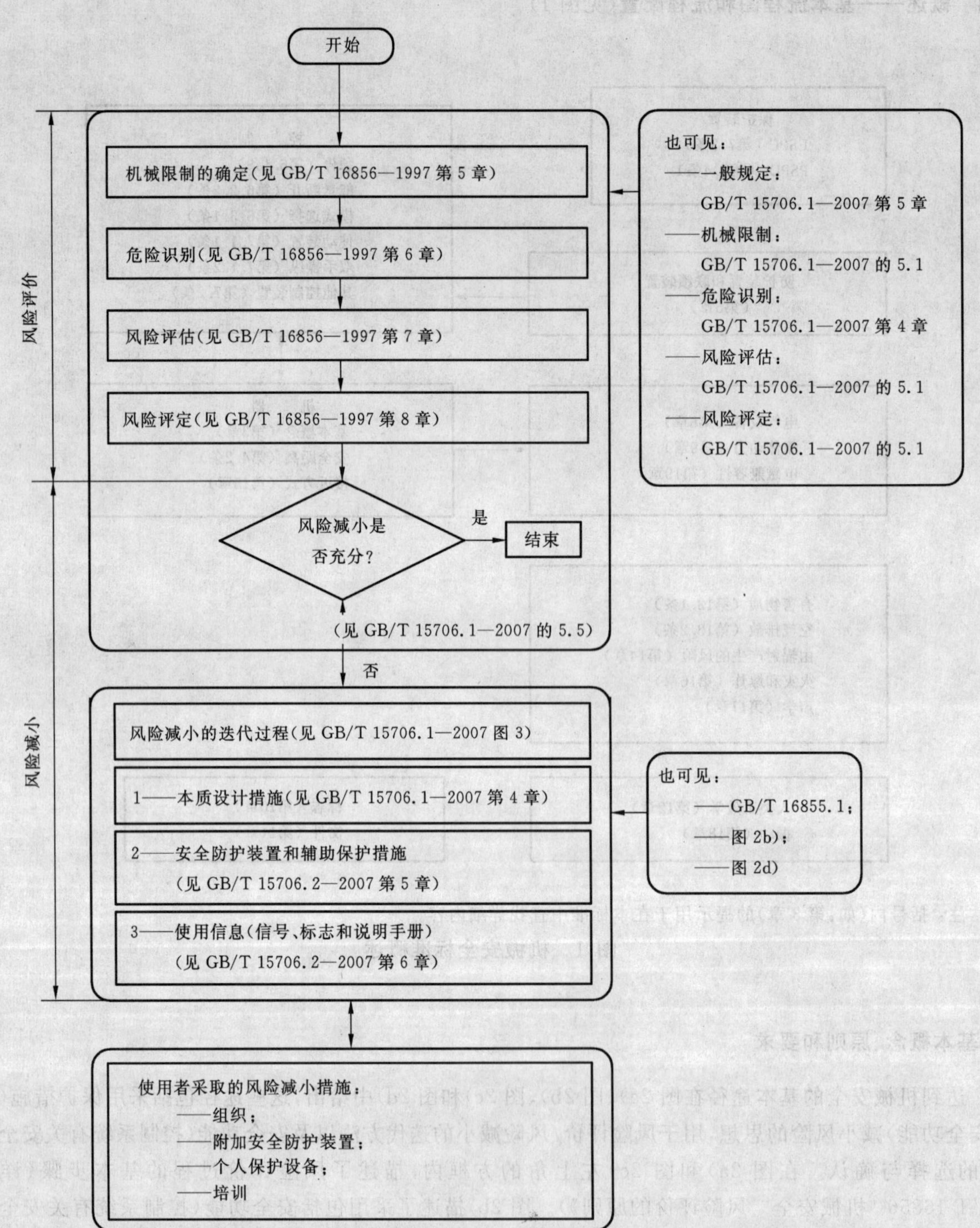

图 2a)　风险评价和风险减小的基本图解

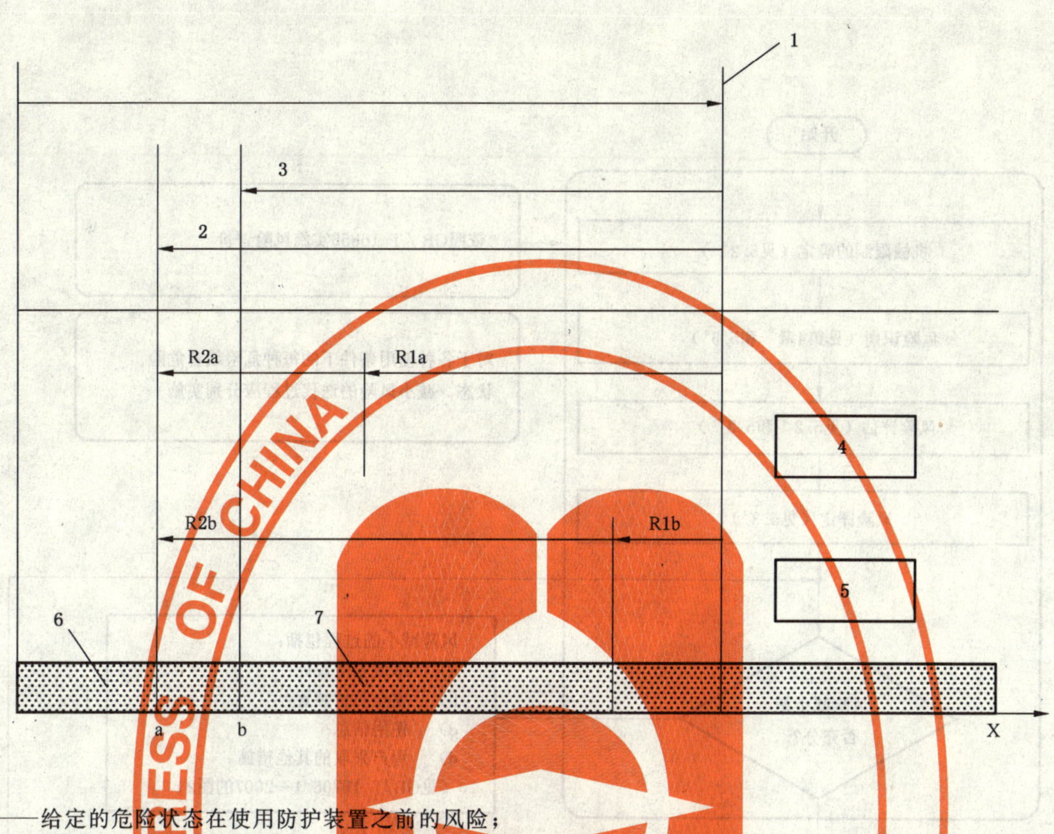

1——给定的危险状态在使用防护装置之前的风险；

2——实际的风险减小；

3——由保护措施实现的风险减小；

4——方案 a：减小风险的主要途径是机械方法(如封闭式工具)，其次是借助控制系统有关安全部件(SRP/CS)来实现；

5——方案 b：减小风险的主要途径是借助控制系统有关安全部件(SRP/CS)(如光幕)，其次是机械方法来实现；

6——可接受；

7——不可接受；

X——风险；

a——遗留风险；

b——可接受的风险；

R1——SRP/CS 以外的保护措施实现的风险减小；

R2——由 SRP/CS(GB/T 16855.1 范围内)的安全功能实现的风险减小；

SRP/CS——控制系统有关安全部件。

风险减小的详细信息见 GB/T 15706。

图 2b) 采用保护措施(包括安全功能)实现风险减小的概念

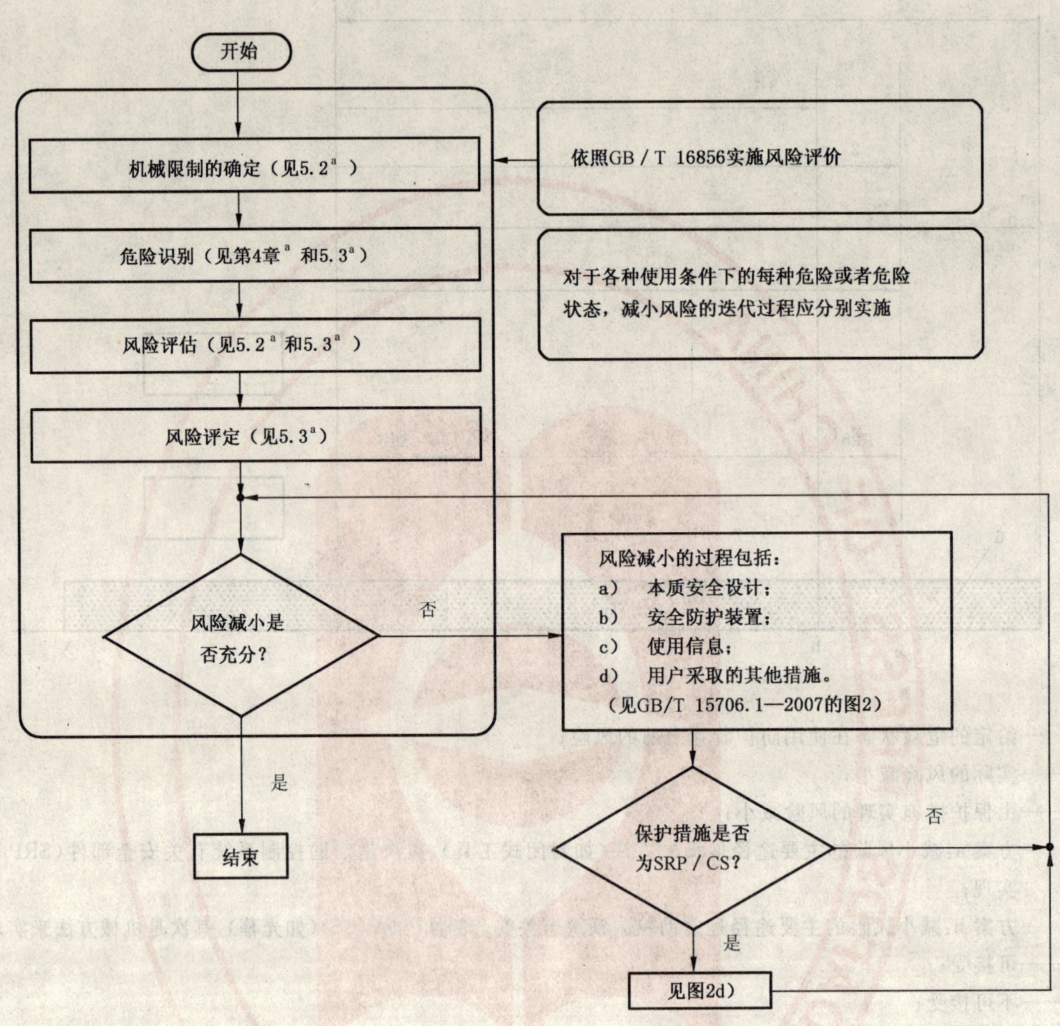

SRP/CS——控制系统有关安全部件。

[a] 参见 GB/T 15706.1—2007 相应条款。

图 2c） 选择保护措施的迭代过程

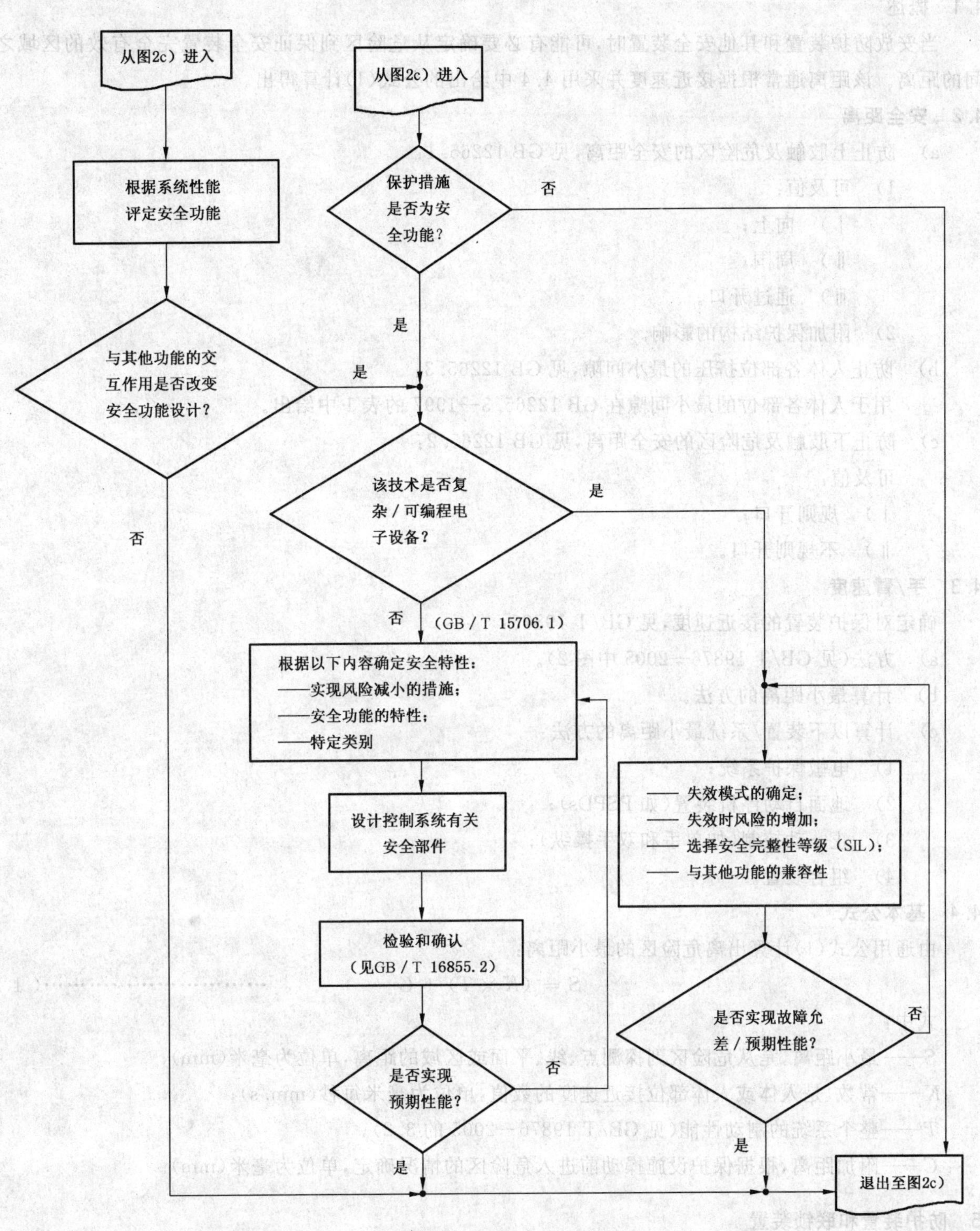

图 2d） 安全功能确定和验证的过程

4 安全距离和手/臂速度

4.1 概述

当安放防护装置和其他安全装置时,可能有必要确定从危险区到保证安全装置完全有效的区域之间的距离。该距离通常根据接近速度并采用4.4中给出的公式(1)计算得出。

4.2 安全距离

a) 防止上肢触及危险区的安全距离,见GB 12265.1:

1) 可及值:

ⅰ) 向上;

ⅱ) 周围;

ⅲ) 通过开口。

2) 附加保护结构的影响。

b) 防止人体各部位挤压的最小间隙,见GB 12265.3:

用于人体各部位的最小间隙在GB 12265.3—1997的表1中给出。

c) 防止下肢触及危险区的安全距离,见GB 12265.2:

可及值:

ⅰ) 规则开口;

ⅱ) 不规则开口。

4.3 手/臂速度

确定对保护装置的接近速度,见GB/T 19876:

a) 方法(见GB/T 19876—2005中图2)。

b) 计算最小距离的方法。

c) 计算以下装置/系统最小距离的方法:

1) 电敏保护系统;

2) 地面自动停机装置(如PSPDs);

3) 止—动控制(如单手和双手操纵);

4) 组合装置。

4.4 基本公式

由通用公式(1)计算出离危险区的最小距离:

$$S = (K \times T) + C \qquad (1)$$

式中:

S——最小距离,是从危险区到探测点、线、平面或区域的距离,单位为毫米(mm);

K——常数,是人体或人体部位接近速度的数值,单位为毫米每秒(mm/s);

T——整个系统的制动性能(见GB/T 19876—2005的3.2);

C——附加距离,根据保护设施操动前进入危险区的情况确定,单位为毫米(mm)。

5 防护装置和联锁装置

5.1 概述

最常用的安全防护装置是防护装置。操作和维修机器过程中有必要“打开”防护装置时,防护装置通常为联锁状态,因此能使防护装置覆盖的危险状态“停止”或防止其“启动”。由于危险运动的停止时间或防护装置与危险区之间的距离不够充分而需要附加保护时,可能需要使用防护锁。

5.2 防护装置

a) 基本定义,见 GB/T 15706.1—2007:
   1) 防护装置(GB/T 15706.1—2007 中 3.25);
   2) 固定式防护装置(GB/T 15706.1—2007 中 3.25.1);
   3) 活动式防护装置 (GB/T 15706.1—2007 中 3.25.2);
   4) 可调式防护装置 (GB/T 15706.1—2007 中 3.25.3);
   5) 联锁防护装置(GB/T 15706.1—2007 中 3.25.4);
   6) 带防护锁的联锁防护装置(GB/T 15706.1—2007 中 3.25.5);
   7) 可控防护装置 (GB/T 15706.1—2007 中 3.25.6)。

b) 选择,见 GB/T 15706.2—2007 中图 1。

c) 要求,见 GB/T 15706.2—2007 中 4.2.2。

d) 详细要求,见 GB/T 8196—2003:
   1) 定义(GB/T 8196—2003 第 3 章);
   2) 设计和结构要求(GB/T 8196—2003 第 5 章和第 7 章);
   3) 类型选择(GB/T 8196—2003 第 6 章);
   4) 安全要求的检验(GB/T 8196—2003 第 8 章);
   5) 使用说明书(GB/T 8196—2003 第 9 章)。

5.3 联锁装置

a) 定义,见 GB/T 15706.1—2007 中 3.26.1。

b) 要求,见 GB/T 15706.2—2007 中 5.2.2,5.2.3,5.3.2.3,5.3.2.5。

c) 详细要求,见 GB/T 18831:
   1) 定义;
   2) 操作原理;
   3) 设计要求;
   4) 电气联锁装置附加要求;
   5) 选择。

d) GB 5226.1—2002 有关联锁装置的参考:
   1) 定义,见 GB 5226.1—2002 中 3.29;
   2) 其他参考,见 GB 5226.1—2002 中 5.3.1,6.2.2 b),9.2.5.1,9.2.5.2,9.3.1,9.3.3,9.3.4,9.4.1,9.4.2.3。

6 安全功能

6.1 急停

涉及急停要求的标准:GB 16754 和 GB 5226.1。

其他要求见 GB/T 15706.2 和 GB/T 16855.1。

a) 基本要求,见 GB 16754:
   1) 0 类停机;
   2) 1 类停机。

b) 急停装置:
   1) 概述
      ⅰ) GB/T 15706.2—2007 的 6.1.1;
      ⅱ) GB 5226.1—2002 的 10.7;
      ⅲ) GB 16754—1997 的 4.3~4.5;
      ⅳ) IEC 60947-5-5。

2） "机械"式控制

见 GB 16754。

3） "电气"式控制

具体内容见 GB 5226.1—2002 以下章节：

ⅰ） 5.3.3:电源断开(隔离)装置；

ⅱ） 9.2.2:停止功能；

ⅲ） 9.2.4:安全防护功能暂停；

ⅳ） 9.2.5.4:紧急操作；

ⅴ） 10.2.1:颜色；

ⅵ） 表 2:按扭操动器的颜色代码及其含义；

ⅶ） 表 3:指示灯的颜色及其相对于机械状态的含义；

ⅷ） 10.4:光标按扭；

ⅸ） 10.7：急停器件；

ⅹ） 表 F.1:应用选择。

4） "流体"式控制

液压装置见 GB/T 3766；

气压装置见 GB/T 7932；

还可参考 GB 16754。

6.2 能源断开和防止意外启动

6.2.1 概述

减小由能量和危险情况意外启动引起的风险的方法。

6.2.2 能量断开

a） GB/T 19670—2005 中：

——定义,见 3.3；

——用于断开和能量释放的方法。

b） GB 5226.1—2002 中 5.3.2。

6.2.3 防止意外启动

a） GB/T 19670—2005 中：

——定义,见 3.2；

——防止意外启动的其他方法:监控,见 6.4。

b） GB 5226.1—2002 中 5.4,9.4.3.1。

6.3 模式选择、降低速度和监控

6.3.1 模式选择

GB 5226.1—2002 中 9.2.3,9.2.4。

6.3.2 降低速度

见 GB/T 15706.2—2007 中 4.11.10。

6.3.3 监控

见 GB/T 15706.2—2007 中 4.12.1,4.12.2,5.3.2.3;GB 5226.1—2002 中 7.5～7.9,9.2.5.5,9.4.3.1。

7 保护装置

7.1 使动装置和双手操纵装置

7.1.1 使动装置

a） 定义,见 GB/T 15706.1—2007 中 3.26.2。

b） 要求,见 GB 5226.1—2002 中 9.2.5.8。

使动装置作为系统的组成部分,仅限于驱动某一个位置时,其设计允许产生运动或其他危险状态。而在其他位置,危险状态则被安全的锁定。使动装置自行运作不会产生危险状态。需要使动装置时,要求与0类或1类停止功能相连接(见GB 5226.1—2002中9.2.2)。使动装置的设计应符合人类工效学原则,防止简单失效。

c) 使动装置的类型:

1) 两位置型式:

ⅰ) 位置1:开关的断开功能(操动器不按下);

ⅱ) 位置2:使动功能(操动器按下)。

2) 三位置型式:

ⅰ) 位置1:关闭功能(操动器不按下);

ⅱ) 位置2:启动功能(操动器按到其中间位置);

ⅲ) 位置3:关闭功能(操动器按到超过中间位置)。

从位置3返回到位置2时,使动功能不能起作用。

7.1.2 双手操纵装置

a) 定义,见GB/T 15706.1—2007中3.26.4和GB/T 19671—2005中3.1。

b) 要求,双手操纵装置有3种类型,其选择可通过风险评价来确定。这应包括以下特点:

1) 类型Ⅰ——此类型要求:

ⅰ) 需要双手同时致动的双手操纵装置的规定;

ⅱ) 危险状态过程中的连续致动;

ⅲ) 危险状态仍然存在时,通过释放其中一个操纵装置来停止机器运转。

2) 类型Ⅱ——类型Ⅰ的一种操纵,机器运转重新启动之前,要求同时松开双手。

3) 类型Ⅲ——类型Ⅱ的一种操纵,操纵装置需要同时驱动时的要求如下:

ⅰ) 双手同时操纵不超过一定时间间隔(见GB/T 19671—2005中附录B);

ⅱ) 超过时间限定时,应在启动运转之前释放双手操纵装置。

类型Ⅲ又分为ⅢA、ⅢB和ⅢC(见GB/T 19671—2005中表1;也可见GB 5226.1—2002中9.2.5.7)。

c) GB/T 19671描述如下:

1) 双手操纵装置的类型及其选用;

2) 安全功能的特性;

3) 与控制类别相关的要求;

4) 可编程电子系统的使用;

5) 意外操作和不当使用的预防;

6) 一般要求;

7) 检验;

8) 使用信息;

9) 标志。

7.2 止—动装置、自动停机装置、机械抑制装置、限制和有限运动装置

7.2.1 止—动控制装置

定义,见GB/T 15706.1—2007中3.26.3。

要求,见GB 5226.1—2002中9.2.5.6,10.2。

7.2.2 自动停机装置

要求,见GB/T 15706.2—2007中5.2.1,5.2.2,5.2.3;GB 5226.1—2002中9.4.1;GB/T 17454。

7.2.3 机械抑制装置

定义,见GB/T 15706.1—2007中3.26.7。

7.2.4 限制装置

定义,见 GB/T 15706.1—2007 中 3.26.8;GB 5226.1—2002 中 3.30。

要求,见 GB 5226.1—2002 中 9.3.2。

7.2.5 有限运动控制装置

定义,见 GB/T 15706.1—2007 中 3.26.9。

要求,见 GB/T 15706.2—2007 中 4.11.10。

7.3 电敏保护设备(ESPE)

a) 定义

1) 电敏保护设备(ESPE)

保护性脱扣或现场敏感系统包含小型的:

——感应功能;

——系统控制功能;

——输出信号转换装置。

[GB/T 19436.1—2004 中 3.1]

注:与 ESPE 或其本身相关的有关安全控制系统,可能包括转换装置、二次转换装置、无噪声功能和停止运行监控器等,以帮助对 ESPE 各主要元件和有关安全控制系统相互关系的理解。方框示意图包括 GB/T 19436.1—2004 中图 A.1 和图 A.2 中所讲到的标准。

2) 有源光电保护装置(AOPD)

一种通过光电子发射和接收元件完成感应功能的装置,他探测特定区域内出现不透明物体时在装置内光线的中断。

[GB/T 19436.2—2004 中 3.201]

b) 一般要求(GB/T 19436.1—2004)

1) 功能和设计要求:

ⅰ) 类型 2;

ⅱ) 类型 4。

2) 试验。

3) 抗电击保护。

4) 识别标志和安全使用。

5) 使用信息。

6) ESPE 的可选功能(GB/T 19436.1—2004 中附录 A)。

7) 单一故障目录(GB/T 19436.1—2004 中附录 B)。

c) AOPDs 的特殊要求(GB/T 19436.2,附加要求见 GB/T 19436.1)

1) 功能和设计要求;

2) 试验;

3) 抗电击保护;

4) 识别标志和安全使用;

5) 使用信息。

7.4 压敏保护装置(PSPDs)

GB/T 17454《机械安全 压敏防护装置》:

a) 第 1 部分:压敏垫和压敏地板设计和试验通则

用于保护装置的压敏垫和压敏地板的要求(对于成年人体重应为 35 kg 以上,儿童体重应为 20 kg以上):

——形状、尺寸;

——致动力；
——响应时间；
——静力；
——操作次数；
——传感器的输出状态；
——输出信号开关装置对致动力的响应；
——进入；
——调整；
——环境条件；
——动力源；
——电气设备；
——外壳；
——类别(也可见 GB/T 16855.1)；
——传感器的固定；
——防绊倒；
——表面条件；
——标记；
——使用信息；
——试验。

b) 第 2 部分:压敏边缘和压敏棒设计与试验的一般原则
有或没有外部重调工具的压敏边缘和压敏棒的要求：
——合适装置选择的基础数据；
——工作类型；
——有效感应场；
——致动力；
——致动和超行程；
——力；
——响应时间；
——操作次数；
——传感器输出；
——重调；
——环境条件；
——动力源；
——附件；
——类别(也可见 GB/T 16855.1)；
——标记；
——使用信息；
——试验。

8 电气设备

GB 5226.1—2002《机械安全 机械电气设备 第 1 部分:通用技术条件》是基本的电气标准,它参考了 50 个其他标准,覆盖了全部机械电气设备。

a) GB 5226.1—2002 的主要内容：

——基本要求(电源、物理环境、搬运、运输);

——引入电源线端接法和切断开关;

——电击的防护;

——电气设备的保护(过电流、过载负荷、异常温度和超速);

——等电位连接(接地);

——控制电路和控制功能;

——操作板和安装在机械上的控制器件;

——电子设备;

——控制设备;

——导线和电缆;

——配线技术;

——电动机及有关设备;

——附件和照明;

——警告标志和项目代号;

——技术文件;

——试验。

b) 与机械/设备有关的电气标准:

——GB 755,GB/T 4942.1,GB/T 13002:旋转电机;

——GB/T 4772.1,GB/T 4772.2:旋转电机的尺寸和输出系列;

——GB 1094.5:电力变压器;

——GB/T 11918:工业用插头插座和耦合器;

——GB 16895.21,IEC 60364-4-46,IEC 60364-4-47,IEC 60364-4-473,GB 16895.3:建筑物电气装置;

——GB/T 5465.2:用于设备的图形符号,适用于在线订购公共数据库的形式;

——GB 7251.1:低压开关设备和控制设备组装;

——GB/T 4026:设备端子和特定导线的线端标识,包括字母数字系统的一般规则;

——GB 7947:通过颜色和数字识别导线;

——GB/T 4205:人机界面(MMI) ——操作规则;

——GB 4208:外壳防护等级(IP 代码);

——GB 14048.2,GB 14048.3,GB 14048.4,GB 14048.5,GB 14048.7:低压开关设备和控制设备;

——GB/T 6988.1,GB/T 6988.2,GB/T 6988.3,GB/T 6988.4:电气技术用文件的编制;

——GB/T 17045:电击防护。

c) IEC 61131,可编程序控制器:

——一般资料(第 1 部分);

——设备要求和试验(第 2 部分);

——编程语言(第 3 部分);

——应用指南;

——用户指南;

——模糊控制编程(第 7 部分);

——编程语言的应用和实现导则(第 8 部分:技术报告)。

d) IEC 61508-1——电气/电子/可编程电子相关系统的功能安全　第 1 部分:一般要求。

9 流体动力系统及其元件

a) GB/T 7932:气压动力。

b) GB/T 3766:液压动力。

1) 危险清单。

2) 设计的基本要求:

ⅰ) 汽缸;

ⅱ) 阀门;

ⅲ) 能量传输和条件;

ⅳ) 系统保护;

ⅴ) 顺序控制;

ⅵ) 伺服/比例控制系统。

3) 检验。

4) 使用信息。

10 标志、警告装置、信号和符号、驱动原理

a) 概述

GB/T 15706.2—2007 第 6 章。

b) 标记

1) GB/T 15706.2—2007 中 6.4。

2) GB 5226.1—2002 中 3.34 (定义),5.2,5.4,9.1.4,10.2.2,第 17 章。

3) GB 18209.2—2000(标志要求):

ⅰ) 识别标志和安全标志(第 4 章);

ⅱ) 标志应用(第 5 章);

ⅲ) 连接标志(第 6 章);

ⅳ) 标志及其连接的耐久性(第 7 章)。

(也可见 GB/T 16273,GB 2894)。

c) 项目代号

GB 5226.1—2002 中 3.45,17.5(同时参见 GB/T 13534,GB/T 5094,GB/T 5094.2)。

d) 警告和信号装置

1) GB 18209.1—2000(视觉、听觉和触觉信号):

ⅰ) 有关安全信息的说明(第 4 章);

ⅱ) 信息编码(第 5 章)。

2) GB 5226.1—2002 中 10.3,17.2。

e) 信号和符号

1) GB/T 15706.2—2007 中 5.3。

2) GB 18209.1—2000:

ⅰ) 与致动器操作有关的图形符号;

ⅱ) 安全信号(第 7 章)。

3) GB 5226.1—2002 中 5.3,6.2.2,6.2.4,17.2。

4) GB/T 4025:由颜色和辅助工具指示装置和致动器的编码。

5) GB/T 5465.2:用于设备的图形符号,适用于在线订购公共数据库的形式。

6) GB/T 5465.1—1996:图形符号绘制的一般原则。

7） GB 2894—1996:安全颜色和安全信号。

8） GB/T 1252—1989:图形符号　箭头的使用。

9） GB/T 16273:用于设备的图形符号、索引和一览表。

10） GB 10396:农林拖拉机和机械、草坪和园艺动力机械　安全标志和危险图形　总则。

f） 致动原理

1） GB 5226.1—2002 中 5.3.3;

2） GB 18209.3。

11 文件

11.1 使用信息

a） GB/T 15706.2—2007 中 6.5:随机文件要求(如使用说明书);

b） GB/T 15706.1—2007 中 5.5:残余风险报告和警告用户;

c） 用于特殊附加要求的相关标准。

11.2 技术文件

a） 概述

说明书:GB/T 15706.2。

b） 电气

1） IEC 60027,电气技术用文字符号:

第 1 部分:总则;

第 2 部分:电信和电子学;

第 3 部分:对数的量和单位;

第 4 部分:旋转电机用量的符号。

2） GB 5226.1—2002 第 18 章:电气文件。

3） GB/T 4728,示意图的图形符号:

——总则;

——符号要素、限定符号及其他常用符号;

——导体和连接件;

——基础无源元件;

——半导体管和电子管;

——电能的发生和转换;

——开关、控制和保护器件;

——测量仪表、灯和信号器;

——电信:交换和外围设备;

——电信:传输;

——建筑安装平面布置图;

——二进制逻辑元件;

——模拟元件。

4） GB/T 6988,电气技术用文件的编制:

第 1 部分:一般要求(文件编制的组成部分,一般制图原则);

第 2 部分:功能性简图(概述、功能和线路图);

第 3 部分:接线图和接线表;

第 4 部分:位置文件和安装文件。

5） GB/T 5094.1,结构原则与参照代号:

第 1 部分：基本原则；

第 2 部分：项目的分类与分类码。

c） 机械

1） ISO 31，量和单位：

第 1 部分：空间和时间；

第 2 部分：周期及其现象；

第 3 部分：力学；

第 4 部分：热学；

第 5 部分：电学和磁学；

第 6 部分：光及其电磁辐射；

第 7 部分：声学；

第 8 部分：物理化学和分子物理学；

第 9 部分：原子和核物理学；

第 10 部分：核反应和电离辐射；

第 11 部分：物理科技使用的数学标记和符号；

第 12 部分：特征数；

第 13 部分：固体物理。

2） ISO 128：技术制图　画法的一般原则。

3） ISO 129：技术制图　尺寸。

4） GB/T 148：写字纸和打印材料的等级　外形尺寸　A 类和 B 类。

5） ISO 286，ISO 极限和配合制：

第 1 部分：公差、偏差和配合的基础；

第 2 部分：孔和轴标准公差等级和极限偏差表。

6） ISO 406：技术制图　线性公差和角度尺寸。

7） ISO 1000：SI 单位（国际单位制）及其多种使用方法和其他特定单位的使用建议。

8） ISO 1101：技术制图　几何公差。

9） ISO 1219-1：液压系统及其部件　图形符号。

10） GB/T 1804，一般公差：

第 1 部分：未注公差的线性公差和角度尺寸公差；

第 2 部分：未注公差要素的几何公差。

11） ISO 3098，技术制图　文字：

第 0 部分：一般要求；

第 2 部分：拉丁字母表、数字和符号；

第 3 部分：希腊字母表；

第 4 部分：用于拉丁字母表的区分标记和特殊标记；

第 5 部分：拉丁字母表、数字和符号的 CAD 文字。

12） ISO 3461-1，GB/T 5465.1：图形符号创造的一般原则。

13） ISO 5455：技术制图　比例尺。

14） ISO 5457：技术产品文件　图纸的尺寸和布局。

15） ISO 5458：产品几何技术规范（GPS）几何公差　位置公差标注。

16） ISO 5459：技术制图　几何公差　几何公差的数据和数据系统。

d） 信号和符号

1） GB/T 16273，设备用图形符号：

第 1 部分：视图和应用；

第 2 部分：符号原形。

2） GB 18209.1—2000：

ⅰ） 有关致动器操作的图形符号(第 6 章)；

ⅱ） 安全信号(第 7 章)。

3） ISO 3461-1：制定图形符号的一般原则。

4） ISO 3864：安全颜色和安全信号。

5） ISO 4196：图形符号　箭头的使用。

6） GB/T 16273：设备用图形符号　索引和一览表。

12 人类工效学

12.1 术语和一般原则

EN 614-1，人类工效学设计原则　术语和一般原则。

12.2 人体尺寸

a） GB/T 18717，用于机械安全的人类工效学设计：

第 1 部分：全身进入机械的开口尺寸确定原则；

第 2 部分：人体局部进入机械的开口尺寸确定原则；

第 3 部分：人体测量数据。

b） ISO 7250 (EN ISO 7250)：用于技术设计的人体测量基础项目。

c） ISO 14738：机械安全　机械工作站设计的人体测量要求。

12.3 可接触表面

GB/T 18153，可接触表面的温度　确定热表面温度限值的工效学数据。

12.4 显示器、控制致动器

a） ISO 9355 (EN 894)，(机械安全)显示器和控制致动器设计的人类工效学要求：

第 1 部分：人与显示器和控制致动器的相互作用；

第 2 部分：显示器。

b） EN 894-3，机械安全　显示器和控制致动器设计的人类工效学要求　第 3 部分：控制致动器。

12.5 视觉危险信号

GB 1251.2，人类工效学　险情视觉信号　一般要求、设计和检验。

12.6 听觉信号、视觉信号和语音传递

用于危险警告和听觉信号的信息(GB 1251.1)、视觉信号(GB 1251.2)和语音传递［ISO 9921 (EN ISO 9921)］，必须设计为使信号、语音快速、清晰地辨认(GB 1251.3)。

12.7 人体性能

a） ISO 11226 (EN 1005-4)，人类工效学　静止工作姿势的评价(EN 名称：机械安全　人体物理性能　第 4 部分：有关机器工作姿势和运动的评价)。

b） ISO 11228-1 (EN 1005-2)：人类工效学 人工搬运　第 1 部分：提升和运送(EN 名称：机械安全　人体物理性能　第 2 部分：机器和机器部件的人工搬运)。

c） EN 1005，人体物理性能：

第 1 部分：术语和定义；

第 3 部分：机械操作用推荐力限值。

12.8 人类工效学标准的应用

EN 13861：机械安全　机械设计中人类工效学标准应用指南。

13 有害物质和空气排放

13.1 有害物质

a) GB/T 18569.1,用于机械制造商的原则和规范:

1) 危害性物质。

2) 风险评价。

3) 排放类型:

ⅰ) 空中排放;

ⅱ) 非空中排放。

4) 消除或减小风险的要求和(或)措施。

5) 使用和维护信息。

b) GB/T 18569.2,检验程序的指导方法:

1) 方法学:

ⅰ) 危害性物质的识别;

ⅱ) 排放特性;

ⅲ) 关键因素的识别;

ⅳ) 规定特征参数。

2) 验证。

13.2 空气排放

空气中有害物质排放的评估。

a) EN 1093-1,试验方法的选择。

可采用机器中有害物质排放的评估定义参数,为适合于试验方法的选择提供依据:

1) 评价参数;

2) 试验方法的类型;

3) (试验方法)选择的依据。

b) EN 1093-3,采用实际污染中特定污染排放率的测量　分组试验法。

分组试验法是在特定操作条件下的试验设备中,用于空气中特定的有害物质排放率的测量。

c) EN 1093-4,采用示踪材料法测定俘获效率。

用于测定安装在机器中排气系统俘获效率的一种方法。该方法以示踪技术为基础,并可在环境的全部试验类型中进行操作(分组试验法、室内试验法和现场试验法,见 EN 1093-1)。

d) EN 1093-6,通过未经管道流出的质量评价分离效率。

e) EN 1093-7,通过经管道流出的质量评价分离效率。

f) EN 1093-8,污染物的浓度参数　分组试验法。

g) EN 1093-9,污染物的浓度参数　室内试验法。

h) EN 1093-11,净化指数。

14 由辐射产生的风险

EN 12198-1,机械安全　机械辐射风险的评价和降低　第 1 部分:总则。

EN 12198-2,机械安全　机械辐射风险的评价和降低　第 2 部分:辐射测量规程。

EN 12198-3,机械安全　机械辐射风险的评价和降低　第 3 部分:通过衰减或屏蔽降低辐射。

a) 定义:

1) 功能辐射(EN 12198-1:2000 中 3.1);

2) 不良辐射(EN 12198-1:2000 中 3.2)。

b) 辐射类型(EN 12198-1:2000 中表 1):

   1) 电磁场:静电、低频;

   2) 电磁波:无线电频波、红外线、可视辐射线、紫外线、X 射线、γ 射线。

c) 辐射发射的特性。

d) 风险评价。

e) 按辐射水平划分机器。

f) 防护措施。

g) 检验的一致性。

h) 使用信息。

注:EN 12198 的范围只限于非离子辐射。

15 进入机器的固定设施

GB 17888,机械安全　进入机器和工业设备的固定设施:

——第 1 部分:进入两级平面之间的固定设施的选择

   a) 基本参数和进入方式:

      1) 直梯;

      2) 阶梯;

      3) 楼梯;

      4) 坡道。

   b) 固定式进入设施的选择要求。

——第 2 部分:工作平台和通道

   a) 定义;

   b) 平台和通道的要求。

——第 3 部分:楼梯、阶梯和护栏

   a) 定义。

   b) 有关材料和尺寸的一般安全要求和(或)措施。

   c) 安全要求和(或)措施用于:

      1) 楼梯;

      2) 阶梯;

      3) 护栏。

   d) 安全要求和(或)措施的检验。

——第 4 部分:固定式直梯

   a) 定义;

   b) 安全要求和(或)措施;

   c) 检验。

16 火灾和爆炸

a) EN 1127-1:

   ——基本危险;

   ——风险最小化;

   ——危险区的种类;

   ——着火源的避免;

   ——减小爆炸影响的要求;

——检测仪器；

——使用信息。

b) 应用(类别见 EN 1127-1 中 16.2)：

——Ⅰ类设备组：开采设备；

——Ⅱ类设备组：其他设备。

c) 如果满足以下要求，可认为符合一致性假定：

1) 设备与协调标准相一致或无相关的欧洲标准；

2) 使用的国家标准具有相当资质。

不符合评价要求的设备必须退出市场。

17 声学

17.1 目的

a) 噪声发射值是风险评价的基本数据。该指标用于评价减小噪声措施的效能，其实际噪声发射值[见 c)]来自于该机器到其他同类[见 d)]相关机器，而不是减小措施本身的特性。

b) 减小机器噪声的措施[ISO/TR 11688-1 (EN ISO 11688-1)，EN 1746]：

——通过设计减少噪声源；

——通过保护装置减小噪声；

——通过信息控制噪声。

这些措施宜通过机器来达到降低噪声的发射。

c) 噪声发射的确定和检测 (GB/T 14367，GB/T 14574，GB/T 17248.1，GB/T 19052)。

d) 使用噪声发射值比较发射数据的收集和描述 [GB/T 19052，GB/T 17249.1，ISO 11689-2 (EN ISO 11689-2)]。

17.2 相关标准

GB/T 14367，声学 噪声源声功率级的测定。

GB/T 14574，声学 机器和设备噪声的标示。

详细情况见表 3。

表 3 有关声学的标准

中国标准	国际标准	等效的欧洲标准	标 准 名 称
—		EN 1746	机械安全 安全标准噪声条款的编写指南
GB/T 14366	ISO 1999	—	声学 职业噪声测量与噪声引起的听力损伤评价
GB/T 14367	ISO 3740	EN ISO 3740	声学 噪声源声功率级的测定 基础标准使用指南
GB/T 14574	ISO 4871	EN ISO 4871	声学 机器和设备噪声发射值的标示和验证
GB/T 14573.1	ISO 7574-1	EN 27574-1	声学 确定和检验机器设备规定的噪声辐射值的统计学方法 第 1 部分：概述与定义
GB/T 14573.2	ISO 7574-2	EN 27574-2	声学 确定和检验机器设备规定的噪声辐射值的统计学方法 第 2 部分：单台机器标牌值的确定和检验方法
GB/T 14573.3	ISO 7574-3	EN 27574-3	声学 确定和检验机器设备规定的噪声辐射值的统计学方法 第 3 部分：成批机器标牌值的确定和检验简易(过渡)法

表 3（续）

中国标准	国际标准	等效的欧洲标准	标　准　名　称
GB/T 14573.4	ISO 7574-4	EN 27574-4	声学　确定和检验机器设备规定的噪声辐射值的统计学方法　第 4 部分：成批机器标牌值的确定和检验方法
GB/T 17248.1	ISO 11200	EN ISO 11200	声学　机器和设备发射的噪声　测定工作位置和其他指定位置发射声压级的基础标准使用导则
GB/T 17248.2	ISO 11201	EN ISO 11201	声学　机器和设备发射的噪声　工作位置和其他指定位置发射声压级的测量　一个反射面上方近似自由场的工程法
GB/T 17248.3	ISO 11202	EN ISO 11202	声学　机器和设备发射的噪声　工作位置和其他指定位置发射声压级的测量　现场简易法
GB/T 17248.4	ISO 11203	EN ISO 11203	声学　机器和设备发射的噪声　由声功率级确定工作位置和其他指定位置的发射声压级
GB/T 17248.5	ISO 11204	EN ISO 11204	声学　机器和设备发射的噪声　工作位置和其他指定位置发射声压级的测量　环境修正法
—	ISO/TR 11688-1	EN ISO 11688-1	声学　低噪声机器和设备设计的推荐实用规程　第 1 部分：计划
GB/T 17249.1	ISO 11690-1	EN ISO 11690-1	声学　低噪声工作场所设计指南　噪声控制规划
GB/T 17249.2	ISO 11690-2	EN ISO 11690-2	声学　低噪声工作场所设计指南　第 2 部分：噪声控制措施
GB/T 19052	ISO 12001	EN ISO 12001	声学　机器和设备发射的噪声　噪声测试规范起草和表述的准则

18　机械振动

18.1　概述

机器的设计和构造应使机器产生的振动风险减小到最低程度，考虑到技术进步的加快，减小振动特别是减小振源的方法是可实现的。

必要时，说明书应给出减小噪声和振动的安装要求和装配要求（如采用减振器及型号和质量相应的机座垫）。

18.2　振动类型

18.2.1　整个人体

ISO 2631-1，EN 1032：

a)　特征（方向）。

b)　测量位置。

c)　量级。

d)　测量设备。

e)　加权函数。

f)　试验：

1)　仪器；

2)　测量说明；

3） 试验条件。

g） 振动测量与分析。

h） 测试报告。

i） 说明书应简述：

——人体(脚或后部)的加速度值如果超过 0.5 m/s²,则取其加权平方根；

——如果属于正常情况,加速度值不超过 0.5 m/s²。

18.2.2 手持

GB/T 14790[ISO 5349-1(EN ISO 5349-1)],ISO 5349-2 (EN ISO 5349-2)；

GB/T 8910.1[(ISO 8662-1(EN 28662-1)],GB/T 8910.2[ISO 8662-2(EN 28662-2)]；

GB/T 8910.3[ISO 8662-3(EN 28662-3)],ISO 8662-4 (EN ISO 8662-4)；

ISO 8662-5 (EN 28662-5),ISO 8662-6 (EN ISO 8662-6)；

ISO 8662-7 (EN ISO 8662-7),ISO 8662-8 (EN ISO 8662-8)；

ISO 8662-9 (EN ISO 8662-9),ISO 8662-10 (EN ISO 8662-10)；

ISO 8662-11,ISO 8662-12 (EN ISO 8662-12)；

ISO 8662-13 (EN ISO 8662-13),ISO 8662-14 (EN ISO 8662-14)。

说明书应简述：

——手臂加速度值的加权均方根,如果加速度值超过 2.5 m/s²,则应通过适宜的试验规程进行测定；

——如果属于正常情况,加速度值不会超过 2.5 m/s²。

19 电磁兼容性

a） 基础:指令 89/336/EC,欧盟理事会指令:电磁兼容性(EMC)。

b） 执行时间:1996 年 1 月 1 日(有效宽限期:1992 年 1 月 1 日～1995 年 12 月 31 日)。

c） 应用(见附录 C)：

1） 电信设备中能产生干扰的装置；

2） 电磁干扰敏感的设备。

d） 一致性：

如果满足以下要求,可认为符合一致性假定：

1） 设备与协调标准相一致或无相关的欧洲标准；

2） 使用的国家标准具有相当资质。

不符合评价要求的设备必须退出市场。

e） 合格性：

1） 设备与上述要求一致时,制造商或委托代表则通常要发布一份合格性声明,合格性声明的有效期应为 10 年。

2） 设备与上述要求一致时,制造商或委托代表应编制一份设计文件,内容如下：

ⅰ） 设备描述；

ⅱ） 用于保证合格性的测定程序；

ⅲ） 包括报告正本或合格证。

设备投放到市场后,这份技术设计报告的有效期应为 10 年。

供应商应发布一份适用性声明。

f） CE 标志(见附录 A)。

同时参见指令 98/37/EC 和有关欧洲标准。

附　录　A
（资料性附录）
ISO 以及我国国家标准中机械安全标准与欧盟指令的关系

图 A.1 给出机械安全标准与不同欧盟指令的关系。

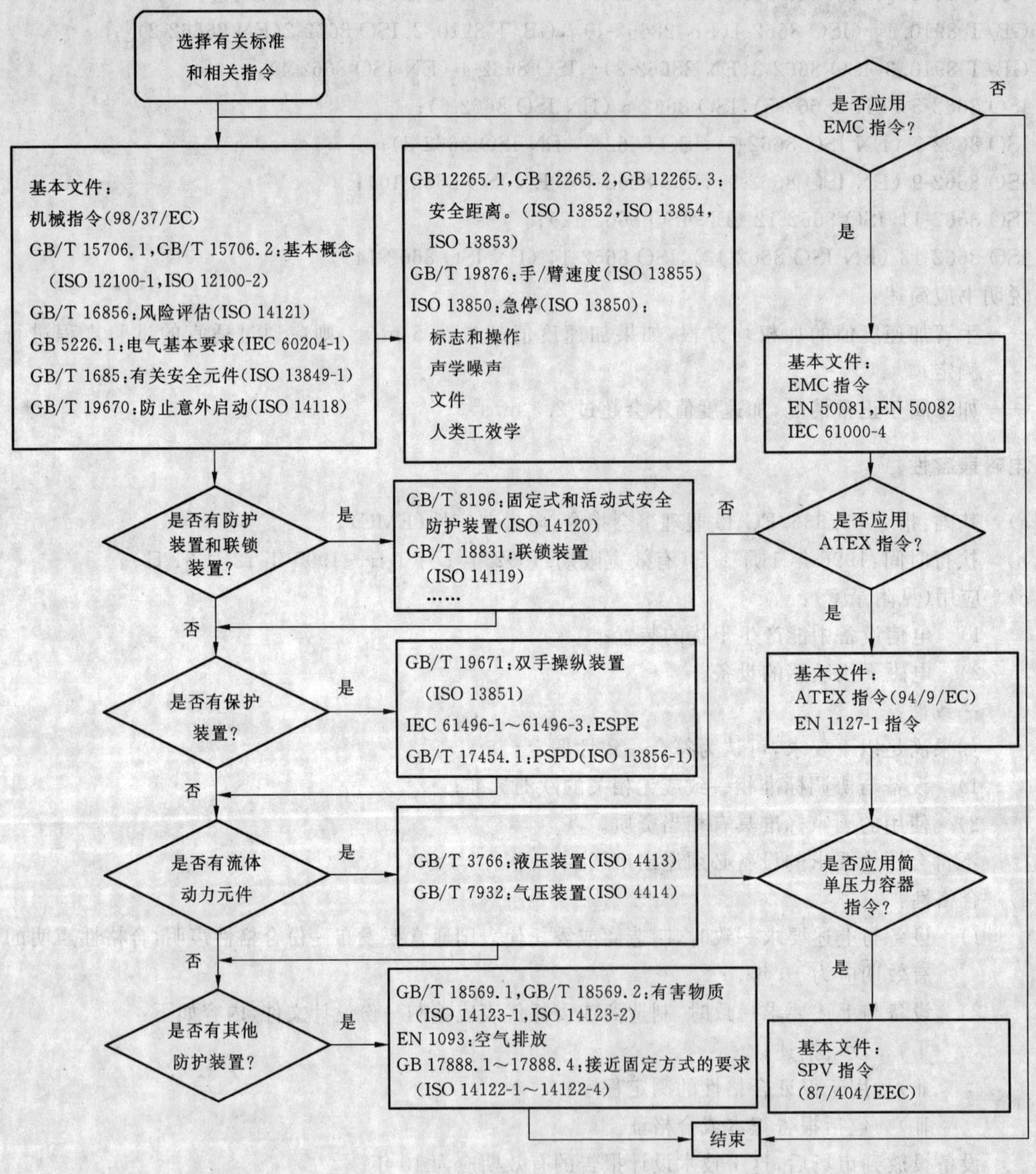

图 A.1　机械安全标准与不同欧盟指令的关系

附 录 B
（资料性附录）
人类工效学的考虑

B.1 引用标准

中国标准	国外标准	标 准 名 称
GB/T 5703	ISO 7250(EN ISO 7250)	用于技术设计的人体测量基础项目
GB 1251.1	ISO 7731(EN 457)	工作场所的险情信号　险情听觉信号
—	ISO 9355-1(EN 894-1)	显示器和控制致动器设计的人类工效学要求　第1部分:人与显示器和控制致动器的相互作用
—	ISO 9355-2(EN 894-2)	显示器和控制致动器设计的人类工效学要求　第2部分:显示器
—	ISO 11226(EN 1005-4)	人类工效学　工作状态标定值的评价
—	ISO 11228-1(EN 1005-2)	人类工效学　手动搬运　第1部分:提升和搬运
GB 1251.2	ISO 11428(EN 842)	人类工效学　险情视觉信号　一般要求、设计和检验
GB 1251.3	ISO 11429(EN 981)	人类工效学　险情和非险情声光信号体系
GB/T 18717.1	ISO 15534-1(EN 547-1)	用于机械安全的人类工效学设计　第1部分:全身进入机械的开口尺寸确定原则
GB/T 18717.2	ISO 15534-2(EN 547-2)	用于机械安全的人类工效学设计　第2部分:人体局部进入机械的开口尺寸确定原则
GB/T 18717.3	ISO 15534-3(EN 547-3)	用于机械安全的人类工效学设计　第3部分:人体测量数据
GB 18209.1	IEC 61310-1(EN 61310-1)	机械安全　指示、标志和操作　第1部分:关于视觉、听觉和触觉信号的要求
GB 18209.2	IEC 61310-2(EN 61310-2)	机械安全　指示、标志和操作　第2部分:标志要求
GB 18209.3	IEC 61310-3(EN 61310-3)	机械安全　指示、标志和操作　第3部分:操作件的位置和操作的要求
GB/T 18153	EN 563	机械安全　可接触表面温度　确定热表面温度限值的工效学数据
—	EN 614-1	机械安全　人类工效学设计原则　术语和一般原则
—	EN 894-3	机械安全　显示器和控制致动器设计的人类工效学要求　第3部分:控制致动器
—	EN 1005-1	机械安全　人体物理性能　第1部分:术语和定义
—	EN 1005-3	机械安全　人体物理性能　第3部分:机械操作用推荐力限值
—	ANSI B11.TR.1	机床设计、安装和使用的人类工效学指南

B.2 人类工效学设计的基本原理

上述列表提供了资料性标准和人类工效学设计原则指南。开始时，设计者可以参照 EN 614 和 ANSI B11.TR.1 提供的人类工效学设计方面的总体理解。

EN 614-1 包括了下列主题：

a) 考虑了人体测量学和生物力学(人体尺寸、姿势、运动和强度)的设计。

b) 认知因素(人体信息的收集和处理)。

c) 显示器、信号和控制致动器的设计。

d) 来自运行设备的发射(噪声、热力、照射和有害材料)。

e) 工作场所的相互作用。

f) 把人类工效学原理放入设计过程,包括执行人类工效学任务：

1) 技术规范的改进设计和说明；

2) 设计大纲的编制；

3) 详细设计的准备；

4) 实施。

B.3 设计和构造机器时对人机界面的基本考虑

a) 驱动机器时操作者应该做什么?

这里包括人们常见的手/臂或脚/腿运动中伸手、伸展、弯曲、弯腰、提升、扭转等作业。设计者需要考虑用于男性、女性的各种人体测量数据以及可能的人种差异。制造商(或供应商)观测环境条件也是很重要的,用户的可能条件能够影响操作人员与机器的关系。设计者应使得各种机器组件的结构和定位与预期操作人群的人体尺寸匹配,以保证其适应性、互换性、可操作性和可维护性。训练操作人员正确使用和维护机器,是保证健康的另一个主要方面。

ANSI B11.TR.1 提供了用于下列进行人类工效学设计的各种考虑以及人体测量数据的概述：

——用于选择男性和女性人体尺寸(英寸和厘米)；

——水平伸手和控制尺寸；

——提升、下降、推挤、拉拖和搬运规则(男性和女性)；

——立姿作业高度的规则；

——控制运动方向及其重复操作。

更多信息参见 ISO 11226,ISO 11228-1,EN 1005-1,EN 1005-3 和 EN 1005-4 所提供内容：

——有关人体不同姿势的运动信息(如坐着、站着和躺着)；

——与人体尺寸和运动有关的 SI 单位(国际标准单位制)；

——适合于男性和女性物品(提升和搬运)的人工搬运；

——用于机器操作的推荐力限值(手/臂、脚/腿)。

GB/T 5703 提供了对基本人体测量的描述(55 种不同的测量)。

b) 控制装置是否安置在操作人员容易接近且依然能够观察机器运转的地方? 机器功能是否清晰和明确?

GB 18209.1～18209.3 在以下方面提供指导：

——致动；

——功能组；

——操作次序；

——作用和效果；

——识别要求；

——致动器专用类型和特殊用途的要求；

——作用和其最后效果之间的分类和相互关系。

ISO 9355-1 (EN 894-1) 和 EN 894-3 提供了用于控制致动器工作要求的指导,包括：

——运动的连续性；

——操作力；

——操作速度；

——手动控制致动器不连续运动。

c) 生产操作是否要求频繁的可能导致身体或精神压力的手动操作(如启动/开始、部分加载、碎屑排除)?

d) 显示器是否便于阅读和理解?

——ISO 9355-1 (EN 894-1) 和 ISO 9355-2 (EN 894-2) 提供了显示器设计和布局方面的信息,以提高操作者的注意力和信息的记忆力;

——部分指南可参见 GB 1251.3。

e) 如何方便的完成机器的加载和(或)卸载?

f) 是否有足够的空间来进行有效维护,生产期间操作人员(整个身体、人体局部)是否需要进入机器的部件?

GB/T 18717.1 给出了整个人体进入各种开口通道(如直立通过门、梯子和环形开口)的指南。GB/T 18717.2给出了人体局部(手/臂、脚/腿、头)进入开口的指南。

g) 机器“卡住”时,能否在无风险的情况下有效排除。

h) 如何安装机器以易于操纵。

i) 机器是否有可能产生热灼伤的危险区。

EN 563 提供了用于燃烧极限值的表面温度数据。它给出了表面接触类型(如塑料、陶瓷、玻璃、金属和木头)有关时间和材料结构(如光滑、粗糙、有涂层和无涂层状况)的一系列图解关系。

附 录 C
（资料性附录）
电气要求概述

基本要求(GB 5226.1)：

a) 范围：

适合于电气、电气部件和机器系统(当前的工业机器)，不适合工作时手动操作的机器，但包括工作时与手动配合的机器。

电源开始联接点能达到 1 000 V 的交流电压和 1 500 V 的直流电压。

b) 一般要求：

1) 风险评价和风险减小的概念。

2) 基本危险：电击、电气燃烧和故障/失效导致的功能失常，电源扰动/中断导致的功能失常、积聚的能量、可听到的噪声。

3) 电源条件。

4) 物理环境：

ⅰ) 电磁干扰的防护(EMC)(发射和抗扰性)；

ⅱ) 环境温度、湿度、海拔高度、污染物和振动/冲击。

c) 输入电源导线终端，断开方式(也可见 GB/T 19670)：

1) 推荐用手直接联接到断开(分离)装置；

2) 断开装置符合 IEC 有关标准；

3) 从地面 0.6 m～1.9 m 之间的操作；

4) 要求的隔离性能；

5) 提供独立的接地端子(PE 端子)，使用颜色时，内接地导线使用的颜色必须是绿色和黄色。

d) 抗电击保护：

1) 防止直接接触：外壳、生活区隔离、残余电压和分离区(IP 2XB—深孔终端，“手指测试”)；

2) 防止间接接触：电源自动断开，II 级设备的使用，物理分离(漏电和净距离)；

3) 通过保护性的超低电压(PELV)电路(25V 交流电压或 60V 直流电压)。

e) 设备的保护：

1) 过电流；

2) 电机过载；

3) 异常温度；

4) 电源波动/中断；

5) 电机超速；

6) 接地故障/残余电流。

f) 等电位联接(接地)：

1) 保护性连接电路：PE 终端、导电结构部件和保护性导线；

2) 保护性导线：推荐采用铜芯，黄绿色外皮；

3) 所有外露的导电部件必须连接到保护性接地线路上；

4) 开关装置除外。

g) 控制电路和控制功能：

1) 控制供电电压：使用隔离变压器(小型机器除外)不应超过 250 V/50 Hz 或 277 V/60 Hz。

2) 控制功能：
   ⅰ) 启动功能；
   ⅱ) 停止功能：分0类、1类、2类；
   ⅲ) 急停(见6.1和GB 16754)；
   ⅳ) 操作模式；
   ⅴ) 安全防护装置暂停：使用转换方式；
   ⅵ) 用于“安全”功能的装置：双手控制、使动、止一动。
3) 保护性联锁装置(同时见GB/T 18831)。
4) 失效时的控制功能(同时见GB/T 16855.1,IEC 61508-1)：
   ⅰ) 使用经验证的元件和经验证的技术；
   ⅱ) 监控；
   ⅲ) 冗余/多样性；
   ⅳ) 单个或多个组合。
5) 防止下述原因引起的功能失常：
   ⅰ) 接地故障；
   ⅱ) 电压中断；
   ⅲ) 电路连续性。

h) 操作者界面，安装在机器上的控制装置：
1) 布置和安装：安装到便于接近和招致伤害可能性最小之处。
2) 能承受预期使用的压力。
3) 按钮(见GB 5226.1—2002中表2)：
   ⅰ) 红色——紧急状态(可用于停止，但黑色更好)；
   ⅱ) 绿色——安全或正常状态(可用于启动，但白色更好)；
   ⅲ) 黄色——警告或异常状态；
   ⅳ) 蓝色——强制性功能；
   ⅴ) 使用GB/T 5465.2中的符号。
4) 指示灯和显示器(见GB 5226.1—2002中表3)。
5) 照明按钮。
6) 急停装置：
   ⅰ) 蘑菇形按钮、脚踏开关和拉绳开关；
   ⅱ) 机械锁定方式(旋转和锁定固定、插销)；
   ⅲ) 宜手动重启；
   ⅳ) 触点强制开启操作(也可见GB 14048.5)；
   ⅴ) 带黄底的红色致动器(如有可能)。

i) 电器设备(同时参见GB/T 16855.1,GB/T 15969,IEC 61508-1)。

j) 控制设备：
1) 布置和安装：
   ⅰ) 便于从正面接近；
   ⅱ) 需要调整位置的，设备布置到距地面0.2 m～6.0 m；
   ⅲ) 非电气元件不应布置在包含控制设备的机壳内；
   ⅳ) 联接电源或控制和供电电压的控制设备(装置、接线盒)，必须与仅联接控制电压的控制设备分开安装。
2) 防护等级(IP等级)：通常是IP 54(有例外情况)。
3) 外壳、门和开口。

k) 导线和电缆(也可见 GB 5226.1—2002 中附录 C)。

l) 布线惯例:

1) 一般要求。

2) 颜色的识别:

ⅰ) 绿色和黄色:保护性导线;

ⅱ) 淡蓝色:载流中性线;

ⅲ) 黑色:交流和直流动力线路;

ⅳ) 红色:交流控制线路;

ⅴ) 蓝色:直流控制线路;

ⅵ) 橙色:外部电源供电的联锁控制线路。

3) 外壳内外布线。

4) 导管、接线和接线盒。

m) 电机和相关设备:

1) 与 IEC 60034 一致;

2) 与 GB/T 4772.1 和 GB/T 4772.2 一致;

3) 选择准则。

n) 附件和照明设备。

o) 警告信号和项目代号:

1) GB 2894 中符号 13 的使用;

2) 部件识别和图纸的一致性。

p) 技术文件:与 GB/T 6988.1～6988.4 一致。

q) 试验:

1) 确认电气设备的检验符合技术文件的要求;

2) 保护性接地电路的连续性(见 GB 5226.1—2002 中 19.2);

3) 绝缘电阻检验(见 GB 5226.1—2002 中 19.3);

4) 耐压试验(见 GB 5226.1—2002 中 19.4);

5) 残余电压的防护(见 GB 5226.1—2002 中 19.5);

6) 功能试验(见 GB 5226.1—2002 中 19.6);

7) 重复试验(见 GB 5226.1—2002 中 19.7)。

附 录 D
（资料性附录）
电气技术文件相关标准大纲

D.1 GB/T 6988，电气技术用文件的编制

第 1 部分(1997)：一般要求

文件分类	第 1 部分参考	举例	参考 GB/T 6988	参考 GB 5226.1
第 2 节：与功能有关的文件			GB/T 6988.2	
——总图	2.2.1.1	图 14，图 15	GB/T 6988.2	
——框图	2.2.1.2			
——网络图	2.2.1.3	图 18		
——功能图	2.2.1.4	图 16	GB/T 6988.2	18.6
——逻辑功能图	2.2.1.5			
——等效电路图	2.2.1.6			
——功能表图	2.2.1.7			
——顺序表图(表)	2.2.1.8	图 8		
——时间顺序图表	2.2.1.9			
——电路图	2.2.1.10	图 4，图 5，图 7	GB/T 6988.2	18.7
——终端功能图	2.2.1.11	图 19，图 20		
——程序图(表格，清单)	2.2.1.12	图 22		
位置文件				
——场区平面布置图	2.2.2.1	图 24		
——安装图(平面)	2.2.2.2	图 17，图 23，图 25，图 26		
——装配图	2.2.2.3	图 17		
——总装图	2.2.2.4			
——布置图	2.2.2.5	图 27，图 30		
接线图				
——接线图(表)	2.2.3.1			
——单元接线图(表)	2.2.3.2	图 28	GB/T 6988.3	
——互联接线图	2.2.3.3	图 29	GB/T 6988.3	
——端子接线图(表)	2.2.3.4	图 31	GB/T 6988.3	
——电缆图(表格、清单)	2.2.3.5	图 32	GB/T 6988.3	
项目列表				
——部件清单	2.2.4.1	图 33		
——备件清单	2.2.4.2			
安装专用文件	2.2.5			
调试专用文件	2.2.6			
操作专用文件	2.2.7			
保养专用文件	2.2.8			

文件分类	第1部分参考	举例	参考 GB 5226.1
可靠性和可维修性专用文件	2.2.9		
其他文件	2.2.10		

举例:图纸参考文献、标准尺寸(包括公差)和制图技术。
其他文件提供了许多例子和制图一般规则(见附录A)。

第2部分:功能相关图	**举例**	**参考 GB 5226.1**
第2节:功能相关图一般规则	图1～图43	
图形符号	2.4.2	
逻辑规范	2.7.2	
第3节:总图	图44～图54	18.6
第4节:功能图	图55～图57	18.6
第5节:线路图	图58～图72	18.7
	表1～表5	

第3部分:接线图、接线表和接线单	**举例**	**参考 GB 5226.1**
第2节:接线图、接线表和接线单的一般规则		
第3节:单元接线图	图1～图7	
第4节:互联接线图	图8～图12	18.5
第5节:端子接线图(表)	图13～图18	
第6节:电缆图(表格、清单)	图19～图21	

第4部分:位置文件和安装文件	**举例**	**参考 GB 5226.1**
第3节:电气安装文件和信息		18.5
第4节:位置文件介绍的一般规则		
第5节:位置文件的不同种类 ——基本文件要求(场区平面布置图、建筑图和机械部件); ——场区设备位置文件(布置/设置图、安装图、电缆路线图和接地平面布置图); ——建筑及其他项目的设备位置文件[布置图、安装图、电缆路线图和接地图(示意图)]; ——设备上或设备内的零件位置图(装配图、布置图)。		
第6节:举例	图1～图17	

D.2　GB/T 5094.1,结构规则和参照代号　第1部分:基本规则

a)　概述

在系统的设计、工艺、建造、运营、维修和拆卸即寿命周期内,需要采用一些不同用途的标识系统,例如:

1)　用于产品类型标识的产品(物品)编码系统;

2)　用于产品个体标识的序号系统;

3)　用于定单/合同标识的订货号系统;

4)　用于系统/成套设备标识的参照代号系统。

GB/T 5094 的内容仅涉及参照代号系统。

表D.1叙述了识别系统的范围。阴影区表示了参照代号系统和由文字代码规定的分类的应用范围。参照代号系统在制造公司或运营公司中也用作类型事件的标识。

表 D.1 标识及其应用范围

范围	类型[a]	类型事件[b]	个体[c]
一般技术领域	通用类型字母代码	不用	不用
制造公司	类型代号,成品(元件)编码	参照代号	序号
成套设备/系统方案	目录典型类别的标识 No.	参照代号	序号、订单号和目录号
运营公司	内部零件号	参照代号	目录号(序号)

[a] 类型:特征相同的一类项目。

[b] 事件:类型在成套设备或系统指定位置中的应用。

[c] 个体:类型的一个样本,不考虑它用于何处。

应当注意的是本标准提供了很多用于参照代号结构的可能性。然而,对于大部分应用来说,这里仅给出了需要使用的可能性的一部分。

参照代号系统的基本要求和必要性质是构成本标准的参照系统的基础,它们在附录 A 中给出。建议在阅读本标准各章节之前先研究该附录。附录还包括本标准参照代号系统性质与必要性质对比的说明。有关参照代号系统基本概念更全面的论述可在 GB/T 5094.4 中找到。

b) 结构规则
   1) 与功能有关的;
   2) 与产品有关的;
   3) 与布置有关的;
   4) 结构形成中的设备描述和设备分布。

c) 参照代号结构
   1) 检索代号格式;
   2) 同类型附加方式;
   3) 采用不同方式识别目标;
   4) 检索代号构造;
   5) 检索代号组合。

d) 布置代号

附录 A——参照代号系统的基本要求和特征要求;

附录 B——从一种方式转换到另一种方式的举例;

附录 C——从一种方式转换到另一种方式的举例,后一种方式具有独立的描述方法;

附录 D——参照代号举例;

附录 E——产品的文字代号　字母表(GB/T 5094.2—2003 中表 1)(见表 D.2);

附录 F——本标准定义的代号系统间的差异和相似性 ISO 1219-2,ISO 3511-1 ~ ISO 3511-4 和 GB/T 5094.1

附录 G——参考文献。

表 D.2 项目单个文字代码——字母表

项目	代码	机械或流体项目举例	电气或电动机械项目举例
没有其他文字代码适用的情况下可由子项目组成	A	结构单元或功能单元 功能组	结构单元或功能单元 功能组
一条流程中的被测定参数转换到另一条流程中的测定参数	B	测量转换器 传感器	测量转换器 传感器一仪器(测量) 变压器 转速发生器

表 D.2（续）

项　　目	代　码	机械或流体项目举例	电气或电动机械项目举例
用于材料或能源的储备	C	槽、罐 容器 桶	电容器(储料器) 蓄能器(蓄电池)
用于信号的数字化处理	D	组合元件 单稳态元件 双稳态元件 存储器	组合元件 单稳态元件 双稳态元件 寄存器 存储器 集成电路
用于热(冷)能、光能或化学能的生产或处理	E	锅炉 热交换器 核反应器 煤气灯	锅炉 加热器、加热元件 灯泡 照明设备
用于直接作用保护	F	安全阀 安全隔膜	保险丝 小型断路器 避雷器
用于流动或输送	G	泵 压缩机 排风扇 搅拌器	电力或信号发生器* 振动器 非稳态元件 电磁感应泵 感应搅拌器 *转速发生器见代码 B
用于材料的运输或搬运	H	输送机 起重机 卡车 机器人	—
用于软件	J	—	程序 程序模块
用于继电器控制	K	射流器 伺服控制阀	频率继电器 触点继电器 定时继电器 测量继电器
用于缓冲	L	减振器 振动吸收器 弹簧缓冲装置	电感器、电抗器 铁氧体磁珠 永久性磁铁
用于潜能、动力能、化学能、热能或电能的转换得到运动	M	电机(也可是振荡式的) 水/风叶轮机 汽轮机 燃烧式发动机 液压缸	电机(也可是线性的)

表 D.2(续)

项　　目	代　码	机械或流体项目举例	电气或电动机械项目举例
用于信号的模拟处理	N	放大器 反馈控制器	放大器 反馈控制器
用于信息的显示	P	测量仪表 显示器 观察孔	测量仪表 时钟、定时器 显示器 信号灯 文字显示单元 影像显示单元 打印机 过程记录仪 警报器、电铃 扩音器
用于机械产品和电源线路开关	Q	铁路道岔	断路器 开关(机械的) 接触器 切断开关 开关保险丝 启动器
用于流量限制	R	节流孔板	电阻器 变阻器
用于控制线路开关	S	伺服控制阀	伺服控制开关
用于一条流程中压力动力矩或电压的变化	T	增压器 液力变流器	电力或信号变压器* 直流/直流变压器 *仪器变压器见代码B
用于一条流程中代码T以外的特征变化	U	破碎机 混合器 振动器 工作机座 研磨机 分馏塔	整流器* 变流器* 变频器* A/D或D/A转换器 调制器、解调器 *旋转式或静态式
机械:液体流动的整流或控制 电气:电流的控制	V	截止阀 止回阀 控制阀 离合器 制动器	电子阀 电子管 半导体元件
用于材料或能源(流程中)的输送或传导	W	输送管 导管 软管 传动轴 连杆	导线 波导管,如光导纤维 电缆 导电板 信息总线 天线 接地导板

表 D.2（续）

项　　目	代　码	机械或流体项目举例	电气或电动机械项目举例
用于连接	X	接线板 联接器 接线盒 联接盒	接线板 联接器 电缆箱 穿过套管 接线盒 联接盒
用于机械驱动或机电部件或装置	Y	流体或手动致动器 锁紧装置 封锁装置	控制线圈 致动器 锁紧装置 封锁装置 过电流断路器 低电压断路器
用于流程中文字代码 R 和 L 未覆盖的无源处理	Z	过滤器 粗滤器、筛子 疏水阀 延迟元件	过滤器 动力线分离器 限动器 延迟元件(线)

表 D.3 给出了用于简图的图形符号，表 D.4 是欧盟指令和机器设计活动。

表 D.3　用于简图的图形符号

GB/T 4728 部分	年代	用于简图的图形符号
1	2005	一般要求
2	2005	符号要素、限定符号及其他常用符号
3	2005	导体和连接件
4	2005	基本无源元件
5	2005	半导体管和电子管
6	2000	电能的发生与转换 ——1 绕组互连——独立绕组 ——2 内部连接的绕组 ——3 电机示例 ——4 电机的类型 ——5 直流电机示例 ——6 交流换向器电机示例 ——7 同步电机示例 ——8 感应型(异步)电机示例 ——9 变压器和电抗器的一般符号 ——10 具有独立绕组的变压器示例 ——11 自耦变压器示例 ——12 感应调压器示例 ——13 互感器和脉冲变压器示例 ——14 电能变压器的方框符号 ——15 原电池和充电电池(蓄电池组) ——16 无旋转电能发生器的一般符号

表 D.3（续）

GB/T 4728 部分	年代	用于简图的图形符号
6	2000	——17 热源 ——18 电能发生器示例 ——19 闭环控制器 ——附录 A——旧符号
7	2000	开关、控制和保护器件 ——1 限定符号 ——2 两个或三个位置的触点 ——3 具有两个位置的过渡触点 ——4 提前和滞后动作的触点 ——5 延时动作的触点 ——6 有自动返回和无自动返回的触点 ——7 单极开关 ——8 位置开关 ——9 热敏开关 ——10 变速灵敏触点，水银液位开关(移至附录 A.1) ——11 多位置开关，包括控制开关示例 ——12 复合式开关的方框符号 ——13 电力开关器件 ——14 电动机起动器的方框符号(也可见附录 A.2) ——15 操作器件(有或无继电器) ——16 方框符号和限定符号(测量继电器及相关器件) ——17 测量继电器示例 ——18 其他器件 ——19 传感器和检测器(接近和接触敏感器件) ——20 开关 ——21 熔断器和熔断器式开关(保护器件) ——22 火花间隙和避雷器 ——23 灭火器(移至附录 A.3) ——24 点火器及标志指示器(移至附录 A.4) ——25 静态开关 ——26 静态开关器件 ——27 耦合器件和静态继电器方框符号 ——附录 A——旧器件
8	2000	测量仪表、灯和信号器件 ——1 提示仪表、记录仪表和积算仪表通用符号 ——2 提示仪表示例 ——3 记录仪表示例 ——4 积算仪表示例 ——5 计数器件 ——6 热电耦 ——7 遥测装置 ——8 电子钟 ——9 各种测量元件和仪表 ——10 灯和信号装置 ——附录 A——旧器件

表 D.3(续)

GB/T 4728 部分	年代	用于简图的图形符号
9	1999	电信:交换和外围设备 ——1 交换系统 ——2 交换设备框图符号 ——3 选线器部件 ——4 选线器 ——5 电话机 ——6 电报和数据设备 ——7 电报转发器 ——8 换能器、记录机和播放机专用限定符号 ——9 换能器 ——10 记录机和播放机 ——附录 A——旧符号
10	1999	电信:传输 ——1 线路和电路用途 ——2 放大电路 ——3 天线和无线电台——限定符号 ——4 一般符号和使用示例 ——5 特种类型的天线和天线部件 ——6 无线电台 ——7 微波技术——传输路径 ——8 单端口和双端口器件 ——9 多端口器件 ——10 耦合器和探针 ——11 微波激射器和激光器 ——12 脉冲调制类型的限定符号 ——13 信号发生器 ——14 变换器 ——15 放大器 ——16 多端网络 ——17 限幅器 ——18 终端器件和混合线圈 ——19 调制器、解调器和鉴别器 ——20 集线器、多路复用设备 ——21 频谱图的符号要素 ——22 频谱图示例 ——23 光纤通信——传输线路 ——24 光纤通信——传输器件
11	2000	建筑安装平面布置图 ——1 发电站和变电所的一般符号 ——2 各种发电站和变电所 ——3 网络——线路 ——4 网络——其他 ——5 音响和电视的分配系统——前端

表 D.3（续）

GB/T 4728 部分	年代	用于简图的图形符号
11	2000	——6 放大器 ——7 分配器和方向耦合器 ——8 分支器和系统出现端 ——9 均衡器和衰减器 ——10 线路电源器件 ——11 建筑用设备——专用导线的识别 ——12 配线 ——13 插座 ——14 开关 ——15 照明引出线和附件 ——16 其他 ——17 干线系统 ——18 机场导航灯和指示器
12	1996	二进制逻辑元件 ——1 引言 ——2 一般说明 ——3 术语解释 ——4 符号结构——符号的组成 ——5 框 ——6 框的应用和组合 ——7 限定符号——逻辑非、逻辑极性和动态输入 ——8 内部连接 ——9 框内符号 ——10 非逻辑连接和信号流指示符 ——11 关联标记——一般说明 ——12 约定 ——13 关联类型 ——14 与(G)关联 ——15 或(V)关联 ——16 非(N)关联 ——17 互连(Z)关联 ——17A 传输(X)关联 ——18 控制(C)关联 ——19 置位和复位(S 和 R)关联 ——20 使能(EN)关联 ——21 方式(M)关联 ——22 Cm、ENm 和 Mm 对受影响输入的作用比较 ——23 地址(A)关联 ——24 标注关联标记的特殊方法 ——25 与输入和输出有关的标记的排列顺序 ——26 组合元件和时序元件——一般说明 ——27 组合元件 ——28 组合元件举例 ——29 缓冲器、驱动器、接收器和双向开关示例 ——30 具有磁滞特性的元件 ——31 具有磁滞特性的元件示例

表 D.3（续）

GB/T 4728 部分	年代	用于简图的图形符号
12	1996	——32 编码器、代码转换器 ——33 代码转换器示例 ——34 有或无电隔离的信号电平转换器 ——35 信号电平转换器举例 ——36 多路选择器和多路分配器 ——37 多路选择器和多路分配器示例 ——38 运算元件 ——39 运算元件示例 ——40 二进制延迟元件 ——41 双稳态元件 ——42 双稳态元件示例 ——43 双稳态元件特殊开关特性的表示法 ——44 单稳态元件 ——45 单稳态元件示例 ——46 非稳态元件 ——47 非稳态元件示例 ——48 移位寄存器和计数器 ——49 移位寄存器和计数器示例 ——50 存储器 ——51 存储器示例 ——52 显示元件 ——53 显示元件示例 ——54 复杂功能元件——一般符号和基本规则 ——55 总线指示符号和数据通道表示法 ——56 复杂功能元件示例 ——附录——按英文字母顺序排列的词条索引
13	1996	模拟元件 ——3 总说明 ——4 表示信号类型的限定符号 ——5 与输入、输出和其他连接功能的限定符号 ——6 函数运算元件——一般规则 ——7 函数运算元件示例 ——8 放大器 ——9 放大器示例 ——10 转换器——一般规则 ——11 转换器示例 ——12 电压调整器 ——13 电压调整器示例 ——14 比较器 ——15 比较器示例 ——16 复杂功能元件示例 ——17 电气开关示例 ——18 其他器件 ——附录——按英文字母顺序排列的限定符号索引

表 D.4 欧盟指令和机器设计活动

	活动	参考	与指令的一致性	参考
1	确定"机器的预定使用",包括"可预见的误用"和机械的限制	GB/T 15706.1—2007 的 3.22,3.23		
2			与机械指令要求相适应。 注:机械指令是法规,产品必须遵守其要求。	98/37/EC
3			该产品是否被列入机械指令的附录Ⅳ中。如果是,选择"指定机构"对产品进行认证或检验(更多的信息见下面)。 (认证:向指定机构递交用于审查的技术结构文件 检验:向指定机构递交用于审查的技术结构文件和产品"样品")	98/37/EC,附录Ⅳ
4			确定其他指令是否合适(例如:EMC、ATEX)。 同时审查产品责任指令(85/374/EEC)	89/336/EEC 94/9/EC
5			开始编制"技术结构文件(TCF)" ——产品或同类产品的故障过程 ——技术文件(如说明书、图样和部件清单)。 (需要附加到 TCF 的文件是有效的)	98/37/EC,附录Ⅴ
6			对于欧洲共同体以外的厂商,考虑建立一个授权的代表处。 (也就是个人或团体作为代理商;在法律上准许以厂商的名义起作用)	98/37/EC
7	审查并采用基本术语和概念	GB/T 15706.1 GB/T 15706.2 GB 5226.1		
8			参照机械指令附录Ⅰ和风险评价标准中的危险和危险状况清单,编制一份产品的危险清单,包括附录Ⅰ中的相关危险和该产品的重大危险	98/37/EC; GB/T 16856—1997 附录 A

表 D.4（续）

	活　　动	参　　考	与指令的一致性	参　　考
9	该产品是否有C类标准？如果有，则进行适用性复查。 注：如果厂商能声明完全与适当的C类标准一致（和其参考的上级标准），那么就能把该事实作为与指令"一致性的证据"。使用C类标准要谨慎（如果有），这是因为C类标准不可能考虑指令有关的全部基本卫生和安全要求（EHSRs）以及该产品出现的重大危险。			
10	制定风险减小的策略。 消除危险和（或）减小风险的程序如下： ——通过设计； ——通过安全防护； ——通过警告； ——通过安全工作程序。 注：警告和安全工作程序不能替代安全防护措施。	GB/T 15706.1—2007 第5章； GB/T 15706.2； GB/T 16856		
11	贯彻风险减小的策略。 选择合适的安全装置（即使用安全装置、联锁装置和防护装置）	GB/T 16856（见参考表1）	风险减小策略成为TCF的组成部分（相关EHSRs和危险的清单；用于消除危险及减小风险的方法；所使用的标准；任何用于风险减小和（或）试验的标准都可以检验风险减小策略是否正确实施）	98/37/EC
12	根据确定的风险等级，选择各种安全功能合适的类别	GB/T 16855.1		
13	考虑需要特别注意的特殊区域（合适的地方）：			
	——电气（包括可编程序电子系统和软件）		GB 5226.1 IEC 61131（EN 61131） IEC 61508-1	
	——流体动力系统和组件	ISO 4413（EN 982） GB/T 7932		

表 D.4（续）

	活　　动	参　　考	与指令的一致性	参　　考
13	——电磁兼容性	GB/T 17799.1 GB/T 17799.2 GB 17799.3 GB 17799.4	参阅 EMC 指令	89/336/EEC
	——火灾和爆炸	EN 1127-1	参阅 ATEX 指令	94/9/EC
	——有害物质 空气排放	GB/T 18569.1 GB/T 18569.2 EN 1093-1		
	——声学	（见表 2）	—	
	——振动和冲击	EN 1032		
	——人类工效学	（见表 2）		
14	选择和应用合适的警告装置、标记、信号和符号	GB 18209.1～GB 18209.3 GB 5226.1		98/37/EC，附录Ⅰ,1.7.0～1.7.3
15	完成使用信息	GB/T 15706.1		98/37/EC，附录Ⅰ,1.7.4
16			验证 TCF（技术结构文件）的所有要求是否完成	98/37/EC
17			完成和签署一致性声明	98/37/EC
18			如果该产品被列入机械指令附录Ⅳ的清单中（或如果另外的指令要求检验），需要递交给指定机构	98/37/EC，附录Ⅳ
19			如果该产品属于机器，需加贴 CE 标志。 注意：如果该机器装运时没有达到所有的安全防护要求，不能使用 CE 标志。	
切记：指令是法规。标准仅是阐明指令的有关要求。				

参 考 文 献

[1] GB 3102.1 空间和时间的量和单位(GB 3102.1—1993,eqv ISO 31-1:1992)

[2] GB 3102.2 周期及有关现象的量和单位(GB 3102.2—1993,eqv ISO 31-2:1992)

[3] GB 3102.3 力学的量和单位(GB 3102.3—1993,eqv ISO 31-3:1992)

[4] GB 3102.4 热学的量和单位(GB 3102.4—1993,eqv ISO 31-4:1992)

[5] GB 3102.5 电学和磁学的量和单位(GB 3102.5—1993,eqv ISO 31-5:1992)

[6] GB 3102.6 光及有关电磁辐射的量和单位(GB 3102.6—1993,eqv ISO 31-6:1992)

[7] GB 3102.7 声学的量和单位(GB 3102.7—1993,eqv ISO 31-7:1992)

[8] GB 3102.8 物理化学和分子物理学的量和单位(GB 3102.8—1993,eqv ISO 31-8:1992)

[9] GB 3102.9 原子和核物理学的量和单位(GB 3102.9—1993,eqv ISO 31-9:1992)

[10] GB 3102.10 核反应和电离辐射的量和单位(GB 3102.10—1993,eqv ISO 31-10:1992)

[11] GB 3102.11 物理科学和技术中使用的数学符号(GB 3102.11—1993,eqv ISO 31-11:1992)

[12] GB 3102.12 特征数(GB 3102.12—1993,eqv ISO 31-12:1992)

[13] GB 3102.13 固体物理学的量和单位(GB 3102.13—1993,eqv ISO 31-13:1992)

[14] ISO 128 技术制图 画法的一般原则

[15] ISO 129 技术制图 尺寸 一般原则、定义、制图方法和特殊表达

[16] GB/T 148 印刷、书写和绘图纸幅面尺寸(GB/T 148—1997,neq ISO 216:1975)

[17] GB/T 1800.1 极限与配合 基础 第1部分:词汇(GB/T 1800.1—1997,neq ISO 286-1:1988)

GB/T 1800.2 极限与配合 基础 第2部分:公差、偏差和配合的基本规定(GB/T 1800.2—1998,eqv ISO 286-1:1988)

GB/T 1800.3 极限与配合 基础 第3部分:标准公差和基本偏差数值表(GB/T 1800.3—1998,eqv ISO 286-1:1988)

[18] GB/T 1800.4 极限与配合 标准公差等级和孔、轴的极限偏差表(GB/T 1800.4—1998,eqv ISO 286-2:1988)

[19] GB/T 4854.3 声学 校准测听设备的基准零级 第3部分:骨振器纯音基准等效阈力级[GB/T 4854.3—1998,neq ISO 389-3:1994(EN ISO 389-3:1998)]

[20] GB/T 4854.4 声学 校准测听设备的基准零级 第4部分:窄带遮蔽噪声的基准级[GB/T 4854.4—1998,eqv ISO 389-4:1994 (EN ISO 389-4:1998)]

[21] ISO 406 技术制图 线性公差和角度尺寸

[22] GB 3100 国际单位制及其应用(GB 3100—1993,eqv ISO 1000:1992)

[23] GB/T 1182 形状和位置公差 通则、定义、符号和图样表示方法(GB/T 1182—1996,eqv ISO 1101:1996)

[24] GB/T 786.1 液压气动图形符号(GB/T 786.1—1993,eqv ISO 1219-1:1991)

[25] ISO 1219-2 液压系统及其部件 图形符号和线路图 第2部分:线路图

[26] GB/T 10069—1988 旋转电机噪声测定[neq ISO 1680:1999 (EN ISO 1680:1999)]

[27] GB/T 14366—1993 声学 职业噪声测量和噪声引起的听力损伤评价(eqv ISO 1999:1990)

[28] GB/T 13441 人体全身振动环境的测量规范(GB/T 13441—1992,neq ISO 2631-1:1985)

[29] GB/T 1804 一般公差 未注公差的线性和角度尺寸的公差[GB/T 1804—2000,eqv ISO

2768-1:1989 (EN 22768-1)]
[30] GB/T 1184 形状和位置公差 未注公差值[GB/T 1184—1996,eqv ISO 2768-2:1989 (EN 22768-2)]
[31] ISO 3098-0 (EN ISO 3098-0) 技术产品文件 字体 第0部分:一般要求
[32] ISO 3098-2 (EN ISO 3098-2) 技术产品文件 字体 第2部分:拉丁字母表、数字和符号
[33] ISO 3098-3 (EN ISO 3098-3) 技术产品文件 字体 第3部分:希腊字母表
[34] GB/T 14691.4 技术产品文件 字体 第4部分:拉丁字母的表示区别与特殊标识[GB/T 14691.4—2005,ISO 3098-4:2000 (EN ISO 3098-4),IDT]
[35] GB/T 18594 技术产品文件 字体 第5部分:拉丁字母、数字和符号的CAD字体[GB/T 18594—2001,idt ISO 3098-4:1997 (EN ISO 3098-4)]
[36] GB/T 14691.6 技术产品文件 字体 第6部分:古代斯拉夫字母[GB/T 14691.5—2005,ISO 3098-6:2000 (EN ISO 3098-6),IDT]
[37] ISO 3461-1:1988 制定图形符号的一般原则 第1部分:设备用图形符号
[38] ISO 3511-1 过程测量控制功能和仪器 符号的说明 第1部分:基本要求
[39] ISO 3511-2 过程测量控制功能和仪器 符号的说明 第2部分:基本要求的范围
[40] ISO 3511-3 过程测量控制功能和仪器 符号的说明 第3部分:用于设备接线图的列举符号
[41] ISO 3511-4 工业过程测量控制功能和仪器 符号的说明 第4部分:过程控制计算机、接口及共用显示器/控制功能
[42] GB/T 14367—1993 声学 噪声源声功率级的测定 使用基础标准和制定噪声测试规范的准则[neq ISO 3740:1980 (EN ISO 3740:2000)]
[43] GB/T 6881.1—2002 声学 声压法测定噪声源声功率级 混响室精密法[ISO 3741:1999 (EN ISO 3741:1999),IDT]
[44] GB/T 6881.2—2002 声学 声压法测定噪声源声功率级 混响场中小型可移动声源工程法 第1部分:硬壁测试室比较法[ISO 3743-1:1994 (EN ISO 3743-1:1995),IDT]
[45] GB/T 6881.3—2002 声学 声压法测定噪声源声功率级 混响场中小型可移动声源工程法 第2部分:专用混响测验室法[ISO 3743-2:1994 (EN ISO 3743-2:1996),IDT]
[46] GB/T 3767—1996 声学 声压法测定噪声源声功率级 反射面上方近似自由场的工程法[eqv ISO 3744:1994 (EN ISO 3744:1995)]
[47] ISO 3745:1997 声学 噪声源声功率级的测定 消声室和半消声室精密法
[48] GB/T 3768—1996 声学 声压法测定噪声源声功率级 反射面上方采用包络测量表面的简易法[eqv ISO 3746:1995 (EN ISO 3746:1995)]
[49] ISO 3747:2000 (EN ISO 3747:2000) 声学 声压法测定噪声源声功率级 现场比较法 (GB/T 16538—1996,ISO 3747:1987,NEQ)
[50] GB 2893 安全色(GB 2893—2001,neq ISO 3864:1984)
[51] GB/T 1252 图形符号 箭头及其应用(GB/T 1252—1989,neq ISO 4196:1984)
[52] GB/T 3766 液压系统通用技术条件[GB/T 3766—2001,eqv ISO 4413:1998 液压流体动力 与系统相关的一般准则(EN 982 机械安全 流体动力系统及其元件的安全要求 液压装置)]
[53] GB/T 7932 气动系统通用技术条件[GB/T 7932—2003,ISO 4414:1998 气动流体动力 与系统相关的一般准则(EN 982 机械安全 流体动力系统及其元件的安全要求 气动装置),IDT]
[54] GB/T 14574—2000 声学 机器和设备噪声发射值的标示和验证[eqv ISO 4871:1996

(EN ISO 4871:1996)]

[55] ISO 5135:1997 (EN ISO 5135:1998) 声学 在混响室中测定空调终端设备、空调终端单元、阻尼器和调节阀门的噪声功率级

[56] GB/T 7927 手扶拖拉机振动测量方法[GB/T 7927—1987,neq ISO/DIS 5349:1983 (EN ISO 5349-1),机械振动 人体手传振动的测量和评估 第1部分:一般要求]

[57] GB/T 14790 人体手传振动的测量与评价方法[GB/T 14790—1993,eqv ISO 5349-2 (EN ISO 5349-2),机械振动 人体手传振动的测量和评估 第2部分:用于车间测量的实用指南)

[58] GB/T 14690 技术制图 比例(GB/T 14690—1993,eqv ISO 5455:1979)

[59] GB/T 14689 技术制图 图纸幅面和格式[GB/T 14689—1993,eqv ISO 5457:1980 (EN ISO 5457)]

[60] GB/T 13319 产品几何技术规范(GPS) 几何公差 位置公差标注法[GB/T 13319—2003,ISO 5458:1998(EN ISO 5458),IDT]

[61] GB/T 17851 形状和位置公差 基准和基准体系(GB/T 17851—1999,eqv ISO 5459:1981)

[62] GB/T 7583—1987 声学 纯音气导听阀测定 听力保护用[neq ISO 6189:1983 (EN 26189:1991)]

[63] GB/T 16351 工作系统设计的人类工效学原则[GB/T 16251—1996,eqv ISO 6385:1981 (ENV 26385)]

[64] GB/T 16273—1996 设备用图形符号 通用符号(neq ISO 7000:1989)

[65] GB/T 7582—2004 听阈和年龄关系的统计分布[ISO 7029:2000 (EN ISO 7029:2000),IDT]

[66] GB/T 5390—1995 油锯 耳旁噪声测定方法(eqv ISO 7182:1984)

[67] GB/T 17244 热环境 根据WBGT指数(湿球黑球温度)对作业人员热负荷的评价[GB/T 17244—1998,eqv ISO 7243:1989 (EN 27243)]

[68] GB/T 5703 用于技术设计的人体测量基础项目[GB/T 5703—1999,eqv ISO 7250:1996 (EN ISO 7250)]

[69] GB/T 14753.1—1993 声学 确定和检验机器设备规定的噪声值的统计方法 第1部分:概述与定义[neq ISO 7574-1:1985 (EN 27574-1:1998)]

[70] GB/T 14753.2—1993 声学 确定和检验机器设备规定的噪声值的统计方法 第2部分:单台机器标牌值的确定和检验方法[ISO 7574-2:1985 (neq EN 27547-2:1998)]

[71] GB/T 14753.3—1993 声学 确定和检验机器设备规定的噪声值的统计方法 第3部分:成批机器标牌值的确定和检验简易(过渡)法[neq ISO 7574-3:1985 (EN 27574-3:1998)]

[72] GB/T 14753.4—1993 声学 确定和检验机器设备规定的噪声值的统计方法 第4部分:成批机器标牌值的确定和检验方法[neq ISO 7574-4:1985 (EN 27574-4:1998)]

[73] GB/T 934 热环境人类工效学 用于测量物理量的仪器[GB/T 934—1989,neq ISO/DIS 7726:1982 (EN 27726)]

[74] GB/T 18049 中等热环境 PMV和PPD指数的测定及热舒适条件的规定[GB/T 18049—2000,eqv ISO 7730 (EN ISO 7730)]

[75] GB 1251.1 工作场所的险情信号 险情听觉信号[GB 1251.1—1989,eqv ISO 7731:1986 (EN 457 机械安全 听觉危险信号 一般要求、设计和测试)]

[76] ISO/TR 7849:1987 声学 采用振动测量对机械发出空气噪声的评价

[77] GB/T 14178—1993 割灌机 操作者耳旁噪声测定方法[neq ISO 7917:1987 (EN 27917:

1991),声学　在操作者位置上测量刷锯发出的空气噪声]
[78] ISO 7933 (EN 12515)　人类工效学　利用要求湿度的计算值作热应力的分析测定和说明
[79] GB/T 8910.1　手持便携式动力工具　手柄振动测量方法　第1部分:总则[GB/T 8910.1—2004,ISO 8662-1:1988(EN 28662-1),IDT]
[80] GB/T 8910.2　手持便携式动力工具　手柄振动测量方法　第2部分:铲和铆钉机[GB/T 8910.2—2004,ISO 8662-2 (EN 28662-2),IDT]
[81] GB/T 8910.3　手持便携式动力工具　手柄振动测量方法　第3部分:凿岩机和回转锤[GB/T 8910.2—2004,ISO 8662-3 (EN 28662-3),IDT]
[82] ISO 8662-4 (EN ISO 8662-4)　手持便携式动力工具　手柄振动测量　第4部分:磨床
[83] ISO 8662-5 (EN 28662-5)　手持便携式动力工具　手柄振动测量　第5部分:施工用路面轧碎机和锤
[84] ISO 8662-6 (EN ISO 8662-6)　手持便携式动力工具　手柄振动测量　第6部分:冲击钻
[85] ISO 8662-7 (EN ISO 8662-7)　手持便携式动力工具　手柄振动测量　第7部分:具有冲击、脉冲或棘轮作用的扳手、螺丝刀和螺母拧紧机
[86] ISO 8662-8 (EN ISO 8662-8)　手持便携式动力工具　手柄振动测量　第8部分:抛光机、旋转式轨道和特殊轨道磨光机
[87] ISO 8662-9 (EN ISO 8662-9)　手持便携式动力工具　手柄振动测量　第9部分:汽锤
[88] ISO 8662-10 (EN ISO 8662-10)　手持便携式动力工具　手柄振动测量　第10部分:冲剪和剪切
[89] ISO 8662-11　手持便携式动力工具　手柄振动测量　第11部分:工具驱动器
[90] ISO 8662-12 (EN ISO 8662-12)　手持便携式动力工具　手柄振动测量　第12部分:往复式锯、锉、摆动式或旋转式锯
[91] ISO 8662-13 (EN ISO 8662-13)　手持便携式动力工具　手柄振动测量　第13部分:模具研磨机
[92] ISO 8662-14 (EN ISO 8662-14)　手持便携式动力工具　手柄振动测量　第14部分:采石工具和针束除锈机
[93] GB/T 18048　人类工效学　代谢产热量的测定[GB/T 18048—2000,eqv ISO 8996:1990 (EN 28996)]
[94] GB/T 18978.1　使用视觉显示终端(VDTs)办公的人类工效学要求　第1部分:概述[GB/T 18978.1—2003,ISO 9241-1:1997 (EN ISO 9241-1),IDT]
[95] GB/T 18978.2　使用视觉显示终端(VDTs)办公的人类工效学要求　第2部分:任务要求指南[GB/T 18978.2—2004,ISO 9241-2:1992 (EN 29241-2),IDT]
[96] ISO 9241-3 (EN 29241-3)　使用视觉显示终端(VDTs)办公的人类工效学要求　第3部分:视觉显示要求
[97] ISO 9241-4 (EN ISO 9241-4)　使用视觉显示终端(VDTs)办公的人类工效学要求　第4部分:键盘要求
[98] ISO 9241-5 (EN ISO 9241-5)　使用视觉显示终端(VDTs)办公的人类工效学要求　第5部分:工作台布置和位置要求
[99] ISO 9241-6 (EN ISO 9241-6)　使用视觉显示终端(VDTs)办公的人类工效学要求　第6部分:工作环境指南
[100] ISO 9241-7 (EN ISO 9241-7)　使用视觉显示终端(VDTs)办公的人类工效学要求　第7部分:反射显示要求
[101] ISO 9241-8 (EN ISO 9241-8)　使用视觉显示终端(VDTs)办公的人类工效学要求　第8

部分:显示颜色要求
[102] ISO 9241-9 (EN ISO 9241-9) 使用视觉显示终端(VDTs)办公的人类工效学要求 第9部分:非键盘输入设备要求
[103] GB/T 18978.10 使用视觉显示终端(VDTs)办公的人类工效学要求 第10部分:对话原则[GB/T 18978.10—2004,ISO 9241-10:1996(EN ISO 9241-10),IDT]
[104] GB/T 18978.11 使用视觉显示终端(VDTs)办公的人类工效学要求 第11部分:可用性指南[GB/T 18978.11—2004,ISO 9241-11:1998(EN ISO 9241-11),IDT]
[105] ISO 9241-12 (EN ISO 9241-12) 使用视觉显示终端(VDTs)办公的人类工效学要求 第12部分:信息表达
[106] ISO 9241-13 (EN ISO 9241-13) 使用视觉显示终端(VDTs)办公的人类工效学要求 第13部分:用户指南
[107] ISO 9241-14 (EN ISO 9241-14) 使用视觉显示终端(VDTs)办公的人类工效学要求 第14部分:菜单对话
[108] ISO 9241-15 (EN ISO 9241-15) 使用视觉显示终端(VDTs)办公的人类工效学要求 第15部分:命令对话
[109] ISO 9241-16 (EN ISO 9241-16) 使用视觉显示终端(VDTs)办公的人类工效学要求 第16部分:直接处理对话
[110] ISO 9241-17 (EN ISO 9241-17) 使用视觉显示终端(VDTs)办公的人类工效学要求 第17部分:填表对话
[111] ISO 9355-1 (EN 894-1) 显示器和控制制动器设计的人类工效学要求 第1部分:人与显示器和控制制动器的相互关系
[112] ISO 9355-2 (EN 894-2) 显示器和控制制动器设计的人类工效学要求 第2部分:显示器
[113] GB/T 16404—1996 声学 声强法测定噪声源的声功率级 第1部分:离散点上的测量[eqv ISO 9614-1:1993 (EN ISO 9614-1:1995)]
[114] GB/T 16404.2—1999 声学 声强法测定噪声源的声功率级 第2部分:扫描测量[eqv ISO 9614-2:1996 (EN ISO 9614-2:1996)]
[115] ISO 9614-3:2000 (EN ISO 9614-3:2000) 声学 采用声强测定噪声源的声功率级 第3部分:用于扫描测量的精密法
[116] ISO 9886 (EN ISO 9886) 人类工效学 生理学测量热疲劳的评价
[117] ISO 9920 (EN ISO 9920) 热环境人类工效学 连体衣隔热性和抗蒸发性的评价
[118] ISO 9921 (EN ISO 9921) 人类工效学 语音传递的评价
[119] GB/T 15241 人类工效学 与心理负荷相关的术语[GB/T 15241—1994,eqv ISO 10075:1991 (EN ISO 10075-1 与心理负荷有关的人类工效学原则 第1部分:一般术语和定义)]
[120] GB/T 15241.2 与心理负荷有关的人类工效学原则 第2部分:设计原则[GB/T 15241.2—1999,eqv ISO 10075-2:1996 (EN ISO 10075-2)]
[121] ISO 10075-3 (EN 10075-3) 与心理负荷有关的人类工效学原则 第3部分:用于测定和评价心理负荷有关的方法的原则和要求
[122] ISO 10551 (EN ISO 10551) 热环境人类工效学 使用主观判定量表评价热环境的影响
[123] ISO 11064-1 (EN ISO 11064-1) 控制中心的人类工效学设计 第1部分:控制中心设计的原则
[124] ISO 11064-2 (EN ISO 11064-2) 控制中心的人类工效学设计 第2部分:控制序列排列

的原则
[125] ISO 11064-3 (EN ISO 11064-3) 控制中心的人类工效学设计 第3部分:控制室布置
[126] ISO/TR 11079 (ENV ISO 11079) 冷环境评价 必备隔热服装(IREQ)的测定
[127] GB/T 17248.1—2000 声学 机器和设备发射的噪声 测定工作位置和其他指定位置发射声压级的基本标准使用导则[eqv ISO 11200:1995 (EN ISO 11200:1995)]
[128] GB/T 17248.2—1999 声学 机器和设备发射的噪声 工作位置和其他指定位置发射声压级的测量 一个反射面上方近似自由场的工程法[eqv ISO 11201:1995 (EN ISO 11201:1995)]
[129] GB/T 17248.3 声学 机器和设备发射的噪声 工作位置和其他指定位置发射声压级的测量 现场简易法[GB/T 17248.3—1999,eqv ISO 11202:1995 (EN ISO 11202)]
[130] GB/T 17248.4 声学 机器和设备发射的噪声 由声功率级确定工作位置和其他指定位置发射声压级[GB/T 17248.4—1998,eqv ISO 11203:1995 (EN ISO 11203)]
[131] GB/T 17248.5 声学 机器和设备发射的噪声 工作位置和其他指定位置发射声压级的测量 环境修正法[GB/T 17248.5—1999,eqv ISO 11204:1995 (EN ISO 11204)]
[132] ISO 11205 (EN ISO 11205) 机器和设备发射的噪声 声强法测定工作位置和其他指定位置现场发射声压级的工程法
[133] ISO 11226 (EN 1005-4) 人类工效学 工作状态标定值(EN 名称:机械安全 人体物理性能 第4部分:与机器相关的工作状态评价)
[134] ISO 11228-1 (EN 1005-2) 人类工效学 人工搬运 第1部分:提升和搬运(EN 名称:机械安全 人体物理性能 第2部分:机器和机器部件的人工搬运)
[135] ISO 11399 (EN ISO 11399) 热环境人类工效学 有关国际标准的原则和应用
[136] ISO 11428 (EN 842) 人类工效学 险情视觉信号 一般要求、设计和检验(GB 1251.2—1996,ISO/DIS 11428:1992,EQV)
[137] GB 1251.3 人类工效学 危险信号的视听系统[GB 1251.3—1996,eqv ISO/DIS 11429:1992(EN 981)]
[138] GB 10396 农林拖拉机和机械、草坪和园艺动力机械 安全标志和危险图形 总则(GB 10396—1999,eqv ISO 11684:1995)
[139] ISO/TR 11688-1 (EN ISO 11688-1) 声学 低噪声机器和设备设计的推荐实用规程 第1部分:计划
[140] ISO 11689 (EN ISO 11689) 声学 机器和设备发射噪声数据的比较程序
[141] GB/T 17249.1 声学 低噪声工作场所设计指南 第1部分:噪声控制规划[GB/T 17249.1—1998,eqv ISO 11690-1:1996 (EN ISO 11690-1)]
[142] GB/T 17249.2 声学 低噪声工作场所设计指南 第2部分:噪声控制措施[GB/T 17249.2—2005,ISO 11690-2 :1996(EN ISO 11690-2),IDT]
[143] GB/T 19052—2003 声学 机器和设备发射的噪声 噪声测试规范起草和表述的准则[ISO 12001:1996 (EN ISO 12001:1996),IDT]
[144] GB/T 15706.1—2007 机械安全 基本概念与设计通则 第1部分:基本术语和方法[ISO 12100-1:2003 (EN ISO 12100-1:2003),IDT]
[145] GB/T 15706.2—2007 机械安全 基本概念与设计通则 第2部分:技术原则[ISO 12100-2:2003 (EN ISO 12100-2:2003),IDT]
[146] ISO 12894 (EN ISO 12894) 热环境人类工效学 暴露于极热或极冷环境时个人的医学观察
[147] ISO 13406-1 (EN ISO 13406-1) 平板视觉显示工作的人类工效学要求 第1部分:概述

[148] ISO 13406-2 (EN ISO 13406-2) 平板视觉显示工作的人类工效学要求 第2部分:平板显示的人类工效学要求

[149] GB/T 18976 以人为中心的交互系统设计过程[GB/T 18976—2003 ISO 13407:1999 (EN ISO 13407),IDT]

[150] ISO 13731 (EN ISO 13731) 热环境人类工效学 词汇和符号

[151] GB/T 16855.1—2005 机械安全 控制系统有关安全部件 第1部分:设计通则[ISO 13849-1:1999 (EN 954-1:1996),MOD]

[152] ISO 13850:1996 (EN 418:1992) 机械安全 急停 设计原则(GB 16754—1997, eqv ISO/IEC 13850:1995)

[153] GB/T 19671—2005 机械安全 双手操纵装置 功能状况及设计原则[ISO 13851:2002 (EN 574:1996),MOD]

[154] GB 12265.1 机械安全 防止上肢触及危险区域的安全距离[GB 12265.1—1997, eqv EN 294:1992 (ISO 13852)]

[155] GB 12265.2 机械安全 防止下肢触及危险区域的安全距离[GB 12265.2—2000, eqv EN 811:1994 (ISO 13853)]

[156] GB 12265.3—2000 机械安全 避免人体各部分挤压的最小间隙[eqv EN 349:1993 (ISO 13854:1996)]

[157] GB/T 19876—2005 机械安全 与人体部分接近速度相关防护设施的定位[ISO 13855:2002 (EN 999:1998),MOD]

[158] ISO 13856-1 (EN 1760-1) 机械安全 压敏保护装置 第1部分:压敏垫和压敏地板设计和试验通则(GB/T 17454.1—1998,NEQ prEN 1760-1:1994)

[159] GB/T 19670—2005 机械安全 防止意外启动[ISO 14118:2000 (EN 1037:1995), MOD]

[160] GB/T 18831 机械安全 带防护装置的联锁装置 设计和选择原则[GB/T 18831—2002,ISO 14119:1998,(EN 1088) MOD]

[161] GB/T 8196—2003 机械安全 防护装置 固定式和活动式防护装置设计与制造一般要求[ISO 14120:2002 (EN 953:1997),MOD]

[162] GB/T 16856—1997 机械安全 风险评价的原则[eqv prEN 1050:1994(ISO 14121)]

[163] GB 17888.1 机械安全 进入机器和工业设备的固定设施 第1部分:进入两级平面之间的固定设施的选择(GB 17888.1—1999,eqv ISO/DIS 14122-1:1996)

[164] GB 17888.2 机械安全 进入机器和工业设备的固定设施 第2部分:工作平台和通道(GB 17888.2—1999,eqv ISO/DIS 14122-2:1996)

[165] GB 17888.3 机械安全 进入机器和工业设备的固定设施 第3部分:楼梯、阶梯和护栏(GB 17888.3—1999,eqv ISO/DIS 14122-3:1996)

[166] GB 17888.4 机械安全 进入机器和工业设备的固定设施 第4部分:固定式直梯(GB 17888.4—1999,eqv ISO/DIS 14122-4:1996)

[167] GB/T 18569.1 机械安全 减小由机械排放的危害性物质对健康的风险 第1部分:用于机械制造的原则和规范[GB/T 18569.1—2001,eqv ISO 14123-1 (EN 626-1)]

[168] GB/T 18569.2 机械安全 减小由机械排放的危害性物质对健康的风险 第2部分:产生验证程序的方法学[GB/T 18569.2—2001,eqv ISO 14123-2 (EN 626-2)]

[169] GB 19891 机械安全 机械设计的卫生要求(GB 19891—2005,ISO 14159:2002,MOD)

[170] ISO 14738 (EN ISO 14738) 机械安全 机械工作站设计的人体测量要求

[171] ISO 14915-1 (EN ISO 14915-1) 多媒体用户接口的软件人类工效学 第1部分:设计原

理和框架

[172] ISO 14915-3 (EN ISO 14915-3) 多媒体用户接口的软件人类工效学 第3部分:媒体选择与组合

[173] GB/T 18717.1 用于机械安全的人类工效学设计 第1部分:全身进入机械的开口尺寸确定原则[GB/T 18717.1—2002,ISO 15534-1:2000 (EN 547-1 机械安全 人体测量 第1部分:确定整个人体进入机器通道所需尺寸的原则),NEQ]

[174] GB/T 18717.2 用于机械安全的人类工效学设计 第2部分:人体局部进入机械的开口尺寸确定原则[GB/T 18717.2—2002,ISO 15534-2:2000 (EN 547-2 机械安全 人体测量 第2部分:确定进入通道所需通道尺寸的原则),NEQ]

[175] GB/T 18717.3 用于机械安全的人类工效学设计 第3部分:人体测量数据[GB/T 18717.3—2002,ISO 15534-3:2000 (EN 547-3 机械安全 人体测量 第3部分:人体测量数据),NEQ]

[176] ISO 15535 (EN ISO 15535) 建立人体数据库的基本要求

[177] ISO 15536-1 (EN ISO 15536-1) 人类工效学 计算机人体模型和人体模型

[178] ISO 15537 (EN ISO 15537) 检验工业产品和设计的人体信息用试验人员的选择和使用原则

[179] IEC 60027-1 电气技术用文字符号 第1部分:总则

[180] IEC 60027-2 电气技术用文字符号 第2部分:电信和电子学

[181] IEC 60027-3 (HD 245.3 S) 电气技术用文字符号 第3部分:对数的量和单位

[182] IEC 60027-4 (HD 245.4 S) 电气技术用文字符号 第4部分:旋转电机用量的符号

[183] GB 755 旋转电机 定额和性能[GB 755—2000,idt IEC 60034-1:1996 (EN 60034-1),旋转电机 第1部分:定额值和性能]

[184] GB/T 4942.1 旋转电机外客防护分级(IP代码)[GB/T 4942.1—2001 idt IEC 60034-5:1991 旋转电机 第5部分:旋转电机总体设计的防护等级(IP代码)分类]

[185] IEC 60034-11 旋转电机 第11部分:旋转电机 装入式热保护

[186] GB/T 4772.1 旋转电机尺寸和输出功率等级 第1部分:机座号56～400和凸缘号55～1080(GB/T 4772.1—1999,idt IEC 60072-1:1991)

[187] GB/T 4772.2 旋转电机尺寸和输出功率等级 第2部分:机座号355～1000和凸缘号1180～2360(GB/T 4772.1—1999,idt IEC 60072-2:1990)

[188] GB/T 4025 人-机界面标志标识的基本原则和安全原则 指示器和操作器的编码原则[GB/T 4025—2003,IEC 60073:1996 (EN 60073),IDT]

[189] GB 1094.5 电力变压器 第5部分:承受短路的能力[GB 1094.5—2003,IEC 60076-5:2000 (EN 60076-5),MOD]

[190] GB 5226.1—2002 机械安全 机械电气设备 第1部分:通用技术条件(IEC 60204-1:2000,IDT)

[191] GB/T 11918 工业用插头插座和耦合器 第1部分:通用要求[GB/T 11918—2001,idt IEC 60309-1:1999 (EN 60309-1)]

[192] GB 16895.21 建筑物电气装置 第4-41部分:安全防护 电击防护[GB 16895.21—2004 IEC 60364-4-41:2001 (HD 384.4.41 S2) 建筑物电气装置 第4部分:安全保护 第41章:电击防护 IDT]

[193] IEC 60364-4-46 (HD 384.4.46 S1) 建筑物电气装置 第4部分:安全保护 第46章:隔离和开关

[194] IEC 60364-4-47 (HD 384.4.47 S1) 建筑物电气装置 第4部分:安全保护 第47章:安

全防护措施的应用　第470节:总则　第471节:电击防护措施
[195]　IEC 60364-4-473(版本1.1)　建筑物电气装置　第4部分:安全保护　第47章:安全防护措施的应用　第473节:过电流防护措施
[196]　GB 16895.3　建筑物电气装置　第5-54部分:电气设备的选择和安装　接地配置、保护导体和保护联结导体[GB 16895.3—2004,IEC 60364-5-54:2002(HD 384.5.54 S1)　建筑物电气装置　第5部分:电气设备的选择和安装　第54章:接地措施和保护导体,IDT]
[197]　IEC 60416 (HD 571 S1)　设备图形符号创造的一般原则
[198]　IEC 60417-DB　设备用图形符号(参考IEC60417-1和IEC 60417-2,是一种在线订购的公共数据库)
[199]　GB 7251.1　低压成套开关设备和控制设备　第1部分:型式试验和部分型式试验成套设备[GB 7251.1—1997,idt IEC 60439-1:1992 (EN 60439-1)]
[200]　GB/T 4026　人机界面标志标识的基本方法和安全规则　设备端子和特定导体终端标识及字母数字系统的应用通则[GB/T 4026—2004,IEC 60445:1999 (EN 60445),IDT]
[201]　IEC 60446 (EN 60446)　人机界面、标志和标识的基本原则和安全原则　用颜色和数字标识导体
[202]　GB/T 4205　人机界面(MMI)操作规则[GB/T 4205—2003,IEC 60447:1993 (EN 60447)　人机界面、标志和标识的基本原则和安全原则　操作原则,IDT]
[203]　GB 5959.1　电热设备的安全　第1部分:通用要求[GB 5959.1—1986,neq IEC 60519-1:1984 (EN 60519-1)]
[204]　IEC 60529 (EN 60529)　由隔离罩(IP代码)提供的保护装置等级
[205]　IEC 60617-DB　制图用图形符号(代替IEC 60617-2到IEC 60617-11,是一种在线订购的公共数据库)
[206]　IEC 60617-12:1997 (EN 60617-12:1998)　制图用图形符号　第12部分:二进制逻辑元件
[207]　IEC 60617-13:1993 (EN 60617-13:1993)　制图用图形符号　第12部分:模拟元件
[208]　IEC 60757 (HD 457 S1)　颜色名称代码
[209]　GB 14048.2　低压开关和控制设备 低压断路器[GB 14048.2—2001,idt IEC 60947-2:1997 (EN 60947-2)　低压开关和控制设备　第2部分:断路器]
[210]　GB 14048.3　低压开关和控制设备　第3部分:开关、隔离器、隔离开关和熔断器组合电器[GB 14048.3—2002,IEC 60947-3:2001 (EN 60947-3),IDT]
[211]　GB 14048.4　低压开关和控制设备　机电式接触器和电动机起动器[GB 14048.4—2003,IEC 60947-4-1:2000 (EN 60947-4-1)　低压开关和控制设备　第4-1部分:接触器和电机启动器　机电接触器和电机启动器,IDT]
[212]　GB 14048.5　低压开关和控制设备　第5-1部分:控制电路电器和开关元件　机电式控制电路电器[GB 14048.4—2001,eqv IEC 60947-5-1:1997 (EN 60947-5-1)]
[213]　IEC 60947-5-5 (EN 60947-5-5)　低压开关和控制设备　第5-5部分:控制电路装置和开关元件　具有机械锁扣功能的电气紧急故障中断装置
[214]　IEC 60947-7-1 (EN 60947-7-1)　低压开关和控制设备　第7部分:辅助设备　第7节:铜导线端子接线板
[215]　GB/T 17626.2　电磁兼容　试验和测量技术　静电放电抗扰性试验[GB/T 17626.2—1998,idt IEC 61000-4-2:1995 (EN 61000-4-2)　电磁兼容(EMC)　第4部分:试验和测量技术　第2节:静电放电抗扰性试验 基本EMC出版物]
[216]　GB/T 17626.3　电磁兼容　试验和测量技术　射频电磁场辐射抗扰性试验

[GB/T 17626.3—1998,idt IEC 61000-4-3:1995 (EN 61000-4-3) 电磁兼容(EMC) 第4部分:试验和测量技术 第3节:辐射、辐射频率和电磁场抗扰性试验]

[217] GB/T 17626.4 电磁兼容性 试验和测量技术 电快速瞬变脉冲群抗扰性试验[GB/T 17626.4—1998,IEC 61000-4-4:1995 (EN 61000-4-4) 电磁兼容(EMC) 第4部分:试验和测量技术 第4节:电快速瞬变脉冲群抗扰性试验 基本EMC出版物,IDT]

[218] GB/T 17626.5 电磁兼容 试验和测量技术 浪涌(冲击)抗扰性试验[GB/T 17626.5—1999,idt IEC 61000-4-5:1995 (EN 61000-4-5) 电磁兼容(EMC) 第4部分:试验和测量技术 第5节:浪涌(冲击)抗扰性试验]

[219] GB/T 17626.8 电磁兼容 试验和测量技术 工频磁场抗扰性试验[GB/T 17626.8—1998,idt IEC 61000-4-8 (EN 61000-4-8) 电磁兼容(EMC) 第4部分:试验和测量技术 第8节:工频磁场抗扰性试验 基本EMC出版物]

[220] GB/T 17626.11 电磁兼容 试验和测量技术 电压暂降、短时中断和电压变化抗扰性试验[GB/T 17626.11—1999,idt IEC 61000-4-11:1994 (EN 61000-4-11),电磁兼容(EMC) 第4部分:试验和测量技术 第11节:电压暂降、短时中断和电压变化抗扰性试验]

[221] GB/T 17799.2 电磁兼容 通用标准 工业环境抗扰度试验[GB/T 17799.2—2003,IEC 61000-6-2:1999 (EN 61000-6-2),电磁兼容性(EMC) 第6-2部分:通用标准 工业环境抗扰性,IDT]

[222] GB/T 6988.1 电气技术用文件的编制 第1部分:一般要求[GB/T 6988.1—1997,idt IEC 61082-1:1991 (EN 61082-1)]

[223] GB/T 6988.2 电气技术用文件的编制 第2部分:功能简图[GB/T 6988.2—1997,idt IEC 61082-2:1993 (EN 61082-2)]

[224] GB/T 6988.3 电气技术用文件的编制 第3部分:接线图和接线表[GB/T 6988.3—1997,idt IEC 61082-3:1993 (EN 61082-3)]

[225] GB/T 6988.4 电气技术用文件的编制 第4部分:位置文件和安装文件[GB/T 6988.4—2002,IEC 61082-4:1996 (EN 61082-4),IDT]

[226] GB/T 15969.1 可编程序控制器 第1部分:通用信息[GB/T 15969.1—1995,IEC 61131-1:1988 (EN 61131-1),MOD]

[227] GB/T 15969.2 可编程序控制器 第2部分:设备特性[GB/T 15969.2—1995,IEC 61131-2:1988 (EN 61131-2),MOD]

[228] GB/T 15969.3 可编程序控制器 第3部分:编程语言[GB/T 15969.3—2005,IEC 61131-3:2002 (EN 61131-3),IDT]

[229] GB/T 17165.3 模糊控制装置和系统 第3部分:可编程序控制器 模糊控制编程[GB/T 17165.3—2001,idt IEC 61131-7:2000 (EN 61131-7),可编程序控制器 第7部分:模糊控制编程]

[230] IEC/TR 61131-8 可编程序控制器 第8部分:编程语言的应用和实现导则

[231] GB/T 17045 电击防护 装置和设备的通用部分[GB/T 17045—1997,idt IEC 61140:1992(EN 61140)]

[232] GB 18209.1—2000 机械安全 指示、标志和操作 第1部分:关于视觉、听觉和触觉信号的要求[idt IEC 61310-1:1995 (EN 61310-1:1995)]

[233] GB 18209.2—2000 机械安全 指示、标志和操作 第2部分:标志要求[idt IEC 61310-2:1995 (EN 61310-2:1995)]

[234] GB 18209.3 机械安全 指示、标志和操作 第3部分:操作件的位置和操作的要求[GB 18209.3—2000,idt IEC 61310-3:1999(EN 61310-3)]

[235] GB/T 5094.1—2002 工业系统、装置与设备以及工业产品结构原则与参照代号 第1部分:基本规则[IEC 61346-1:1996 (EN 61346-1:1996),IDT]

[236] GB/T 5094.2—2003 工业系统、装置与设备以及工业产品结构原则与参照代号 第2部分:项目的分类与分类码[IEC 61346-2:2000 (EN 61346-2:2000),IDT]

[237] GB/T 5094.4 工业系统、装置与设备以及工业产品结构原则与参照代号 第4部分:概念的说明(GB/T 5094.4—2005,IEC 61346-4:1998,IDT)

[238] GB/T 19436.1—2004 机械安全 电敏保护装置 第1部分:一般要求和试验[IEC 61496-1:1997 (EN 61496-1:1997),IDT]

[239] GB/T 19436.2—2004 机械安全 电敏保护装置 第2部分:使用有源光电保护装置(AOPDs)设备的特殊要求(IEC 61496-2:1997,IDT)

[240] IEC 61496-3 (EN 61496-3) 机械安全 电敏保护装置 第3部分:易引起漫反射有源光电防护装置件设备的特殊要求(AOPDDR)

[241] IEC 61508-1 (EN 61508-1) 电气/电子/可编程电子安全的功能安全和系列 第1部分:一般要求

[242] GB/T 18153 机械安全 可接触表面温度 确定热表面温度限值的人类工效学数据(GB/T 18153—2000,eqv EN 563:1994)

[243] EN 614-1 机械安全 人类工效学设计原则 第1部分:术语和一般原则

[244] EN 894-3 机械安全 显示器和控制致动器设计的人类工效学要求 第3部分:控制致动器

[245] EN 1005-1 机械安全 人体物理性能 第1部分:术语和定义

[246] EN 1005-3 机械安全 人体物理性能 第3部分:机械操作用推荐力限值

[247] EN 1032 机械振动 测定整个人体振动发送值的可移动机械试验 概述

[248] EN 1033 手臂振动 手操纵机器把手平面振动的试验室测量 概述

[249] EN 1070 机械安全 术语

[250] EN 1093-1 机械安全 空气中有害物质排放的评估 第1部分:试验方法的选择

[251] EN 1093-3 机械安全 空气中有害物质排放的评估 第3部分:特定污染的排放率 实际污染物分组试验法

[252] EN 1093-4 机械安全 空气中有害物质排放的评估 第4部分:排气系统的俘获效率示踪法

[253] EN 1093-6 机械安全 空气中有害物质排放的评估 第6部分:通过未经管道流出的质量来评价分离效率

[254] EN 1093-7 机械安全 空气中有害物质排放的评估 第7部分:通过经管道流出的质量来评价分离效率

[255] EN 1093-8 机械安全 空气中有害物质排放的评估 第8部分:分组试验法测定污染物的浓度参数

[256] EN 1093-9 机械安全 空气中有害物质排放的评估 第9部分:室内法测定污染物的浓度参数

[257] EN 1093-11 机械安全 空气中有害物质排放的评估 第11部分:静化指数

[258] EN 1127-1 爆炸性气体 爆炸防止和防护 第1部分:基本概念和方法

[259] EN 1746 机械安全 安全标准噪声条款的编写指南

[260] EN 1760-2 机械安全 压敏防护装置 第2部分:压敏边缘和压敏棒设计和试验的一般原则

[261] EN 12198-1 机械安全 机械发射辐射产生危险的评定和减小 第1部分:一般原则

[262] EN 12198-2 机械安全 机械发射辐射产生危险的评定和减小 第2部分:辐射量的测量程序

[263] EN 12198-3 机械安全 机械发射辐射产生危险的评定和减小 第3部分:用衰变或屏蔽减小辐射

[264] EN 13861 机械安全 机械设计中人类工效学标准应用指南

[265] EN 50081-1 电磁兼容性 一般排放标准 第1部分:居民区、商业区和轻工业区

[266] EN 50081-2 电磁兼容性 一般排放标准 第2部分:工业环境

[267] EN 50082-1 电磁兼容性 一般抗扰性标准 第1部分:居民区、商业区和轻工业区

[268] Directive 85/374/EEC 欧盟理事会1985年7月25日关于成员国有关有缺陷产品责任的法律、条例和行政规定趋于一致的指令

[269] Directive 87/404/EEC 欧盟理事会1987年6月25日关于成员国有关简单压力容器的法律协调一致的指令

[270] Directive 89/336/EEC 欧盟理事会1989年5月3日关于成员国有关电磁兼容性的法律趋于一致的指令

[271] Directive 94/9/EC 欧盟议会和理事会1994年3月23日关于成员国有关预定用于潜在爆炸性环境的设备和防护系统的法律趋于一致的指令

[272] Directive 98/37/EC 欧盟议会和理事会1998年6月22日关于成员国有关机械设备的法律趋于一致的指令

[273] ANSI B11. TR. 1 机床设计、安装和使用的人类工效学指南